石墨烯电磁特性与应用

陆卫兵　黄保虎　吴　边
刘震国　陈　昊　张安琪　著

電子工業出版社
Publishing House of Electronics Industry
北京·BEIJING

内容简介

本书主要以作者团队在石墨烯电磁特性与应用领域的研究和进展为基础展开，内容涉及石墨烯的研究现状和制备方法，石墨烯的电学/光学特性与建模调控方法，石墨烯在微波、毫米波、太赫兹等多频段的应用。本书首先介绍了石墨烯在太赫兹、红外频段表面等离激元束缚、传播、调控机理及表面波、空间波和导行波的应用，包括等离激元透镜、电磁黑洞、全光逻辑门、纳米开关、数字超材料、可重构超表面、电光调制器、波束扫描天线等研究进展；然后重点阐述了石墨烯静态和可调电阻膜在微波、毫米波器件领域的研究进展，内容涵盖理论分析、结构设计、器件加工、功能验证等，系统介绍了基于石墨烯电阻膜的可调衰减器、九路功分器、无线传感器、移相器、透明/可调吸波器、吸透频选表面、极化变换器、多波束与阵列天线等；最后总结分析了石墨烯主要生产国和地区的产业概况、已经取得的商业化突破及未来潜在的工程应用前景。

本书是作者团队在石墨烯电磁特性与应用领域研究成果的总结凝练，可作为有志于从事石墨烯材料电磁表征、器件设计、功能验证和工程应用的科研人员的参考用书。

图书在版编目（CIP）数据

石墨烯电磁特性与应用 / 陆卫兵等著．— 北京：电子工业出版社，2021. 12

ISBN 978-7-121-38015-0

Ⅰ. ①石…　Ⅱ. ①陆…　Ⅲ. ①石墨烯-功能材料-应用-电磁元件-研究　Ⅳ. ①TB383②TP211

中国版本图书馆 CIP 数据核字（2021）第 251752 号

责任编辑：张正梅　董亚峰　　文字编辑：桑　昀
印　　刷：河北迅捷佳彩印刷有限公司
装　　订：河北迅捷佳彩印刷有限公司
出版发行：电子工业出版社
　　　　　北京市海淀区万寿路 173 信箱　　邮编：100036
开　　本：787×1 092　1/16　印张：25. 75　字数：564 千字
版　　次：2021 年 12 月第 1 版
印　　次：2021 年 12 月第 1 次印刷
定　　价：198. 00 元

凡所购买电子工业出版社图书有缺损问题，请向购买书店调换。若书店售缺，请与本社发行部联系，联系及邮购电话：（010）88254888，88258888。

质量投诉请发邮件至 zlts@ phei. com. cn，盗版侵权举报请发邮件至 dbqq@ phei. com. cn。

本书咨询联系方式：zhangzm@ phei. com. cn。

石墨烯是一种新型二维材料，自2004年被发现以来，其各方面的优异性能一直为科学界所瞩目。基于石墨烯的透明导电薄膜、柔性触摸屏、传感器、光电探测器、储能器件等各种应用层出不穷。不论是单独的石墨烯或是与其他材料混合成的复合材料和结构，均表现出优异的特性；此外其形态比较灵活，既可以与传统的硅基平面集成电路兼容，又可以作为复合涂料、溶剂等材料使用，所以应用前景十分广阔。石墨烯的构成成分为碳，是地球上来源广泛的原料，不仅成本低，而且绿色环保。

研究表明，石墨烯的电磁特性同样优异。从微波、毫米波到太赫兹、红外等频段，石墨烯都具有动态可调特性，是传统电磁材料所不具备的；尤其在太赫兹频段，石墨烯不仅能支持表面等离子体波的传输，还具有非常强的束缚性，弥补了传统贵金属如金、银、铜等的不足。基于以上优异的电磁性能，石墨烯有望从微波到红外及可见光波段，都具有极高的应用价值和前景。美国、欧盟、韩国、日本等相继布局，投入巨资开展石墨烯材料的制备和应用研究。早期对石墨烯的研究更多是在太赫兹及更高的频段开展，而在微波、毫米波段的研究较少。这主要是因为早期受限于石墨烯材料的制备工艺水平，很难对石墨烯在微波、毫米波段的电磁特性开展实验研究，同时也缺少在微波、毫米波段的准确电磁模型。近几年，随着石墨烯制备工艺水平的进展，以及石墨烯电磁模型的建立，石墨烯在微波、毫米波领域的理论和实验研究取得了很大进展。

本书主要以作者及其所在团队近十年来在石墨烯电磁领域的研究进展为主要内容，力图较为系统地介绍石墨烯电磁特性及应用基础的研究现状。书中内容包括石墨烯的电磁建模、电磁特性理论与实验研究；石墨烯在红外及太赫兹频段对表面等离激元波的束缚、传播、调控及其应用；可调微波器件，如衰减器、功分器、移相器、天线、吸波器等的理论与实验研究进展。通过本书，作者希望能给读者带来启示，并对相关科研人员起到抛砖引玉的作用，进而对我国石墨烯的科学研究和实际应用起到一点推动作用。本书可供高等院校材料、物理和信息等专业高年级本科生、研究生及研究院所科研人员参考和阅读。由于作者水平有限，加之时间仓促，书中不妥或疏漏之处在所难免，敬请专家和读者批评指正。

陆卫兵

2021年11月

目 录

CONTENTS

绪　论　第1章

1.1 石墨烯的发现

石墨烯由单层碳原子紧密包裹的二维（2D）蜂窝晶格中的物质构成，是其他所有维度碳材料的基本构成单元（见图 1.1）[1]。它可以包裹成零维（0D）的富勒烯，卷成一维（1D）的纳米管，也可以堆叠成三维（3D）的石墨。虽然石墨烯是在2004 年发现的，但理论上，人们研究石墨烯或“2D 石墨”已经有 70 余年了[2-4]。在此之前，基于石墨烯的理论模型早已蓬勃发展，且被广泛用于描述各种碳基材料的性能，还被作为(2+1)维量子电动力学的凝聚态类似物[5-7]。另外，尽管石墨烯是 3D 材料的重要组成部分，但一直被当作一种“学术性”的材料[6]存在，人们认为它不是真实存在的，且在形成弯曲结构（如煤烟、富勒烯和纳米管）方面不稳定。直到这个古老的 2D 模型意外成为了现实[8,9]，特别是后续实验[10,11]直接证实它的载流子是一种无质量的狄拉克费米子。从此，石墨烯的“淘金热”正式开始。

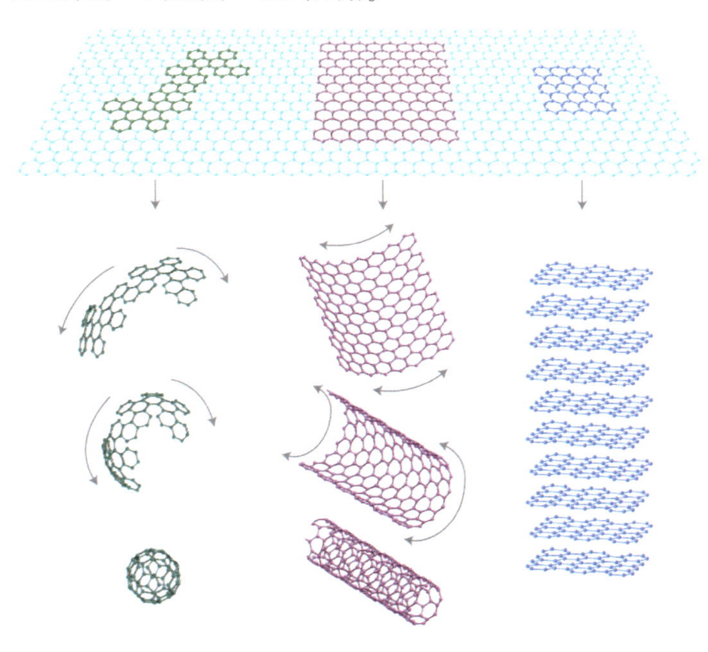

图 1.1　石墨烯是其他所有维度碳材料的“建筑原料”[1]

80 多年前，Landau 和 Peierls 认为严格意义上的2D 晶体在热力学上是不稳定的，在自然界不可能存在[12-14]。他们的理论指出，低维晶格中热波动的发散贡献将导致原子产生位移，超过任何有限温度下原子间的距离。这个理论后来被 Mermin 扩展[15]，并得到了一系列实验观察的“有力支撑”。事实上，薄膜的熔化温度随厚度的减小而迅速降低，并且通常在几十个原子层的厚度时已经变得不稳定（分离成岛或分解）[16,17]。因此，单原子层一直作为三维结构的一个组成部分，通常是外延生长在具有匹配晶格的单晶的顶部。而早期制造石墨烯的尝试主要集中在化学剥离上。石墨块需要被插层[18]才能剥离，这样通过插层，石墨烯平面会被层间原子或分子分开。例如，在某些情况下，大分子是可以插入原子平面中间的，使两边分离，由此产生的化合物可以看作嵌入在 3D 矩阵中的孤立的石墨烯层，但这通常会产生新的 3D 材料。人们通常可以在化学反应中去除插层分子，从而获得含有堆叠和卷曲的石墨烯薄片层，如石墨污泥(Graphitic Sludge)[19-21]。但由于其不可控的特性，石墨污泥没有引起太多关注。早期也有尝试生长石墨烯的，如用生长碳纳米管的方法生长石墨烯，但只能产生厚度超过100 层的石墨薄膜[22]，一直无法制备出石墨烯来。因此，大多数物理学家认为，热力学涨落不允许任何二维晶体在有限温度下存在。2D 单原子层只能作为 3D 结构的组成部分，脱离 3D 结构的 2D 材料是不存在的。

直到 2004 年，英国曼彻斯特大学的两位俄裔科学家安德烈海姆（A. K. Geim）和康斯坦丁（K. S. Novoselov）在实验中发现了石墨烯[8]和其他独立存在的二维原子晶体(如单层氮化硼和半层 BSCCO)[9]，这一“共识”才被打破。这些二维晶体可以在非晶基底[9-11]以悬浮液[23]或悬浮膜[24]的形式获得。

更重要的是，研究人员发现实验获得的2D 晶体不仅连续，而且表现出非常高的晶体质量[24]。尤其是石墨烯的表现最为明显，载流子可以穿越数千个原子间距而不产生散射[8-11]。事实上，可以认为获得的2D 晶体是在亚稳态淬灭的，因为它们是从 3D 材料中提取的。而它们的小尺寸（≪1mm）和强大的原子间键保证了即使在高温下热波动也不会导致产生位错或其他晶体缺陷[14,15]。提取出的 2D 晶体在 3D 空间中通过轻微的揉皱，本质上将变得更稳定[24,25]。这种 3D 弯曲（横向标度≈10nm）会增加弹性能量，并抑制热振动（在 2D 空间中异常大)，而高于一定温度时热振动会使总自由能最小化[25]。

1.2 石墨烯的特性简介

碳六元环呈蜂窝状晶格排列构成的单层 2D 晶体赋予了石墨烯独特的属性。虽然石墨烯很薄，但是它的结构很稳定，其平面六边形的点阵结构示意图如图 1.2（a）所示。其中，每个碳原子均为 sp^2杂化，并贡献剩余一个 p 轨道上的电子形成大 π 键，π 电子可以自由移动[26]。石墨烯属于一种半导体材料，并被誉为“21 世纪的硅”，其能谱与能带示意图如图1.2（b）所示，与传统的半导体材料（如硅、砷化镓等）不同的是，石墨烯的价带和导带相交于一点（狄拉克点），类似两个锥形结构对接，中间没有带隙，所以石墨烯也被称为零带隙半导体[27]。

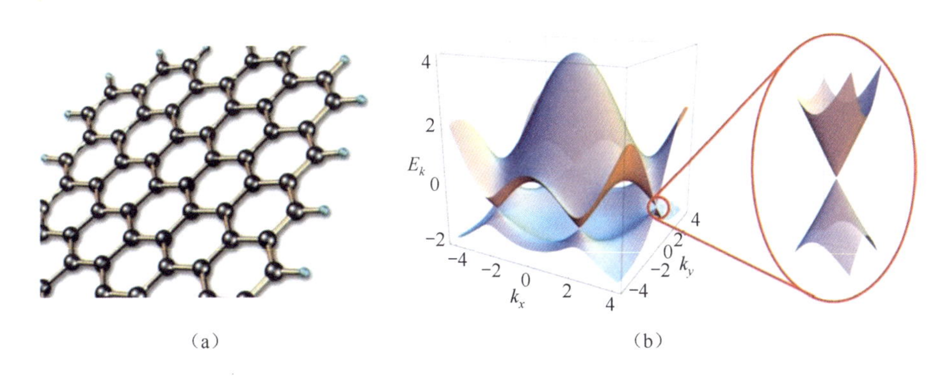

图1.2 （a）石墨烯碳原子构成的平面六边形点阵结构示意图；（b）石墨烯的能谱与能带示意图[27]

石墨烯有许多特异的性质，如石墨烯的透光率达到了97.7%[28]，具有“透明”性质。石墨烯中的电子具有特殊的输运性质：首先，由于石墨烯的单原子二维结构，电子的运动被限制在一个平面上，其受到周围碳原子的干扰非常小，可以穿越数千个原子间距离而不发生散射[29]；其次，石墨烯结构十分稳定，迄今为止，研究人员尚未发现石墨烯中有碳原子缺失的情况，因此其电子在轨道中移动时不会因晶格缺陷或引入外来原子而发生散射；最后，实验测量发现，石墨烯表现出异常的整数量子霍尔效应，其霍尔电导率为量子电导率的奇数倍，这种现象可以理解为石墨烯中电子遵守相对论量子力学，没有静质量，电子的运动速度达到了光速的1/300，石墨烯中的电子被称为“载流子”[30]、无质量狄拉克费米子[29]。由此，石墨烯的电子迁移率非常高，在室温下测量可以达到250000$cm^2 \cdot V^{-1} \cdot s^{-1}$[31]，与物质的迁移率理论极限值（约200000$cm^2 \cdot V^{-1} \cdot s^{-1}$）[32]十分接近。而电阻率只有约$10^{-6}\Omega \cdot cm$，比铜或银更低，为目前世界上电阻率最小的材料。

石墨烯除了具有上述的优良特性，还有许多其他特点，如石墨烯的导热系数高达5300$W \cdot m \cdot K^{-1}$[33]，高于碳纳米管和金刚石；石墨烯的强度很高，杨氏模量有1TPa，固有强度130GPa[34]；石墨烯的载流子浓度也可以通过引入偏置电压来改变，进而调制石墨烯的化学势水平及电导率。正是其具有的这一系列优良特性，使得它具有广阔的应用前景和非常高的研究价值。

1.3 石墨烯的研究现状

作为一种具有特殊性质的新兴材料，石墨烯在电子、光电、光子器件中均崭露头角，显示了广阔的应用前景[35-37]。石墨烯未来的应用领域十分广阔，包括导电墨水、化学传感器、发光器件、复合材料、太阳能发电及电池超级电容、柔性触摸屏、高频晶体管[38]等，如图 1.3 所示。

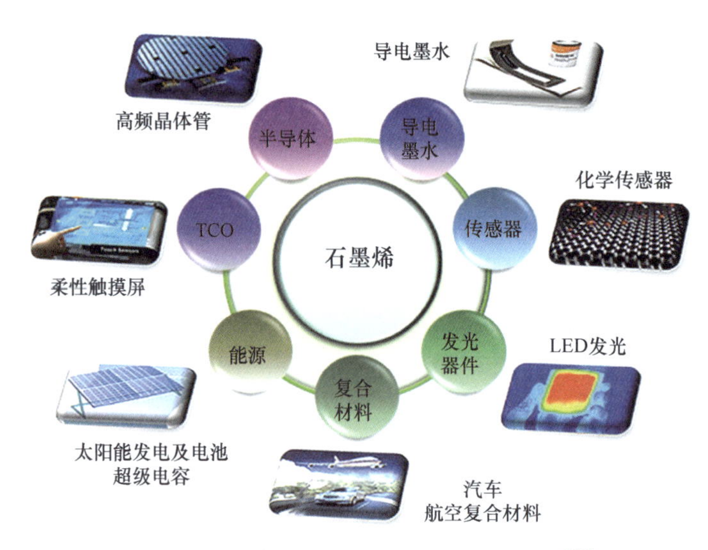

图 1.3　石墨烯在不同领域的应用展望概况[37]

有学者预测了石墨烯在电、光领域的应用前景[39]，分别如图 1.4（a）、（b）所示。前者包括柔性电子器件，如弯曲触摸屏、弯曲电子纸、可折叠 OLED，另外，石墨烯电子迁移率高，能够应用于高频晶体管、逻辑晶体管等；后者的应用包括光电探测器（带宽可以覆盖红外到紫外范围）、光电调制器（相位、幅度、极化）、锁模激光器、极化

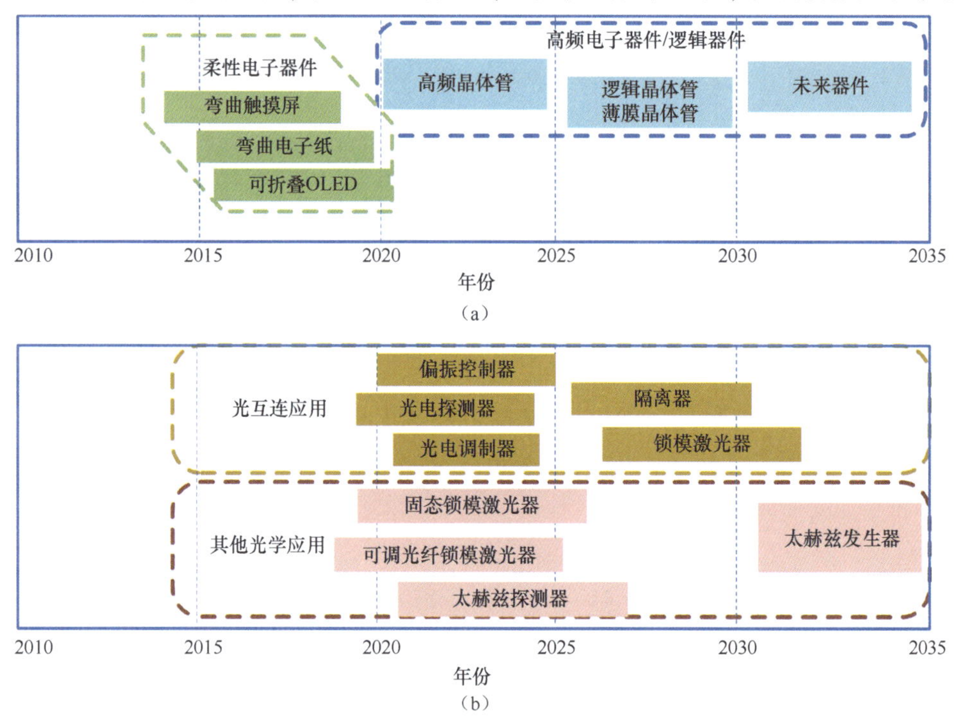

图 1.4　石墨烯在“电”（a）与“光”（b）领域的应用前景展望[39]

控制器（偏振、极化旋转）等。2015年，纳米领域的著名期刊*Nanoscale*也刊登了一篇来自世界各地的60余位权威学者联合撰写的两百余页的综述文章，充分总结了10年来石墨烯研究的进展，并提出了石墨烯及其相关材料的未来发展科技“路线图”[37]。

基于石墨烯的复合材料、涂层也具有广阔的应用前景，如导电墨水、抗静电与电磁干扰屏蔽、气体阻隔。另外，石墨烯发电与存储的技术也发展迅猛。在发电方面，石墨烯扮演的角色可以是一种活性介质（Active Medium），此时石墨烯的特性与光电探测一样，在宽频谱范围内吸收光能，但是由于石墨烯本身对光的吸收能力较弱，因此这种情形下需要设计复杂干涉或者等离激元增强结构；也有研究人员将石墨烯当作一种透明材料或者分布式的电极材料，将石墨烯用作量子点或者染料敏化太阳能电池。在电能存储方面，基于石墨烯的下一代锂电池技术将引发革命性影响，传统的锂电池阴极材料电导率很低，因此要添加石墨、碳黑等材料改善。石墨烯不但可以充当片状形态的导电填充剂，也可以当作新型核壳、“三明治”复合结构，这类全新的填充剂可使导电特性得到极大的改善，可增加锂电池的功率密度。石墨烯出色的热导电特性还能解决电池发热的问题。除了将石墨烯与锂电池结合设计储能装置，研究人员还在探索基于石墨烯的超级电容器，石墨烯薄片可以充当纳米尺度的电极与电解质分割面，因而单位体积的储能装置可以存储更多静电荷，能量密度更大。

不论是单独的石墨烯或是与其他材料混合成的复合结构，均表现出优异的特性；此外，其形态比较灵活，既可以与传统的硅基平面集成电路兼容，又可以作为复合涂料、溶剂等材料使用，应用前景十分广阔；且构成成分为碳，是地球上来源广泛的原料，不仅成本低，而且绿色环保。来自欧盟、美国、英国、日本、韩国等国家和地区的许多研究机构与公司对石墨烯展开了一系列的研究。其中比较有代表性的有：①欧盟于2013年启动了一项历时十年的石墨烯旗舰项目，预计总投资10亿欧元，其目的在于推动石墨烯从实验室走向商业应用，发展更多相关的新技术。②美国国防高级研究计划局（DARPA）的超高速石墨烯晶体管计划，以及石墨烯红外探测和热传感器项目；美国空军及国家自然科学基金会（NSF）投资的石墨烯先进二维材料项目，2006年，NSF关于石墨烯的资助项目已超过200项，其中包括石墨烯超级电容器应用、石墨烯连续和大规模纳米制造等。③英国政府联合多所大学和研究机构在曼彻斯特大学建造国家级科研机构——英国国家石墨烯研究院，由获得2010年诺贝尔物理学奖的英国曼彻斯特大学教授A. K. Geim和K. S. Novoselov负责领导，加速石墨烯的商业化进程，该研究院已成为世界领先的石墨烯研究和商业化中心。④日本学术振兴机构从2007年开始对石墨烯硅材料、器件的技术进行资助。⑤韩国政府把石墨烯材料及产品定为未来革新产业之一，2012—2018年，原知识经济部预计将向石墨烯提供2.5亿美元的资助，其中1.24亿美元用于技术研发，其余用于商业化研究。巨大的投入先后催生了一系列成果和科学突破，如石墨烯视网膜植入、海水淡化、红外光电探测器、超级电池、石墨烯增强橡胶等，也孵化了一批如夜视传感器厂商Emberion、石墨烯场效晶体管芯片（GFET）厂商Graphenea、石墨烯基锂硅电池厂商BeDimensional、石墨烯生物传感器厂商 Grapheal、石墨烯快捷支付厂商 Payper 等的新兴企业。

1.3.1 国外相关现状

石墨烯研究快速发展源于 2004 年，英国 A. K. Geim 等人确切验证了石墨烯的稳定存在。后续包括韩国成均馆大学[40,41]的许多团队一直探索改进的制备工艺。在电磁学科领域内，代表性的团队及相关研究成果有：

美国 IBM 公司 T. J. Watson 研究中心 Yuming Lin 等人陆续实现了 26GHz[42]、100GHz 晶圆级场效应管样品[43]及超快光电探测器[44]，在光通信领域也有建树[45]，研究了石墨烯与电磁波的作用机理[46]、石墨烯的红外光频谱特征[47]、石墨烯等离激元损耗特性[48]，并设计了对应的石墨烯光电探测器[49,50]可调控等离激元器件[51]。美国加州大学圣地亚哥分校 Zhe Fei、D. N. Basov 等人通过红外干涉条纹间接验证了石墨烯能够激发表面等离激元（Surface Plasmons）[52]，并基于石墨烯等离激元做了许多基础研究与应用器件，如发现了石墨烯可用于双曲超材料[53]、研究了石墨烯纳米条带的边缘模式[54]、设计了基于石墨烯的超快光开关[55]。美国加州大学伯克利分校的科研人员设计了基于单层[56]、双层[57]石墨烯与硅波导混合的光电调制器，具有与现有 CMOS 工艺兼容的特点，并在有源可调控超材料方面开展了一些研究[58]。美国加州大学洛杉矶分校 Liu Yuan 等人也利用石墨烯实现了光电探测[59]、超级电容[60]等应用。美国莱斯大学 Weilu Gao 等人在石墨烯表面等离激元的激发与控制[61,62]、基于石墨烯的太赫兹调制器[63]、石墨烯覆盖硅波导的光通信调制器[64]方面开展了相关研究工作。美国 Ames 实验室 Philippe Tassin 等人讨论了金属和石墨烯对于设计超材料、等离激元器件时特性的差别[65]，以及石墨烯在太赫兹器件的应用前景[66]。美国哈佛大学 Yu Yao 等人在基于石墨烯光电探测[67]、可调控光学天线[68]方面开展了相关工作。美国密歇根大学 Lee Eunghyun 等人研究了石墨烯数字式光电调制器[69]、光电探测[70,71]、太赫兹光源[72]、饱和吸收特性[73]。美国宾夕法尼亚大学 Nader Engheta 等人在基于石墨烯的表面等离激元[74]与变换光学[75,76]等领域有深入研究。美国圣母大学的科研人员在石墨烯的光电调制方面获得了许多成果[77-81]，在此领域的研究学者还包括英国艾克赛特大学的 Freddie Withers[82]、意大利高等师范学院的 L. Vicarelli[83]等。英国曼彻斯特大学 Xianjun Huang 等人在石墨烯电磁隐身与防护材料方面开展了研究[84-86]。英国相关学者在石墨烯可调控圆极化选择表面[87]，石墨烯的微波、毫米波吸波特性[88,89]及近场特性[90]方面有相关研究。瑞士洛桑联邦理工学院的 Gomez-Diaz Juan Sebastian 等人在石墨烯电磁特性方面也开展了广泛研究，包括石墨烯在微波、毫米波频段的阻抗特性[91]，基于石墨烯的太赫兹器件（天线[92-96]、滤波器[97]、隔离器[98]、超材料[99,100]）与红外（开关[101]）器件，以及石墨烯的调控方法[102]、等离激元激发[103]、传输特性[104,105]、非局域电磁响应特性[106]、等效电路模型[107-109]与数值方法[110]。奥地利维也纳理工大学Thomas Mueller、Alexander Urich等人在基于石墨烯的光电探测方面开展了深入研究[111-113]。西班牙卡塔赫纳理工大学D. Correas-Serrano等人设计了石墨烯太赫兹可调控低通滤波器[114]。新加坡国立大学Libo Gao等人在石墨烯转移技术[115]、氧化石墨烯微结构加工[116]方面提出了一些新的技术手段，并基于石墨烯设计了性能优异的光通信器件，如偏振器[117]、超快激光器[118]。新加坡南洋理工大学Qijie Wang在石墨烯功能器件方面开展的工作有光电探测[119]、激光光源[120,121]、波导（调制与衰减功能）[122]、布拉格反射器[123]等。

1.3.2 国内相关现状

我国在石墨烯的电磁特性及应用的研究领域一直十分活跃，并有许多研究成果。例如，中国科学院Xueming Liu等人研究了基于石墨烯的等离激元诱导透明超材料[124]、石墨烯超表面变换光学[125]及表面等离激元传播特性[126]。浙江大学Sailing He团队设计了石墨烯-介质亚波长结构的圆极化波分束器[127]、石墨烯调节金属等离激元属性的结构[128]、石墨烯全光调制器[129]。上海交通大学Fangwei Ye等人研究了石墨烯一维光子晶体线性与非线性的模式特性[130]。南开大学Wei Cai等人研究了石墨烯条带对红外光的等离激元诱导透明（PIT）现象[131]。北京国家纳米科学与技术中心Qing Dai等人设计了一种石墨烯在波纹状衬底上的等离激元传输特性[132]。西安电子科技大学的Bian Wu团队在石墨烯的微波、毫米波吸收特性[88,89]与近场辐射特性[90]及透明与可调控电磁器件等方面有过深入研究。复旦大学Lei Zhou等人设计了一种基于石墨烯的超表面，能够对反射波相位实现大范围调控[133]。香港中文大学Xiaomu Wang在石墨烯纳米天线[134]、光电探测[135,136]、硅基石墨烯器件[137]、可调控等离激元[138]等方面开展了相关研究。此外，国防科技大学Zhihong Zhu等人在石墨烯电磁功能器件方面也开展了研究工作[139]。最后，本课题组在国内也是较早开展石墨烯电磁特性研究的团队之一，在国家自然科学基金“表面等离子体波在石墨烯中的传输与调控研究”“可重构石墨烯超表面对电磁波的相位动态调控研究”“基于石墨烯与超表面融合机制的透明与柔性微波器件研究”项目资助下，陆续研究了基于石墨烯的“电磁黑洞”[140]、变换光学[141]、波束扫描[142]、弯曲表面传播信号特点[143,144]，以及与本书研究相关的谐振器[145]、超材料[146,147]、波前控制[148]等，并于当前开展了实验探索[149]。

1.4 石墨烯的制备

按照Landau、Peierls等人的观点，任何二维晶体由于热力学涨落性质不稳定，在有限温度下会迅速分解或者蜷曲，所以无法稳定存在。基于此，作为碳元素构成的材料，一直也被认为只能有零维的富勒烯（fullerene）、一维的碳纳米管（carbon nanotube）和三维的石墨（graphite）形式，而二维的石墨烯（graphene）一直被视为一种理论模型[150,151]。但自从2004年用“手撕胶带”方法得到了石墨烯以来，相关研究颠覆了国内外研究团队的认知，这些可能归结于石墨烯在纳米级别上的微观扭曲使得石墨烯从理论中的模型走到现实世界。自从石墨烯被手撕出来后，人们便开始追求更高质量、更大面积、稳定可控的石墨烯制备工艺[152-156]。本节介绍几种现有的典型的石墨烯制备方法[157]。

1.4.1 机械剥离法

在石墨晶体中，层与层之间的碳原子依靠范德华力结合起来，相关计算结果表明相邻两层作用能约为2eV/nm^2，所以石墨片层之间作用力较弱，很容易在机械力作用下剥离。2004年，英国曼彻斯特大学A. K. Geim等人使用胶带剥离高定向热解石墨（Highly Oriented Pyrolytic Graphite，HOPG）方法得到了层数不等的石墨烯薄片[8,9]。其步骤概括为如下几点：

（1）用氧等离子体在HOPG表面进行刻蚀大约5μm深度，留下微柱，柱宽度从20μm到2mm大小不等；

（2）向这个带结构的HOPG表面涂抹光刻胶，并烘干，这样光刻胶紧密包裹着石墨微柱，去除微柱以外的石墨基底，在光刻胶上留下石墨微柱；

（3）用透明胶带在微柱上每次剥离石墨薄片，这样光刻胶里得到单层或多层石墨烯薄片，一起放入丙酮溶液；

（4）将硅晶圆（SiO_2厚度为300nm的n型掺杂硅）浸泡在溶液中一段时间，再取出用蒸馏水和丙醇清洗，最终会剩余一些石墨烯薄片附着在晶圆表面；

（5）用超声波与丙醇清洗去除比较厚的薄片，最终留下厚度小于10nm的薄片，受到范德华力/表面张力的作用，与基底紧密连接。

上述过程简要表示如图1.5所示。

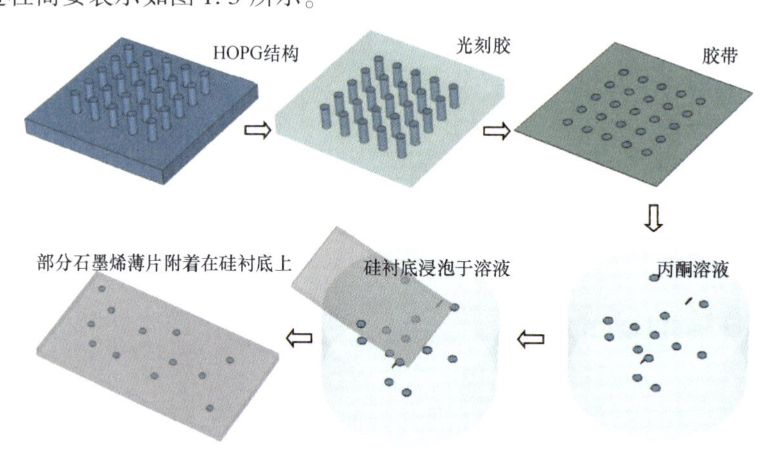

图1.5 英国曼彻斯特大学A. K. Geim等人运用机械剥离法制备石墨烯样品过程示意图

机械剥离法是从天然途径获得石墨烯，使用这种方法制备石墨烯成本很低，并且具有纯度高、缺陷少、载流子迁移率高、光电特性好的优点[158,159]。缺点是尺度很小，只有微米量级，并且形状不规则、层数不容易控制。

1.4.2 外延生长法

在高温和超高真空条件下，碳化硅（SiC）中的硅原子能够脱离挥发，形成高蒸汽压，而剩余的碳原子则会在表面重新排布，形成石墨烯层，并且这种生长过程具有可控性。

2006 年，美国佐治亚理工学院 Claire Berger 等人首次使用该技术实验获得了石墨烯，并验证了石墨烯载流子具有狄拉克费米子的属性[160]。随后，2008 年，麻省理工学院林肯实验室 Jakub Kedzierski 等人做出改进[161]，具体的实验过程是：

（1）使用氢气刻蚀碳化硅样品，得到原子级平坦度的表面，处理所得的样品放在高真空下通过电子轰击加热，除去其氧化物；

（2）通过俄歇电子谱来确定表面的氧化物被完全去除，然后将样品加热至 1250～1450℃，恒温保持 1～20min，从而形成极薄的石墨片层。

上述过程可以简单地用图 1.6 来表示。通过外延生长法得到的石墨片层通常含有一层或者几层石墨烯，其具体厚度主要由加热温度和加热时间决定。

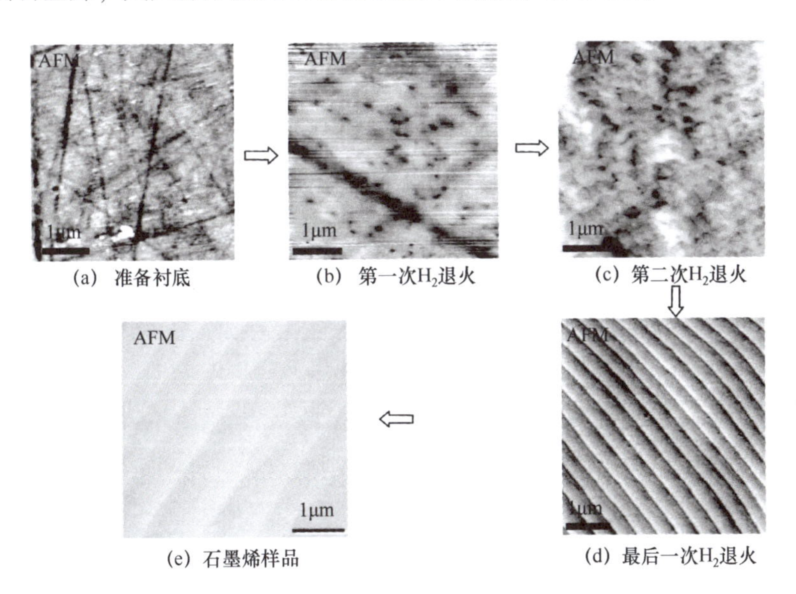

图 1.6 基于碳化硅的外延生长石墨烯方法工艺流程图[161]，可以看到，经过表面处理的碳化硅表面达到了原子级的平坦度，制备出的石墨烯样品质量也非常好

采用碳化硅外延工艺可以获得大面积的单层石墨烯，并且质量非常高，可以制备晶圆级的射频场效应管[162]。另外，由于碳化硅本身就是一种很好的绝缘衬底，因此这种方

法被认为是制备石墨烯的最优方法之一。但是这种方法同时也存在很大的缺点：首先，因为单晶碳化硅价格十分昂贵，造成实验代价很高；其次，这种工艺生长条件又特别苛刻；最后，制备出来的石墨烯难以转移，只能用作对以碳化硅为衬底的石墨烯器件的研究。

1.4.3 氧化还原法

与机械剥离法类似，氧化还原法也是一种十分廉价的石墨烯制备工艺。其原理主要是先用强酸和强氧化剂将石墨氧化，得到氧化石墨烯（Graphene Oxide，GO），再经过还原反应得到石墨烯，称为还原的氧化石墨烯（Reduced Graphene Oxide，RGO）。其实对石墨进行氧化的工艺早在20世纪50年代便有人开始研究[163-165]，但是为了得到石墨烯，需要将氧化石墨烯进行充分剥离与还原，目前，使用超声波、还原剂可以十分容易地做到这一点[166]，这也是近些年来研究的重点。氧化还原法制备石墨烯过程简要概括为以下两个步骤。

（1）氧化过程。Brodie[165]、Jeong[167]、Hummers[163]等人分别提出不同的石墨氧化工艺[168]，这些工艺都使用无机强质子酸（如浓硫酸、浓硝酸及其混合物）处理石墨粉，将强酸小分子插入石墨层之间，再用强氧化剂，如高锰酸钾（$KMnO_4$）、高氯酸钾（$KClO_4$）等，对石墨进行氧化。综合考虑制备过程中对环境的污染、安全性、氧化效率及对石墨烯的破坏程度，目前应用比较多的是Hummers提出的方法[163]及其对应的改进方法[169]。该方法将石墨粉、无水硝酸钠一起加入置于冰水浴环境的浓硫酸中，并使用磁力搅拌机不停地搅拌一定时间。之后加入氧化剂高锰酸钾，经过氧化后，石墨层间会从335nm增加到700～1000nm，随后经过加热、超声剥离就会比较容易分离出具有多层的氧化石墨烯。此时氧化石墨烯附着大量羟基、羰基、羧基、环氧官能团。最后，利用体积分数为3%的双氧水处理多余的$KMnO_4$和生成的MnO_2，并加入大量水，去除溶液中的其他离子，获得氧化石墨烯。

（2）还原过程。目前氧化还原法制备石墨烯领域主要的研究在还原上，而且发展诞生了许多方法[170,171]。在上述氧化石墨烯中加入还原剂，去除含氧基团，得到石墨烯。还原剂包括肼及水合肼[172,173]、硼氢化钠[174-176]、活性金属粉末[177,178]等，这些还原方法具有各自的特点。其中，肼类还原剂价格低廉、还原性强，但是具有毒性，且会破坏石墨烯碳键，降低石墨烯的导电性；金属氢化物还原得到的石墨烯电阻率低、透光性好；活性金属氧化剂还原速度快，热稳定性好，但是得到的石墨烯粘连金属颗粒且不容易分离。

氧化还原法可以制备面积比较大的石墨烯，并能控制石墨烯层数（单层到多层），相关文献报道这种工艺得到的石墨烯的表面方阻变化范围为43～100 kΩ/□①[179]。还原氧化石墨烯还有其他方法，如有学者使用DVD光驱的激光源将氧化石墨烯还原为石墨烯，得到较高的电导率（1738 S/m）[180]。

---

① 注：方阻的单位有kΩ/□、kΩ/sq，本书统一用kΩ/□表示。

1.4.4 化学气相沉积法

烃类气体（典型的含碳元素气体）可以在具有催化功能的金属表面分裂。典型的催化金属为单晶过渡金属，如钴（Co）[181]、铂（Pt）[182,183]、铱（Ir）[184,185]、钌（Ru）[186-188]及镍（Ni）[189-193]等（见图1.7），但是上述分裂所需要的条件比较苛刻（低压或者超高真空），所以利用这种机理制备石墨烯的工艺复杂度较高。

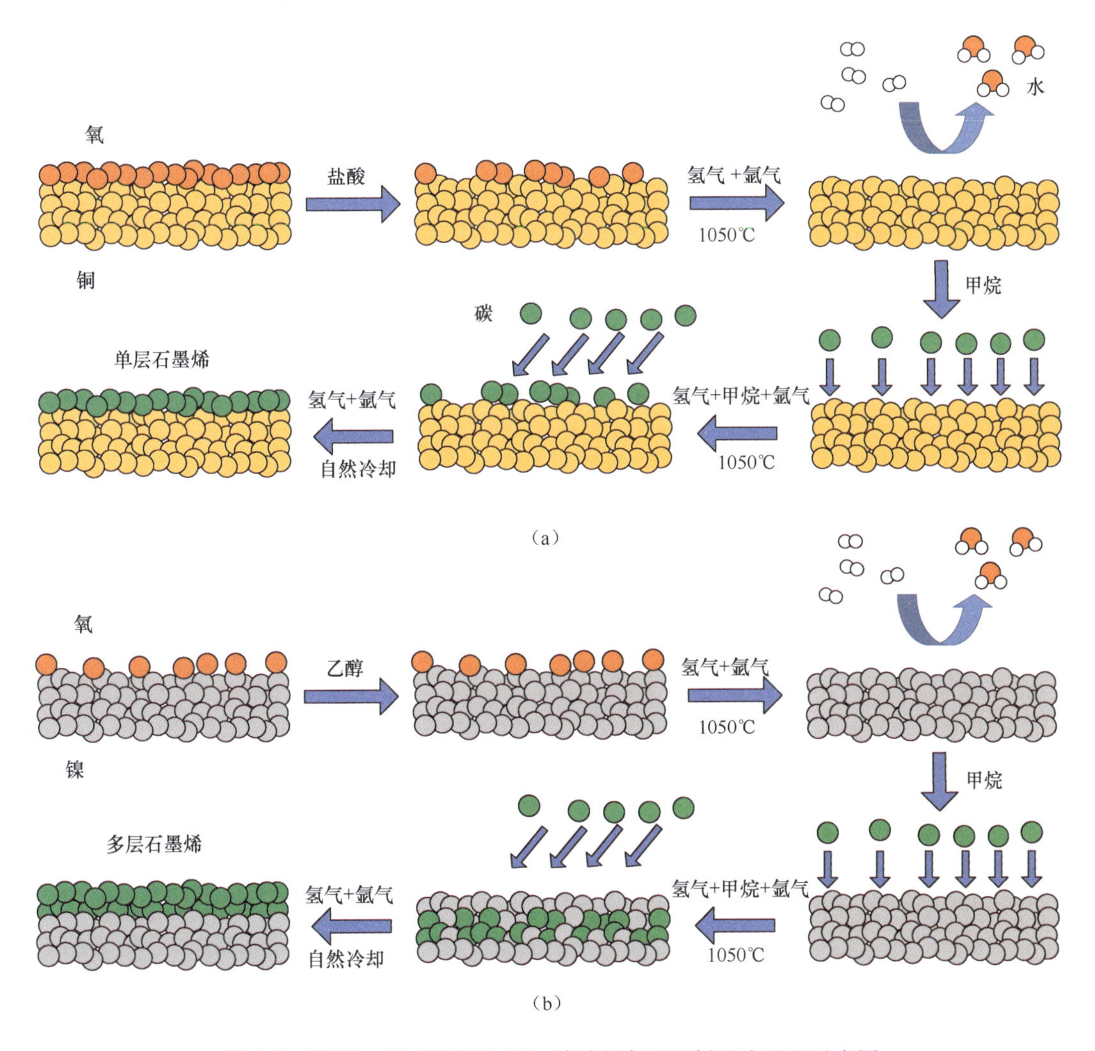

图1.7　使用（a）铜箔和（b）镍箔制备石墨烯反应过程示意图

2008年，美国麻省理工学院Jing Kong等人将传统半导体化学气相沉积（Chemical Vapor Deposition，CVD）技术应用在了石墨烯制备上（见图1.8），得到了厘米级的单层、多层石墨烯，证明了用CVD法制备石墨烯是一种低成本、稳定可控的技术途径。由于不需要低压超高真空的要求，CVD技术极大地改善了石墨烯制备条件[194]。其使用的催化金属为多晶镍，制备过程大致为：首先在硅片（尺寸1~2cm^2）上蒸镀500nm厚度的镍，再放置于 CVD 管式炉中，氩气和氢气（保护气体）以 600sccm 和 500sccm 的流速作为生长氛围，加热至 900～1000℃且保持 10～20min。镍具有较高的溶碳量，碳原子在高温环境下可以渗入金属基体内[193]，再在降温的过程中从内部析出成核，进而生长成为石墨烯薄片。2009 年，韩国成均馆大学 Byung Hee Hong 使用了类似的制备工艺，他们在降温阶段使用了快速冷却技术（约 10℃·s^{-1}），能够减少多层现象，使得后续基底的转移更加容易[195]。转移后的石墨烯薄膜的表面方阻约为 280Ω/□，透光率约为 80%。总的来说，使用镍箔作为催化剂制备的石墨烯晶畴尺寸依然偏小，而且层数不容易控制，并且镍箔的刻蚀时间与石墨烯尺寸呈指数关系增长[196]。不过，国内外学者也在不断尝试改进完善镍箔作为基底生长石墨烯的工艺。例如，可以利用镍和铜对碳溶解能力的差异，将碳离子通过离子注入工艺注入到镍层中，经过退火得到石墨烯，并通过调节碳的注入量，实现对石墨烯层数的精确控制[197]。

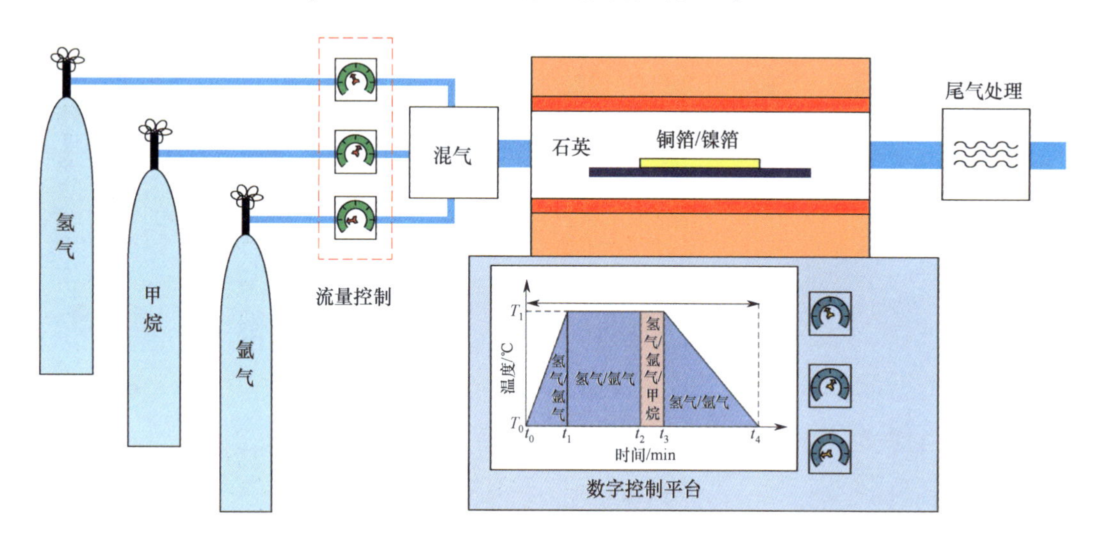

图 1.8　CVD 管式炉及气路系统示意图

后来，美国得克萨斯大学奥斯汀分校研究人员尝试用铜作为催化金属[198]。与镍不同，铜的溶碳量比较低，在高温环境下碳源气体裂解的碳原子吸附在金属的表面成核，从“石墨烯岛”外延生长，最后合并得到连续的石墨烯。由于生长出单层石墨烯的地方隔绝了气体与催化剂（铜）的接触，所以很难形成多层石墨烯，这是铜比镍作为基底材料的一个巨大优势[199]。自此之后，研究人员主要使用铜箔作为 CVD 制备石墨烯的催化金属，并将制备的石墨烯转移到 PET（聚乙烯对苯二甲酸酯）柔性衬底上，其透光率约为 88.8%，表面方阻约为 1.1742kΩ/□[200]，转移到玻璃上的石墨烯表面方阻约为 980Ω/□，透光率约为 97.6%[201]。并且研究人员也在不断探索改善工艺，例如，2010 年诞生了卷装进出式生产工艺，能够制备 30 英尺的石墨烯薄膜，转移到柔性衬底上测得的表面方阻约为 125Ω/□，透光率约为 97.4%，通过层堆叠手段，四层石墨烯的表面方阻约为 30Ω/□，透光率约为 90%[202]，为实现工业化量产石墨烯奠定了坚实的基础。

CVD 工艺兼容了传统半导体生产流水线，能够满足大规模生产需求，适合制备薄膜形式的石墨烯，是目前应用最广泛也是最有前景的石墨烯制备技术。

1.5 石墨烯的转移

从不同制备工艺得到的石墨烯往往还不能直接用于设计相关功能器件。另一个亟须解决的问题是根据不同的应用需求将石墨烯转移到不同的衬底上，以及加工不同的石墨烯图案。下面介绍当前一些经典的石墨烯转移方法及石墨烯图案的加工。

1.5.1 湿法转移

湿法转移技术使用化学腐蚀液体去除 CVD 制备过程中使用的金属箔片，并将石墨烯转移到其他材料的衬底上。由于 PMMA（聚甲基丙烯酸甲酯）的黏滞性比较低且浸润性较好，因此经常将其作为湿法转移石墨烯的中间件使用[203]。该流程的示意图如图 1.9 所示[204]，可以概括为以下几点：

（1）用 CVD 方法在铜箔上制备得到石墨烯，使用旋涂方法在石墨烯表面涂覆均匀的 PMMA；

（2）将旋涂有 PMMA 的石墨烯加热至大约 60℃ 并保持 3min；

（3）使用化学腐蚀液体（如 $FeCl_3$）将铜箔腐蚀，此时石墨烯附着在了 PMMA 中间件上；

（4）将需要的衬底与 PMMA 贴合，在纯水中浸泡，使得石墨烯贴合在目标衬底上。

湿法转移存在一些缺点：由于旋涂环节的瓶颈，当石墨烯/铜箔较大时，PMMA 很难均匀涂覆在石墨烯表面，所以用这种方法转移的石墨烯面积比较小；由于需要多次长时间浸泡，所以湿法转移效率比较低。

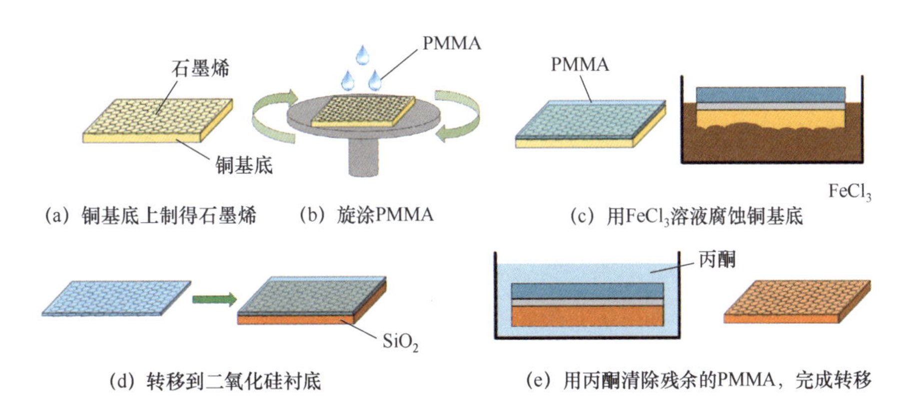

图 1.9 湿法转移石墨烯到介质衬底上的流程示意图，主要分为旋涂、加热、腐蚀、转移几个步骤

1.5.2 卷对卷转移

卷对卷转移工艺示意图如图 1.10 所示[205]，用 CVD 法得到同样的石墨烯/铜箔之后，将石墨烯一面与专门的热释放胶带（PVC、PET 等材质）胶面对齐，利用塑封机滚轮的加热、压合效应，将石墨烯/铜箔与胶带紧密压合。接下来，使用化学腐蚀液体将铜箔腐蚀，最终将石墨烯转移到胶带上。

首先，由于热释放胶带具有一定的韧性及厚度，所以这种转移到柔性衬底上的石墨烯十分适合应用在具有弯曲表面、共形结构上；其次，卷对卷工艺只有腐蚀铜箔环节耗时较长，整套流程效率仍然较高；除此之外，卷对卷压合几乎不受尺寸限制，因此能够转移超大尺度的石墨烯。总之，卷对卷转移石墨烯方法能够达到大批量、流水线式的工艺水准。

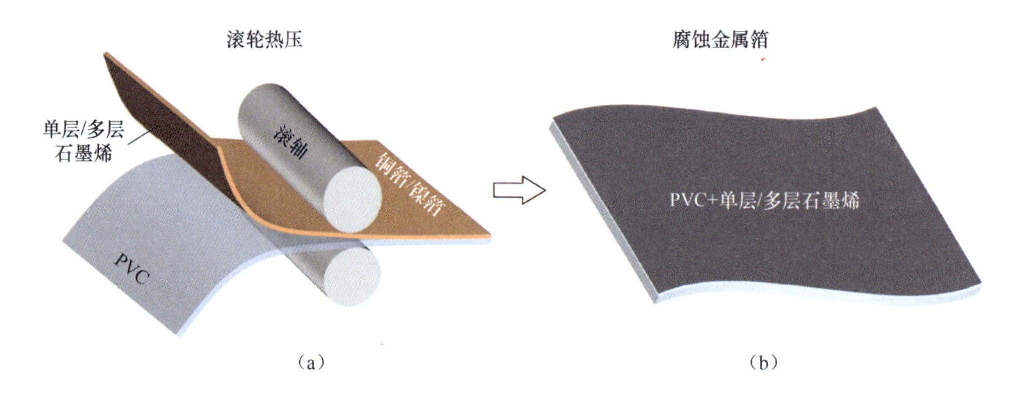

图 1.10 卷对卷转移石墨烯方法，用塑封机热压方法将附着单层/多层石墨烯的铜箔/镍箔与特质的 PVC 胶带紧密压合，再将金属箔腐蚀，使石墨烯转移到 PVC 柔性衬底上[205]

1.6 石墨烯图案加工

1.6.1 激光刻蚀法

飞秒激光具有超短脉宽、高能特性，在微纳加工领域具有很高的分辨率，因此激光刻蚀技术比较适合用于利用机械剥离法制备石墨烯，但采用这种方法制得的石墨烯转移到目标衬底上之后往往尺寸很小、形状不规则，且可能存在分块不连续的现象。因此可以在多个分块中选择较大的一个，并使用激光器在石墨烯片上加工图案，再使用PMMA将此石墨烯图案转移到其他衬底上。例如，南开大学刘智波等人尝试了在用机械剥离法得到的零散不规则的石墨烯薄片上加工图案并提取至目标衬底[206]。过程如图 1.11所示，可以概括为如下几点：

（1）通过显微镜观察 Si/SiO_2 衬底上的石墨烯碎片，选择期望的石墨烯片；

（2）通过高能飞秒激光器（约100fs，800nm）在选择的石墨烯薄片上刻蚀去除不想要的部分，得到石墨烯图案，其中激光器装载在显微镜的微机械臂上，因此可以通过控制机械臂与显微观察实现高精度加工；

（3）在样品表面旋涂（转速3000r/min，时长30s）光刻胶，并且在100℃环境下烘干2min，接下来使用激光器曝光图案区域，经过激光曝光后的光刻胶可以溶解于显影液中；

（4）将样品置于氙气灯下曝光，使得光刻胶与石墨烯表面固化，另外，在光刻胶表面继续旋涂一层PMMA，使得石墨烯图案与PMMA贴合；

（5）将整个样品置于显影液中，此时PMMA及石墨烯图案与基底脱离，最后将PMMA及有图案的石墨烯转移到新的衬底之上。

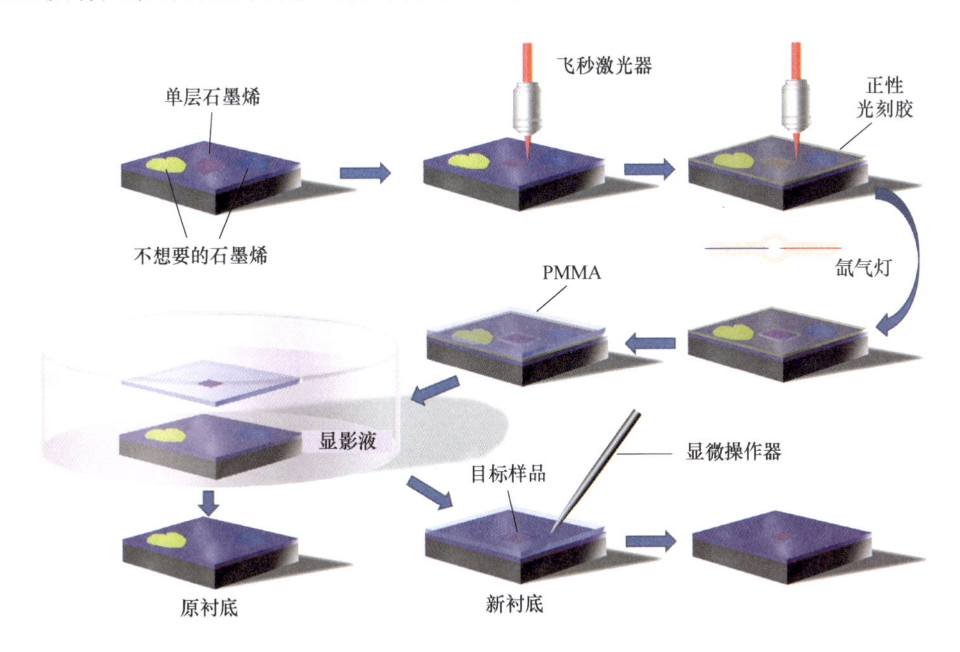

图1.11　使用高能飞秒激光器刻蚀石墨烯图案及光刻胶辅助提取图案，其中激光器装载在光学显微镜上的微机械臂上，能够达到很高的加工精度[206]

1.6.2　离子刻蚀法

除了高能飞秒激光器，离子轰击手段也能够刻蚀石墨烯，使用这种方法制备石墨烯图案的效率更高，借助掩模版，首先镂空需要的图案，然后离子通过图案，将图案部分轰击刻蚀，而被遮挡的部分则保留下来。这种图案加工技术十分适用于用CVD法得到的石墨烯，因为掩模版可以与铜箔/镍箔平面贴合，露出镂空部分，从而保护了非镂空部分。主要流程如图1.12所示[207]。

(1) 使用计算机建模软件绘制期望的石墨烯图案;

(2) 通过激光切割技术加工高精度的掩模版,镂空期望的图案;

(3) 将镂空的掩模版与用 CVD 法制备的石墨烯/铜箔对准;

(4) 使用氧离子轰击掩模版一面,则镂空的部分离子可以直接作用于石墨烯表面,去除石墨烯,而其余部分则被掩模版保护;

(5) 可以使用前文所述的卷对卷技术将铜箔上的石墨烯(已经有图案)转移到柔性衬底上。

这里需要指出的是,石墨烯的图案与建模软件设计的图案呈互补关系。

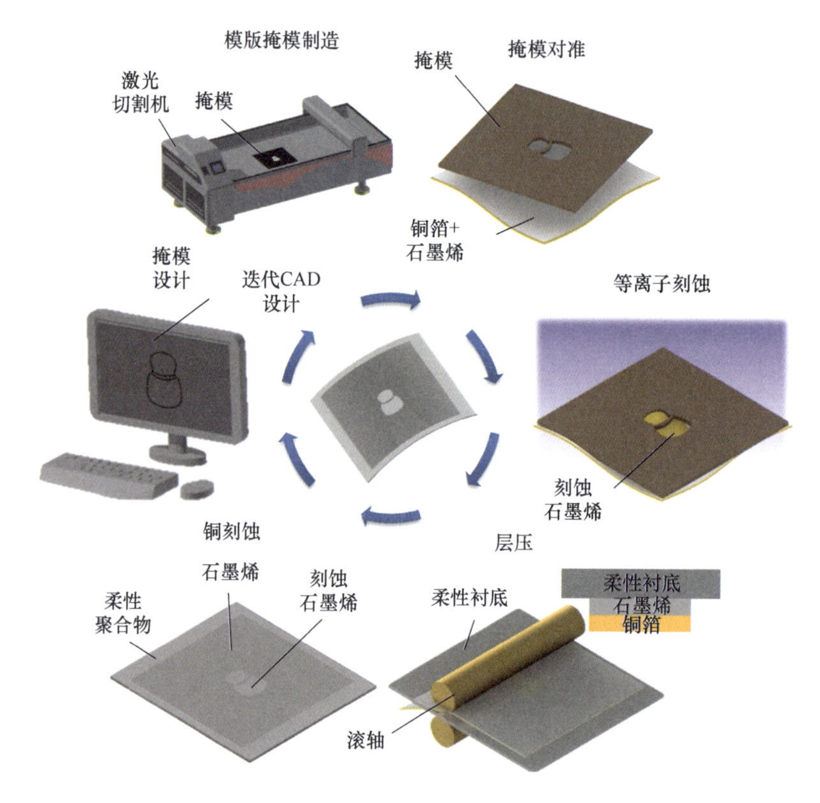

图 1.12 离子刻蚀石墨烯图案的主要流程示意图,主要包含建模软件图案设计、加工掩模版、离子轰击、转移石墨烯几个步骤[207]

1.6.3 喷墨打印法

将石墨充分剥离后,与乙醇、乙烯纤维素(Ethyl Cellulose,EC)混合制成石墨烯墨水,接下来可以直接使用在喷墨打印机上。石墨烯墨水的制备方法如下[208]:

(1) 将 2.5g 石墨鳞片加入 50mL 质量体积比为 1% 的乙烯纤维素与乙醇的溶剂中,混合溶剂放置在离心管中;

(2) 经过超声波处理 3h,剥离石墨鳞片获得石墨烯;

(3) 使用离心机将上一步未剥离的石墨鳞片从溶液中分离，可使用两次以达到充分离心的效果。

在石墨烯墨水制备完成后，可以装载到喷墨打印机（如富士 DMP-2800）上[209]，图 1.13 显示了使用这种技术将石墨烯打印在经过表面处理的 Si/SiO_2 衬底上，石墨烯线宽大约为 60μm，从图中可以看出打印出的石墨烯形态均匀、效果较好，并且可以重复打印，获得不同层数的石墨烯。

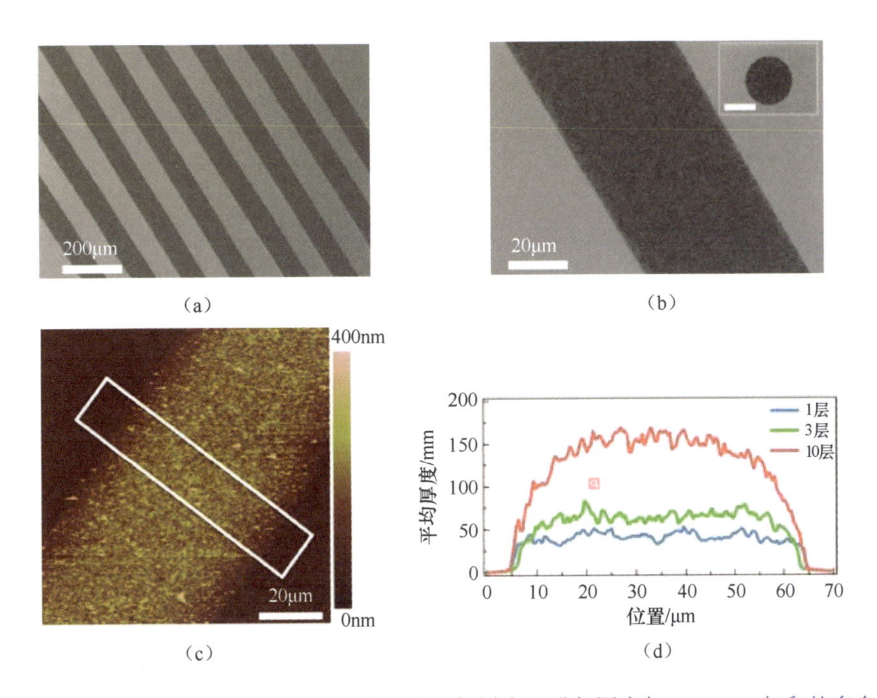

图 1.13 用石墨烯墨水直接喷墨打印法在目标衬底上进行图案加工。(a) 打印的多个平行的石墨烯线条；(b) 单个石墨烯线条和单个点（插图）；(c) 原子力显微镜观察单个石墨烯线条（反复打印 10 次）；(d) 重复不同的打印次数对应的截面特性[209]

喷墨打印石墨烯还可以使用柔性衬底，如聚亚胺（俗称 Kapton）。使用石墨烯墨水打印出的石墨烯电阻很低（约为 4mΩ · cm），代价低、过程十分简单。除了喷墨打印，还有凹印法[210]等印刷技术应用在石墨烯图案加工中，得到的石墨烯样品的电导率约为 10000S/m。

1.6.4 衬底加工法

衬底加工法是通过对衬底的处理间接实现石墨烯的图案化加工（见图 1.14）。主要过程是，首先利用机械切割法对金属衬底（镍或铜）进行图案化加工。然后将图案化的衬底放置到管式炉中用 CVD 法生长制备石墨烯。石墨烯只生长在碳源气体与金属衬底所接触的区域，因此在此图案化衬底上生长制备的石墨烯本身也具有图案化的特点。最后再经过转移技术将图案化的石墨烯转移到所需衬底上即完成整个加工过程[211]。

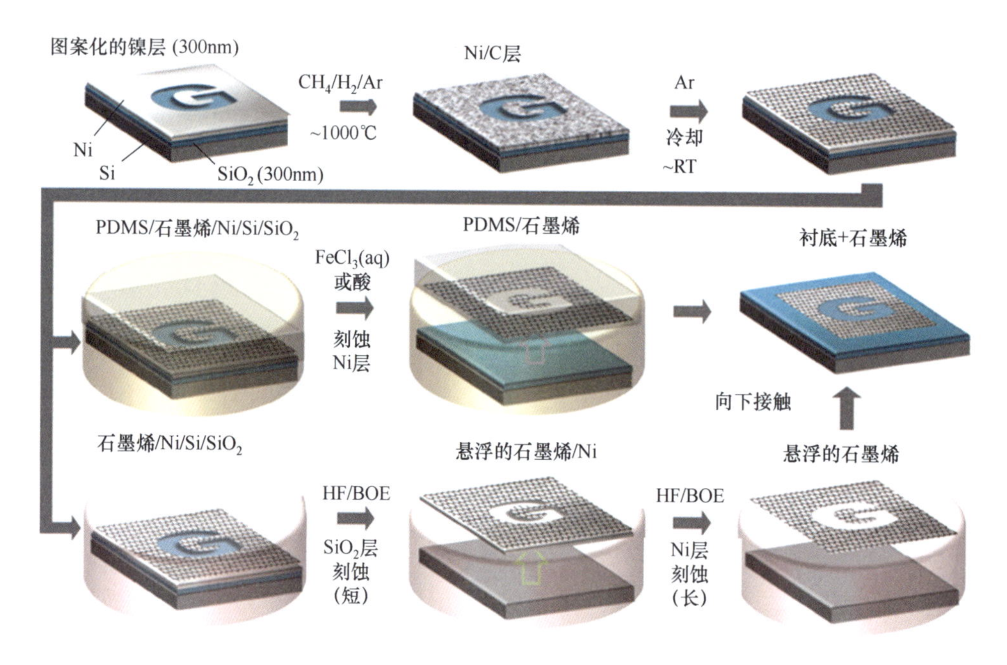

图 1.14　用衬底加工法图案化石墨烯示意图[157]

衬底加工的方法将图案化加工和石墨烯生长结合在一起，不需要额外复杂的工艺，可操作性强、成本低，并可以实现大尺寸石墨烯的图案化加工。但是这种方法也有一些不足：首先，这种方法只适用于 CVD 法制备的石墨烯，应用范围受限；其次，CVD 生长所用的金属衬底需要相互连接，因此无法对石墨烯进行分离结构的图案化加工。如图 1.14所示，衬底加工法可以实现 G 形反结构的图案化加工。

为了实现对石墨烯的分离型图案化（如方环、圆环、方块等周期单元）加工，作者课题组提出一种“衬底二次加工法”[157]。这里以加工方环周期图案的石墨烯为例，简单介绍这种方法的加工过程（见图 1.15）。首先，利用机械切割的方法在铜箔上加工

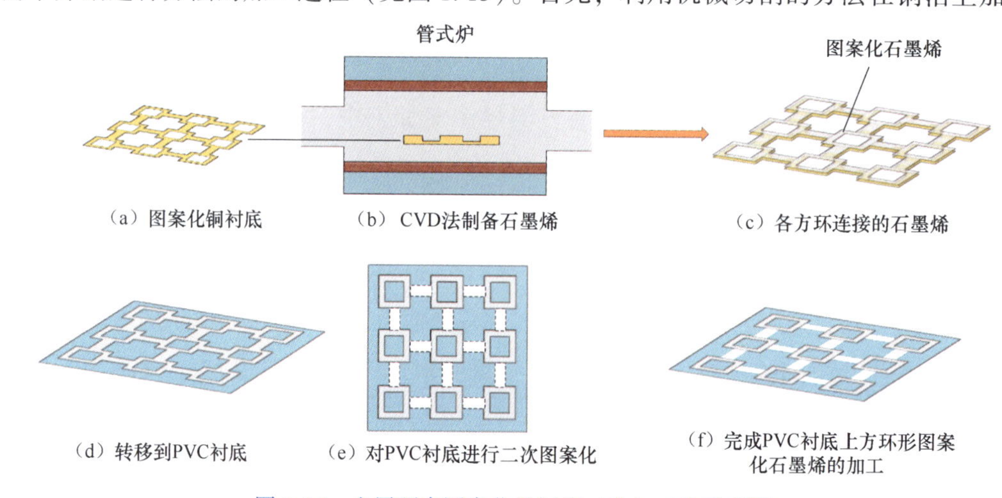

（a）图案化铜衬底　（b）CVD法制备石墨烯　（c）各方环连接的石墨烯

（d）转移到PVC衬底　（e）对PVC衬底进行二次图案化　（f）完成PVC衬底上方环形图案化石墨烯的加工

图 1.15　金属预先图案化及衬底二次加工法示意图

相互连接的方环周期图案。然后，以此图案化的铜箔为衬底使用 CVD 法制备生长单层石墨烯。根据上文所述，此时生长出来的石墨烯具有相互连接的方环周期图案。然后通过热压法将图案化的石墨烯转移到 PVC 衬底之上。由于 PVC 衬底厚度可控又具有柔性等特点，可以对 PVC 衬底进行机械切割图案化处理。此时只需要将 PVC 衬底上石墨烯图案相互连接的部分切割掉，最终即可得到分离方环形周期图案的石墨烯。这种方法打破了以前大面积石墨烯只能进行反结构图案化加工的束缚，为石墨烯进一步广泛应用到微波、毫米波器件铺平了道路。

1.7 石墨烯的表征

上述不同的制备方法得到的石墨烯形态各异，但是最终都需要经过鉴别环节，确认得到的是否为石墨烯，以及石墨烯的品质，如发现杂质、破损、多层堆叠等问题，这些就是表征石墨烯环节所需要做的工作。目前，石墨烯的表征方法可以分为图像类、图谱类两种[212]，具体可以描述为表 1.1。

表 1.1 图像类、图谱类包含的具体方法总结[212]

图 像 类	图 谱 类
光学显微镜、扫描电子显微镜（SEM）、透射电镜（TEM）、原子力显微镜（AFM）	拉曼光谱（Raman）、红外光谱（IR）、X 射线光电子能谱（XPS）、紫外光谱（UV）

1.7.1 图像类表征

在文献[129]中，研究人员通过特定波长的电磁波照射石墨与 300nm 厚度的硅衬底复合结构，观察反射光的光强，通过颜色、对比度区分石墨烯的层数。其原理主要是不同层数的石墨烯及衬底对入射光具有不同的干涉效果，于是反射光就产生了不同的强度，因此在光学显微镜里可以分辨石墨烯的层数[213]，如图 1.16 所示。英国曼彻斯特大学 A. K. Geim 课题组设计了一种孔缝结构，将石墨烯覆盖在孔缝表面，通过不同区域内的传输谱来表征石墨烯层数。

扫描电子显微镜是一种更加精密的仪器，通过它可以观察到石墨烯表面的细节，在图像中深色区域的石墨烯层数比较多，浅色区域的石墨烯层数比较少。并且，单层石墨烯位置的褶皱比较多，会因二维材料的不稳定性而趋于转换为三维形态，而多层石墨烯则比较平滑。

原子力显微镜是图像表征类中最为先进的手段。其原理是利用原子探针慢慢靠近或者接触被测样品的表面，当探针与样品表面的距离减小到一定程度后，原子之间的相互作用力将迅速上升，由显微探针受力的大小就可以直接换算出样品表面的高度，从而获得样品表面形貌特征[214]。对于石墨烯而言，原子力显微镜可以观测到不同的厚度及横向尺寸信息。例如，文献[215]中将经过超声剥离的氧化石墨烯附在云母片等基底上，用原子力显微镜观察到的图像如图 1.17 所示，其高度的剖面对应样品的两个点，高度差即是石墨烯的厚度。

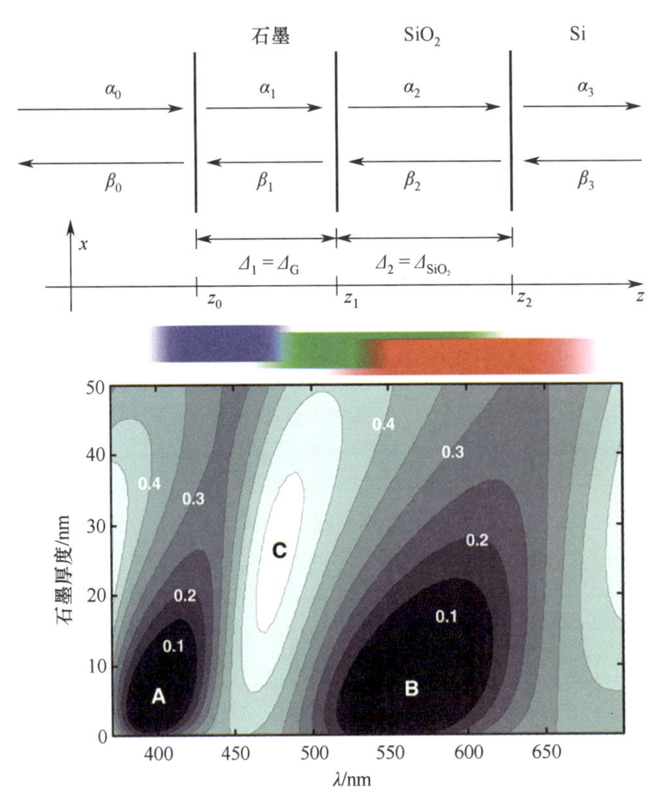

图 1.16　传输矩阵法计算不同层数的石墨烯（石墨）与衬底构成的干涉，对于 465nm 厚度硅衬底和不同层数石墨烯计算而得的反射谱，其中深色区域对应了结构对入射光的强吸收[213]

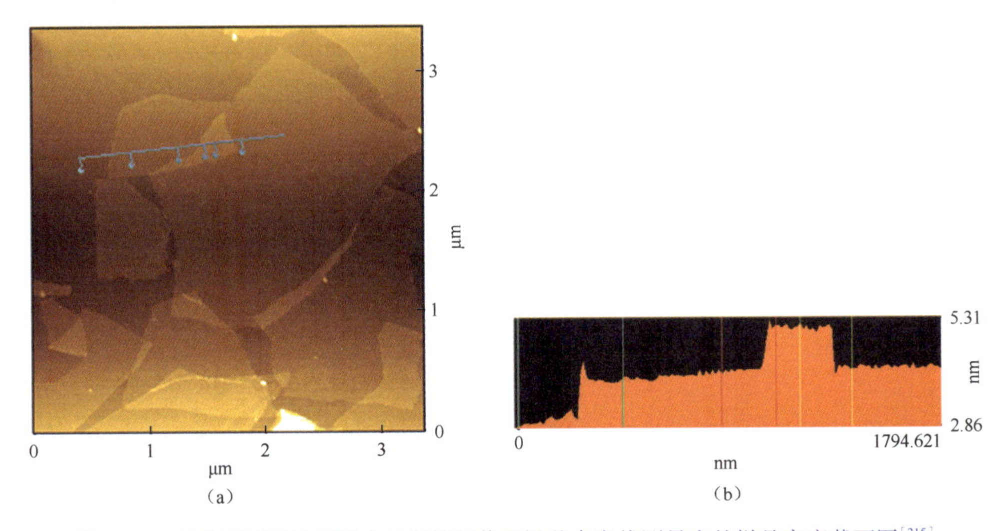

图 1.17　氧化石墨烯的原子力显微镜图像及沿着参考线测量出的样品高度截面图[215]

这里需要指出的是，石墨烯的层数过多后将不具备二维材料的特征，更加趋近于三维材料（石墨）性质，具体而言，当层数达到10时，便可以认为不再是石墨烯[216]。

1.7.2 图谱类表征

本节讨论在石墨烯图谱类表征方法中应用最多的方法——拉曼光谱法。拉曼光谱是一种快速、不对样品造成破坏的表征材料晶体结构、电子能带结构、声子能量色散和电子—声子耦合的重要技术手段，广泛应用于表征富勒烯、金刚石、碳纳米管等碳纳米材料结构[217]，其光谱范围在1000~2000cm^{-1}，包括几个非常强的特征峰及其他少数几个调制峰。碳纳米材料拉曼光谱中定义G峰代表sp^{2}碳原子的E_{2g}振动模型，即有序的sp^{2}碳键结构，而D峰表示位于边缘的缺陷及无定形结构。并且通常用D峰和G峰的强度之比（I_D/I_G）来评价碳纳米材料的石墨化程度[218]。

对于石墨烯而言，G峰出现在1560~1620cm^{-1}范围内，由sp^{2}碳原子面内拉伸振动引起，对应布里渊区中心的E_{2g}振动光学声子的振动；另外，D峰一般出现在1300~1400cm^{-1}范围内，由芳香环sp^{2}碳原子的对称伸缩振动引起，并且必须有缺陷才能激活[219]，可用D峰反映石墨烯表面的无序度；除此之外，D峰的倍频峰，即2D峰出现在2660~2700cm^{-1}范围内，由于信号较弱而很容易被忽略，它是由碳原子中两个具有反向动量声子的双共振跃迁引起的，表征石墨烯层数及层层之间的堆垛方式紧密相关，可以很好地体现石墨烯中电子—电子及电子—声子的相互作用。不同层数的石墨烯对应的拉曼光谱表征曲线如图1.18所示。

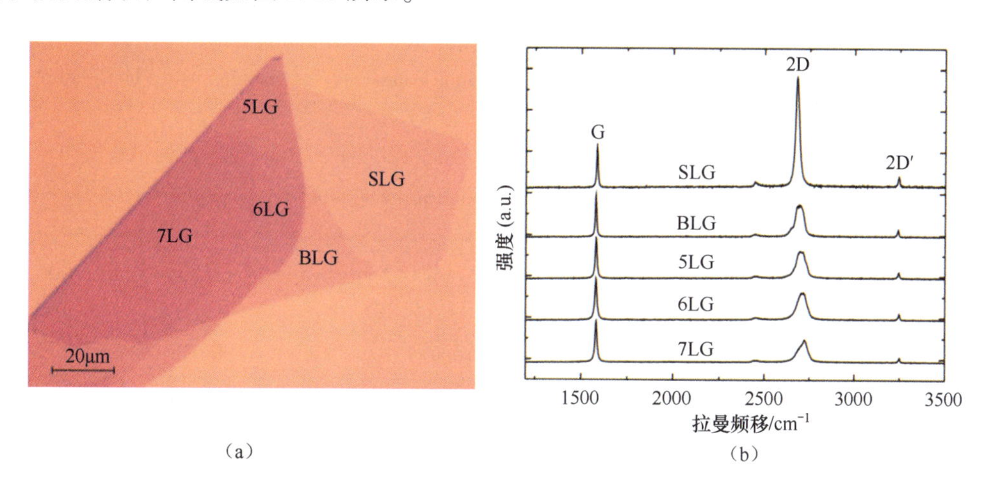

图1.18 不同层数的石墨烯（a）对应的拉曼光谱表征曲线（b）[149]

参考文献

[1] GEIM A K, NOVOSELOV K S. The rise of graphene. Nature Materials, 2007, 6 (3): 183-191.

[2] WALLACE P R. The band theory of graphite. Phys. Rev., 1947, 71: 622-634.

[3] MCCLURE J W. Diamagnetism of graphite. Phys. Rev., 1956, 104: 666-671.
[4] SLONCZEWSKI J C, WEISS P R. Band structure of graphite. Phys. Rev., 1958, 109: 272-279.
[5] SEMENOFF G W. Condensed-matter simulation of a three-dimensional anomaly. Phys. Rev. Lett., 1984, 53: 2449-2452.
[6] FRADKIN E. Critical behavior of disordered degenerate semiconductors. Phys. Rev. B, 1986, 33: 3263-3268.
[7] HALDANE F D M. Model for a quantum Hall effect without Landau levels: Condensed-matter realization of the "parity anomaly" . Phys. Rev. Lett., 1988, 61: 2015-2018.
[8] NOVOSELOV K S, et al. Electric field effect in atomically thin carbon films. Science, 2004, 306: 666-669.
[9] NOVOSELOV K S, et al. Two-dimensional atomic crystals. Proc. Natl. Acad. Sci. USA, 2005, 102: 10451-10453.
[10] NOVOSELOV K S, et al. Two-dimensional gas of massless Dirac fermions in graphene. Nature, 2005, 438: 197-200.
[11] ZHANG Y, TAN J W, STORMER H L, et al. Experimental observation of the quantum Hall effect and Berry's phase in graphene. Nature, 2005, 438: 201-204.
[12] PEIERLS R E. Quelques proprietes typiques des corpses solides. Ann. I. H. Poincare, 1935, 5: 177-222.
[13] LANDAU L D. Zur Theorie der phasenumwandlungen Ⅱ. Phys. Z. Sowjetunion, 1937, 11: 26-35.
[14] LANDAU L D, LIFSHITZ E M. Statistical Physics, Part Ⅰ. Oxford: Pergamon, 1980.
[15] MERMIN N D. Crystalline order in two dimensions. Phys. Rev, 1968, 176: 250-254.
[16] VENABLES J A, SPILLER G D T, HANBUCKEN M. Nucleation and growth of thin films. Rep. Prog. Phys., 1984, 47: 399-459.
[17] EVANS J W, THIEL P A, BARTELT M C. Morphological evolution during epitaxial thin film growth: Formation of 2D islands and 3D mounds. Sur. Sci. Rep., 2006, 61: 1-128.
[18] DRESSELHAUS M S, DRESSELHAUS G. Intercalation compounds of graphite. Adv. Phys., 2002, 51: 1-186.
[19] SHIOYAMA H. Cleavage of graphite to graphene. J. Mater. Sci. Lett., 2001, 20: 499-500.
[20] VICULIS L M, MACK J J, KANER R B. A chemical route to carbon nanoscrolls. Science, 2003, 299: 1361.
[21] HORIUCHI S, et al. Single graphene sheet detected in a carbon nanofilm. Appl. Phys. Lett., 2004, 84: 2403-2405.
[22] KRISHNAN A, et al. Graphitic cones and the nucleation of curved carbon surfaces. Nature, 1997, 388: 451-454.
[23] ZHU Y, MURALI S, Cai W, et al. Graphene and graphene oxide: synthesis, properties, and applications. Advanced Materials, 2010, 22 (35): 3906-3924.
[24] MEYER J C, GEIM A K, KATSNELSON M I, et al. The structure of suspended graphene sheets. Nature, 2007, 446 (7131): 60-63.
[25] NELSON D R, PIRAN T, WEINBERG S. Statistical Mechanics of Membranes and Surfaces. Singapore: World Scientific, 2004.
[26] EDWARDS R S, COLEMAN K S. Graphene synthesis: relationship to applications. Nanoscale, 2013, 5 (1): 38-51.

[27] CASTRO N A H, GUINEA F, PERES N M R, et al. The electronic properties of graphene. Reviews of Modern Physics, 2009, 81 (1): 109-162.

[28] KUZMENKO A B, VAN HEUMEN E, CARBONE F, et al. Universal optical conductance of graphite. Physical Review Letters, 2008, 100: 11740111.

[29] KATSNELSON M I, NOVOSELOV K S, GEIM A K. Chiral tunnelling and the Klein paradox in graphene. Nature Physics, 2006, 2 (9): 620-625.

[30] HWANG E H, ADAM S, SARMA S D. Carrier transport in two-dimensional graphene layers. Physical review Letters, 2007, 98 (18): 186806.

[31] MAYOROV A S, GORBACHEV R V, MOROZOV S V, et al. Micrometer-Scale Ballistic Transport in Encapsulated Graphene at Room Temperature. Nano Letters, 2011, 11 (6): 2396-2399.

[32] MOROZOV S V, NOVOSELOV K S, KATSNELSON M I, et al. Giant intrinsic carrier mobilities in graphene and its bilayer. Physical Review Letters, 2008, 100: 0166021.

[33] BALANDIN A A. Thermal properties of graphene and nanostructured carbon materials. Nature Materials, 2011, 10 (8): 569-581.

[34] LEE C G, WEI X D, KYSAR J W, et al. Measurement of the elastic properties and intrinsic strength of monolayer graphene. Science, 2008, 321 (5887): 385-388.

[35] BONACCORSO F, SUN Z, HASAN T, et al. Graphene photonics and optoelectronics. Nature Photonics, 2010, 4 (9): 611-622.

[36] AVOURIS P, FREITAG M. Graphene Photonics, Plasmonics, and Optoelectronics. IEEE Journal of Selected Topics in Quantum Electronics, 2014, 20: 60001121.

[37] FERRARI A C, BONACCORSO F, FALKO VLADIMIR, et al. Science and technology roadmap for graphene, related two-dimensional crystals, and hybrid systems. Nanoscale, 2015, 7 (11): 4598-4810.

[38] XU G W, LIU J W, WANG Q, et al. Plasmonic Graphene Transparent Conductors. Advanced Materials, 2012, 24 (10): 71-76.

[39] NOVOSELOV K S, FALKO V I, COLOMBO L, et al. A roadmap for graphene. Nature, 2012, 490 (7419): 192-200.

[40] NOVOSELOV K S, GEIM A K, MOROZOV S V, et al. Eelctric field effect in atomically thin carbon films. Science, 2004, 306 (5696): 666-669.

[41] HE R, ZHAO L, PETRONE N, et al. Large physisorption strain in chemical vapor deposition of graphene on copper substrates. Nano Letters, 2012, 12 (5): 2408-2413.

[42] LIN Y M, JENKINS K A, VALDES G A, et al. Operation of Graphene Transistors at Gigahertz Frequencies. Nano Letters, 2009, 9 (1): 422-426.

[43] LIN Y M, DIMITRAKOPOULOS C, JENKINS K A, et al. 100-GHz Transistors from Wafer-Scale Epitaxial Graphene. Science, 2010, 327 (5966): 662.

[44] XIA F N, MUELLER T, LIN Y M, et al. Ultrafast graphene photodetector. Nature Nanotechnology, 2009, 4 (12): 839-843.

[45] MUELLER T, XIA F N, AVOURIS P. Graphene photodetectors for high-speed optical communications. Nature Photonics, 2010, 4 (5): 297-301.

[46] FREITAG M, LOW T, XIA F N, et al. Photoconductivity of Biased Graphene, 2013, 7 (1): 53-59.

[47] YAN H G, XIA F N, ZHU W J, et al. Infrared Spectroscopy of Wafer-Scale Graphene. ACS Nano, 2011, 5 (12): 9854-9860.

[48] YAN H G, LOW T, ZHU W J, et al. Damping pathways of mid-infrared plasmons in graphene nano-

structures. Nat. Photonics, 2013, 7 (5): 394-399.

[49] FREITAG M, LOW T, ZHU W J, et al. Photocurrent in graphene harnessed by tunable intrinsic plasmons. Nature Communications, 2013, 4: 1951.

[50] FREITAG M, LOW T, AVOURIS P. Increased Responsivity of Suspended Graphene Photodetectors. Nano Letters, 2013, 13 (4): 1644-1648.

[51] YAN H G, LI X S, CHANDRA B, et al. Tunable infrared plasmonic devices using graphene/insulator stacks. Nature Nanotechnology, 2012, 7 (5): 330-334.

[52] FEI Z, RODIN A S, ANDREEV G O, et al. Gate-tuning of graphene plasmons revealed by infrared nano-imaging. Nature, 2012, 487 (7405): 82-85.

[53] DAI S, MA Q, LIU M K, et al. Graphene on hexagonal boron nitride as a tunable hyperbolic metamaterial. Nature Nanotechnology, 2015, 10 (8): 682-686.

[54] FEI Z, GOLDFLAM M D, WU J S, et al. Edge and Surface Plasmons in Graphene Nanoribbons. Nano Letters, 2015, 15 (12): 8271-8276.

[55] NI G X, WANG L, GOLDFLAM M D, et al. Ultrafast optical switching of infrared plasmon polaritons in high-mobility graphene. Nature Photonics, 2016, 10 (4): 244.

[56] LIU M, YIN X B, ULIN-AVILAE, et al. A graphene-based broadband optical modulator. Nature, 2011, 474 (7349): 64-67.

[57] LIU M, YIN X B, ZHANG X. Double-Layer Graphene Optical Modulator. Nano Letters, 2012, 12 (3): 1482-1485.

[58] LEE S H, CHOI M H, KIM T T, et al. Switching terahertz waves with gate-controlled active graphene metamaterials. Nature Materials, 2012, 11 (11): 936-941.

[59] LIU Y, CHENG R, LIAO L, et al. Plasmon resonance enhanced multicolour photodetection by graphene. Nature Communications, 2011, 2: 579.

[60] XU Y X, LIN Z Y, HUANG X Q, et al. Functionalized Graphene Hydrogel-Based High-Performance Supercapacitors. Advanced Materials, 2013, 25 (40): 5779-5784.

[61] GAO W L, SHI G, JIN Z H, et al. Excitation and Active Control of Propagating Surface Plasmon Polaritons in Graphene. Nano Letters, 2013, 13 (8): 3698-3702.

[62] GAO W L, SHU J, QIU C Y, et al. Excitation of Plasmonic Waves in Graphene by Guided-Mode Resonances. ACS Nano, 2012, 6 (9): 7806-7813.

[63] GAO W L, SHU J, REICHEL K, et al. High-Contrast Terahertz Wave Modulation by Gated Graphene Enhanced by Extraordinary Transmission through Ring Apertures, Nano Letters, 2014, 14 (3): 1242-1248.

[64] QIU C Y, GAO W L, VAJTAI R, et al. Efficient modulation of 1.55μm radiation with gated graphene on a silicon microring resonator. Nano Letters, 2014, 14 (12): 6811-6815.

[65] TASSIN P, KOSCHNY T, KAFESAKI M, et al. A comparison of graphene, superconductors and metals as conductors for metamaterials and plasmonics. Nature Photonis, 2012, 6 (4): 259-264.

[66] TASSIN P, KOSCHNY T, SOUKOULIS C M. Graphene for Terahertz Applications. Science, 2013, 341 (6146): 620.

[67] YAO Y, SHANKAR R, RAUTER P, et al. High-Responsivity Mid-Infrared Graphene Detectors with Antenna-Enhanced Photocarrier Generation and Collection. Nano Letters, 2014, 14 (7): 3749-3754.

[68] YAO Y, KATS M A, GENEVET P, et al. Broad Electrical Tuning of Graphene-Loaded Plasmonic Antennas. Nano Letters, 2013, 13 (3): 1257-1264.

[69] LEE E, LEE K, LIU C H, et al. Flexible and transparent all-graphene circuits for quaternary digital modulations. Nature Communions, 2012, 3: 1018.

[70] LIU C H, CHANG Y C, NORRIS T B, et al. Graphene photodetectors with ultra-broadband and high responsivity at room temperature. Nature Nanotechnology, 2014, 9 (4): 273-278.

[71] SUN D, DIVIN C, RIOUX J, et al. Coherent Control of Ballistic Photocurrents in Multilayer Epitaxial Graphene Using Quantum Interference. Nano Letters, 2010, 10 (4): 1293-1296.

[72] MAYSONNAVE J, HUPPERT S, WANG F, et al. Terahertz generation by dynamical photon drag effect in graphene excited by femtosecond optical pulses. Nano Letters, 2014, 14 (10): 5797-5802.

[73] WINZER T, KNORR A, MITTENDORFF M, et al. Absorption saturation in optically excited graphene. Applied Physics Letters, 2012, 101 (22): 221115.

[74] VAKIL A, ENGHETA N. One-atom-thick reflectors for surface plasmon polariton surface waves on graphene. Optics Communications, 2012, 285 (16SI): 3428-3430.

[75] VAKIL A, ENGHETA N. Transformation Optics Using Graphene. Science, 2011, 332 (6035): 1291-1294.

[76] VAKIL A, ENGHETA N. Fourier optics on graphene. Physical Review B, 2012, 85: 0754347.

[77] SENSALE-RODRIGUEZ B, YAN R S, Kelly M M, et al. Broadband graphene terahertz modulators enabled by intraband transitions. Nature Communications, 2012, 3: 780.

[78] SENSALE-RODRIGUEZ B, YAN R S, RAFIQUE S, et al. Extraordinary control of terahertz beam reflectance in graphene electro-absorption modulators. Nano Letters, 2012, 12 (9): 4518-4522.

[79] SENSALE-RODRIGUEZ B, FANG T, YAN R S, et al. Unique prospects for graphene-based terahertz modulators. Applied Physics Letters, 2011, 99 (11): 113104.

[80] SENSALE-RODRIGUEZ B, YAN R S, ZHU M D, et al. Efficient terahertz electro-absorption modulation employing graphene plasmonic structures. Applied Physics Letters, 2012, 101 (26): 261115.

[81] SENSALE-RODRIGUEZ B, RAFIQUE S, YAN R S, et al. Terahertz imaging employing graphene modulator arrays. Optics Express, 2013, 21 (2): 2324-2330.

[82] WITHERS F, BOINTON T H, CRACIUN M F, et al. All-Graphene Photodetectors. ACS Nano, 2013, 7 (6): 5052-5057.

[83] VICARELLI L, VITIELLO M S, COQUILLAT D, et al. Graphene field-effect transistors as room-temperature terahertz detectors. Nature Materials, 2012, 11 (10): 865-871.

[84] HUANG X J, LENG T, ZHU M J, et al. Highly Flexible and Conductive Printed Graphene for Wireless Wearable Communications Applications. Scientific Reports, 2015, 5: 18298.

[85] HUANG X J, LENG T, ZHANG X, et al. Binder-free highly conductive graphene laminate for low cost printed radio frequency applications. Applied Physics Letters, 2015, 106: 20310520.

[86] HUANG X J, HU Z R, LIU P G. Graphene based tunable fractal Hilbert curve array broadband radar absorbing screen for radar cross section reduction. AIP Advances, 2014, 4: 11710311.

[87] LI Y Z, ZHAO J M, LIN H, et al. Tunable circular polarization selective surfaces for low-THz applications using patterned graphene. Optics Express, 2015, 23 (6): 7227-7236.

[88] WU B, TUNCER H M, NAEEM M, et al. Experimental demonstration of a transparent graphene millimetre wave absorber with 28% fractional bandwidth at 140GHz. Scientific Reports, 2014, 4: 4130.

[89] WU B, TUNCER H M, KATSOUNAROS A, et al. Microwave absorption and radiation from large-area multilayer CVD graphene, Carbon, 2014, 77: 814-822.

[90] KATSOUNAROS A, COLE M T, TUNCER H M, et al. Near-field characterization of chemical vapor

deposition graphene in the microwave regime. Applied Physics Letters, 2013, 102: 23310423.

[91] GOMEZ-DIAZ J S, PERRUISSEAU-CARRIER J, SHARMA P, et al. Non-contact characterization of graphene surface impedance at micro and millimeter waves. Journal of Applied Physics, 2012, 111 (11): 114908.

[92] TAMAGNONE M, GOMEZ-DIAZ J S, MOSIG J R, et al. Reconfigurable terahertz plasmonic antenna concept using a graphene stack. Applied Physics Letters, 2012, 101 (21): 214102.

[93] TAMAGNONE M, GOMEZ-DIAZ J S, MOSIG J R, et al. Analysis and design of terahertz antennas based on plasmonic resonant graphene sheets. Journal of Applied Physics, 2012, 112 (11): 114915.

[94] CARRASCO E, TAMAGNONE M, PERRUISSEAU-CARRIER J. Tunable graphene reflective cells for THz reflectarrays and generalized law of reflection. Applied Physics Letters, 2013, 102 (10): 104103.

[95] ESQUIUS-MOROTE M, GOMEZ-DIAZ J S, PERRUISSEAU-CARRIER J, et al. Sinusoidally modulated graphene leaky-wave antenna for electronic beamscanning at THz. IEEE Transactions on Terahertz Science and Technology, 2014, 4 (1): 116-122.

[96] CARRASCO E, PERRUISSEAU-CARRIER J. Reflectarray antenna at terahertz using graphene. IEEE Antennas and Wireless Propagation Letters, 2013, 12: 253-256.

[97] CORREAS-SERRANO D, GOMEZ-DIAZ J S, PERRUISSEAU-CARRIER J, et al. Graphene-based plasmonic tunable low-pass filters in the terahertz band. IEEE Transactions on Nanotechnology, 2014, 13 (6): 1145-1153.

[98] TAMAGNONE M, MOLDOVAN C, POUMIROL J M, et al. Near optimal graphene terahertz non-reciprocal isolator. Nature Communications, 2016, 7: 1-6.

[99] FALLAHI A, PERRUISSEAU-CARRIER J. Design of tunable biperiodic graphene metasurfaces. Physical Review B, 2012, 86 (19): 195408.

[100] FALLAHI A, PERRUISSEAU-CARRIER J. Manipulation of giant Faraday rotation in graphene metasurfaces. Applied Physics Letters, 2012, 101 (23): 231605.

[101] GOMEZ-DIAZ J S, PERRUISSEAU-CARRIER J. Graphene-based plasmonic switches at near infrared frequencies. Optics Express, 2013, 21 (13): 15490-15504.

[102] GOMEZ-DIAZ J S, MOLDOVAN C, CAPDEVILA S, et al. Self-biased reconfigurable graphene stacks for terahertz plasmonics. Nature Communications, 2015, 6: 6334.

[103] GOMEZ-DIAZ J S, ESQUIUS-MOROTE M, PERRUISSEAU-CARRIER J. Plane wave excitation-detection of non-resonant plasmons along finite-width graphene strips. Optics Express, 2013, 21 (21): 24856-24872.

[104] GOMEZ-DIAZ J S, PERRUISSEAU-CARRIER J. Propagation of hybrid transverse magnetic-transverse electric plasmons on magnetically biased graphene sheets. Journal of Applied Physics, 2012, 112 (12): 124906.

[105] GOMEZ-DIAZ J S, MOSIG J R, PERRUISSEAU-CARRIER J. Effect of spatial dispersion on surface waves propagating along graphene sheets. IEEE Transactions on Antennas and Propagation, 2013, 617: 3589-3596.

[106] FALLAHI A, LOW T, TAMAGNONE M, et al. Nonlocal electromagnetic response of graphene nanostructures. Physical Review B, 2015, 91 (12): 121405.

[107] CORREAS-SERRANO D, GOMEZ-DIAZ J S, PERRUISSEAU-CARRIER J, et al. Spatially dispersive graphene single and parallel plate waveguides: Analysis and circuit model. IEEE Transactions on Microwave Theory and Techniques, 2013, 61 (12): 4333-4344.

[108] TAMAGNONE M, PERRUISSEAU-CARRIER J. Predicting input impedance and efficiency of graphene reconfigurable dipoles using a simple circuit model. IEEE Antennas and Wireless Propagation Letters, 2014, 13: 313-316.

[109] CARRASCO E, TAMAGNONE M, MOSIG J R, et al. Gate-controlled mid-infrared light bending with aperiodic graphene nanoribbons array. Nanotechnology, 2015, 26 (13): 134002.

[110] SHAPOVAL O V, GOMEZ-DIAZ J S, PERRUISSEAU-CARRIER J, et al. Integral equation analysis of plane wave scattering by coplanar graphene-strip gratings in the THz range. IEEE Transactions on Terahertz Science and Technology, 2013, 3 (5): 666-674.

[111] FURCHI M, URICH A, POSPISCHIL A, et al. Microcavity-Integrated Graphene Photodetector. Nano Letters, 2012, 12 (6): 2773-2777.

[112] URICH A, UNTERRAINER K, MUELLER T. Intrinsic Response Time of Graphene Photodetectors. Nano Letters, 2011, 11 (7): 2804-2808.

[113] POSPISCHIL A, HUMER M, Furchi M M, et al. CMOS-compatible graphene photodetector covering all optical communication bands. Nature Photonics, 2013, 7 (11): 892-896.

[114] CORREAS-SERRANO D, GOMEZ-DIAZ J S, PERRUISSEAU-CARRIER J, et al. Graphene-Based Plasmonic Tunable Low-Pass Filters in the Terahertz Band. IEEE Transactions on Nanotechnology, 2014, 13 (6): 1145-1153.

[115] GAO L B, NI G X, LIU Y P, et al. Face-to-face transfer of wafer-scale graphene films. Nature, 2014, 505 (7482): 190-194.

[116] ZHOU Y, BAO Q L, VARGHESE B, et al. Microstructuring of graphene oxide nanosheets using direct laser writing. Advanced Materials, 2010, 22 (1): 67-71.

[117] BAO Q L, ZHANG H, WANG B, et al. Broadband graphene polarizer. Nature Photonics, 2011, 5 (7): 411-415.

[118] BAO Q L, ZHANG H, WANG Y, et al. Atomic-layer graphene as a saturable absorber for ultrafast pulsed lasers. Advanced Functional Materials, 2009, 19 (19): 3077-3083.

[119] ZHANG Y Z, LIU T, MENG B, et al. Broadband high photoresponse from pure monolayer graphene photodetector. Nature Communications, 2013, 4: 1811.

[120] TANG Y L, YU X C, LI X H, et al. High-power thulium fiber laser Q switched with single-layer graphene. Optics Letters, 2014, 39 (3): 614-617.

[121] LI X H, TANG Y L, YAN Z Y, et al. Broadband saturable absorption of graphene oxide thin film and its application in pulsed fiber lasers. IEEE Journal of Selected Topics in Quantum Electronics, 2014, 20 (5): 441-447.

[122] LAO J, TAO J, WANG Q J, et al. Tunable graphene-based plasmonic waveguides: nano modulators and nano attenuators. Laser & Photonics Reviews, 2014, 8 (4): 569-574.

[123] TAO J, YU X C, HU B, et al. Graphene-based tunable plasmonic Bragg reflector with a broad bandwidth. Optics Letters, 2014, 39 (2): 271-274.

[124] ZENG C, CUI Y D, LIU X M. Tunable multiple phase-coupled plasmon-induced transparencies in graphene metamaterials. Optics Express, 2015, 23 (1): 545-551.

[125] ZENG C, LIU X M, WANG G X. Electrically tunable graphene plasmonic quasicrystal metasurfaces for transformation optics. Scientific Reports, 2014, 4: 5763.

[126] LU H, ZENG C, ZHANG Q M, et al. Graphene-based active slow surface plasmon polaritons. Scientific Reports, 2015, 5: 8443.

[127] CHEN T, HE S L. Frequency-tunable circular polarization beam splitter using a graphene-dielectric sub-wavelength film. Optics Express, 2014, 22 (16): 19748-19757.

[128] QIAN H L, MA Y G, YANG Q, et al. Electrical Tuning of Surface Plasmon Polariton Propagation in Graphene-Nanowire Hybrid Structure. ACS Nano, 2014, 8 (3): 2584-2589.

[129] LI W, CHEN B G, MENG C, et al. Ultrafast All-Optical Graphene Modulator. Nano Letters, 2014, 14 (2): 955-959.

[130] HUANG C M, YE F W, SUN Z P, et al. Tunable subwavelength photonic lattices and solitons in periodically patterned graphene monolayer. Optics Express, 2014, 22 (24): 30108-30117.

[131] WANG L, CAI W, LUO W W, et al. Mid-infrared plasmon induced transparency in heterogeneous graphene ribbon pairs. Optics Express, 2014, 22 (26): 32450-32456.

[132] KONG X T, BAI B, DAI Q. Graphene plasmon propagation on corrugated silicon substrates. Optics Letters, 2015, 40 (1): 1-4.

[133] MIAO Z Q, WU Q, LI X, et al. Widely Tunable Terahertz Phase Modulation with Gate-Controlled Graphene Metasurfaces. Physical Review X, 2015, 5: 0410274.

[134] SHAO L, WANG X M, XU H T, et al. Nanoantenna-Sandwiched Graphene with Giant Spectral Tuning in the Visible-to-Near-Infrared Region. Advanced Optical Materials, 2014, 2 (2): 162-170.

[135] WANG X M, CHENG Z Z, XU K, et al. High-responsivity graphene/silicon-heterostructure waveguide photodetectors. Nature Photonics, 2013, 7 (11): 888-891.

[136] LIU Y D, WANG F Q, WANG X M, et al. Planar carbon nanotube-graphene hybrid films for high-performance broadband photodetectors. Nature Communications, 2015, 6 (8589).

[137] CHENG Z Z, TSANG H K, WANG X M, et al. In-Plane Optical Absorption and Free Carrier Absorption in Graphene-on-Silicon Waveguides. IEEE Journal of Selected Topics in Quantum Electronics, 2014, 20: 44001061.

[138] JIA Y C, ZHAO H, GUO Q S, et al. Tunable Plasmon-Phonon Polaritons in Layered Graphene-Hexagonal Boron Nitride Heterostructures. ACS Photonics, 2015, 2 (7): 907-912.

[139] TANG Y C, ZHU Z H, ZHANG J F, et al. A Transmission-Type Electrically Tunable Polarizer Based on Graphene Ribbons at Terahertz Wave Band. Chinese Physics Letters, 2015, 32: 0252022.

[140] JIANG Y, LU W B, XU H J, et al. A planar electromagnetic “black hole” based on graphene. Physics Letters A, 2012, 376 (17): 1468-1471.

[141] XU H J, LU W B, ZHU W, et al. Efficient manipulation of surface plasmon polariton waves in graphene. Applied Physics Letters, 2012, 100: 24311024.

[142] XU H J, LU W B, JIANG Y, et al. Beam-scanning planar lens based on graphene. Applied Physics Letters, 2012, 100: 0519035.

[143] LU W B, ZHU W, XU H J, et al. Flexible transformation plasmonics using graphene. Optics Express, 2013, 21 (9): 10475-10482.

[144] HU J, LU W B, WANG J. Highly confined and tunable plasmonic waveguide ring resonator based on graphene nanoribbons. EPL, 2014, 106: 480024.

[145] WANG J, LU W B, LI X B, et al. Graphene plasmon guided along a nanoribbon coupled with a nanoring. Journal of Physics D-Applied Physics, 2014, 47: 13510613.

[146] WANG J, LU W B, LI X B, et al. Plasmonic metamaterial based on the complementary split ring resonators using graphene. Journal of Physics D-Applied Physics, 2014, 47: 32510232.

[147] WANG J, LU W B, LIU J L, et al. Digital Metamaterials Using Graphene. Plasmonics, 2015, 10

(5): 1141-1145.

[148] WANG J, LU W B, LI X B, et al. Terahertz Wavefront Control Based on Graphene Manipulated Fabry-Perot Cavities. IEEE Photonics Technology Letters, 2016, 28 (9): 971-974.

[149] 王健．石墨烯对电磁波调控机理及应用研究．南京：东南大学，2017.

[150] FRADKIN E. Critical-behavior of disordered degenerate semiconductors. 1. models, symmetries, and formalism. Physical Review B, 1986, 33 (5): 3257-3262.

[151] FRADKIN E. critical-behavior of disordered degenerate semiconductors. 2. spectrum and transport-properties in mean-field theory. Physical Review B, 1986, 33 (5): 3263-3268.

[152] 李占成. 高质量石墨烯的可控制备．合肥：中国科学技术大学，2012.

[153] 马晓平．石墨烯的化学气相沉积法制备．杭州：浙江大学，2013.

[154] EIGLER S, HIRSCH A. Chemistry with graphene and graphene oxide-challenges for synthetic chemists. Angewandte Chemie International Edition, 2014, 53 (30): 7720-7738.

[155] AVOURIS P, DIMITRAKOPOULOS C. Graphene: synthesis and applications. Materials Today, 2012, 15 (3): 86-97.

[156] 任文才，高力波，马来鹏，等．石墨烯的化学气相沉积法制备．新型碳材料，2011，26 (1): 71-80.

[157] 陈昊．微波段石墨烯电磁特性及应用研究．南京：东南大学，2020.

[158] AKINWANDE D, HUYGHEBAERT C, WANG C H, et al. Graphene and Two-dimensional Materials for Slicon Technology. Nature, 2019, 573 (7775): 507-518.

[159] YI M, SHEN Z. A review on mechanical exfoliation for the scalable production of graphene. Journal of Materials Chemistry A, 2015, 3 (22): 11700-11715.

[160] BERGER C, SONG Z M, LI X B, et al. Electronic confinement and coherence in patterned epitaxial graphene. Science, 2006, 312 (5777): 1191-1196.

[161] KEDZIERSKI J, HSU P L, Healey P, et al. Epitaxial graphene transistors on SIC substrates. IEEE Transactions on Electron Devices, 2008, 55 (8): 2078-2085.

[162] WU Y Q, LIN Y M, JENKINS K A, et al. RF performance of short channel graphene field-effect transistor//2010 International Electron Devices Meeting. IEEE, 2010 , 9.6.1-9.6.3.

[163] HUMMERS W S, OFFEMAN R E. Preparation of Graphitic Oxide. Journal of the American Chemical Society, 1958, 80 (6): 1339.

[164] HE H Y, KLINOWSKI J, FORSTER M, et al. A new structural model for graphite oxide. Chemical Physics Letters, 1998, 287 (1-2): 53-56.

[165] BRODIE B C. On the atomic weight of graphite. Philosophical Transactions of the Royal Society of London, 1859, 149: 249-259.

[166] STANKOVICH S, DIKIN D A, DOMMETT G H B, et al. Graphene-based composite materials. Nature, 2006, 442 (7100): 282-286.

[167] JEONG H K, LEE Y P, LAHAYE R J W E, et al. Evidence of graphitic AB stacking order of graphite oxides. Journal of the American Chemical Society, 2008, 130 (4): 1362-1366.

[168] 杨文强，吕生华．还原法制备石墨烯的研究进展及发展趋势．应用化工，2014 (9): 1705-1708, 1714.

[169] 邹向华．氧化石墨烯的制备与还原及其光响应特性．湘潭：湘潭大学，2013.

[170] 吴婕．氧化石墨烯还原方法的研究进展．化工进展，2013 (6): 1352-1356.

[171] 迟彩霞，乔秀丽，赵东江，等．氧化—还原法制备石墨烯．化学世界，2016，57 (4): 251-256.

[172] STANKOVICH S, DIKIN D A, PINER R D, et al. Synthesis of graphene-based nanosheets via chemical reduction of exfoliated graphite oxide. Carbon, 2007, 45 (7): 1558-1565.

[173] LI D, MUELLER M B, GILJE S, et al. Processable aqueous dispersions of graphene nanosheets. Nature Nanotechnology, 2008, 3 (2): 101-105.

[174] SI Y C, SAMULSKI E T. Synthesis of water soluble graphene. Nano Letters, 2008, 8 (6): 1679-1682.

[175] SHIN H J, KIM K K, BENAYAD A, et al. Efficient Reduction of Graphite Oxide by Sodium Borohydride and Its Effect on Electrical Conductance. Advanced Functional Materials, 2009, 19 (12): 1987-1992.

[176] TIEN H W, HUANG Y L, YANG S N, et al. The production of graphene nanosheets decorated with silver nanoparticles for use in transparent, conductive films. Carbon, 2011, 49 (5): 1550-1560.

[177] FAN Z J, WANG K, WEI T, et al. An environmentally friendly and efficient route for the reduction of graphene oxide by aluminum powder. Carbon, 2010, 48 (5): 1686-1689.

[178] MEI X G, OUYANG J Y. Ultrasonication-assisted ultrafast reduction of graphene oxide by zinc powder at room temperature. Carbon, 2011, 49 (15): 5389-5397.

[179] EDA G, FANCHINI G, CHHOWALLA M. Large-area ultrathin films of reduced graphene oxide as a transparent and flexible electronic material. Nature Nanotechnology, 2008, 3 (5): 270-274.

[180] EL-KADY M F, STRONG V, DUBIN S, et al. Laser Scribing of High-Performance and Flexible Graphene-Based Electrochemical Capacitors. Science, 2012, 335 (6074): 1326-1330.

[181] VAARI J, LAHTINEN J, HAUTOJARVI P. The adsorption and decomposition of acetylene on clean and K-covered Co (0001). Catalysis Letters, 1997, 44 (1-2): 43-49.

[182] UETA H, SAIDA M, NAKAI C, et al. Highly oriented monolayer graphite formation on Pt (111) by a supersonic methane beam. Surface Science, 2004, 560 (1-3): 183-190.

[183] STARR D E, PAZHETNOV E M, STADNICHENKO A I, et al. Carbon films grown on Pt (111) as supports for model gold catalysts. Surface Science, 2006, 600 (13): 2688-2695.

[184] GALL' N R, RUT'KOV E V, TONTEGODE A Y. Interaction of silver atoms with iridium and with a two-dimensional graphite film on iridium: Adsorption, desorption, and dissolution. Physics of the Solid State, 2004, 46 (2): 371-377.

[185] CORAUX J, NDIAYE A T, BUSSE C, et al. Structural coherency of graphene on Ir (111). Nano Letters, 2008, 8(2): 565-570.

[186] VAZQUEZ DE PARGA A L, CALLEJA F, BORCA B, et al. Periodically rippled graphene: Growth and spatially resolved electronic structure. Physical Reveiew Letters, 2008, 100: 0568075.

[187] MARCHINI S, GUENTHER S, WINTTERLIN J. Scanning tunneling microscopy of graphene on Ru (0001). Physical Review B, 2007, 76: 0754297.

[188] SUTTER P W, FLEGE J I, SUTTER E A. Epitaxial graphene on ruthenium. Nature Materials, 2008, 7 (5): 406-411.

[189] MADDEN H H, KUPPERS J, ERTL G. Interaction of Carbon-monoxide with (110) Nickel Surfaces. Journal of Chemical Physics, 1973, 58 (8): 3401-3410.

[190] GAMO Y, NAGASHIMA A, WAKABAYASHI M, et al. Atomic structure of monolayer graphite formed on Ni (111). Surface Science, 1997, 374 (1-3): 61-64.

[191] KAWANO T, KAWAGUCHI M, OKAMOTO Y, et al. Preparation of layered B/C/N thin films on nickel single crystal by LPCVD. Solid State Sciences, 2002, 4 (PII S1293-2558 (02) 00048-111-

12): 1521-1527.

[192] STARODUBOV A G, MEDVETSKII M A, SHIKIN A M, et al. Intercalation of silver atoms under a graphite monolayer on Ni (111). Physics of the Solid State, 2004, 46 (7): 1340-1348.

[193] YU Q K, LIAN J, SIRIPONGLERT S, et al. Graphene segregated on Ni surfaces and transferred to insulators. Applied Physics Letters, 2008, 93: 11310311.

[194] REINA A, JIA X T, HO J, et al. Large Area, Few-Layer Graphene Films on Arbitrary Substrates by Chemical Vapor Deposition. Nano Letters, 2009, 9 (1): 30-35.

[195] KIM K S, ZHAO Y, JANG H, et al. Large-scale pattern growth of graphene films for stretchable transparent electrodes. Nature, 2009, 457 (7230): 706-710.

[196] LEE Y B, BAE S, JANG H, et al. Wafer-scale synthesis and transfer of graphene films. Nano Letters, 2010, 10 (2): 490-493.

[197] WANG G, ZHANG M, LIU S, et al. Synthesis of Layer-Tunable Graphene: A Combined Kinetic Implantation and Thermal Ejection Approach. Advanced Functional Materials, 2015, 25 (24): 3666-3675.

[198] LI X S, CAI W W, AN J H, et al. Large-Area Synthesis of High-Quality and Uniform Graphene Films on Copper Foils. Science, 2009, 324 (5932): 1312-1314.

[199] LI X S, CAI W W, COLOMBO L, et al. Evolution of Graphene Growth on Ni and Cu by Carbon Isotope Labeling. Nano Letters, 2009, 9 (12): 4268-4272.

[200] VERMA V P, DAS S, LAHIRI I, et al. Large-area graphene on polymer film for flexible and transparent anode in field emission device. Applied Physics Letters, 2010, 96: 20310820.

[201] SUK J W, KITT A, MAGNUSON C W, et al. Transfer of CVD-Grown Monolayer Graphene onto Arbitrary Substrates. ACS Nano, 2011, 5 (9): 6916-6924.

[202] BAE S, KIM H, LEE Y, et al. Roll-to-roll production of 30-inch graphene films for transparent electrodes. Nature Nanotechnology, 2010, 5 (8): 574-578.

[203] JIAO L Y, FAN B, XIAN X J, et al. Creation of nanostructures with poly (methyl methacrylate)-mediated nanotransfer printing. Journal of the American Chemical Society, 2008, 130 (38): 12612.

[204] BATRAKOV K, KUZHIR P, MAKSIMENKO S, et al. Flexible transparent graphene/polymer multilayers for efficient electromagnetic field absorption. Scientific Reports, 2014, 4: 7191.

[205] POLAT E O, BALCI O, KOCABAS C. Graphene based flexible electrochromic devices. Scientific Reports, 2014, 4: 6484.

[206] CHEN X D, LIU Z B, JIANG W S, et al. The selective transfer of patterned graphene. Scientific Reports, 2013, 3: 3216.

[207] YONG K, ASHRAF A, KANG P, et al. Rapid Stencil Mask Fabrication Enabled One-Step Polymer-Free Graphene Patterning and Direct Transfer for Flexible Graphene Devices. Scientific Reports, 2016, 6: 24890.

[208] LIANG Y T, H M C. Highly Concentrated Graphene Solutions via Polymer Enhanced Solvent Exfoliation and Iterative Solvent Exchange. Journal of the American Chemical Society, 2010, 132 (50): 17661-17663.

[209] SECOR E B, PRABHUMIRASHI P L, PUNTAMBEKAR K, et al. Inkjet Printing of High Conductivity, Flexible Graphene Patterns. Journal of Physical Chemistry Letters, 2013, 4 (8): 1347-1351.

[210] SECOR E B, LIM S, ZHANG H, et al. Gravure Printing of Graphene for Large-Area Flexible Electronics. Advanced Materials, 2014, 26 (26): 4533.

[211] KIM K S, ZHAO Y, JANG H, et al. Large-scale pattern growth of graphene films for stretchable transparent electrodes. Nature, 2009, 457 (7230): 706.

[212] 彭黎琼，谢金花，郭超，等．石墨烯的表征方法．功能材料，2013 (21): 3055-3059.

[213] RODDARO S, PINGUE P, PIAZZA V, et al. The optical visibility of graphene: Interference colors of ultrathin graphite on SiO_2. Nano Letters, 2007, 7 (9): 2707-2710.

[214] NAIR R R, BLAKE P, GRIGORENKO A N, et al. Fine structure constant defines visual transparency of graphene. Science, 2008, 320 (5881): 1308.

[215] ZHU C Z, GUO S J, FANG Y X, et al. Reducing Sugar: New Functional Molecules for the Green Synthesis of Graphene Nanosheets. ACS Nano, 2010, 4 (4): 2429-2437.

[216] PARTOENS B, PEETERS F M. From graphene to graphite: Electronic structure around the K point. Physical Review B, 2006, 74: 0754047.

[217] 吴娟霞，徐华，张锦．拉曼光谱在石墨烯结构表征中的应用．化学学报，2014 (3): 301-318.

[218] FERRARI A C, ROBERTSON J. Interpretation of Raman spectra of disordered and amorphous carbon. Physical Review B, 2000, 61 (20): 14095-14107.

[219] TUINSTRA F, KOENIG J L. Raman Spectrum of Graphite. The Journal of Chemical Physics, 1970, 53 (3): 1126-1130.

石墨烯的电磁特性与建模

第2章

2.1 引言

电子在二维的石墨烯中传播时，能量与动量满足线性关系，行为类似无质量的狄拉克费米子（Dirac Fermions）[1-3]。因此，石墨烯可以用相对论的狄拉克方程而非有质量的薛定谔方程来描述，其电子特性符合二维电子气，并可以 $10^6\ \mathrm{m\cdot s^{-1}}$ 的速度高速运动[1,2]。

石墨烯表现出二维狄拉克费米子的各种输运特征，如特定整数和分数量子霍尔效应（Quantum Hall Effects）[4,5]及具有 π 相移的舒布尼科夫－德哈斯振荡（Shubnikov－de Haas Oscillations）现象[1]等。此外，即使载流子浓度趋于0时，石墨烯仍具有约 $4e^2\cdot h^{-1}$ 的电导率[1]；在悬浮的石墨烯样品中曾观察到可达 $10^6\ \mathrm{cm^2\cdot V^{-1}\cdot s^{-1}}$ 的载流子迁移率。再加上室温下的近弹道传输特性，使得石墨烯成为纳米电子领域潜在应用价值的材料[6,7]，特别是在高频应用领域[8]。

石墨烯还具有优异的光学性能。例如，尽管只有单原子的厚度，但依然肉眼可见。其透射率（T）可用精细结构常数（Fine-structure Constant）表示[9-11]。狄拉克电子是线性色散的，所以石墨烯可以在很宽的频率工作，使得宽带应用成为可能。泡利阻塞（Pauli Blocking）[12,13]会造成饱和吸收，而非平衡载流子会导致热发光[14-17]。化学和物理处理也可以导致发光[18-21]。这些特性共同促使其成为一种理想的光子和光电子材料。

2.2 石墨烯的电学特性

2.2.1 石墨烯的电子结构

石墨烯的电子态可由无限延伸于有限能量范围（能带）内具有本征能量空间的无数周期波函数来表示。通常用三维空间坐标 $\boldsymbol{r}=(x,\ y,\ z)$ 来描述某一现象，但对于周期波函数，用波数描述的坐标（倒格子空间或 k 空间）上的傅里叶变换乘积来表示会更方便。因此，在能带内由波函数 $\boldsymbol{\Psi}_k(\boldsymbol{r})$ 描述的每个电子态都可用波数 k（波长的倒数）或乘以 2π 来表示。这里沿 x, y, z 方向的波数 k_x, k_y, k_z 由波数矢量（又称波矢）$\boldsymbol{k}$ 来描述，这称为晶体中电子的能带结构[22,23]。

图2.1（a）为位于空间坐标上的部分石墨烯蜂窝状晶格。虚线表示一个原始的蜂窝状晶格单元，包含两个单独的碳原子，分别标记为A和B。即石墨烯蜂窝状晶格是由A和B碳位点组成的两个三角形子晶格连接而成的，两个子晶格结构在数学拓扑上具有二分格点系统的特征。石墨烯的晶胞基矢可以写成：$\boldsymbol{a}_1=\left(\frac{\sqrt{3}}{2}, \frac{1}{2}\right)a$，$\boldsymbol{a}_2=\left(\frac{\sqrt{3}}{2}, -\frac{1}{2}\right)a$。其中，$a=|\boldsymbol{a}_1|=|\boldsymbol{a}_2|=2.46\text{Å}$为晶格常数。则石墨烯蜂窝晶格中任意格点位置可以用晶格矢量$\boldsymbol{R}=n_1\boldsymbol{a}_1+n_2\boldsymbol{a}_2$（$n_1$，$n_2=0$，$\pm1$，$\pm2$，$\pm3$，…）表示，其中最近的相邻碳位点（$A$和$B$位点）由矢量$\boldsymbol{\tau}_2=\frac{1}{3}(a_1+a_2)$连接。

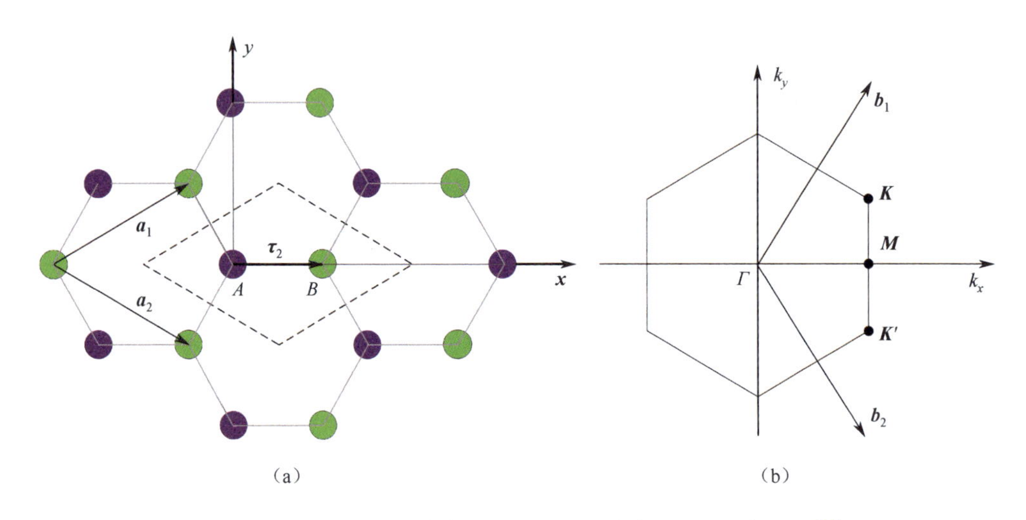

图2.1 （a）石墨烯的蜂窝状晶格；（b）蜂窝状晶格的倒格子[23]

需要注意，基矢的选择并不是唯一的，如在带状石墨烯中，考虑边缘几何形状整体的对称性，可以选择不同的晶格基矢。在图2.1（b）中，晶胞基矢对应的倒格矢$\boldsymbol{b}_1=\left(\frac{1}{\sqrt{3}}, 1\right)\frac{2\pi}{a}$，$\boldsymbol{b}_2=\left(\frac{1}{\sqrt{3}}, -1\right)\frac{2\pi}{a}$。倒格矢空间和实空间的对应关系满足：$\boldsymbol{b}_1\cdot\boldsymbol{a}_1=\boldsymbol{b}_2\cdot\boldsymbol{a}_2=2\pi, \boldsymbol{b}_1\cdot\boldsymbol{a}_2=\boldsymbol{b}_2\cdot\boldsymbol{a}_1=0$。$\Gamma$点是倒格子原点，实线六边形为倒格矢$\boldsymbol{b}_1$、$\boldsymbol{b}_2$表示的晶格的原胞。倒格子的原胞通常称为（第一）布里渊区，其中高度对称的点被标记为$\boldsymbol{K}=\left(\frac{1}{\sqrt{3}}, \frac{1}{3}\right)\frac{2\pi}{a}$，$\boldsymbol{M}=\left(\frac{1}{\sqrt{3}}, 0\right)\frac{2\pi}{a}$。由于石墨烯蜂窝状晶格的原胞中存在两个晶体学上独立的原子，所以$\boldsymbol{K}$点可分为$\boldsymbol{K}$和$\boldsymbol{K}'$点两种类型。$\boldsymbol{K}$和$\boldsymbol{K}'$点附近的区域又称“谷”。

在石墨烯中，每个碳原子的2s轨道和两个2p轨道杂化，形成由3/4价电子填充的σ带；而比σ带具有更高能级的p_z轨道则构成了1/4价电子填充的π带。未参与杂化的p_z轨道与σ带的电子态正交。因此，石墨烯蜂窝晶格中相邻碳原子的p_z轨道的相互作用可以很好地描述具有最高能量（费米能量）的填充电子的电子态，并可通过紧束缚近似计算费米能量附近的能带结构[24]。在紧束缚模型中，只考虑相邻碳原子之间的相互作用。因此，相邻 p_z 轨道波函数之间的重叠可以忽略不计，石墨烯 π 带中一个电子的哈密顿量表示为

$$\hat{\boldsymbol{H}} = \begin{pmatrix} 0 & H^*(\boldsymbol{k}) \\ H(\boldsymbol{k}) & 0 \end{pmatrix} \tag{2.1}$$

$$H(\boldsymbol{k}) = -\gamma_0 g(\boldsymbol{k}) \tag{2.2}$$

其中，共振积分 γ_0 和 $g(\boldsymbol{k})$ 定义为

$$\gamma_0 = -\int \varphi_z(\boldsymbol{r})[V(\boldsymbol{r}) - V_0]\varphi_z(\boldsymbol{r}-\boldsymbol{\tau}_2)\mathrm{d}r^3 + S\int \varphi_z(\boldsymbol{r})[V(\boldsymbol{r}) - V_0]\varphi_z(\boldsymbol{r})\mathrm{d}r^3 \tag{2.3}$$

$$g(\boldsymbol{k}) = \exp(\mathrm{i}\boldsymbol{k}\cdot\boldsymbol{\tau}_2) + \exp(\mathrm{i}\boldsymbol{k}\cdot\boldsymbol{D}_3\boldsymbol{\tau}_2) + \exp(\mathrm{i}\boldsymbol{k}\cdot\boldsymbol{D}_3^{-1}\boldsymbol{\tau}_2) \tag{2.4}$$

式中：$\boldsymbol{r}$、$(\varphi_z\boldsymbol{r})$、$V(\boldsymbol{r})$、$V_0$、$\boldsymbol{D}_3$ 分别为电子的位矢、碳原子的 p_z 轨道、石墨烯的晶格势、碳原子的原子势和 120℃旋转算符。

γ_0 为最近邻碳原子之间电子相互作用的参数，约为 3.15eV。为了对角线化 $\hat{\boldsymbol{H}}$，使薛定谔方程具有非零解，石墨烯 π 带的能量 E 可从以下特征方程得到：

$$\begin{vmatrix} -E & -\gamma_0 g(\boldsymbol{k}) \\ -\gamma_0 g^*(\boldsymbol{k}) & -E \end{vmatrix} = 0 \tag{2.5}$$

式中：波数矢量 $\boldsymbol{k} = (k_x, k_y)$，代表石墨烯 π 带的电子态，与处于 $\boldsymbol{p} = \hbar\boldsymbol{k}$ 状态的电子动量的特征值相关。最后，得到石墨烯 π 键的能量为

$$E_{\mathrm{C,V}}(\boldsymbol{k}) = \pm\gamma_0|g(\boldsymbol{k})| = \pm\gamma_0\sqrt{1 + 4\cos\left(\frac{k_y a}{2}\right)\cos\left(\frac{\sqrt{3}k_x a}{2}\right) + 4\cos^2\left(\frac{k_y a}{2}\right)} \tag{2.6}$$

式（2.6）中的正负号分别对应 E_C 和 E_V，其中 C 和 V 分别表示导带（π 键）和价带（π* 键）。在这里，每个碳原子都有一个电子被容纳到产生的 π 键和 π* 键中，其中 π 带被填满，π* 带没有被占据。因此，石墨烯中最高能量的填充电子也即费米能量，是位于 π 带和 π* 带之间。此后，电子能量的原点固定在费米能量处。通常，电子能量 $E(\boldsymbol{k})$ 作为晶体中波函数的波数矢量的函数称为“色散关系”。

由于晶体结构的平移对称性，石墨烯的任何电子态都可由倒格子空间（k 空间）中的波数矢量在布里渊区的波函数表示。图 2.2（a）给出了由式（2.6）计算的 $E_{\mathrm{C,V}}(\boldsymbol{k})$ 的三维曲线图，其中价带和导带相互接触的点（圆圈标记的点）称为狄拉克点[25]。沿图 2.2（a）中布里渊区的 $\boldsymbol{K}$、$\boldsymbol{\Gamma}$、$\boldsymbol{M}$ 点的截面如图 2.2（b）所示[26]。根据图 2.2（b）所示的截面图，在图 2.2（a）所示的三维曲线图中，狄拉克点位于 $\boldsymbol{K}$ 点 k_x 和 k_y 轴上，费米能量位于能量轴上。将倒格子空间的原点由 $\boldsymbol{\Gamma}$ 点改为 $\boldsymbol{K}$ 点，$E(\boldsymbol{k})$ 在狄拉克点附近近似为

$$E_{\mathrm{C,V}}(\boldsymbol{k}) = \pm\frac{\sqrt{3}}{2}\gamma_0 a k \tag{2.7}$$

其中，$k = |\boldsymbol{k}|$，波数矢量 $\boldsymbol{k}$ 的模为倒格子空间中 K 点到狄拉克点处能量的原点的距离。

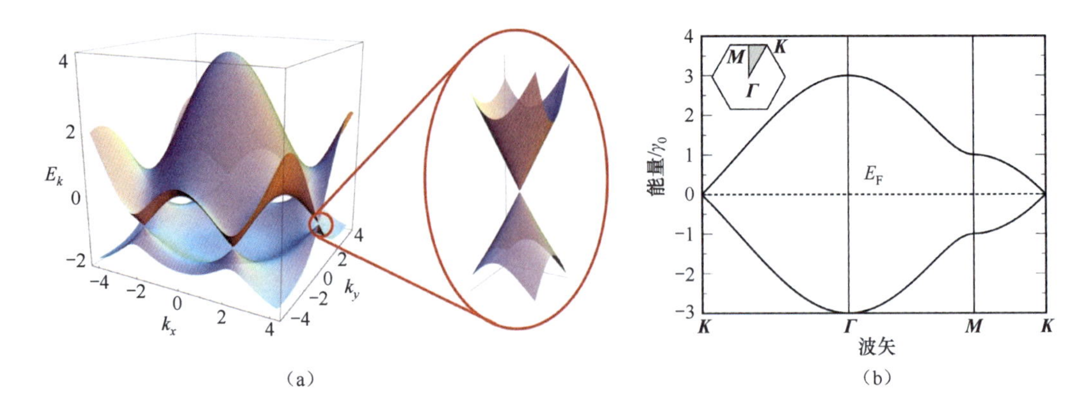

图 2.2 (a) 最近邻紧束缚模型得到的石墨烯的 π 电子能带结构。插图显示了在狄拉克点附近电子结构的放大图像[25]。(b) 为在倒格子空间中沿 $K \to \Gamma \to M \to K$ 点的截面图像[26]

与典型的二维电子系统的色散关系相比，石墨烯中的电子能量与波数是特殊的正比关系，而二维电子系统的色散关系是波数的抛物线能量函数。石墨烯电子的线性色散特性正是许多新特性的原因。利用式（2.7）导出狄拉克点附近的电子态密度为

$$D(E) = \frac{8|E|}{3\pi\gamma_0^2 a^2} \tag{2.8}$$

将态密度 $D(E)$ 与能量 E 积分，得到石墨烯载流子密度为

$$n = \frac{4}{3\pi\gamma_0^2 a^2}E^2 \tag{2.9}$$

式中：E 为对应的电子或空穴的密度。如式（2.8）所示，态密度与能量成正比，在费米能量处为零。这意味着价带和导带间的能隙为零，因此石墨烯通常被称为零带隙半导体。

2.2.2 多层石墨烯的能带结构

通过引入石墨烯层间相互作用，计算了多层石墨烯的电子结构，即两层以上石墨烯片的堆叠。多层石墨烯最稳定的结构就是石墨，如图 2.3（a）所示，每片石墨以伯纳尔（AB）堆叠方式堆叠[27]。如前面提到的，石墨烯的碳原子可分为 A 和 B 两个位点。在 AB 堆叠结构中，第二层是平行放置在第一层下面的，以确保第一层 B 点（B_1）与第二层的 A 点（A_2）重合，第一层 A 点（A_1）叠加在第二层蜂窝晶格六边形的中心。第三层的 A 和 B 点（A_3，B_3）与第一层位置（A_1，B_1）完全重合，以此类推，如图 2.3（b）所示。因此，AB 堆叠的多层石墨烯的原始单元由两层石墨烯薄片组成，如图 2.3（a）所示。

在 AB 堆叠结构中，相邻石墨烯薄片的最近邻碳原子的 p_z 轨道间的共振积分为 $\gamma_1 \approx 0.4\text{eV}$，薄片间的距离为 $c_0/2 = 0.335\text{nm}$。相邻石墨烯上紧邻的碳原子之间的相互作用

用γ_3表示。在仅考虑层间最近邻相互作用的紧束缚近似的情况下，多层石墨烯与单层石墨烯的电子能带结构如图 2.4 所示。双层石墨烯的电子结构由四个能带组成，包括一对导带和价带，其中一对能带在狄拉克点（倒格子空间的 K 点）相互接触。在另一对中，导带的底部和价带的顶部位于 K 点，但它们沿垂直的能量轴从狄拉克点分别向上和向下移动了γ_1。因此，双层石墨烯也表现出相对于狄拉克点对称的电子能带结构，并具有与单层石墨烯类似的零带隙特征。然而，双层石墨烯的电子能与波数呈抛物线关系，线性色散特性消失。

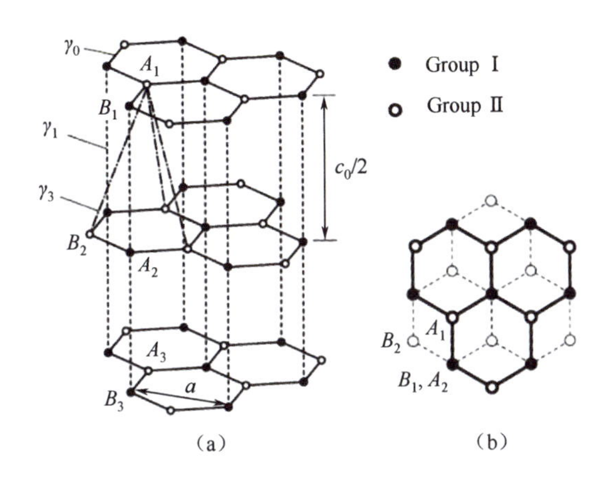

图 2.3　(a) 多层石墨烯的 AB (Bernal) 堆叠结构；(b) 奇数层（实线）、偶数层（虚线）的堆叠结构[27]

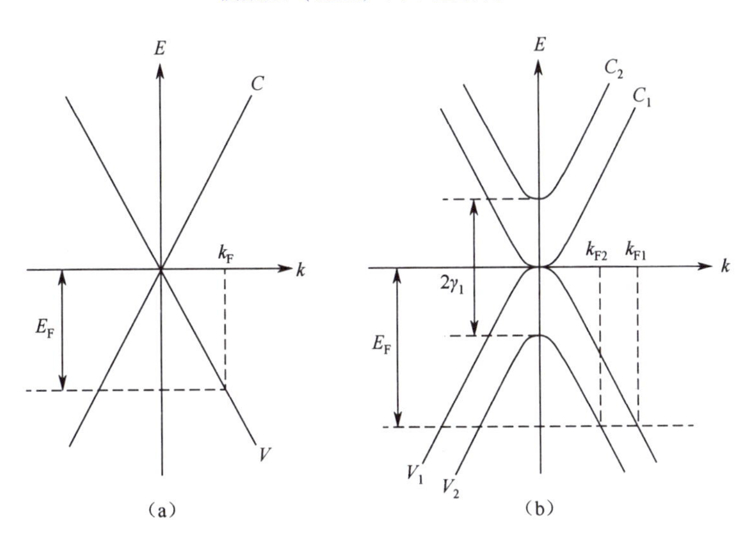

图 2.4　单层石墨烯 (a) 和双层石墨烯 (b) 的能带结构，其中 C (C_1，C_2) 和 V (V_1，V_2) 分别表示导带和价带。E_F为费米能级，k_F，k_{F1}，k_{F2}表示 E_F 电子态对应的费米波数[23]

将单层石墨烯和双层石墨烯结合，可以很好地了解三层以上的多层石墨烯的电子结构。因此，偶数层为 $2i$（i 为整数）的多层石墨烯具有与双层石墨烯类似的 $4i$ 的抛物线电子能带。在奇数层（$2i+1$）的石墨烯中，电子结构中出现了 $4i$ 的抛物线能带（双层型）和两个与单层石墨烯类似的线性能带，如图 2.5 所示。因此，多层石墨烯的电子特性取决于其层数的奇偶性，可以通过单层或双层石墨烯的电子结构的贡献之和来理解。需要注意的是，这些结果只考虑了 p_z 轨道，并且在狄拉克点附近是有效的（通常在能量轴上的 ±0.1 ~0.2eV 范围内），当电子能量离狄拉克点很远时，还需考虑 s 轨道和 p 轨道之间的杂化轨道的贡献。

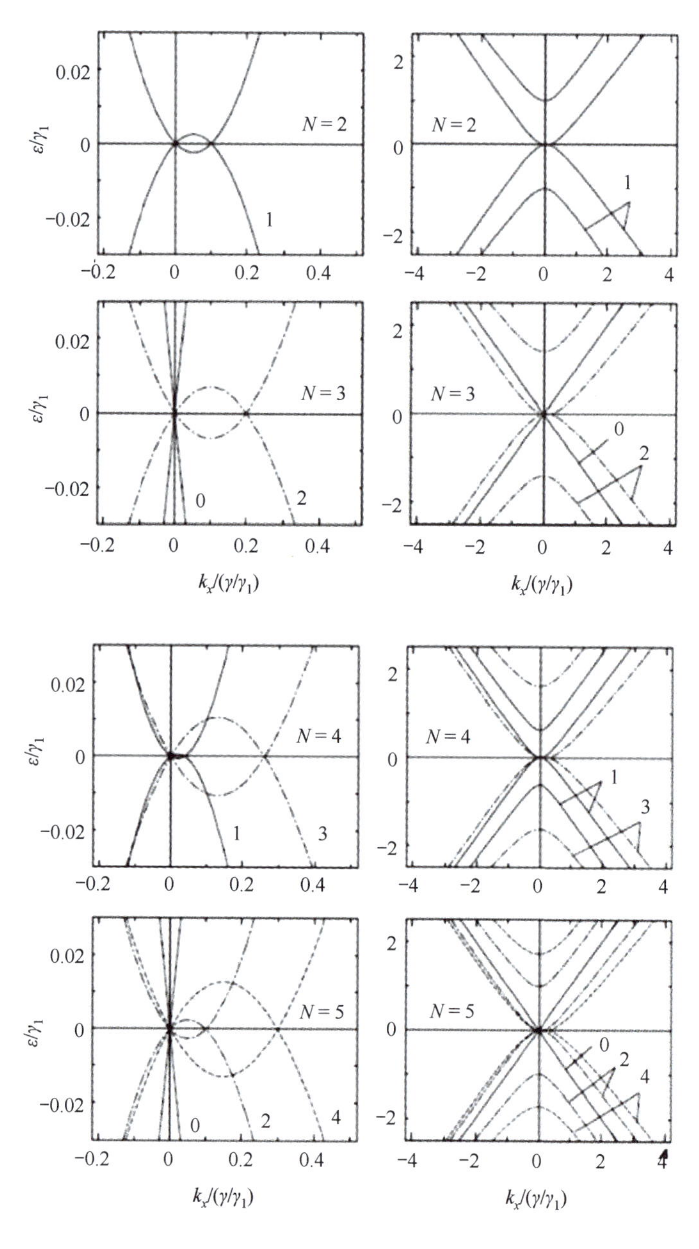

图 2.5　多层石墨烯在 K 点附近的电子能带结构（层数 N =2，3，4，5），右图为左图的放大[27]

2.2.3　缺陷和边缘的影响

如前所述，理想结构的石墨烯具有许多新颖的电子特性，这是因为它的拓扑结构稳定，且具有线性色散能带和零带隙属性，所以会抑制载流子散射，这也是石墨烯具有极高的载流子迁移率的原因。然而，现实中并不存在完美的石墨烯，杂质的引入、原子的缺失及晶格边缘的形态等都会在一定程度上改变电子结构，引起载流子散射。尤其是在晶体尺寸有限的石墨烯材料中，蜂窝晶格边缘的形态将发挥重要作用。

自 20 世纪 90 年代以来，M. Fujita 等人已开始对石墨烯中边缘效应的理论进行研究[28,29]。从几何角度来看，石墨烯蜂窝状晶格的边缘可分为两种类型：锯齿形边缘和扶手椅形边缘，如图 2.6 所示。任意形状的边缘都可由这两种具有代表性的边缘的组合来描述。理论计算表明除具有理想石墨烯结构的价态 π 带和导电 π^* 带外，锯齿形边缘的石墨烯条带在狄拉克点还会出现非键 π 电子态的边缘态。边缘态几乎局限在石墨烯的边缘，并支配着石墨烯条带边缘的电子态。而扶手椅形边缘对狄拉克点周围的电子结构则没有显著影响。

考虑石墨烯蜂窝状晶格是由 A、B 碳位点组成的三角形子晶格的拓扑结构构成的，可以很容易理解锯齿形石墨烯条带出现边缘态的原因。如图 2.6 所示，锯齿形边缘仅由 A 或 B 位点中的一个点来终止，破坏了锯齿形边缘 A 和 B 位点的对称性。根据式（2.1）中的单电子哈密顿量，石墨烯的电子结构由共振积分连接的每个 A 和 B 位点上相邻碳原子的波函数之间的路径决定。碳原子网络的拓扑结构决定了薛定谔方程的解，所以即使石墨烯结构有缺陷，只要 A 和 B 位点依然保持对称性，也可以得到与理想石墨烯相似的电子结构，否则电子结构会发生显著的改变。子晶格对称性的破坏是锯齿形边缘出现边缘态的内在原因。

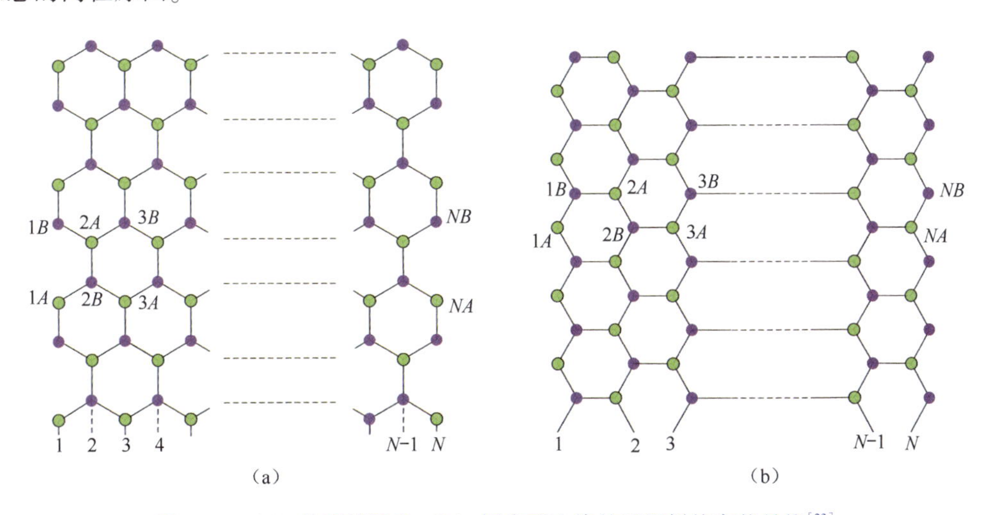

图 2.6　（a）扶手椅形和（b）锯齿形边缘的石墨烯蜂窝状晶格[23]

图 2.7 所示为在 $N=200$ 个单位晶胞的石墨烯条带中，通过紧束缚近似计算的条带的 14 个能级，锯齿形纳米带呈现了扶手椅形中没有的零能量模式。这个零能量的带是石墨烯条带边缘的表面态。它们之间的相互作用可以导致石墨烯边缘附近出现电子间隙和磁态。然而，从实验的角度来看，石墨烯纳米带的边缘具有高度的粗糙度。这种无序边缘会显著改变边缘态的性质，导致量子霍尔效应的安德森局域化和异常，以及库仑封锁效应等。

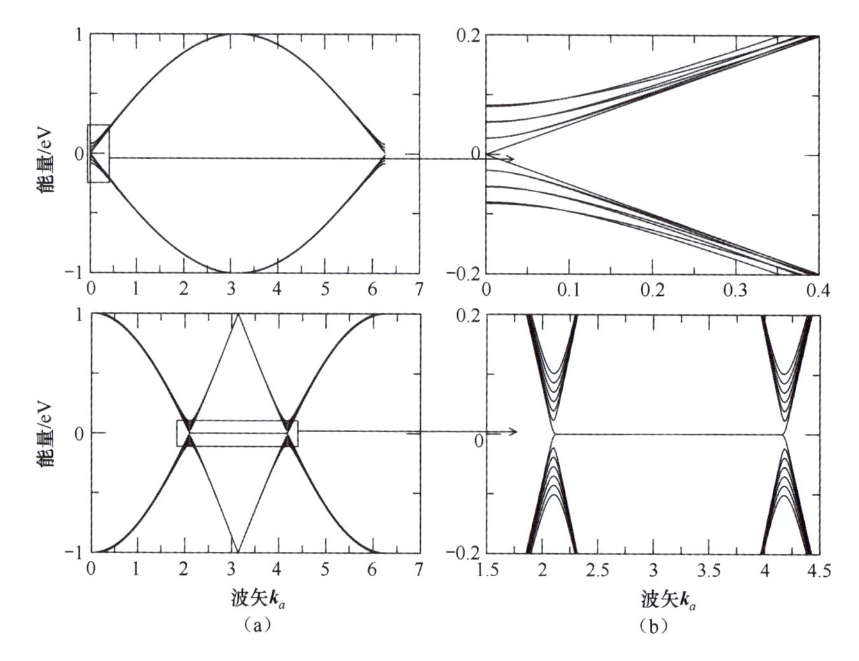

图 2.7　石墨烯纳米带的电子色散。(a) 紧束缚近似计算的扶手椅形（顶部）和锯齿形（底部）边缘的纳米带的能量谱；纳米带宽度为 $N=200$ 个单位晶胞；(b) 低能态的放大图[25]

2.2.3.1　锯齿形纳米带

围绕狄拉克点 K 和 K' 的狄拉克哈密顿量可由式（2.1）给出，其对应的子格 A 和子格 B 在实空间中的波函数分别为

$$\Psi_A(\boldsymbol{r}) = e^{i\boldsymbol{K}\cdot\boldsymbol{r}}\psi_A(\boldsymbol{r}) + e^{i\boldsymbol{K}'\cdot\boldsymbol{r}}\psi'_A(\boldsymbol{r}) \tag{2.10}$$

$$\Psi_B(\boldsymbol{r}) = e^{i\boldsymbol{K}\cdot\boldsymbol{r}}\psi_B(\boldsymbol{r}) + e^{i\boldsymbol{K}'\cdot\boldsymbol{r}}\psi'_B(\boldsymbol{r}) \tag{2.11}$$

式中：ψ_A 和 ψ_B 均为哈密顿量的旋量波函数的分量。假设纳米带的边缘平行于 x 轴，则平移对称性保证旋量波函数可以写成

$$\psi(\boldsymbol{r}) = e^{ik_x x}\begin{pmatrix}\phi_A(y)\\ \phi_B(y)\end{pmatrix} \tag{2.12}$$

与哈密顿量的旋量方程相似，其中 ϕ_A 和 ϕ_B 为旋量。对于锯齿形边缘，条带边缘（位于 $y=0$ 和 $y=L$ 处，其中 L 为条带宽度）的边界条件为

$$\Psi_A(y=L) = 0, \Psi_B(y=0) = 0 \tag{2.13}$$

所以

$$e^{iKx}e^{ik_x x}\phi_A(L) + e^{-iKx}e^{ik_x x}\phi'_A(L) = 0 \tag{2.14}$$

$$e^{iKx}e^{ik_x x}\phi_B(0) + e^{-iKx}e^{ik_x x}\phi'_B(0) = 0 \tag{2.15}$$

对于任意 x 边界条件，式（2.14）和式（2.15）都满足，则要求

$$\phi_A(L) = \phi'_A(L) = \phi_B(0) = \phi'_B(0) = 0 \tag{2.16}$$

K 点周围的特征函数可以表示为

$$\begin{pmatrix} 0 & k_x - \partial_y \\ k_x + \partial_y & 0 \end{pmatrix}\begin{pmatrix} \phi_A(y) \\ \phi_B(y) \end{pmatrix} = \tilde{\varepsilon}\begin{pmatrix} \phi_A(y) \\ \phi_B(y) \end{pmatrix} \tag{2.17}$$

其中，$\tilde{\varepsilon} = \varepsilon/v_F$，$\varepsilon$ 为能量本征值。本征问题可以写成两个线性微分方程的形式，即

$$(k_x - \partial_y)\phi_B = \tilde{\varepsilon}\phi_A, (k_x + \partial_y)\phi_A = \tilde{\varepsilon}\phi_B \tag{2.18}$$

式（2.18）第一项两边同时乘以算子（$k_x + \partial_y$）得到

$$(k_x^2 - \partial_y^2)\phi_B = \tilde{\varepsilon}^2\phi_B \tag{2.19}$$

解为

$$\phi_B = Ae^{zy} + Be^{-zy} \tag{2.20}$$

ϕ_A可计算如下：

$$\phi_A = \frac{1}{\tilde{\varepsilon}}(k_x - \partial_y)\phi_B \tag{2.21}$$

得到特征能为 $\tilde{\varepsilon}^2 = k_x^2 - z^2$。锯齿形边缘的边界条件要求 $\phi_A(y = L) = 0$ 和 $\phi_B(y = 0) = 0$，得

$$\begin{cases} \phi_B(y = 0) = 0 \Leftrightarrow A + B = 0, \\ \phi_A(y = L) = 0 \Leftrightarrow (k_x - z)Ae^{zL} + (k_x + z)Be^{-zL} = 0 \end{cases} \tag{2.22}$$

则特征值方程为

$$e^{-2zL} = \frac{k_x - z}{k_x + z} \tag{2.23}$$

当 k_x为正时，式（2.23）中的 z 有实解，这些解对应于石墨烯条带边缘的表面波（边缘态）。除了 z 的实数解，式（2.23）还支持 $z = ik_n$的复数解，即

$$k_x = \frac{k_n}{\tan(k_n L)} \tag{2.24}$$

式（2.24）的解对应石墨烯条带中的约束模式。在狄拉克点 K'附近应用相同的方法，可以得到另一个不同的特征值方程，即

$$e^{-2zL} = \frac{k_x + z}{k_x - z} \tag{2.25}$$

当 k_x为负时，方程支持 z 的实数解。因此，动量在狄拉克点 K'附近时，条带具有负 k_x的边缘态。和 K 的情况一样，系统也支持约束模式，如

$$k_x = -\frac{k_n}{\tan(k_n L)} \tag{2.26}$$

当 $t'=0$ 时，锯齿形条带的边缘态是非色散的（局限于真实空间）。当电子—空穴对称性被打破时（$t'\neq 0$），这些边缘态就会变成具有费米速度 $v_e \approx t'a$ 的色散态。

2.2.3.2 扶手椅形纳米带

现在考虑沿 y 方向有一个扶手椅形边缘的纳米带。条带边缘的边界条件（位于 $x=0$ 和 $x=L$ 处，其中 L 为条带宽度）为

$$\Psi_A(x=0) = \Psi_B(x=0) = \Psi_A(x=L) = \Psi_B(x=L) = 0 \tag{2.27}$$

平移对称性保证了哈密顿量［式（2.1）］的旋量波函数可以写成

$$\psi(r) = \mathrm{e}^{\mathrm{i}k_y y}\begin{pmatrix}\phi_A(x)\\ \phi_B(x)\end{pmatrix} \tag{2.28}$$

边界条件可以写成

$$\mathrm{e}^{\mathrm{i}k_y y}\phi_A(0) + \mathrm{e}^{\mathrm{i}k_y y}\phi'_A(0) = 0 \tag{2.29}$$

$$\mathrm{e}^{\mathrm{i}k_y y}\phi_B(0) + \mathrm{e}^{\mathrm{i}k_y y}\phi'_B(0) = 0 \tag{2.30}$$

$$\mathrm{e}^{\mathrm{i}KL}\mathrm{e}^{\mathrm{i}k_y y}\phi_A(L) + \mathrm{e}^{-\mathrm{i}KL}\mathrm{e}^{\mathrm{i}k_y y}\phi'_A(L) = 0 \tag{2.31}$$

$$\mathrm{e}^{\mathrm{i}KL}\mathrm{e}^{\mathrm{i}k_y y}\phi_B(L) + \mathrm{e}^{-\mathrm{i}KL}\mathrm{e}^{\mathrm{i}k_y y}\phi'_B(L) = 0 \tag{2.32}$$

满足任意 y 的条件是

$$\phi_\mu(0) + \phi'_\mu(0) = 0 \tag{2.33}$$

$$\mathrm{e}^{\mathrm{i}KL}\phi_\mu(L) + \mathrm{e}^{-\mathrm{i}KL}\phi'_\mu(L) = 0 \tag{2.34}$$

其中，$\mu=A, B$。很明显，这些边界条件混合了两个狄拉克点的状态。如前所述，函数 ϕ_B 和 ϕ'_B 服从二阶微分方程［式（2.19）］（用 x 代替 y），函数 ϕ_A 和 ϕ'_A 由式（2.21）确定。式（2.19）的解为

$$\phi_B = A\mathrm{e}^{\mathrm{i}k_n x} + B\mathrm{e}^{-\mathrm{i}k_n x} \tag{2.35}$$

$$\phi'_B = C\mathrm{e}^{\mathrm{i}k_n x} + D\mathrm{e}^{-\mathrm{i}k_n x} \tag{2.36}$$

应用边界条件式（2.33）和式（2.34），可以得到

$$A + B + C + D = 0 \tag{2.37}$$

$$A\mathrm{e}^{\mathrm{i}(k_n+K)L} + D\mathrm{e}^{-\mathrm{i}(k_n+K)L} + B\mathrm{e}^{-\mathrm{i}(k_n-K)L} + C\mathrm{e}^{\mathrm{i}(k_n-K)L} = 0 \tag{2.38}$$

满足边界条件则需

$$A = -D, B = C = 0 \tag{2.39}$$

使得 $\sin[(k_n+K)L]=0$。因此，k_n 及本征能量 $\tilde{\varepsilon}$ 的值允许为

$$k_n = \frac{n\pi}{L} - \frac{4\pi}{3a_0} \tag{2.40}$$

$$\tilde{\varepsilon}^2 = k_y^2 + k_n^2 \tag{2.41}$$

在这种情况下不存在表面态。

2.3 石墨烯的光学特性

2.3.1　线性光吸收

石墨烯的透光性与层数有关，光学成像对比可识别出 Si/SiO_2 衬底上的石墨烯，如可通过调整 SiO_2 的厚度或光的波长来最大化对比度[30,31]。作为具有固定光导 $G_0 = e^2/(4\hbar) \approx 6.08\times10^{-5}\Omega^{-1}$ 的材料[32]，可以应用菲涅耳方程推导石墨烯的透射率：

$$T = (1 + 0.5\pi\alpha)^{-2} \approx 1 - \pi\alpha \approx 97.7\% \tag{2.42}$$

其中，$\alpha = e^2/(4\pi\varepsilon_0\hbar c) = G_0/(\pi\varepsilon_0 c) \approx 1/137$ 是精细结构常数[33]。石墨烯在可见光区仅反射了小于0.1%的入射光[33]，在第10层时上升到2%左右[30]。因此，可以认为石墨烯层的光吸收能力与层数是呈正比的，在可见光谱内每层的吸收为 $A \approx 1 - T \approx \pi\alpha \approx 2.3\%$（见图2.8）。在多层石墨烯样品中，每层都可以看作一层二维电子气，来自邻层的微扰很小，多层的吸收效果可以用多个单层石墨烯光学效果来近似叠加[30]。石墨烯的吸收光谱在300～2500nm范围内较为平坦，而在紫外光区，由于石墨烯态密度中存在激元位移的范霍夫奇点，所以吸收光谱在270nm附近出现一个峰值。在石墨烯的低频应用中，还可以观察到与能带间跃迁相关的其他吸收特性[34,35]。

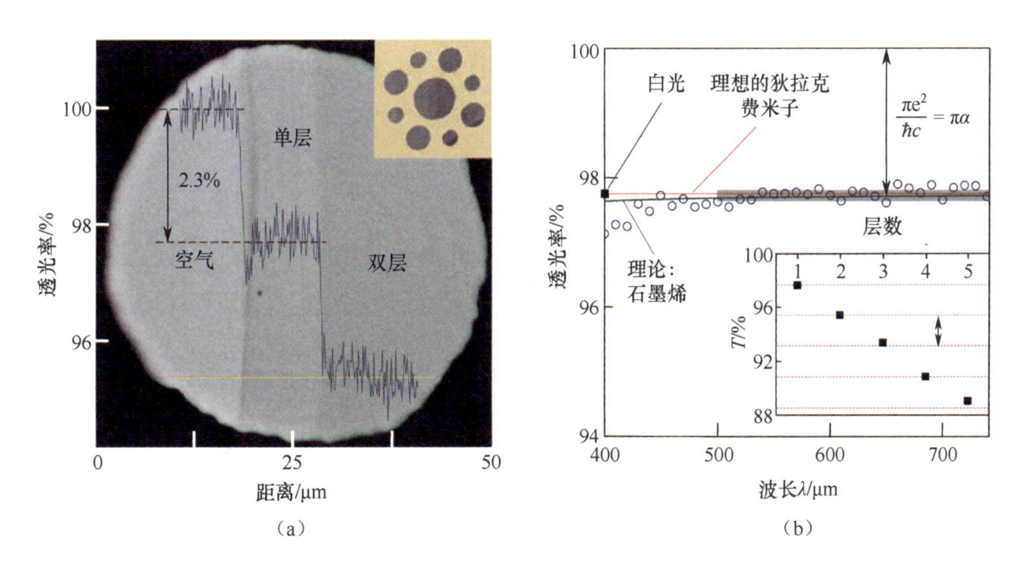

图2.8　石墨烯的光学特性[33,36]。(a) 不同层数时的透光率，插图为文献［33］的实验样品，带有孔径的厚金属板上放置有不同厚度的石墨烯薄片；(b) 不同波长下的透光率，插图为白光下透过不同层数石墨烯时的透光率

2.3.2 非线性饱和吸收

一般而言，各向同性材料中存在瞬态介电响应[37]，则感应极化 $P(t)$ 与电场 $E(t)$ 的关系可表示为

$$P(t) = \varepsilon_0(\chi^{(1)}E(t) + \chi^{(2)}E^2(t) + \chi^{(3)}E^3(t) + \cdots) \tag{2.43}$$

式中：ε_0为真空介电常数；$\chi^{(1)}$为一阶线性极化率；$\chi^{(2)}$和$\chi^{(3)}$分别为二阶和三阶非线性极化率[38,39]。当入射光强较弱时，一阶线性函数$\chi^{(1)}$占据主导，极化强度 P 与电场 E 呈线性依赖关系。

二阶非线性极化率$\chi^{(2)}$关乎二次谐波（Second Harmonic Generation，SHG）、和频（Sum-Frequency Generation，SFG）和差频（Difference-Frequency Generation，DFG）的产生。只有在分子水平上缺乏反演对称的物质才是非零的[38]。由于石墨烯蜂窝碳结构具有反演对称性，因此在其对称性没受到干扰的情况下是不具有二阶非线性特征的[40]。$\chi^{(2)}$也与一些电光效应（如泡克尔斯效应）有关。三阶非线性极化率$\chi^{(3)}$负责三次谐波产生（Third Harmonic Generation，THG）、非线性折射率变化（非线性克尔效应）和非线性吸收变化（饱和吸收和多光子吸收）。石墨烯具有很强的$\chi^{(3)}$非线性[40,41]，其折射率和光吸收的变化依赖于入射光强，复折射率 n 可表示为[38,39]

$$n = n_0 + n_2 I - \mathrm{i}\frac{\lambda}{4\pi}(\alpha_0 + \alpha_2 I) \tag{2.44}$$

式中：I 为光强；n_2为非线性折射率（克尔系数）；α_2为非线性吸收系数。n_2和 α_2分别与$\chi^{(3)}$的实部和虚部相关，其中

$$n_2 = \frac{3}{4cn_0^2\varepsilon_0}\mathrm{Re}(\chi^{(3)}), \alpha_2 = \frac{3\omega}{2c^2n_0^2\varepsilon_0}\mathrm{Im}(\chi^{(3)}) \tag{2.45}$$

值得注意的是，由于 Kramers－Kronig 关系，光吸收的变化对吸收边附近波长的折射率有很强的影响[38]。如式（2.45）所示，石墨烯饱和吸收是与$\chi^{(3)}$虚部有关的现象，高强度光会“漂白”材料，进而阻碍光的吸收。石墨烯的光吸波率可以表示为[38]

$$\alpha = \frac{\alpha_0}{1 + I/I_S} \tag{2.46}$$

式中：α_0为线性吸收系数；I_S为饱和强度。饱和强度 I_S可由吸收截面 σ 和弛豫时间 τ 得到，如

$$I_S = \frac{\hbar\omega}{\sigma\tau} = \frac{E_S}{\tau} \tag{2.47}$$

式中：ω 为光学角频率；E_S为饱和通量[42]。

在入射光强相对较弱的线性范围内，石墨烯吸收入射光，导致光的衰减。当入射光强较高时，低能态被耗尽，高能态被填充，因此吸收饱和发生，衰减减少。具体表现为

光脉冲照射时，价带的电子吸收光子能量跃迁至导带，随后热载流子能量降低到平衡态。因为电子是费米子，遵循泡利不相容原理，所以每个电子将按照费米—狄拉克分布从低能量的状态开始占据一个能量状态。价带的电子也将重新分布到低能量状态，能量高的状态被空穴占据。这个过程同时伴随带间电子—空穴复合和声子散射。在光强足够大时，电子会被源源不断地激励到导带，最终价带和导带光子能量的子带完全被电子和空穴占据，带间跃迁阻断，此时石墨烯的吸收将饱和，光子无损耗地通过，如图 2.9 所示。

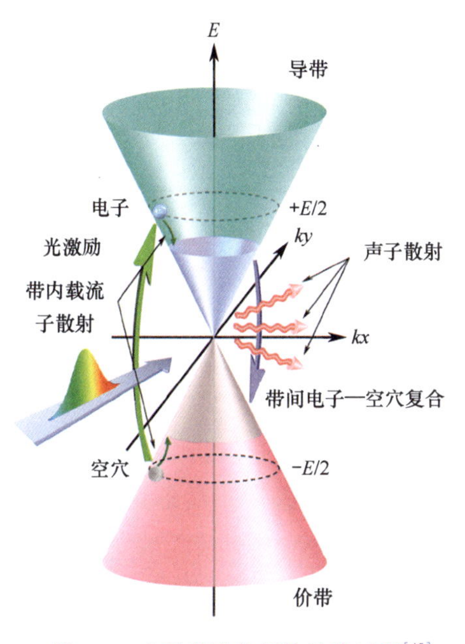

图 2.9　光子激励的超快弛豫过程[45]

饱和吸收是一种普遍存在的现象，任何能级间的电子跃迁导致光吸收的材料均具有饱和吸收特征。然而，很难找到一种可以在几皮秒到几百飞秒的时间尺度上产生超短脉冲的具有快速弛豫时间的可饱和 X 吸收材料。而石墨烯具有固有的快速饱和吸收响应特性[44-46]。如在时间分辨实验中[47]，发现了两种超快的弛豫时间：一种是速度较快（约为 100fs）的载流子—载流子散射和声子散射；另一种是速度较慢（在皮秒量级）的电子带间弛豫和热声子冷却[48,49]。文献［50］给出了单层石墨烯样品在 1.55μm 工作波长下的饱和特性。估计的饱和强度 I_S 约为 250MW · cm^{-2}。到目前为止，各种出版物报道的饱和强度并不一致：从约 0.7MW · cm^{-2}[51-54] 到 100 ~ 300MW · cm^{-2}[55-57]。这可能是由石墨烯样品中电子的非弹性碰撞时间不同导致的[58]。

如图 2.8（b）所示，石墨烯具有与波长无关的线性光吸收；然而，其非线性饱和吸收并不是与波长无关，石墨烯的饱和强度是随波长变长而变低[59]。图 2.10 为预测的不同波长和非弹性碰撞时间下带间饱和强度的变化曲线[58]。因为石墨烯的线性能带结构，致使在更高的光子能量下很难饱和吸收，所以这一预测也是合理的。事实上，在波

长较短的 $\lambda=800\text{nm}$ 处，有更高的饱和强度的报道[60]。因此，在较长的波长下，采用石墨烯饱和吸收进行激光锁模是比较有利的。石墨烯可以在太赫兹或微波频率下用作饱和吸收。据报道，100GHz 时石墨烯的饱和强度可以低到约为 $0.04\text{MW}\cdot\text{cm}^{-2}$[61]。

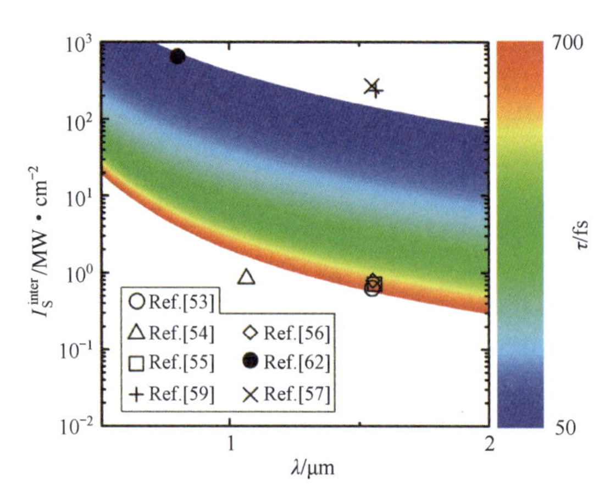

图 2.10　预测的不同波长 λ 和零温度下弛豫时间 τ 下带间饱和强度 I_S 的变化曲线[58]

2.3.3　电/光致发光

零带隙的属性及超快的载流子弛豫（主要通过较快的电子—电子，电子—声子）阻碍了电子—空穴的有效复合，使得石墨烯不具备Ⅲ-Ⅴ族等半导体高效能级跃迁发光的方式及优势。但石墨烯具有超高的热稳定性及电流密度（CVD 生长的石墨烯纳米条带上曾测得接近 $10^9\text{A}\cdot\text{cm}^{-2}$ 的电流密度[62]，最高击穿电流密度甚至可达 $10^{12}\text{A}\cdot\text{cm}^{-2}$[63]），而且还具有低热容及超快载流子迁移率，这意味着石墨烯具有很大潜质可以用来实现纳米尺度的高速热辐射光源。如最近一些实验工作证实在 SiO_2/Si 衬底上采用电驱石墨烯的方式实现光辐射[64-68]。受衬底和金属触点的散热限制[69]，以及外部散射导致的热电子弛豫[70,71]，石墨烯在真空中的最高温度限制在 1100K 内。随后 Kim 等人采用悬浮石墨烯的方式降低衬底的纵向散热以及避免声子—声子散射效应下石墨烯热导的降低[72,73]，实现了真空下高达 2800K 的温度，并且发出高出[66,67,74]三个数量级光强的明亮可见光。为避免石墨烯在高温下快速氧化，提高其寿命及满足高速调制的需求，需使石墨烯隔绝空气且又能快速地制冷热载流子使其可以高速开关光辐射。六方氮化硼（hBN）“包裹”的异质结石墨烯热辐射光源随后应运而生[75,76]。氮化硼为高温石墨烯提供了良好保护，使得石墨烯可稳定工作在 2000K，实现了覆盖可见光到近红外光的发射。此外，还从实验证实可以实现高达 10GHz 调制速率的光输出[76]。

2018 年，日本庆应大学的 Miyoshi 等人使用常规的 Si/SiO_2 衬底上转移石墨烯，并采用 ALD 法生长 Al_2O_3 覆盖层的方式隔绝空气与石墨烯的接触，避免高温氧化，同样实现了调制速率高达 10GHz 的近红外光输出[77]。实验中所采用的器件结构及对应的 4V 偏置电压下的红外成像图如图 2.11（a）、（b）所示，源极和漏极之间的工作电压可至 8V。辐射光谱覆盖整个光通信频段如图 2.11（c）所示。整个加工工艺完全兼容硅基半导体工艺，且完成多模光纤输出的通信测试，得到 50 MHz 下张开的眼图及 1Gb · s^{-1}实时高速热辐射调制数据，如图 2.11（d）、（e）所示，证明了系统的可靠性。此外，阐述了石墨烯热发射可以高速调制不仅因石墨烯本身高速热传导，以及衬底的热散射所致，还与衬底的表面极化声子的远程量子热传输相关[78-81]。该工作验证了石墨烯用于高速片上硅基光电集成的可能性，也为通过改变衬底优化光发射性能提供了新的线索。2019 年，麻省理工学院的 Englund 小组利用石墨烯—硅基光子晶体微腔结构实现了电驱动的片上热辐射光源[82]。该工作同样使用外加偏置电压的方法，在石墨烯内部产生热载流子实现热辐射。热辐射受到硅基光子晶体微腔的调制，在腔的共振波长处产生了增强的窄带辐射峰，且具有很强的偏振依赖性。

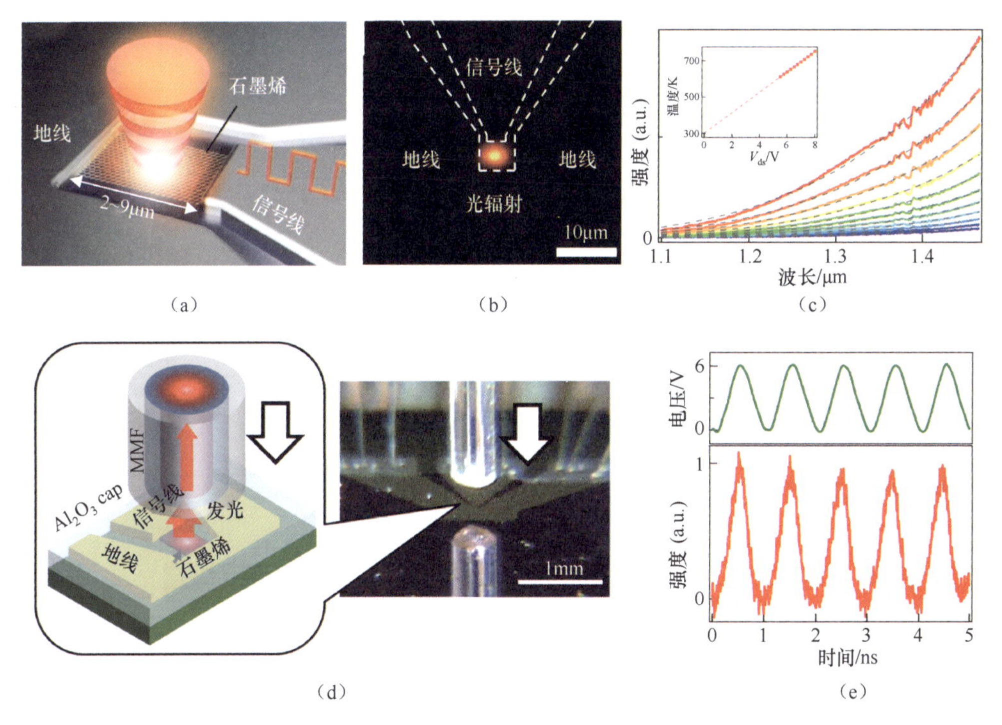

图 2.11　（a）器件结构及（b）4V 偏置电压下的红外成像图；（c）电压 V_{ds} = 5.5 ~ 8V 时的辐射光谱及由普朗克定律拟合获得的石墨烯温度曲线，插图中温度与施加的电压呈线性关系；（d）多模光纤正对上方通过空气直接耦合输出的示意图；（e）1Gb · s^{-1}实时高速热辐射调制数据[77]

此外，石墨烯可通过掺杂修饰的方法提供较高的自由电子浓度，使得隧穿电子与石墨烯表面的自由电子的谐振耦合成为可能。这也提供了另一种发光机制即量子隧穿发光。且纳米尺度非弹性隧穿光源响应速率只取决于电子隧穿时间。而后者往往在飞秒的尺度，使得石墨烯非弹性隧穿光源响应速率可达到 10^{15} Hz 量级，这将超过大部分现有光源响应速率。

石墨烯量子隧穿光源最早可追溯到2014年S. Khorasani等人提出的理论预测[81]及美国曼彻斯特大学R. Beams等人利用扫描隧穿显微探针通过局部注入低能电子的方式激发出了石墨烯上的等离子激元[82]。在此之前，更多聚焦于电学特性的研究上。随后，石墨烯隧穿发光的现象从理论到实验先后被多个研究团队陆续证实[83-90]。2018年，明尼苏达大学S. Namgung等人通过使用纳米粒子解决等离激元与自由空间辐射光子波矢失配的问题来增强光子辐射，验证了一款可工作于近红外光到可见光频段的石墨烯—绝缘介质—金属隧穿结光源[89]，如图2.12（a）所示。石墨烯在其中既扮演超薄透明电极降低对纳米粒子等离子激元模式调制的角色，又作为石墨烯隧穿结的一部分，提供或接收隧穿电子，用于表面等离激元的激发。作者通过验证与顶层纳米颗粒是否相连，排除了顶层金属中的自由电子在纳米粒子与金属衬底之间通过非弹性隧穿激发出表面等离激元及光子的可能，进而证实石墨烯作为隧穿结的一部分在参与工作。最近，瑞士苏黎世联邦理工学院M. Parzefall等人也提出一种类似金属—氮化硼—石墨烯的异质结隧穿光源[88]，如图2.12（b）所示。除了使用纳米粒子实现四个数量级近红外光发射增强，如图2.12（b）右图，该作者还通过样品测得的光谱的对称性、高频截止特性及受电压控制而非电子气温度控制的特点，排除了石墨烯其他发光机制（热辐射、热电子光辐射

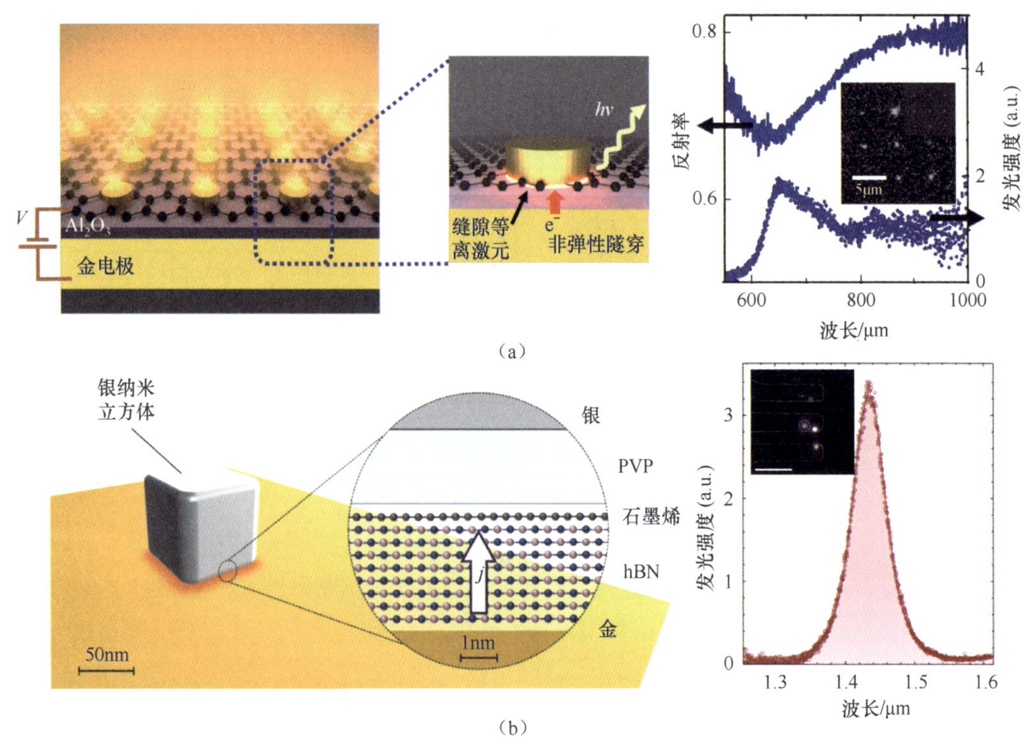

图2.12 （a）分布纳米粒子阵列的石墨烯隧穿结的光发射示意图[89]，右图分别为80nm直径的纳米粒子光学显微成像及对应的反射光谱和电致发光光谱；（b）立方体纳米天线增强的石墨烯—hBN—金属隧穿结示意图[88]，右图分别为立方体纳米天线光发射的强度分布及对应的发射光谱

等），确定非弹性量子隧穿效应在石墨烯—氮化硼—金属中起着支配作用。

石墨烯纳米光源为实现廉价且可大规模生产的片上集成光源提供了新的思路，但仍然存在许多问题和挑战。利用热辐射的光源存在局域温度高而影响集成环境等问题；非弹性隧穿光源的隧穿势垒阻碍高密度电子的通过，导致输入功率降低，且电光能量转换效率低，与通信质量密切相关的光束质量和相干性等方面也需要进行进一步的研究[93]。通过引入其他物理过程和机制而实现的光学辐射仍有待人们进一步研究和探索，如利用石墨烯内的热电子产生表面等离激元的光源[94,95]、声子辅助电致发光光源[96,97]，以及利用石墨烯量子点的光致发光等[98]。此外，石墨烯也可以通过引入带隙来发光，主要有两种方法：一种方法是将其切割成条带和量子点，另一种方法是通过化学或物理处理的方式降低其 π 电子网络的连通性。相比光产生光的非线性过程，电产生光的过程更能够从根本上解决片上光源问题[99]。

2.4 石墨烯的电磁模型

2.4.1 石墨烯的电导率

石墨烯是一层蜂窝状排列的碳原子晶格结构。这种材料的光学特性可以追溯到它的导电性，主要受电子的带内和带间跃迁所控制。如图 2.13 所示，一种为价带和导带之间的跃迁，另一种为导带内的电子跃迁，而不同的跃迁行为通常伴随不同的光效应。两种跃迁共同贡献石墨烯的电导率[100]，即

$$\sigma(\omega,\mu_c,\Gamma,T) = \sigma_{\text{intra}}(\omega,\mu_c,\Gamma,T) + \sigma_{\text{inter}}(\omega,\mu_c,\Gamma,T) \tag{2.48}$$

式中：ω 为工作角频率；Γ 为载流子散射率；T 为温度；μ_c 为化学势。当石墨烯生长和转移到衬底（散射率被确定），且工作环境（指应用背景如工作频率、环境温度）确定后，可以动态改变的变量就是对应的费米能级。而后者主要取决于石墨烯本身载流子浓度的高低，可以通过电压、电场、磁场或化学掺杂等控制。

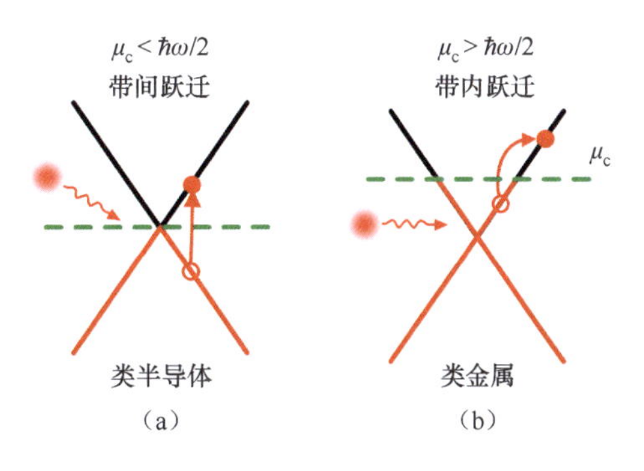

图 2.13　石墨烯电子带内与带间跃迁的能带示意图[2]

在没有外部磁场存在时（如不存在霍尔电导），石墨烯上的电导率 σ 可以认为是均匀各向同性的。可根据 Kubo 公式[101,102]表示为

$$\sigma(\omega,\mu_c,\tau,T)=\frac{-\mathrm{i}e^2(\omega+\mathrm{i}\tau^{-1})}{\pi\hbar^2}\left[\frac{1}{(\omega+\mathrm{i}\tau^{-1})^2}\int_0^\infty\xi\left(\frac{\partial f_d(\xi)}{\partial\xi}-\frac{\partial f_d(-\xi)}{\partial\xi}\right)\mathrm{d}\xi-\int_0^\infty\frac{f_d(-\xi)-f_d(\xi)}{(\omega+\mathrm{i}\tau^{-1})^2-4(\xi/\hbar)^2}\mathrm{d}\xi\right]\tag{2.49}$$

式中：ω 为角频率；τ 为载流子弛豫时间（Γ 可以与 $\tau=(2\Gamma)^{-1}$互换）；e 为电子电量；$\hbar=h/(2\pi)$ 为约化普朗克常数；$f_d(\xi)=1/\{\exp[(\xi-\mu_c)/K_BT]+1\}$为费米—狄拉克分布函数（$K_B$为玻尔兹曼常量）。式（2.49）右项分别包含带内跃迁 σ_{intra}和带间载流子跃迁 $x\sigma_{\text{inter}}$的贡献和。

当石墨烯的工作温度为室温 300K 时，$K_BT\approx0.026\text{eV}$，远远小于工作电压偏置下的石墨烯化学势 μ_c，即 $K_BT\ll|\mu_c|$。则石墨烯电导率的带内跃迁 σ_{intra}和带间跃迁 σ_{inter}可以分别简化为[103,104]

$$\sigma_{\text{intra}}(\omega)=\frac{-\mathrm{i}e^2\mu_c}{\pi\hbar^2(\omega+\mathrm{i}\tau^{-1})\hbar}\tag{2.50}$$

$$\sigma_{\text{inter}}=\frac{-\mathrm{i}e^2}{4\pi\hbar}\ln\left(\frac{2|\mu_c|-(\omega+\mathrm{i}\tau^{-1})\hbar}{2|\mu_c|+(\omega+\mathrm{i}\tau^{-1})\hbar}\right)\tag{2.51}$$

所以在任意偏置电压下（此处假设石墨烯化学势 $\mu_c=0.4\text{eV}$），对应的带内跃迁 σ_{intra}和带间跃迁 σ_{inter}所带来的电导率变化曲线如图 2.14 所示。从图 2.14 中可以看出石墨烯的电导率具有以下几个特点。

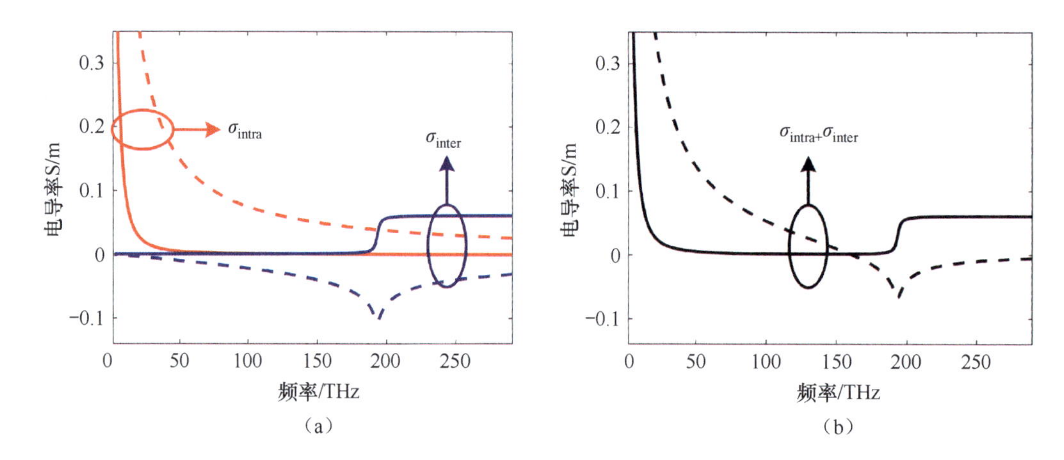

图 2.14　不同工作频率下（从 THz 到可见光频段），石墨烯电导率的变化趋势，对应的石墨烯的化学势为 0.4eV。（a）石墨烯的带内跃迁及带间跃迁对应的实部与虚部随工作频率改变的变化曲线；（b）总的电导率变化趋势

（1）带内跃迁带来的电导率实部及虚部均随频率降低而逐渐增强，且虚部大于实部，而带间跃迁则相反。表现的行为是低频时带内跃迁占主导，高频时带间跃迁更易发

生，这也可从图 2.14（b）的电导率曲线直观地看出。

（2）在频率比较低的时候（远红外光及以下），$\mu_c > 1/2\hbar\omega$，泡利阻塞发生，也即入射光子的能量不足以激发价带电子向导带的跃迁时，石墨烯的电导率主要由 σ_{intra} 占主导地位。此外，σ_{intra} 的实部和虚部均为正数且虚部比实部大时，石墨烯是一种具有损耗特性的感性材料，且损耗特性比电感特性更加明显。其色散曲线类似金属的 Drude 模型[105,106]。

（3）随着频率的逐步升高（红外光），σ_{intra} 实部迅速减小，而虚部依然比较大。另外，σ_{inter} 实部依旧近乎 0，但是虚部也在减小（负数），在这个频段附近出现了一种很奇特的现象，也就是将带内贡献和带间贡献相加，石墨烯总的电导率实部很小，而虚部相对较大（正数），此时的石墨烯在红外光附近对 TM 模式的表面波支持较好。这部分内容将在后面章节结合案例详细阐述。

（4）当频率进一步升高，满足 $\mu_c < 1/2\hbar\omega$ 时，σ_{inter} 会有一个跃变，这种跃变现象是由于当入射电磁波交换的能量大于价带、导带两端化学势之和（$-\mu_c \sim \mu_c$，石墨烯是一种零隙半导体，没有禁带），价带中的电子可以占据更高的量子态；跃变后，实部从近乎 0 上升到一个常数，这个常数也就是石墨烯的最小表面电导率，即 $\sigma_{min} = \mathrm{Re}(\sigma_{inter}) = \dfrac{e^2}{4\hbar} = 6.085\ \mathrm{e}^{-5}\mathrm{S}$，与实验观测到的数值近乎一致[107,108]。

2.4.2　表面阻抗模型

在波长相对较长的低频（微波或太赫兹频段），波长与石墨烯厚度的巨大差异将使三维模型的石墨烯的仿真变得困难。此时零厚度的二维简化模型比较适合。石墨烯的表面阻抗可以表示为[109]

$$Z_g = R + \mathrm{i}X = 1/\sigma = 1/(\sigma_{gr} + \mathrm{i}\sigma_{gi}) \tag{2.52}$$

式中：R 为表面阻抗实部，对应石墨烯的吸收损耗；X 为表面阻抗虚部，对应石墨烯呈容性还是呈感性。显然 R 和 X 的绝对大小由电导实部（σ_{gr}）和虚部（σ_{gi}）共同决定，而石墨烯呈容性还是呈感性，则取决于表面电导率实部 σ_{gr}。

2.4.3　介电常数模型

石墨烯的等效介电常数模型可由麦克斯韦方程组推导，适用性比较广，便于理解石墨烯的电磁属性，并且可以解释石墨烯在不同频率下呈现奇特的电磁现象。

考虑外加电场 $\boldsymbol{E}$ 的作用，可以得到石墨烯的传导电流 $\boldsymbol{J} = \sigma_v\boldsymbol{E} = \sigma/t\boldsymbol{E}$，其中 $\sigma_v = \sigma/t$ 表示石墨烯的体电导率，t 为石墨烯厚度，而其物理厚度为一个碳原子直径大小，远远小于其工作波长，给数值仿真带来了很大挑战，所以往往在不影响宏观电磁现象精确度的前提下，可取其等效的厚度。将传导电流 $\boldsymbol{J}$ 代入麦克斯韦方程：$\nabla\times\boldsymbol{H} = \boldsymbol{J} - \mathrm{i}\omega\varepsilon_0\boldsymbol{E} = -\mathrm{i}\omega\varepsilon_g\boldsymbol{E}$

便可以提取石墨烯等效介电常数

$$\varepsilon_g = \varepsilon_\infty + i\sigma/(\omega\varepsilon_0 t) \tag{2.53}$$

进一步求得 ε_g 的实部和虚部

$$\mathrm{Re}(\varepsilon_g) = 1 - \frac{\mathrm{Im}(\sigma)}{\omega t\,\varepsilon_0} \tag{2.54}$$

$$\mathrm{Im}(\varepsilon_g) = \frac{\mathrm{Re}(\sigma)}{\omega t\,\varepsilon_0} \tag{2.55}$$

所以石墨烯的等效介电常数实部受电导率虚部影响，而虚部则受电导率实部影响。需要强调的是，当石墨烯建模成一层有厚度（定义石墨烯厚度为 t）的薄层材料时，不能简单地将其定义为各向同性介质。假设石墨烯垂直方向为 z 轴，则其相对介电常数可以用对角张量来表示

$$\varepsilon_g = \begin{bmatrix} \varepsilon_{xx} & & \\ & \varepsilon_{yy} & \\ & & \varepsilon_{zz} \end{bmatrix} \tag{2.56}$$

式中：ε_{xx} 和 ε_{yy} 均为面内介电常数，可用式（2.53）计算，即 $\varepsilon_{xx} = \varepsilon_{yy} = \varepsilon_\infty + i\sigma/(\omega\varepsilon_0 t)$；$\varepsilon_{zz}$为法向分量，可用石墨的介电常数表示，即 $\varepsilon_{zz} = 2.5$。材料的折射率与其自身的介电常数满足 $n = \sqrt{\varepsilon\mu}$。石墨烯磁导率 $\mu = 1$，则其折射率可表示为 $n = \sqrt{\varepsilon}$。因此，石墨烯光学参数最终可由其电学参数确定。由前节推导可知，在工作温度、波长及散射率确定之后，石墨稀的相对介电常数实部对应电导率的虚部，且只和化学势有关，或者可以说，改变石墨烯的化学势就可以对石墨稀的折射率进行调节。

图 2.15 及图 2.16 分别给出了 0.4eV 的化学势下，石墨烯的介电常数及等效折射率随工作频率的变化，以及特定工作频率下（两个典型光通信波长 $\lambda_0 = 1.31\mu m$、$\lambda_0 = 1.55\mu m$），两者随掺杂浓度（石墨烯化学势）的变化曲线。在给定石墨烯的化学势的前

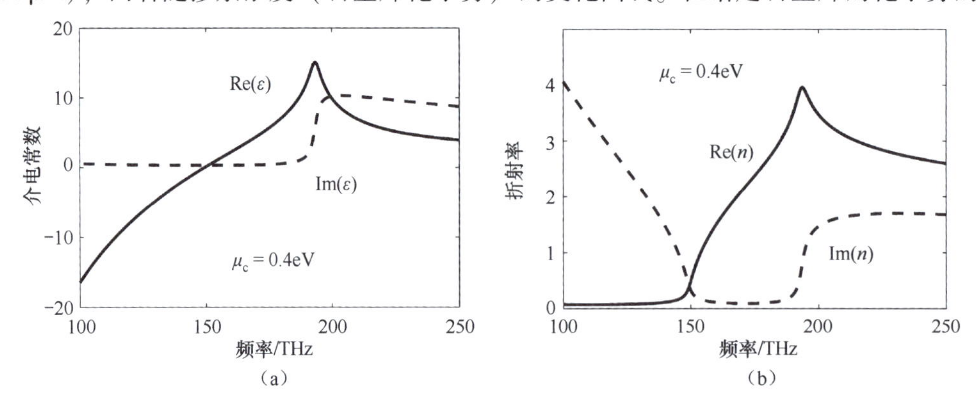

图 2.15　不同工作频率下（从 THz 到可见光频段），石墨烯介电常数及等效折射率的变化趋势，对应石墨烯的化学势为 0.4eV。(a) 石墨烯的介电常数的实部与虚部随工作频率改变的变化曲线；(b) 石墨烯的折射率的实部与虚部随工作频率改变的变化曲线

提下，如当μ_c = 0.4eV时，如图2.15（a）所示，当工作频率从100THz的相对低频变到250THz的高频时，石墨烯介电常数实部先小于零（小于150THz），然后随着频率变高大于零；而虚部先从零，在经过$\mu_c = 1/2\hbar\omega$点时，突增到接近10的正值。这一变化过程中，石墨烯工作在低频时，呈现金属特性，而随频率升高渐渐向介质属性转变。而对应等效折射率则表现为，低频时（小于150THz），折射率实部小于1，呈现金属特性，此时的石墨烯支持表面等离激元；而150～193THz的频段，折射率实部变大，虚部接近零，此时的石墨烯表现为近乎透明的介质材料；而当工作频率大于193THz时，石墨烯虚部显著增加，此时的石墨烯表现为有损耗的介质层。

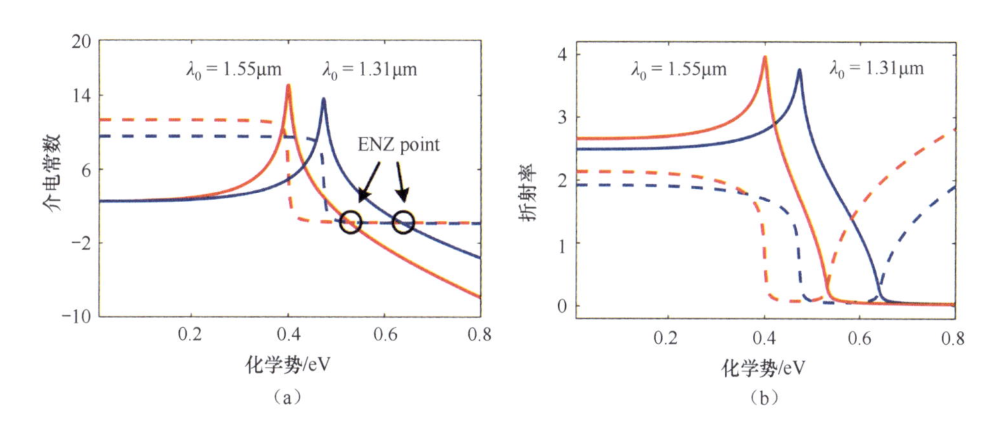

图2.16　不同石墨烯化学势（掺杂浓度）下（0～0.8eV），石墨烯介电常数及等效折射率的变化趋势。对应的波长分别为$\lambda_0 = 1.31\mu m$、$\lambda_0 = 1.55\mu m$。（a）石墨烯的介电常数的实部与虚部随石墨烯化学势改变的变化曲线；（b）石墨烯的折射率的实部与虚部随石墨烯化学势改变的变化曲线

在特定工作频率下，进一步观察石墨烯的介电常数及折射率随掺杂浓度（石墨烯化学势）的变化曲线。以典型的光通信波长$\lambda_0 = 1.31\mu m$，$\lambda_0 = 1.55\mu m$为例，当工作环境确定后，石墨烯的介电常数的虚部及实部在开始时全为正数，石墨烯表现为一种有损耗的介质层，当掺杂浓度继续加大到接近$\mu_c = 1/2\hbar\omega$时，石墨烯介电常数实部依然大于零，而介电常数虚部则突变为零，此时的石墨烯泡利阻塞抑制吸收，呈现为透明的介质层，当掺杂浓度进一步提升时，石墨烯的介电常数慢慢小于零，对应的折射率实部也开始小于1，此时，石墨烯渐渐往金属转变。一个有趣的点便是，在经过0.52eV（1.55μm）和0.63eV（1.31μm）的点时，石墨烯的介电常数实部及虚部均接近零，此时产生了一个介电常数接近零的点（ENZ point），如图2.16（a）中两个小圆圈所示。当工作于两个通信频段时，石墨烯的介电常数及等效折射率表现出相同的变化趋势，仅特征频率点随频率升高发生了蓝移。

2.5 石墨烯的调控方式

便捷而又有效的调控手段是推动石墨烯从实验室走向未来应用的重要前提。对于石墨烯的化学势的调节，目前有多种方法，如异质原子掺杂、化学改性掺杂、量子点光控掺杂及电场偏置调控等。每种调控都伴随着不同的应用背景[110]。

2.5.1 偏置电压调控

对石墨稀施加一个外加电场，使得石墨烯的载流子的浓度发生变化，从而可以导致石墨稀的化学势发生变化。顶层石墨稀和底层电极及中间介质构成平行板电容器结构，其电容表达式为

$$C = A\varepsilon_r\varepsilon_0/d \tag{2.57}$$

式中：C 表示平行板电容器的容量；ε_r表示中间介质层的相对介电常数；ε_0表示真空中介电常数；d 表示石墨稀和金属电极之间的厚度；A 表示平行板电容器结构的面积。

在平行板电容器中，石墨稀的载流子浓度可以认为是平行板电容器中的电子浓度，具体表达式为

$$n_0 = C(V + V_0)/(Ae) \tag{2.58}$$

式中：e 为电子电量；V 为外界所加电压；V_0为石墨稀掺杂所带来的偏置电压，对于纯净的石墨稀来说，这个偏置电压可以视为石墨稀的费米能级，恰好位于狄拉克点。

通过以上公式的结合，进而可以得到石墨稀化学势和外加电压的关系

$$\mu = \hbar V_F\sqrt{\pi n_0} \tag{2.59}$$

2.5.2 电解质增强调控

将无机盐类溶解在聚合物基质中，可以得到固相高分子电解质。例如，在锂电池技术中广泛采用固相高分子电介质高氯酸锂（$LiClO_4$），而聚合物基质则可以采用聚氧化乙烯（Poly Ethylene Oxide，PEO）、聚苯乙烯（Poly Styrene，PS）等材料[111]。将这些材料按照一定的配比得到的单位平方厘米面积下的固相电解质电容可以超过10μF[112]，从而极大地增强载流子浓度。受到这种方法的启发，有许多学者研究将高分子电解质与石墨烯表面接触，并引入偏置电压，改善石墨烯的调控效率及器件工作性能指标[113-115]。例如，在2008年，英国剑桥大学研究人员使用聚氧化乙烯和高氯酸锂混合的高分子电解质实现了对石墨烯的高效调控[116]。其中，石墨烯—固相高分子电解质、接地板（铂）的示意图如图2.17所示。当存在外加电压 V_{TG}时，电解质中的正负离子

分别向极性相反的电极处汇聚，但是因为库仑力的作用使这些离子不能无限累积，最终会达到一个平衡点。电极处汇聚的电荷层可称为德拜层（Debye Layer）。对于单价电解质，定义其厚度为

$$t_{DB} = (2ne^2/\varepsilon_0 \varepsilon_r kT)^{-0.5} \tag{2.60}$$

式中：n 为离子的浓度；kT 为热能。

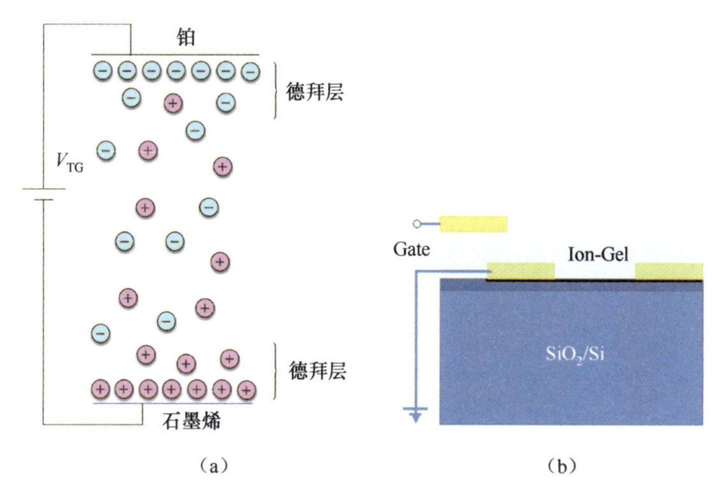

图 2.17 （a）受到偏置电压影响，石墨烯和接地板（铂）两端汇聚正负离子，形成德拜层[116]；（b）基于固相电解质的石墨烯场效应管示意图[117]，源极、漏极接触石墨烯，而与栅极通过固相电解质隔离

一般而言，德拜层的厚度为几纳米[111]。接下来，可以计算对应此时的电容值为 $C = A\varepsilon_0 \varepsilon_{PEO}/t_{DB}$，其中 ε_{PEO} 代表聚氧化乙烯的相对介电常数（约为5.0）。若考虑 $t_{DB} = 2nm$，单位面积下的 C 约为 2.2μF，这个数值远远大于普通的绝缘层材料的电容。

2013 年，清华大学李群庆等人也使用了类似的方法改善石墨烯载流子浓度，并通过实验在栅压仅 5V 范围内实现了载流子浓度 $10^{14}cm^{-2}$[115]。固相高分子电解质具体的制备过程如下：

（1）聚氧化乙烯（30 万分子量规格）、高氯酸锂、甲醇（methanol）按照 1：0.12：40的质量比，配成溶液；

（2）使用磁力搅拌机搅拌均匀呈胶状；

（3）将上述混合物均匀涂覆在石墨烯样品表面，并引出源极、漏极、栅极电极。

最终得到的样品原理图如图 2.17（b）所示。除了采用无机盐类作为电解质，还有许多学者尝试了使用电容效应更加明显的有机分子，如 2-甲氧基乙基-二胺（trifluoromethylsulfony）酰亚胺［diethymethyl（2-methoxyethyl）ammonium bis（trifluoromethylsulfony）imide］[118]、1-乙基-3-甲基咪唑双（三氟甲基磺酰）胺［1-ethyl-3-methylimidazolium bis（trifluoromethylsulfonyl）imide］（简称［EMIM］［TFSI］）[112,119,120]，与无机盐相比，在获得同样大小的化学势前提下，其所需要的偏置电压更低[121-123]。

2.5.3 量子点调控

纳米厚度的光敏量子点能够吸收特定频段的电磁波，具有光生电子的功能。在石墨烯表面电子蒸镀特定的量子点，可以增强电磁波与石墨烯的相互作用，改善相关器件的性能指标[125]。例如，硫化铅（PbS）在红外光及可见光频段内具有很好的量子限域效应，西班牙光子科学研究所利用这种量子点极大地增强了对光子转化为载流子的效率，单个光子转换约10^8个电子，示意图如图 2.18 所示；香港理工大学 Feng Yan 等人同样在石墨烯表面蒸镀硫化铅，增强了场效应管中源漏极电流，如果不加硫化铅量子点则无法观察到这种现象。另外，在紫外光波段的量子点材料二氧化钛（TiO_2）结合石墨烯表现出的光电特性也有学者关注[110]。

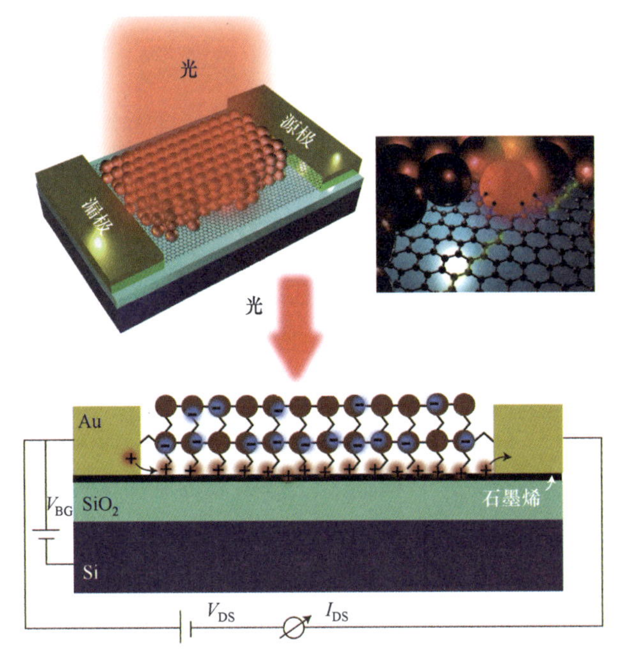

图 2.18　基于量子点调控的经典石墨烯场效应管结构，其中石墨烯置于 Si/SiO_2 衬底上，表面涂覆量子点（硫化铅）[124]，在入射电磁波激励下，量子点产生电子—空穴对

参考文献

[1] GEIM A K , NOVOSELOV K S. The rise of graphene. Nature Mater., 2007, 6: 183-191.

[2] CHARLIER J C, EKLUND P C, ZHU J, et al. Electron and phonon properties of graphene: Their relationship with carbon nanotubes. Top. Appl. Phys., 2008, 111: 673-709.

[3] WALLACE P R. The band theory of graphite. Phys. Rev., 1947, 71: 622-634.

[4] ZHANG Y, TAN Y W, STORMER H L, et al. Experimental observation of the quantum Hall effect and Berry's phase in graphene. Nature, 2005, 438: 201-204.

[5] DU X I, et al. Fractional quantum Hall effect and insulating phase of Dirac electrons in graphene. Nature, 2009, 462: 192-195.

[6] LEMME M C, ECHTERMEYER T J, BAUS M, et al. A graphene field-effect device. IEEE Electr. Device Lett., 2007, 28: 282-284.

[7] HAN M Y, OZYILMAZ B, ZHANG Y, et al. Energy band-gap engineering of graphene nanoribbons. Phys. Rev. Lett., 2007, 98: 206805.

[8] LIN Y M, et al. 100-GHz transistors from wafer-scale epitaxial graphene. Science, 2010, 327: 662.

[9] CASIRAGHI C, et al. Rayleigh imaging of graphene and graphene layers. Nano Lett., 2007, 7: 2711-2717.

[10] BLAKE P, et al. Making graphene visible. Appl. Phys. Lett., 2007, 91: 063124.

[11] NAIR R R, et al. Fine-structure constant defines transparency of graphene. Science, 2008, 320: 1308.

[12] HASAN T, et al. Nanotube-polymer composites for ultrafast photonics. Adv. Mater., 2009, 21: 3874-3899.

[13] SUN Z, et al. Graphene mode-locked ultrafast laser. ACS Nano, 2010, 4: 803-810.

[14] STÖHR R J, KOLESOV R, PFLAUM J, et al. Fluorescence of laser-created electron-hole plasma in graphene. Physical Review B, 2010, 82 (12): 121408.

[15] LIU C H, MAK K F, SHAN J, et al. Ultrafast photoluminescence from graphene. Physical Review Letters, 2010, 105 (12): 127404.

[16] WU S, et al. Nonlinear photoluminescence from graphene. Abstract number: BAPS. 2010. MAR. Z22. 11. Portland, Oregon: APS March Meeting, 2010.

[17] HARTSCHUH A, et al. Excited state energies and decay dynamics in carbon nanotubes and graphene. EMRS Spring Meeting, 2010.

[18] GOKUS T, et al. Making graphene luminescent by oxygen plasma treatment. ACS Nano, 2009, 3: 3963-3968.

[19] EDA G, et al. Blue photoluminescence from chemically derived graphene oxide. Adv. Mater., 2009, 22: 505-509.

[20] SUN X, et al. Nano-graphene oxide for cellular imaging and drug delivery. Nano Res., 2008, 1: 203-212.

[21] LUO Z, VORA P M, MELE E J, et al. Photoluminescence and band gap modulation in graphene oxide. Appl. Phys. Lett., 2009, 94: 111909.

[22] NETO A H C, GUINEA F, PERES N M R, et al. The electronic properties of graphene. Reviews of Modern Physics, 2009, 81 (1): 109.

[23] TAKAI K, TSUJIMURA S, KANG F, et al. Graphene: Preparations, Properties, Applications, and Prospects. Amsterdam: Elsevier, 2019.

[24] WALLACE P R. The band theory of graphite. Phys. Rev., 1942, 7: 622-634.

[25] CASTRO N A H, GUINEA F, PERES N M R, et al. The electronic properties of graphene. Rev. Mod. Phys, 2009, 81: 109.

[26] ANDO T. Theory of electronic states and transport in carbon nanotubes. J. Phys. Soc. Jpn., 2005, 74: 777-817.

[27] KOSHINO M, ANDO T. Orbital diamagnetism in multilayer graphenes: systematic study with the effective mass approximation. Phys. Rev. B, 2007, 76: 085425.

[28] YOSHIZAWA K, OKAHARA K, SATO T, et al. Molecular orbital study of pyrolytic carbons based on small cluster models. Carbon, 1994, 32: 1517-1522.

[29] FUJITA M, WAKABAYASHI K, NAKADA K, et al. Peculiar localized state at zigzag graphite edge. J.

Phys. Soc. Jpn., 1996, 65: 1920-1923.

[30] CASIRAGHI C, et al. Rayleigh imaging of graphene and graphene layers. Nano Lett., 2007, 7: 2711- 2717.

[31] BLAKE P, et al. Making graphene visible. Appl. Phys. Lett., 2007, 91: 063124.

[32] KUZMENKO A B, VAN HEUMEN E, CARBONE F, et al. Universal optical conductance of graphite. Phys. Rev. Lett., 2008, 100: 117401.

[33] WANG F, et al. Gate-variable optical transitions in graphene. Science, 2008, 320: 206-209.

[34] MAK K F, SHAN J, HEINZ T F. Electronic structure of few-layer graphene: experimental demonstration of strong dependence on stacking sequence. Phys. Rev. Lett., 2009, 104: 176404.

[35] BONACCORSO F, SUN Z, HASAN T A, et al. Graphene photonics and optoelectronics. Nature Photonics, 2010, 4 (9): 611.

[36] YAMASHITA S. Nonlinear optics in carbon nanotube, graphene, and related 2D materials. APL Photonics, 2019, 4 (3): 034301.

[37] BOYD R W. Nonlinear optics. Academic Press, 2020.

[38] LEUTHOLD J, KOOS C, FREUDE W. Nonlinear silicon photonics. Nature Photonics, 2010, 4 (8): 535-544.

[39] AUTERE A, JUSSILA H, DAI Y, et al. Nonlinear optics with 2D layered materials. Adv. Mater., 2018, 30: 1705963.

[40] YAMASHITA S. A tutorial on nonlinear photonic applications of carbon nanotube and graphene (Invited Tutorial). J. Lightwave Technol., 2012, 30 (4): 427-447.

[41] KELLER U, WEINGARTEN K J, KARTNER F X, et al. Semiconductor saturable absorber mirrors (SESAM's) for femtosecond to nanosecond pulse generation in solid-state lasers. IEEE J. Sel. Top. Quantum Electron., 1996, 2 (3): 435-453.

[42] XU J L, LI X L, HE J L, et al. Performance of large-area few-layer graphene saturable absorber in femtosecond bulk laser. Applied Physics Letters, 2011, 99 (26): 261107.

[43] YAMASHITA S, SAITO Y, CHOI J H. Carbon Nanotube and Graphene Photonics. Woodhead Publishing, 2013.

[44] MARTINEZ A, SUN Z. Nanotube and graphene saturable absorbers for fibre lasers. Nat. Photonics, 2013, 7: 842-845.

[45] YAMASHITA S, MARTINEZ A, XU B, Short pulse fiber lasers mode-locked by carbon nanotube and graphene (Invited). Opt. Fiber Technol., 2014, 20 (6): 702-713.

[46] BREUSING M, ROPERS C, ELSAESSER T. Ultrafast carrier dynamics in graphite. Phys. Rev. Lett., 2009, 102: 086809.

[47] KAMPFRATH T, PERFETTI L, SCHAPPER F, et al. Strongly Coupled Optical Phonons in the Ultrafast Dynamics of the Electronic Energy and Current Relaxation in Graphite. Phys. Rev. Lett., 2005, 95: 187403.

[48] LAZZERI M, PISCANEC S, MAURI F, et al. Electronic transport and hot phonons in carbon nanotubes. Phys. Rev. Lett., 2005, 95: 236802.

[49] BAO Q, ZHANG H, WANG Y, et al. Atomic-layer graphene as a saturable absorber for ultrafast pulsed lasers. Adv. Funct. Mater., 2009, 19: 3077-3083.

[50] TAN W D, SU C Y, KNIZE R J, et al. Mode locking of ceramic Nd: yttrium aluminum garnet with graphene as a saturable absorber. Appl. Phys. Lett., 2010, 96: 031106.

[51] ZHANG H, BAO Q, TANG D, et al. Large energy soliton erbium-doped fiber laser with a graphene-pol-

ymer composite mode locker. Appl. Phys. Lett., 2009, 95: 141103.

[52] BAO Q L, ZHANG H, NI Z, et al. Monolayer graphene as a saturable absorber in a mode-locked laser. Nano Res., 2011, 4 (3): 297-307.

[53] SUN Z, HASAN T, TORRISI F, et al. Graphene mode-locked ultrafast laser. ACS Nano, 2010, 4 (2): 803-810.

[54] LEE C C, MILLER J M, SCHIBLI T R. Doping-induced changes in the saturable absorption of monolayer graphene. Appl. Phys. B, 2012, 108: 129-135.

[55] MARTINEZ A, FUSE K, YAMASHITA S. Mechanical exfoliation of graphene for the passive mode-locking of fiber lasers. Appl. Phys. Lett., 2011, 99: 121107.

[56] MARINI A, COX J D, GARCÍA DE ABAJO F J. Theory of graphene saturable absorption. Phys. Rev. B, 2017, 95: 125408.

[57] VASKO F T. Saturation of interband absorption in graphene. Phys. Rev., 2010, B 82: 245422.

[58] BAEK I H, LEE H W, BAE S, et al. Efficient mode-locking of sub-70-fs Ti: sapphire laser by graphene saturable absorber. Appl. Phys. Express, 2012, 5 (3): 032701.

[59] ZHENG Z, ZHAO C, LU S, et al. Microwave and optical saturable absorption in graphene. Opt. Express, 2012, 20 (21): 23201-23214.

[60] MURALI R, BRENNER K, YANG Y, et al. Resistivity of graphene nanoribbon interconnects. IEEE Electron Device Letters, 2009, 30 (6): 611-613.

[61] GRUBER E, WILHELM R, PÉTUYA R, et al. Ultrafast electronic response of graphene to a strong and localized electric field. Nature Communications, 2016, 7: 13948.

[62] FREITAG M, CHIU H, STEINER M, et al. Thermal infrared emission from biased graphene. Nature Nanotechnology, 2010, 5 (7): 497.

[63] LUXMOORE I, ADLEM C, POOLE T, et al. Thermal emission from large area chemical vapor deposited graphene devices. Applied Physics Letters, 2013, 103 (13): 131906.

[64] ENGEL M, STEINER M, LOMBARDO A, et al. Light-matter interaction in a microcavity-controlled graphene transistor. Nature Communications, 2012, 3: 906.

[65] BAE M, ONG Z, ESTRADA D, et al. Imaging, simulation, and electrostatic control of power dissipation in graphene devices. Nano Letters, 2010, 10 (12): 4787-4793.

[66] LUO F, FAN Y, PENG G, et al. Graphene Thermal Emitter with Enhanced Joule Heating and Localized Light Emission in Air. ACS Photonics, 2019, 6 (8): 2117-2125.

[67] FREITAG M, STEINER M, MARTIN Y, et al. Energy dissipation in graphene field-effect transistors. Nano Letters, 2009, 9 (5): 1883-1888.

[68] CHEN J, JANG C, ADAM S, et al. Charged-impurity scattering in graphene. Nature Physics, 2008, 4 (5): 377.

[69] CHEN J, JANG C, XIAO S, et al. Intrinsic and extrinsic performance limits of graphene devices on SiO_2. Nature Nanotechnology, 2008, 3 (4): 206.

[70] POP E, VARSHNEY V, ROY A. Thermal properties of graphene: Fundamentals and applications. MRS Bulletin, 2012, 37 (12): 1273-1281.

[71] KIM Y, KIM H, CHO Y, et al. Bright visible light emission from graphene. Nature Nanotechnology, 2015, 10 (8): 676.

[72] PARK M, LEE A, RHO H, et al. Large area thermal light emission from autonomously formed suspended graphene arrays. Carbon, 2018, 136: 217-223.

[73] SON S, ŠIŠKINS M, MULLAN C, et al. Graphene hot-electron light bulb: incandescence from hBN-encapsulated graphene in air. 2D Materials, 2017, 5 (1): 011006.
[74] KIM Y, GAO Y, SHIUE R, et al. Ultrafast graphene light emitters. Nano Letters, 2018, 18 (2): 934-940.
[75] MIYOSHI Y, FUKAZAWA Y, AMASAKA Y, et al. High-speed and on-chip graphene blackbody emitters for optical communications by remote heat transfer. Nature Communications, 2018, 9 (1): 1279.
[76] CHEN J, JANG C, XIAO S, et al. Intrinsic and extrinsic performance limits of graphene devices on SiO_2. Nature Nanotechnology, 2008, 3 (4): 206.
[77] MERIC I, HAN M, YOUNG A, et al. Current saturation in zero-bandgap, top-gated graphene field-effect transistors. Nature Nanotechnology, 2008, 3 (11): 654.
[78] ROTKIN S, PEREBEINOS V, PETROV A, et al. An essential mechanism of heat dissipation in carbon nanotube electronics. Nano Letters, 2009, 9 (5): 1850-1855.
[79] KOH Y, LYONS A, BAE M, et al. Role of remote interfacial phonon (RIP) scattering in heat transport across graphene/SiO_2 interfaces. Nano Letters, 2016, 16 (10): 6014-6020.
[80] SHIUE R, GAO Y, TAN C, et al. Thermal radiation control from hot graphene electrons coupled to a photonic crystal nanocavity. Nature Communications, 2019, 10 (1): 109.
[81] KHORASANI S. Tunable spontaneous emission from layered graphene/dielectric tunnel junctions. IEEE Journal of Quantum Electronics, 2014, 50 (5): 307-313.
[82] BEAMS R, BHARADWAJ P, NOVOTNY L. Electroluminescence from graphene excited by electron tunneling. Nanotechnology, 2014, 25 (5): 055206.
[83] SVINTSOV D, DEVIZOROVA Z, OTSUJI T, et al. Plasmons in tunnel-coupled graphene layers: Backward waves with quantum cascade gain. Physical Review B, 2016, 94 (11): 115301.
[84] DE VEGA S, GARCÍA DE ABAJO F J. Plasmon generation through electron tunneling in graphene. ACS Photonics, 2017, 4 (9): 2367-2375.
[85] ENALDIEV V, BYLINKIN A, SVINTSOV D. Plasmon-assisted resonant tunneling in graphene-based heterostructures. Physical Review B, 2017, 96 (12): 125437.
[86] NAMGUNG S, MOHR D A, YOO D, et al. Ultrasmall plasmonic single nanoparticle light source driven by a graphene tunnel junction. ACS Nano, 2018, 12 (3): 2780-2788.
[87] DE VEGA S, GARCÍA DE ABAJO F J. Plasmon generation through electron tunneling in twisted double-layer graphene and metal-insulator-graphene systems. Physical Review B, 2019, 99 (11): 115438.
[88] PARZEFALL M, SZABÓ Á, TANIGUCHI T, et al. Light from van der Waals quantum tunneling devices. Nature Communications, 2019, 10 (1): 292.
[89] NAMGUNG S, MOHR D, YOO D, et al. Ultrasmall plasmonic single nanoparticle light source driven by a graphene tunnel junction. ACS Nano, 2018, 12 (3): 2780-2788.
[90] PARZEFALL M, SZABÓ Á, TANIGUCHI T, et al. Light from van der Waals quantum tunneling devices. Nature Communications, 2019, 10 (1): 292.
[91] 肖廷辉, 于洋, 李志远. 石墨烯—硅基混合光子集成电路. 物理学报, 2017, 66 (21): 217802.
[92] KAMINER I, KATAN Y, BULJAN H, et al. Efficient plasmonic emission by the quantum erenkov effect from hot carriers in graphene. Nature Communications, 2016, 7: ncomms11880.
[93] BELTAOS A, BERGREN A, BOSNICK K, et al. Visible light emission in graphene field effect transistors. Nano Futures, 2017, 1 (2): 025004.
[94] ESSIG S, MARQUARDT C, VIJAYARAGHAVAN A, et al. Phonon-assisted electroluminescence from

metallic carbon nanotubes and graphene. Nano Letters, 2010, 10 (5): 1589-1594.

[95] COX J, MARINI A, GRARCÍA DE ABAJO F J. Plasmon-assisted high-harmonic generation in graphene. Nature Communications, 2017, 8: 14380.

[96] PAN D, ZHANG J, LI Z, et al. Hydrothermal route for cutting graphene sheets into blue-luminescent graphene quantum dots. Advanced Materials, 2010, 22 (6): 734-738.

[97] HANSON G. Quasi-transverse electromagnetic modes supported by a graphene parallel-plate waveguide. Journal of Applied Physics, 2008, 104 (8): 084314.

[98] HANSON G. Dyadic Green's functions and guided surface waves for a surface conductivity model of graphene. Journal of Applied Physics, 2008, 103 (6): 064302.

[99] 黄保虎．石墨烯在可调光器件中的应用基础研究．南京：东南大学，2019.

[100] LI Z, HENRIKSEN E, JIANG Z, et al. Dirac charge dynamics in graphene by infrared spectroscopy. Nature Physics, 2008, 4 (7): 532.

[101] PERES N, GUINEA F, NETO A. Electronic properties of disordered two-dimensional carbon. Physical Review B, 2006, 73 (12): 125411.

[102] GUSYNIN V, SHARAPOV S, CARBOTTE J. Unusual microwave response of Dirac quasiparticles in graphene. Physical Review Letters, 2006, 96 (25): 256802.

[103] JABLAN M, BULJAN H, SOLJAĈI M. Plasmonics in graphene at infrared frequencies. Physical Review B, 2009, 80 (24): 245435.

[104] BAO Q, ZHANG H, WANG B, et al. Broadband graphene polarizer. Nature Photonics, 2011, 5 (7): 411.

[105] NOVOSELOV K S, GEIM A K, MOROZOV S V, et al. Two-dimensional gas of massless Dirac fermions in graphene. Nature, 2005, 438 (7065): 197-200.

[106] ADAM S, HWANG E H, GALITSKI V M, et al. A self-consistent theory for graphene transport. Proceedings of the National Academy of Sciences of the United States of America, 2007, 104 (47): 18392-18397.

[107] WU B, TUNCER H, NAEEM M, et al. Experimental demonstration of a transparent graphene millimetre wave absorber with 28% fractional bandwidth at 140GHz. Scientific Reports, 2014, 4: 4130.

[108] DHOOT A S, YUEN J D, HEENEY M, et al. Beyond the metal-insulator transition in polymer electrolyte gated polymer field-effect transistors. Proceedings of the National Academy of Sciences of the United States of America, 2006, 103 (32): 11834-11837.

[109] LU C G, FU Q, HUANG S M, et al. Polymer electrolyte-gated carbon nanotube field-effect transistor. Nano Letters, 2004, 4 (4): 623-627.

[110] 王健．石墨烯对电磁波调控机理及应用研究．南京：东南大学，2017.

[111] GAN X T, SHIUE R J, GAO Y D, et al. High-Contrast Electrooptic Modulation of a Photonic Crystal Nanocavity by Electrical Gating of Graphene. Nano Letters, 2013, 13 (2): 691-696.

[112] HU H, ZHAI F, HU D, et al. Broadly tunable graphene plasmons using an ion-gel top gate with low control voltage. Nanoscale, 2015, 7 (46): 19493-19500.

[113] JU L, GENG B, HORNG J, et al. Graphene plasmonics for tunable terahertz metamaterials. Nature Nanotechnology, 2011, 6 (10): 630.

[114] DAS A, PISANA S, CHAKRABORTY B, et al. Monitoring dopants by Raman scattering in an electrochemically top-gated graphene transistor. Nature Nanotechnology, 2008, 3 (4): 210-215.

[115] LIU J K, LI Q Q, ZOU Y, et al. The Dependence of Graphene Raman D-band on Carrier Density. Nano

Letters, 2013, 13 (12): 6170-6175.

[116] POLAT E O, KOCABAS C. Broadband Optical Modulators Based on Graphene Supercapacitors. Nano Letters, 2013, 13 (12): 5851-5857.

[117] KIM B J, JANG H, LEE S K, et al. High-Performance Flexible Graphene Field Effect Transistors with Ion Gel Gate Dielectrics. Nano Letters, 2010, 10 (9): 3464-3466.

[118] CHEN C F, PARK C H, BOUDOURIS B W, et al. Controlling inelastic light scattering quantum pathways in graphene. Nature, 2011, 471 (7340): 617-620.

[119] BALCI O, POLAT E O, KAKENOV N, et al. Graphene-enabled electrically switchable radar-absorbing surfaces. Nature Communications, 2015, 6: 6628.

[120] POLAT E O, BALCI O, KOCABAS C. Graphene based flexible electrochromic devices. Scientific Reports, 2014, 4: 6484.

[121] KAKENOV N, BALCI O, POLAT E O, et al. Broadband terahertz modulators using self-gated graphene capacitors. Journal of the Optical Society of America B-Optical Physics, 2015, 32 (9): 1861-1866.

[122] KONSTANTATOS G, BADIOLI M, GAUDREAU L, et al. Hybrid graphene-quantum dot phototransistors with ultrahigh gain. Nature Nanotechnology, 2012, 7 (6): 363-368.

[123] 李占成. 高质量石墨烯的可控制备. 合肥: 中国科学技术大学, 2012.

[124] SUN Z H, LIU Z K, LI J H, et al. Infrared Photodetectors Based on CVD-Grown Graphene and PbS Quantum Dots with Ultrahigh Responsivity. Advanced Materials, 2012, 24 (43): 5878-5883.

[125] WANG Q, GUO X F, CAI L C, et al. TiO_2-decorated graphenes as efficient photoswitches with high oxygen sensitivity. Chemical Science, 2011, 2 (9): 1860-1864.

太赫兹应用

第3章

3.1 石墨烯表面波应用

3.1.1 石墨烯表面等离激元特性

表面等离激元极化波（Surface Plasmon Polariton，SPP）往往存在于金属与介质的界面上。它能突破光学衍射极限实现器件微型化和高度集成化，为实现纳米全光集成电路提供可能。研究发现，石墨烯在一定的掺杂浓度下，在特定的频段也支持 SPP 的传播。石墨烯独特的碳原子平面六角晶格结构，使得石墨烯支持的 SPP 与金属表面的 SPP 的传播特性有所不同：石墨烯具有柔性，易弯曲；SPP 具有更好的束缚性及更远的相对传输距离。特别是石墨烯支持的表面波的色散关系不存在饱和点，应用范围广，并且可以通过电、光及化学掺杂等方式实现石墨烯上表面波的调控，当达到足够高的费米能级时，亦可降低其表面 SPP 的传输损耗。这使其有望在表面等离激元器件领域成为替代金属的一个比较好的选择。

3.1.1.1 石墨烯表面等离激元的传播条件

一般地，表面等离激元分为 TE 模式和 TM 模式。对于传统二维电子气，传播 TM 模式表面等离激元的色散关系要满足[1]

$$1+\mathrm{i}\frac{2\pi\sigma(\omega)\sqrt{k^2-(\omega/c)^2}}{\omega}=0 \tag{3.1}$$

电导率为复数，即 $\sigma(\omega)=\sigma_\mathrm{r}(\omega)+\mathrm{i}\sigma_\mathrm{i}(\omega)$，则有

$$\left(1-\frac{2\pi\sigma_\mathrm{i}(\omega)\sqrt{k^2-(\omega/c)^2}}{\omega}\right)+\mathrm{i}\frac{2\pi\sigma_\mathrm{r}(\omega)\sqrt{k^2-(\omega/c)^2}}{\omega}=0 \tag{3.2}$$

而传播 TE 模式表面等离激元的色散关系要满足[2]

$$1-\mathrm{i}\frac{2\pi\omega\sigma(\omega)}{c^2\sqrt{k^2-(\omega/c)^2}}=0 \tag{3.3}$$

即有

$$\left(1+\frac{2\pi\omega\sigma_\mathrm{i}(\omega)}{c^2\sqrt{k^2-(\omega/c)^2}}\right)-\mathrm{i}\frac{2\pi\omega\sigma_\mathrm{r}(\omega)}{c^2\sqrt{k^2-(\omega/c)^2}}=0 \tag{3.4}$$

从式（3.2）和式（3.4）可以看出，当$\sigma_i(\omega)>0$时，支持TM模式表面等离激元的传播；当$\sigma_i(\omega)<0$时，则支持TE模式表面等离激元的传播[3]。对于一般金属自由电子气电导率的Drude模型可表示为$\sigma=\dfrac{\mathrm{i}D}{\pi(\omega+\mathrm{i}\tau^{-1})}$[4]，即$\sigma_i(\omega)>0$，所以只能传播TM模式表面等离激元[5]。而对于石墨烯，其电导率由带内和带间两部分决定，带内电导率的虚部大于零，带间电导率的虚部小于零，当带内与带间同时起作用时，石墨烯的电导率的虚部有可能大于零，也有可能小于零。所以在一定条件下，当石墨烯电导率的虚部$\sigma_{g,i}(\omega)>0$时，石墨烯支持TM模式表面等离激元；当石墨烯电导率的虚部$\sigma_{g,i}(\omega)<0$时，石墨烯支持TE模式表面等离激元，这是石墨烯不同于金属的一个特殊性质。

3.1.1.2 石墨烯表面等离激元的色散关系

石墨烯支持表面等离激元的结构如图3.1所示。石墨烯夹在两种介质中间，其上层空间是相对介电常数为ε_1的介质，下层空间是相对介电常数为ε_2的介质，并且假设上下介质层的厚度均大于其表面等离激元的纵向衰减长度，石墨烯的电导率为复数$\sigma_g=\sigma_{g,r}+\mathrm{i}\sigma_{g,i}$，其中电导率的虚部$\sigma_{g,i}>0$，满足传播TM模式表面等离激元的条件。表面等离激元的传播方向沿x轴，根据TM模式的定义，仅存在磁场的切向分量H_y，其表达式为

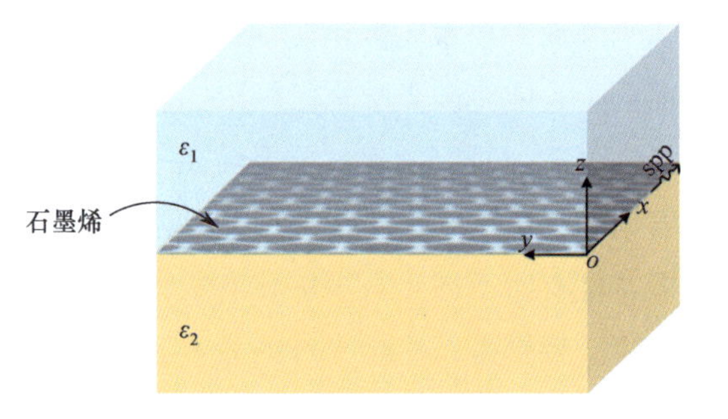

图3.1 石墨烯支持表面等离激元的结构

$$H_y=\begin{cases}A\mathrm{e}^{\mathrm{i}\beta x}\mathrm{e}^{-k_1 z} & z>0\\ B\mathrm{e}^{\mathrm{i}\beta x}\mathrm{e}^{k_2 z} & z<0\end{cases}\tag{3.5}$$

其中

$$k_{1(2)}^2=\beta^2-\varepsilon_{1(2)}k_0^2\tag{3.6}$$

为纵向传播常数，β为传播方向的传播常数，k_0为真空中的传播常数。根据Maxwell方程$\nabla\times H=-\mathrm{i}\omega\varepsilon_0\varepsilon_r E$，可以得出电场分量表达式

$$E_x=\begin{cases}\mathrm{i}A\dfrac{1}{\omega\varepsilon_0\varepsilon_1}k_1\mathrm{e}^{\mathrm{i}\beta x}\mathrm{e}^{-k_1 z} & z>0\\ -\mathrm{i}B\dfrac{1}{\omega\varepsilon_0\varepsilon_2}k_2\mathrm{e}^{\mathrm{i}\beta x}\mathrm{e}^{k_2 z} & z<0\end{cases}\tag{3.7}$$

$$E_z=\begin{cases}-A\beta\dfrac{1}{\omega\varepsilon_0\varepsilon_1}\mathrm{e}^{\mathrm{i}\beta x}\mathrm{e}^{-k_1 z} & z>0\\ -B\beta\dfrac{1}{\omega\varepsilon_0\varepsilon_2}\mathrm{e}^{\mathrm{i}\beta x}\mathrm{e}^{k_2 z} & z<0\end{cases}\tag{3.8}$$

结合$z=0$处的边界条件$E_{x1}=E_{x2}$及$H_{2y}-H_{1y}=\sigma_g E_x$，由此解出这种情况下表面等离激

元满足的色散关系为

$$\frac{\varepsilon_1}{k_1} + \frac{\varepsilon_2}{k_2} + \frac{\mathrm{i}\sigma_g}{\omega\varepsilon_0} = 0 \tag{3.9}$$

式中：k_1、k_2 为纵向传播常数。当上下介质层均为空气时，即 $\varepsilon_1 = \varepsilon_2 = 1$ 时，式（3.9）可以进一步简化为

$$\beta = k_0\sqrt{1 - \left(\frac{2}{\eta_0\sigma_g}\right)^2} \tag{3.10}$$

式中：β 为传播常数。

3.1.1.3 石墨烯表面等离激元的特性参数

石墨烯表面等离激元是沿着分界面传播、沿纵向方向衰减的表面波，通常表面等离激元的特性采用以下参数描述其传播特性[6]：表面等离激元的折射率 n_{g_spp}、波长 λ_{g_spp}、纵向衰减长度 ξ_g 和传播长度 L_g。

根据自由空间中石墨烯上表面等离波的色散关系［式（3.10）］，可以得到石墨烯表面等离激元的折射率为

$$n_{g\_spp} = \frac{\beta}{k_0} = \sqrt{1 - \left(\frac{2}{\sigma_g\eta_0}\right)^2} \tag{3.11}$$

式中：σ_g 为石墨烯的电导率；η_0 为空气的波阻抗。表面等离激元的局限性与纵向波矢有关。根据表面等离激元的折射率可以得到相应的波长为 $\lambda_{g\_spp} = \lambda_0/\mathrm{Re}(n_{g\_spp})$，其中 λ_0 为空气中的波长。

表面等离激元的局限性与纵向波矢量［式（3.6）］有关，可以通过纵向衰减长度 ξ_g 来反映。纵向衰减长度越短，则表面等离激元的局限性就越强。纵向衰减长度定义为纵向电场强度衰减为原来的 1/e 时所对应的纵向长度，根据这个定义及式（3.10）给出的色散关系可以得到石墨烯上表面等离激元的纵向衰减长度为 $\xi_g = 1/\mathrm{Re}(\sqrt{\beta^2 - (\omega/c)^2})$，其中 c 为光速，即 $3\times10^8\mathrm{m/s}$。石墨烯表面等离激元的传播长度定义为电场强度衰减到初始场值强度的 1/e 时传播的距离，这主要取决于传播常数的虚部，代表石墨烯的吸收损耗，具体公式为 $L_g = 1/\mathrm{Im}(\beta)$。

3.1.2 石墨烯扫描波束平面透镜

控制平面结构的折射率分布，可以实现对电磁波的调控[7,8]。通常可以通过设计亚波长人工结构实现折射率的变化，但这往往需要设计复杂结构且不能实现强度的一致性，本书介绍一种采用电压—基底调控方法实现基于石墨烯的扫描波束平面透镜[9]，该透镜实现对表面等离激元传播特性的控制，通过折射率的设计可以实现将球面形表面等离激元转化为沿一定角度偏转的平面形表面等离激元。

图3.2（a）中间部分为基于石墨烯的平面透镜，它的厚度为 $t = 100\mathrm{nm}$，长度为

$L=360\text{nm}$。采用点源 A 来激励产生球面形表面等离激元，点源与平面透镜的距离为 $d=200\text{nm}$。该平面透镜折射率的分布沿 x 方向变化。将平面透镜离散化，如图 3.2（b）所示，其沿 x 方向可分为 9 块（更精细的划分意味着更连续的折射率变化，效果也会更好，但仿真与加工也会变得更有挑战性），每块的宽度为 w，每块上都呈现一个固定的折射率。这个固定的值可以通过电压—基底调控方法实现，即在外加电压的条件下，通过设计不平坦的硅基底，使每块所对应的石墨烯呈现一定的电导率，如图 3.3 所示。另外，在石墨烯与硅基底之间的间隙部分填充 SiO_2 介质。

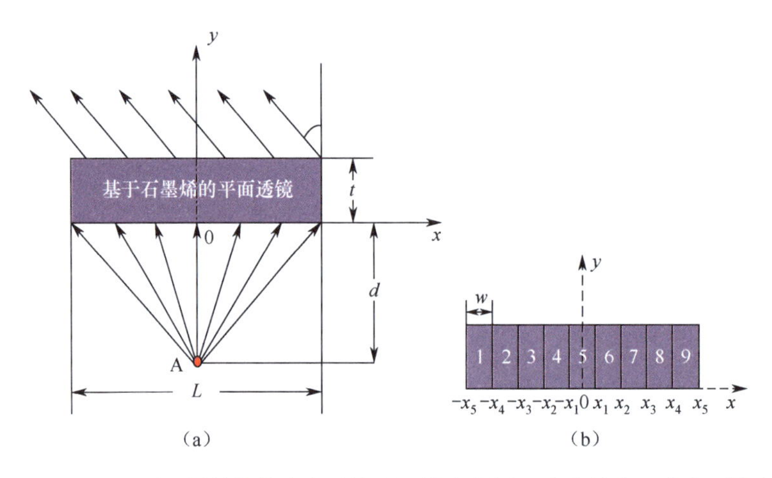

图 3.2 （a）基于石墨烯的扫描波束透镜可以将由点源 A 产生的球面形表面等离激元转化为一定角度偏转的平面形表面等离激元；（b）渐变折射率透镜离散为 9 块

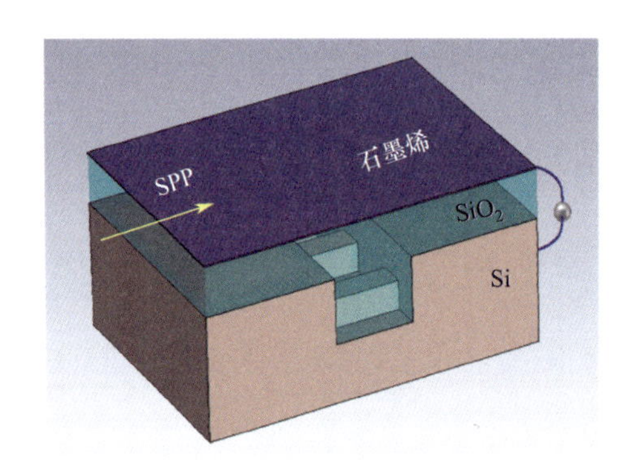

图 3.3 设计不均匀的硅基底的原理图，使得在一片石墨烯上呈现不均匀的电导率分布

石墨烯平面的工作频率为 $f=50\text{THz}$，温度为 $T=300\text{K}$，弛豫时间设定为 $\tau=0.76\text{ps}$[10]。根据式（3.1），得到此条件下石墨烯复电导率随化学势的变化曲线，如图 3.4所示。由图可知，石墨烯电导率的虚部大于 0，也就是说其支持 TM 模式的表面等离激元；电导率的实部远小于电导率的虚部，从化学势为 0.1eV 开始，电导率的虚部基本呈线性增加。图 3.4 中的插图部分为给定的偏置电压下，石墨烯电导率的变化范围。

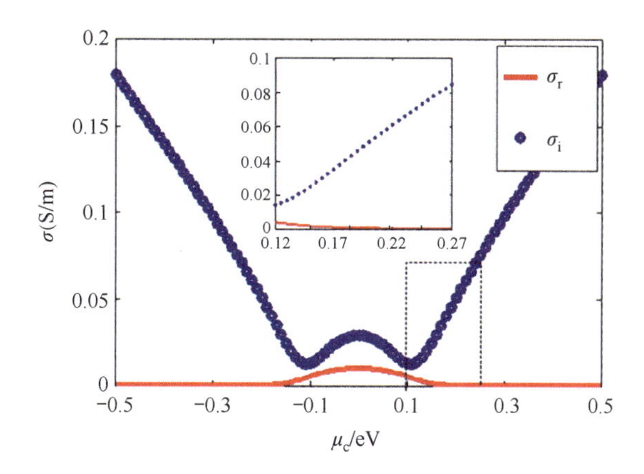

图3.4 在 $f=50\text{THz}$，$T=300\text{K}$，$\tau=0.76\text{ps}$ 的条件下，石墨烯电导率随化学势的变化曲线，插图部分为所采用的化学势范围

实现球面波转化为一定角度的平面波的传统平面透镜需满足下面的折射率分布[11]

$$n(x)=n_0-[x\sin\theta+(\sqrt{d^2+x^2}-d)]/t \tag{3.12}$$

式中：n 为 x 方向上不同位置的折射率；θ 为经过平面透镜后平面波的角度；n_0 为 $x=0$ 处的折射率，理论上 n_0 可以为任意正数。

当石墨烯电导率的实部远小于虚部时，该色散关系可进一步简化为[10]

$$n_{\text{spp}}\approx\frac{2}{\sigma_{\text{i}}\eta_0} \tag{3.13}$$

式中：n_{spp} 为石墨烯表面等离激元的折射率；σ_{i} 为石墨烯电导率的虚部。为得到与传统平面透镜相同的空间分布，表面等离激元的折射率分布应该与式（3.12）相同，即

$$n_{\text{spp}}\approx\frac{2}{\sigma_{\text{i}}\eta_0}=n(x)$$

石墨烯的平面透镜沿 x 方向上不同空间位置对应的石墨烯电导率的变化关系为

$$\sigma_{\text{i}}=\frac{\sigma_{\text{i,back}}}{n(x)} \tag{3.14}$$

式中：$\sigma_{\text{i,back}}$ 为平面透镜周围的石墨烯的电导率。将平面透镜不同位置对应的石墨烯电导率离散化为

$$\sigma_{\text{i}}=\frac{\sigma_{\text{i,back}}}{n_0-[((x_n+x_{n+1})/2)\sin\theta+(\sqrt{d^2+((x_n+x_{n+1})/2)^2}-d)]/t} \tag{3.15}$$

结合上文电导率与等效介电常数的关系 $\text{Re}(\varepsilon_{\text{eq}})=\dfrac{\sigma_{\text{i}}}{\omega\Delta}$，进一步得到相对介电常数满足关系式

$$\varepsilon_{\text{r,eq,real}}=-\frac{\sigma_{\text{i,back}}}{\omega\Delta\varepsilon_0\{n_0-[((x_n+x_{n+1})/2)\sin\theta+(\sqrt{d^2+((x_n+x_{n+1})/2)^2}-d)]/t\}} \tag{3.16}$$

假定在石墨烯与硅基底之间加一个固定的电压 $V_g=52\text{V}$，石墨烯平面透镜周围的石墨烯化学势选为 $\mu_c=0.209\text{eV}$，根据式（2.59）可以得到相应的载流子浓度为 $n_s=3.73\times10^{12}\text{cm}^{-2}$。根据式（2.57）、式（2.58）得到周围石墨烯与硅基底之间的间距为 $g=300\text{nm}$。同时，结合式（3.14）~式（3.16），可以得到偏转角分别为0°、30°、45°、60°时，平面透镜的每块所对应的载流子浓度 n_s 及石墨烯表面与硅基底的间距 g 的大小，具体如表3.1所示。

表3.1　不同偏转角度下石墨烯的载流子浓度 n_s 及石墨烯表面与硅基底之间的距离 g

第 x 块	偏转角度							
	0°		30°		45°		60°	
	n_s/（$\times10^{12}$ cm^{-2}）①	g/nm②	n_s/（$\times10^{12}$ cm^{-2}）	g/nm	n_s/（$\times10^{12}$ cm^{-2}）	g/nm	n_s/（$\times10^{12}$ cm^{-2}）	g/nm
1	2.72	412	1.80	622	1.61	696	1.46	769
2	2.44	459	1.77	634	1.63	687	1.50	748
3	2.28	492	1.76	636	1.67	672	1.56	721
4	2.19	511	1.79	625	1.73	647	1.63	687
5	2.16	518	5.92	189	4.12	272	4.41	254
6	2.19	511	3.05	368	2.75	408	2.74	409
7	2.28	492	2.35	477	2.25	498	2.20	510
8	2.44	459	2.04	549	1.99	563	1.92	584
9	2.72	412	1.88	596	1.83	611	1.75	641

在CST仿真中，石墨烯的厚度设置为1nm，相应的介电常数的分布可以根据式（3.16）得到，采用基于有限元的频率方法仿真，设置自适应加密，边界设为open边界条件。另外，为了仿真方便，仿真时将石墨烯放在自由空间中，即没有加 SiO_2/Si 衬底。图3.5（a）~（d）为石墨烯表面等离激元纵向电场分量 E_z 的仿真结果，从该图中可以

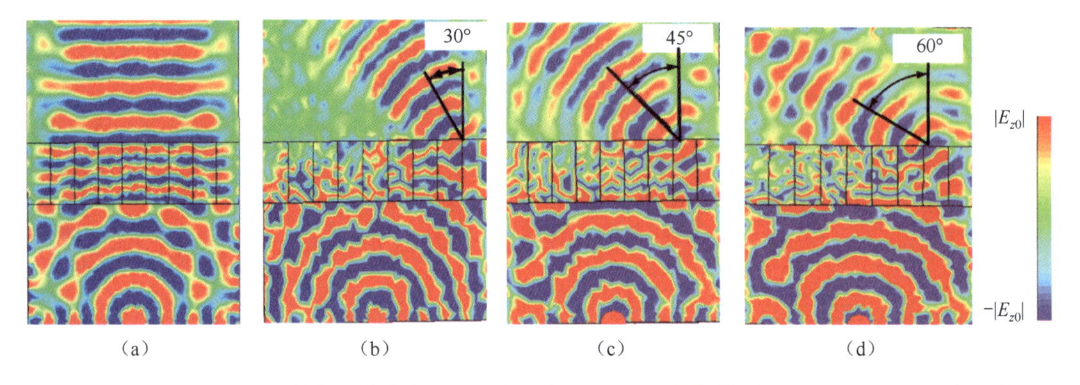

图3.5　50THz下石墨烯表面等离激元的纵向电场分量 E_z 的仿真结果。（a）~（d）显示球面形表面等离激元可以分别转化为0°、30°、45°及60°平面形表面等离激元

看出球面形表面等离激元被经过设计的扫描波束透镜分别转化为偏转角为 0°、30°、45° 及 60° 平面形表面等离激元。实际上，采用该设计方法可以设计出 0° ~ 90° 任意角度偏转的平面透镜。图中仿真结果不是很完美，主要原因有几个：一方面，由于在仿真设置的点源无限小，给剖分带来困难，所以看到结果中的点源产生的球面波不是特别完美；另一方面，设计中将平面透镜分为 9 块来实现折射率的渐变，当然离散的块数越多，折射率分布越接近渐变的要求，但需要权衡仿真时间及效果。

综上所述，通过电压—基底调控方法从理论上可实现基于石墨烯的扫描波束透镜，该透镜可以将球面形表面等离激元转化为具有一定偏转角度的平面形表面等离激元。

3.1.3　石墨烯 Luneburg 透镜

石墨烯表面等离激元器件多采用电压—基底调控方法实现，也就是在外加电压的条件下，通过设计硅基底的形状来改变石墨烯电导率的分布[7]。然而，这种方法也存在一定的局限性，一方面电压不能加太大，以防止介质被击穿；另一方面石墨烯电导率的不连续性会引起散射，降低石墨烯表面等离激元的传播效率。下面介绍一种介质调控法[12, 13]，通过改变石墨烯上层介质的属性来调控石墨烯上的表面等离激元的传播，并以基于此方法实现的石墨烯 Luneburg 透镜为例详细阐述该方法。

3.1.3.1　介质调控法原理

石墨烯表面等离激元是束缚在石墨烯表面传播的一种电磁波，场强在石墨烯表面最大，并随远离石墨烯界面的距离呈指数衰减。如果在石墨烯表面铺一层介质，当上层介质厚度小于石墨烯表面等离激元的纵向衰减长度时，介质的厚度就会影响表面等离激元的特性。而且，通过设计上层介质的拓扑结构，可以使其表面等离激元传播特性实现渐变，减少由于突变引起的散射，进而提高传播效率，这种方法可用于控制石墨烯表面等离激元的传播。

如图 3.6 所示，考虑介质/介质/石墨烯/介质结构，它们的相对介电常数为 $\varepsilon_1/\varepsilon_2/\varepsilon_3/\varepsilon_4$，其中为了保证石墨烯上传播表面等离激元，需要保证石墨烯等效相对介电常数 $\mathrm{Re}(\varepsilon_3) < 0$，$d_2$ 和 d_3 分别为第二层介质及石墨烯的厚度。表面等离激元的传播方向沿 x 轴，石墨烯表面垂直于 z 轴。对于 TM 模式的表面等离激元存在磁场分量 H_y 及电场分量 E_x 和 E_z[14]。

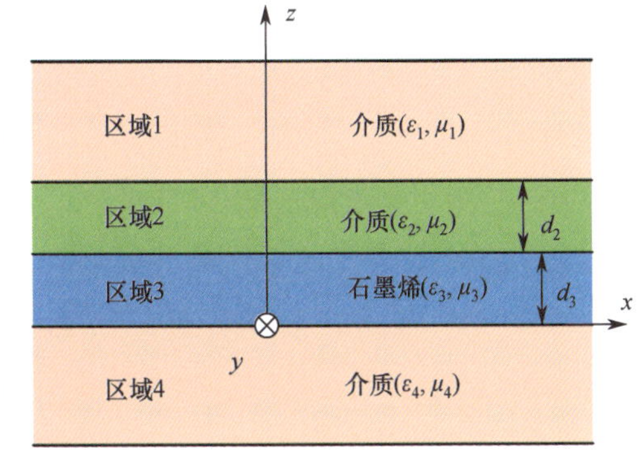

图 3.6　介质/介质/石墨烯/介质结构的原理图，该结构对应的相对介电常数为 $\varepsilon_1/\varepsilon_2/\varepsilon_3/\varepsilon_4$

根据 Maxwell 方程 $\nabla\times H = -\mathrm{i}\omega\varepsilon_0\varepsilon_r E$ 和 $\nabla\times E = \mathrm{i}\omega\mu_0\mu_r H$，可以得到不同区间电场与

磁场的表达式。

区域1：当 $z > d_2 + d_3$ 时

$$H_{y1} = A\mathrm{e}^{\mathrm{i}\beta x}\mathrm{e}^{-k_1 z} \tag{3.17}$$

$$E_{x1} = \mathrm{i}A\frac{1}{\omega\varepsilon_0\varepsilon_1}k_1\mathrm{e}^{\mathrm{i}\beta x}\mathrm{e}^{-k_1 z} \tag{3.18}$$

$$E_{z1} = -A\frac{\beta}{\omega\varepsilon_0\varepsilon_1}\mathrm{e}^{\mathrm{i}\beta x}\mathrm{e}^{-k_1 z} \tag{3.19}$$

区域2：当 $d_3 < z < d_2 + d_3$ 时

$$H_{y2} = B\mathrm{e}^{\mathrm{i}\beta x}\mathrm{e}^{k_2 z} + C\mathrm{e}^{\mathrm{i}\beta x}\mathrm{e}^{-k_2 z} \tag{3.20}$$

$$E_{x2} = -\mathrm{i}B\frac{1}{\omega\varepsilon_0\varepsilon_2}k_2\mathrm{e}^{\mathrm{i}\beta x}\mathrm{e}^{k_2 z} + \mathrm{i}C\frac{1}{\omega\varepsilon_0\varepsilon_2}k_2\mathrm{e}^{\mathrm{i}\beta x}\mathrm{e}^{-k_2 z} \tag{3.21}$$

$$E_{z2} = -B\frac{\beta}{\omega\varepsilon_0\varepsilon_2}\mathrm{e}^{\mathrm{i}\beta x}\mathrm{e}^{k_2 z} - C\frac{\beta}{\omega\varepsilon_0\varepsilon_2}\mathrm{e}^{\mathrm{i}\beta x}\mathrm{e}^{-k_2 z} \tag{3.22}$$

区域3：当 $0 < z < d_3$ 时

$$H_{y3} = D\mathrm{e}^{\mathrm{i}\beta x}\mathrm{e}^{k_3 z} + E\mathrm{e}^{\mathrm{i}\beta x}\mathrm{e}^{-k_3 z} \tag{3.23}$$

$$E_{x3} = -\mathrm{i}D\frac{1}{\omega\varepsilon_0\varepsilon_3}k_3\mathrm{e}^{\mathrm{i}\beta x}\mathrm{e}^{k_3 z} + \mathrm{i}E\frac{1}{\omega\varepsilon_0\varepsilon_3}k_3\mathrm{e}^{\mathrm{i}\beta x}\mathrm{e}^{-k_3 z} \tag{3.24}$$

$$E_{z3} = -D\frac{\beta}{\omega\varepsilon_0\varepsilon_3}\mathrm{e}^{\mathrm{i}\beta x}\mathrm{e}^{k_3 z} - E\frac{\beta}{\omega\varepsilon_0\varepsilon_3}\mathrm{e}^{\mathrm{i}\beta x}\mathrm{e}^{-k_3 z} \tag{3.25}$$

区域4：当 $z < 0$ 时

$$H_{y4} = F\mathrm{e}^{\mathrm{i}\beta x}\mathrm{e}^{k_4 z} \tag{3.26}$$

$$E_{x4} = -\mathrm{i}F\frac{1}{\omega\varepsilon_0\varepsilon_4}k_4\mathrm{e}^{\mathrm{i}\beta x}\mathrm{e}^{-k_4 z} \tag{3.27}$$

$$E_{z4} = -F\frac{\beta}{\omega\varepsilon_0\varepsilon_4}\mathrm{e}^{\mathrm{i}\beta x}\mathrm{e}^{k_4 z} \tag{3.28}$$

其中

$$k_{1(2,3,4)} = \sqrt{\beta^2 - \varepsilon_{1(2,3,4)}\frac{\omega^2}{c^2}} \tag{3.29}$$

式中：β 为传播方向的波矢量；c 为光速。结合 H_y 和 E_x 边界连续条件，可以得到：

在 $z = d_2 + d_3$ 处

$$A\mathrm{e}^{-k_1(d_2+d_3)} = B\mathrm{e}^{k_2(d_2+d_3)} + C\mathrm{e}^{-k_2(d_2+d_3)} \tag{3.30}$$

$$A\frac{1}{\omega\varepsilon_0\varepsilon_1}k_1\mathrm{e}^{-k_1(d_2+d_3)} = -B\frac{1}{\omega\varepsilon_0\varepsilon_2}k_2\mathrm{e}^{k_2(d_2+d_3)} + C\frac{1}{\omega\varepsilon_0\varepsilon_2}k_2\mathrm{e}^{-k_2(d_2+d_3)} \tag{3.31}$$

在 $z = d_3$ 处

$$B\mathrm{e}^{k_2 d_3} + C\mathrm{e}^{-k_2 d_3} = D\mathrm{e}^{k_3 d_3} + E\mathrm{e}^{-k_3 d_3} \tag{3.32}$$

$$-B\frac{1}{\omega\varepsilon_0\varepsilon_2}k_2\mathrm{e}^{k_2 d_3} + C\frac{1}{\omega\varepsilon_0\varepsilon_2}k_2\mathrm{e}^{-k_2 d_3} = -D\frac{1}{\omega\varepsilon_0\varepsilon_3}k_3\mathrm{e}^{k_3 d_3} + E\frac{1}{\omega\varepsilon_0\varepsilon_3}k_3\mathrm{e}^{-k_3 d_3} \tag{3.33}$$

在 $z=0$ 处

$$F = D + E \tag{3.34}$$

$$-F\frac{1}{\omega\varepsilon_0\varepsilon_4}k_4 = -D\frac{1}{\omega\varepsilon_0\varepsilon_3}k_3 + E\frac{1}{\omega\varepsilon_0\varepsilon_3}k_3 \tag{3.35}$$

由式（3.30）~式（3.35）可得这种结构下石墨烯表面等离激元的色散关系

$$e^{-2k_2d_2} = \frac{1+\dfrac{\varepsilon_2k_1}{\varepsilon_1k_2}}{1-\dfrac{\varepsilon_2k_1}{\varepsilon_1k_2}}\cdot\frac{\left(1+\dfrac{\varepsilon_2k_3}{\varepsilon_3k_2}\right)\left(1+\dfrac{\varepsilon_3k_4}{\varepsilon_4k_3}\right)+\left(1-\dfrac{\varepsilon_2k_3}{\varepsilon_3k_2}\right)\left(1-\dfrac{\varepsilon_3k_4}{\varepsilon_4k_3}\right)e^{-2k_3d_3}}{\left(1-\dfrac{\varepsilon_2k_3}{\varepsilon_3k_2}\right)\left(1+\dfrac{\varepsilon_3k_4}{\varepsilon_4k_3}\right)+\left(1+\dfrac{\varepsilon_2k_3}{\varepsilon_3k_2}\right)\left(1-\dfrac{\varepsilon_3k_4}{\varepsilon_4k_3}\right)e^{-2k_3d_3}} \tag{3.36}$$

所以可通过改变石墨烯上层介质的厚度 d_2 实现对表面等离激元折射率 $n_{\text{eff}} = \dfrac{\beta}{k_0}$ 的调控。

当区域 1 和区域 4 为空气（$\varepsilon_1=1$，$\varepsilon_4=1$），区域 2 为 SiO_2（$\varepsilon_2=3.9$），石墨烯的厚度设为 $d_1=1$nm 时，根据式（3.36），得到石墨烯在 $f=30$THz，$\mu_c=0.1$eV，$\tau=0.76$ps 条件下，其表面等离激元的折射率的实部曲线，如图 3.7 所示。从该图中可以看出表面等离激元的折射率从某一个值开始随着介质厚度的增加而增大，然而当增加到一定厚度之后折射率将保持不变。这是因为当石墨烯上层介质的厚度 $d_2\to0$ 时，这种结构退变为 $\varepsilon_1/\varepsilon_3/\varepsilon_4$，此时石墨烯表面等离激元的折射率为图 3.7 中曲线的起点；当 d_2 非常大，大于表面等离激元的纵向衰减长度时，这种结构接近 $\varepsilon_2/\varepsilon_3/\varepsilon_4$ 结构，此时折射率将保持不变。

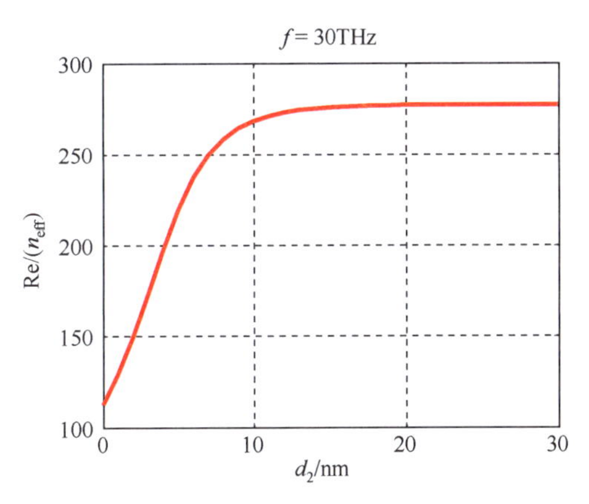

图 3.7　石墨烯在 $f=30$THz，$\mu_c=0.1$eV，$\tau=0.76$ps 条件下，其表面等离激元的折射率的实部曲线

3.1.3.2　石墨烯 Luneburg 透镜设计

类似于传统的 Luneburg 透镜，可以将球面形表面等离激元转化为平面形表面等离激元，反之，也可以将平面形表面等离激元转化为球面形表面等离激元。传统的 Luneburg 透镜的折射率分布为[15]

$$n(r) = \sqrt{2-(r/R)^2} \tag{3.37}$$

式中：R 为透镜的半径；r 为距离透镜中心点的距离。根据式（3.37）可以实现基于石墨烯表面等离激元的 Luneburg 透镜，它应该具有相同折射率分布形式，满足的表达式为

$$n(r) = n_{spp,background}\sqrt{2-(r/R)^2} \tag{3.38}$$

式中：$n_{spp,background}$ 为透镜周围石墨烯表面等离激元有效折射率值。

研究人员于 2011 年采用电压—基底调控方法实现了基于石墨烯的 Luneburg 透镜[10]，通过将硅基底设计成一系列不同高度的离散圆环形，之后在石墨烯与硅之间加电压，使每圈石墨烯电导率呈现一定的值，实现对其表面等离激元传播特性的调控。然而，采用这种方法设计石墨烯电导率的不连续性会引起其表面等离激元传播过程中发生散射现象。为解决这一问题，可以借助介质调控的方法，如图 3.8 所示。其优点是加工简单，同时可以减小由于石墨烯电导率的突变引起的散射。

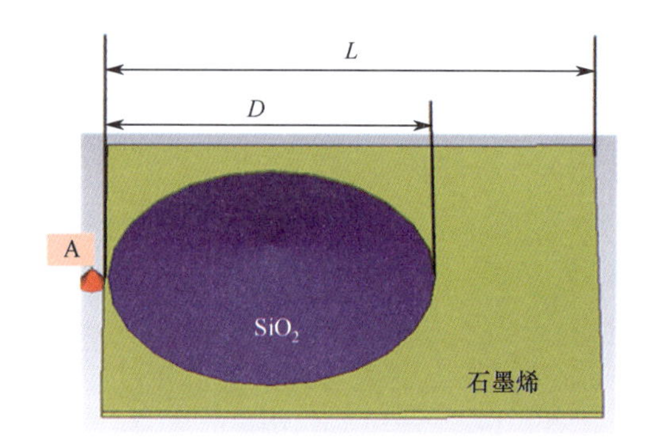

图 3.8　基于石墨烯的 Luneburg 透镜的原理图，通过在石墨烯上铺圆锥形的介质层来实现，其中 $D=340\text{nm}$，$L=500\text{nm}$

本节设计的石墨烯的 Luneburg 透镜工作频率为 30THz。透镜的半径选为 170nm（$D=340\text{nm}$），石墨烯的上层介质采用 SiO_2。石墨烯层放在自由空间中，即上下半空间的相对介电常数为 $\varepsilon_1=\varepsilon_4=1$。石墨烯材料的弛豫时间设定为 $\tau=0.76\text{ps}$[10]；为了减小石墨烯表面等离激元的传播损耗，石墨烯的化学势可选择为 $\mu_c=0.15\text{eV}$，可以通过外加电压或者掺杂来实现。根据式（2.48）计算石墨烯的表面电导率为 $\sigma_g=(0.00147+\text{i}0.0765)\text{S}$；结合表面电导率与等效介电常数之间的关系［式（2.53）］，计算出石墨烯等效的相对介电常数为 $\varepsilon_3=-45.87+\text{i}0.88$。对于该透镜周围的空间，即图 3.8 中的黄色部分，相当于表面等离激元在自由空间中的石墨烯上传播，此时表面等离激元的折射率可以根据式（3.13）求得，即有 $n_{background}\approx\dfrac{2}{\eta_0\sigma_{g,i}}=69.33$。根据式（3.38）可以得到该透镜不同位置所对应的表面等离激元折射率的分布，如图 3.9 所示，该透镜中心处所需的折射率最大为 98.04，而边缘部分对应的折射率最小。根据前一节分析的采用介质调控之后的石墨烯表面等离激元的色散关系，即式（3.36），可以得出介质厚度 d_2

与石墨烯表面等离激元折射率的关系变化曲线，如图 3. 10所示，从该曲线可以得到折射率从 69. 33 变化到 98. 04 时，上层介质的厚度 d_2逐渐增加到 3. 97nm。

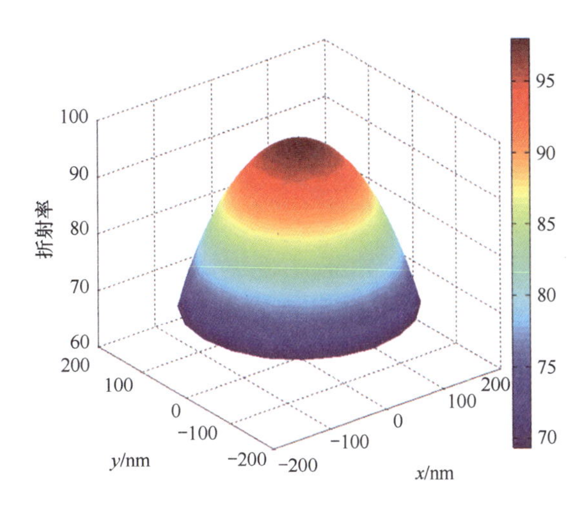

图 3. 9　工作在 30THz 的基于石墨烯的 Luneburg 透镜不同位置处需要满足的表面等离激元的折射率分布情况，其中透镜周围空间表面等离激元的折射率为 $n_{\text{background}} = 69.33$

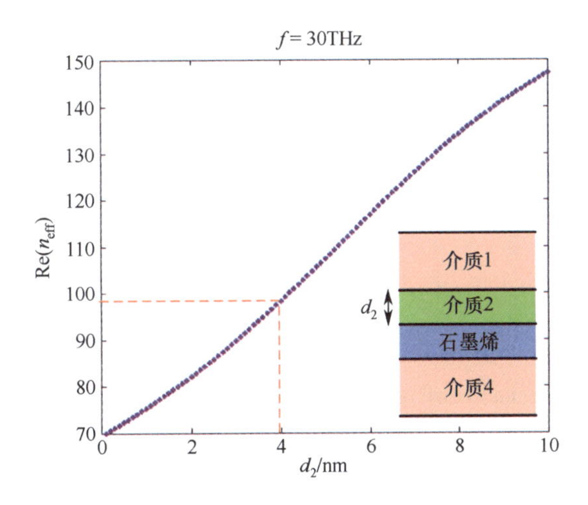

图 3. 10　工作在 30THz 的石墨烯表面等离激元的折射率与石墨烯上层介质厚度的关系曲线。其中 $\varepsilon_1 = \varepsilon_4 = 1$，$\varepsilon_2 = 3.9$，$\varepsilon_3 = -45.87$，$d_3 = 1\text{nm}$

采用 CST 电磁仿真软件得到基于石墨烯 Luneburg 透镜的三维仿真结果。图 3. 11 为石墨烯表面等离激元纵向电场分量 E_z的场分布图，在图 3. 11（a）中可以观察到通过点源激励产生的球面形表面等离激元经过 Luneburg 透镜后变成平面形表面等离激元；而图 3. 11（b）显示了相反的变化效果，将平面形表面等离激元经过 Luneburg 透镜后变成了球面形表面等离激元。这里所提出的方法也可以推广到更多的等离激元器件中，如 Eaton 透镜等。

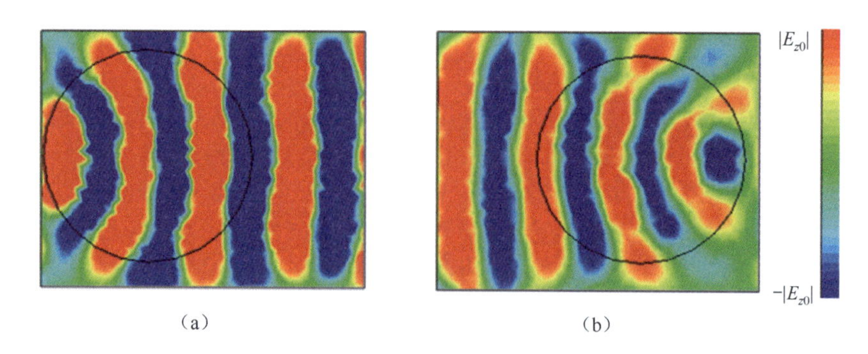

图 3.11　工作在 30THz 的基于石墨烯的 Luneburg 透镜的仿真结果。图中为表面等离激元的纵向电场分量的分布。(a) 球面形表面等离激元变成平面形表面等离激元；(b) 平面形表面等离激元变成球面形表面等离激元

3.1.4　石墨烯柔性表面等离激元器件

柔性表面等离激元器件在微纳光子应用中有着广泛的应用前景，因为它可以提供更多的可塑性[16]。例如，借助光学变换技术可实现准确、高效地控制表面等离激元的传播[17]，制作一系列新型等离激元器件，如隐身地毯[18,19]、弯曲波导[20]、圆柱形斗篷[17,18]及龙伯透镜[21]。相比金属，红外波段石墨烯具有更好的表面波束缚性，使其可以实现更大的弯曲度，这在柔性应用中很重要。下面将以作者团队之前实现的一种控制表面等离激元传播方向的柔性光电器件为例做进一步讲述。

3.1.4.1　弯曲波导理论

光波导是集成光学中不可缺少的器件。由于光波导中光束传播方向的改变，光波导中弯曲是必须的。由圆弧曲率导致的辐射损耗会影响表面等离极化波的传播效率。表面等离极化波在沿着弯曲表面传播的过程中会产生辐射损耗，并会减小表面等离极化波波矢的实部（表面等离极化波折射率的实部与此表面等离极化波的局域性有一定关系，波矢的实部越大，局域性越强）。在一定的曲率半径下，表面等离极化波在弯曲的表面上传播损失掉一部分动量后，其波矢的实部 $\mathrm{Re}(\boldsymbol{\beta})$ 可能已经小于空气中的折射率，此时已经不能支持表面等离极化波的传播。所以，存在一个特定曲率半径 r^*，当表面等离极化波在此曲率半径的弯曲表面上传播时，其折射率的实部小于空气中的折射率 k_0[22]，或者是 $n_{\mathrm{spp}} = \dfrac{\mathrm{Re}(\boldsymbol{\beta})}{k_0} < 1$，此时电磁场已经没有局域性，表面等离极化波转变成辐射波。这个特定曲率半径可以由下式计算[22]：

$$r^* \approx \frac{l_c \cdot k_0}{\beta_c - k_0} = \frac{k_0}{\mathrm{Re}\left(\sqrt{\boldsymbol{\beta}_c^2 - (\omega/c)^2}\right) \cdot (\boldsymbol{\beta}_c - k_0)} \tag{3.39}$$

式中：l_c 和 $\boldsymbol{\beta}_c$ 分别为在弯曲表面上传播的表面等离极化波的纵向衰减距离和波矢。因为

在一个弯曲表面上的表面等离极化波的主模的色散关系与一个在平面上传播的表面等离极化波的主模的色散关系基本一致[23]，假定$\boldsymbol{\beta}_c = \boldsymbol{\beta}$（$\boldsymbol{\beta}$是在一个平面上的表面等离极化波的波矢）。图 3.12 所示为在$T = 300\text{K}$，$\Gamma = 0.66\text{meV}$，$f = 160\text{THz}$和$\mu_c = 0.8\text{eV}$时，石墨烯支持的表面等离极化波的传播长度和纵向衰减距离随频率的变化情况。

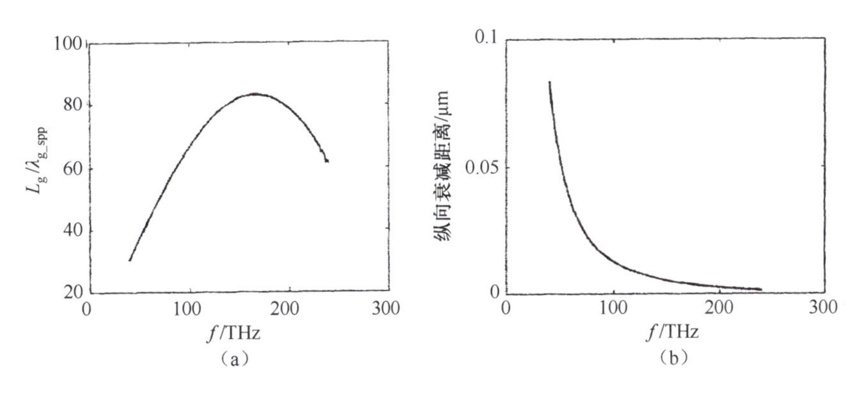

图 3.12　石墨烯上表面等离极化波特性随频率的变化情况（$T = 300\text{K}$，$\Gamma = 0.66\text{meV}$，$f = 160\text{THz}$和$\mu_c = 0.8\text{eV}$）。(a) 传播距离；(b) 纵向衰减距离

对一片放置在空气中的石墨烯来说，在$T = 300\text{K}$，$\Gamma = 0.66\text{meV}$，$f = 160\text{THz}$和$\mu_c = 0.8\text{eV}$条件下，石墨烯 SPP 波长为$\lambda_{g_spp} = 27\text{nm}$。在$T = 300\text{K}$和$f = 500\text{THz}$时，一片 30nm 厚度的金属银，其表面等离极化波的波长为$\lambda_{Ag_spp} = 0.55\mu\text{m}$。在此条件下的石墨烯和 30nm 厚度的金属银的特定曲率半径分别为$r_g^* = 0.18\lambda_{g_spp}$和$r_{Ag}^* = 3.4\lambda_{Ag_spp}$。只有当弯曲表面的曲率半径大于特定曲率半径$r^*$时，表面等离极化波才能传播。所以石墨烯上的表面等离激元的局域性要远好于金属银。石墨烯弯曲表面上支持表面等离极化波的曲率半径范围要远大于金属银。

下面分别展示表面等离极化波在 30nm 厚度的不同曲率半径的弯曲金属银表面［见图 3.13 (a)］和不同曲率半径的弯曲石墨烯表面［见图 3.13 (b)］传播的切面磁场图。弯曲的石墨烯表面和弯曲的金属银表面的电长度是相同的。从上到下分别仿真了金属银和石墨烯的三种曲率半径：$3\lambda_{Ag\_spp}$、$7.5\lambda_{Ag_spp}$和∞。

由图 3.13 可以观察到，在不同的曲率半径下，表面等离极化波能够高效率地在弯曲的空气—石墨烯—空气分界面上传播。然而，在空气—金属银—空气的分界面上，当曲率半径为$7.5\lambda_{Ag_spp}$时（大于特定曲率半径r_{Ag}^*），在其上传播的表面等离极化波的局域性不如在空气—石墨烯—空气分界面上的表面等离极化波。当曲率半径为$3\lambda_{Ag_spp}$（小于特定曲率半径r_{Ag}^*）时，金属银已不支持表面等离极化波的传播。

3.1.4.2　石墨烯弯曲波导及隐身地毯设计

根据上述分析，由于石墨烯支持的表面等离极化波的局域性很强，所以，石墨烯可以很方便地用于设计特殊的表面波器件，包括 180°弯曲波导、S 形弯曲波导、螺旋形弯曲波导和隐身地毯。根据前面所述，由于金属上支持的表面等离极化波的折射率比较小，局域性相对较弱，在散射损失了一部分动量后，此时的折射率很可能小于空气中的折射率，这时已经不能支持表面等离极化波的传输了，而金属要用在弯曲波导器件中，大多是通过在金属上设计光学变换结构来实现的。

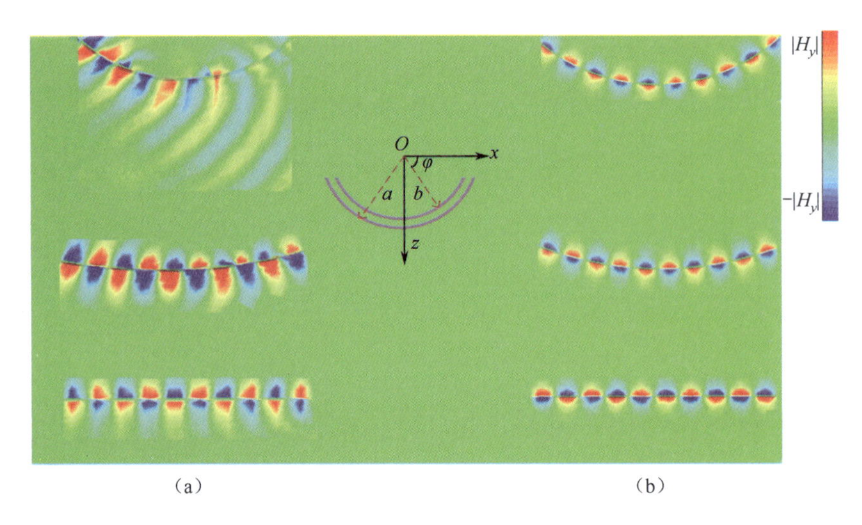

图 3.13　弯曲表面上的 SPP。(a) 不同曲率半径的 30nm 厚度的金属银上传播的表面等离极化波的切向磁场 H_y；(b) 不同曲率半径的石墨烯上传播的表面等离极化波的切向磁场 H_y。在图 (a) 中，从上到下的曲率半径分别为 1.65μm ($3\lambda_{Ag\_spp}$)、4.125μm 和∞；在图 (b) 中，从上到下的曲率半径分别为 81nm ($3\lambda_{g\_spp}$)、202.5nm 和∞

图 3.14 (a)、(b) 分别仿真了相同电尺寸的 30nm 厚度的金属银和石墨烯的 180°弯曲波导的切向磁场 H_y。在空气—金属银—空气弯曲分界面上，所有的电磁能量几乎

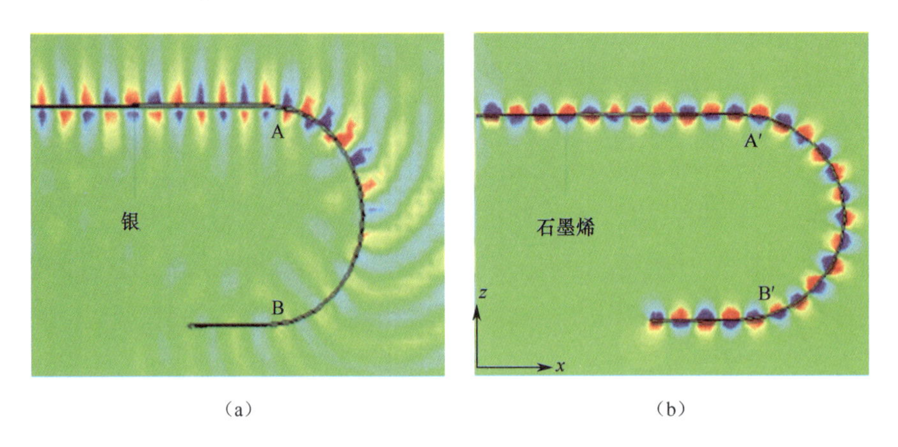

图 3.14　弯曲波导 (a) 在 $f=500$THz，$R_1=1.2$μm 时，基于 30nm 厚度的金属银的 180°弯曲波导；(b) 在 $f=160$THz，$\Gamma=0.66$meV，$T=300$K，$\mu_c=0.8$eV 和 $R_2=60$nm 时，基于石墨烯的弯曲波导的切向磁场 H_y 的分布；(c) 沿着 30nm 厚度的金属银的 180°弯曲区域的切向磁场分布；(d) 沿着石墨烯 180°弯曲区域的切向磁场分布

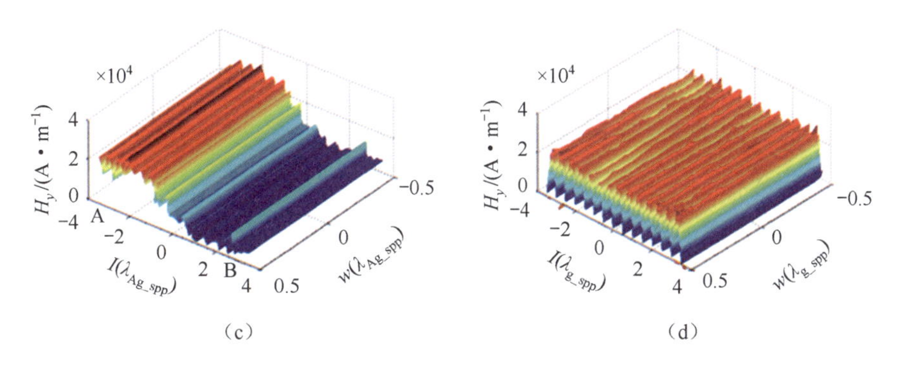

图 3.14 弯曲波导（a）在 f = 500THz，R_1 = 1.2μm 时，基于 30nm 厚度的金属银的 180°弯曲波导；（b）在 f = 160THz，Γ = 0.66meV，T = 300K，μ_c = 0.8eV 和 R_2 = 60nm 时，基于石墨烯的弯曲波导的切向磁场 H_y 的分布；（c）沿着 30nm 厚度的金属银的 180°弯曲区域的切向磁场分布；（d）沿着石墨烯 180°弯曲区域的切向磁场分布（续）

都耗散到自由空间中去了，金属银不能直接用于弯曲波导中。然而由图 3.14（b）清楚地观察到，空气—石墨烯—空气分界面上的表面等离极化波高效率地在 180°弯曲表面上传播。

为了评估表面等离极化波在弯曲表面传播的散射损耗或传输效率，可沿着弯曲区域的切向磁场 H_y分布，如图 3.14（c）、（d）所示。可以观察到，对于 180°石墨烯弯曲波导来说，几乎所有表面等离极化波的能量都可以在此弯曲表面上传播，然而对于金属银，几乎所有的能量都会耗散到自由空间中，此时表面等离极化波不能在此弯曲波导上传播。

这里也计算了另一种具有复杂结构的 S 形波导与螺旋形波导设计。波导的结构与仿真结果如图 3.15（a）、（b）所示，石墨烯支持的表面等离极化波可以在这些复杂的弯曲表面上传播。这种 S 形波导与螺旋形波导可用于光电集成电路中，可以直接控制表面等离极化波的方向，并且可以减小器件的尺寸。

延伸此理念，进一步展示一种基于石墨烯的隐身地毯设计案例。隐身地毯广泛应用在隐藏地面上的飞机、汽车等。因为当把隐身地毯覆盖在地面上的物体表面上时，表面等离极化波可以几乎没有散射地在隐身地毯上传播，就好像在一个平坦的地平面上传播一样。在实验中人们已经设计出了基于非共振材料的隐身地毯[24,25]。然而非共振材料要求严格的材料参数和大尺寸的斗篷限制了这种材料的实际应用。另一种实现隐身地毯的方法是使用光学变换的方法，但是在金属的表面覆盖不同厚度的介质材料是非常复杂的。首先，考虑一个在空气—石墨烯—空气的弯曲分界面传输的表面等离极化波，此弯曲的表面是一个半径为 30nm 的 1/3 的圆弧。仿真结果如图 3.15（c）所示，可以观察到，尽管在传播路径中遇到弯曲的突起，表面等离极化波也能够很平滑地传输过弯曲的表面。这对于隐藏石墨烯层下方的物体是非常有效的，实现了基于石墨烯的隐身地毯的概念。

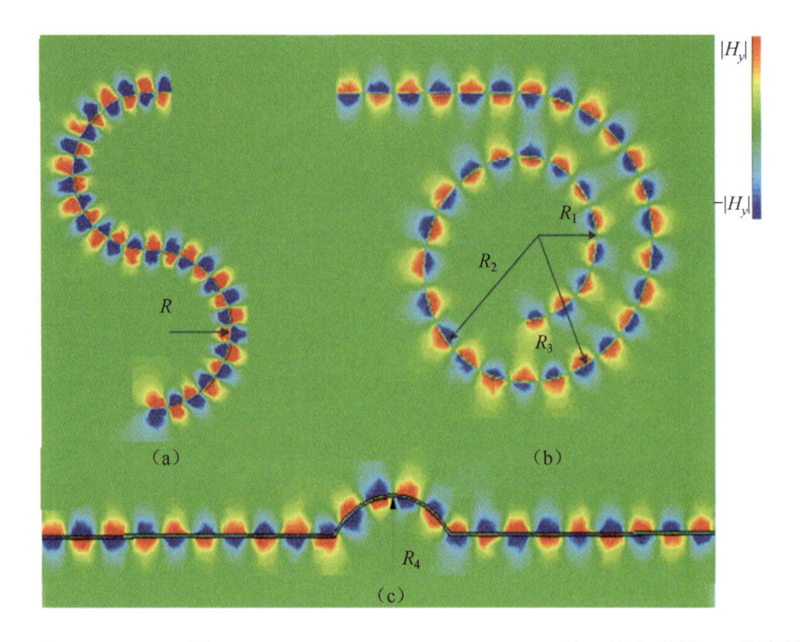

图 3.15　在 $f=160\text{THz}$，$\Gamma=0.66\text{meV}$，$T=300\text{K}$，$\mu_c=0.8\text{eV}$ 时，切向磁场 H_y 仿真结果图。（a）基于石墨烯的 S 形波导；（b）基于石墨烯的螺旋形波导，其中 $R_1=21\text{nm}$，$R_2=50\text{nm}$，$R_3=55\text{nm}$；（c）基于石墨烯的隐身地毯的切向磁场仿真图，其中 $R_4=30\text{nm}$，$f=160\text{THz}$，$\Gamma=0.66\text{meV}$，$T=300\text{K}$，$\mu_c=0.8\text{eV}$

基于上面的讨论可以看出，由于石墨烯具有很强的局域性，其支持的表面等离极化波可以在复杂的弯曲表面上几乎无散射地高效率传播，因此石墨烯的局域性可以很方便地通过掺杂改变化学势来调节，而金属并不具备此特性。

3.1.4.3　石墨烯柔性 Y 形弯曲波导与弯曲龙伯透镜的设计

由上节已知，石墨烯支持的表面等离极化波具有很强的纵向束缚性及很远的传播距离，所以可以使用光学变换方法控制石墨烯表面等离极化波在弯曲的表面上传播来实现特殊的表面波器件。

这里先介绍一种基于石墨烯的 Y 形弯曲波导。在 $f=160\text{THz}$，$\Gamma=0.66\text{meV}$ 和 $T=300\text{K}$ 时，此 Y 形弯曲波导包括两个独立的区域。对 Y 形区域掺杂的化学势为 0.8eV，对应的载流子浓度为 $n_s=5.23\times10^{13}\ \text{cm}^{-2}$，对应的介电常数为 $\varepsilon_{r,\text{eq1}}=-8.6+\text{i}0.0165$（支持 TM 模式的表面等离极化波的传播）；其余区域掺杂的化学势为 0.4eV，对应的载流子浓度为 $n_s=1.32\times10^{13}\ \text{cm}^{-2}$，对应的介电常数为 $\varepsilon_{r,\text{eq2}}=-0.9543+\text{i}0.6459$（不支持 TM 模式的表面等离极化波的传播）。此 Y 形弯曲波导的侧面是一条正弦曲线，此正弦曲线满足的函数关系式为：在 $0\leqslant x\leqslant300\text{nm}$ 区域内，$z(x)=12\sin(\pi x/60)\text{nm}$，其中 x

方向为传播方向，z 方向为垂直于表面的方向。

尽管石墨烯被弯成一个弯曲的表面，但由于石墨烯具有很强的纵向局域性，因此此表面等离极化波可以很好地在此 Y 形弯曲波导上传播，并且在传输过程中分裂成两条路径。图 3.16 所示为仿真结果。这种 Y 形弯曲波导可以在弯曲的表面实现波分器的功能。

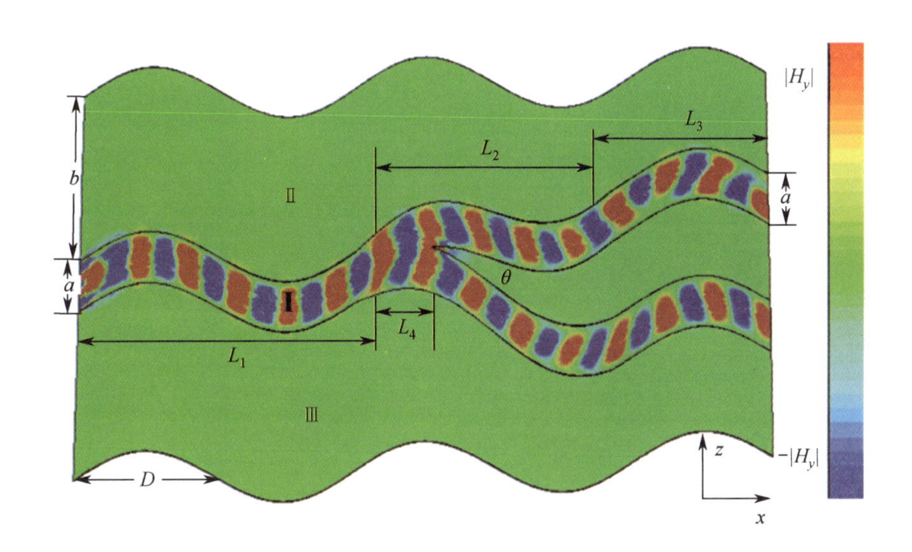

图 3.16 基于石墨烯的 Y 形弯曲波导。在 $f=160\text{THz}$，$\Gamma=0.66\text{meV}$ 和 $T=300\text{K}$ 时，基于石墨烯的 Y 形弯曲波导上的表面等离极化波的切向磁场 H_y 图。区域Ⅰ（波导中间部分）化学势为 $\mu_c=0.8\text{eV}$，区域Ⅱ化学势为 $\mu_c=0.4\text{eV}$，$L_1=120\text{nm}$，$b=140\text{nm}$，$a=30\text{nm}$，$L_2=100\text{nm}$，$L_3=80\text{nm}$，$L_4=30\text{nm}$，$\theta=22.5°$。正弦函数的半周期为 60nm

随后，再介绍一种基于石墨烯的弯曲龙伯透镜。此时，石墨烯被弯成一个半径 $R=130\text{nm}$ 的 1/4 圆弧形状。这个龙伯透镜是由 7 个具有不同的电导率值的同心圆组成的，其中石墨烯上各同心圆区域的介电常数满足如下关系式[13]：

$$\text{Re}(\varepsilon_{r,\text{eq},n}) = \frac{\text{Re}(\varepsilon_{r,\text{eq,back}})}{\sqrt{2-\left(\dfrac{r_n+r_{n-1}}{2r}\right)^2}} \tag{3.40}$$

式中：$\text{Re}(\varepsilon_{r,\text{eq,back}})$ 为除同心圆区域外的背景石墨烯区域的等效介电常数；r_n 为第 n 个龙伯透镜的半径；r 为整个龙伯透镜的半径；在 $f=160\text{THz}$，$\Gamma=0.66\text{meV}$，$T=300\text{K}$，$\mu_c=0.8\text{eV}$ 时，计算出石墨烯背景区域的等效介电常数为 $\text{Re}(\varepsilon_{r,\text{eq,back}})=-8.6+\text{i}0.0165$。图 3.17 给出基于石墨烯的弯曲龙伯透镜切向磁场 H_y 仿真图。可以看出，由点源激励出的球面形表面等离极化波在经过弯曲的龙伯透镜时变成了平面的表面等离极化波。

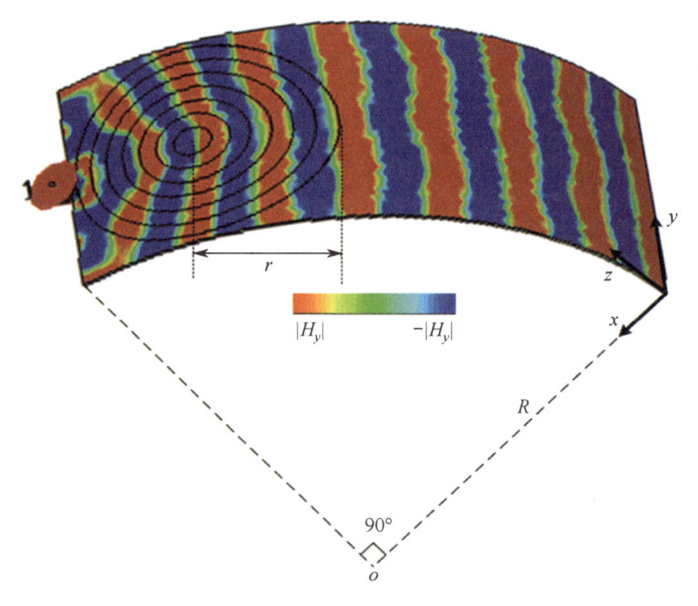

图 3.17　基于石墨烯的弯曲龙伯透镜切向磁场 H_y 仿真图，其中 $R=130\text{nm}$，$r=40\text{nm}$

3.1.5　石墨烯平面电磁“黑洞”

在单层石墨烯上通过调控 SPP 实现平面全向电磁波吸收器，或称为平面电磁“黑洞”。在此之前，人们利用新型人工电磁材料[26]和光子晶体[27]设计实现了电磁“黑洞”。

3.1.5.1　电磁“黑洞”理论

电磁“黑洞”的结构示意图如图 3.18 所示[178]。它包含一个有损耗的内核和一个介电常数随径向变化且无损耗的环形结构。其中，介电常数满足关系式

$$\varepsilon(r)=\begin{cases}\varepsilon_b & r>R_b\\ \varepsilon_b\times\left(\dfrac{R_b}{r}\right)^2 & R_c\leqslant r\leqslant R_b\\ \varepsilon_c+\mathrm{i}\gamma & r<R_c\end{cases}\tag{3.41}$$

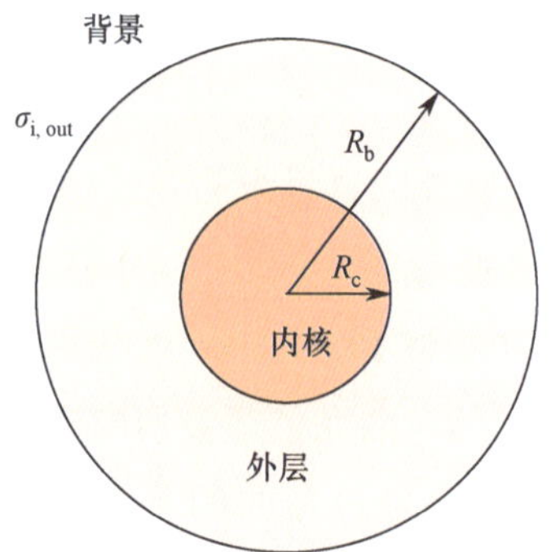

图 3.18　电磁“黑洞”结构示意图

式中：R_b 为外环半径；R_c 为内核半径，且满足关系式 $R_c = R_b\sqrt{\varepsilon_b/\varepsilon_c}$。则环形结构的折射率可以表示为

$$n(r) = \sqrt{\varepsilon(r)} = n_b R_b / r \qquad R_c \leqslant r \leqslant R_b \tag{3.42}$$

结合式（3.41）和式（3.42），得到石墨烯电磁“黑洞”电导率需要满足的关系式

$$\sigma_i = \sigma_{i,out}\frac{r}{R} \qquad R_c \leqslant r \leqslant R_b \tag{3.43}$$

式中：$\sigma_{i,out}$ 为背景的石墨烯电导率。为了便于数值仿真，可将式（3.43）离散化为

$$\sigma_{i,n} = \sigma_{i,out}\frac{r_n + r_{n+1}}{2R} \qquad R_c \leqslant r \leqslant R_b \tag{3.44}$$

图3.19给出了 $T = 30\text{K}$，$f = 50\text{THz}$ 时，石墨烯电导率与化学势的关系曲线。可以看出，当化学势在一定范围内变化时，如矩形阴影部分所示，石墨烯电导率的实部基本为零，这意味着石墨烯的损耗也基本为零。当化学势远离这一范围，如椭圆形阴影部分所示，石墨烯电导率实部与虚部的比值及其对应的损耗也将变大。这一特性正好符合电磁波吸收器的设计要求。矩形阴影部分的特性适合设计“黑洞”的环形结构，椭圆形阴影部分的特性适合设计“黑洞”的有耗内核。通过施加不同的电压（化学势），使得石墨烯环形部分的电导率的虚部符合式（3.44）的要求。

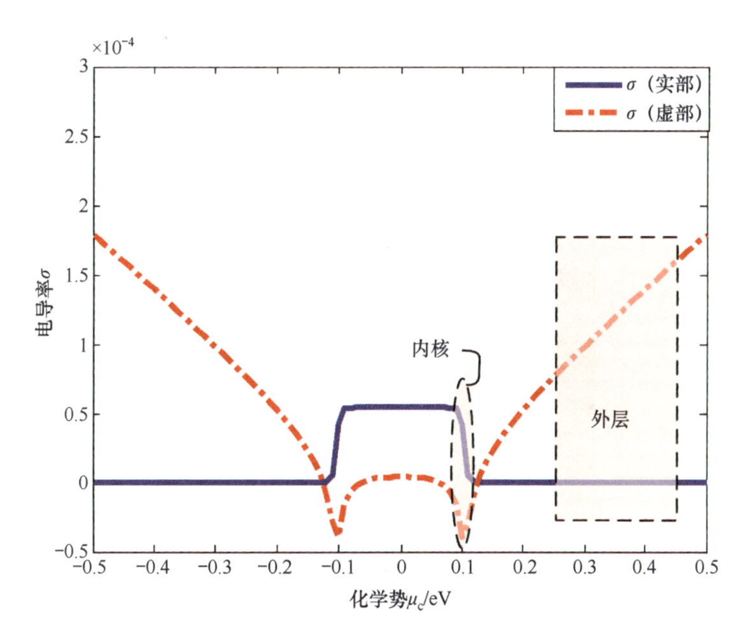

图3.19　在 $T=30\text{K}$，$f=50\text{THz}$ 时，石墨烯电导率与化学势的关系曲线

3.1.5.2　石墨烯平面电磁“黑洞”的设计

基于以上分析，在 $T=30\text{K}$，$\Gamma=0.43\text{meV}$ 的条件下，本节介绍一款工作频率在 $f=50\text{THz}$ 基于石墨烯的平面电磁波吸收器。参数如下：内核的半径 $R_c=200\text{nm}$，环形的外半径 $R_b=500\text{nm}$，整个石墨烯的尺寸大小为 $1500\text{nm}\times1500\text{nm}$。式（3.44）中，当取

$\sigma_{\mathrm{i,out}}=0.17\mathrm{S/m}$ 时，对应的化学势为 $\mu_{\mathrm{c}}=0.477\mathrm{eV}$，对应的损耗角正切为 $\tan\delta=0.0046$。将整个电磁波吸收器的环形区域离散为 10 层，即每层的宽度为 $w=30\mathrm{nm}$。施加不同的化学势，可以改变石墨烯电磁波吸收器每层的介电常数和电导率。采用 CST 对器件结构进行模拟。石墨烯的厚度为 1nm，无限小的偶极子代替点源激励。石墨烯的上下两面设置为电边界，四周为开放边界。每层的材料属性用表 3.2 中对应的介电常数和损耗角正切进行描述。球面波激励的平面电磁“黑洞”的模拟结果如图 3.20 所示。可以看出，入射到吸收器中的电磁波均被中间的核所吸收，透过该吸收器的电磁波很少。

表 3.2　平面电磁“黑洞”设计参数

层　　数	电导率/（S/m）	介电常数	化学势/eV	损耗角正切
0（内核）	0.00049	-0.1771	0.0958	17.7259
1	0.0731	-26.2802	0.2421	0.0063
2	0.0833	-29.9472	0.265	0.0058
3	0.0935	-33.6142	0.2884	0.0055
4	0.1037	-37.2812	0.3124	0.0053
5	0.1139	-40.9482	0.3369	0.0051
6	0.1214	-44.6152	0.3617	0.0049
7	0.1343	-48.2822	0.3868	0.0048
8	0.1445	-51.9492	0.4123	0.0047
9	0.1547	-55.6162	0.4379	0.0047
10	0.1649	-59.2831	0.4637	0.0046
背景	0.17	-61.1166	0.477	0.0046

图 3.20　球面波激励的石墨烯电磁波吸收器模拟图

为使器件向微纳光学器件如光学吸波器应用等更进一步，且使吸波效果更加明显，作者后续设计了用支持窄波束 SPP 的条带波导连接到平面电磁“黑洞”的配置实现的吸波器件，如图3.21（a）~（c）所示。为了在一整片石墨烯层中实现窄波束，需要在石墨烯的不同区域施加两个不同的化学势，使得对应的介电常数一正一负，从而使得激励的电磁波以SPP的形式集中在介电常数为负的窄带中传输，这样就可通过一窄波束把电磁波引导到平面电磁“黑洞”中。由图3.21可以看出，无论波束是正入射、斜入射还是切入射到平面电磁“黑洞”中，都会向着中间的内核部分弯曲，最终被内核所吸收。为了更清晰地呈现平面电磁“黑洞”对电磁波能量的吸收效果，电磁波正入射、斜入射和切入射下的能量分布如图3.21（d）~（f）所示。

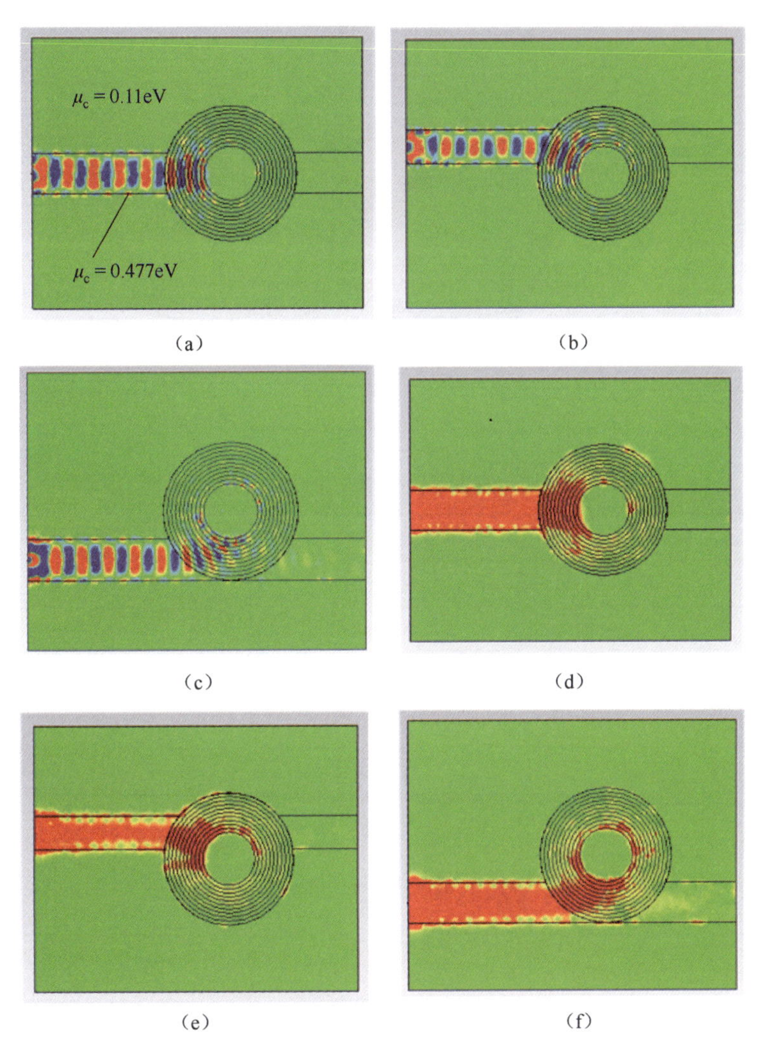

图3.21 石墨烯平面电磁“黑洞”的电场分布图。(a) 正入射；(b) 斜入射；(c) 切入射；(d) ~ (f) 分别为 (a) ~ (c) 三种状态对应的能量分布图

实现这一功能的方式可采用如图3.22所示结构，在石墨烯与介质硅之间加固定偏置电压 V_{bias}，通过铺设不同厚度的 SiO_2 实现不同的化学势。由于石墨烯与介质硅之间的距离是不均匀的，所以在同一电压下二者间的静态电场也是不同的，这就意味着每层对

应的化学势是不同的，即可以实现不均匀的电导率。这里，对其施加的偏置电压为30V，根据式（2.57）计算出 SiO_2 的厚度，见表3.3。另外，由图3.19可以看出，设计平面电磁波吸收器时，内核与环状结构的电导率范围是不连续的，在后续的改进中，可以将内核设计成圆台结构，即内核石墨烯与硅之间的距离是以渐变的方式消除结构的不连续性。这样设计的装置，既符合电导率的关系，又满足损耗的要求。

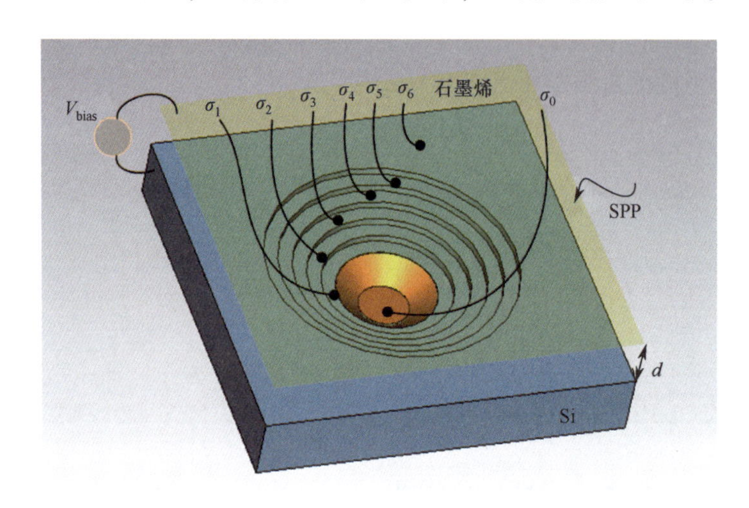

图3.22 石墨烯平面电磁“黑洞”实现示意图

表3.3 偏置电压为30V时 SiO_2 的厚度

层　数	化学势/eV	SiO_2 厚度/nm
0	0.0958	1276
1	0.2421	200
2	0.265	167
3	0.2884	141
4	0.3124	120
5	0.3369	103
6	0.3617	90
7	0.3868	78
8	0.4123	69
9	0.4379	61
10	0.4637	55
最外层	0.477	52

3.1.6 石墨烯全光逻辑门

全光计算技术可以突破传统集成电路计算速度、散热方面的瓶颈。近年来，随着纳米光子学、纳米等离激元学的快速发展，微分方程求解器[28,29]、模拟计算器[30]、微分器[31-33]、积分器[34]、鉴频器[35]、比较器[36]等一系列基于全光计算技术的功能器件快速涌现。另外，也有许多学者更加关注更具通用性的全光功能器件，如基于非线性散射机理、线性干涉效应设计的与（AND）门、或（OR）门、异或（XOR）门、非（NOT）门、同或（XNOR）门等逻辑器件[37-45]。这是因为逻辑门是集成电路最基本的单元，可以通过级联方式实现更加复杂的功能。最近，已有学者基于石墨烯设计了电子逻辑门[46]、自旋逻辑门[47,48]、电光逻辑门[49]。石墨烯对 SPP 具有很强的束缚性，既可以在直线形的石墨烯条带上传播信号，又可以在弯曲形状的石墨烯条带上传播信号[50,51]，并且使用石墨烯在纳米尺度上传播信号，此处的逻辑门利用的是表面等离激元的相干效应，不需要外加电压动态调控石墨烯属性，具有结构简单、功耗低、处理速度快的优点。

3.1.6.1 全光逻辑门原理

根据前面的章节介绍，石墨烯支持 SPP 模式传输可用于设计石墨烯全光逻辑门，作为示例，本书介绍两种逻辑门：异或（XOR）门和同或（XNOR）门[52,53]，工作频率为 40THz，相应的真值表如表 3.4 所示。两个输入端口分别标记为 A、B，XNOR 门的使能端标记为 EN。两种逻辑门的原理图如图 3.23 所示，由直线形石墨烯条带和四分之一圆弧形状的石墨烯弯条带构成。所有的几何参数均在图中标识。输出端口为 O，圆弧半径为 R，并且石墨烯条带的宽度 $w=30$nm，根据频率和宽度可以得到石墨烯条带归一化传播常数 $\beta_n=63.99$。换言之，石墨烯 SPP 波长 $\lambda_{spp}=117.21$nm，对于 XOR 门，输入端 A 与 B 的长度差 $\Delta L=D$。对于 XNOR 门，输入端 A 与 B 长度相同，但是比使能端长 $\Delta L=(\pi-2)R$，为满足相干相消的条件，$\Delta L=(\pi-2)NR/2$，其中 $N=1, 3, 5, \cdots$，为了缩小几何尺寸，此处设置 XOR 门和 XNOR 门对应的 $N=1$ 和 3，也即 $D=58.6$nm，$R=154$nm。另外，$L=200$nm，整个器件的结构尺寸在 800nm×800nm 范围内，比基于金属等离激元、介质光子逻辑门更加紧凑[37-45]。

表 3.4 XOR 门与 XNOR 门的真值表

XOR			XNOR			
A	B	A⊕B	EN	A	B	A⊙B
0	0	0	1	0	0	1
0	1	1	1	0	1	0
1	0	1	1	1	0	0
1	1	0	1	1	1	1

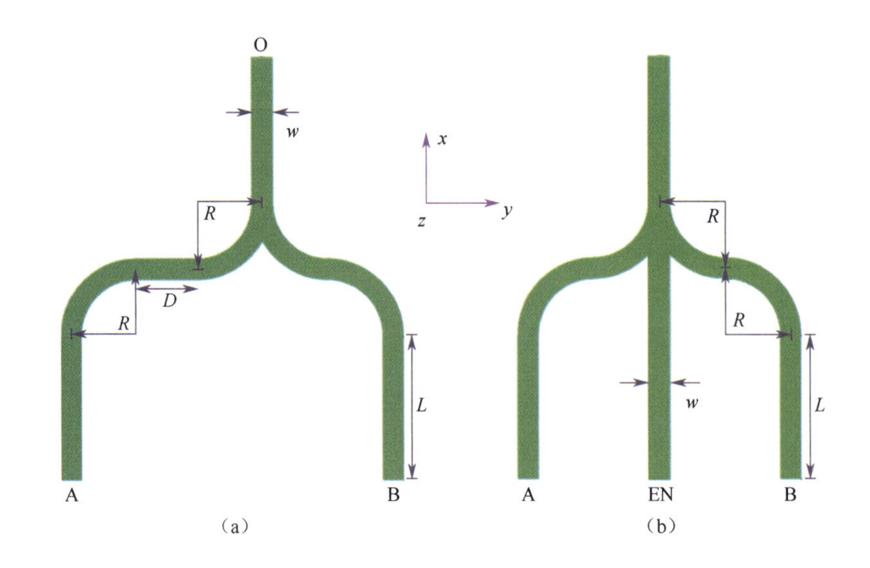

图3.23　基于石墨烯的异或（XOR）门（a）和同或（XNOR）门（b）的结构示意图。相干相消的效果源于输入端不同的长度（半波长的奇数倍）

3.1.6.2　石墨烯全光逻辑门的设计

图3.24与图3.25分别绘制了石墨烯SPP的电场法向分量。对于XOR门，这里给出AB=01，AB=10，AB=11三种状态；对于XNOR门，给出四种状态的仿真，即AB=00，AB=01，AB=10，AB=11。从图中可以看出，输出端口的信号强度与真值表较好吻合。同时，当一个端口处于“0”状态时，来自“1”状态的端口耦合少量的信号。为了定量描述逻辑门设计的性能，此处定义处于“1”与“0”状态下输出端口能量的比为石墨烯全光逻辑门的品质因数：FOM=10log（$P_{\mathrm{ON}}/P_{\mathrm{OFF}}$），在CST输出端口处检测场强，得到XOR门、XNOR门的FOM分别为26.6dB和7.2dB。

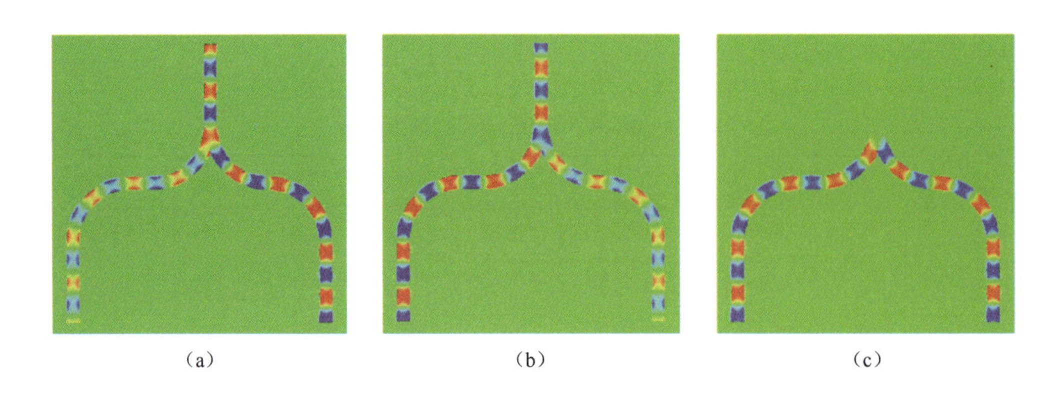

图3.24　石墨烯异或（XOR）门的三种状态：（a）ABO=001；（b）ABO=101；（c）ABO=110

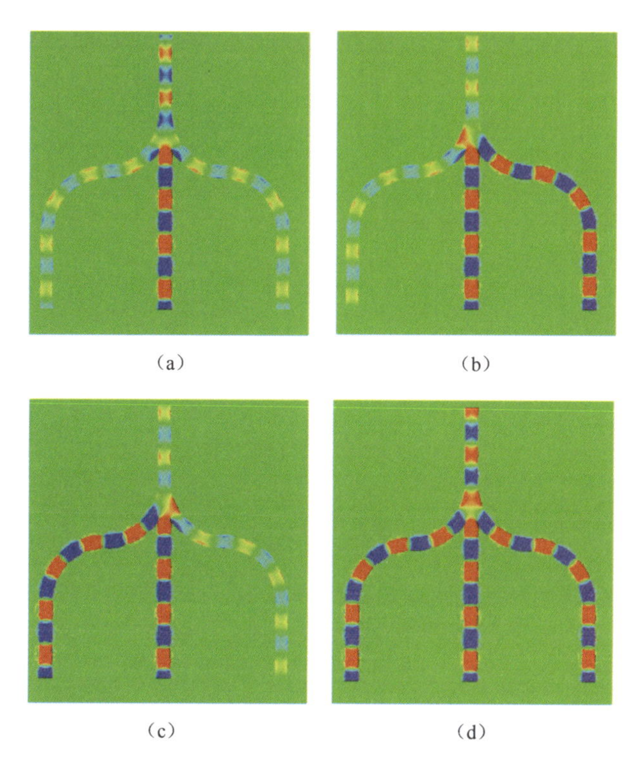

图3.25　石墨烯同或（XNOR）门的四种状态：(a) ABEO＝0011；(b) ABEO＝0110；(c) ABEO＝1010；(d) ABEO＝1111

3.1.7　石墨烯纳米条带与谐振环的等离激元开关

对于石墨烯条带的边缘模式，电磁能量主要集中在边缘，因此其与邻近结构的耦合效应同样令人感兴趣。这里以一种石墨烯条带与圆环耦合的结构为例，演示如何通过改变圆环尺寸及石墨烯化学势实现对谐振频率的调控，并给出了并联、串联两种拓扑的结果，最后介绍一种基于双并联耦合结构的四状态开关器件应用[53]。

3.1.7.1　石墨烯纳米谐振环原理

石墨烯圆环结构可以用于激发等离激元及设计可调谐的光学天线[54]，这里首先分析圆环的谐振模式，其由如下超越方程约束[55,56]：

$$\frac{J_n'(k_r r_o)}{J_n'(k_r r_i)}-\frac{Y_n'(k_r r_o)}{Y_n'(k_r r_i)}=0 \tag{3.45}$$

式中：J_n和Y_n表示n阶第一类和第二类贝塞尔函数；k_r表示圆环谐振状态下的传播常数；r_i和r_o表示圆环的内径和外径，如图3.26（b）中的插图所示。

由式（3.45）可知，圆环的传播常数由圆环的结构尺寸决定。特征方程的求解可以借助多种数值计算工具，如这里通过数学工具Maple求解所得的结果如图3.26（a）所示。图3.26（b）显示了四个谐振模式下传播常数随着圆环内径的变化关系，其中外径与内径

关系为 $r_o = r_i + 30\text{nm}$。由图可以看出，各个谐振模式的传播常数随着内径的增大而减小。

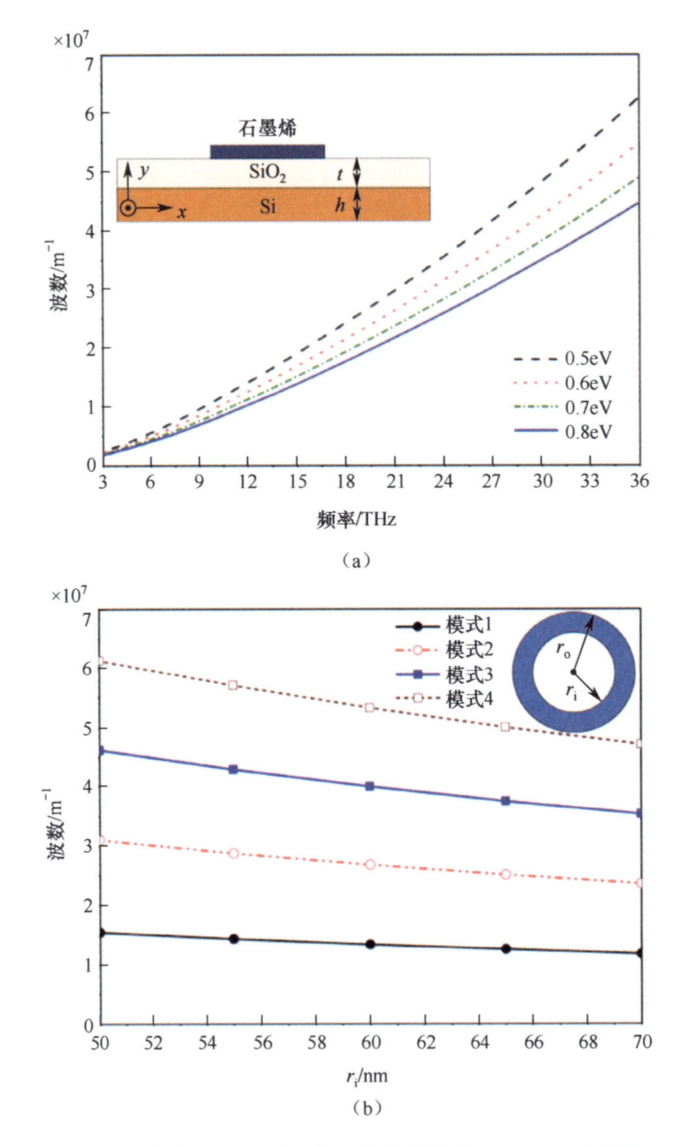

图 3.26 (a) 不同化学势条件下石墨烯条带上的传播常数；(b) 石墨烯圆环四个谐振模式下传播常数随着圆环内径的变化关系，其中圆环外径固定，比内径大 30nm

3.1.7.2 石墨烯纳米条带耦合纳米谐振环分析

接下来，考虑两种形式的石墨烯条带与谐振环耦合方式，分别为并联与串联形式，如图 3.27 (a)、(b) 所示。并联形式充当了光带阻滤波器，而串联形式充当了一个光带通滤波器。石墨烯条带的长度分别为 l_p 和 l_s，条带与圆环的间距分别为 s_p 和 s_s，条带与圆环的宽度均为 w，并联形式和串联形式的圆环内径分别标记为 r_p 和 r_s，耦合结构的输入端口和输出端口记为端口 1 和端口 2。此处设置 $r_p = 70\text{nm}$，$r_s = 50\text{nm}$，$s_p = 10\text{nm}$，$s_s = 8\text{nm}$，$w = 30\text{nm}$。

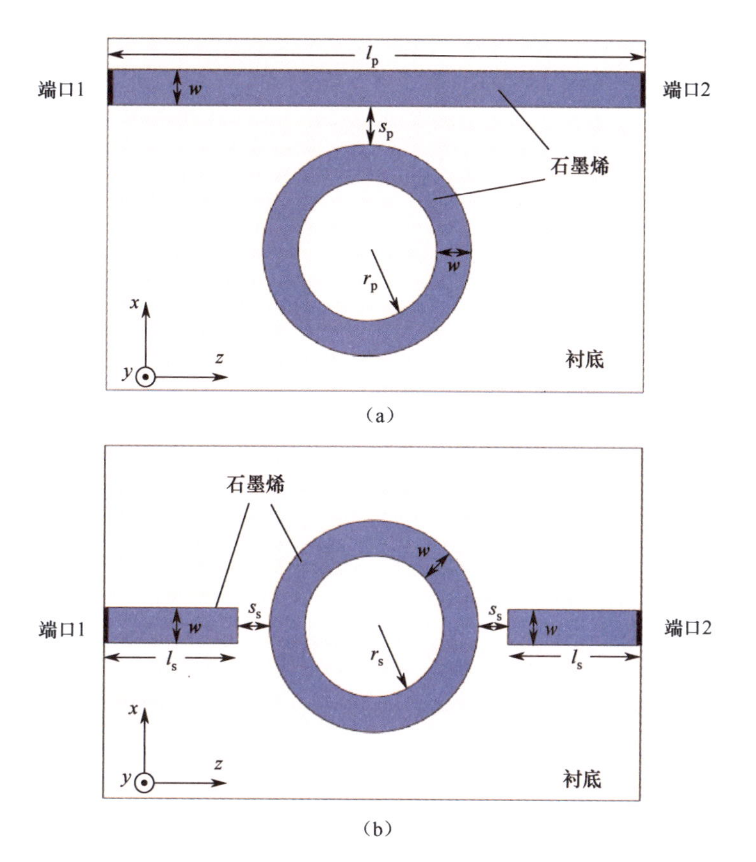

图3.27 石墨烯谐振器，由条带与圆环的耦合构成：（a）并联形式，（b）串联形式。其中并联形式和串联形式圆环的内径分别标记为 r_p 和 r_s。条带与圆环的间距分别为 s_p 和 s_s，条带与圆环的宽度均为 w，输入端口和输出端口记为端口1和端口2

并联和串联耦合结构的传输谱如图3.28（a）、（b）所示，且圆环的半径分别设置为60nm、65nm和70nm，石墨烯的化学势固定为0.6eV。从图中可以看到三个比较明显

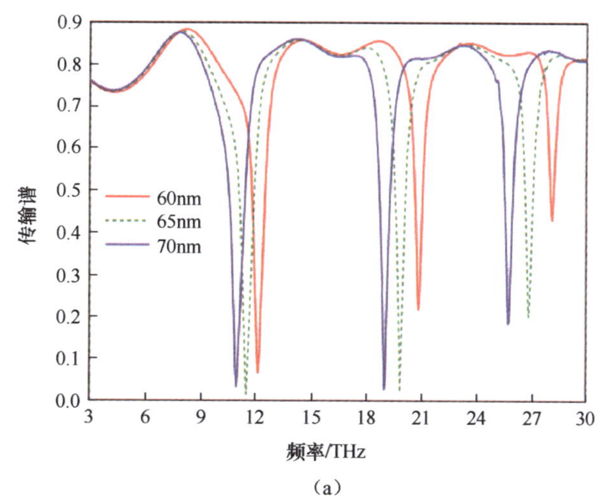

图3.28 石墨烯条带与圆环并联（a）与串联（b）耦合结构的传输谱，圆环的半径分别为60nm、65nm和70nm，石墨烯的化学势固定为0.6eV

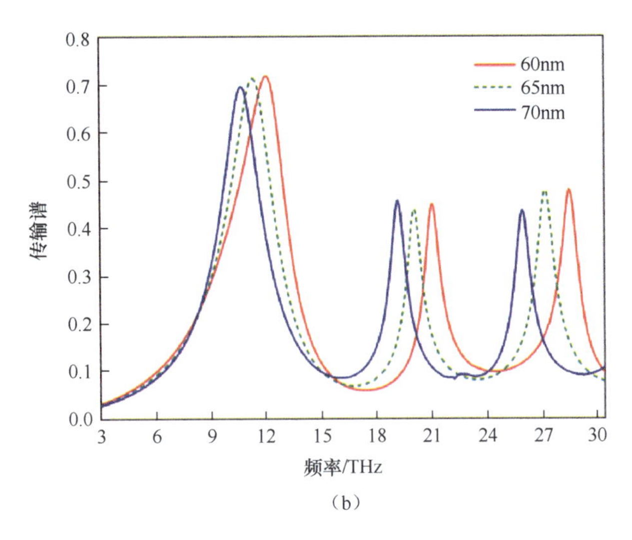

(b)

图 3.28 石墨烯条带与圆环并联(a)与串联(b)耦合结构的传输谱，圆环的半径分别为 60nm、65nm 和 70nm，石墨烯的化学势固定为 0.6eV（续）

的谐振峰，即条带与圆环之间出现了耦合谐振。同时又发现，对于并联与串联耦合结构，随着圆环半径的增加，传输谱出现了红移效应，该现象可以由图 3.26 解释，即传播常数随着圆环半径的增大而减小，而谐振频率随着传播常数的减小而减小。

不同圆环内径对应在第二阶谐振频率下的场分布（H_z）如图 3.29 (a)～(f) 所示，(a) 和 (b) 对应内径 70nm，(c) 和 (d) 对应内径 65nm，(e) 和 (f) 对应内径

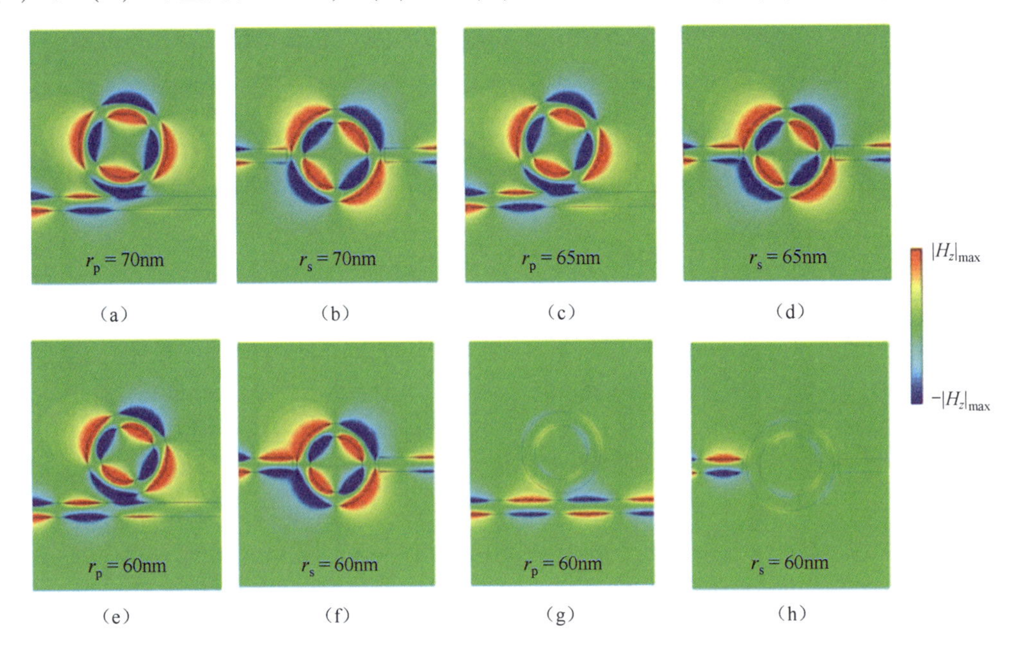

图 3.29 并联(a)、(c)、(e) 和串联(b)、(d)、(f) 耦合结构的二阶谐振状态下的场分布图，三种圆环内径尺寸为：70nm (a)～(b)，65nm (c)～(d)，60nm (e)～(f)，(g) 和 (h) 表示 f = 17.2THz 非谐振条件下的并联、串联耦合结构的场分布图

60nm。(a)、(c) 和 (e) 对应的是并联耦合，(b)、(d) 和 (f) 对应的是串联耦合。为了便于对比，对于内径为 60nm 时的非谐振状态下 $f=17.2$THz 的场分布图由 (g) 和 (h) 给出。由图 3.29 可以清楚地看到，在谐振频率上，石墨烯条带与圆环出现了很强的电磁场耦合现象；而在非谐振频率上，石墨烯条带上的能量很难耦合到圆环上。

另一种调谐手段是改变石墨烯的化学势。图 3.30 (a) 和 (b) 分别给出了石墨烯在不同化学势条件下并联和串联耦合结构的传输谱。从图中可以看出，随着化学势的增加，频谱出现了蓝移现象，这一现象符合图 3.26 (a) 的预测，即频率（正比于传播常数）会随着化学势的增加而增加。

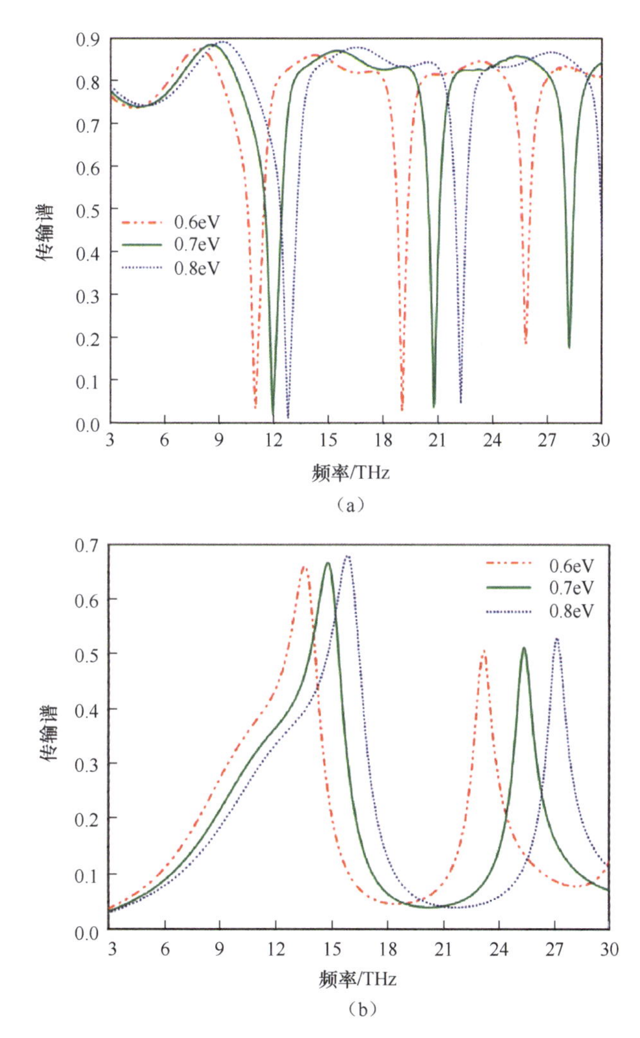

图 3.30　石墨烯条带与圆环并联 (a) 与串联 (b) 耦合结构的传输谱，石墨烯的化学势分别为 0.6eV、0.7eV、0.8eV

3.1.7.3　双并联耦合结构的四状态开关

在上述石墨烯条带与谐振环耦合结构的基础上，可以设计更多的器件。例如，此处给出了一种基于双并联耦合结构的四状态开关，如图 3.31 所示。Y 形波导连接两个并

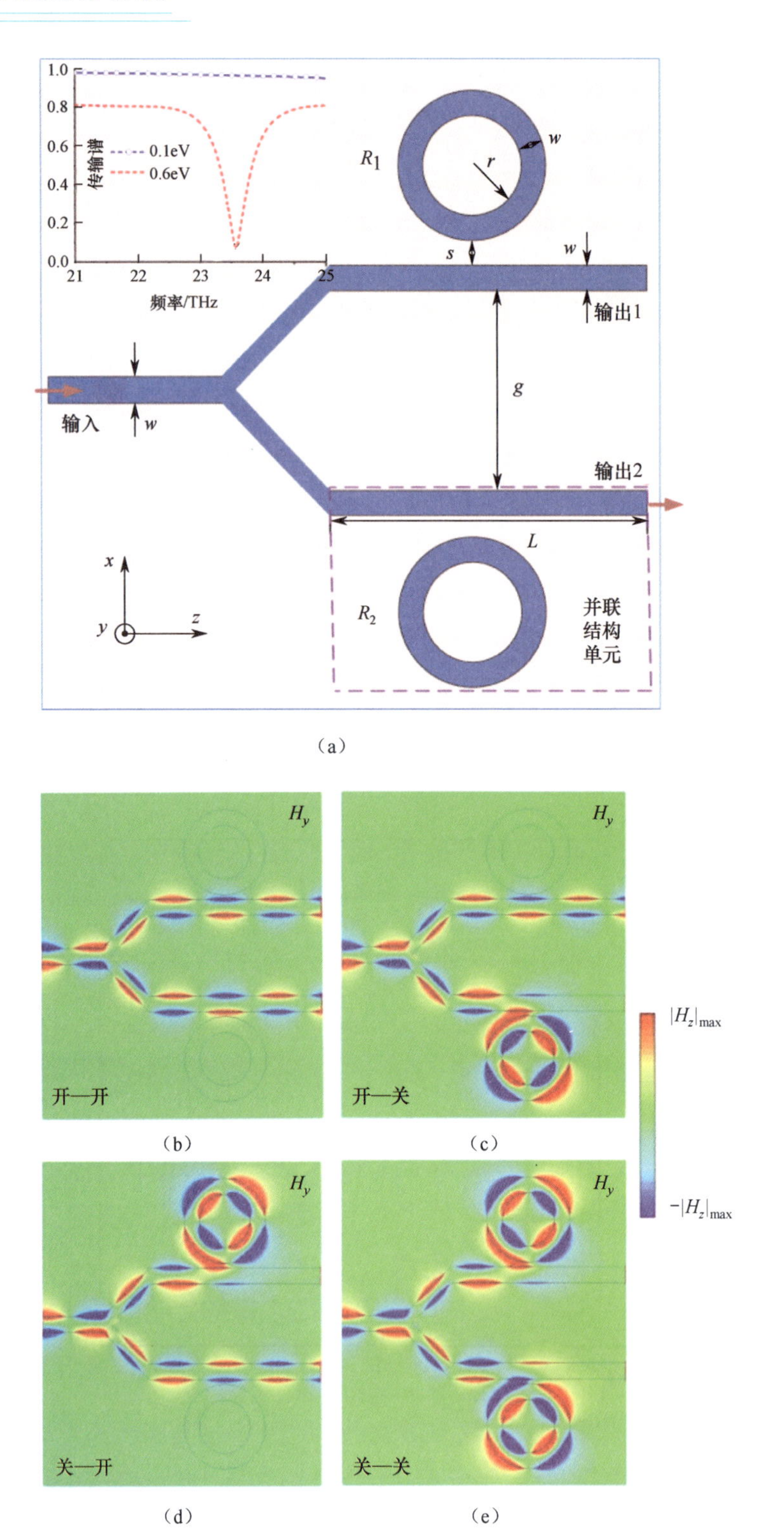

图 3.31　石墨烯条带与圆环双并联结构构成的四状态开关。(a) 结构示意图，插图显示了石墨烯在 0.1eV 和 0.6eV 情况下的传输谱；(b) ~ (e) 为四状态场分布图：(b) 开—开，(c) 开—关，(d) 关—开，(e) 关—关

联耦合结构，一个端口输入，两个端口输出；两个尺寸相同的石墨烯圆环分别标记为 R_1 和 R_2，圆环与条带之间的间隔 $s=8\text{nm}$，两者的宽度均为 $w=30\text{nm}$，条带长度 $L=340\text{nm}$，圆环内径 $r=50\text{nm}$，两个输出端口之间的距离 $g=180\text{nm}$。石墨烯圆环的耦合结构设置两种不同的化学势，即 0.1eV 与 0.6eV，与之相对应的传输谱如图 3.31（a）的插图所示，考虑工作频率在 21～25THz 范围，在 0.6eV 情况下，石墨烯条带与圆环出现强耦合，而在 0.1eV 情况下，两者几乎不能耦合电磁能量，换句话说，在“开”状态下石墨烯条带能量几乎不与圆环耦合，能够支持传播到接收端口；而在“关”状态下，石墨烯条带与圆环出现强耦合，即接收端口几乎不能接收到发射端的能量。图 3.31（b）～（e）绘制了四种开关情形下的场分布图。

3.2 石墨烯空间波应用

3.2.1 石墨烯对空间波的调控机理

3.2.1.1 石墨烯薄片与电磁波的作用

平面波入射整张石墨烯薄片时的透射系数，可由下式给出[54,57]

$$t=\frac{1}{1+\frac{\sigma\eta_0}{2}} \tag{3.46}$$

式中：η_0 为自由空间波阻抗。图 3.32 给出了两种不同的化学势（0.2eV 与 0.3eV）条件下的石墨烯的传输谱色散曲线，并与仿真软件 CST 的仿真值做比较。

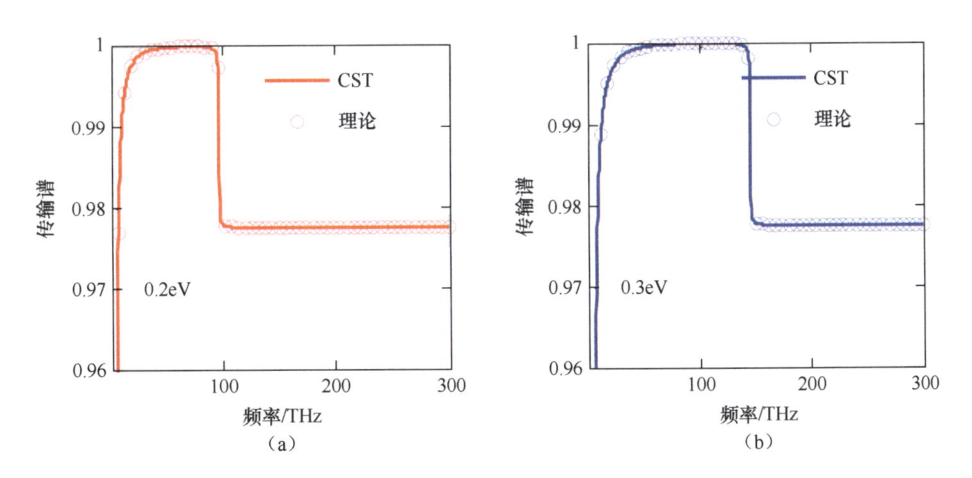

图 3.32 不同化学势条件下的石墨烯传输谱色散曲线，包括由式（3.46）计算的理论值和 CST 仿真软件的仿真值对比

从图 3.32 中可以发现：特定化学势条件下的石墨烯，其透射率（定义为功率单位，

$T=t^2$）随频率从微波段逐步升高到光波段，数值递增达到某一频率阈值时，然后突变为一个常数（97.7%）；另外，随着石墨烯的化学势变大，这个阈值频率会相应地增大，这与石墨烯的电导率色散特性相关，即在阈值频率之后，石墨烯电导率的贡献是由带内跃迁主导的，并不随频率变化，呈现“最小电导率”特征。

3.2.1.2 石墨烯周期结构对电磁波的响应

为了增强石墨烯与电磁波的相互作用，一种简单有效的方式是将石墨烯设计为特定的结构[58]，包括对石墨烯进行周期性掺杂，制备平面的石墨烯图案（如条带结构[59,60]、圆盘结构[61]），或者将石墨烯设计成弯折的形状（如三角形[62]、方形[63]、波浪形[64]），以及在衬底上周期性地刻上镂空栅格[65]。这类谐振结构均可视为光子晶体，一个重要的功能便是将空间电磁波转换为表面波。

以一维周期性石墨烯条带的简单情形为例，如图3.33所示，z方向为石墨烯的厚度，单元内石墨烯条带与缝隙介质的宽度分别为l_G与l_D，周期为$L=l_G+l_D$。上述结构的一维倒格矢为$G=2\pi/L$，平面波入射角度为θ，波矢为$\boldsymbol{k}$。根据Floquet定理[66]，石墨烯条带上将激发出无限次的本征模式，而每个本征模式又可以展开无限次的空间谐波，其切向（x方向）的传播常数满足

$$k_{xn}=k_{x0}+nG \quad n=0,\pm1,\pm2,\cdots \tag{3.47}$$

式中：k_{x0}为该周期结构的基次模传播常数，当满足波矢匹配条件（或称为相位匹配条件）$k_{xn}=K_{\sin\theta}$时，空间波可以有效转化为表面波，即

$$k_{x0}+nG=k_{\sin\theta} \tag{3.48}$$

$k_{x0}>k$，因此为满足式（3.48），n需为负数。根据严格耦合波分析（Rigorous Coupled-Wave Analysis，RCWA）方法[67]，可以精确求解周期栅格的透反射特性。

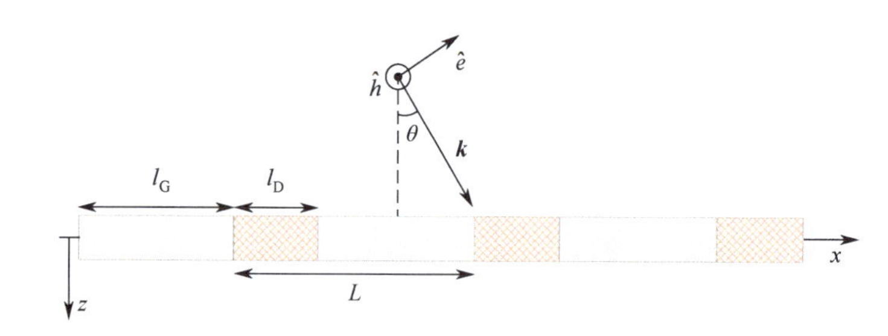

图3.33 一维周期性石墨烯条带，单元宽度为L，单元内石墨烯条带与缝隙介质的宽度分别为l_G与l_D，平面波波矢为$\boldsymbol{k}$，入射角度为θ

假设石墨烯条带工作频率范围是20~60THz，石墨烯的化学势$\mu_c=0.6$eV，条带的宽度$l_G=250$nm，缝隙的介质为空气，宽度$l_D=250$nm。为了方便比较，这里也给出使用COMSOL的仿真对比，如图3.34（a）所示。可以看出，在工作频率范围内出现了两个明显的谐振峰。将表面的场分布图绘制如图3.34（b）所示，可以看出，在第一个谐振频率28.5THz与第二个谐振频率57.1THz上，分别激发了一阶和二阶表面波。

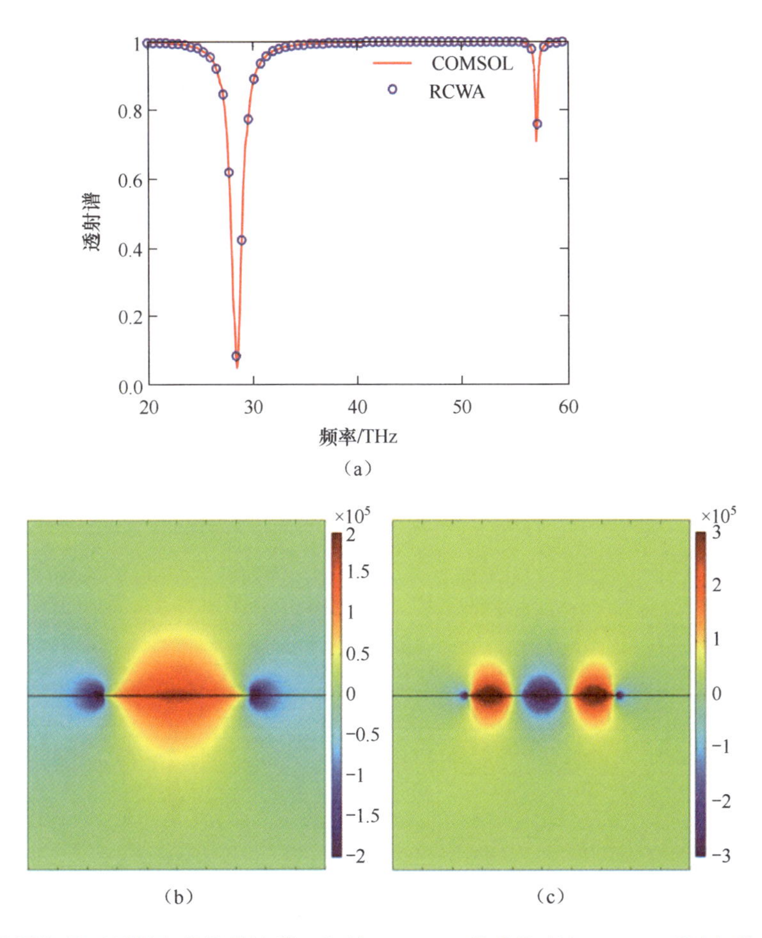

图3.34 一维周期性石墨烯条带的传输谱，包括 COMSOL 数值仿真与 RCWA 理论解的对比图（a），以及两个谐振频率 28.5THz（b）与 57.1THz（c）对应的石墨烯表面场分布

3.2.1.3 石墨烯—谐振腔对电磁波响应增强效果

谐振腔结构能够对电磁波有很强的限域作用，平面波通过转换为局域场后能够增强与石墨烯的相互作用。下面论述几个典型石墨烯—谐振腔与电磁波增强作用的例子。

不同媒质的光栅按照特定周期排列可以构成 Bragg 谐振腔，这种腔体能够对特定频段的电磁波形成镜面效应（全反射），将石墨烯放置在 Bragg 谐振腔之间，可以用于增加电磁波与石墨烯的作用次数（见图3.35）。例如，奥地利维也纳科技大学科研人员设计了一种石墨烯—Bragg 谐振腔复合结构，可见光照射结构后与石墨烯的相互作用增强可以达到26倍[68]，可用于光电转换，实现高效率的光电探测。与此类似，IBM Thomas J. Watson 研究中心科研人员也设计了一种半波谐振腔[69]，可以对入射电磁波实现很强的局域约束，使石墨烯的光电转换效率提升20倍。

总之，完整的石墨烯薄片本身与电磁波的相互作用较弱，将其嵌入在光学谐振腔内是实现其与电磁波增强作用的一种途径，另一种思路是将石墨烯结构与谐振腔结合。例如，美国东北大学研究人员在介质—金属腔体的表面设计了一种周期性的石墨烯条带，如图 3.36所示，在红外频段的电磁波入射条件下，反射波的相位可实现 0 ~ 2 范围内的变化[70]。

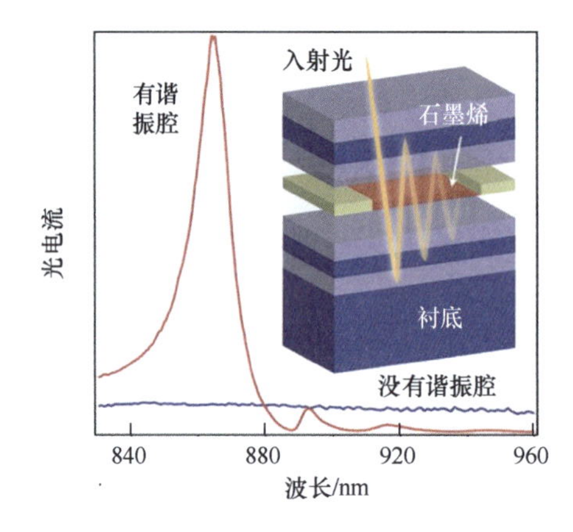

图 3.35　石墨烯放置在 Bragg 谐振腔之间，可以有效增强平面波与石墨烯的相互作用[68]

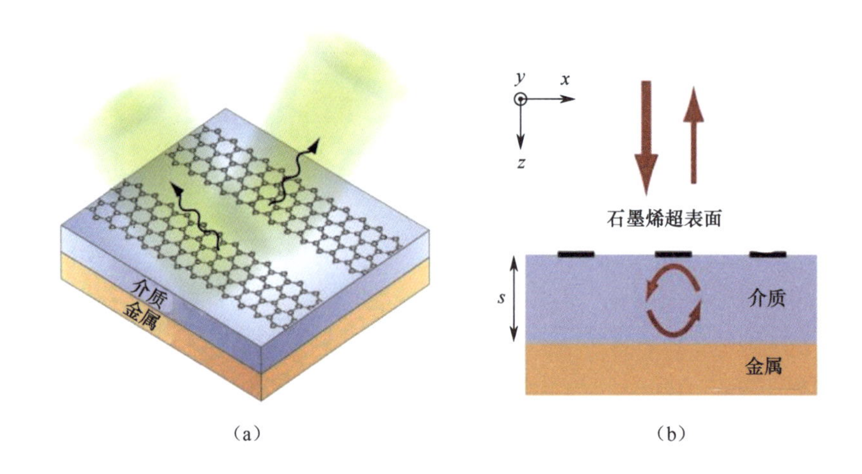

图 3.36　周期性石墨烯条带与介质腔结合，实现在红外频段电磁波入射条件下对反射波的有效控制[70]

除此之外，光子晶体可以视为一种特殊的介质谐振腔，能够对特定频谱的电磁波产生共振效果。有许多研究学者将石墨烯与光子晶体相结合，根据石墨烯—腔体的耦合模式分析，石墨烯与光子晶体结构的谐振具有重叠特征，调控硅基光子晶体的品质因数、谐振频率[71-73]及反射波幅值[74]。

3.2.1.4　石墨烯—金属复合结构对平面波的响应

利用石墨烯—金属复合结构是增强与电磁波相互作用的另一个有效途径。石墨烯可以以谐振结构形式直接与电磁波作用，如石墨烯贴片与金属方环两种不同的谐振结构实现的 Fano 响应[75]，也可以作为金属结构的辅助材料实现对电磁波的间接调控，如石墨烯及贴片结构与开口谐振环对不同极化波反射特性[76]。下面以若干种典型的石墨烯—金属复合结构为例讲述石墨烯对平面波的调控机理。

（1）石墨烯谐振结构与金属谐振结构。沙特阿卜杜拉国王科技大学 H. Bagci 等人设计了一种金属方环嵌套石墨烯贴片的 Fano 复合结构，如图 3.37 所示。在太赫兹波段，由于两种结构的几何形状、材料的电磁特性差异，导致方环具有相对较宽的谐振响应，而石墨烯贴片具有相对较窄的谐振特性。两种谐振模式重叠时，某个频段会出现透反射波相干效应，反射波相干相消，而透射波相干增强，在传输谱上会观察到阻带内出现了一个很窄的通带，这种现象又称为电磁诱导透明（Electromagnetically Induced Transparency，EIT）[77]。

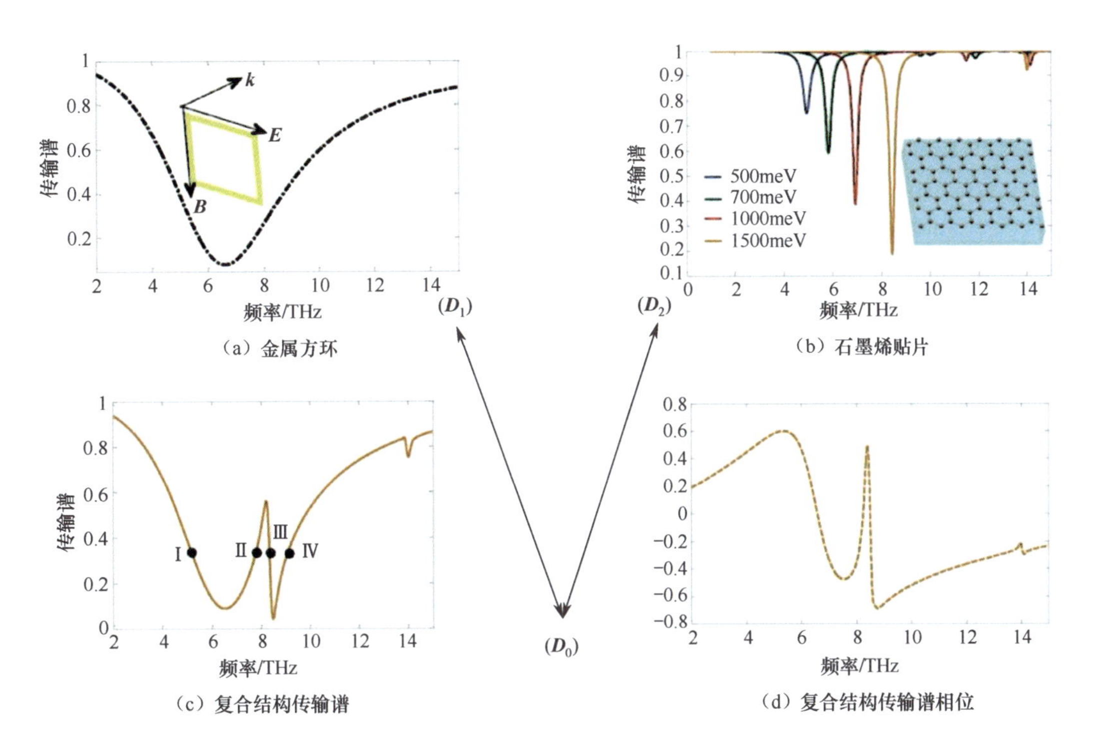

图 3.37　二维周期性石墨烯贴片结构与金属方环谐振结构组成的复合结构具有 Fano 响应特性[75]：金属方环（a）与石墨烯贴片（b）的谐振响应，复合结构的传输谱幅值（c）与相位（d）响应

（2）石墨烯非谐振结构与金属谐振结构。这种调控机理中，对入射波的响应作用主要由金属结构主导，而石墨烯起一种辅助的调节作用。例如，石墨烯被证明可以对纳米金属结构等离激元天线起到动态调谐作用[78]，如图 3.38 所示。按照等效电路模型的观点，谐振频率可以简单表示为 $\omega_R = 1/(LC)^{1/2}$。石墨烯被视为一种感性材料，当外加电压变化时会引起载流子浓度的变化，进而影响石墨烯电感值的大小，最终改变天线的谐振频率。对于更为复杂的包含金属—绝缘体—金属（Metal-Insulator-Metal，MIM）天线结构，谐振频率取决于 MIM 模式和金属条带模式，其等效的谐振模式可以通过引入石墨烯改变[79]。除了用于调谐金属纳米天线，研究人员还发现，在中红外波段，当在

金属超材料的结构下面铺设石墨烯时，其谐振频率会随着石墨烯电导率的增加发生蓝移，并且导致谐振频率表现出蓝移现象[80]，并且频率偏移的程度主要由石墨烯电导率的虚部决定。

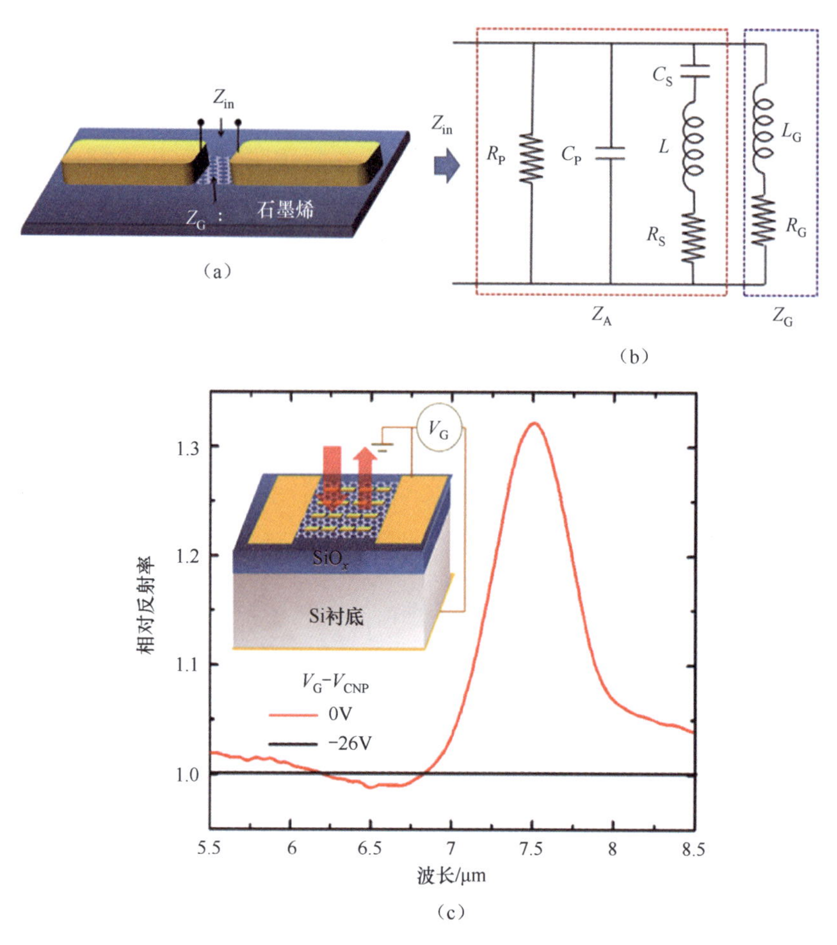

图 3.38 （a）石墨烯与金属纳米天线的复合结构；（b）等效电路模型；（c）器件开关状态时的反射谱及器件结构[78]

另外，石墨烯的电感特性也被用于设计中红外[81]及近红外[82]的 Fano 响应，如图 3.39所示。不同于（1）中所述的结构，这种复合结构中的金属结构（如都尔门、非同心环等）本身具有 Fano 响应特点，石墨烯铺在金属接触面上，通过外加电压等手段改变 Fano 响应的谐振频率与强度，有望应用在光电调制、光学传感等场景中。例如，美国得克萨斯大学奥斯汀分校研究人员在典型的石墨烯场效应管表面蒸镀具有 Fano 响应的金属结构，通过场效应管的栅压调控石墨烯的电导率，进而调控谐振峰的频率和强度[83]，这种特点可以应用于光电调制，其中电信号加载到栅极上，反射波为经过调制的光信号。

除此之外，石墨烯—金属复合结构还可以用于调制反射波的开关消光比、反射相位[84]、增强光—电转换效率[85]等参数。例如，复旦大学研究人员使用石墨烯薄片调制金属磁谐振器[86]，实现了相位的调制，通过控制石墨烯的化学势，能够获得大约 360°范围的相位变化。

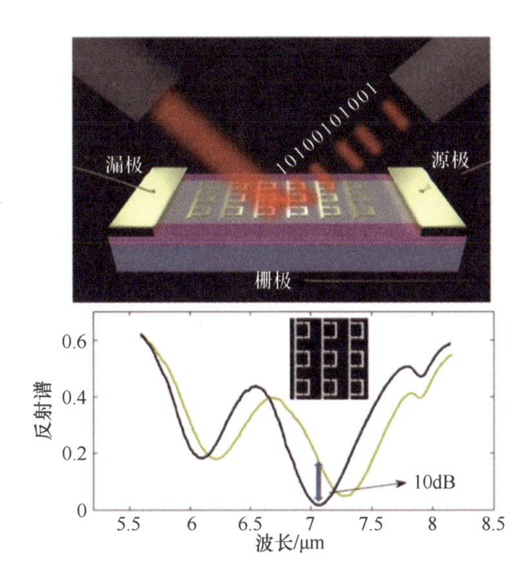

图 3. 39　石墨烯调控金属结构 Fano 响应的反射谱，并可应用于光电调制[83]

3. 2. 2　石墨烯可调 Fabry-Pérot 谐振腔的波前控制

波前控制在基础研究和工程应用领域均引起了广泛关注，譬如异常反射[87]、波束控制[88]等。过去几十年来，传统的光学器件，如透镜、棱镜，以及基于超材料技术的变换光学元件已被广泛提出并报道。基于不连续相位单元的超表面技术提供了一种新的手段来实现有效的波前控制，并可以使用广义斯奈尔定律解释一系列的异常电磁现象[89-91]。这种技术不需要按研究传统超材料的思路那样去设计、提取等效媒质参数，其只需了解宏观的电磁响应，并进行合理的阵列排布即可，这种方法大大简化了相关功能器件的设计过程。

基于超表面的波前控制技术主要需要掌握各个单元的幅值、相位响应属性。通常而言，人们期待较大的相位动态范围、较小的幅度变化。目前，国内外的许多学者从微波频段到光波段内提出了各种单元结构及排布方法，来实现高效的波前调控[33-37]。这里将以石墨烯构造的 Fabry-Pérot 谐振腔为例讲述器件的设计过程。器件是以石墨烯为主体构造的不同腔体，获得与金属结构类似的幅值及相位响应特性，并实现一种与超表面类似的波前控制功能，具备多频、多扫描方向的优势[54]。

3. 2. 2. 1　石墨烯的 Fabry-Pérot 谐振腔结构与性质

基于石墨烯的 Fabry-Pérot 谐振腔结构如图 3. 40 所示，其中顶层为石墨烯，底层为

PEC 背板，中间两层为介质。两层介质的厚度、相对介电常数分别为 t_i、ε_i（$i=1,2$），入射波的波矢为$\hat{\boldsymbol{k}}$，器件工作在太赫兹波段。如前所述，此时石墨烯的电导率只需考虑带内贡献，其数值大小由式（2.48）得到。图3.40所示的谐振腔在平面波入射情况下对应的反射谱可以运用传输线理论得到。具体而言，反射系数 R 根据传输矩阵方程计算为

$$R=\frac{A+B/Z_0-CZ_0-D}{A+B/Z_0+CZ_0+D} \tag{3.49}$$

式中

$$\begin{bmatrix} A & B \\ C & D \end{bmatrix}=\begin{bmatrix} 1 & 0 \\ \sigma_{\mathrm{g}} & 1 \end{bmatrix}\cdot\prod_{i=1}^{2}\begin{bmatrix} \cos(\beta_i t_i) & \mathrm{j}Z_i\sin(\beta_i t_i) \\ \mathrm{j}\sin(\beta_i t_i)/Z_i & \cos(\beta_i t_i) \end{bmatrix}\cdot\begin{bmatrix} 1 & 0 \\ \sigma_{\mathrm{PEC}} & 1 \end{bmatrix} \tag{3.50}$$

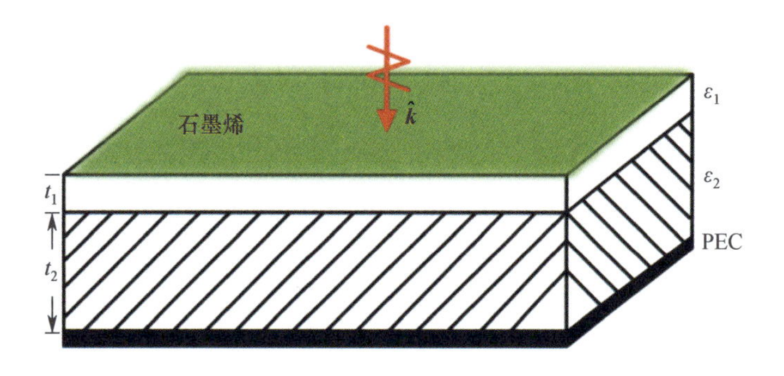

图3.40 石墨烯 Fabry-Pérot 谐振腔结构图，该谐振腔包含两层介质，顶层为石墨烯，底层为 PEC 背板

式中：β_i与 Z_i分别为第 i 层介质的传播常数与空间波阻抗；通过改变介质参数（相对介电常数、厚度），谐振腔的反射谱发生频率偏移。

为使谐振腔工作在太赫兹波段，两层介质的相对介电常数分别设置为 $\varepsilon_1=9.9$、$\varepsilon_2=11.9$，厚度分别为 $t_1=20\mu\mathrm{m}$、$t_2=20\mu\mathrm{m}$。为了了解石墨烯对谐振腔的调控作用，石墨烯的化学势设置在0～1.2eV之间变化。图3.41给出了反射波相位和幅值随着频率与石墨烯化学势的变化关系。根据图3.41可以分析出，在0～4THz的频率范围内，谐振腔具有三个谐振频率，每个谐振点对应不同的幅值与相位变化。如图3.41（a）所示，谐振带来很大的相位变化，三个相位变化频率分别为0.94THz（310.5°）、1.92THz（260.4°）、3.0THz（215.3°）。另外，在利用该谐振腔设计阵列结构实现波束控制功能的时候，需要在空间中得到理想的干涉效果，即在期望的方向上相干增强，在其余方向上相干相消。除了相位的因素，还需要考虑各个单元幅值的影响，理想的情况是每个单元幅值一致，否则会出现较大的旁瓣。图3.41（b）给出了谐振腔的幅值响应，可以看出虽然谐振点的相位变化较大，但同时幅值衰减也比较严重。因此，也有学者基于 Fabry-Pérot 谐振腔设计了高性能吸波体。最终，权衡相位的变化范围与幅值一致，本书案例

在三个谐振频率附近选取三个工作频率，分别为 0.76THz、1.92THz、2.95THz，具体对应的相位变化与幅值将在后文详细介绍。

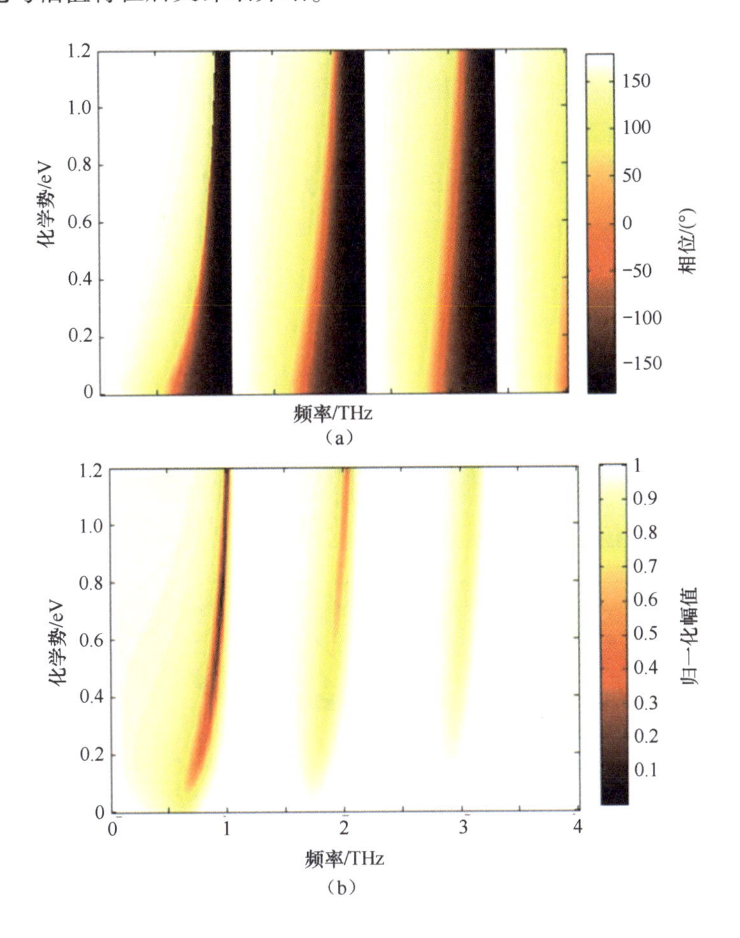

图 3.41　石墨烯 Fabry – Pérot 谐振腔的反射波相位（a）与幅值（b），从图中可以明显地看出三个不同的谐振频率

3.2.2.2　石墨烯的 Fabry – Pérot 谐振腔阵列结构对波前的控制

一个谐振腔作为一个单元（cell），多个单元按照相位梯度的原则排布，这组单元构成的结构定义为晶格（lattice），最后将晶格周期性排布，形成波前控制结构。简单起见，图 3.42 显示了石墨烯波前控制的一维结构，图中的晶格有 2 个最小单元。

根据矢量叠加原则，远场的大小来源于各个单元反射场的贡献叠加，所以该波前控制结构的反射场表达式可以表示为

$$F(\theta) = \sum_{l=1}^{N_l}\sum_{c=1}^{N_c} A(l,c)\exp\{-\mathrm{i}[\Phi(c) + \beta d\sin(\theta)((l-1)N_c + c)]\} \tag{3.51}$$

式中

$$\Phi(c) = \mathrm{mod}\{\Delta[(l-1)\}N_c + c],2\pi\} \tag{3.52}$$

为每个晶格中各单元的相位响应；N_l 和 N_c 分别为晶格的数量和每个晶格中单元的数量；

A（l，c）为第 l 个晶格中第 c 个单元的幅值响应；β 和 d 分别为自由空间中的传播常数、单元的宽度；Δ 为相邻单元的相位梯度。需要指出的是，三个工作频率具有不同相位变化范围，为了满足相位梯度变化的条件，需要限定 Δ 的取值范围。具体而言，对于第一个频率，0.76THz，可以选择 $\Delta=90°$，$\Phi(c)=0°$，90°，180°，270°（$c=1$，2，3，4）；对于第二个频率 1.92THz，可以选择 $\Delta=120°$，$\Phi(c)=0°$，120°，240°（$c=1$，2，3）；对于第三个频率 2.95THz，只能选择 $\Delta=180°$，$\Phi(c)=0°$，180°（$c=1$，2）。衡量波前控制结构的一项重要指标是波束的扫描角度，其由相位梯度、传播常数、单元尺寸共同决定，计算如下：

$$\theta = \arcsin(\Delta/\beta d) \tag{3.53}$$

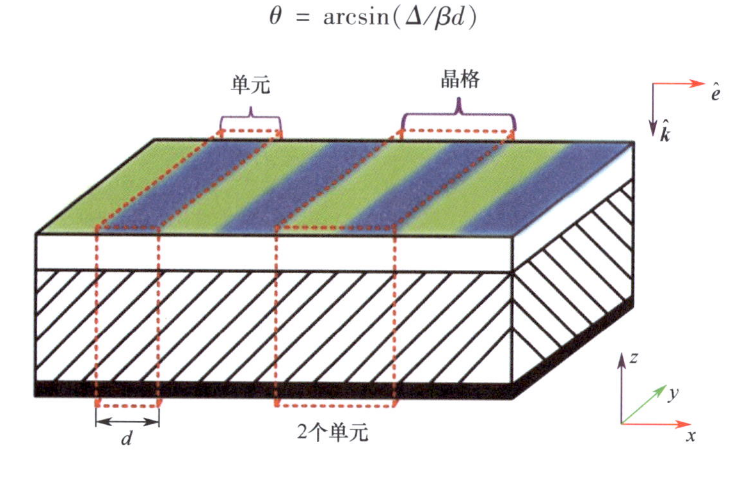

图 3.42　石墨烯波前控制结构，其由周期性的晶格构成，而每个晶格包含了一组符合相位梯度分布的最小单元

为了验证基于石墨烯的 Fabry – Pérot 谐振腔对波前控制的有效性与正确性，这里首先在工作频率为 0.76THz 时设计了 5 个晶格的结构，每个晶格包含 4 个单元，即 $N_c=4$，$N_l=5$，$\Delta=90°$，$d=120\mu m$。根据所需要的相位分布，由图 3.41 提取晶格中 4 个单元石墨烯的化学势分别为 0eV、0.163eV、0.25eV 和 1.098eV。由式（3.53）计算上述参数设计的结构的扫描角度为 55.3°。

接下来，使用 CST Microwave Studio 对建立的模型进行全波仿真，结果如图 3.43 中的实线所示。作为比较，式（3.51）预测的远场方向图用图 3.43 中的虚线表示。在 0.76THz 频率下谐振腔的幅值与相位随着石墨烯化学势的变化曲线如图 3.43 插图所示。由图 3.43 可以发现，理论预测与数值仿真的方向图结果吻合，扫描角度结果也符合式（3.53）的计算结果。进一步地，可以通过改变单元宽度 d 实现不同的扫描角度，图 3.44分别给出了扫描角度为 30°（实线）、45°（虚线）、60°（点画线）的数值仿真（a）与理论预测（b）的结果，d 在这三个扫描角度对应的值分别为 197.4μm、139.6μm 和 113.9μm。

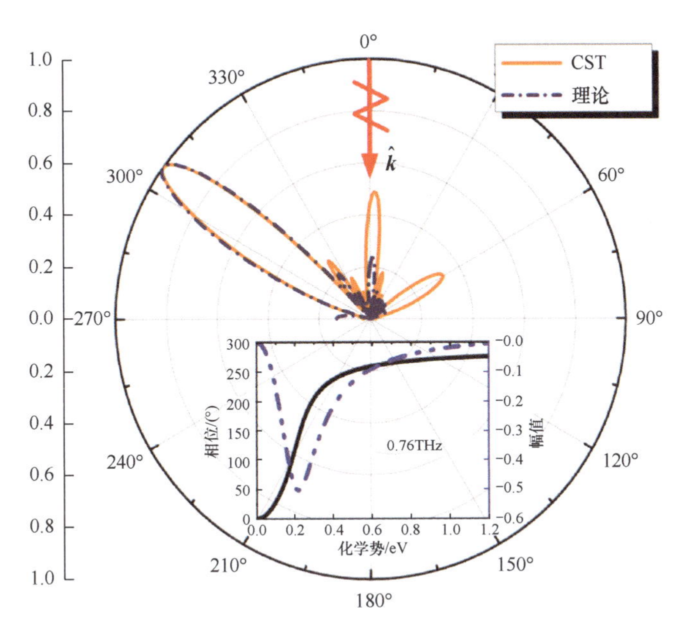

图 3.43　基于石墨烯可调控谐振腔的波前控制结构理论预测（虚线）与数值仿真（实线）结果对比。插图为在 0.76THz 频率下谐振腔的幅值与相位响应

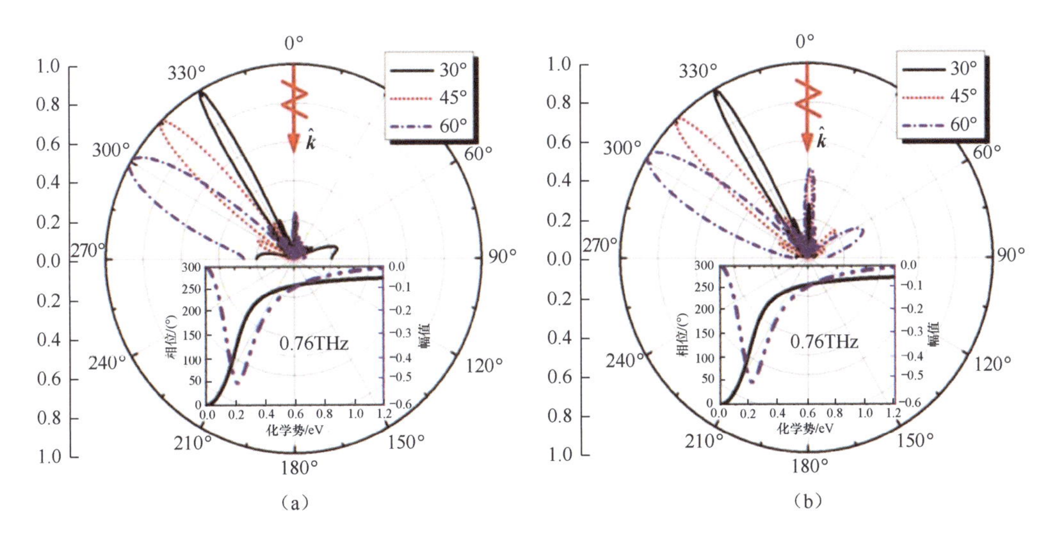

图 3.44　基于石墨烯谐振腔的波前控制结构实现 30°（实线）、45°（虚线）、60°（点画线）的扫描角度，数值仿真（a）与理论预测（b）的结果对比。插图为在 0.76THz 的频率下谐振腔的幅值与相位响应

除了使用第一个谐振模式，还可以利用第二个、第三个模式设计波前控制结构。根据式（3.53），当工作频率在 1.92THz 和 2.95THz 时，N_c分别取 3 和 2，晶格内的相位分布分别为（0°，120°，240°）和（0°，180°）。图 3.45 给出了两个高阶模式下波束扫描特性，左侧为数值仿真结果，右侧为理论预测结果，可以看出两者吻合较好。另外，对于 2.95THz，周期性阵列结构相对入射波方向具有对称特性，所以反射还会呈现双波束现象。

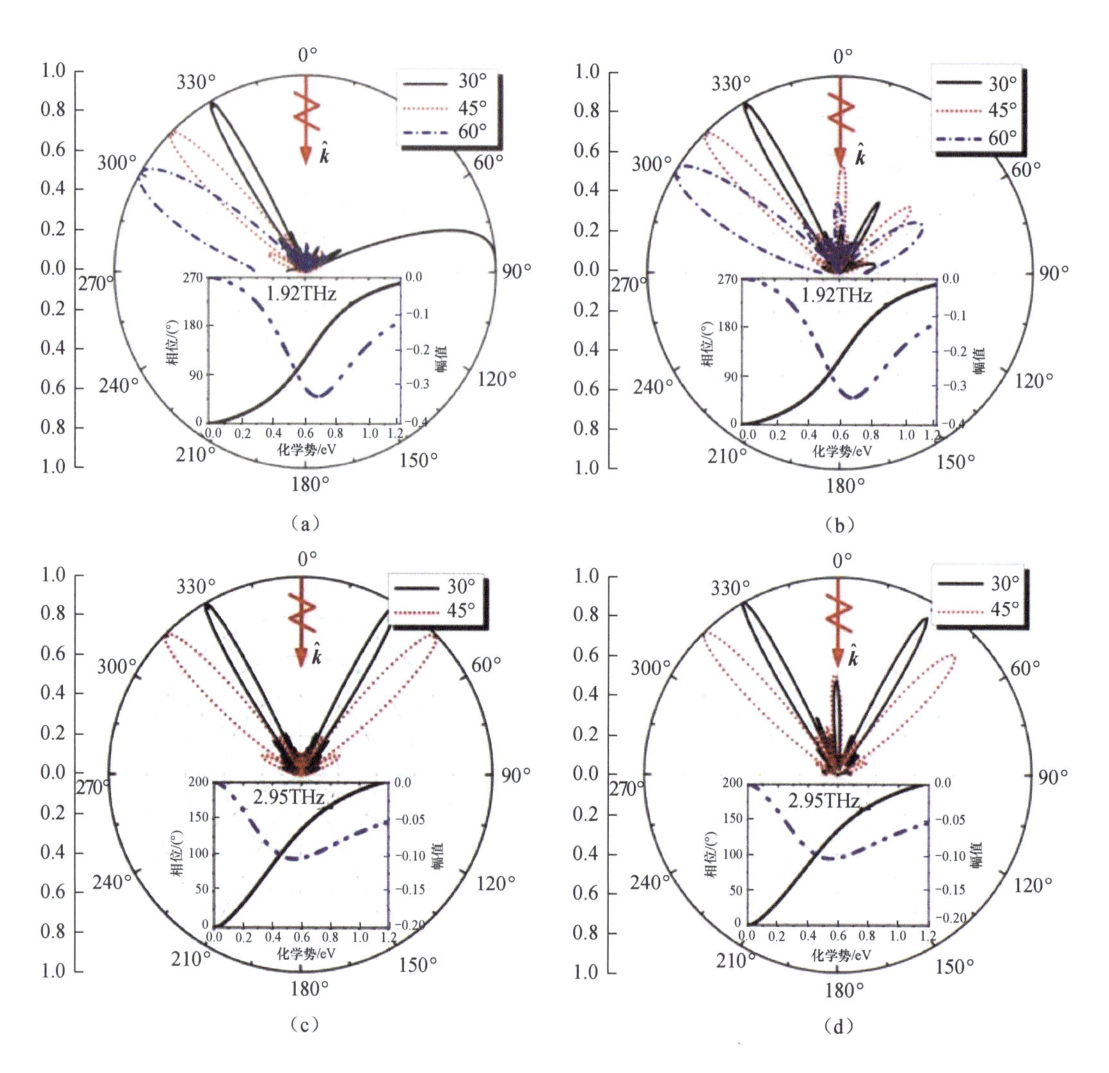

图 3.45 频率 1.92THz [(a)、(b)] 和 2.95THz [(c)、(d)] 对应的波前控制效果，扫描角度分别为 30°（实线）、45°（虚线）、60°（点画线）以及 30°（实线）、45°（虚线）。数值仿真为（a）、（c），理论预测为（b）、（d）。石墨烯谐振腔在两个频率下的幅值与相位的响应如插图所示

3.2.3 石墨烯数字超材料

超材料指的是由亚波长单元按照特定的规律排布的人工结构，用于实现特殊的电磁功能，如隐身、负折射等。为了赋予传统的超材料可重构特性，有学者提出数字超材料[39]、编码超材料、可编程超材料[40]等概念。传统的超材料单元为了获得等效的媒质参数，需要进行复杂的结构设计，而数字超材料往往采用固定形式的结构，通过简单地改变占空比得到不同的等效属性。这里的每个离散的亚波长单元被定义为“数字比特”。

这里将利用石墨烯的可调控特性，讲述几种基于石墨烯包裹介质棒（Graphene Cladded Dielectric Rod，GCDR）的具有较大的动态范围的比特单元的光学变换器件。复

合结构的等效电磁参数具有较大的动态范围[54]。

3.2.3.1　石墨烯数字超材料的理论模型

如图3.46所示的数字超材料是由GCDR周期排列构成的，置于xOy平面，各个GCDR单元的间距为a，石墨烯与介质棒的相对介电常数分别为ε_g和ε_d，介质棒的半径为r_d。GCDR作为一种典型的复合结构，可以通过内部各向同性处理[41]，用等效的介电常数ε_{eff}来表示其宏观的电磁属性

$$\varepsilon_{eff} = \varepsilon_g \frac{\varepsilon_d + \varepsilon_g + \gamma^2(\varepsilon_d - \varepsilon_g)}{\varepsilon_d + \varepsilon_g - \gamma^2(\varepsilon_d - \varepsilon_g)} \tag{3.54}$$

式中：$\gamma = r_d/(r_d + t_g)$ 定义的是内核与外壳的几何尺寸占空比。与文献［39］不同的是，这里的外壳是石墨烯，其厚度是固定不变的，但石墨烯的介电常数ε_g却是可以调控的。

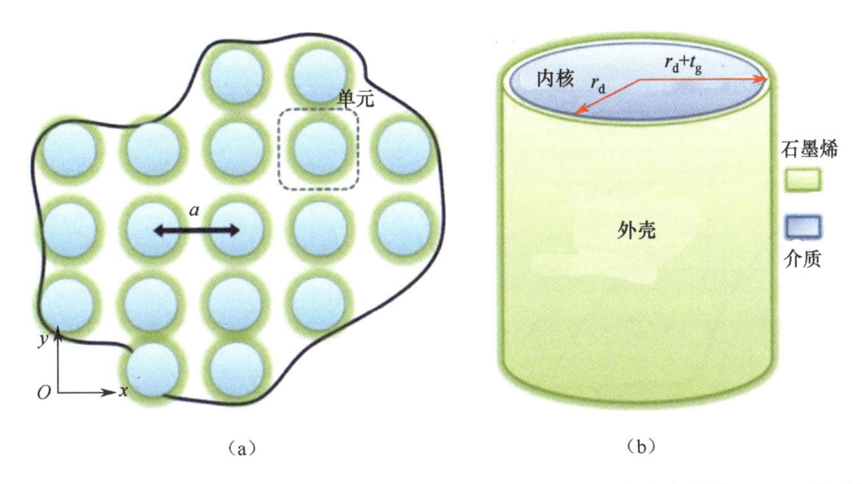

图3.46　基于GCDR的数字超材料示意图。(a) 超材料外形，由各个离散的GCDR单元构成；(b) GCDR单元，中间介质棒半径为r_d，外层包裹石墨烯

这里考虑四个频率：15THz、20THz、25THz和30THz。图3.47（a）和（b）分别显示了复合结构的等效介电常数ε_{eff}的实部和虚部；而等效折射率EMI（EMI = $\sqrt{\varepsilon_{eff}}$的实部和虚部如图3.47（c）和（d）所示。作为设计数字超材料的比特单元，GCDR的EMI变化自由度相对较大，如在25THz时，EMI的实部可以在1.0～2.0范围变化。另外，EMI的虚部表征了GCDR的损耗特性，对于给定的工作频率和化学势，其数值较低，也意味着变换光学器件的透波率较高。需要强调的是，GCDR单元的尺寸均为亚波长尺度，最大的GCDR直径（电尺寸）为$0.03\lambda_0$，其中λ_0为自由空间波长。

为了验证式（3.54）等效参数的正确性，使用Comsol Multiphysics软件包分别建立了复合结构与等效结构在平面波照射情况下的散射场分布，如图3.48所示。工作频率为25THz，石墨烯化学势μ_c=0.625eV，平面波幅值为1V·m^{-1}，图3.48（a）与（b）

表示的是复合结构与等效结构的二维散射场分布对比，可以看出两者吻合较好；其次，分别沿着 x 轴 0～500nm 和 y 轴 0～500nm 两个方向再建立两条参考测量线，绘制两条参考线上的场强，由图 3.48（c）和（d）给出。通过图 3.48 的对比可以看出，复合结构及其等效结构的二维散射场一致性较好。

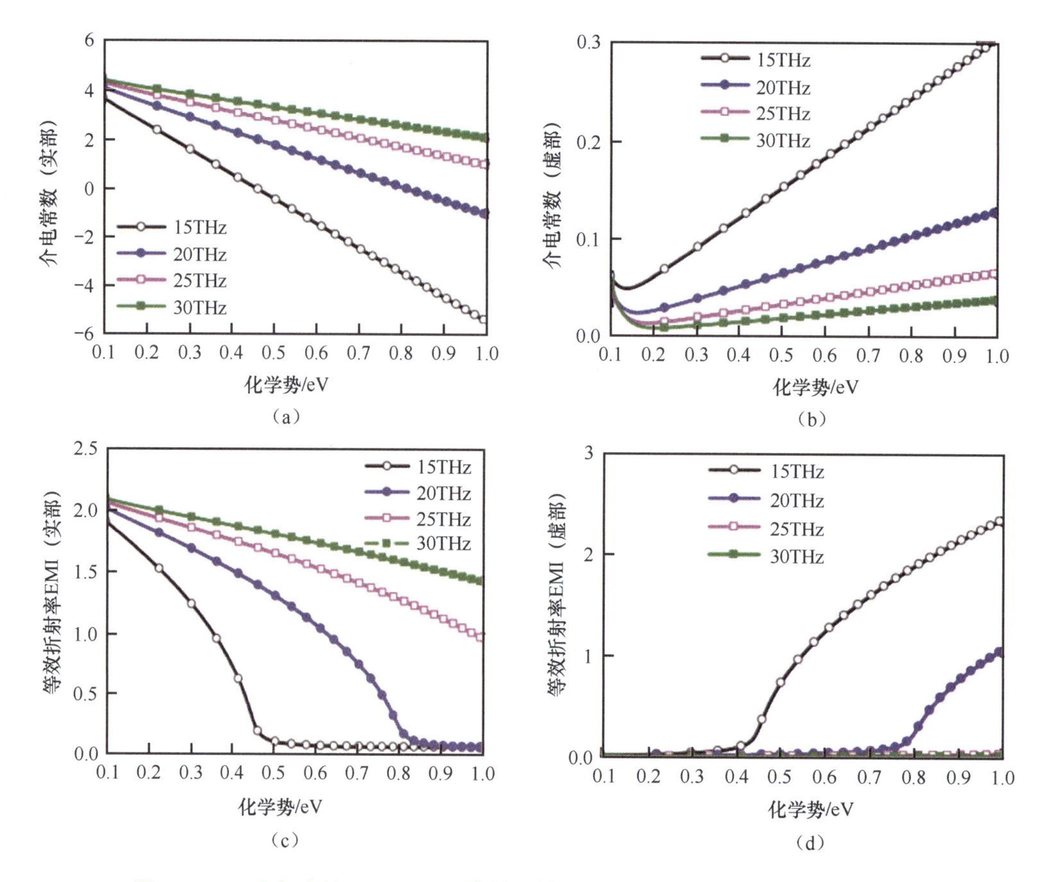

图 3.47　四个频率的 GCDR 电磁参数：等效介电常数实部（a）和虚部（b），等效折射率 EMI 的实部（c）和虚部（d）

针对不同的应用情景，可以根据所需器件的电磁参数分布，重构 GCDR 的电磁属性。这里演示三种不同结构的石墨烯数字超材料，分别实现异常透射现象、龙伯透镜、电磁“黑洞”。

3.2.3.2　石墨烯异常透射的设计

按照等效折射率所需的变化关系，GCDR 需满足与背景材料空气相同折射率的条件，即频率为 20THz，化学势为 0.625eV，可以得到对应的 Re[EMI]＝1.0 与 Im[EMI]＝0.04。图 3.49 中仿真了在水平方向上 40 个单元，垂直方向上 20 个单元的 GCDR 阵列放置于空气当中，TM 平面波从正入射和斜入射两个角度照射到该阵列上，如图 3.49（a）与（c）所示。图 3.49（b）与（d）分别给出了两种入射情况下的空间场分布图。可以清楚地看到，平面波透过 GCDR 阵列，除轻微的衰减影响外，该阵列结构似乎不存在。实际上，还可以找到许多其他满足这种异常透射现象的条件，如在频率为 15THz、化学势为 0.353eV，频率为 25THz、化学势为 0.976eV 时，GCDR 等效折射率均与背景材料空气相同。

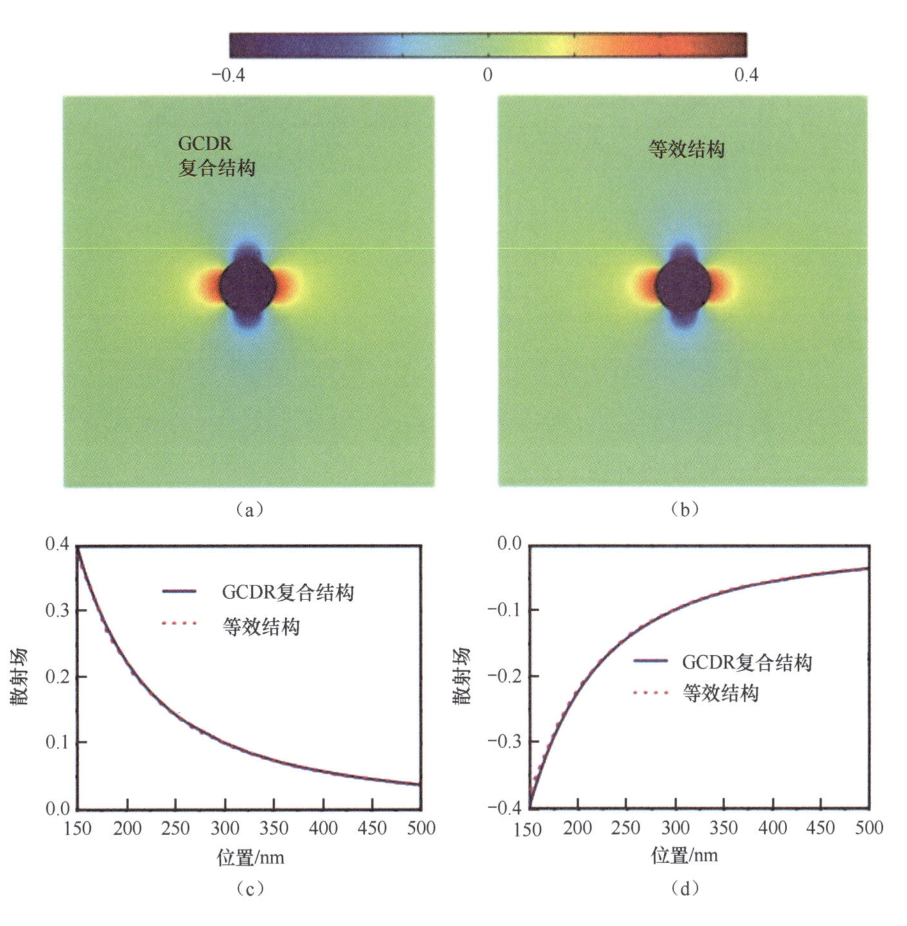

图 3.48　在 $1V \cdot m^{-1}$强度的平面波照射下，GCDR 复合结构（a）及其等效结构（b）的散射场 E_x，（c）和（d）分别显示沿着两条参考线测量的散射场幅度：复合结构与等效结构的二维散射场分布对比

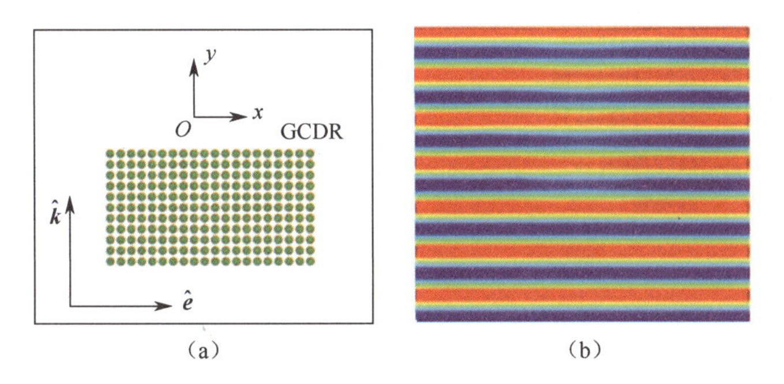

图 3.49　基于 GCDR 阵列的异常透射现象，入射场为 TM 极化的平面波，结构示意图和空间场分布图。(a）与（b）对应正入射情况；(c）与（d）对应斜入射情况

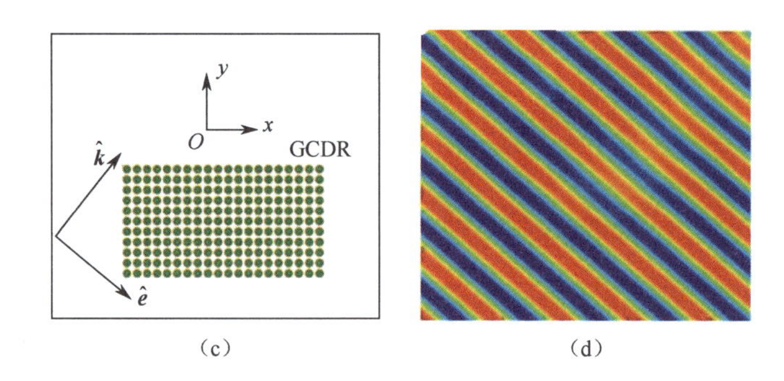

图 3.49　基于 GCDR 阵列的异常透射现象，入射场为 TM 极化的平面波，结构示意图和空间场分布图。(a) 与 (b) 对应正入射情况；(c) 与 (d) 对应斜入射情况（续）

3.2.3.3　石墨烯龙伯透镜的设计

这里介绍一个工作在 25THz 频率下的数字龙伯透镜。从图 3.47 中可以发现，GCDR 等效折射率可以覆盖范围 $1\sim\sqrt{2}$（对应的化学势为 0.976eV 和 0.699eV）。根据龙伯透镜的要求，折射率分布需要满足以下关系：

$$n(r)=\begin{cases}\sqrt{2-\left(\dfrac{r}{R}\right)^2} & r<R\\ 1 & r\geqslant R\end{cases}\tag{3.55}$$

式中：r 为 GCDR 单元到阵列中心的距离。如图 3.50（a）所示，在径向设置 40 个 GCDR 单元，偶极子激励源位于透镜的边缘位置；图 3.50（b）所示为透镜的折射率空间分布。图 3.50（c）所示为球面波经过设计的透镜转化为平面波的场分布图；作为对比，这里也介绍了传统的模拟龙伯透镜的场分布图，如图 3.50（d）所示。可以发现，两者吻合度较好。

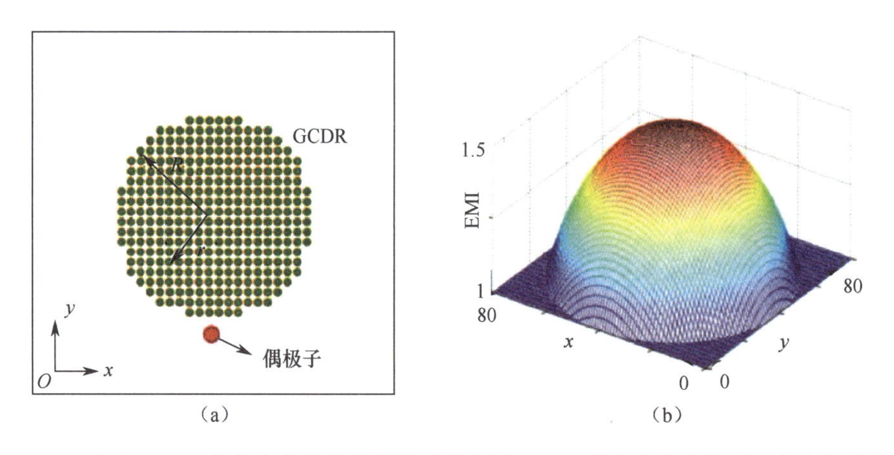

图 3.50　(a) 基于 GCDR 的数字龙伯透镜超材料示意图；(b) 数字龙伯透镜折射率空间分布关系；(c) 经过 GCDR 的数字龙伯透镜的场分布图；(d) 经过传统的模拟龙伯透镜的场分布图

(c)

(d)

图3.50 (a) 基于GCDR的数字龙伯透镜超材料示意图；(b) 数字龙伯透镜折射率空间分布关系；(c) 经过GCDR的数字龙伯透镜的场分布图；(d) 经过传统的模拟龙伯透镜的场分布图（续）

3.2.3.4 石墨烯电磁“黑洞”的设计

最后介绍一个工作在25THz频率下数字电磁“黑洞”作为变换光学的案例。原理同前，该器件包含一个具有损耗特性的内核区域，周围是环形的GCDR阵列作为导波区域，如图3.51 (a) 所示；背景材料为空气，要想使入射电磁波经过导波区域改变波前进入内核损耗区域，构成电磁“黑洞”，各个单元的相对介电常数需要满足的空间分布关系为[100]

$$\varepsilon(r) = \begin{cases} 1 & r > R_b \\ \left(\dfrac{R_b}{r}\right)^2 & R_c \leqslant r \leqslant R_b \\ \varepsilon_c + \mathrm{i}\zeta & r \leqslant R_c \end{cases} \tag{3.56}$$

其中，内核损耗区域与导波区域的相对介电常数分别为$\varepsilon_c + \mathrm{i}\zeta$和$\left(\dfrac{R_b}{r}\right)^2$，$R_b$和$r$分别表示边缘、每个单元到中心的距离。此处设置内核的电磁和几何参数为$\varepsilon_c = 4.0$，$\zeta = 1.5$，$R_c = 10\mu m$。另外，为了满足内核区域与导波区域交界面的阻抗匹配条件，还需要满足$R_b = R_c\sqrt{\varepsilon_c}$，即得到$R_b = 20\mu m$。图3.51 (b) 绘制了径向上等效折射率的分布关系，对应的导波区域内侧边缘与外侧边缘上石墨烯的化学势分别为0.16eV和0.975eV。为了验证设计，图3.51 (c) 给出了TM极化的平面波照射到该数字电磁“黑洞”时的空间场分布图。作为对比，图3.51 (d) 给出了相同参数条件下传统的模拟“黑洞”的吸波效果。可以看出，电磁波在经过导波区域后波前向中心扭曲，最终被吸收消耗，两者吻合较好。

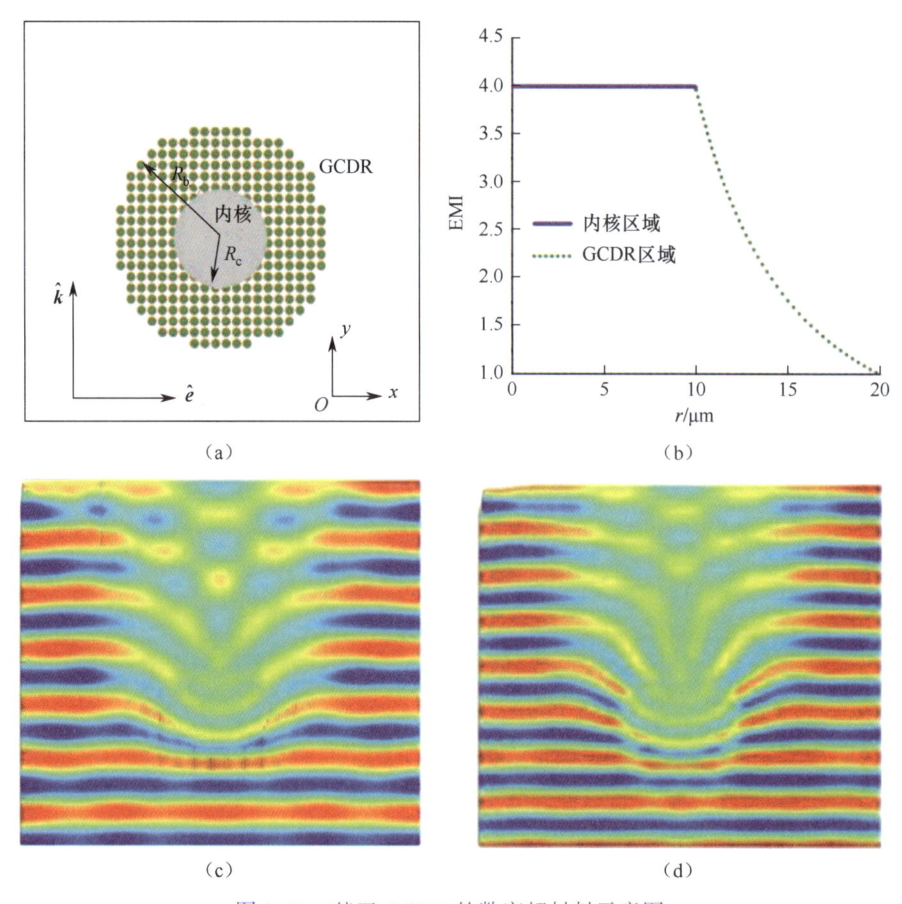

图 3.51　基于 GCDR 的数字超材料示意图

3.2.4　石墨烯可重构超表面

开口谐振环（Split Ring Resonator，SRR）是设计人工磁响应材料最基本的单元之一[43]，并且其磁响应可以覆盖从微波到光波段[44-47]，在天线设计[48]、功率合成[49]、传感[50]、隐身[51]等领域具有广泛的应用前景。与此同时，SRR 的反结构——互补开口谐振环（Complementary Split Ring Resonator，CSRR），可以通过等效电路模型[52]、巴比涅原理[92-94]推断其与 SRR 具有类似的特性。但是随着频率的升高，传统金属材料构成的 SRR 中的电子散射将破坏结构尺寸与谐振频率的线性关系，损耗也将削弱谐振的强度[45]。而基于石墨烯的开口谐振环（Graphene Split Ring Resonator，GSRR）[95]，以及基于渔网形的多层石墨烯—介质复合结构实现的电响应与磁响应[96]，这些均与金属结构有类似的特性，但增加了灵活的频率范围和可调控特性。石墨烯结构大致分为分立的单元结构[95]及互补结构。分立的石墨烯单元结构为了调控往往需要设计不规则的衬底，相比而言，互补结构的石墨烯往往只需要转移到平整的衬底上，具有调控的便利性。本节将讲述一款石墨烯互补开口谐振环（Graphene Complementary Split

Ring Resonator，GCSRR）器件。具体包括理解不同极化方向的入射波激发表面等离激元谐振的机制，通过近场、电流、电荷密度的分布情况直观解释 GCSRR 的磁响应现象，为极化选择、波束控制、调制等应用领域提供了基础理论[54]。

图 3.52 绘制了 GCSRR 阵列（a）和每个单元（b）的结构示意图。为了了解各个单元对入射电磁波的响应，排除单元之间的耦合影响，这里设置相应的几何尺寸：单元周期为 $p=680\mathrm{nm}$，内部贴片的边长为 $a=200\mathrm{nm}$，互补结构的缝隙宽度为 $g=40\mathrm{nm}$，开口位置的宽度为 $W=80\mathrm{nm}$。

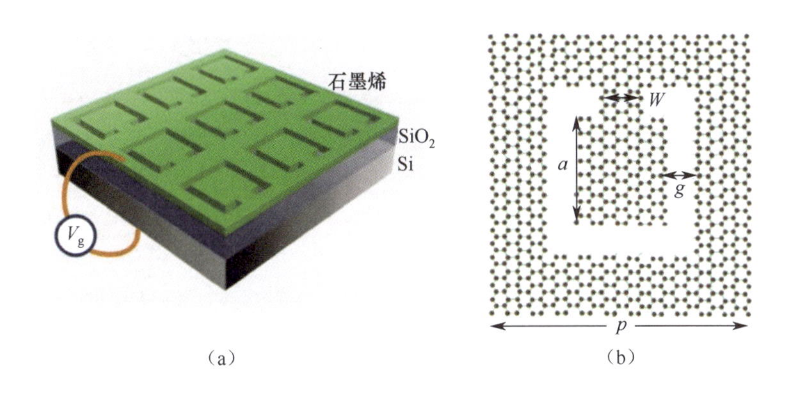

图 3.52 石墨烯互补谐振环结构示意图，其中内部贴片边长和单元周期分别为 a 和 p，互补结构的缝隙宽度为 g，开口位置宽度为 W

为了对比 GSRR 和 GCSRR 的谐振特性，这里将两种结构的仿真结果进行对比，如图 3.53 所示。可以看到，由于结构的不对称性，其对水平极化波和垂直极化波的谐振响应并不相同。GSRR 在水平极化波入射下，可以激发两种谐振模式（定义为 M1 和 M3）；而垂直极化波可以激发一种谐振模式（定义为 M2）。同时，对于 GCSRR，可以观察到类似的谐振现象，但是极化方向恰好相反，即垂直极化波对应的谐振模式定义为 CM1、CM3，而水平极化波对应的谐振模式定义为 CM2。同时还发现，对于 GCSRR 的谐振模式要比 GSRR 的更加明显。为了进一步了解这些不同谐振的机理，图 3.54（a）和（b）分别绘制了 GSRR 和 GCSRR 的近场分布及对应的电流/电荷密度分布。可以看出，首先，对于 M1 和 CM2（对应 GSRR 和 GCSRR 在水平极化方向上的第一个模式），分别存在顺时针和逆时针的环绕电流，产生了一个垂直于平面的磁通量，可以将 M1 和 CM2 视为单极子模式。条带上的电流及在开口的缝隙附近聚集的正负电荷，恰如 LC 电路中的电感和电容，因此 M1 和 CM2 也可以称为 LC 模式。其次，对于 M2 和 CM1，M2 谐振模式有相同方向的平行电流，CM1 上则是反向的环绕电流，分别充当两个电偶极子、磁偶极子。因此，M2 和 CM1 可以看作偶极子模式。最后，通过 M3 和 CM3 对应的电流分布情况可以将它们看作三极子和四极子模式。

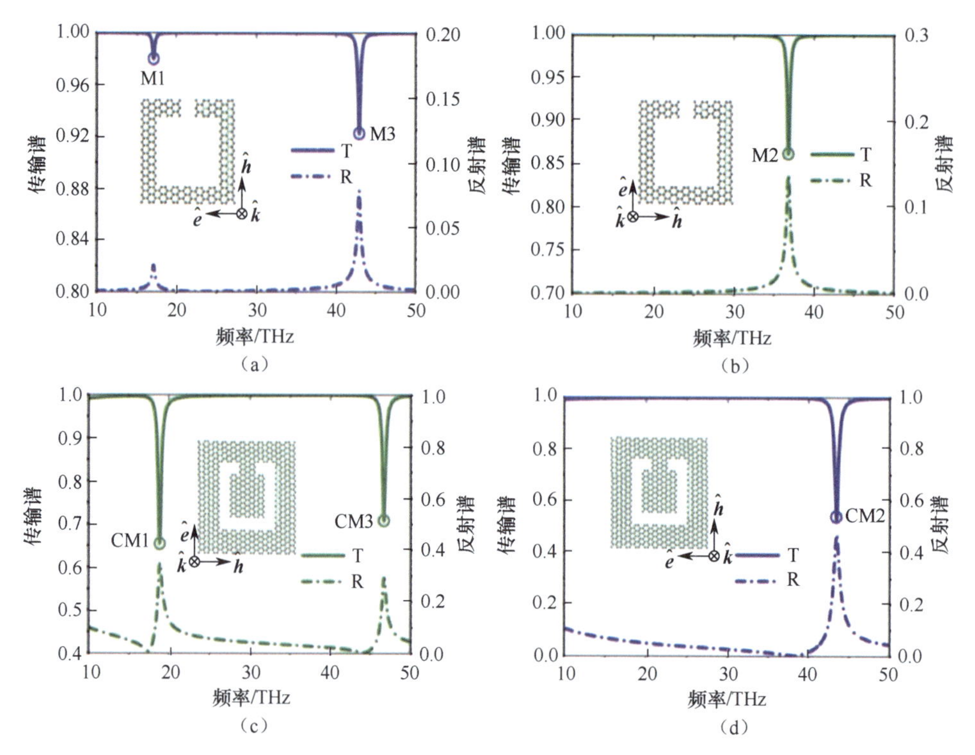

图 3.53 GSRR（上）和 GCSRR（下）的频谱响应。对应两种极化方式：水平极化与垂直极化，如插图所示

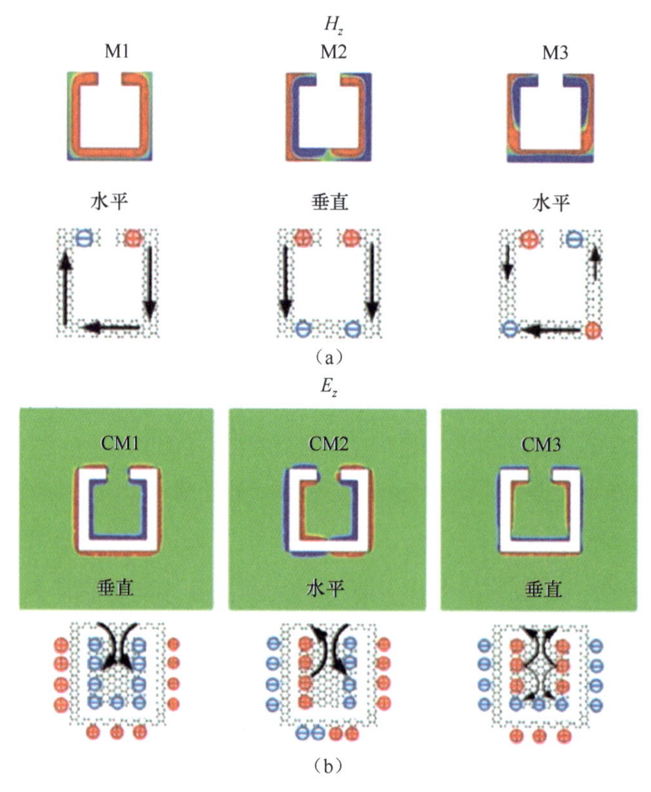

图 3.54 GSRR（a）和 CGSRR（b）的近场分布及对应的电流/电荷密度分布

另外，从传输谱的各向异性特征可以探究入射波与结构之间的耦合过程。对于GSRR而言，极化方向与开口方向相同，则在开口两侧耦合出正负电荷，这些相反电荷产生沿着条带流动的环形电流。而对于垂直极化波则没有这种现象，取而代之的是顺着极化方向产生两个平行的电流。当水平极化波频率逐渐提高时，相位变化得更快，将削弱环形上的单周期振荡，导致原先的环形电流逐步分裂为两侧及底部的三段电流，并在两侧和底部聚集电荷，且极性与极化方向耦合效应相一致。另外，GCSRR遵循类似的机制，具体而言，CM1对应的是垂直极化的第一个模式（与M2类似），CM2对应的是水平极化的第一个模式（与M1类似）。而垂直极化的第二个模式CM3则明显不同，换句话说，其四段环绕电流源于CM1两段电流的分裂。另外，对于互补结构，容性的缝隙能够比正结构汇聚更多的电荷及驱动更显著的电流，造成宏观上比GSRR更强的谐振响应。

3.2.5 石墨烯反射幅度调制器

2017年，作者团队提出了一种基于石墨烯的太赫兹超宽带反射型空间幅度调制器[97,98]。调制器单元模型如图3.55（a）所示。其结构共包括六层，自下而上分别是铝板、PDMS层、p型高阻硅、二氧化硅、CVD石墨烯、金超材料层。金超材料层结构是等边三角形围绕成的正六边形，且两两之间有缝隙。石墨烯被设计成正六边形，放置在金超材料层下方，构成石墨烯/超材料的复合结构，如图3.55（b）所示。石墨烯图案化的设计提高了石墨烯的利用效率，降低了调制器处于反射状态时的吸波率，减小了对石墨烯电导率变化范围的要求。给上述单元结构加上电极后，构成了图3.55（c）中所示的调制器的整体结构。加栅压时，正极接在p型高阻硅上，负极接在表面的金属超材料上。

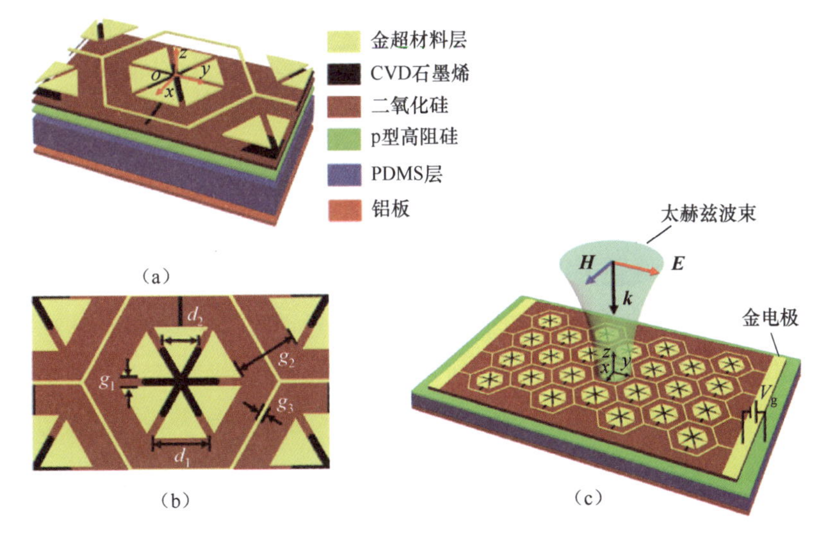

图3.55 太赫兹超宽带反射型空间幅度调制器。(a) 单元模型；(b) 单元俯视图；(c) 调制器的整体结构及加压方式示意图

假设太赫兹电磁能量垂直入射，且电场方向沿着 y 轴。基于有限元法仿真，得到的结果如图 3.56 所示。在无偏置状态下，石墨烯的化学势为 0eV，这时的调制器可以看作吸波器，也就是反射率很小。吸波率在 0.53～1.05THz 范围内大于 90%，相对带宽为 65.8%，且在 0.6THz 和 0.95THz 两个频率处产生了近乎 100% 的吸波峰值。当石墨烯化学势提高到 0.2eV，石墨烯表面电导率提高到 2.1－i3.4mS 时，调制器吸波率降至 30% 以下。而当化学势增加到 0.3eV 时，表面电导率升至 3.1－i5.1mS，大约是无偏置电压时的 8 倍，此时该调制器吸波率降至 18% 以下，也就是说反射率大于 82%，对比无偏置电压（0eV）的情况，取得了约 72% 的变化幅度。

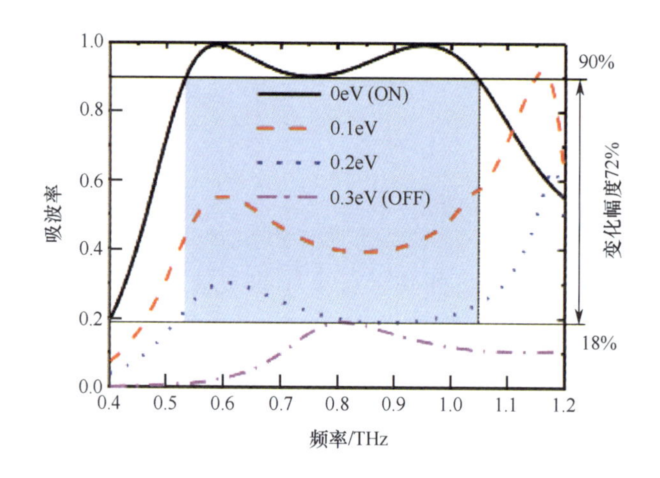

图 3.56　不同石墨烯化学势下调制器的吸波率

除上述特性外，该调制器稳定性极高，表现出了对极化角和入射角的不敏感性。如图 3.57 所示，此时石墨烯化学势为 0eV。图 3.57（a）显示了不同极化角下的吸波率，可以看出当极化角变化时，其频谱基本不变。当分别以 TE 和 TM 极化入射时，随着入射角度的逐渐增加，在小于 60°的范围内，吸波率虽有一定程度的频偏，但依然能在工作频段内获得大于 80% 的吸波率。

3.2.6　石墨烯太赫兹波束扫描天线

2018 年，作者团队提出了一种基于石墨烯有源频率选择表面的太赫兹大角度波束扫描天线[99,100]。将传统频率选择表面与石墨烯结合，设计出一种复合结构有源频率选择表面。通过对石墨烯施加偏置电压，使石墨烯的化学势发生改变，可以实现在特定频率时反射和透射之间的转化。基于该有源频率选择表面，设计了一种正六边形结构天线罩。将天线罩加载到与之匹配的全向天线上，可以实现多种模式的辐射，并且方向图的增益可变。与传统方向图可重构天线相比，所提出的天线具有方向图扫描范围大、增益可控、多向辐射和全向辐射等优点。

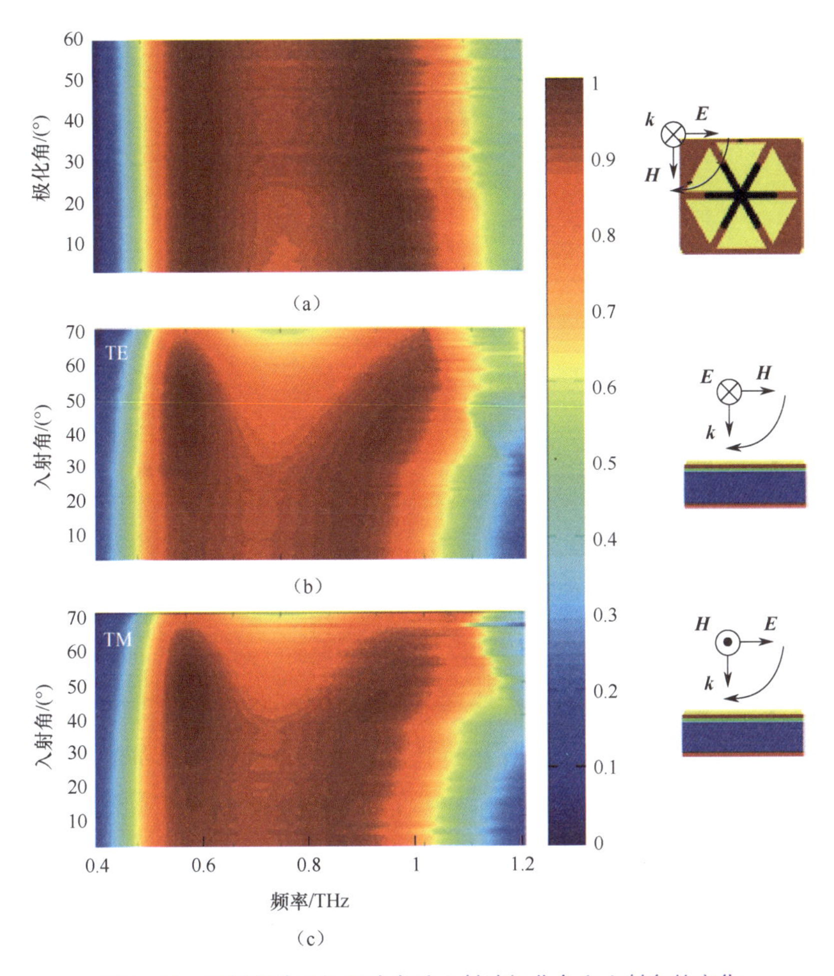

图 3.57　调制器单元的吸波率随入射波极化角和入射角的变化

石墨烯有源频率选择表面单元结构如图 3.58 所示。最上层的金色部分为分形结构金环；浅蓝色的蜂巢结构为石墨烯片；灰色的是作为绝缘层的二氧化硅；然后是多晶硅，相对介电常数为 11.7。为了方便给石墨烯施加偏置电压，在不影响有源频率选择表面性能的前提下设计了馈线结构，馈线位于多晶硅背面，宽度为 2μm。最后是用于支撑的泡沫层，相对介电常数为 1.1。图 3.58 中还标明了如何为有源频率选择表面施加偏置电压，即直流偏置电压的正极连接多晶硅背面的金属馈线，负极连接到最上层金属环伸出的馈线上。

图 3.59（a）和（b）分别为石墨烯化学势范围为 0 ~0.5eV 时的模拟反射系数和传输系数。可以看出，通过改变石墨烯的化学势，有源频选表面（AFSS）的共振频率发生了变化。这使得所设计的 AFSS 能够在固定频率下实现高传输和几乎全反射之间的转换。当化学势为 0eV 时，AFSS 的传输系数高达 1.89dB，反射系数较小，为 10.6dB，称为 ON 状态。当化学势为 0.5eV 时，AFSS 的传输系数仅为 11.1 dB，反射系数较大，为 1.9dB，表示为 OFF 状态。

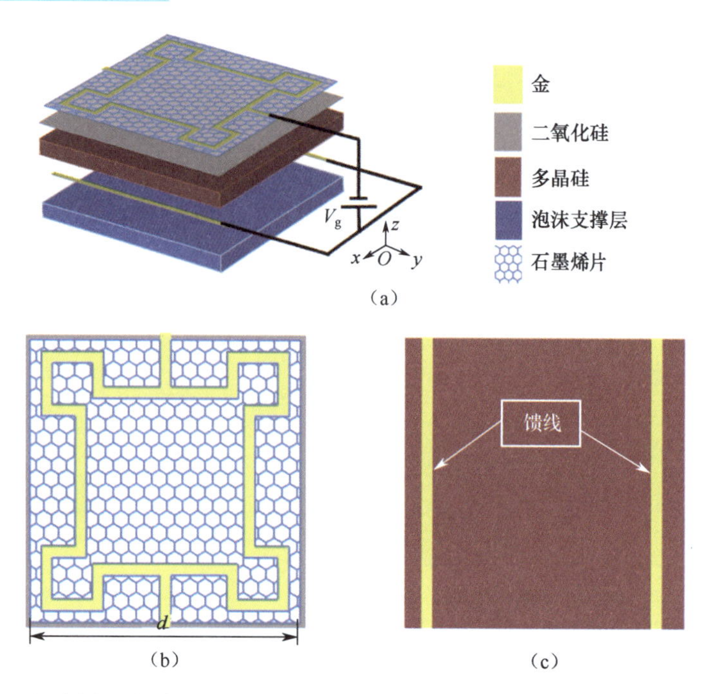

图 3.58　石墨烯有源频率选择表面单元。(a) 结构图；(b) 俯视图；(c) 馈线层结构

图 3.60 显示了各频点处该有源频率选择表面的电流和电场分布及等效电路，其中电流被归一到 2×10^4 A/m，电场被归一到 4×10^6 V/m。电流可以被等效为电感，并且将电场等效为电容。在 0.89THz 及 2.11THz 时，分析电流和电场分布的关系可知，该结构可等效为一个串联谐振回路，表现为带阻的特性。而在 1.44THz 时，其电流和电场分布表明该结构可以等效为一个并联谐振回路，表现为带通。

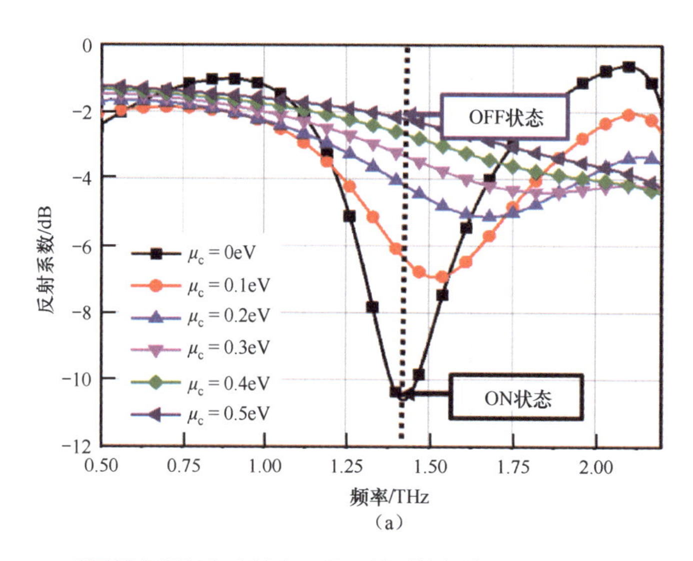

图 3.59　石墨烯有源频率选择表面的反射系数与传输系数随 μ_c 的变化规律。
(a) 反射系数；(b) 传输系数

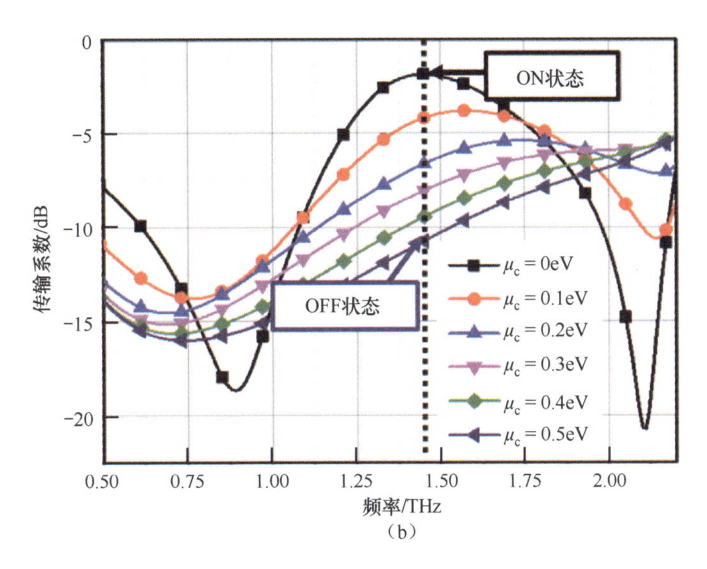

图 3.59　石墨烯有源频率选择表面的反射系数与传输系数随 μ_c 的变化规律。(a) 反射系数；(b) 传输系数（续）

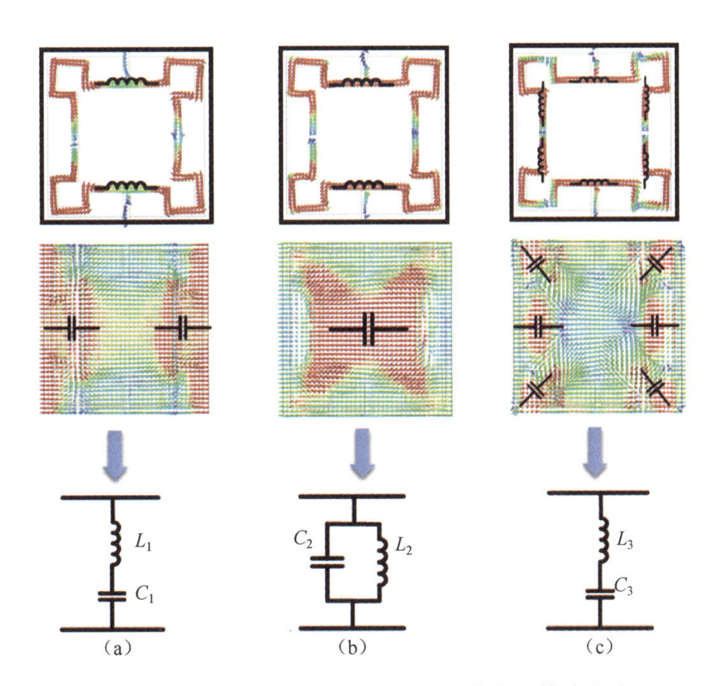

图 3.60　μ_c = 0eV 时有源频率选择表面的电流和电场分布及等效电路。(a) 0.89THz；(b) 1.44THz；(c) 2.11THz

图 3.61 显示了通带处化学势为 0.5eV 时 AFSS 的电流和电场分布，其中电流被归一到 8×10^3 A/m，电场被归一到 2×10^5 V/m。对比未加石墨烯时 1.38THz 所对应的电流、电场分布图可以发现，等效电感与电容的关系由并联变为串联，AFSS 由传输状态转变为反射状态。这个结果也与反射系数和传输系数的变化一致。

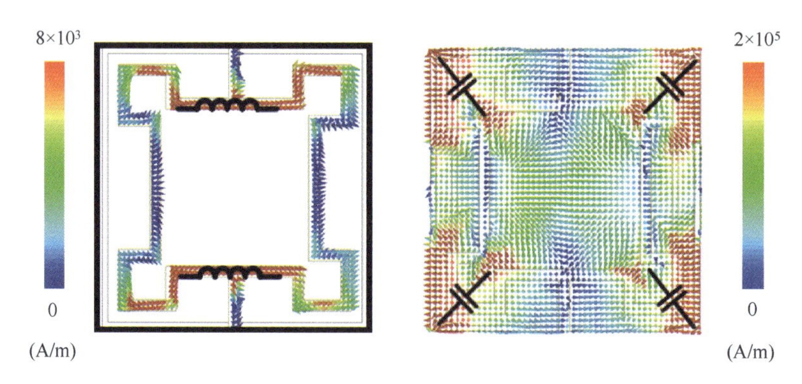

图 3.61　石墨烯化学势为 0.5eV 时 AFSS 的电流和电场分布

考虑当频率选择表面进一步被设计成天线罩时，会存在一定程度的斜入射。接下来考虑斜入射是否会影响该 AFSS 的性能。只考虑 TE 极化下的斜入射时，可以将 TE 极化定义为入射波的波矢在 yOz 平面内，电场在 y 方向的极化方式。图 3.62 中绘制了石墨烯化学势为 0eV 时，入射角为 0°～40°的反射系数和传输系数光谱图。光谱图显示，对于入射角的变化，反射系数和传输系数在工作频率中均未发生偏移，表现出了良好的稳定性，表明该 AFSS 可以用于后面天线罩的设计。

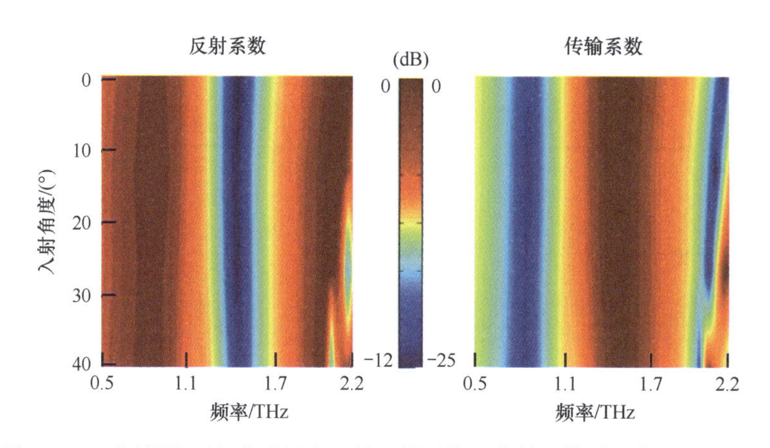

图 3.62　石墨烯有源频率选择表面的反射系数和传输系数随入射角度的变化

图 3.63 给出了所提出的石墨烯波束扫描太赫兹天线结构图，从图 3.63（a）可以看出，全向单极天线设计为辐射源，被六边形石墨烯有源频率选择天线罩包围，天线罩的每个面都由一个 2×2 的有源频率选择表面阵列组成，多晶硅上表面和下表面的馈线在保证不影响天线罩整体性能的情况下对每个单元都能施以偏置电压。图 3.63（b）是天线的俯视图，其中 6 个独立的部分编号为 1～6，放置为 60°的正六边形频率选择天线罩。其全向辐射特性有利于波束扫描的实现。该天线外的天线罩每面都可以独立调控，因此天线具有多种辐射状态。根据每面天线罩的反射和透射情况不同，天线辐射方向图呈现不同辐射状态。

首先是天线向特定方向的辐射。在天线罩的六个面中，相邻三个面处于反射状态，而另外三个面处于传输状态，此时天线向某个特定的方向辐射。如图 3.64 所示，黄色

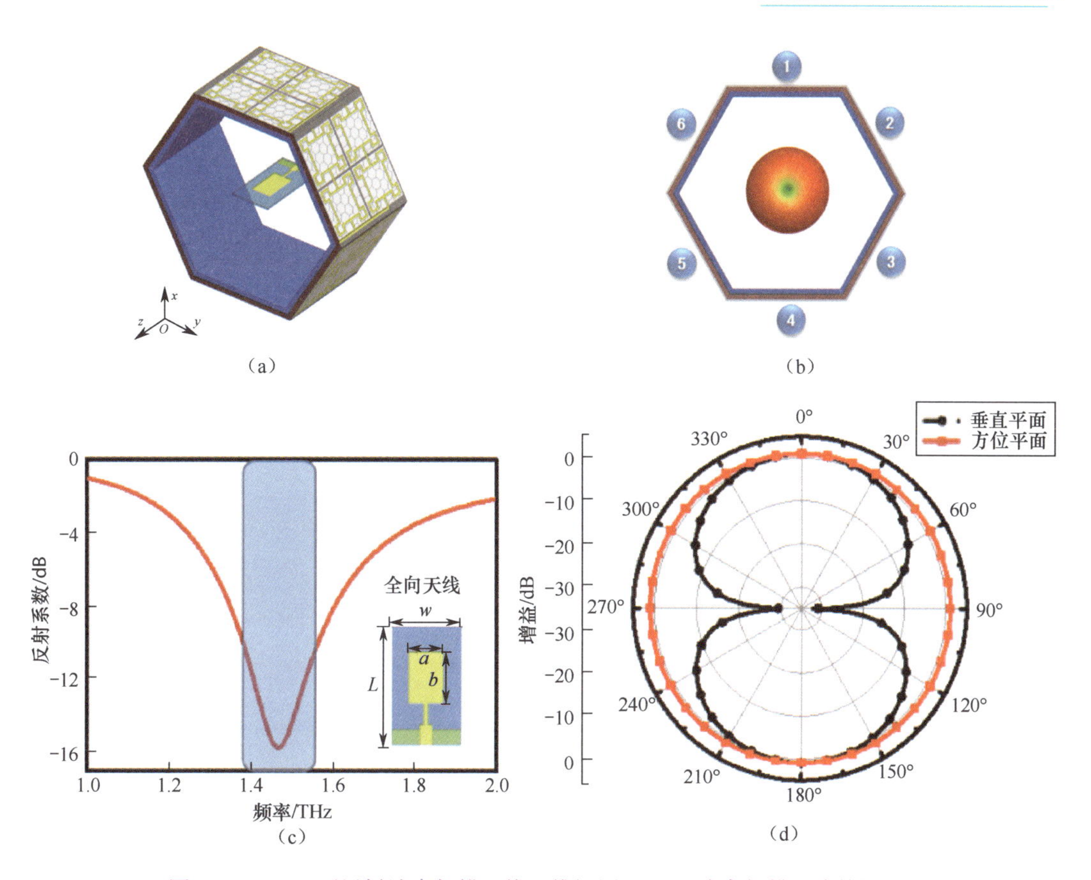

图 3.63　(a) 石墨烯波束扫描天线三维视图；(b) 波束扫描天线俯视图；(c) 全向天线的反射系数；(d) 全向天线在方位角和水平面的辐射方向图

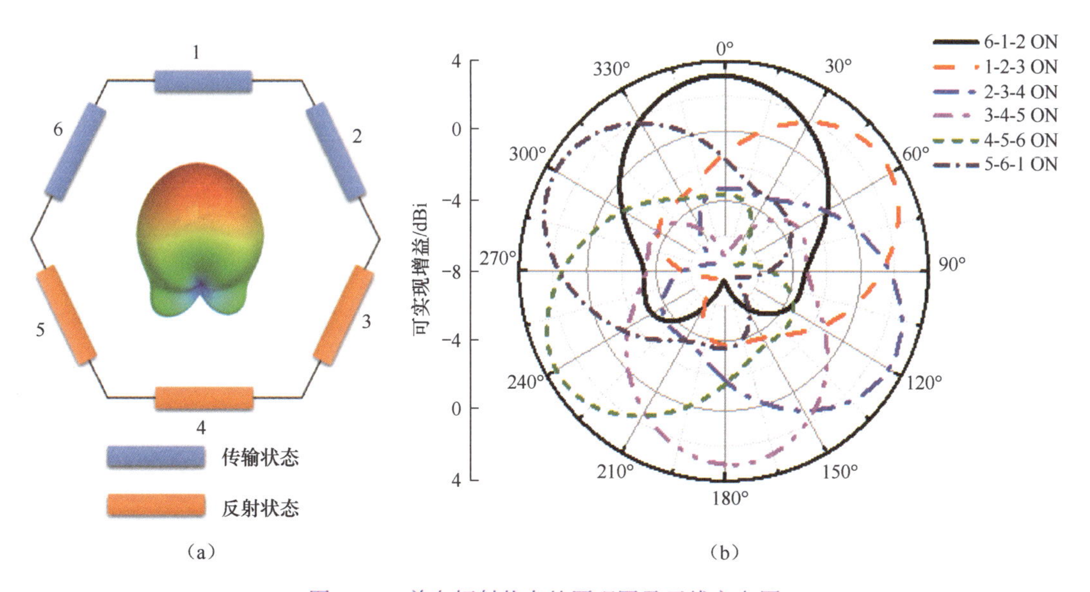

图 3.64　单向辐射状态的原理图及天线方向图

代表反射状态，蓝色代表传输状态。当天线罩的 3-4-5 三个面处于反射状态，6-1-2 三个面处于传输状态时，天线的辐射方向为 0°，增益为 3.15dBi。以此类推，如图 3.64 所示，该方向图可重构天线可以实现六个方向的辐射，覆盖360°范围。此外不同于传统的PIN二极管等开关元件，石墨烯的表面电导率是连续可变的。也就是说，当石墨烯用于设计可调频率选择表面时，其反射系数和传输系数也是连续可调的。这就使方向图可重构天线不仅辐射方向可调，并且每个方向的增益也是可调的。图3.65显示了天线的这种特性。当石墨烯的化学势分别为0eV、0.1eV、0.3eV时，天线的增益分别为3.1dBi、0dBi、-2dBi。

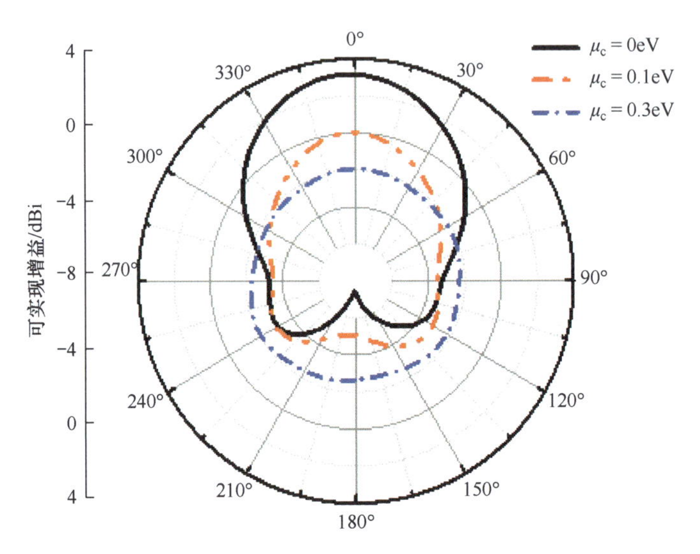

图3.65 天线增益随石墨烯化学势的变化

该天线还可以实现多向辐射。具体实现方法为：在天线罩的六个面中，每相邻的两个面都处于不同的状态时，天线罩可以同时向三个方向辐射。如图3.66所示，当天线

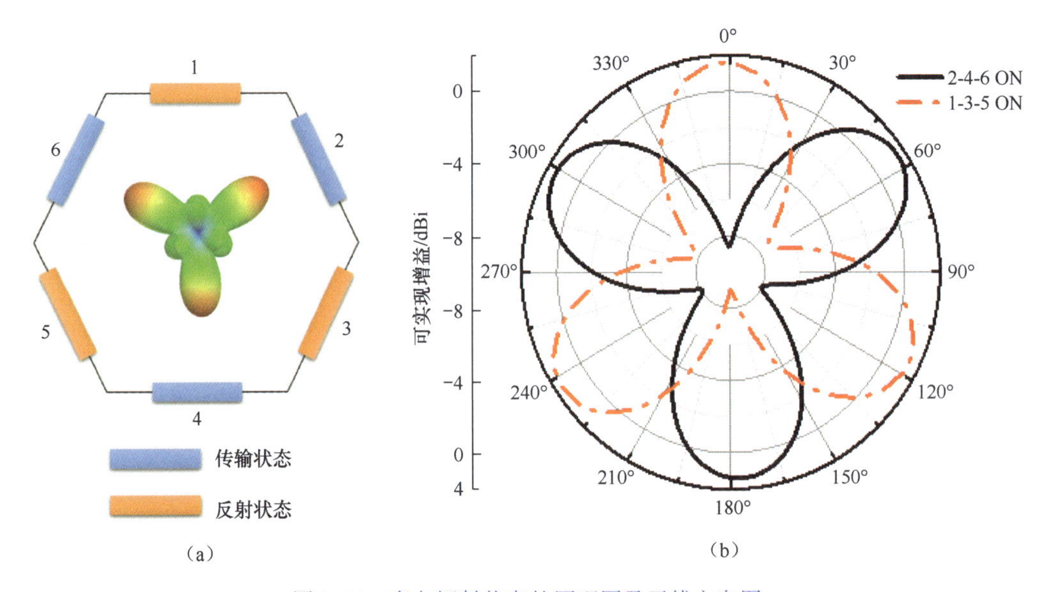

图3.66 多向辐射状态的原理图及天线方向图

罩的1-3-5三个面处于反射状态，而2-4-6三个面处于传输状态时，天线的辐射方向为60°、180°和300°，且每个方向上增益相同，为1.9dBi。相反，当天线罩的2-4-6三个面处于反射状态，而1-3-5三个面处于传输状态时，天线的辐射方向为0°、120°和240°。此外，天线还可以实现全向辐射和关闭状态之间的切换。当天线罩的六个面均处于传输状态时，天线罩的加载基本上不会对天线的辐射产生影响，即此天线还可以作为一个全向天线来使用。如图3.67所示，当天线罩的六个面均处于反射状态时，天线不再辐射。此时的天线罩起到了一个开关的作用。两种不同状态下天线的方向图显示，辐射状态下天线的增益接近0dBi，与没有天线罩存在时天线的增益基本一致。

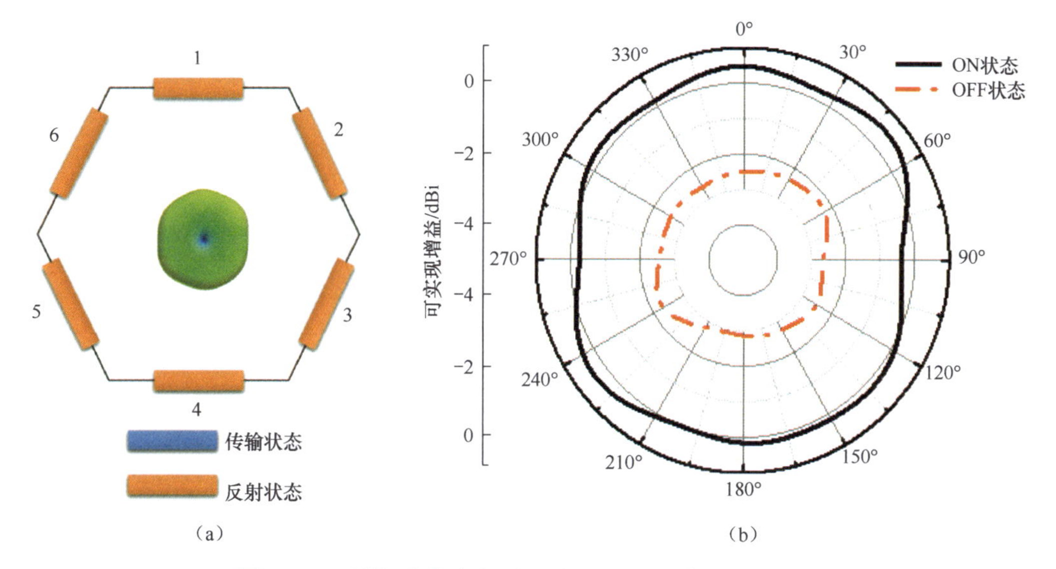

图3.67　开关切换状态的原理图（a）及天线方向图（b）

3.3　石墨烯导行波应用

单层石墨烯本身对垂直入射的电磁波吸波效果很弱，增加光在石墨烯中的驻留时间对吸波调制深度大有裨益。所以与波导结合不失为提高光与石墨烯相互作用的有益途径。本节以两款红外波段石墨烯在硅光波导上的调制应用为例，讲述如何实现这一过程[101]。

首先，作为IC领域广泛应用的材料，硅本身具有工艺兼容、存量大、价格低等优势，但由于硅材料本身在红外频段的等离色散效应较弱，使得纯硅调制器的调制速率低，器件尺寸大。然而，石墨烯作为一种柔性、电可调的二维材料，具有良好的导热性、稳定性、超宽的吸收带宽和优异的载流子迁移率等优异的电学与光学性能，是一种优良的电光调制器材料[102]。如石墨烯具有极大的电光系数，这意味着在相同的调制电压下，调制器的调制深度可以做得更大。其次，由于狄拉克费米子的高频电导是一个常数，石墨烯具有可覆盖从通信波段到中红外的宽带恒定的光吸收系数，可用于实现宽带的调制器。另外，石墨烯极高的载流子迁移率，可以提高调制器的调制速度。石墨烯光生载流子的产生和弛豫时间在飞秒量级，理论上调制器的调制频率可以做到太赫兹级。2011 年，Liu 等人首次将石墨烯引入调制器，将单层或双层石墨烯置于硅波导上调节吸收[103,104]。随后，一些石墨烯嵌入硅调制器和多层石墨烯硅调制器被提出[105,106]来增强光与物质的相互作用。然而，由于波导光模式尺寸比石墨烯高近四个数量级，导致介质波导光模式与单层石墨烯之间的重叠极小，进而使调制器性能提升有限[107]。微环谐振器是光互连中常用的结构，而其用于电光调制器同样是首选方式之一[108-110]，目前基于微环谐振的石墨烯调制器测量到的最高带宽已达 30GHz，能耗为 0.8pJ/bit[111]。然而，谐振调制器存在带宽限制，并且对温度波动和制造公差敏感[112,113]。得益于亚波长光场限制，等离波导调制器[114-116]可以提供更高的光—物质相互作用。然而，选择合适的等离波导及合理利用其束缚电磁场的特性实现调制效率和插入损耗的均衡将会很有挑战性[117-119]。此外，基于纳米天线的强场局域性[120-126]，也可实现光与石墨烯的作用增强[127,128]。在后面的器件设计中给出详细的器件参数及性能分析。

3.3.1　石墨烯对波导的调控机理

3.3.1.1　关键指标

这里将以一个常规石墨烯调制器为例介绍电光波导调制器的几个关键性能指标：调制速率、器件尺寸、能耗、消光比和插入损耗。如图 3.68 所示，调制器由一个硅波导核、两侧低折射率介质填充、顶层双层石墨烯及夹在其中间的绝缘介质层构成。当偏置电压加载到两石墨烯层时，电场引入的掺杂将改变上下石墨烯层的费米能级，进而实现对波导光场相位或强度的调制。

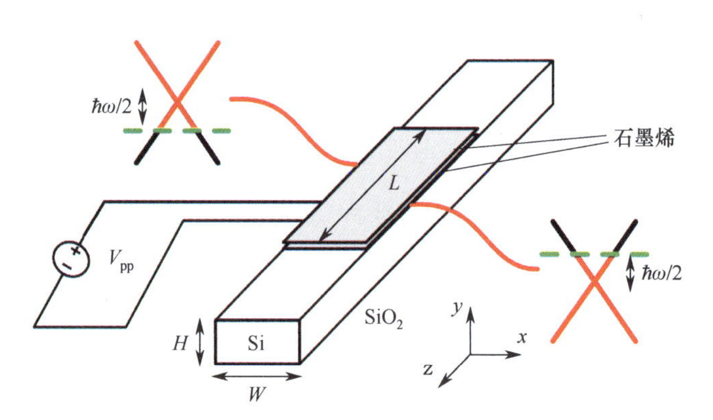

图 3.68　经典双层石墨烯调制器结构示意图。器件由一个硅波导核、两侧为低折射率介质填充

基于上述结构石墨烯的最小能耗可以计算如下：首先，假设采用非归零编码（NRZ）的方式进行数据传输，则调制器的能耗 E 可表示为

$$E = \frac{1}{4}CV_{pp}^{\ 2} \tag{3.57}$$

式中：C 和 V_{pp}分别为调制器电容和峰峰电压；1/4 指的是 NRZ 信号方案中的一个完整的充放电周期，平均每 4 位发生一次。对应的工作带宽可计算为

$$\mathrm{BW} = \frac{1}{2\pi RC} \tag{3.58}$$

假设器件开关时对应输出功率分别为 P_{on}与 P_{off}（单位为 dB），则消光比可以定义为开关的光功率（dB）之差 $|P_{on} - P_{off}|$。更大的消光比（ER）值意味着更高的“0”与“1”电平差，探测端误差越小。此时，器件插入损耗（IL）也可由 $|P_{off}|$ 定义。在电光调制器的设计中通常要求 ER > 3dB，IL < 3dB。

在上述器件关键指标的计算中，在满足插损和消光比的硬性要求下，降低能耗及提高工作带宽的最好的方式是降低器件开关电容、输入阻抗及峰峰电压。其中调制器中的电容 C 可简化为两石墨烯电极构成电容部分

$$C = \varepsilon_0 \varepsilon_d \frac{WL}{d} \tag{3.59}$$

式中：ε_d为绝缘层等效介电常数；d 为其厚度；W 为石墨烯宽度；L 为石墨烯沿波导纵向方向的长度。石墨烯输入电阻反比于其 L，因此 RC 项只与ε_d、d 及石墨烯宽度 W 有关。能耗则还受器件有源部分波导与石墨烯重叠部分的纵向长度 L 制约。

因此，小的介电常数 ε_d，大的绝缘层厚度 d，低的石墨烯与石墨烯或石墨烯与偏置波导重叠面积（$W \times L$），是电光调制器件设计的努力方向。其中更低的有源部分重叠面积也意味着更紧凑的器件尺寸。另外，绝缘层厚度 d 并非越大越好。在上一章石墨烯的电偏置调控中，在化学势相同的情况下，偏置电压与绝缘层厚度呈正相关。高厚度往往伴随着相同掺杂浓度下需要更高偏置电压 V_{pp}，这会增加能耗。所以在设计时，此参数可以用来均衡器件的综合性能。需要注意的是，在实际加工中，器件模型是更复杂的。如在这里的理论模型中，只考虑了上下电极重叠部分偏置电容，而加工时往往伴随石墨烯与衬底、金属电极，以及与掺杂硅之间的寄生电容。输入阻抗在理论计算时往往也忽略掉了与电极间的接触电阻等。所以本书的理论分析适用于理想情况的指标计算及设计指导。

3.3.1.2 调制机制

前面的性能指标只是器件宏观的性能体现，要实现一款高性能石墨烯电光调制器，底层机制必然是石墨烯—光相互作用的不断提升。这里以经典的平面波垂直入射石墨烯表面为例，讲解当光通过石墨烯时发生了什么，如图 3.69 所示。

石墨烯的光吸收可以用能量守恒坡印廷定理来计算。根据欧姆定律，石墨烯表面的电流密度可以表示为[129]

$$\boldsymbol{J}_s(\boldsymbol{r},t) = \sigma_0 \boldsymbol{E}_t(\boldsymbol{r},t) \tag{3.60}$$

式中：$\boldsymbol{E}_t$ 为入射光在石墨烯面内的电磁分量；σ_0 为石墨烯电导。石墨烯层单位面积的时

间平均欧姆功耗 Q_s（$W \cdot m^{-2}$）可以表示为

$$\langle Q\rangle_s(\boldsymbol{r}) = \langle \boldsymbol{J}_s(r,t) \cdot \boldsymbol{E}_t(\boldsymbol{r},t)\rangle = \frac{1}{2}\sigma_0\langle \boldsymbol{E}_t(\boldsymbol{r},t) \cdot E_t^*(\boldsymbol{r},t)\rangle = \frac{1}{2}\sigma_0 E_t^2(\boldsymbol{r},t) \quad (3.61)$$

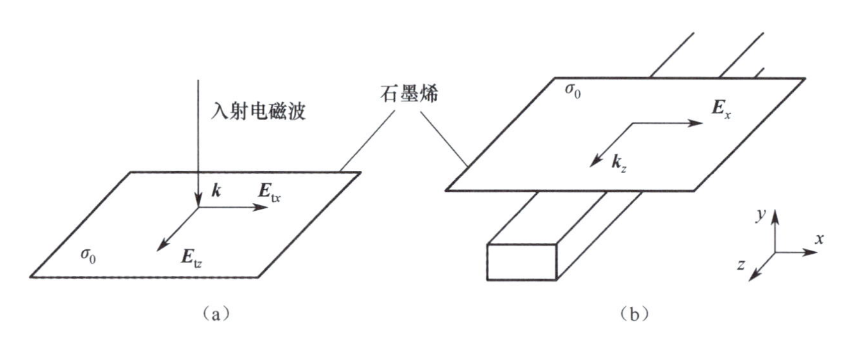

图 3.69 (a) 垂直入射到石墨烯面的光波及 (b) 波导光沿着石墨烯面内方向水平传输时的电场分量示意图

式 (3.61) 中的 1/2 是因为电场分量 $\boldsymbol{E}_t$ 是峰值。考虑入射平面电磁波具有任意极化，$\boldsymbol{E}_t$ 可由石墨烯面内的两个分量组成（矢量方向定义见图 3.69）

$$\boldsymbol{E}_t = E_{t1}\hat{\boldsymbol{t}}_1 + E_{t2}\hat{\boldsymbol{t}}_2 \quad (3.62)$$

$$\langle Q\rangle_s = \frac{1}{2}\sigma_0\boldsymbol{E}_t \cdot \boldsymbol{E}_t^* = \frac{1}{2}\sigma_0(|E_{t1}|^2 + |E_{t2}|^2) \quad (3.63)$$

式中：$\hat{\boldsymbol{t}}_1$ 和 $\hat{\boldsymbol{t}}_2$ 为石墨烯面内的两正交单位矢量；E_{t1} 和 E_{t2} 为两个方向的场分量值。在入射光垂直入射时 [见图 3.69 (a)]，根据此定理，石墨烯吸收的功率与入射光功率之比可计算得

$$\frac{\langle Q\rangle_s}{I_{inc}} = \frac{\frac{1}{2}\sigma_0\boldsymbol{E}_t \cdot \boldsymbol{E}_t^*}{\frac{1}{2}\varepsilon_0 c\boldsymbol{E}_{inc} \cdot \boldsymbol{E}_{inc}^*} = \frac{\sigma_0}{\varepsilon_0 c} = \pi\alpha = 2.3\% \quad (3.64)$$

其与实验实测值是吻合的。

考虑单层石墨烯沿波导放置的情况，如图 3.69 (b) 所示。当石墨烯平行放置在硅波导上方时，石墨烯将于波导光波的倏逝场重合，实现对波导光的线性吸收。硅波导固有的传输损耗相比石墨烯吸收可以忽略不计，则光波沿波导传输经过石墨烯时，光功率 $P(z)$ 的衰减可计算为

$$P(z) = P_0\exp(-\alpha z) \quad (3.65)$$

式中：P_0 为波导光模还没接触石墨烯时的光功率；α 为线性光吸收系数（单位为 m^{-1}），定义为单位长度石墨烯的吸收功率，与总输入功率之比做归一化处理，可表示为

$$\alpha = -\frac{1}{P(z)}\frac{dP(z)}{dz} = \frac{1}{P(z)}\int_W \langle Q(x)\rangle_s dl \quad (3.66)$$

这里，假设石墨烯放在波导的顶部，在 x 方向的宽度为 W，如图 3.69 (b) 所示。则波导光模式通过时，石墨烯的吸波行为可表示为

$$\alpha(y_0) = \frac{\sigma_0}{2P(z)} \int_W |E_{\text{in-plane}}(x, y_0)|^2 \mathrm{d}x \tag{3.67}$$

式中：y_0为石墨烯在波导上方所处的位置。所以吸波可由波导 TE/TM 模式在石墨烯面内的场分布所贡献。这是实现石墨烯与光增强的切入点。

现在考虑另一种情况，当石墨烯以 3D 形式出现在仿真模型中时，石墨烯的吸收可表示为

$$\alpha \propto \int_{\text{in-plane}} \langle Q \rangle_s \mathrm{d}r^2 + \int_{\text{out-plane}} \langle Q \rangle_s \mathrm{d}r^2 \tag{3.68}$$

当考虑各向异性时，石墨烯垂直面方向的介电常数为常数，且厚度非常薄，式（3.68）垂直方向（石墨烯面外方向）的吸波功率几乎为零，并不对器件调制性能做贡献。但当考虑各向同性时，垂直方向介电常数同面内介电常数，在前文计算石墨烯介电常数时，当工作在 1.55μm 且石墨烯化学势约为 0.5eV 时，石墨烯会出现介电常数趋近零的点。考虑石墨烯与介质边界条件

$$\varepsilon_\perp^1 E_\perp^1 = \varepsilon_\perp^2 E_\perp^2 \tag{3.69}$$

当石墨烯垂直面方向介电常数 $\varepsilon_\perp^1$ 为常数（实际值为 2.5）时，SPP 波导界面中放置的石墨烯内的垂直方向场强 $E_\perp^1$ 为有限的值。而当其建模成各向同性时，0.5eV 时介电常数趋近于零，而此时的场强 $E_\perp^1$ 则趋近于无穷大。此时的式（3.68）中垂直面方向场吸收 $\int_{\text{out-plane}} \langle Q \rangle_s \mathrm{d}r^2$ 则不能简单地忽略。且此项值会占据石墨烯吸收功率的主导，如文献[149，150]介绍的优异性能的 SPP 波导调制器。

3.3.2 石墨烯电致吸收调制器

3.3.2.1 问题描述

如前所述，纯硅调制器通常依靠载流子的注入、积累或耗尽方式实现硅的电致折射率改变，然而，硅的弱等离色散效应及硅波导的衍射极限，限制了硅基调制器的高速及小型化。自从 Liu 等人首先在硅上放置单层或双层石墨烯实现了对硅光进行吸收调制，并达到 1GHz 的调制速率后，各种基于介质波导及等离激元波导（SPP 波导）的石墨烯电致吸收调制器层出不穷。但依然有很多问题：

（1）基于介质波导。抛开器件实际加工的可能性，性能指标优良的石墨烯调制器设计必然是在石墨烯和波导模式的交互上有所提升，如将石墨烯放置在 TE 模介质波导结构光场较强的中间，或使用多层石墨烯在波导中增强吸收效率。然而，由于硅光波导光模式的直径比单层石墨烯的厚度高 4 个数量级，能与石墨烯相互作用的光功率密度会很弱，犹如超大光束直径内的一个小黑点，因此更大介质波导调制性能提升会很有限。

（2）可以提供极高的光场束缚的 SPP 波导石墨烯调制器应运而生，SPP 波导可以将

光场紧紧地束缚在金属表面，进而提高石墨烯与场的相互作用。尽管多种部分指标优良SPP波导的石墨烯调制器均已经报道，但在提供强的模式束缚与随之而来的大的插损上很难把握。而且，部分性能异常“优异”的SPP波导石墨烯调制器忽略了石墨烯在垂直面外方向介电常数类似石墨不变的属性[130,131]，这么当石墨烯夹在SPP波导的金属与介质的界面时，垂直面的吸收的贡献应该很小，所以调制效率会比文献中的低。

3.3.2.2 电光调制器结构及尺寸

SPP波导电吸收调制器结构自下而上分别为SOI晶圆衬底，其上刻蚀的硅波导、波导一侧生长的贵金属层及两者之间夹的氧化层，二氧化硅平坦化及波导顶部的双层石墨烯及中间Al_2O_3绝缘夹层。石墨烯分别在远端连接金属电极用于外接偏置电压，连同构建绝缘层共同构成电容结构实现石墨烯化学势及对应的光吸收的调制，如图3.70所示。2μm厚的SOI衬底的BOX层被选择用以隔离晶圆顶层的器件层与底层支撑层之间的光学耦合，220nm厚的硅膜用于支撑1550nm光通信频段硅波导TE模式的传输。锥形硅耦合器连接混合SPP波导两端用于硅光模式到调制器波导SPP模式的耦合与解耦。

COMSOL多物理场仿真软件将被用来仿真本书介绍的石墨烯电光调制器。相比金和铜，银在近红外具有更低的损耗，被选为混合SPP波导的金属组成部分，其介电常数设为$\varepsilon_{Ag} = -128.7 + 3.44i$。混合SPP波导中间低折射率介质二氧化硅和高折射率介质硅的折射率分别为1.447和3.45。氧化铝的厚度为10nm，并在接下来的分析中保持不变。仿真的其他配置中，完美匹配层（PML）吸收边界条件用于吸收到达数值计算区域边缘的散射光能量。超高精度网格用于精细剖分超薄石墨烯层以提升结果的精度。局部最小的网格尺寸为0.1nm。

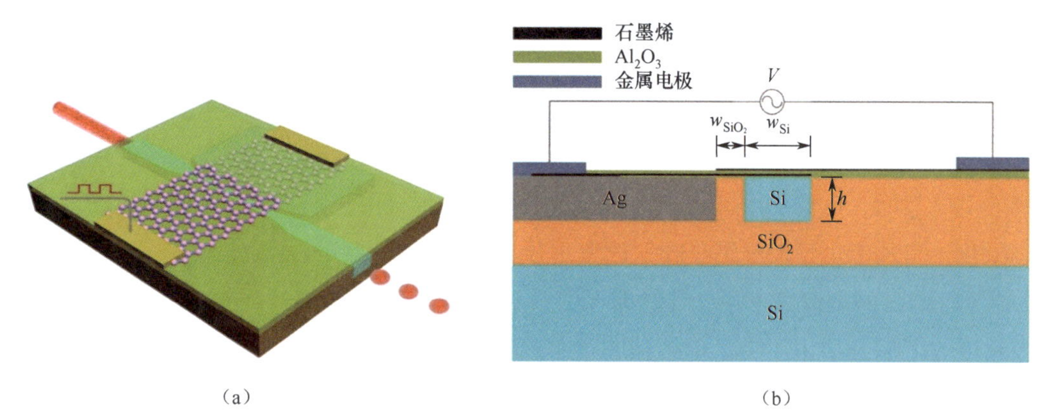

图3.70 基于混合SPP波导的石墨烯电吸收调制器的（a）三维视图和（b）横截面视图。其中混合SPP波导由衬底表面水平放置的Ag、低折射率介质SiO_2夹层及高折射率介质Si组成[117]

3.3.2.3 电致吸收调制器性能指标

不同偏置电压V_{Bias}加载到两电极之间意味着石墨烯具有不同的电子掺杂浓度及化学势，当“0”偏置时，波导光激发石墨烯带间跃迁，实现对调制器输出光的“关闭”，高偏置电压时，泡利阻塞发生，石墨烯透明，光可通过，进而实现调制器的“开启”。这里假设单层石墨烯厚度均为0.5nm，且两层石墨烯均具有相同的吸收性能，波导高度为 $h = 220\text{nm}$ 。对于混合SPP波导，其光模式主要分布在低折射率的二氧化硅区域与高折射率的硅中间。

首先选择二氧化硅和硅的宽度分别为 $w_{SiO_2} = 40\text{nm}$ 和 $w_{Si} = 150\text{nm}$ 。则不同偏置电压下的石墨烯化学势及对应的调制器吸波率——吸波率 α 定义为单位长度输出光功率的降低量（dB），如图3.71（a）所示。当石墨烯化学势小于0.3eV时，石墨烯的吸波率维持在0.48dB/μm，此时的调制器输出光强几乎不变；同样，当石墨烯化学势大于0.5eV时，石墨烯的吸波率维持在0.13dB/μm附近，此时的调制器输出光强也基本不变。所不同的是，相比前者，后者输出更强的光强。因此在满足3dB消光比的情况下，需要的调制器长度可以计算为 $3/(\alpha_1 - \alpha_2)$，大约为8.5μm。而此时“ON”状态所对应

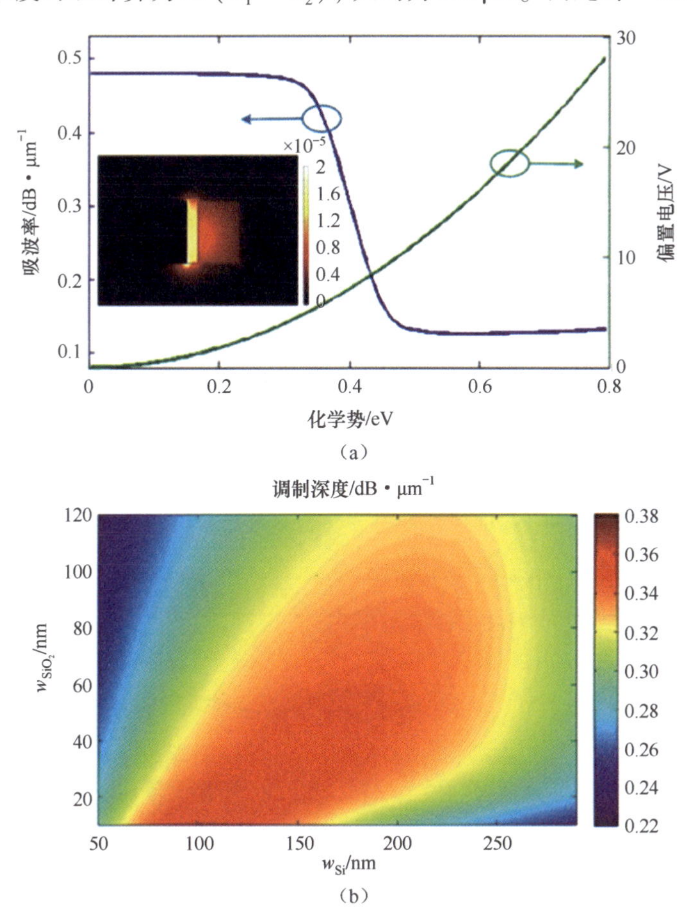

图3.71 （a）有限元法仿真下的吸波率、对应的外加电压与不同化学势的关系及调制器截面（硅和二氧化硅的宽度分别为150nm和40nm）的场强分布；（b）调制器在不同结构参数下的调制深度，其中 SiO_2 的宽度在10～120nm范围变化，Si的宽度在50～300nm范围变化

的传输损耗为 $\alpha_2 \times 8.5$ dB = 1.1dB。低的传输损耗意味SPP波导的光功率密度被很好地束缚在二氧化硅和硅芯里，如图3.71（a）插图为在1.55μm时波导的场强分布，波导在提供突破光学衍射极限的同时，可以使更多的光远离波导的金属部分，降低损耗，这正是混合SPP波导的优势。

在波导高度不变，二氧化硅和硅的宽带分别在10～120nm及50～300nm范围变化时，调制器的调制深度如图3.71（b）所示。在硅的宽度不变的情况下，器件的调制深度倾向于随二氧化硅的变窄而变大，但这只适用于硅的宽度较窄时。最大的调制深度出现在二氧化硅的宽为10nm时，此时达到0.38dB/μm。但此时3dB调制深度的传输损耗达到了2.3dB。调制器中光的传输主要是由波导与石墨烯的相互作用所致的，低偏置电压时，石墨烯的化学势小于此时通过光子能量的一半，即 $\mu_c < 1/2\hbar\omega$（光子能量的一半为0.4eV），光激带间跃迁占据了主要部分，光被石墨烯吸收，调制器处于关闭状态。当偏置电压引入的掺杂浓度足够高时，$\mu_c > 1/2\omega$，泡利阻塞将抑制电子的带间跃迁。

关于耦合器，调制器采用上节尺寸参数，其中 w_{SiO_2} = 40nm，w_{Si} = 150nm 及 h = 220nm，耦合器则与硅波导高度相同，可以连同SPP波导硅部分一起刻蚀。如图3.72（a）所示，锥形硅用于连接400nm硅波导及混合SPP波导的硅部分，长度定义为两波导之间的距离 L_{taper}。混合SPP波导金属与二氧化硅分别延长一部分到锥形硅一侧，用于降低界面反射。

不同耦合器长度（100～1000nm）下的耦合效率计算如图3.72（a）所示。在 L_{taper} = 200nm，调制器的最大耦合效率可达80%。对包含波导耦合的整个调制器进行3D仿真，调制器的长度设置为17μm。如图3.72（b）描述了调制器在“ON”“OFF”模式下的功率分布情况。对应的S21分别为4.1dB及10.2dB。器件消光比约为6dB。

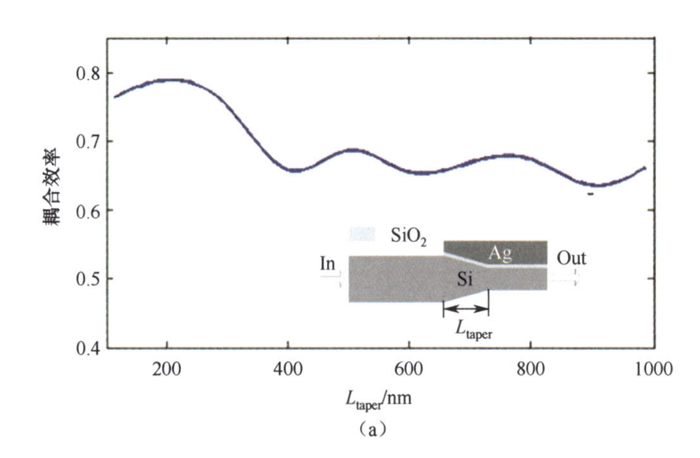

图3.72 （a）耦合器的耦合效率与耦合长度的对应关系，插图显示调制器中耦合器部分的俯视图；（b）开、关状态下带有耦合器的调制器的功率分布

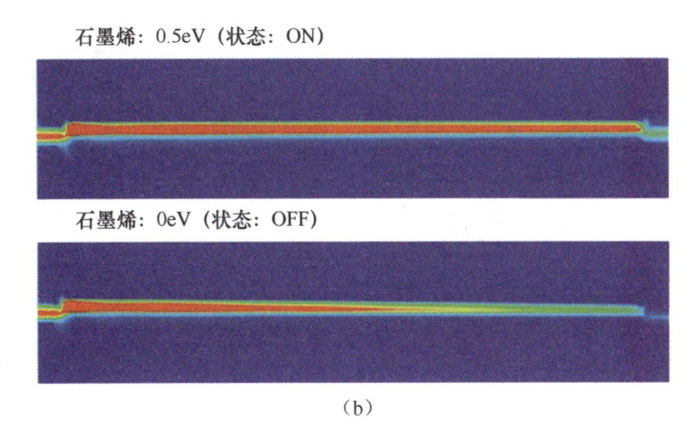

图 3.72　(a) 耦合器的耦合效率与耦合长度的对应关系，插图显示调制器中耦合器部分的俯视图；(b) 开、关状态下带有耦合器的调制器的功率分布（续）

如第 2 章所述，调制器的带宽可以通过 $1/(2\pi RC)$评估，主要由电极电容和电阻值决定。电容由电极电容模型计算，即由绝缘层介电常数、双层石墨烯电极重叠面积及氧化铝厚度决定。真实评估电阻却取决于最终的电极长度及形状，且很多时候，输入电阻由金属电极接触电阻导致[132]。为了尽可能使偏差不太离谱，这里采用其他实测串联电阻 $R=100\Omega$ 计算[104]。此时，在前面器件参数（$w_{SiO_2}=40$nm，$w_{Si}=150$nm，$L_{taper}=200$nm 及器件长度为 8.5m）配置下，带宽为 400GHz，“ON”时器件偏置电压为 12V，根据 $1/4CV^2$计算的器件能耗为 145fJ/bit。

当调制器的尺寸向垂直方向或石墨烯放置方向进一步压缩时，波导中的光斑会向石墨烯方向“靠拢”。为了阐明这里的调制器在一些关键指标上还能进一步优化，这里将分析调制器在极端情况下的调制性能。

假设波导的高度为 10nm，改变波导的二氧化硅和硅的宽度，并观察其对调制效率的影响。如图 3.73 (a) 所示，在这一高度下调制器的调制深度随着越来越窄的 SiO_2及变

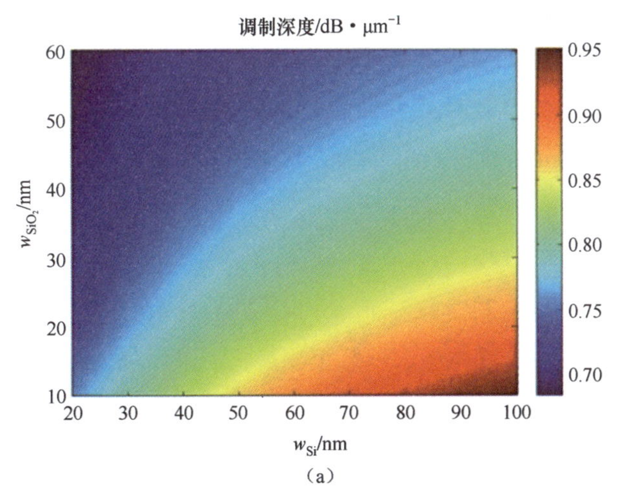

图 3.73　(a) 调制器在不同结构参数下的调制深度；(b) 有限元仿真下调制器的电场分布（右：放大模式场分布和电场强度 |E| 在白色实线处的位置）

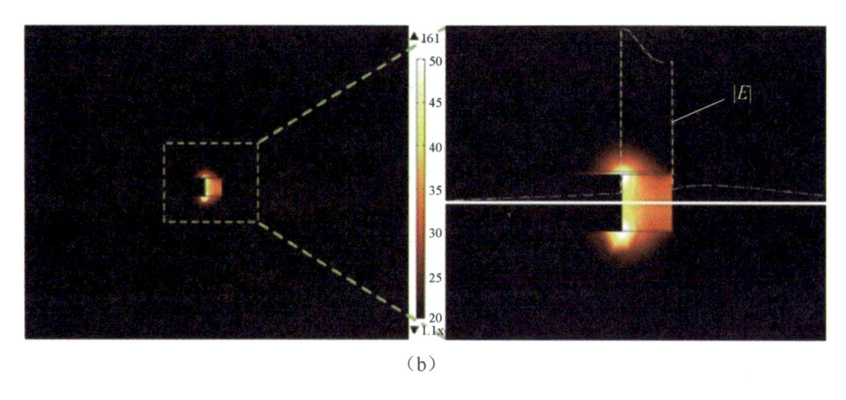

(b)

图 3.73 (a) 调制器在不同结构参数下的调制深度;(b) 有限元仿真下调制器的电场分布(右:放大模式场分布和电场强度 | E | 在白色实线处的位置)(续)

宽的 Si 而升高。当 w_{SiO_2} = 10nm,w_{Si} = 40nm 时,调制器的调制深度可以达到 0.83dB/μm。对应的调制器尺寸只有 0.18μm^2,调制带宽为 3.2THz,能耗为 17fJ/bit。对应的电场分布如图 3.73 (b) 所示,右侧的图是左侧器件及其电场分布的放大图。其中白色虚线为白色实线位置的电场强度变化。

3.3.3 局域等离增强电光调制器

3.3.3.1 问题描述

金属纳米天线表面自由电子的共振引起的局域等离共振具有亚波长范围的聚光能力,适用于许多领域,如生化传感[133,134]、光谱检测[135]及光开关[136,137]等。最近,一些实验工作验证了几款在太赫兹、红外光和可见光光谱范围,加载有金属纳米天线的石墨烯空间光调制器[124-128]。光学纳米天线和石墨烯的结合使得在纳米尺度上电操纵空间光成为可能。在本节将介绍的工作中,也将借鉴上述纳米天线的概念,提出一种金属天线增强的波导调制器。波导 TE 模式与超薄金属贴片天线两个边长均能有效耦合,使得用更少的天线个数便可提供强局域等离共振,且谐振模式的场分量主要分布在石墨烯面内,这将极大地增强光—石墨烯相互作用,且使超紧凑调制器成为可能,而紧凑的尺寸往往也意味着高速及低能耗[101]。

3.3.3.2 器件描述及尺寸

纳米贴片增强石墨烯调制器自下而上分别为 SOI 晶圆衬底,其上刻蚀的硅波导及连接硅波导的薄层硅和底层金属电极,气相沉积氧化层平坦化,薄的绝缘层,外接有金属电极的石墨烯层及顶层纳米天线阵列,石墨烯和底层硅层构成器件偏置电容,如图 3.74 (a)、(b) 所示分别为电光调制器的三维视图及横截面视图。2μm 厚的 SOI 衬底的 BOX 层被选择用以隔离晶圆顶层的器件层与底层支撑层之间的光学耦合,220nm 厚的硅膜用于支持 1.55μm 红外通信频段波导 TE 模式的传播。2×2 金属贴片阵列放置在石墨烯上，其中 w_x 和 w_z 分别是贴片在 x 和 z 方向上的宽度。沿 z 方向金属贴片的外边缘与波导边缘对齐，波导宽度固定在400nm，如图3.74（b）所示。z 方向金属贴片的间隙为 w_{gap}，金属贴片的厚度为 t。石墨烯与硅波导之间放置一层10nm厚的 Al_2O_3 层作为电容介电层。50nm厚的硅层用于连接220nm厚的硅波导和其中一个金属电极，另一个电极生长在另一侧石墨烯层的顶部。

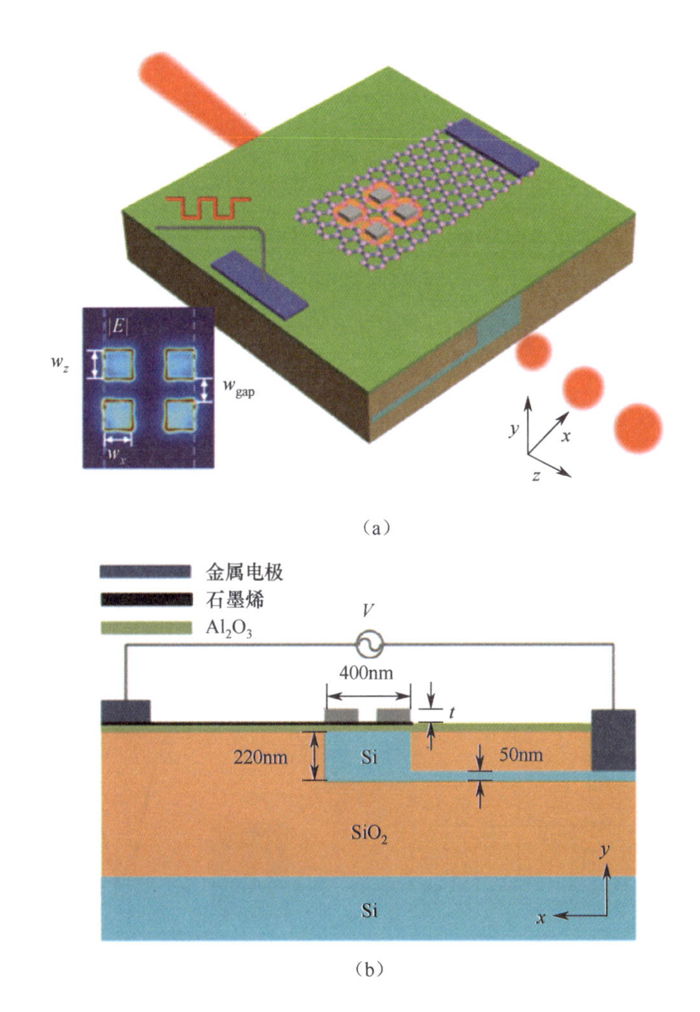

图3.74 （a）金属贴片和石墨烯集成的波导电光调制器的三维视图；（b）横截面视图。沿 z 方向金属贴片的外边缘与波导边缘对齐，边缘间距为400nm。z 方向金属贴片天线的间隙为 w_{gap}，金属贴片厚度为 t。w_x 和 w_z 分别为金属贴片天线在 x 和 z 方向的宽度。（a）中的插图为纳米天线阵列在 $x-z$ 平面上电场强度分布。此外，金属天线厚为 $t=3$nm，$w_x=w_z=110$nm 和 $w_{gap}=100$nm，工作波长为1.55μm[127]

在此结构中，硅波导顶部的纳米金属结构具有将光集中到深亚波长尺度的独特能力，如图3.74（a）所示。局域等离共振可以通过石墨烯在光通信波长处的电偏置来实现。本书在进行理论计算时，除石墨烯外的其他材料参数均为软件材料库中自带的。其中，二氧化硅、氧化铝的材料参数取自文献[138]，选用银作为金属贴片的材料，其色散介电常数取自 P. Johnson 和 R. Christy 的实测数据[139]。它可以在制造过程中被其他 CMOS 兼容金属代替。在仿真的其他配置中，完美匹配层（Perfectly Matched Layer，PML）吸收边界用于吸收到达数值计算区域边缘的散射光能量，其中包括硅波导输出的传输光及波导外没被束缚的散射光。超高精度的 Override mesh 网格用于精细剖分超薄石墨烯层，金属天线用以提升结果的精度。局部最小的网格尺寸为 0.1nm，稳定因子设置为 0.95。

3.3.3.3 性能指标

在介绍器件的调制特性之前，有必要先阐明加载的超薄金属纳米天线对波导传输光的影响。这里采用了 220nm × 400nm 的绝缘体上硅晶圆上的硅脊波导进行准 TE 光的传输，不同于自由空间中的平面波，硅波导中的准 TE 极化光模式的电场主要分布在水平方向（x 方向）和传播方向（z 方向），如图 3.75（a）所示。为了尽可能地实现纳米天线与硅波导倏逝场的耦合，即在横向和传播方向两个方向上用简单的结构同时实现等离共振，在波导的水平方向两端放置一个 2 × 2 的金属贴片阵列，如图 3.75（a）所示红色矩形虚线框位置。器件尺寸分布为 $t = 3$nm，$w_x = 110$nm，$w_z = 100$nm，$w_{gap} = 100$nm 时器件的传输谱如图 3.75（b）所示。传输谱中出现两个谐振峰 1 和 2，对应的金属贴片在 $x-z$ 平面上的 $|E_x|$ 和 $|E_z|$ 分布如图 3.75（b）的插图所示。可以看出，金属贴片在 z 方向和 x 方向具有很强的电场，分别对应谐振 1 和谐振 2。

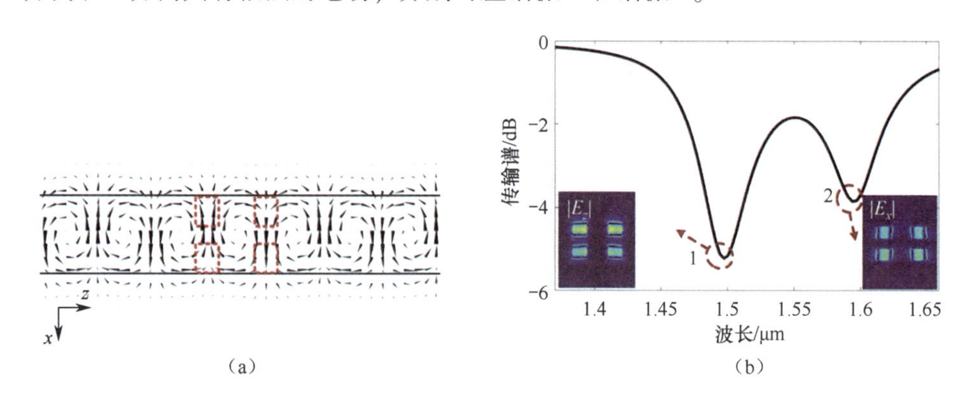

图 3.75 波导的传输特性曲线。（a）没有放置金属贴片时的硅波导 $x-z$ 平面上的电场分布剖面。虚线框的区域表示金属贴片天线数组将放置的位置。（b）天线尺寸为 $t = 3$nm，$w_x = 110$nm，$w_z = 100$nm，$w_{gap} = 100$nm 时的器件传输谱。两个插图分别为传输谱中两个谐振峰对应的 z 方向和 x 方向的金属贴片的电场共振强度分布图

为了验证两个谐振峰分别由矩形纳米天线的两条边引起，分别计算了在 x 方向和 z 方向上加载不同尺寸金属贴片的波导的传输谱，如图 3.76 所示。先将 $w_z(w_x)$ 固定在 110nm 处，将 $w_x(w_z)$ 从 90nm 变化到 120nm，步长为 10nm，如图 3.76（a）所示。在上述所有仿真中，金属贴片的厚度 t 均为 3nm，间隙尺寸 w_{gap} 均为 100nm。

显然，图 3.76（a）中黑色虚线对应谐振频率约 1.59μm 基本不变，而另一个谐振峰（三角形标注）明显随天线边长 w_x（或 w_z）的增加而红移。另一个有趣的现象是，当超薄金属贴片尺寸在两个方向相同时，两个方向上的谐振频率重叠，谐振强度显著增强。如图 3.76（b）所示，正方形贴片边长分别为 $w_x = w_z = 95$nm、100nm、105nm 和 110nm 时的传输谱。在图 3.76（c）中绘制了金属贴片大小分别为 w_x = 110nm、w_z = 100nm 及 $w_x = w_z = 110$nm 时对应的两个传输谱的三个谐振峰对应的电场强度分布，与图 3.76（a）和图 3.76（b）红色圆圈（编号为 1、2 和 3 的谐振峰）相对应。显然，谐振点 1 为 z 方向极化，谐振点 2 为 x 方向极化，谐振点 3 为 x 与 z 方向同时极化。

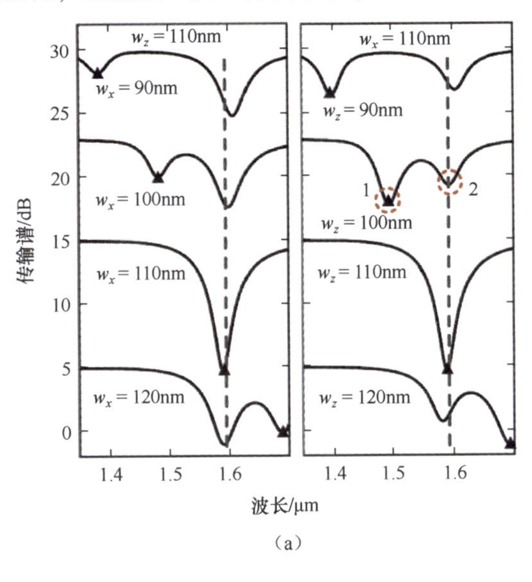

（a）

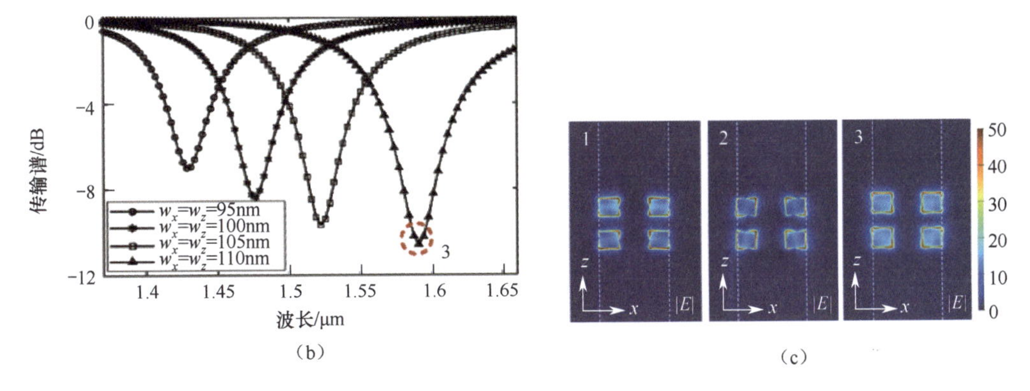

（b）　　　　　　　　　　（c）

图 3.76　不同金属贴片尺寸波导的传输谱。金属贴片 t 的厚度为 3nm，间隙大小 w_{gap} 为 100nm。（a）左边：w_z 为 110nm，w_x 的变化范围为 90～120nm，步长为 10nm。右边：w_x 为 110nm，w_z 的变化范围为 90～120nm，以 10nm 的步长变化。（b）正方形金属贴片边长分别为 $w_x = w_z = 95$nm、100nm、105nm 和 110nm 时的传输谱。（c）金属贴片大小分别为 $w_x = 110$nm，$w_z = 100$nm 及 $w_x = w_z = 110$nm 时对应的两个传输谱的三个谐振峰［（a）和（b）中红色圆圈标注，编号为 1、2 和 3 的谐振峰］对应的电场强度分布

使用金属贴片可以实现两个方向上的等离共振，因此，可以通过改变金属贴片的尺寸来实现期望的谐振频率，甚至是宽带谐振。这对设计高速、紧凑的调制器是非常重要的，因为利用此特性可以用更少的金属天线获得足够强的谐振。

上一节主要分析了加载有纳米片天线，以及忽略石墨烯动态可调时的器件传输特性。金属纳米天线的谐振不仅受天线尺寸影响，而且与周边介质环境也有关。根据微扰理论，天线谐振频率变化可表示为

$$(\Delta\omega/\omega) = -\left(\iiint\Delta\varepsilon\ |E|^2\mathrm{d}r^3/2\iiint\varepsilon\ |E|^2\mathrm{d}r^3\right) \tag{3.70}$$

式中：$\Delta\omega=\omega-\omega_0$ 表示角频率变化；上式右侧等式分母为扰动总能量，分子为扰动带来的电磁能量变化；$\Delta\varepsilon$ 为周边介质介电常数的变化；E 为未扰动电场强度。可知要获得大的 $\Delta\omega$，可通过增强介质与光场的相互作用 $\Delta\varepsilon\ |E|^2$ 实现，此外分母恒大于零，所以实际频率是红移还是蓝移最终取决于 $\Delta\varepsilon$ 的正负，即石墨烯介电常数实部随偏置电压的变化趋势。

将石墨烯厚度 Δ 设为0.5nm。石墨烯的电导率随外加偏置电压导致的掺杂浓度变化而变化，可由Kubo公式计算。如果把石墨烯当作有厚度的体材料，其介电常数则可表示为面内介电常数 $\varepsilon_{\parallel}$ 及垂直面介电常数 $\varepsilon_{\perp}$。其中 $\varepsilon_{\parallel}=2.5+\mathrm{i}\sigma_{\parallel}/(w\varepsilon_0\Delta)$，垂直面介电常数为2.5。

为了观察在通信频段，不同石墨烯掺杂对加载纳米天线的硅波导传输特性的影响，在纳米天线与波导之间添加一层石墨烯。石墨烯的可调传输特性如图3.77所示，清晰表明石墨烯对波导加载纳米天线等离子谐振的调制能力。这里分别从谐振频率、谐振强度及谐振宽度三个角度观察石墨烯对器件的调制效果。当石墨烯化学势由0eV变成0.8eV时，不同于中红外频率纳米天线的谐振频率随石墨烯掺杂浓度的升高而蓝移的是，近红外频段谐振频率表现为先红移再蓝移，如图3.77（d）所示。谐振宽度定义为半波宽度，如图3.77（f）所示，很明显看出，半波宽度随掺杂浓度呈阶梯分布，且随掺杂浓度的升高而变窄。谐振强度也伴随着掺杂浓度的升高而增强，当浓度足够高时，谐振强度有一定抑制现象，如图3.77（e）所示。

上述现象可以用石墨烯光学吸收特性来解释。这是由于高掺杂导致的泡利阻塞抑制石墨烯的光子吸收，表现为不同掺杂浓度下，石墨烯电导率及介电常数的变化。通信频段下石墨烯电导率及面内介电常数随化学势的变化曲线如图3.77（b）、（c）所示。当石墨烯化学势小于光子能量的一半时，主要为带间转换，面内介电常数实部随掺杂浓度的升高而增大，大于光子能量的一半时，泡利阻塞产生，主要为带内转换，面内介电常数实部随掺杂浓度的升高而减小。随之而来的是在化学势小于光子能量的一半时，$\Delta\varepsilon>0$，$\Delta\omega<0$，谐振红移；相反，$\Delta\varepsilon<0$，$\Delta\omega>0$，谐振蓝移。谐振强度及半波宽度的变化可以归结于面内介电常数虚部（石墨烯本身损耗）的变化。小于光子能量的一半时，主要为带间吸收，石墨烯的损耗抑制硅波导上金属纳米天线的耦合谐振，导致低掺杂下谐振强度降低，半波宽度增强。

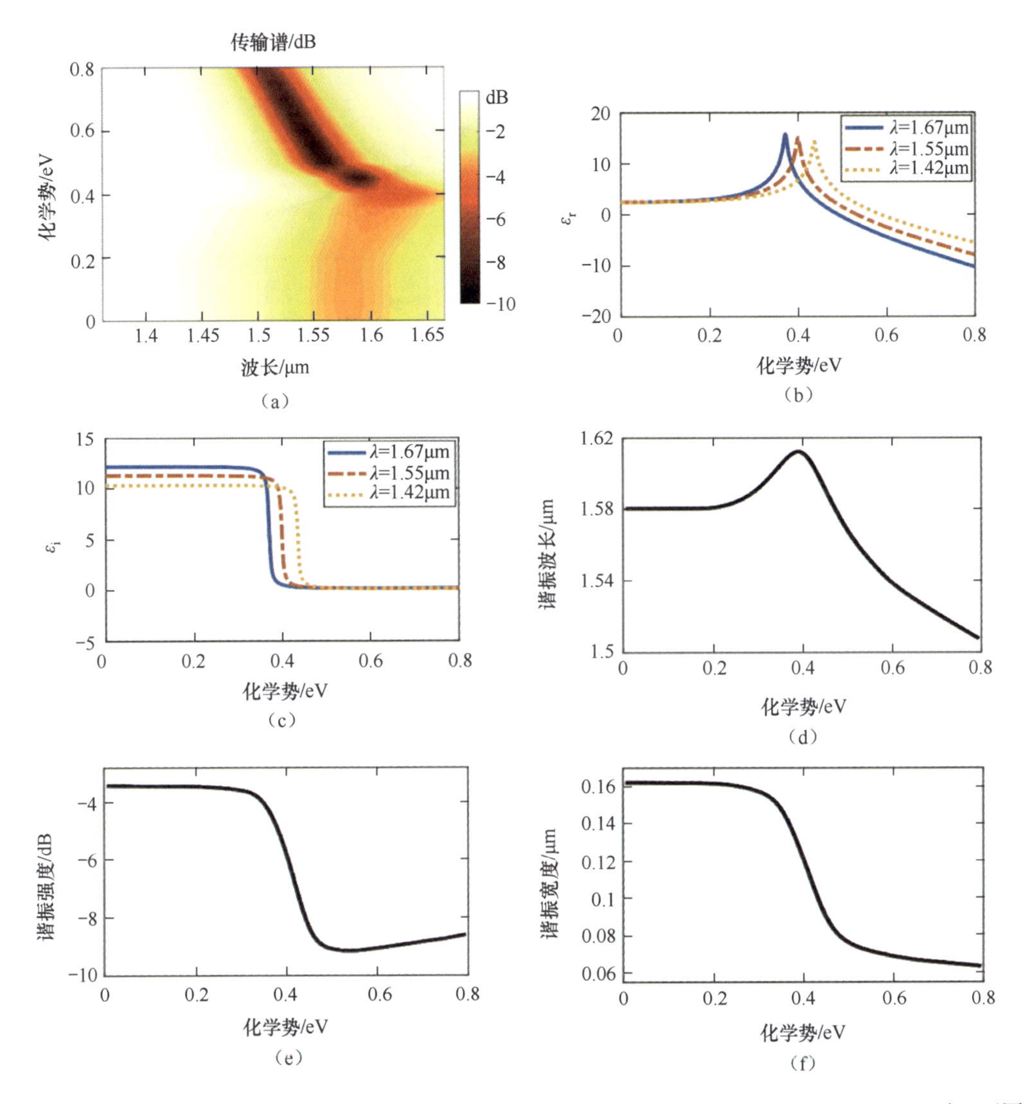

图 3.77 石墨烯的可调传输特性。(a) 天线尺寸为 $t=3$nm, $w_x=w_z=110$nm, $w_{gap}=100$nm 时,不同石墨烯化学势下的器件的传输谱。(b)、(c) 不同工作波长下 Kubo 公式计算的单层石墨烯在室温 $T=300$K 时面内介电常数的实部 (ε_r) 和虚部 (ε_i)。石墨烯的载流子弛豫时间为 $\tau=10^{-13}$s。(d)~(f) 不同石墨烯化学势下对应的谐振波长、谐振强度及谐振宽度的变化曲线

在前文的仿真中,金属贴片天线的厚度均为 3nm。事实上,金属贴片阵列的厚度为控制纳米天线的工作频率提供了额外的自由度。如图 3.78 所示为相同金属贴片边长及间距 ($w_x = w_z = 115$nm, $w_{gap} = 100$nm),不同纳米天线厚度 ($t=3$nm, 4nm) 时的调制器谐振波长随石墨烯化学势的变化趋势。当石墨烯的化学势从 0.4eV 变化到 0.8eV,金属厚度分别为 $t=3$nm 和 4nm 时,调制器的谐振波长分别从 1.66μm 移动到 1.54μm 及从 1.47μm 移动到 1.41μm。前者表现出更大的波长移动范围,这说明金属越薄时,在 0.4~0.8eV 的化学势范围内,谐振波长的动态可调谐范围越大。这是因为金属薄片厚度的减小会挤压局域等离激元使其靠近石墨烯,而强光场局域显然会增强光—石墨烯相互作

用。因此，使用更薄的金属片可以获得更高的调制能力。

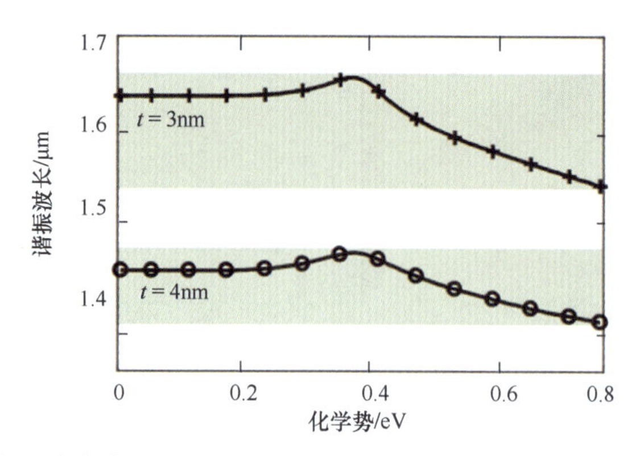

图 3.78　不同金属纳米贴片厚度（$t=3$nm，4nm）下调制器谐振波长随石墨烯的化学势变化的趋势。天线阵列的其他参数分别为 $w_x=w_z=115$nm，$w_{gap}=100$nm

至此，已经阐明了石墨烯对硅波导上超薄金属纳米天线的谐振频率、谐振强度及半波宽均有很好的调制，且理论预测与实际仿真吻合。为此，利用谐振频率及强度的调制可设计一款近红外频段用石墨烯调制器。石墨烯与掺杂硅从引出部分分别镀金属作为调制器电极。为了实现 C 波段光通信调制，且满足低插入损耗（IL 小于 3dB）光传输的要求，超薄金属纳米天线尺寸均选为 110nm × 110nm × 3nm 和 $w_{gap}=100$nm。则不同偏置电压下对应的调制器传输谱如图 3.79 所示。得益于高的等离激元谐振，以及超薄金属带来的耦合增强，石墨烯与硅构成的电容面积只需要 500nm × 600nm，便可实现大于 3dB 消光比的光调制。因此，在不考虑特殊电极制作方法的前提下，其调制速率将好于现有的大部分电光硅波导调制器，可达到 2THz，且能耗只有 0.8fJ/bit。由于调制器为标准硅波导调制器，不需要借助额外的耦合器便可实现单片光子集成，因此减少了不必要的耦合损耗。此外，也可以采用金或铜替代银实现整个工艺上的 CMOS 兼容，降低器件加工难度及成本。

当超薄金属天线的大小为 110nm × 110nm × 3nm，且 $w_{gap}=100$nm 时，调制器可以工作在 1.55μm 的波长下，且满足插入损耗（IL）小于 3dB 的指标。不同偏置电压下调制器的传输谱如图 3.79 所示，从图 3.79 中可以看出，不同偏置电压下可以实现 40nm 以上的宽带调制。使用此结构带宽超过 40nm 时可以获得的调制性能，如图 3.79 插图所示。

当选择 0.5eV 和 0.4eV 的石墨烯费米能级作为调制器的“OFF”和“ON”状态时，相应的偏置电压分别为 2.9V 和 1.9V。调制器的带宽主要由器件的电容和电阻决定。器件电阻的基本限制主要来自石墨烯电阻和接触电阻。电容可以用简单的电容模型来计算。由于超薄金属贴片阵列、波导以及石墨烯三者之间具有较强的耦合现象，石墨烯和硅波导之间的重叠面积只有 0.2μm²，即 500nm² × 400nm²，因此，假设电极输入电阻 R 约为 200Ω 时，调制速度可以高达 400GHz。在峰峰值电压为 1V，偏置电压为 2.4V 的情况下，可计算能量消耗约为 0.5fJ/bit，优于现有大多数波导调制器。在 1520 ~ 1560nm 波长范围内，光调制的消光比（ER）可达到 6dB 以上。此外，由于该调制器可用于单

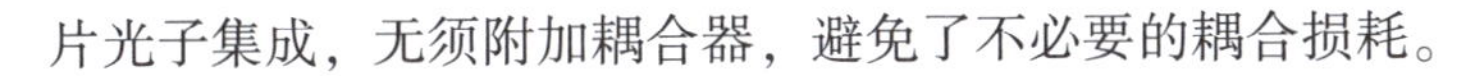

片光子集成，无须附加耦合器，避免了不必要的耦合损耗。

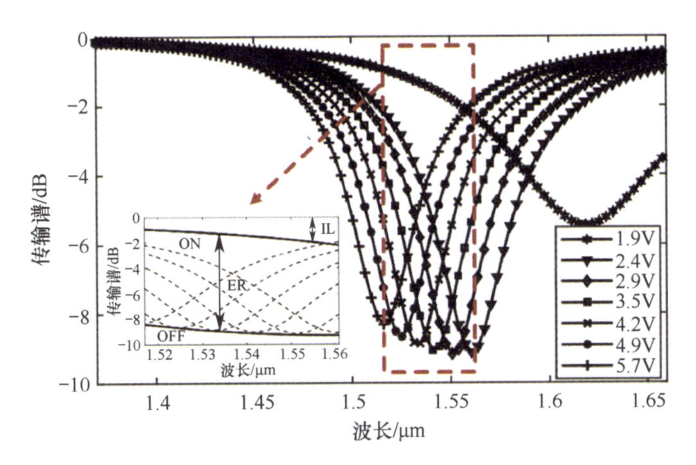

图 3.79 调制器参数为 $w_x = w_z = 110\text{nm}$，$t = 3\text{nm}$ 和 $w_{gap} = 100\text{nm}$ 时，不同偏置电压下的石墨烯调制器性能曲线。当偏置电压为 1.9V 时，调制器处于 ON 状态；当偏置电压大于 2.4V 时，调制器处于 OFF 状态。因此在不同的偏置电压下，可以实现宽带调制

3.4 国内外前沿实验进展

3.4.1 石墨烯太赫兹调制器

石墨烯等离激元的宽频率、动态可调性和相对较窄的线宽特别适合光调制器的开发[140]。这在上文已经较多次提及。基于这一原理开发实用器件的关键挑战在于石墨烯相对较小的单层吸收能力（即使在等离激元共振频率下），这限制了通过石墨烯调制实现的调制深度。当前国际国内主要的解决手段包括（但不限于）：①通过石墨烯层与波导结构结合[141]，实现太赫兹 QCL 辐射的直流调制[142]；②通过引入额外的太赫兹天线[143]、超表面或超材料[144]等，将入射光聚焦到石墨烯层附近提高相互作用强度；③通过背面的金属反射镜用于阻挡入射光的透射，同时通过干涉抑制反射（适当选择石墨烯—反射镜分离）等布局引入光腔，增加光路与石墨烯作用次数，进一步提高调制深度[145,146]。以文献［143］为例，将石墨烯纳米带集成在金属膜上的互补分裂环谐振器阵列（C-SRR）的电容器间隙中，如图 3.80 所示。器件结构可以用光学频率上的集总 LC 电路元件来描述。图 3.80（b）中的虚线为几何可调谐的传输共振。石墨烯纳米带（由转移到 Si/SiO_2 衬底上的 CVD 生长的石墨烯制成）引入了额外的吸收共振。在图 3.80（b）中，基于这种方法在 4THz 附近实现了大约 60% 的开/关调制效率。该器件中相应的栅极电压变化相当大（约 100V），但可以使用更薄的栅极介质来大幅降低。类似的调制结构如图 3.81 所示，通过将双原子超材料与门控单层石墨烯结合，实现对群延迟的主动控制。

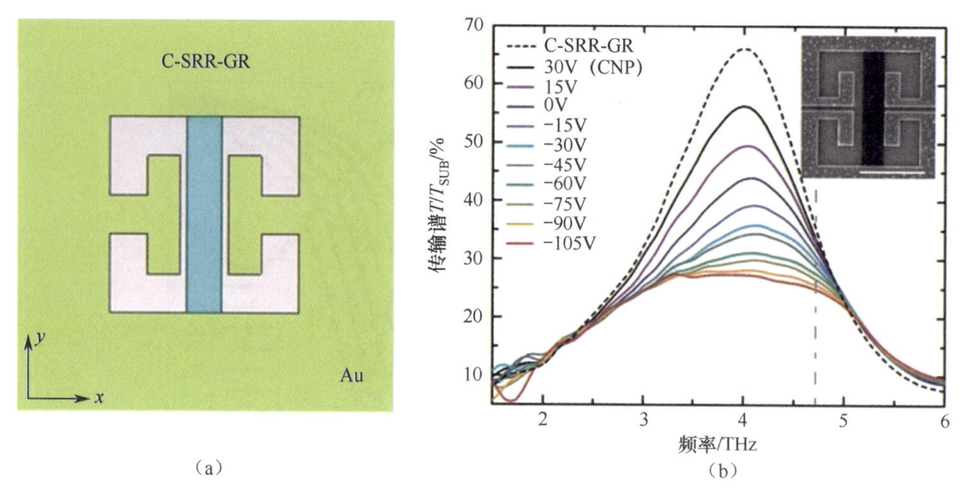

图 3.80　用于太赫兹调制的混合石墨烯超材料[143]。(a) 单元结构示意图，该单元由 Au 薄膜中的互补分裂环谐振器及位于电容间隙中的石墨烯纳米带（浅蓝色矩形）组成。(b) 根据(a) 的设计，由单元阵列组成的器件在不同的栅电压下的传输谱。每个频谱都归一化到基板的透射率。虚线是用没有石墨烯纳米带的参考器件测量的。插图：单元格的 SEM 图像（比例尺为 5μm）

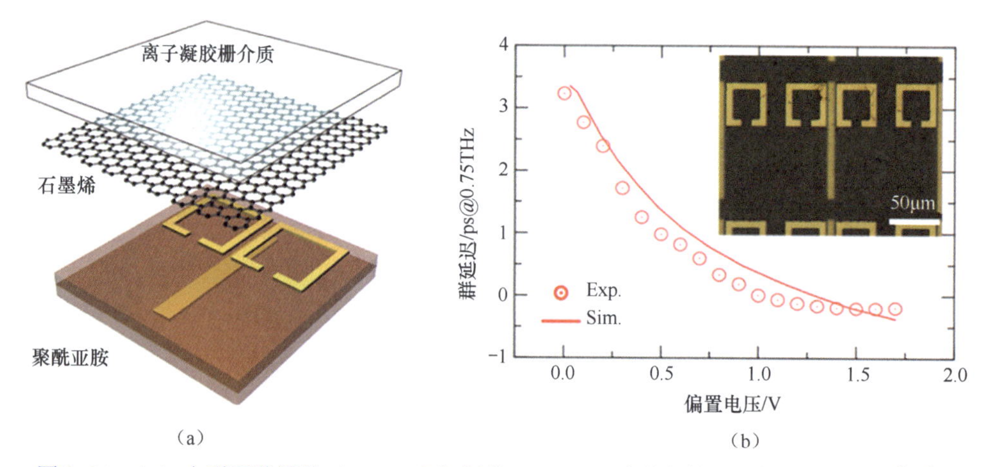

图 3.81　(a) 由裂环谐振器（SRR）和切割线（CW）组成的门控石墨烯 EIT 示意图[144]。其中 SRR 层上沉积单层石墨烯，然后在其上覆盖一层离子凝胶栅介质。(b) 在 0.75THz 频率下的群延迟的测量（圆圈）与仿真（线）结果。插图为制备的石墨烯 EIT 超材料的俯视显微图像

3.4.2　石墨烯太赫兹探测器

过去十年，石墨烯用于整个红外光谱的光探测也得到了广泛的研究。与调制器应用类似，提高石墨烯光电探测器性能的一个关键要求是增加有源层吸收入射光产生电信号的概率[147]。同样等离激元共振在这方面是有吸引力的。需要指出的是，等离激元吸收本身不直接产生额外的电子—空穴对。因此，标准的光导和光伏器件（依赖于光激发产生电子和空穴）不会从等离激元增强效应中获益。然而，在石墨烯中也有其他的光探测

机制，包括测辐射热和光热电效应，涉及光诱导载流子温度而不是密度的增加[147]。在热辐射计中，由于迁移率的降低或载流子密度的增加，可通过电导率的相应变化来检测温度的增加[148]。在光热电器件中，不对称的器件结构通过塞贝克效应产生光电流（如在源极和漏极中使用不同的金属）[149]。由于石墨烯具有微弱的电子—声子耦合，因此电子气可以达到比晶格高得多的温度，因此这些光探测机制在石墨烯中尤其重要。

与其他等离激元系统中发生的情况相似[150]，光激石墨烯等离激元主要通过热载流子衰减，然后这些载流子在晶格上的高温下迅速相互热化（典型的时间尺度是10fs）。事实上，由于石墨烯等离激元共振中涉及的电子数量相对较少，对于任何给定数量的吸收光能[151]，都可以获得一个特别大的温升。因此，任何依赖载流子加热的光电探测器都可以通过加入等离激元结构来提高光吸收。这一想法最初在中红外波长（近10μm）[152]中用场效应晶体管（FET）结构中的石墨烯纳米带阵列进行了验证。最近，另一种由石墨烯纳米盘阵列组成的中红外探测器被展示出来[153]。如图3.82所示，这种石墨烯纳米盘由超

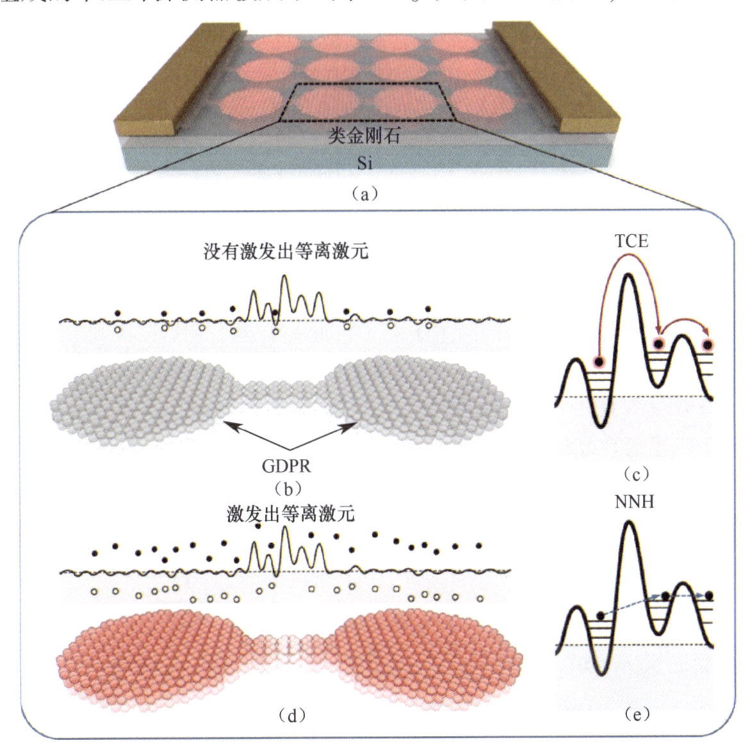

图3.82 （a）器件的原理图，由准一维石墨烯纳米带（GNR）连接的石墨烯纳米盘等离激元谐振器（红圈）组成。（b）光激发前化学势周围的无序势（实曲线）。灰色阴影区域表示电子所占据的状态，而实心和空心圆表示室温下与热涂抹有关的电子和空穴。虚线表示未受扰动的化学势。（c）热载流子激发（TCE）输运的示意图，其中具有较高热能的电子可以克服局域势垒。（d）光激发石墨烯等离激元共振后，产生电子—空穴对，导致更高的载流子温度 T_e。（e）最近邻跳变（NNH）输运的示意图。（f）器件光学图像（左）和石墨烯区域的扫描电子显微图（右）。（g）、（h）入射光偏振垂直（g）和平行（h）到石墨烯区域的红外消光光谱（$1-t/t_0$）。其中插图分别为相应的等离激元共振频率的电场分布（$|E|/|E_0|$）

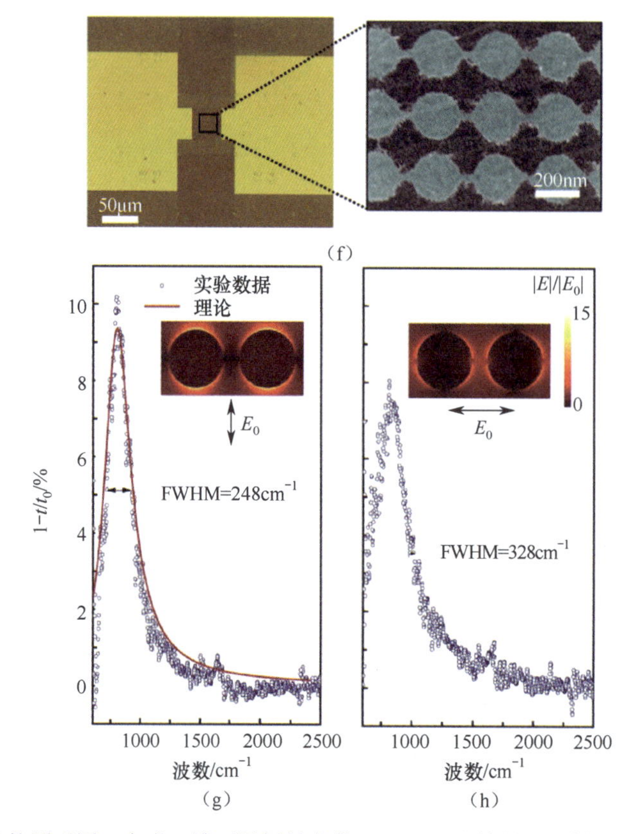

图 3.82 (a) 器件的原理图，由准一维石墨烯纳米带（GNR）连接的石墨烯纳米盘等离激元谐振器（红圈）组成。(b) 光激发前化学势周围的无序势（实曲线）。灰色阴影区域表示电子所占据的状态，而实心和空心圆表示室温下与热涂抹有关的电子和空穴。虚线表示未受扰动的化学势。(c) 热载流子激发（TCE）输运的示意图，其中具有较高热能的电子可以克服局域势垒。(d) 光激发石墨烯等离激元共振后，产生电子—空穴对，导致更高的载流子温度 T_e。(e) 最近邻跳变（NNH）输运的示意图。(f) 器件光学图像（左）和石墨烯区域的扫描电子显微图（右）。(g)、(h) 入射光偏振垂直（g）和平行（h）到石墨烯区域的红外消光光谱（$1-t/t_0$）。其中插图分别为相应的等离激元共振频率的电场分布（$|E|/|E_0|$）（续）

薄条带连接，为电流提供相当大的能势（10meV）。通过等离激元激发纳米盘中的热载流子以足够高的能量克服色带中的阻挡层，可以实现显著降低暗电流噪声的光探测。

同样，使用等离激元增强纳米带的太赫兹波长的光电探测器也有报道。在源极和漏极连接了不同的金属（Cr 和 Au）实现太赫兹探测[154]。一种金属双贴片太赫兹天线（也由不同的金属组成）被用于在连续石墨烯薄片中产生一个受限的高场增强区域，用于光电探测和热光发射[155]。另一种利用石墨烯开发的等离激元增强的太赫兹光电探测器是基于早期传统半导体异质结的[156,157]。在这种方法中，入射太赫兹波被馈电到 FET 源和门电极之间的天线，产生载流子密度的交流调制，因此等离子体振荡共振沿着器件通道传播。由于 FET 固有的非线性电传递特性，这个交流信号被整流，在漏极和源极间产生一个光电压。此外，如果等离激元共振的衰减寿命比穿越通道的时间长，则会产生一个驻波模式，导致离散频率（与通道宽度成反比）的共振增强响应。文献［158］开发了基于这种方法的石墨烯光电探测器，该探测器使用一个对数周期圆齿天线连接到石墨烯 FET。观察到的响应率对栅极电压的依赖关系与在过阻尼（非共振增强）状态下运行的理论预期一致。同时，室温下测量的光电压和噪声特性（接近 0.3THz）适用于现实环境中的太赫兹成像应用。最近也有报道利用嵌在 hBN 中的高迁移率石墨烯在低温下的 FET 器件实现谐振工作[159]，如图 3.83 所示。

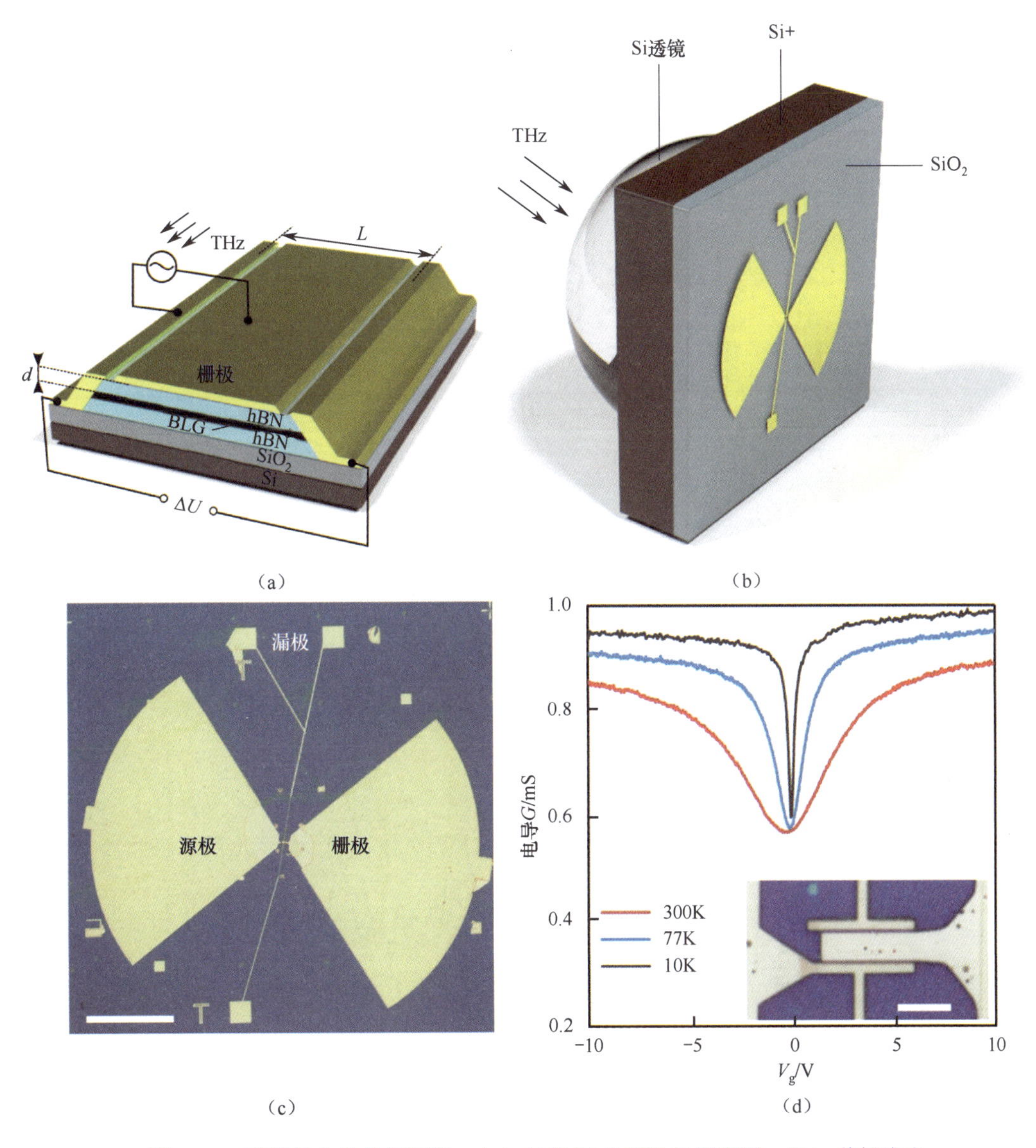

图 3.83　石墨烯太赫兹探测器。(a) 封装 BLG FET 的原理图。(b) 共振光电探测器的 3D 效果图。太赫兹辐射通过半球形硅透镜聚焦于宽带天线附近，产生门源电压调制。(c) 光电探测器的光学成像。(d) 不同温度、不同栅极电压 V_g 下测量的导电值，其中插图为（c）图中的部分放大

3.4.3 石墨烯太赫兹源

与光调制器和光探测器相比，目前石墨烯基太赫兹光源的研究还处于初期阶段[160]。无论是通过基频和二次谐波脉冲的量子干涉[161]，还是通过单个脉冲入射悬浮样品[162]，最初的实验进展主要集中在超快光激励下瞬态光电流产生的太赫兹辐射上。文献[163]报道了基于光子拖拽效应和光学整流（通过激发底层金属薄膜上的表面等离子体增强）的太赫兹光源。最近，也观察到了具有显著大转换效率的太赫兹高谐波产生[164]，如图3.84所示。

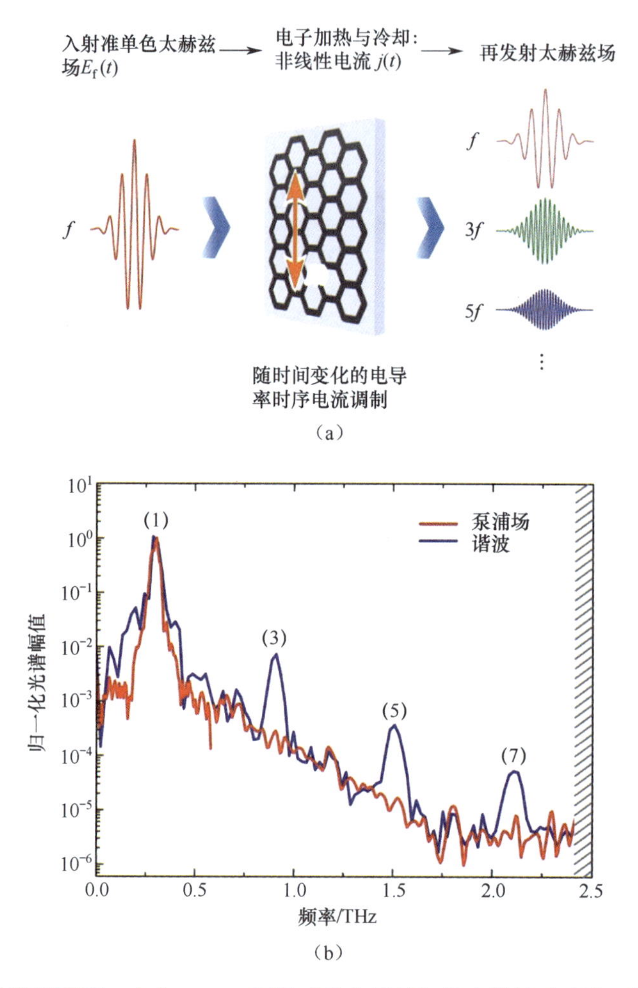

图3.84 (a)实验原理图：来自TELBE源的准单色线性极化太赫兹泵浦波入射到沉积在SiO_2衬底上的单层CVD生长的石墨烯样品上[164]。(b)红线为入射泵浦太赫兹波在基频f = 0.3THz处的光谱，峰值场强。蓝线为相同的太赫兹波通过石墨烯在衬底上的传输谱，可清晰看见产生的三阶、五阶和七阶谐波。阴影区域代表检测器截止。(c)泵浦波（黑线），在(b)的情况下产生第三次、第五次和第七次太赫兹谐波。(d)以f=0.3THz（黑线）的实验基泵浦波和300K完全热平衡时石墨烯的基本参数作为输入，对应于(b)和(c)中测量值的热力学模型计算

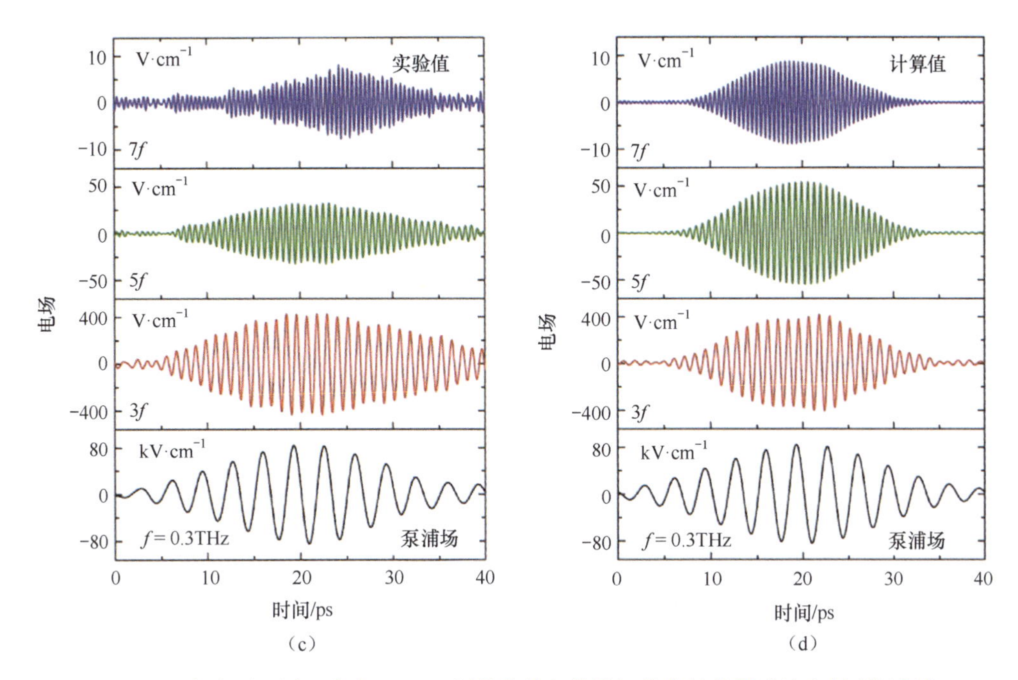

图 3.84　(a) 实验原理图：来自 TELBE 源的准单色线性极化太赫兹泵浦波入射到沉积在 SiO_2 衬底上的单层 CVD 生长的石墨烯样品上[164]。(b) 红线为入射泵浦太赫兹波在基频 f = 0.3THz 处的幅谱，峰值场强。蓝线为相同的太赫兹波通过石墨烯在衬底上的传输谱，可清晰看见产生的三阶、五阶和七阶谐波。阴影区域代表检测器截止。(c) 泵浦波（黑线），在 (b) 的情况下产生第三次、第五次和第七次太赫兹谐波。(d) 以 f = 0.3THz（黑线）的实验基泵浦波和 300K 完全热平衡时石墨烯的基本参数作为输入，对应于 (b) 和 (c) 中测量值的热力学模型计算（续）

这些结果证实了石墨烯作为新型太赫兹源材料的前景，但与此同时，它们依赖光泵浦（而不是电注入）是许多实际器件应用的主要限制因素。石墨烯等离激元激发在提高这些机制的效率方面也发挥了重要作用。

与带间复合相比，石墨烯载流子—载流子散射的带内平衡通常发生在更快的时间尺度上，这与传统的间隙半导体的特性相似。这为石墨烯基太赫兹放大器和光源设计提供了可能[165-167]。但最大可获得增益受到单层石墨烯带间吸收系数的限制。此时石墨烯等离激元提供了一个解决方案，凭借其强大的光学约束和小的群速度，有效地增加了物质重叠和相互作用长度。如基于 Si/ SiO_2上剥离石墨烯样品的时间分辨光泵/太赫兹探针测量。在这些实验中，超快红外泵浦脉冲被用来激发石墨烯片中的光载流子，同时，通过在 CdTe 晶体上的光学整流产生太赫兹波。当太赫兹光束直接离开 CdTe 表面，并在晶体内部往返后，通过电光采样检测太赫兹光束。与没有石墨烯的参考器件相比，添加石墨烯薄片的信号显著增强，这表明石墨烯的放大作用。最近的一篇论文也报道了集成了分布反馈腔的电驱动双栅石墨烯场效应晶体管的太赫兹辐射测量，包括在 100K 时相当弱且窄谱线的发射特性[168]。

另一种完全不同的石墨烯太赫兹发光方法是通过电流注入产生热载流子，然后通过激发 GPP 使其能量弛缓[169]。由此产生的石墨烯电子气的集体振荡通过太赫兹辐射释放到自由空间。这种想法最初是在传统半导体异质结（如 Si/SiO_2 和 GaAs/AlGaAs）中的光栅耦合等早期工作中研究的[170,171]。当这些系统在低温环境馈电时，可以辐射出明显的太赫兹波。石墨烯由于其特殊的输运特性，使得等离激元阻尼较小，因此即使在环境温度下，其发射光谱也会特别窄[172]。石墨烯具有较低的电子热容和弱的电子—声子耦合，是激发热载流子的理想材料。先前的工作已经证明了其作为中红外[173,174]和可见[175]波长稳定高效的热辐射的前景。

可以通过使用更高掺杂的石墨烯做进一步的改进。采用具有不依赖极化（如圆形或微椭圆形的圆盘，通过窄条带彼此连接，以实现门控和电流流动）的等离激元响应的石墨烯纳米结构也有利于增加极化平均峰吸收。石墨烯等离激元振荡器还可以与太赫兹天线集成，以提高其辐射衰减率 Γ_{rad}，因此，吸收强度可以进一步提高，类似于前面提到的光调制器的研究[142]。通过这些设计方案的结合，可以实现接近毫瓦量级的太赫兹输出功率。结合其相对简单的制造和宽带可调谐性，由此产生的技术将成为解决目前缺乏实用太赫兹辐射源的一种很有吸引力的方法。

参考文献

[1] STERN F. Polarzability of a two-dimmensional electron gas. Phys. Rev. Lett., 1967, 18: 546-548.

[2] JABLAN M, BULJAN H, Soljačić M. Plasmonics in graphene at infrared frequencies. Physical Review B, 2009, 80 (24): 245435.

[3] LEE G H, PARK G H, LEE H J. Observation of negative refraction of Dirac fermions in graphene. Nature Physics, 2015, 11 (11): 925-929.

[4] DRUDE P. Zur elektronentheorie der metalle. Annalen der Physik, 1900, 306 (3): 566-613.

[5] MIKHAILOV S A, ZIEGLER K. New Electromagnetic Mode in Graphene. Phys. Rev. Lett., 2007, 99 (1): 016803.

[6] 王小蕾. 表面等离子体激元共振腔性质及全光调控研究. 合肥: 中国科学技术大学, 2011.

[7] 许红菊. 石墨烯对表面等离子体激元的调控研究. 南京: 东南大学, 2013.

[8] SMITH D R, MOCK J J, STARR A F, et al. Gradient index metamaterials. Phys. Rev. E, 2005, 71 (3): 036609.

[9] FALKOVSKY L A. Optical properties of graphene//Journal of Physics: conference series. IOP Publishing, 2008, 129 (1): 012004.

[10] STROUCKEN T, Grönqvist J H, KOCH S W. Optical response and ground state of graphene. Physical Review B, 2011, 84 (20): 205445.

[11] SHEEHY D E, SCHMALIAN J. Optical transparency of graphene as determined by the fine-structure constant. Physical Review B, 2009, 80 (19): 193411.

[12] LIU Y, ZENTGRAF T, BARTAL G, et al. Transformational Plasmon Optics. Nano Lett., 2010, 10: 1991-1997.

[13] XU H J, LU W B, ZHU W, et al. Efficient manipulation of surface Plasmon polariton waves in gra-

phene. Appl. Phys. Lett., 2012, 100 (24): 243110.

[14] ANDERSEN D R. Graphene-based long-wave infrared TM surface Plasmon modulator J. Opt. Soc. Am. B, 2010, 27 (4): 818-823.

[15] ZENTGRAF T, LIU Y, MIKKELSEN M H, et al. Plasmonic Luneburg and Eaton lenses. Nature Nanotechnology, 2011, 6: 151.

[16] 朱薇. 石墨烯在表面等离子体器件的应用基础研究. 南京：东南大学, 2013.

[17] ZENTGRAF T, LIU Y, MIKKELSEN M H, et al. Plasmonic luneburg and eaton lenses. Nature Nanotechnology, 2011, 6 (3): 151-155.

[18] HUIDOBRO P A, NESTEROV M L, MARTÍN-MORENO L, et al. Transformation optics for plasmonics. Nano Letters, 2010, 10 (6): 1985-1990.

[19] KADIC M, GUENNEAU S, ENOCH S. Transformational plasmonics: cloak, concentrator and rotator for SPPs. Optics Express, 2010, 18 (11): 12027-12032.

[20] HUIDOBRO P A, NESTEROV M L, MARTÍN-MORENO L, et al. Moulding the flow of surface plasmons using conformal and quasiconformal mappings. New Journal of Physics, 2011, 13 (3): 033011.

[21] VAZQUEZ-MENA O, SANNOMIYA T, TOSUN M, et al. High-resolution resistless nanopatterning on polymer and flexible substrates for plasmonic biosensing using stencil masks. ACS Nano, 2012, 6 (6): 5474-5481.

[22] ABERGEL D S L, APALKOV V, BERASHEVICH J, et al. Properties of graphene: a theoretical perspective. Advances in Physics, 2010, 59 (4): 261-482.

[23] HASEGAWA K, NOCKEL J U, DEUTSCH M. Curvature-induced radiation of surface plasmon polaritons propagating around bends. Phys. Rev. A, 2007, 75 (6): 063816.

[24] VALENTINE J, LI J, ZENTGRAF T, et al. An optical cloak made of dielectrics. Nat. Mater., 2009, 8 (7): 568-571.

[25] MA H E, CUI T J. Three-dimensional broadband ground-plane cloak made of metamaterials. Nature Commun., 2010, 1 (3): 1023.

[26] CHENG Q, CUI T J, JIANG W X, et al. An omnidirectional electromagnetic absorber made of metamaterials. New J. Phys., 2010, 12: 063006.

[27] WANG H W, CHEN L W. A cylindrical optical black hole using graded index photonic crystals. J. Appl. Phys., 2011, 109: 103-104.

[28] GRADY N K, HEYES J E, CHOWDHURY D R, et al. Terahertz Metamaterials for Linear Polarization Conversion and Anomalous Refraction. Science, 2013, 340 (6138): 1304-1307.

[29] DOYLEND J K, HECK M J R, BOVINGTON J T, et al. Two-dimensional free-space beam steering with an optical phased array on silicon-on-insulator. Optics Express, 2011, 19 (22): 21595-21604.

[30] NI X J, EMANI N K, KILDISHEV A V, et al. Broadband Light Bending with Plasmonic Nanoantennas. Science, 2012, 335 (6067): 427.

[31] YU N F, GENEVET P, KATS M A, et al. Light Propagation with Phase Discontinuities: Generalized Laws of Reflection and Refraction. Science, 2011. 334 (6054): 333-337.

[32] PORS A, ALBREKTSEN O, RADKO I P, et al. Gap plasmon-based metasurfaces for total control of reflected light. Scientific Reports, 2013, 3 (2155).

[33] NIU T M, WITHAYACHUMNANKUL W, UPADHYAY A, et al. Terahertz reflectarray as a polarizing beam splitter. Optics Express, 2014, 22 (13): 16148-16160.

[34] SUN S L, YANG K Y, WANG C M, et al. High-Efficiency Broadband Anomalous Reflection by Gradient Meta-Surfaces. Nano Letters, 2012, 12 (12): 6223-6229.

[35] AIETA F, GENEVET P, YU N F, et al. Out-of-Plane Reflection and Refraction of Light by Anisotropic Optical Antenna Metasurfaces with Phase Discontinuities. Nano Letters, 2012, 12 (3): 1702-1706.
[36] HUANG L L, CHEN X Z, MUEHLENBERND H, et al. Dispersionless Phase Discontinuities for Controlling Light Propagation. Nano Letters, 2012, 12 (11): 5750-5755.
[37] FARMAHINI-FARAHANI M, MOSALLAEI H. Birefringent reflectarray metasurface for beam engineering in infrared. Optics Letters, 2013, 38 (4): 462-464.
[38] SORGER V J, OULTON R F, YAO J, et al. Plasmonic Fabry-Perot Nanocavity. Nano Letters, 2009, 9 (10): 3489-3493.
[39] DELLA G C, ENGHETA N. Digital metamaterials. Nature Materials, 2014, 13 (12): 1115-1121.
[40] CUI T J, QI M Q, WAN X, et al. Coding metamaterials, digital metamaterials and programmable metamaterials. Light: Science & Applications, 2014, 3 (e218).
[41] CHETTIAR U K, ENGHETA N. Internal homogenization: Effective permittivity of a coated sphere. Optics Express, 2012, 20 (21): 22976-22986.
[42] JIANG Y, LU W B, XU H J, et al. A planar electromagnetic "black hole" based on graphene. Physics Letters A, 2012, 376 (17): 1468-1471.
[43] PENDRY J B, HOLDEN A J, ROBBINS D J, et al. Magnetism from conductors and enhanced nonlinear phenomena. IEEE Transactions on Microwave Theory and Techniques., 1999, 47 (11): 2075-2084.
[44] KATSARAKIS N, KONSTANTINIDIS G, KOSTOPOULOS A, et al. Magnetic response of split ring resonators in the far-infrared frequency regime. Optics Letters, 2005, 30 (11): 1348-1350.
[45] ZHOU J, KOSCHNY T, KAFESAKI M, et al. Saturation of the magnetic response of split-ring resonators at optical frequencies. Physical Review Letters, 2005, 95 (22390222).
[46] PADILLA W J, TAYLOR A J, HIGHSTRETE C, et al. Dynamical electric and magnetic metamaterial response at terahertz frequencies. Physical Review Letters, 2006, 96 (10740110).
[47] LINDEN S, ENKRICH C, WEGENER M, et al. Magnetic response of metamaterials at 100 terahertz. Science, 2004, 306 (5700): 1351-1353.
[48] JU J, CHONG Y, KIM J, et al. Electrically small tunable antennas using split ring resonators. Electronics Letters, 2012, 48 (14): 812-824.
[49] CHENG Q, JIANG W X, CUI T J. Spatial Power Combination for Omnidirectional Radiation via Anisotropic Metamaterials. Physical Review Letters, 2012, 108 (21390321).
[50] CUBUKCU E, ZHANG S, PARK Y S, et al. Split ring resonator sensors for infrared detection of single molecular monolayers. Applied Physics Letters, 2009, 95 (0431134).
[51] SCHURIG D, MOCK J J, JUSTICE B J, et al. Metamaterial electromagnetic cloak at microwave frequencies. Science, 2006, 314 (5801): 977-980.
[52] 胡俊. 石墨烯表面等离子体波的传输特性及相关器件的应用基础研究. 南京: 东南大学, 2015.
[53] 王健. 石墨烯对电磁波调控机理及应用研究. 南京: 东南大学, 2017.
[54] WOLFF I, KNOPPIK N. Microstrip Ring Resonator and Dispersion Measurement on Microstrip Lines. Electronics Letters, 1971, 7 (26): 779.
[55] WU Y S, ROSENBAU F J. Mode Chart for Microstrip Ring Resonators. IEEE Transactions on Microwave Theory and Techniques, 1973, MT21 (7): 487-489.
[56] WANG T B, WEN X W, YIN C P, et al. The transmission characteristics of surface plasmon polaritons in ring resonator. Optics Express, 2009, 17 (26): 24096-24101.
[57] HANSON G W. Dyadic Green's functions and guided surface waves for a surface conductivity model of graphene. Journal of Applied Physics, 2008, 103 (0643026).

[58] BLUDOV Y V, FERREIRA A, PERES N M R, et al. A Primer on Surface Plasmon-polaritons in Graphene. International Journal of Modern Physics B, 2013, 27 (134100110SI).

[59] LUXMOORE I J, GAN C H, LIU P Q, et al. Strong Coupling in the Far-Infrared between Graphene Plasmons and the Surface Optical Phonons of Silicon Dioxide. ACS Photonics, 2014, 1 (11): 1151-1155.

[60] BRAR V W, JANG M S, SHERROTT M, et al. Highly Confined Tunable Mid-Infrared Plasmonics in Graphene Nanoresonators. Nano Letters, 2013, 13 (6): 2541-2547.

[61] FANG Z Y, THONGRATTANASIRI S, SCHLATHER A, et al. Gated Tunability and Hybridization of Localized Plasmons in Nanostructured Graphene. ACS Nano, 2013, 7 (3): 2388-2395.

[62] PERES N M R, FERREIRA A, BLUDOV Y V, et al. Light scattering by a medium with a spatially modulated optical conductivity: the case of graphene. Journal of Physics: Condensed Matter, 2012, 24 (24530324).

[63] PERES N M R, BLUDOV YU V, FERREIRA A, et al. Exact solution for square-wave grating covered with graphene: surface plasmon-polaritons in the terahertz range. Journal of Physics: Condensed Matter, 2013, 25 (12530312).

[64] SLIPCHENKO T M, NESTEROV M L, MARTIN M L, et al. Analytical solution for the diffraction of an electromagnetic wave by a graphene grating. Journal of Optics, 2013, 15 (11400811SI).

[65] GAO W L, SHU J, QIU C Y, et al. Excitation of Plasmonic Waves in Graphene by Guided-Mode Resonances. ACS Nano, 2012, 6 (9): 7806-7813.

[66] 方维海. 左手介质周期结构散射特性的研究. 合肥: 中国科学技术大学, 2009.

[67] CHATEAU N, HUGONIN J P. Algorithm for the Rigorous Coupled-Wave Analysis of Grating Diffraction. Journal of The Optical Society of America A-Optics Image Science and Vision, 1994, 11 (4): 1321-1331.

[68] FURCHI M, URICH A, POSPISCHIL A, et al. Microcavity-Integrated Graphene Photodetector. Nano Letters, 2012, 12 (6): 2773-2777.

[69] ENGEL M, STEINER M, LOMBARDO A, et al. Light-matter interaction in a microcavity-controlled graphene transistor. Nature Communications, 2012, 3 (906).

[70] LI Z B, YAO K, XIA F N, et al. Graphene Plasmonic Metasurfaces to Steer Infrared Light. Scientific Reports, 2015, 5 (12423).

[71] SHI Z, GAN L, XIAO T H, et al. All-Optical Modulation of a Graphene-Cladded Silicon Photonic Crystal Cavity. ACS Photonics, 2015, 2 (11): 1513-1518.

[72] GAN X T, SHIUE R J, GAO Y D, et al. High-Contrast Electrooptic Modulation of a Photonic Crystal Nanocavity by Electrical Gating of Graphene. Nano Letters, 2013, 13 (2): 691-696.

[73] GAN X T, MAK K F, GAO Y D, et al. Strong Enhancement of Light-Matter Interaction in Graphene Coupled to a Photonic Crystal Nanocavity. Nano Letters, 2012, 12 (11): 5626-5631.

[74] LIU P Q, VALMORRA F, MAISSEN C, et al. Electrically tunable graphene anti-dot array terahertz plasmonic crystals exhibiting multi-band resonances. Optica, 2015, 2 (2): 135-140.

[75] AMIN M, FARHAT M, BAGCI H. A dynamically reconfigurable Fano metamaterial through graphene tuning for switching and sensing applications. Scientific Reports, 2013, 3 (2105).

[76] VASIC B, JAKOVLJEVIC M M, ISIC G, et al. Tunable metamaterials based on split ring resonators and doped graphene. Applied Physics Letters, 2013, 103 (0111021).

[77] CHIAM S Y, SINGH R J, ROCKSTUHL C, et al. Analogue of electromagnetically induced transparency in a terahertz metamaterial. Physical Review B, 2009, 80 (15310315).

[78] YAO Y, KATS M A, GENEVET P, et al. Broad Electrical Tuning of Graphene-Loaded Plasmonic Antennas. Nano Letters, 2013, 13 (3): 1257-1264.

[79] YAO Y, KATS M A, SHANKAR R, et al. Wide Wavelength Tuning of Optical Antennas on Graphene with Nanosecond Response Time. Nano Letters, 2014, 14 (1): 214-219.

[80] VASIC B, GAJIC R. Graphene induced spectral tuning of metamaterial absorbers at mid-infrared frequencies. Applied Physics Letters, 2013, 103 (26111126).

[81] MOUSAVI S H, KHOLMANOV I, ALICI K B, et al. Inductive Tuning of Fano-Resonant Metasurfaces Using Plasmonic Response of Graphene in the Mid-Infrared. Nano Letters, 2013, 13 (3): 1111-1117.

[82] EMANI N K, CHUNG T F, KILDISHEV A V, et al. Electrical Modulation of Fano Resonance in Plasmonic Nanostructures Using Graphene. Nano Letters, 2014, 14 (1): 78-82.

[83] DABIDIAN N, KHOLMANOV I, KHANIKAEV A B, et al. Electrical Switching of Infrared Light Using Graphene Integration with Plasmonic Fano Resonant Metasurfaces. ACS Photonics, 2015, 2 (2): 216-227.

[84] LI Z Y, YU N F. Modulation of mid-infrared light using graphene-metal plasmonic antennas. Applied Physics Letters, 2013, 102 (13110813).

[85] YAO Y, SHANKAR R, RAUTER P, et al. High-Responsivity Mid-Infrared Graphene Detectors with Antenna-Enhanced Photocarrier Generation and Collection. Nano Letters, 2014, 14 (7): 3749-3754.

[86] MIAO Z Q, WU Q, LI X, et al. Widely Tunable Terahertz Phase Modulation with Gate-Controlled Graphene Metasurfaces. Physical Review X, 2015, 5 (0410274).

[87] GRADY N K, HEYES J E, CHOWDHURY D R, et al. Terahertz Metamaterials for Linear Polarization Conversion and Anomalous Refraction. Science, 2013, 340 (6138): 1304-1307.

[88] DOYLEND J K, HECK M J R, BOVINGTON J T, et al. Two-dimensional free-space beam steering with an optical phased array on silicon-on-insulator. Optics Express, 2011, 19 (22): 21595-21604.

[89] NI X J, EMANI N K, KILDISHEV A V, et al. Broadband Light Bending with Plasmonic Nanoantennas. Science, 2012, 335 (6067): 427.

[90] YU N F, GENEVET P, KATS M A, et al. Light Propagation with Phase Discontinuities: Generalized Laws of Reflection and Refraction. Science, 2011, 334 (6054): 333-337.

[91] PORS A, ALBREKTSEN O, RADKO I P, et al. Gap plasmon-based metasurfaces for total control of reflected light. Scientific Reports, 2013, 3 (2155).

[92] BITZER A, ORTNER A, MERBOLD H, et al. Terahertz near-field microscopy of complementary planar metamaterials: Babinet's principle. Optics Express, 2011, 19 (3): 2537-2545.

[93] ZENTGRAF T, MEYRATH T P, SEIDEL A, et al. Babinet's principle for optical frequency metamaterials and nanoantennas. Physical Review B, 2007, 76 (0334073).

[94] FALCONE F, LOPETEGI T, LASO M A G, et al. Babinet principle applied to the design of metasurfaces and metamaterials. Physical Review Letters, 2004, 93 (19740119).

[95] FAN Y C, WEI Z Y, ZHANG Z R, et al. Enhancing infrared extinction and absorption in a monolayer graphene sheet by harvesting the electric dipolar mode of split ring resonators. Optics Letters, 2013, 38 (24): 5410-5413.

[96] ZHU W R, XIAO F J, KANG M, et al. Tunable terahertz left-handed metamaterial based on multi-layer graphene-dielectric composite. Applied Physics Letters, 2014, 104 (0519025).

[97] 赵雨桐. 基于石墨烯的透明与可调微波毫米波器件研究. 西安: 西安电子科技大学, 2018.

[98] ZHAO Y T, WU B, HUANG B J, et al. Switchable broadband terahertz absorber/reflector enabled by hybrid graphene－gold metasurface. Optics Express, 2017, 25 (7): 7161-7169.

[99] 胡月．毫米波与太赫兹方向图可重构天线的研究．西安：西安电子科技大学，2019.

[100] WU B, HU Y, ZHAO Y T, et al. Large angle beam steering THz antenna using active frequency selective surface based on hybrid graphene – gold structure. Optics Express, 2018, 26 (12): 15353-15361.

[101] 黄保虎. 石墨烯在可调光器件中的应用基础研究. 南京：东南大学，2019.

[102] NI G, WANG L, GOLDFLAM M, et al. Ultrafast optical switching of infrared plasmon polaritons in high-mobility graphene. Nature Photonics, 2016, 10 (4): 244.

[103] LIU M, YIN X, ULIN-AVILA E, et al. A graphene-based broadband optical modulator. Nature, 2011, 474 (7349): 64.

[104] LIU M, YIN X, ZHANG X. Double-layer graphene optical modulator. Nano Letters, 2012, 12 (3): 1482-1485.

[105] YE S, WANG Z, TANG L, et al. Electro-absorption optical modulator using dual-graphene-on-graphene configuration. Optics Express, 2014, 22 (21): 26173-26180.

[106] HAO R, DU W, CHEN H, et al. Ultra-compact optical modulator by graphene induced electro-refraction effect. Applied Physics Letters, 2013, 103 (6): 061116.

[107] PENG X, HAO R, YE Z, et al. Highly efficient graphene-on-gap modulator by employing the hybrid plasmonic effect. Optics Letters, 2017, 42 (9): 1736-1739.

[108] MIDRIO M, BOSCOLO S, MORESCO M, et al. Graphene-assisted critically-coupled optical ring modulator. Optics Express, 2012, 20 (21): 23144-23155.

[109] PAN T, QIU C, WU J, et al. Analysis of an electro-optic modulator based on a graphene-silicon hybrid 1D photonic crystal nanobeam cavity. Optics Express, 2015, 23 (18): 23357-23364.

[110] MOHSIN M, SCHALL D, OTTO M, et al. Towards the predicted high performance of waveguide integrated electro-refractive phase modulators based on graphene. IEEE Photonics Journal, 2016, 9 (1): 1-7.

[111] PHARE C, LEE Y, CARDENAS J, et al. Graphene electro-optical modulator with 30GHz bandwidth. Nature Photonics, 2015, 9 (8): 511.

[112] DING Y, ZHU X, XIAO S, et al. Effective electro-optical modulation with high extinction ratio by a graphene-silicon microring resonator. Nano Letters, 2015, 15 (7): 4393-4400.

[113] QIU C, GAO W, VAJTAI R, et al. Efficient modulation of 1.55μm radiation with gated graphene on a silicon microring resonator. Nano Letters, 2014, 14 (12): 6811-6815.

[114] DAS S, SALANDRINO A, WU J, et al. Near-infrared electro-optical modulator based on plasmonic graphene. Optics Letters, 2015, 40 (7): 1516-1519.

[115] SHIN J, KIM J. Broadband silicon optical modulator using a graphene-integrated hybrid plasmonic waveguide. Nanotechnology, 2015, 26 (36): 365201.

[116] ANSELL D, RADKO I, HAN Z, et al. Hybrid graphene plasmonic waveguide modulators. Nature Communications, 2015, 6: 8846.

[117] HUANG B, LU W, LI X, et al. Waveguide-coupled hybrid plasmonic modulator based on graphene. Applied Optics, 2016, 55 (21): 5598-5602.

[118] DING Y, GUAN X, ZHU X, et al. Efficient graphene based electro-optical modulator enabled by interfacing plasmonic slot and silicon waveguides. Nanoscale, 2017, 9 (40): 15576-15581.

[119] MA Z, TAHERSIMA M, KHAN S, et al. Two-dimensional material-based mode confinement engineering in electro-optical modulators. IEEE Journal of Selected Topics in Quantum Electronics, 2016, 23 (1): 81-88.

[120] YIN X, SCHÄFRLING M, MICHEL A, et al. Active chiral plasmonics. Nano Letters, 2015, 15 (7): 4255-4260.

[121] XIA S, ZHAI X, WANG L, et al. Dynamically tunable plasmonically induced transparency in sinusoidally curved and planar graphene layers. Optics Express, 2016, 24 (16): 17886-17899.

[122] YAO Y, KATS M, GENEVET P, et al. Broad electrical tuning of graphene-loaded plasmonic antennas. Nano Letters, 2013, 13 (3): 1257-1264.

[123] KIM J, SON H, CHO D, et al. Electrical control of optical plasmon resonance with graphene. Nano Letters, 2012, 12 (11): 5598-5602.

[124] MAJUMDAR A, KIM J, VUCKOVIC J, et al. Electrical control of silicon photonic crystal cavity by graphene. Nano Letters, 2013, 13 (2): 515-518.

[125] EMANI N, CHUNG T, KILDISHEV A, et al. Electrical modulation of fano resonance in plasmonic nanostructures using graphene. Nano Letters, 2013, 14 (1): 78-82.

[126] YAO Y, SHANKAR R, KATS M, et al. Electrically tunable metasurface perfect absorbers for ultrathin mid-infrared optical modulators. Nano Letters, 2014, 14 (11): 6526-6532.

[127] HUANG B, LU W, LIU Z, et al. Low-energy high-speed plasmonic enhanced modulator using graphene. Optics Express, 2018, 26 (6): 7358-7367.

[128] WANG B, BLAIZE S, SEOK J, et al. Plasmonic-Based Subwavelength Graphene-on-hBN Modulator on Silicon Photonics. IEEE Journal of Selected Topics in Quantum Electronics, 2019, 25 (3): 1-6.

[129] KOESTER S, LI M. Waveguide-coupled graphene optoelectronics. IEEE Journal of Selected Topics in Quantum Electronics, 2013, 20 (1): 84-94.

[130] GOSCINIAK J, TAN D. Theoretical investigation of graphene-based photonic modulators. Scientific Reports, 2013, 3: 1897.

[131] KAYODA T, HAN J, TAKENAKA M, et al. Evaluation of chemical potential for graphene optical modulators based on the semiconductor-metal transition. 10th International conference on group IV Photonics. IEEE, 2013: 101-102.

[132] XIA F, PEREBEINOS V, LIN Y, et al. The origins and limits of metal-graphene junction resistance. Nature Nanotechnology, 2011, 6 (3): 179.

[133] BROLO A. Plasmonics for future biosensors. Nature Photonics, 2012, 6 (11): 709.

[134] XIA S, ZHAI X, HUANG Y, et al. Graphene surface plasmons with dielectric metasurfaces. Journal of Lightwave Technology, 2017, 35 (20): 4553-4558.

[135] CALDAROLA M, ALBELLA P, CORTÉS E, et al. Non-plasmonic nanoantennas for surface enhanced spectroscopies with ultra-low heat conversion. Nature Communications, 2015, 6: 7915.

[136] YIN X, SCHÄFERLING M, MICHEL A, et al. Active chiral plasmonics. Nano Letters, 2015, 15 (7): 4255-4260.

[137] XIA S, ZHAI X, WANG L, et al. Dynamically tunable plasmonically induced transparency in sinusoidally curved and planar graphene layers. Optics Express, 2016, 24 (16): 17886-17899.

[138] PALIK E. Handbook of optical constants of solids. Academic Press, 1998.

[139] JOHNSON P, CHRISTY R. Optical constants of the noble metals. Physical Review B, 1972, 6 (12): 4370.

[140] CHEN Z, CHEN X, TAO L, et al. Graphene controlled Brewster angle device for ultra broadband terahertz modulation. Nature Communications, 2018, 9 (1): 1-7.

[141] YAO B, LIU Y, HUANG S W, et al. Broadband gate-tunable terahertz plasmons in graphene heterostructures. Nature Photonics, 2018, 12 (1): 22-28.

[142] CHAKRABORTY S, MARSHALL O P, FOLLAND T G, et al. Gainmodulation by graphene plasmons in aperiodic lattice lasers. Science, 2016, 351, 246-248.

[143] LIU P Q, LUXMOORE I J, MIKHAILOV S A, et al. Highly tunable hybrid metamaterials employing split-ring resonators strongly coupled to graphene surface plasmons. Nat. Commun., 2015, 6: 8969.

[144] KIM T T, KIM H D, ZHAO R, et al. Electrically tunable slow light using graphene metamaterials. ACS Photonics, 2018, 5 (5): 1800-1807.

[145] THONGRATTANASIRI S, KOPPENS F H L, GARCÍA DE ABAJO F J. Complete optical absorption in periodically patterned graphene. Phys. Rev. Lett., 2012, 108: 47401.

[146] KIM S, JANG M S, BRAR V W, et al. Electronically tunable perfect absorption in grapheme. Nano Lett., 2018, 18: 971-979.

[147] KOPPENS F H L, MUELLER T, AVOURIS P, et al. Photodetectors based on graphene, other two-dimensional materials and hybrid systems. Nat. Nanotechnol., 2014, 9: 780-793.

[148] YAN J, KIM M H, ELLE J A, et al. Dual-gated bilayer graphene hot-electron bolometer. Nature Nanotechnol, 2012, 7: 472-478.

[149] CAI X, SUSHKOV A B, SUESS R J, et al. Sensitive room-temperature terahertz detection via the photothermoelectric effect in grapheme. Nat. Nanotechnol., 2014, 9: 814-819.

[150] BRONGERSMA M L, HALAS N J, NORDLANDER P. Plasmon induced hot carrier science and technology. Nat. Nanotechnol., 2015, 10: 25-34.

[151] GARCÍA DE ABAJO F J. Graphene plasmonics: challenges and opportunities. ACS Photon., 2014, 1: 135-152.

[152] FREITAG M, LOW T, ZHU W, et al. Photocurrent in graphene harnessed by tunable intrinsic plasmons. Nat. Commun., 2013, 4.

[153] GUO Q, YU R, LI C, et al. Efficient electrical detection of mid-infrared graphene plasmons at room temperature. Nat. Mater., 2018, 17: 986-992.

[154] CAI X, SUSHKOV A B, JADIDI M M, et al. Plasmon-enhanced terahertz photodetection in graphene. Nano Lett., 2015, 15: 4295-4302.

[155] TONG J, MUTHEE M, CHEN S Y, et al. Antenna enhanced graphene THz emitter and detector. Nano Lett., 2015, 15: 5295-5301.

[156] DYAKONOV M, SHUR M. Shallow water analogy for a ballistic field effect transistor: New mechanism of plasma wave generation by DC current. Phys. Rev. Lett., 1993, 71: 2465-2468.

[157] DYAKONOV M, SHUR M. Detection, mixing, and frequency multiplication of terahertz radiation by two-dimensional electronic fluid. IEEE Trans. Electron Dev., 1996, 43: 380-387.

[158] VICARELLI L, VITIELLO M S, COQUILLAT D, et al. Graphene field-effect transistors as room-temperature terahertz detectors. Nat. Mater., 2012, 11: 865.

[159] BANDURIN D A, SVINTSOV D, GAYDUCHENKO I, et al. Resonant terahertz detection using graphene plasmons. Nat. Y. Li et al. : Graphene plasmonic devices 1919. Commun., 2018, 9: 5392.

[160] LI Y, TANTIWANICHAPAN K, SWAN A K, et al. Graphene plasmonic devices for terahertz optoelectronics. Nanophotonics, 2020, 9 (7): 1901-1920.

[161] SUN D, DIVIN C, RIOUX J, et al. Coherent control of ballistic photocurrents in multilayer epitaxial graphene using quantum interference. Nano Lett., 2010, 10: 1293.

[162] PRECHTEL L, SONG L, SCHUH D, et al. Time-resolved ultrafast photocurrents and terahertz generation in freely suspended graphene. Nat. Commun., 2012, 3: 646.

[163] BAHK Y M, RAMAKRISHNAN G, CHOI J, et al. Plasmon enhanced terahertz emission from single

layer graphene. ACS Nano, 2014, 8: 9089-9096.

[164] HAFEZ H A, KOVALEV S, DEINERT J C, et al. Extremely efficient terahertz high-harmonic generation in graphene by hot Dirac fermions. Nature, 2018, 561: 507-511.

[165] BOUBANGA-TOMBET S, CHAN S, WATANABE T, et al. Ultrafast carrier dynamics and terahertz emission in optically pumped graphene at room temperature. Phys. Rev. B, 2012, 85: 35443.

[166] OTSUJI T, BOUBANGA TOMBET S A, SATOU A, et al. Graphene-based devices in terahertz science and technology. J. Phys. D: Appl. Phys., 2012, 45: 303001.

[167] WATANABE T, FUKUSHIMA T, YABE Y, et al. The gain enhancement effect of surface plasmon polaritons on terahertz stimulated emission in optically pumped monolayer graphene. New J. Phys., 2013, 15: 075003.

[168] YADAV T, TAMAMUSHI G, WATANABE T, et al. Terahertz light-emitting graphene-channel transistor toward single-mode lasing. Nanophotonics, 2018, 7: 741-752.

[169] LI Y, FERREYRA P, SWAN A K, et al. Current-driven terahertz light emission from graphene plasmonic oscillations. ACS Photon., 2019, 6: 2562-2569.

[170] HÖPFEL RA, VASS E, GORNIK E. Thermal excitation of two-dimensional plasma oscillations. Phys. Rev. Lett., 1982, 49, 1667-1671.

[171] HIRAKAWA K, YAMANAKA K, GRAYSON M, et al. Far-infrared emission spectroscopy of hot two-dimensional plasmons in A10.3Ga0.7As/GaAs heterojunctions. Appl. Phys. Lett., 1995, 67: 2326-2328.

[172] MANJAVACAS A, THONGRATTANASIRI S, GREFFET J J, et al. Graphene optical-to-thermal converter. Appl. Phys. Lett., 2014, 105: 211102.

[173] FREITAG M, CHIU H Y, STEINER M, et al. Thermal infrared emission from biased graphene. Nat. Nanotechnol., 2010, 5: 497-501.

[174] BRAR V W, SHERROTT M C, JANG M S, et al. Electronic modulation of infrared radiation in graphene plasmonic resonators. Nat. Commun., 2015, 6: 7032.

[175] KIM Y D, KIM H, CHO Y, et al. Bright visible light emission fromgraphene. Nat. Nanotechnol., 2015, 10: 676-681.

[176] 姜韵. 石墨烯的准确电磁建模与光学变换的应用. 南京: 东南大学, 2012.

微波、毫米波静态电阻膜应用 第4章

4.1 石墨烯均匀方阻特性

石墨烯源于石墨，石墨本身是一种导电性能良好的导体材料，常见于电池中的碳棒材料。石墨烯也具有良好的导电性能，石墨烯的导电性由其表面电导率决定［见式（2.49）］。在毫米波频段，其复电导率可近似为

$$\sigma_{g} \approx -\mathrm{j}\frac{e^{2}k_{B}T}{\pi\hbar^{2}(\omega-\mathrm{j}2\Gamma)}\left[\frac{\mu_{c}}{k_{B}T+2\ln}(e^{-\frac{\mu_{c}}{k_{B}T}}+1)\right] \tag{4.1}$$

化学势与静态偏置电场满足如下关系：

$$E_{b} \approx \frac{\mu_{c}^{2}e}{\pi\varepsilon_{r}\varepsilon_{0}{}^{2}\upsilon_{F}^{2}}$$

式中：ε_{r} 为介质层相对介电常数。

调节静态偏置电场，使μ_{c}在0～1eV范围内变化，进而调节石墨烯表面阻抗，它与表面电导率之间的关系为$Z_{g}=R_{g}+\mathrm{j}X_{g}=\frac{1}{\sigma_{g}}$。在取散射率$\Gamma=0.5\times10^{12}\mathrm{Hz}$，温度$T_{e}=300\mathrm{K}$且无掺杂的情况下，微波频段内石墨烯表面阻抗频域响应如图4.1所示。可以看出：①在微波频段，石墨烯表面阻抗的实部R_{g}与虚部X_{g}随化学势的增大而减小；②石

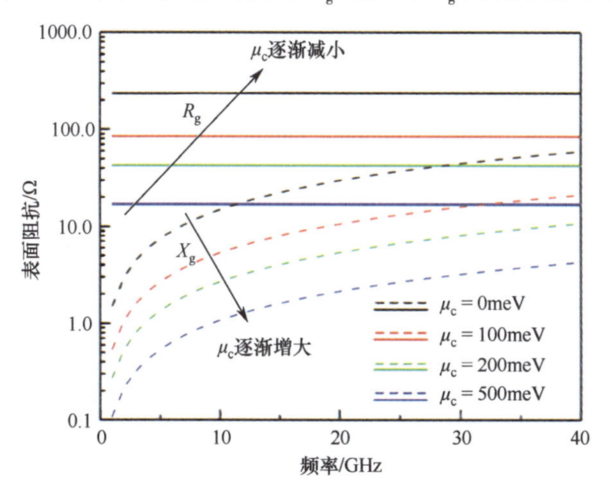

图4.1 微波频段内石墨烯表面阻抗频域响应

墨烯的表面阻抗实部 R_g 基本恒定，随频率变化很小，且 $R_g \gg X_g$，即虚部相对实部非常小，电抗的影响可以忽略不计。因此，在微波频段可以认为 $Z_g \approx R_g$。所以石墨烯在常温常压和微波、毫米波频段表现出均匀的平面电阻特性。此外，石墨烯中碳原子之间的 σ 键使其具有优异的力学性能，促使其在柔性共形方面也具有良好的优势。

所以，微波、毫米波频段的石墨烯方阻均匀稳定，且为平面结构，具有良好的柔韧性及光学透明性，十分利于低剖面器件及柔性或透明器件的设计。此外，石墨烯材料可以大面积一体化加工，利用其替代其他的阻性材料进行器件设计，无须大量焊接，进而简化加工流程。

4.2 石墨烯透明吸波屏蔽盒

为了避免外界环境及外部电磁信号的干扰，微波单片集成电路、毫米波集成电路等往往需要放置在金属屏蔽盒中。然而，由金属壳体构成的微波谐振腔，会在特定的谐振频率下产生谐振模式，这不利于系统的电磁兼容，如图 4.2 所示。因此，抑制屏蔽壳体谐振模式不可或缺。同时，非透明的金属屏蔽腔体不利于实时观测屏蔽盒内电路的工作情况，无法实现实时监测。

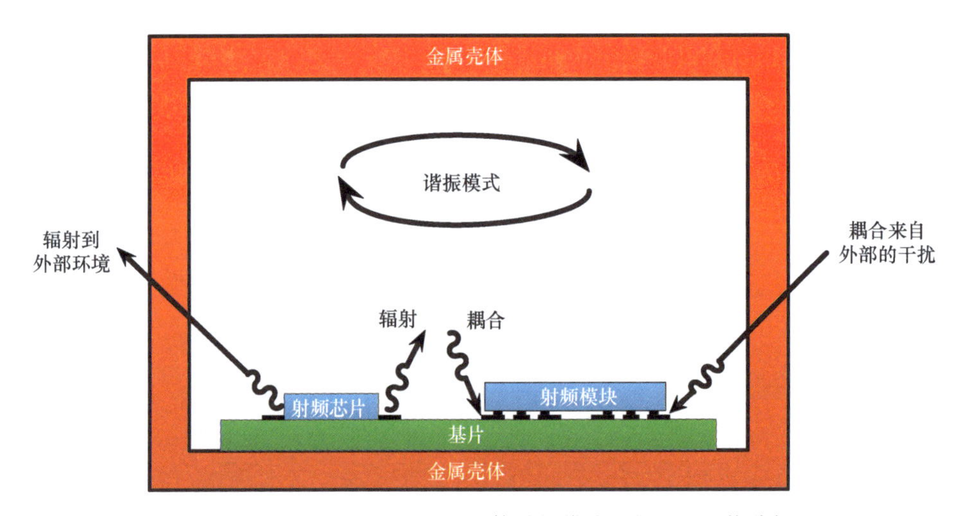

图 4.2　传统的金属屏蔽盒在腔体谐振模式下的电磁干扰分析

本节将以一种基于石墨烯的带谐振抑制功能的透明电磁屏蔽盒为例，讲述如何利用单层石墨烯在微波、毫米波频段稳定的方阻特性实现电磁屏蔽功能[1]。如图 4.3 所示，以 PET 为基底，方阻为 6Ω/□的氧化铟锡（ITO）薄膜作为屏蔽盒的外壳，起电磁屏蔽的作用。将单层 CVD 石墨烯及石英玻璃放置在 ITO 壳体内部顶部。当屏蔽腔体内部谐振时，石墨烯表面产生感应电流，该电流以热损耗的形式被石墨烯吸收。在仿真模型中，作者团队使用两个同轴端口激励出腔体的谐振模式。一块黄铜板作为底板，起到固定同轴端口、参与电磁屏蔽的作用。

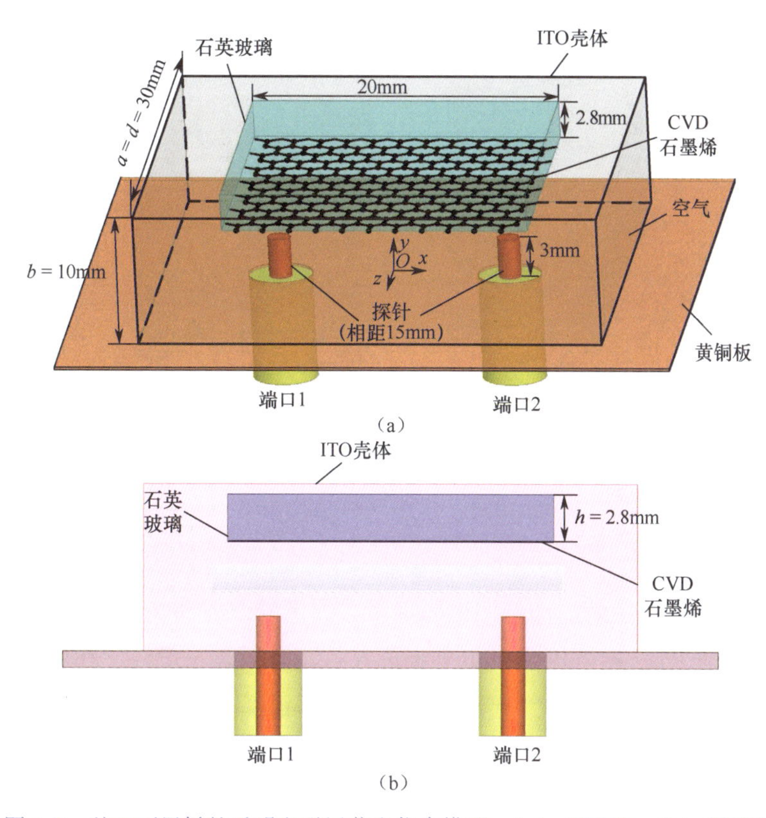

图 4.3　基于石墨烯的透明电磁屏蔽盒仿真模型。(a) 透视图；(b) 剖面图

为了对比该方案与传统金属屏蔽盒性能的差异，使用铝箔胶带及 PET 材料制作铝箔壳体，如图 4.4 (a) 所示。图 4.4 (b) 为 ITO 壳体，所用的石英玻璃、CVD 石墨烯样品显示在图 4.4 (c) 中。可以看出这两个样品底部的文字及图案清晰可见，透明度很高。所使用的石墨烯样品方阻约为 500Ω/□。图 4.4 (d) 显示了所用的金属底板，两个 SMA 连接器以轴对称的形式嵌入其中，用来激励谐振模式，并通过两个端口间的传输系数来间接地表示屏蔽效率和谐振强度。

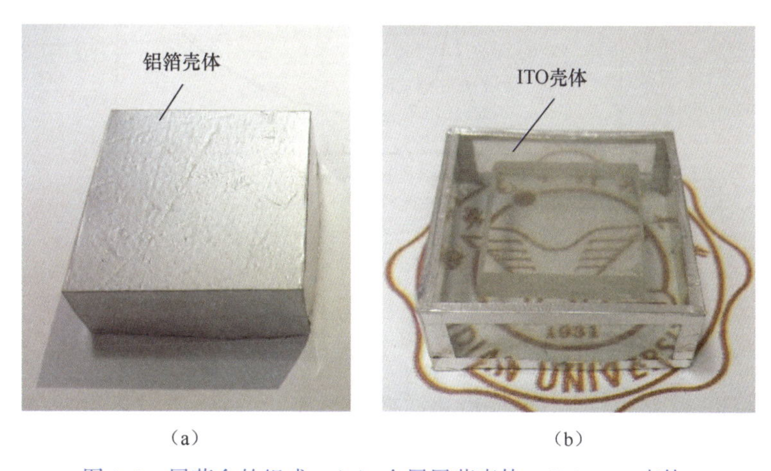

图 4.4　屏蔽盒的组成。(a) 金属屏蔽壳体；(b) ITO 壳体；
(c) 石英玻璃及 PET 为基底的 CVD 石墨烯；(d) 黄铜板及 SMA 连接器

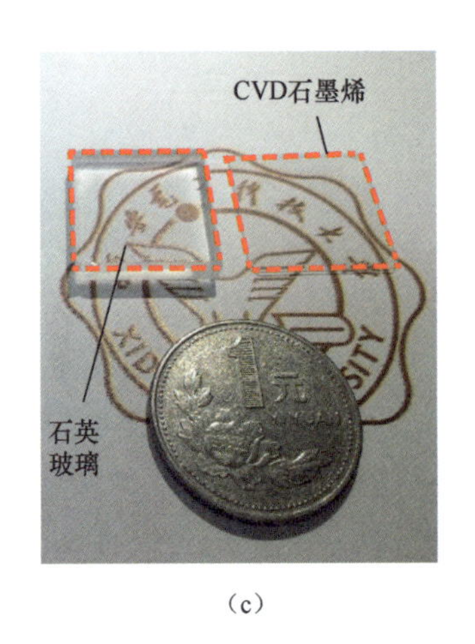

(c)

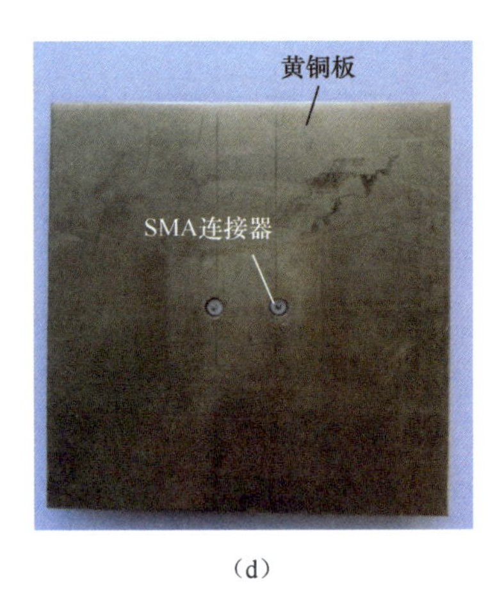

(d)

图 4.4 屏蔽盒的组成。(a) 金属屏蔽壳体；(b) ITO 壳体；(c) 石英玻璃及 PET 为基底的 CVD 石墨烯；(d) 黄铜板及 SMA 连接器（续）

将图 4.4 实验样品组装后的透明电磁屏蔽盒测试的散射曲线如图 4.5 所示。金属壳体中石英玻璃底面 TE_{101} 模电流分布如图 4.6 所示。为不失一般性，在此仅考虑 TE_{101} 模和 TE_{201} 模。当测试铝箔壳体时，这两个模式强度都很高，两端口的传输系数接近 0dB。这表示在这两个谐振频率时，端口 1 发射出的信号会被端口 2 完全接收到，导致整体的电磁兼容性能下降。

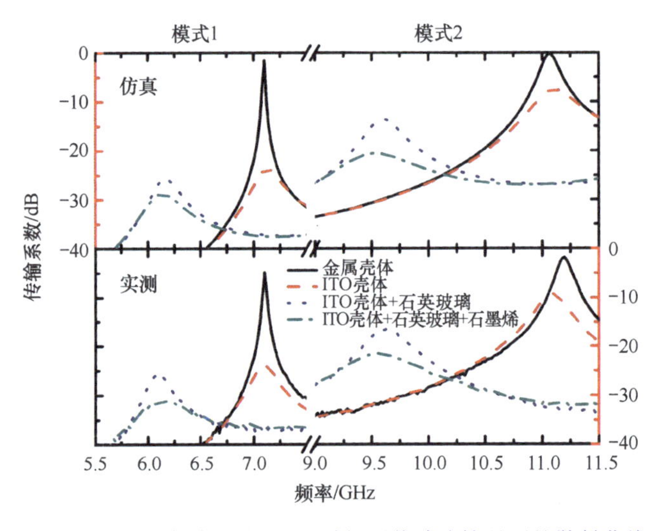

图 4.5 测试及仿真的有无石墨烯/石英玻璃情况下的散射曲线

当在金属壳体内的顶部放置石英玻璃及 CVD 石墨烯后，TE_{101} 模的传输系数下降到 -20dB，TE_{201} 模的传输系数下降到 -15dB。这表明这两个谐振模式被极大抑制，其强度分别仅有原来的 1% 和 3%。当壳体由 ITO 薄膜组成时，TE_{101}、TE_{201} 模强度均产生了下降。其中，TE_{101} 模的传输系数仅为 -23dB，TE_{201} 模的传输系数为 -8dB，谐振模式得到了较大的抑制。当在 ITO 壳体内顶部放置石英玻璃和石墨烯时，TE_{101} 模和 TE_{201} 模的传

输系数分别下降到 -28dB 和 -20dB，相比于空 ITO 壳体，其谐振模式被进一步抑制。这时的透明电磁屏蔽盒同时具备谐振抑制和透明这两个性能。测试结果和仿真结果取得了较高的一致性。所有测试样品的谐振频率及幅度的一致性都较高，验证了所提结构的良好特性。

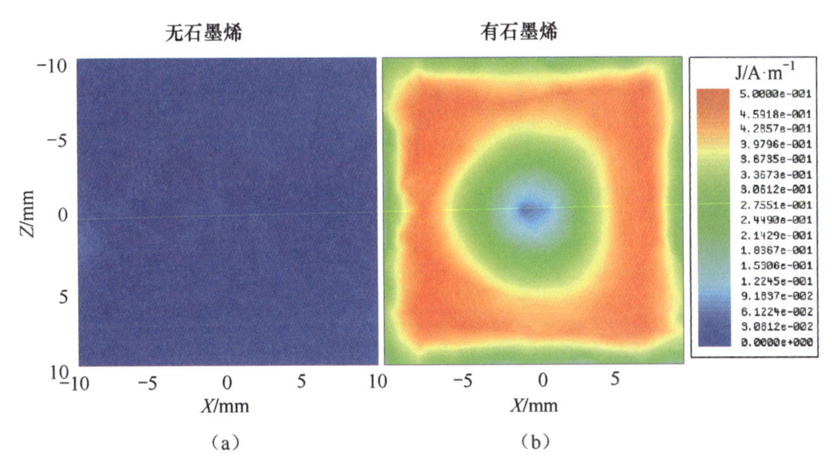

图 4.6　金属壳体中石英玻璃底面 TE_{101} 模电流分布。(a) 无石墨烯时；(b) 有石墨烯时

为了解释透明电磁屏蔽盒中石墨烯的工作机理及所起的作用，进一步分析电流分布场图。图 4.6 显示了在金属壳体中加入石英玻璃后，当发生 TE_{101} 谐振时，石英玻璃底面的电流分布。当无石墨烯存在时，可以看出其地面基本没有电流存在；当有石墨烯薄膜存在时，石墨烯与石英玻璃的交界面会产生一定程度的电流，且电流分布呈现四周大、中间小的形态，这种形态与磁场分布相辅相成。因为石墨烯在微波频段存在损耗特性，所以电流会产生焦耳热损耗，进而使谐振模式得到抑制。这解释了石墨烯对腔体谐振的抑制机理。

以上仅考虑了屏蔽盒内部的吸波效应，未考虑内外之间电磁屏蔽效果。如图 4.7 所示，在该实验中，将 SMA 探针长度增加到 6mm，屏蔽盒仅盖住端口 2。不同屏蔽状态的对比实验结果如图 4.7 (c) 所示。当无任何壳体时，在 5 ~ 12GHz 频段范围内两个端口间最

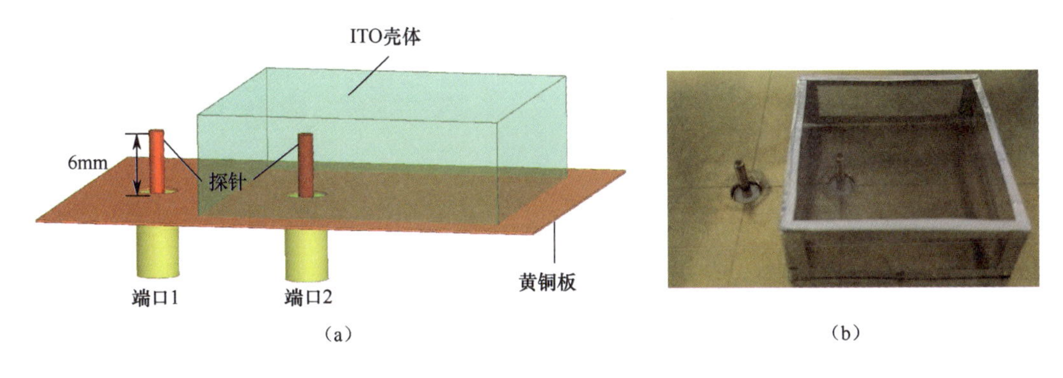

图 4.7　ITO 壳体内外之间电磁屏蔽效果

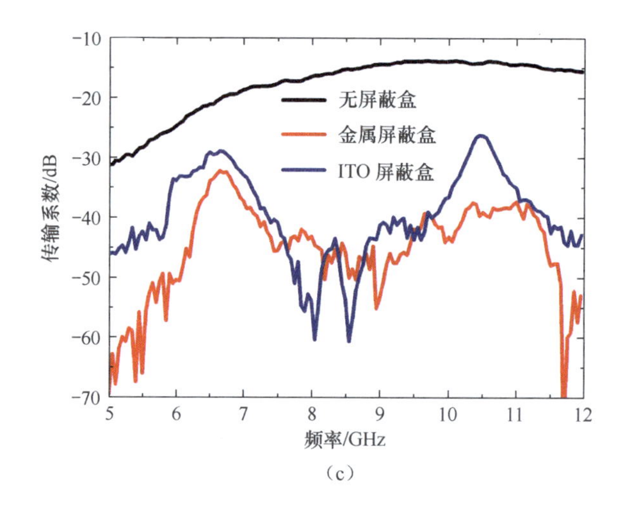

(c)

图 4.7　ITO 壳体内外之间电磁屏蔽效果（续）

大的传输系数为 -13dB。当使用金属屏蔽盒时，最大传输系数发生在 6.7GHz 时，为 -31dB；当使用 ITO 屏蔽盒时，最大的传输系数为 -25dB。据此知，基于石墨烯与 ITO 的透明电磁屏蔽盒可以同时抑制屏蔽盒内部谐振和内外的电磁干扰。

4.3 高电导率石墨烯膜毫米波阵列天线

石墨烯是二维晶体的典型代表，然而当石墨烯用于商业电子器件时，单层或几层石墨烯薄膜表现出了高薄层电阻、导电性不足的问题，极大地束缚了石墨烯在天线和其他无源元件中应用的可能性。目前，石墨烯在微波、毫米波天线上的应用主要集中在基于 CVD 石墨烯的透明天线和基于石墨烯导电油墨的印制式柔性天线上。这两种类型的天线所使用的石墨烯材料电导率不高，辐射效率一直较低，实际工程应用价值不大。而多层石墨烯膜在高温（通常高于 2000℃）处理后，显示出高的面内取向结构，可以实现优异的平面导电性。随着热处理温度的升高，石墨烯薄膜的电导率也随之升高，可以实现与金属铜相比拟的电导率，达到替代金属进行电磁辐射的效果。

武汉理工大学何大平课题组制备出一种电导率达到 1.1×10^6S/m 的多层石墨烯高电导率电薄膜。该石墨烯导电薄膜与金属铜相比较，二者在厚度方面很接近，石墨烯导电薄膜的电导率虽然比铜低了一个数量级，但是已具备较好的导电性能，且密度仅为铜的 1/5，质量较小，具有很好的柔韧性，可进行反复弯折而不变形。

作者团队于 2019 年利用多层石墨烯高电导率薄膜设计了一款适用于 24GHz 的毫米波阵列天线，与传统金属阵列天线相比，该天线带宽宽、副瓣低、成本低、重量轻，在毫米波阵列天线的应用中具有很大的潜力[2]。如图 4.8 所示，天线单元采用谐振式的矩形微带贴片，馈电采用插入式边馈法，通过调节微带线插入边缘的深度 t 来调节天线的阻抗匹配。多层石墨烯导电薄膜厚度为 25μm，电导率为 1.1×10^{6}S/m。天线 10dB 工作带宽覆盖 24GHz 雷达频段，天线最大增益为 7.59dB。

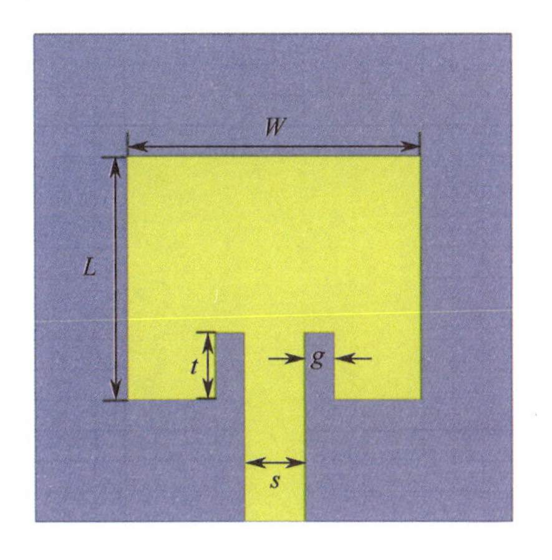

图 4.8　微带天线单元结构

阵列天线采用并馈的形式，利用 Chebyshev 分布计算天线单元在等间距、等相位条件下 -20dB副瓣时的功率分布，计算得到横向和纵向 4 天线单元的功率分布比均为 1∶3∶3∶1，分别设计 E 面和 H 面的馈电网络，调整各阻抗段的特征阻抗使各个输出端口功率比满足 Chebyshev 分布，组合 E 面和 H 面的馈电网络得到总体的馈电网络，如图 4.9 所示。组合馈电网络和各天线单元得到的毫米波阵列天线结构，如图 4.10 所示。

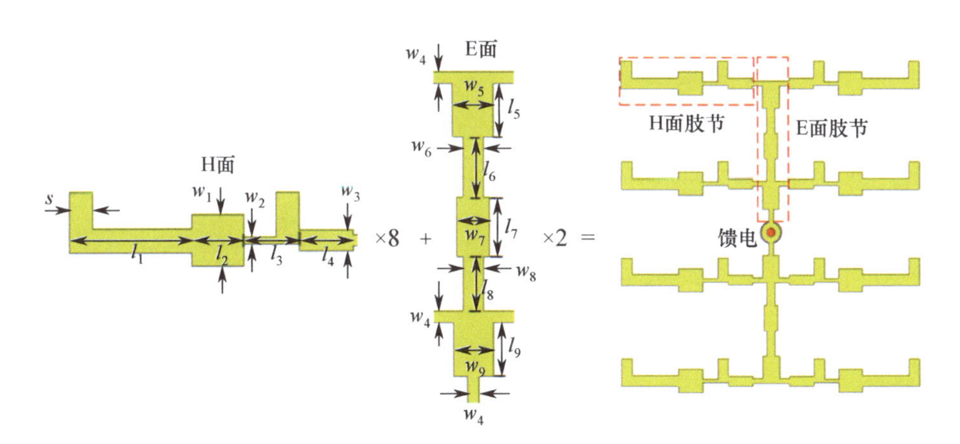

图 4.9　馈电网络结构

金属阵列天线与石墨烯阵列天线对比如图 4.11 和图 4.12 所示。实测两种阵列天线的工作带宽均覆盖 24GHz 雷达频段，其中，石墨烯阵列天线相对金属阵列天线在低频处的反射系数较低，工作带宽也更宽，因石墨烯材料本身的电阻特性使天线 Q 值降低，所以带宽变宽。石墨烯阵列天线的增益略低于金属天线。这两种阵列天线的旁瓣都在 -20dB 以下，主波束方向几乎相同，表明石墨烯阵列天线与金属阵列天线具有良好的一致性。图 4.12 所示为两种阵列天线增益的仿真与实测结果对比，石墨烯阵列天线相对金属阵列天线增益略低，最大相差 1.5dB。两种阵列天线的实测增益相对仿真值较高，主要是由测试误差导致的。

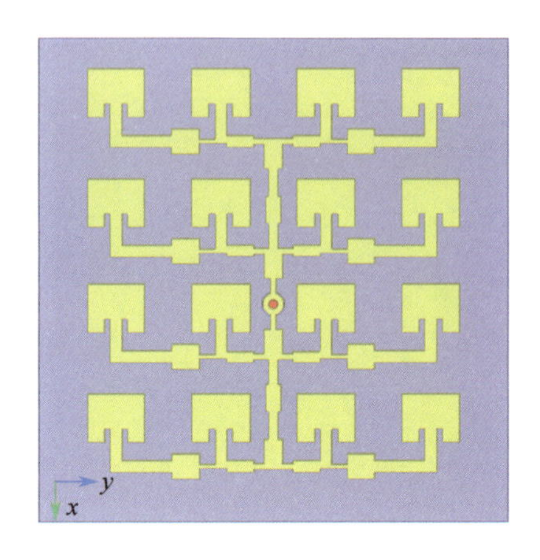

图 4.10　毫米波阵列天线结构

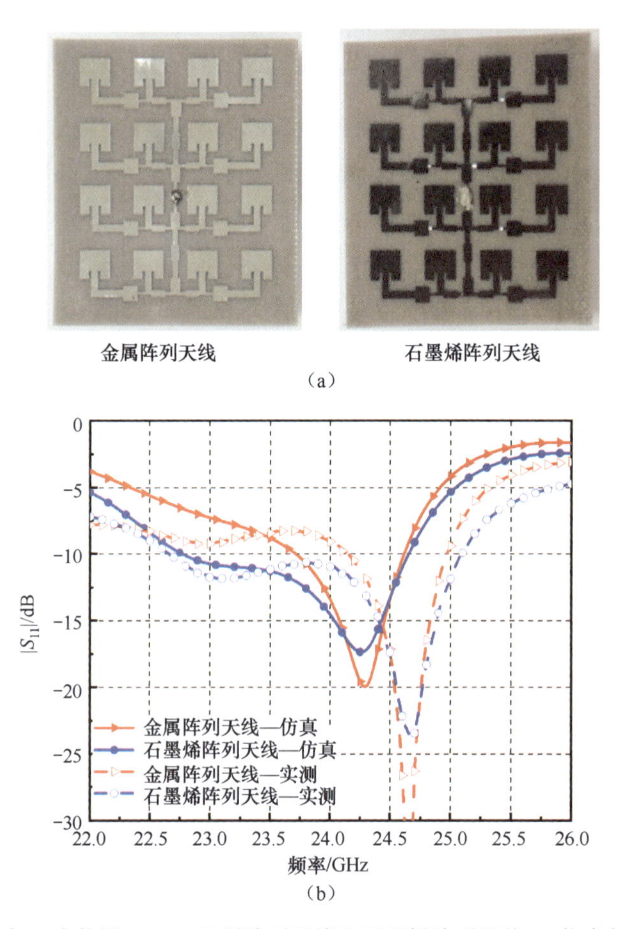

图 4.11　(a) 加工实物图；(b) 金属阵列天线和石墨烯阵列天线 S_{11} 仿真与实测结果对比

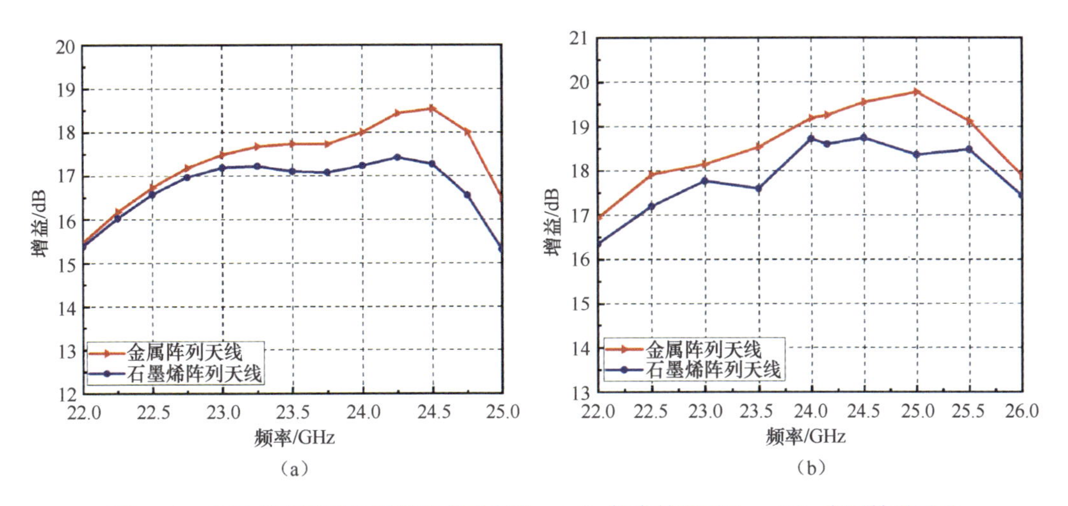

图 4.12　金属阵列天线和石墨烯阵列天线。(a) 仿真结果对比；(b) 实测结果对比

4.4 石墨烯无线应力传感器

作者团队于 2019 年提出一种基于多层石墨烯频率选择表面（FSS）的双层无线应力传感器，其不依赖于拉力对频率选择表面物理结构的影响，利用双层结构受外界应力对其耦合特性的影响实现应力传感，因此对石墨烯转移到 PDMS 的牢固程度，以及受力过程中传感器固定的牢固程度要求不高，能够在较大程度上避免外力对传感器结构及其特性的影响[3]。

双层频率选择表面（双层 FSS）一维应力传感器，利用周期性 FSS 结构，采取条带状作为谐振单元组成上层和下层周期性结构，且两层之间无间隙，如图 4.13所示。当上层和下层在 y 方向上产生相对位移 Δy 时，将影响该双层 FSS 的电磁特性。因此，若外力作用下使得该双层结构产生相对位移时，可利用该结构电磁特定的变化来反映外力情况，从而实现传感。

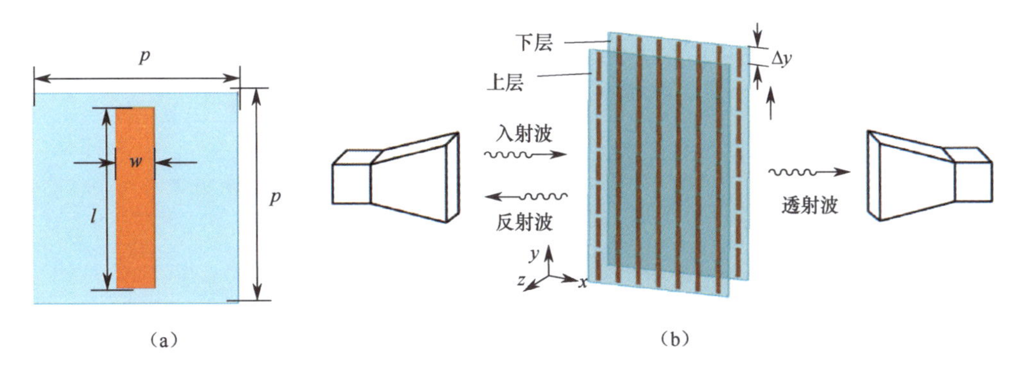

图 4.13　基于双层 FSS 的一维应力传感器。(a) 单元结构；(b) 原理示意图

分析上述基于双层 FSS 的一维应力传感器，其结构简单且能够检测由于外界应力产生的微小相对位移，具有低传感门限和高传感灵敏度的优点。但从图 4.14 的仿真结果

中可以观察到，区域1、2、3内频率的变化趋势也不尽相同，传感器的传感范围有一定限制，同时只能实现一个方向上的应力传感。因此，基于双层FSS结构的无线应力传感器还需要进一步优化。

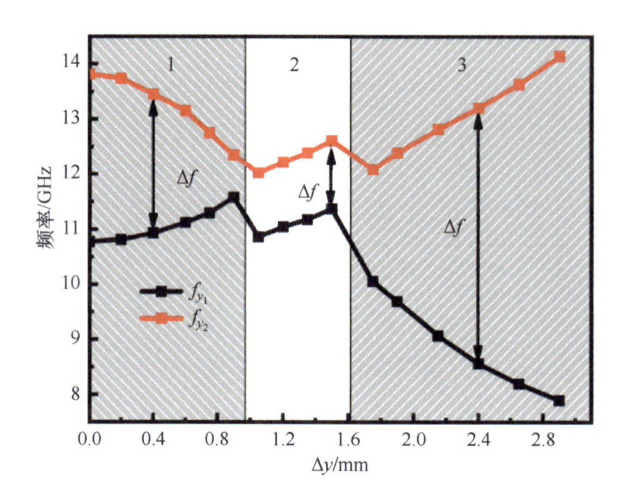

图4.14　双层FSS一维应力传感器谐振频率随相对位移的变化曲线

为了扩大传感范围，利用FSS在不同极化下的频率响应，作者团队基于双层FSS设计了一个可实现二维应力传感的无线传感器。如图4.15所示，其单元结构由上下两层组成，上下两层FSS之间无间隙接触。且这两层的单元周期p相同，上层的谐振器沿着

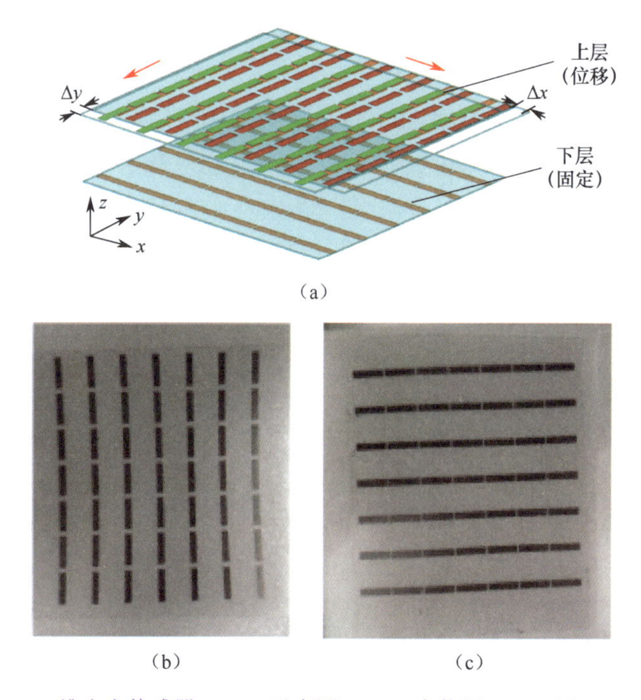

图4.15　双层FSS二维应力传感器。(a)示意图；(b)实物图——上层；(c)实物图——下层

y 方向，下层的谐振器沿着 x 方向，两个谐振器正交放置。两层的介质均选用介电常数为 2.7 的柔性 PDMS 材料。该传感器同样是利用外力使双层结构的上下层之间产生相对位移，改变其耦合实现的。

石墨烯双层 FSS 的二维应力传感测试曲线如图 4.16 所示。当上下层受外力在 x 方向上产生相对位移，且该相对位移处于传感器的线性范围 0 ~ 5mm 时，下层 FSS 的谐振频率 f_x 随着相对位移的增大逐渐向低频产生 1.4GHz 的频率偏移量，在此范围内传感灵敏度为 280MHz/mm。上层 FSS 的谐振频率 f_y 基本保持不变。

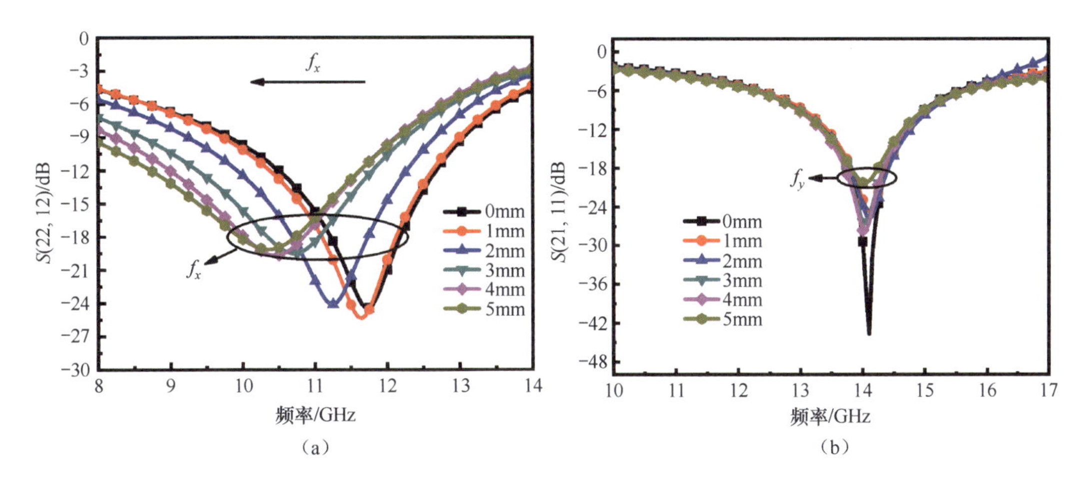

图 4.16　石墨烯双层 FSS 受力产生 x 方向相对位移的传感测试曲线

如图 4.17 所示，当上下层在 y 方向的相对位移处于该传感器的传感线性范围 0 ~ 5mm 内时，上层 FSS 的谐振频率 f_y 从 14.15GHz 随着相对位移的增大逐渐向低频偏移到 12.3GHz，产生 1.85GHz 的频率偏移量，在该传感线性范围内，传感灵敏度为 370MHz/mm。此时下层 FSS 的谐振频率 f_x 基本未发生偏移，仅在幅度上有所变化。

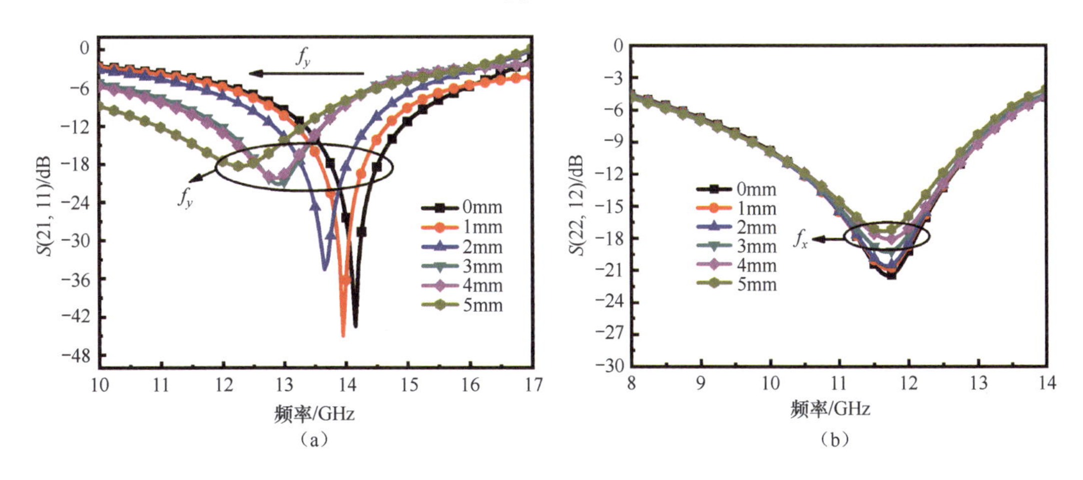

图 4.17　石墨烯双层 FSS 受力产生 y 方向相对位移的传感测试曲线

该石墨烯双层 FSS 的二维应力传感器不仅在结构上具有柔性的特点，同时多层石墨烯导电薄膜材料的使用降低了成本，提高了使用寿命。而且在性能上相较于相同结构的一维应力传感器，具有更大的传感范围及更高的传感灵敏度。

4.5 石墨烯吸波透波一体化频率选择表面

吸波透波一体化频率选择表面由于其优异的带外隐身特性而引起广泛关注。本节将介绍作者团队利用石墨烯电阻膜在微波频段的均匀方阻特性，将其作为全向电阻，应用在吸透一体结构设计中[4,5]。

图 4.18 给出了吸透一体的单元三维结构示意图，该结构主要由顶层阻抗表面、中间层带通 FSS 表面及两层支撑介质三个部分组成。使用电磁仿真软件 HFSS 对该结构进行仿真，得到的结果如图 4.19 所示。从仿真结果可以看出，该结构在 16GHz 附近有一个通带，通带插入损耗为 0.29dB；在 8.5 ~ 14.5GHz 频段范围内反射系数均低于 -15dB，吸波性能良好，低频处吸波率大于 90% 的相对带宽为 52.2%。在平面波垂直入射时，TE 极化和 TM 极化下仿真结果相同，说明该结构的极化稳定性良好。

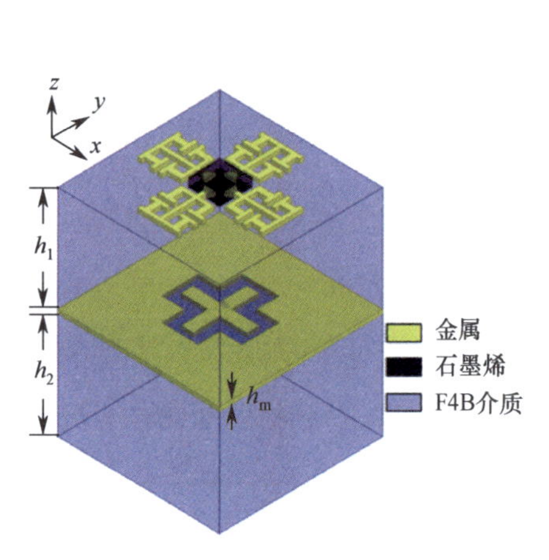

图 4.18　吸透一体的单元三维结构示意图

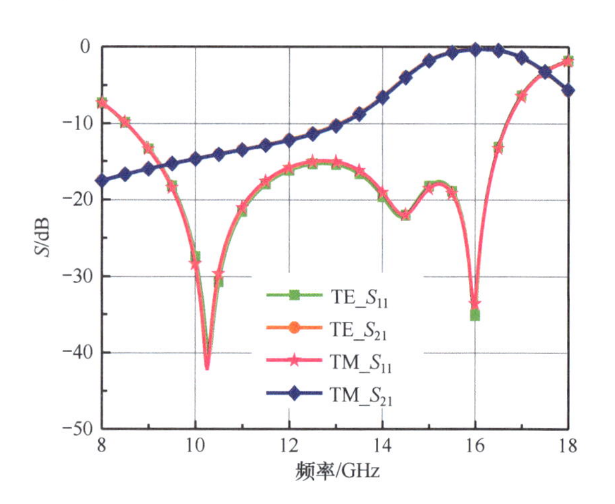

图 4.19　TE 极化和 TM 极化下的 HFSS 仿真结果

为了验证该吸透一体结构入射角度的稳定性，在 TE 和 TM 两种极化方式下以不同角度入射到结构表面，仿真结果如图 4.20 所示。在 TE 极化下，斜入射角度在 0°~ 30°范围内，通带和带外的吸波均保持稳定；在 TM 极化下，斜入射角度在 0°~ 30°范围内，通带和吸波带也基本保持稳定，但在高频处通带出现毛刺。

对设计并仿真优化出的吸透波一体化频率选择表面进行了加工与测试。在进行实际样品测试之前，将氧化还原石墨烯分散液与导电碳浆稀释液混合，配制所需方阻值的石墨烯墨水，随后转移至加工好的 PCB 上。如图 4.21（a）所示，实际的样品为10 × 10的阵列，总尺寸为 80mm × 80mm，上下层样品的四个角上分别有四个圆孔，用于两层样品的对齐和固定。整个结构的总厚度为 6mm，采用沉锡金属及双面 PCB 工艺进行加工，图 4.21（b）为组装完好的样品。

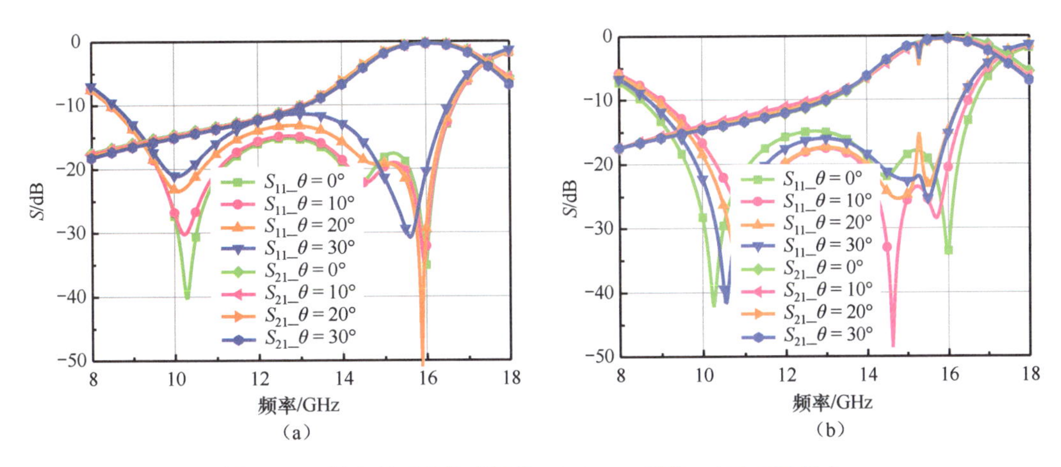

图 4.20　斜入射下的仿真结果。(a) TE 极化；(b) TM 极化

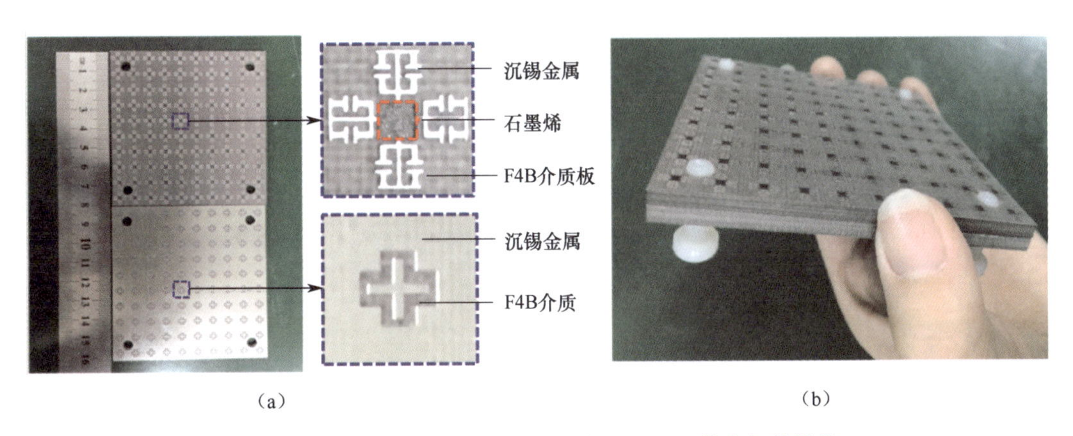

图 4.21　实物样品。(a) 样品细节；(b) 组装完好的样品

HFSS 及电路仿真结果与在微波暗室中实测结果对比如图 4.22 所示。通过对比可以

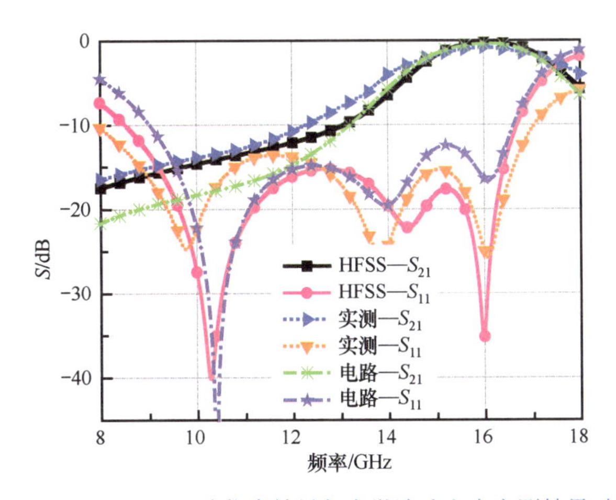

图 4.22　HFSS 及电路仿真结果与在微波暗室中实测结果对比

观察到，实测样品的通带中心频率为16.1GHz，通带的插入损耗为0.8dB。器件在8～14GHz频段范围内的反射系数均低于-10dB，吸波性能良好，吸波率大于90%时的相对带宽为54.5%，实测反射系数在吸波频段的谐振点比仿真频点向低频偏移一点，原因可能是在实测时样品表面的石墨烯电阻膜不够均匀，即不同单元的电阻膜方阻值略有不同，因此造成了一定的测试误差，但是整体测试结果与仿真结果均吻合良好，满足指标要求，且结构中使用了石墨烯代替传统的集总电阻，避免了每个单元均需要焊接多个集总电阻，极大地减少了集总元件的个数，提高了结构的平面集成化。

4.6 石墨烯全向电阻的九路功分器

功分器是微波电路和系统中一种重要的微波器件，广泛应用于射频功率放大器和天线阵的设计中。本节将介绍一种基于石墨烯薄片的微带式多路功分器[6]。功分器采用背对背式的双层微带结构，一块圆形石墨烯薄片加载到锯齿状结构处充当隔离电阻，实现了各输出端口间的隔离，避免了传统多路功分器隔离电阻跨接及冗杂的集总电阻的焊接过程。该功分器具有结构紧凑、低剖面、高隔离、易于集成等特性。

功分器的设计以散射型功分器为基础，采用双层结构将功分层与隔离层分离开，圆形石墨烯薄片用于实现各输出端口之间的隔离，总体结构如图4.23所示。该功分器包含背对背式的双层微带结构，上层为功分结构，下层为隔离结构，二者共用中间层的金属地板，上下两层之间通过金属化过孔连接。双层介质基板均采用聚四氟乙烯板

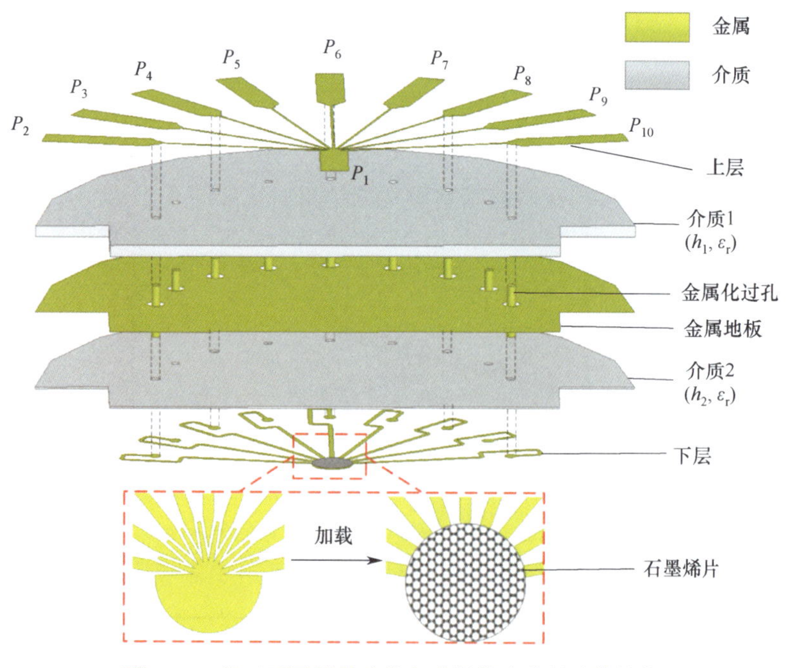

图4.23　基于石墨烯薄片的九路微带功分器总体结构

材，$\varepsilon_r = 3.5$，损耗角正切 $\tan\delta = 0.002$，上层和下层介质基板厚度分别为 $h_1 = 1.5\text{mm}$ 和 $h_2 = 0.25\text{mm}$，忽略金属层厚度，结构总体剖面高 1.75mm。

功分器的设计基于经典的威尔金森功分器理论，上层功分结构包含物理长度为 L_1 的 50Ω 输入端传输线和物理长度为 L_2 的九条输出端传输线，以及九条对应中心频率四分之一波长的传输线，其物理长度为 L_3，如图 4.24（a）所示。下层隔离结构包含九条特征阻抗为 50Ω 的半波长传输线和直径为 D 的圆形锯齿状结构，一块相同半径的圆形石墨烯薄片覆于锯齿状结构之上，如图 4.24（b）所示。在图 4.24（b）的局部放大图中，可以看到九条半波长传输线汇聚于圆形锯齿状结构处，且每条半波长传输线与锯齿状结构之间均有一个 V 形缝隙，V 形缝隙处被石墨烯填充，相当于一个长度为 a、宽度为 $b+c$ 的长方形薄膜电阻。

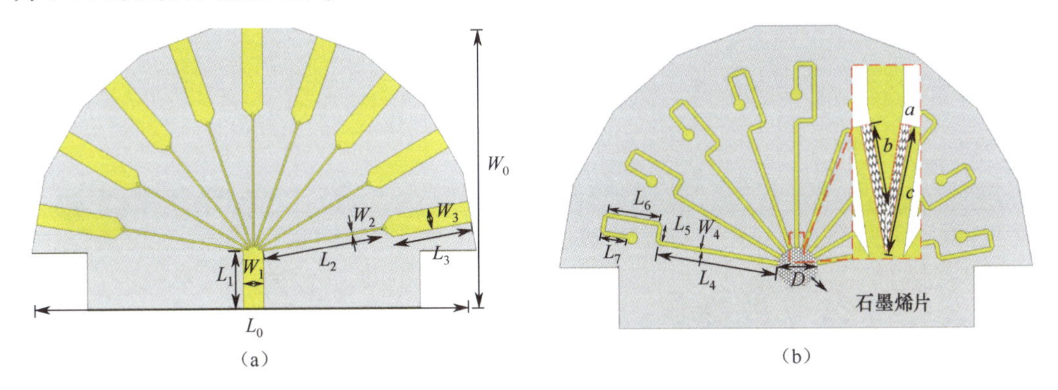

图 4.24　基于石墨烯薄片的九路功分器尺寸示意图。(a) 上层视图；(b) 下层视图

当把一块方阻为 R_s 的石墨烯薄片覆盖到锯齿状结构上时，与金属重叠的石墨烯部分相当于被短路掉，其余填充到 V 形缝隙处的石墨烯片则等效为一个阻值为 R 的集总电阻，也就是说，每条半波长传输线与锯齿状结构间均连接一个石墨烯等效电阻，圆形锯齿状结构相当于一个公共端，将每个石墨烯等效电阻连接起来。

功分器的等效电路如图 4.25（a）所示。$Z_0 = 50\Omega$ 是输入/输出端传输线和下层半波长传输线的特征阻抗，Z_1 是上层四分之一波长传输线的特征阻抗，R 是 V 形石墨烯薄片等效电阻。在该功分器的设计中，$a/(b+c)$ 的值大约是 1/20，若石墨烯薄片的方阻 R_s 为 1000Ω/□，可计算得到 R 的值为 50Ω。任意两个输出端口间均通过半波长传输线连接两个石墨烯等效电阻 R，且两个电阻之间通过圆形锯齿状结构串联，串联总电阻为 100Ω。此外，两输出端口间的两条半波长传输线会引入 360°的相位差，保证两输出端口间的相位平衡，该功分器亦可当作同频合路器使用。

由经典威尔金森功分器理论可知，三端口功分器要想实现所有端口的同时匹配和两输出端口间的高隔离，隔离电阻需位于四分之一波长传输线的末端，且电阻值为 100Ω。由功分器等效电路可以看到，任意两个输出端口间均串联了两个阻值为 50Ω 的石墨烯等效电阻，相当于连接了一个总阻值 100Ω 的隔离电阻，且隔离电阻位于四分之一波长传输线的末端，满足经典威尔金森功分器的理论，所以可实现多端口的同时匹配和任意输出端口间的高隔离。从功分器总体结构来看，仅通过加入一片圆形石墨烯薄片便可实现各个方向输出端口间的隔离，所以这块圆形石墨烯薄片相当于一个全向的电阻。

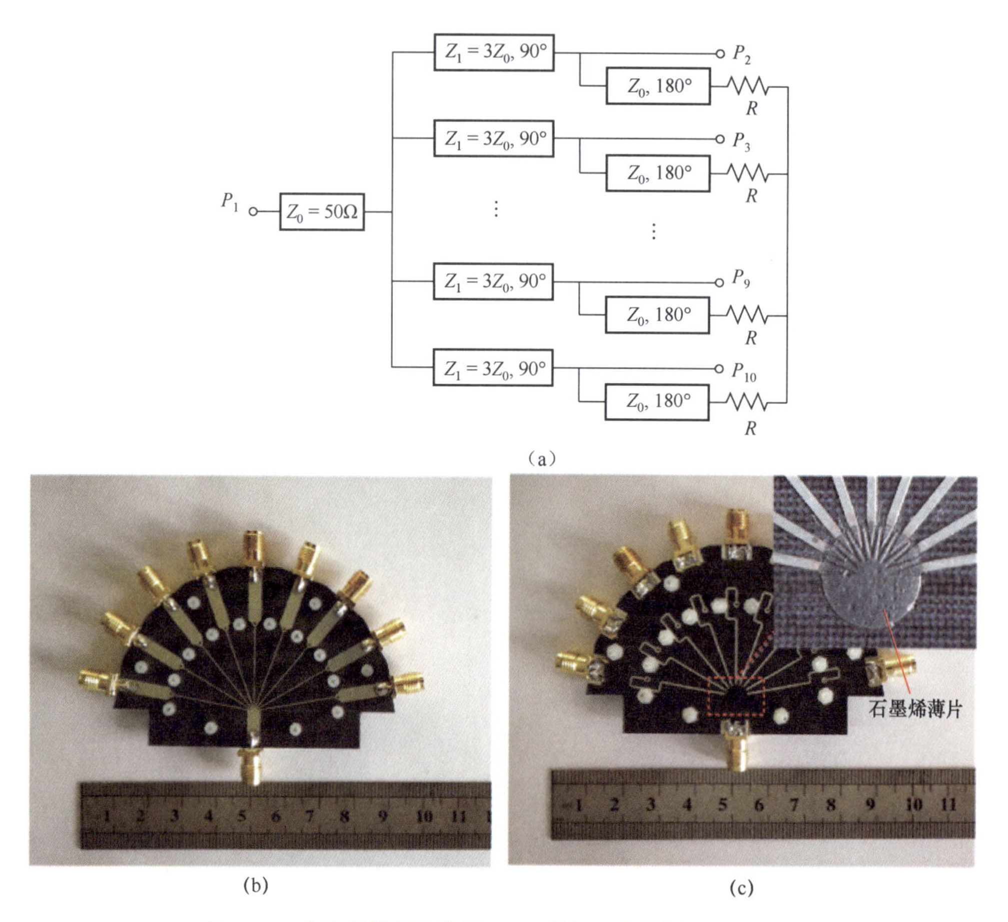

图 4.25　功分器等效电路图（a）及加工实物图（b）、（c）

功分器加工实物图如图 4.25（b）所示，上下层微带结构单独加工之后通过尼龙螺钉固定到一起，圆形石墨烯薄片完全覆盖锯齿状结构。在 ANSYS HFSS 和 Agilent ADS 中分别对功分器进行了电磁仿真和电路仿真，使用矢量网络分析仪对功分器进行了 S 参数的测试，最终实测和仿真结果对比如图 4.26 所示。其中图 4.26（b）的插图中，每条半波长传输线与锯齿状结构间的直流电阻测试值为 54.2Ω，基本接近前文所分析的 V 形缝隙处石墨烯等效电阻 50Ω。

如图 4.26（a）所示为功分器的输入端口反射系数 S_{11}、端口 2 传输系数 S_{21}、端口 2 反射系数 S_{22} 的实测与仿真结果，电磁仿真均吻合较好。S_{11} 在 1.9～2.75GHz 范围内小于 −10dB，S_{21} 在 10dB 的工作带宽内稳定在（−10±0.5）dB 且端口 2 反射系数小于 −10dB。其余输出端口的实测传输系数在 10dB 工作带宽 1.9～2.75GHz 内也基本稳定在（-10±0.5）dB，反射系数均低于 -10dB，如图 4.26（c）、（d）所示。各输出端口间的隔离在 10dB 的工作带宽内均大于 25dB，如图 4.26（b）、（e）所示。

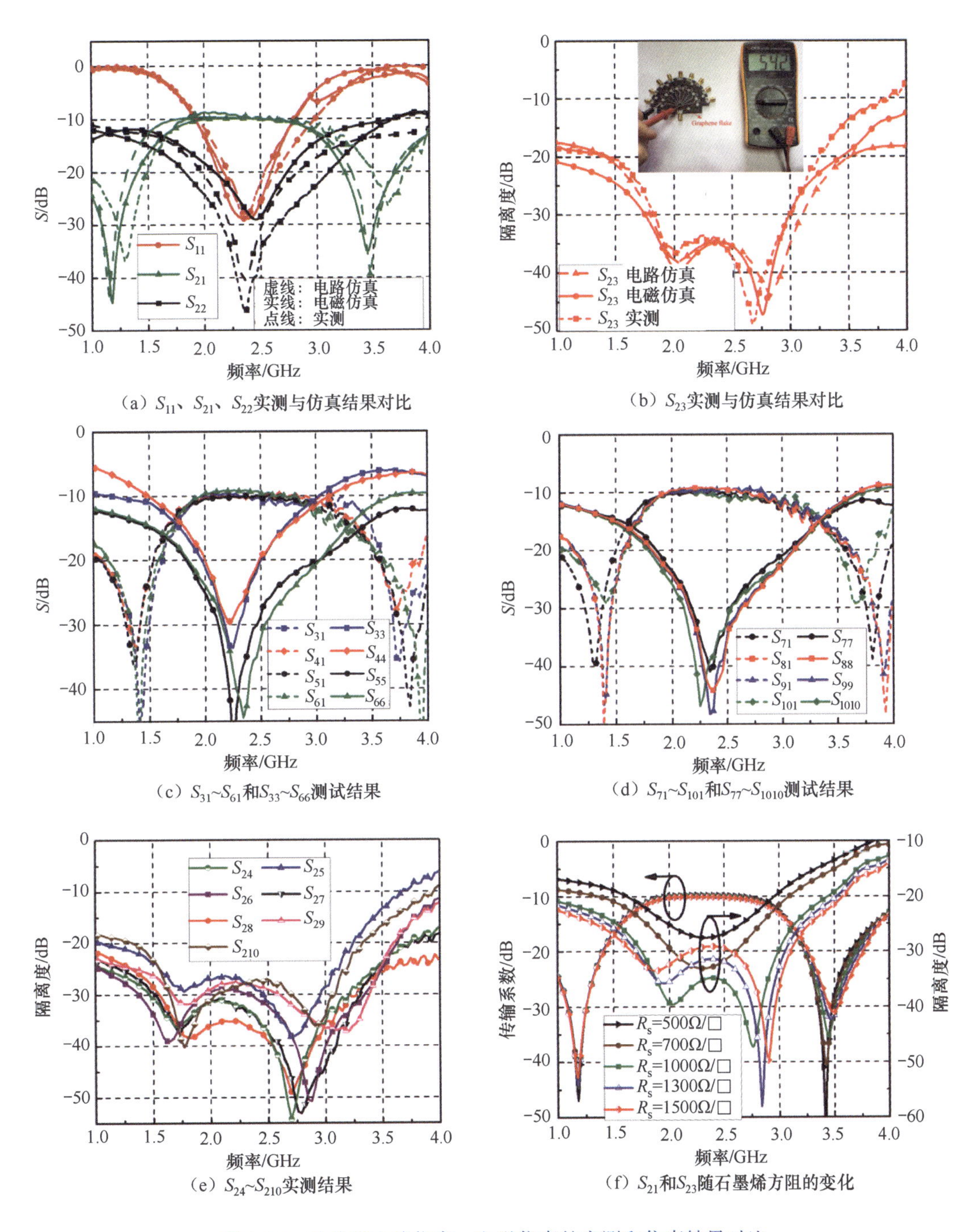

（a）S_{11}、S_{21}、S_{22}实测与仿真结果对比

（b）S_{23}实测与仿真结果对比

（c）S_{31}~S_{61}和S_{33}~S_{66}测试结果

（d）S_{71}~S_{101}和S_{77}~S_{1010}测试结果

（e）S_{24}~S_{210}实测结果

（f）S_{21}和S_{23}随石墨烯方阻的变化

图 4.26　功分器电路仿真、电磁仿真的实测和仿真结果对比

相比于电路仿真和电磁仿真结果，功分器实测结果在传输系数和隔离度上略有不同。实测结果中，传输系数 S_{21} ~ S_{101} 的第二个传输零点的位置发生了轻微频偏，如

图4.26（a）、（c）、（d）所示。端口2和其他输出端口间的隔离深度也有所不同，如图4.26（b）、（e）所示。误差产生的原因主要在石墨烯薄片的制备和转移上，氧化还原石墨烯分散液与导电碳浆稀释液的混合墨水在配制过程中存在一定误差，另外混合墨水滴定后分布不均匀性导致不同位置处的墨水浓度存在微小差别，即不同V形缝隙的等效电阻不同。同时，可在HFSS中仿真验证石墨烯方阻变化对传输系数和隔离度的影响，如图4.26（f）所示，石墨烯方阻变化会对传输系数的第二个传输零点产生影响，但影响不大，隔离度会随方阻的变化上下起伏，在方阻为1000Ω/□时达到最好的隔离效果。

综合来看，基于石墨烯薄片的九路功分器无论是匹配，还是传输和隔离特性均达到了预期设计要求。在1.9～2.75GHz范围内输入输出端反射系数低于－10dB，实现了33%的相对带宽。该功分器仅利用一块圆形石墨烯薄片就实现了各个输出端口间的高隔离特性，避免了多路功分器隔离电阻冗余的焊接过程和跨接问题，功分器整体尺寸为$0.6\lambda_0 \times 0.38\lambda_0$，结构紧凑，平面结构易于集成，可用于多通道射频系统的前后端。

4.7 大面积多层石墨烯的微波吸波器

在过去的几十年里，吸波器广泛应用于民用和军事领域。Salisbury屏和Jaumann吸波体已被广泛用于雷达吸收领域。然而，这些吸波器的缺点是工作带宽相对固定或体积较大，尤其是工作在微波低频段之时。为了提高雷达吸波器的性能，金属频率选择表面（FSS）或超表面被用于与阻性吸收屏或损耗介质相结合以构建吸波器[7]。在之后的研究中，有研究者利用集总电阻材料在FSS中引入欧姆损耗，实现较宽的吸收频率[8-12]。此外，还有研究者提出了将FSS或超表面结构与各种可调集总元件（如变容二极管和PIN管）集成来实现吸收幅度和吸收频率可调的吸波器[13-16]。然而，过多的集总器件面临着高昂的成本、高加工复杂度及器件笨重的缺点[17]。

为了减小结构尺寸及重量，增加其实用性，基于石墨烯等可调的超薄材料的微波吸波器受到了越来越多的关注。基于石墨烯的吸波器由于其优异的电磁性能[18,19]，近年来在理论上[20-24]和实验上[25-28]都得到了广泛的研究。文献［27，28］研究了基于石墨烯的FSS，用于吸波应用。但是，由于缺乏高效的方法来制备、转移和图案化，没有实现应用所需的大面积、高质量的图案化石墨烯[29]。

本节将介绍作者团队在理论设计及实验上实现的两种基于大面积MLGFSS的微波吸波器[17]。采用不同方阻的MLG可获得不同的吸波率，而方阻通过简单地改变MLG的生长温度[30]即可实现。制备的石墨烯吸波器尺寸达到150mm×150mm。作者团队提出的制作大规模石墨烯图案的方法，可以避免传统方法中掩模版与石墨烯直接接触的缺点，保证图案化石墨烯样品的完整性。

4.7.1　多层石墨烯的阻抗特性

在前面章节中，已经介绍石墨烯片可建模为厚度为无穷小的阻抗表面，理想情况下的石墨烯的表面阻抗可由Kubo公式给出。在实际实验中，石墨烯的阻抗受到生长环境、生长基质、转移方式等多种因素的影响。

图4.27显示了将MLG转移到聚氯乙烯（PVC）衬底上的步骤。MLG的生长是在CVD管式炉中以25μm的镍箔为基底，气压为常压，生长温度则由800℃变化到1100℃。在生长过程中使用了H_2、CH_4和Ar。CH_4作为碳源，只在生长过程中通入。H_2、CH_4和Ar的流速分别为99sccm、42sccm和71sccm。然后将其转移到75μm厚的PVC薄膜上，如图4.27（a）所示，转移温度为150℃；之后利用稀硝酸溶液腐蚀掉镍箔，即可得到转移到PVC上的大面积MLG，如图4.27（b）所示。在微波频段，石墨烯的阻抗没有明显的色散特性，其电阻项几乎保持不变，而电抗项趋于零。因此，在仿真软件中，石墨烯可以近似建模为电阻片[27]。四探针系统和非接触式波导测量系统[31]被广泛用于测量阻性薄膜的方阻。图4.28为MLG的方阻随生长温度的变化。

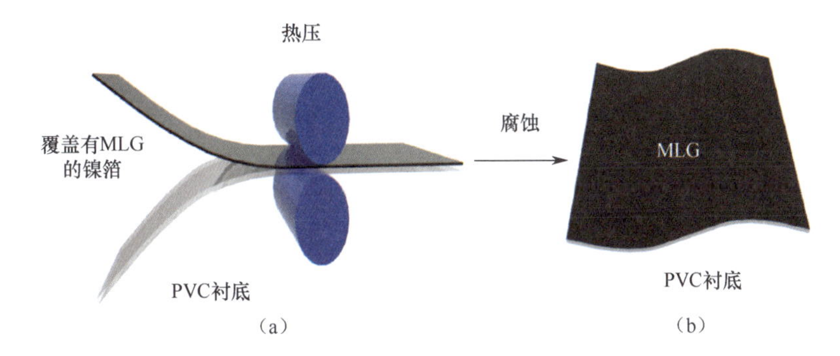

图4.27　(a) 采用热压工艺在柔性PVC衬底上实现大面积MLG的转移。MLG以镍箔为基底生长，生长之后再转移到75μm厚的PVC薄膜上；(b) 在稀硝酸溶液中腐蚀掉镍箔，得到PVC上的大面积MLG

生长温度决定了碳在镍箔中的溶解量，从而决定了多层石墨烯的层数和层间电阻。从图4.28中可以清楚地看到，生长温度从800℃提高到1100℃，MLG的方阻从325Ω/□减少到5Ω/□。此外，根据图示测量结果，通过高斯曲线拟合可以得到MLG的方阻随生长温度的近似解析式

$$R_s = 2179\exp[-(T/228.9-2.11)^2] \tag{4.2}$$

式中：R_s为石墨烯方阻，Ω/□；T为生长温度，℃。该公式可以作为实验阶段选择合适的MLG生长温度的参考依据。

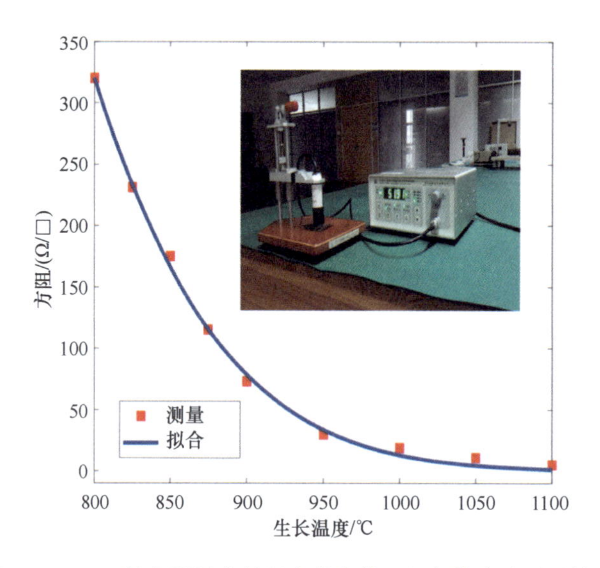

图4.28　MLG 的方阻随生长温度的变化。红方块表示测量结果，蓝线表示拟合结果。插图为测试所用的四探针测量仪

4.7.2　吸波器的传输线模型

图 4.29 为基于 MLGFSS 的吸波结构及其等效电路。在衬底的顶部放置 FSS 图案以产生共振效应，在衬底的底部放置金属地板以帮助阻挡透射的电磁波，有利于波的捕获和吸收。Z_0和 Z_c分别为自由空间和衬底的特征阻抗。Z_{in}是吸波器的输入阻抗。图案化石墨烯作为导电膜，等效阻抗为 $Z_s = R + \mathrm{j}X$，R 和 X 分别表示图案化石墨烯的等效电阻和等效电抗。介质层建模为传输线，ε_r和 t 分别表示介质层的相对介电常数和厚度。

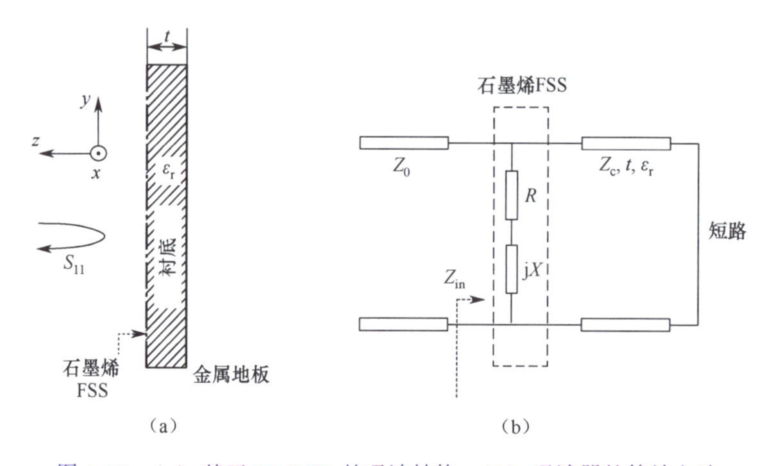

图 4.29　(a) 基于 MLGFSS 的吸波结构；(b) 吸波器的等效电路

当 TE 极化和 TM 极化的入射波以入射角 θ 入射时，反射系数 S_{11}可以表示为[33]

$$S_{11}^{TE/TM} = (Z_{in}^{TE/TM} - Z_0^{TE/TM})/(Z_{in}^{TE/TM} + Z_0^{TE/TM}) \tag{4.3}$$

$$Z_{in}^{TE/TM} = Z_s//jZ_c^{TE/TM}\tan(k_d t) = \frac{(R+jX)\times jZ_c^{TE/TM}\tan(k_d t)}{(R+jX)+jZ_c^{TE/TM}\tan(k_d t)} \tag{4.4}$$

式中：$Z_c^{TE} = Z_0^{TE}/\sqrt{\varepsilon_r - \sin^2\theta}$，$Z_c^{TM} = Z_0^{TM}\sqrt{\varepsilon_r - \sin^2\theta}/\varepsilon_r$，$Z_0^{TE} = \eta_0/\cos\theta$，$Z_0^{TM} = \eta_0\cos\theta$ 分别为 TE 极化及 TM 极化下介质层及空气层的本征阻抗；$\eta_0 = 377\Omega$ 为自由空间的波阻抗；θ 表示入射角；$k_d = k_0\sqrt{\varepsilon_r - \sin^2\theta}$ 及 $k_0 = \omega/c$ 分别为介质和空气层的传播常数，ω 为角频率，c 为真空中的光速。对于底部为金属地板的吸波器，由于金属地板阻挡了透射，吸波率可以表示为

$$A(f) = 1 - |S_{11}|^2 \tag{4.5}$$

为了分析吸波器的吸收机理，这里讨论了吸波器的谐振条件。当 $|S_{11}| = 0$，即 S_{11} 的实部和虚部都等于零时，即发生完全吸收。该条件可表示为

$$\frac{(R+jX)\times jZ_c\tan(k_d t) - Z_0(R+jX+jZ_c\tan(k_d t))}{(R+jX)\times jZ_c\tan(k_d t) + Z_0(R+jX+jZ_c\tan(k_d t))} = 0 \tag{4.6}$$

经过求解式（4.6）可以简化为

$$X = X_{opt} = -\frac{Z_0^2 Z_c\tan(k_d t)}{Z_0^2 + Z_c^2\tan^2(k_d t)} \tag{4.7}$$

$$R = R_{opt} = \frac{Z_0 Z_c^2\tan^2(k_d t)}{Z_0^2 + Z_c^2\tan^2(k_d t)} \tag{4.8}$$

以及

$$R + jX + jZ_c\tan(k_d t) \neq 0 \tag{4.9}$$

式（4.7）和式（4.8）表明，当石墨烯层的等效电阻和电抗达到最优值时，才会发生完全吸收的情况。相比文献［12］中的公式只能用于衬底为真空的前提条件下，本书推导的公式具有更广泛的适用性。

等效阻抗的大小取决于入射电磁场和表面电流分布。对于简单的 FSS 图形，如偶极子、贴片和方环[34,35]，当单元尺寸远小于波长时，这些图形上的表面电流分布在不同频率下几乎保持不变，其等效电抗则可以利用其几何参数来表示[36]，其等效电阻可以利用其面积来估算[10]。在这种情况下，式（4.7）和式（4.8）可用于吸波器的设计。式（4.7）中的关系揭示了如何匹配电容和电感来获得所需的谐振频率，式（4.8）则表示了实现谐振的相应电阻。但对于复杂的结构，如本节讲述的吸波器，表面电流的分布随频率变化剧烈，FSS 图样的等效阻抗的解析计算是很有挑战性的。这里 MLGFSS 的等效阻抗可由式（4.3）和式（4.4）反演得到

$$Z_s = \frac{jZ_0 Z_c\tan(k_d t)(1+S_{11})}{jZ_c\tan(k_d t)(1-S_{11}) - Z_0(1+S_{11})} \tag{4.10}$$

式（4.7）和式（4.8）中的关系将在下文解释和分析。

4.7.3 吸波器的设计及分析

在介绍基于图案化石墨烯的吸波器之前，这里对基于 Salisbury 屏的吸波器进行回顾。将均匀石墨烯置于衬底上，衬底下方为 PEC，衬底厚度 t 为 3mm，相对介电常数为 4.4，入射波为垂直入射的 TE 极化波。石墨烯被建模为方阻为 R_s 的阻抗表面，边界条件为周期边界，利用 CST 仿真得到 S_{11} 后，可由式（4.5）得到吸波器的吸波率。

从图 4.30 所示的结果可以看到，在 11.9GHz 处，随着 MLG 的方阻从 22Ω/□变化到 377Ω/□，吸波器的吸波率从 0.2 增长到 1。对于均匀石墨烯，等效电阻在数值上与其方阻相同，等效电抗如前所述为零。为了更好地理解吸波机理，这里将石墨烯层的等效阻抗及从式（4.7）和式（4.8）得到的最佳匹配阻抗统一绘制在图 4.31 中。图 4.31（a）中两条线的三个交点中只有第二个（11.9GHz 处）为潜在的谐振频率，而吸波率的增加是由于等效电阻与最优电阻的逐渐匹配，如图 4.31（b）所示。当 MLG 的方阻为 377Ω/□时，等效阻抗的实部和虚部在 11.9GHz 时都与最优值完美匹配，从而在该点获得了全吸收的特性。图 4.30 与图 4.31 在频率上的一致性验证了式（4.10）的正确性。

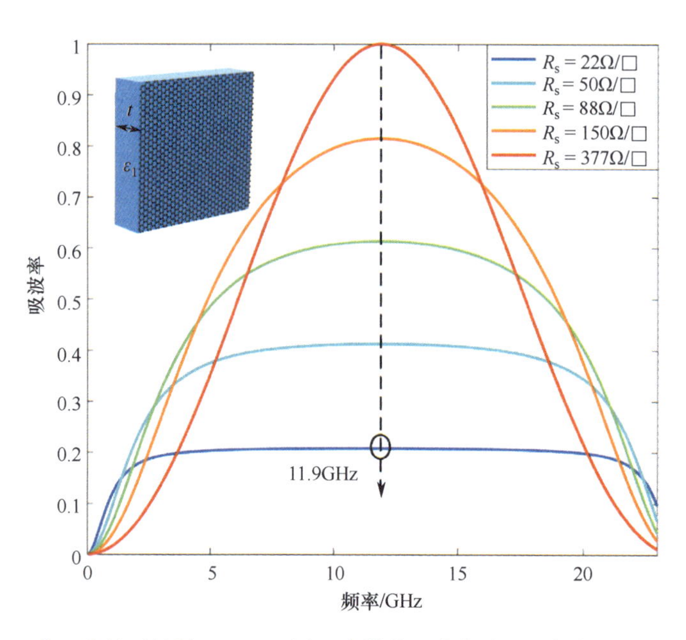

图 4.30 基于完整石墨烯 Salisbury 屏吸波器的吸波率随石墨烯方阻变化的趋势。插图为基于完整石墨烯的吸波器单元示意图

下文将介绍作者团队分别利用反十字形及耶路撒冷十字形 FSS 实现的窄带幅度调控吸波器（A 型）及宽带幅度调控吸波器（B 型）。

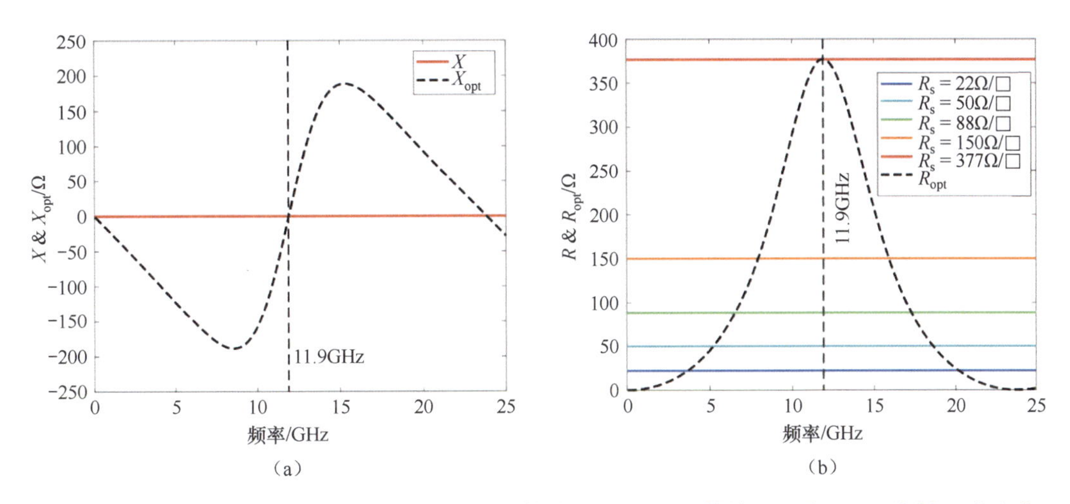

图 4.31 Salisbury 屏吸波器中石墨烯层的（a）等效电抗和（b）等效电阻随 MLG 不同方阻的变化

4.7.3.1 反十字形结构吸波器

基于 MLGFSS 的反十字形结构吸波器（A 型）的示意图如图 4.32 所示。单元的周期固定为$p=10$mm。反十字形结构中的尺寸优化为 $D=9$mm，$d=2$mm。MLGFSS 转移到 75μm 厚的 PVC 薄膜上，然后贴附于带有金属底板的 FR4 介质上。FR4 层的厚度为 $t=3$mm，相对介电常数为 4.4。

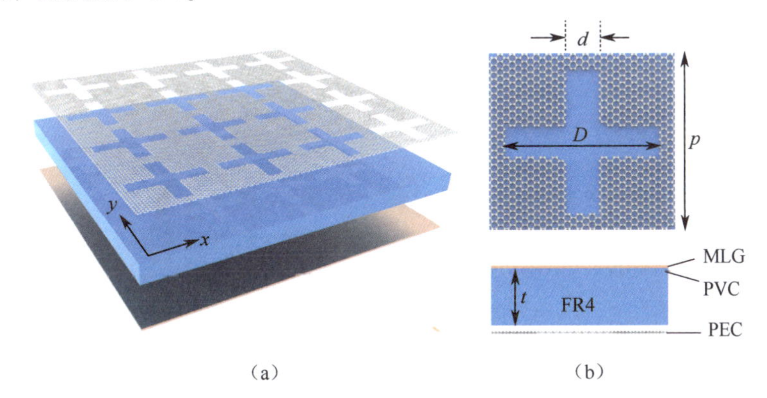

图 4.32 （a）吸波器（A 型）的示意图；（b）结构单元的俯视图及侧视图

图 4.33（a）为该结构在 TE 极化入射波下的仿真吸波率，实现了窄带内的可变吸波率。与图 4.30 的结果相比，该吸波器工作频率（定义为吸波率随 MLG 方阻变化范围最大的频点）由 11.9GHz 变为 13.2GHz，这是由图案化引入的额外等效电抗引起的。选择 13.2GHz 作为参考频率，当 MLG 的方阻约为 200Ω/□，吸波器的吸波率高于 0.95 时，入射波几乎被完全吸收。随着 MLG 方阻的减少，反射波增加，当 MLG 方阻降低到 5Ω/□，吸波率小于 0.2 时，表现为一个反射器。13.2GHz 处的吸波率与 MLG 方阻的关系如图 4.33（b)所示，直观地说明了通过改变 MLG 方阻可以有效地控制该结构的吸波率。图 4.33（b）中的插图为 MLGFSS 面上的电场在 *xz* 平面上的分布，左图对应 $R_s=5\Omega/\square$

的情形，右图对应 $R_s=200\Omega/\square$的情形。由此可以清楚地看到，在低电阻的情况下，电磁波难以穿透 MLGFSS 层而被直接反射掉。相比之下，当 MLG 方阻达到 $200\Omega/\square$时，入射波被吸波器结构所捕获，在 MLGFSS 层处形成最大电场，并被 MLGFSS 层的欧姆损耗转化为热能，从而达到吸波的效果。

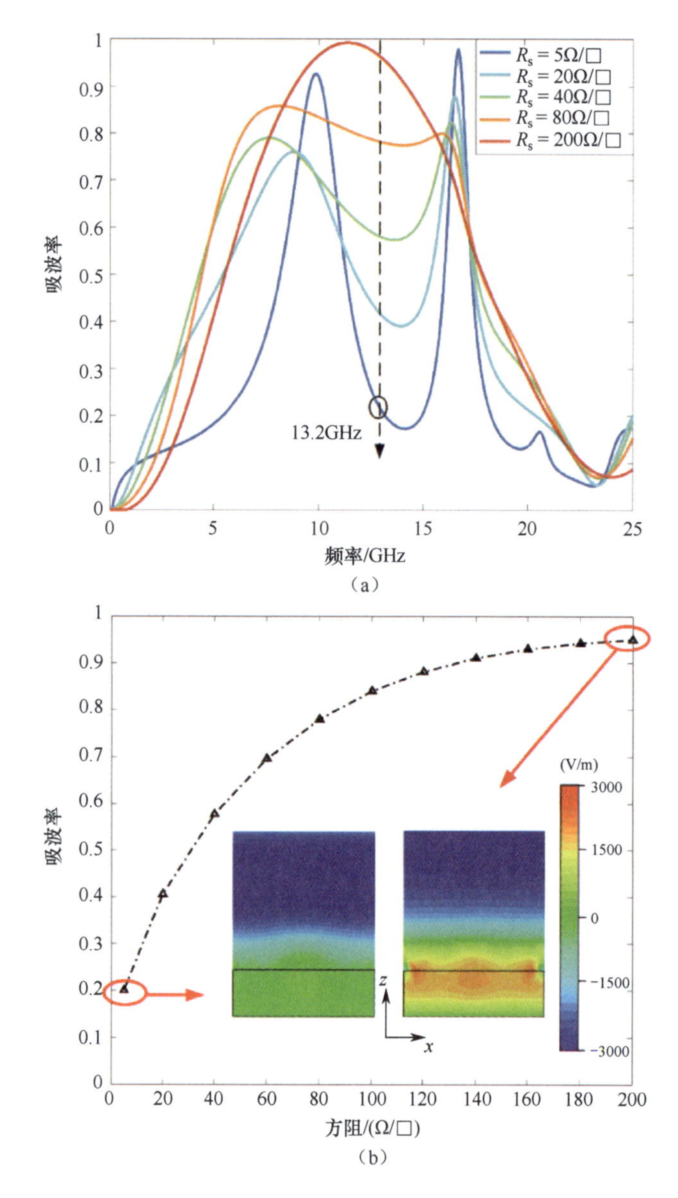

图 4.33 (a) 对于不同的 MLG 方阻，A 型吸波器的吸波率随频率的变化；(b) A 型吸波器在 13.2GHz 时的吸波率随 MLG 方阻的变化。插图为 TE 极化下 A 型吸波器在 *xz* 平面上的场分布，左图对应 $R_s=5\Omega/\square$，右图对应 $R_s=200\Omega/\square$

4.7.3.2 耶路撒冷十字形结构吸波器

基于 MLGFSS 的宽带吸波器的结构为电连接的耶路撒冷十字形（B 型），单元结构如图4.34所示，几何参数优化为 $D = 5\text{mm}$、$d = 3.5\text{mm}$、$l = 1.5\text{mm}$。单元周期 $p = 13\text{mm}$，FR4层厚度 $t = 2\text{mm}$，相对介电常数为4.4。该结构在TE极化入射波下的吸波率随频率的变化，如图4.35所示。当MLG方阻较低时，结构表现为双频吸收，吸波峰分别出现在10.5GHz和20.2GHz。随着方阻的增大，10.5～20.2GHz频率范围内的吸波率也随之增大，同时两个吸波峰附近的吸波率值几乎保持不变。当MLG方阻增加至 $R_s = 70\Omega/\square$ 时，两个吸波峰之间的吸波率达到0.8以上，该结构表现出宽带吸波的功能。

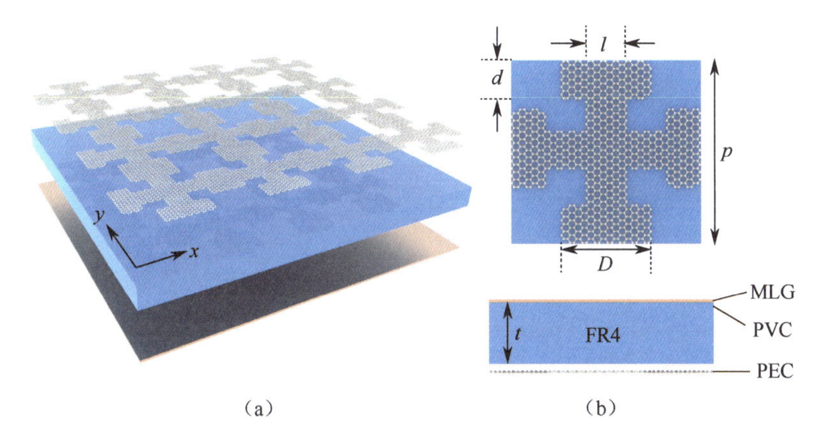

图4.34　(a) 吸波器（B型）的结构示意图；(b) 结构单元的俯视图及侧视图

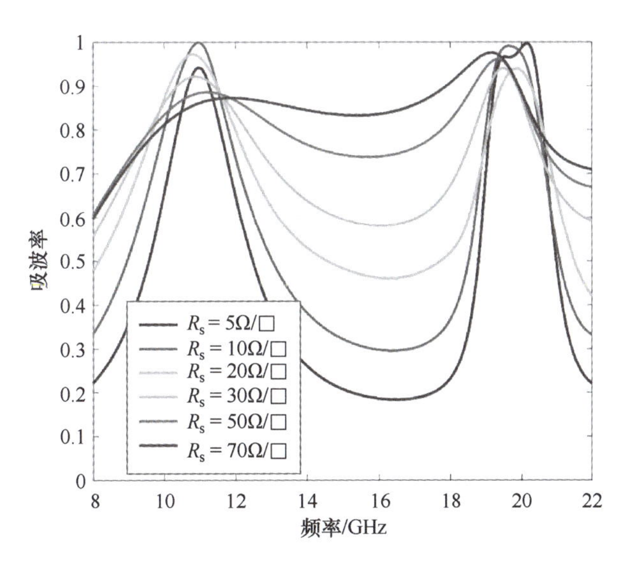

图4.35　对于不同的MLG方阻，B型吸波器的吸波率随频率的变化

图4.36为B型吸波器中FSS层的等效电阻及等效电抗随MLG方阻的变化，图中吸波峰对应的频率用浅蓝色标注，以方便分析。从图4.36 (a) 可以看出，在频段1（10～12GHz）内，当 R_s 在5～20 $\Omega/\square$ 之间变化时，MLGFSS层的等效电阻和最优值曲线几乎重叠，继续增加 R_s，曲线交点发生蓝移。另外，图4.36 (b) 中的等效电抗处于最优值的两侧，在图中可以发现吸波峰发生了轻微的频移。幅值的变化可以用等效阻抗

的匹配程度来解释，比如说，当 MLG 方阻为 10Ω/□时，在 11GHz 时出现了全吸收现象，不同的匹配度则导致了不同的吸波率。相比频段 1，频段 2（19～21GHz）内的阻抗实部及虚部的匹配程度较高，相应地，高频吸波峰的峰值较高。值得一提的是，在这个频段可以观察到等效电阻的频率特性曲线上的两个峰值，因此处于约 20.2GHz 处的吸波峰实际上是由两个共振叠加而成的。而频段 1 和频段 2 之间，吸波率的提升则能从等效电阻的逐渐匹配的角度来理解。

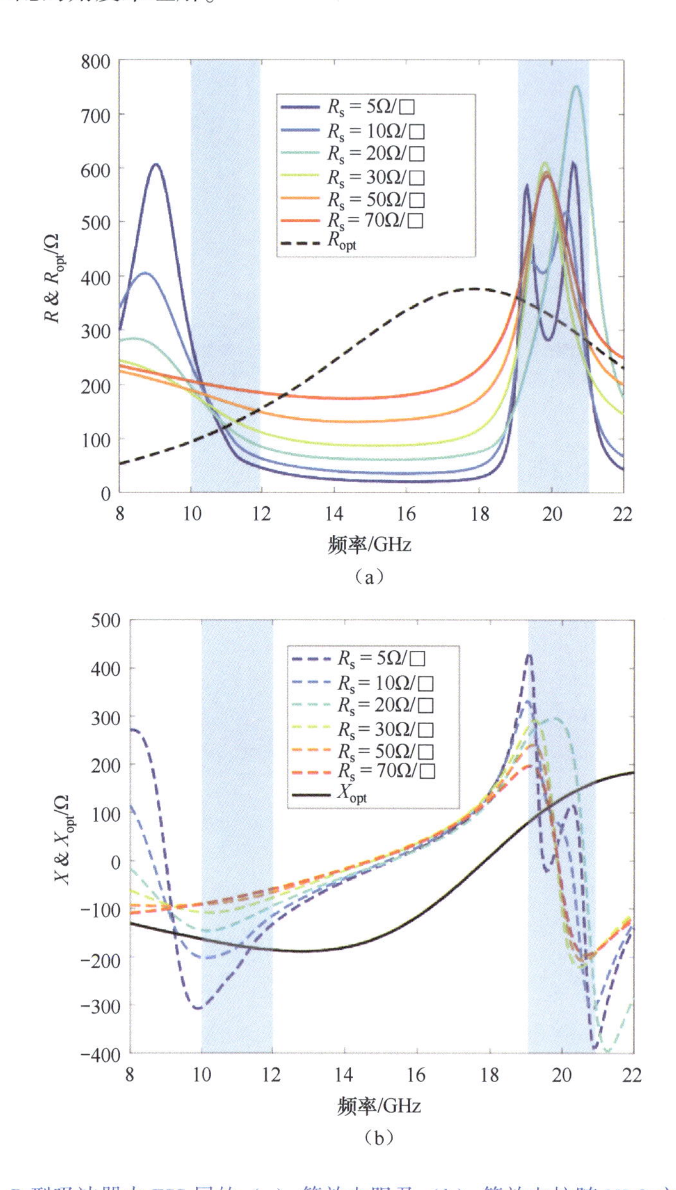

图 4.36　B 型吸波器中 FSS 层的（a）等效电阻及（b）等效电抗随 MLG 方阻的变化

为了更好地理解吸收机制，在图 4.37 中将 MLGFSS 层上在 10.5GHz 和 20.2GHz 处的表面电流分布绘制出来，MLG 的方阻设定为 R_s = 5Ω/□。事实上，本书中的耶路撒冷十字形图案可以看作水平和垂直电阻矩形贴片的组合，它们通过窄带相连接

(见图4.37中虚线框)。如图4.37(a)所示，在10.5GHz时，表面电流主要分布在水平贴片上，因此水平贴片在相对较低的频率下起到吸收作用。相比之下，如图4.37(b)所示，在20.2GHz时，表面电流在水平和垂直贴片上均有明显的分布，这说明在20.2GHz左右的吸波峰由两种谐振相叠加。作为比较，可以将耶路撒冷十字形FSS层的窄带去掉，如图4.37(c)和图4.37(d)所示，在这种情况下，10.5GHz时的表面电流不仅分布在横向贴片上，纵向贴片上也产生了明显的电流分布，而20.2GHz处的表面电流分布与图4.37(b)中的表面电流分布具有高度的一致性，这些结果可以归因于在虚线框中窄带的感抗的变化。在较低的频率下，电感值较小，表面电流很容易通过带状物，因此在垂直贴片上很难形成共振。然而，随着频率的增加，由自感系数决定的窄带上的反向电流变得越来越显著，限制了相邻垂直贴片间的电流流动，因此垂直贴片上的共振受到的影响不大。总的来说，可以得出结论：图4.37中10.5GHz和20.2GHz左右的吸波峰是由矩形贴片上不同模式下的谐振形成的，而两个峰之间的吸波率主要来自Salisbury谐振。

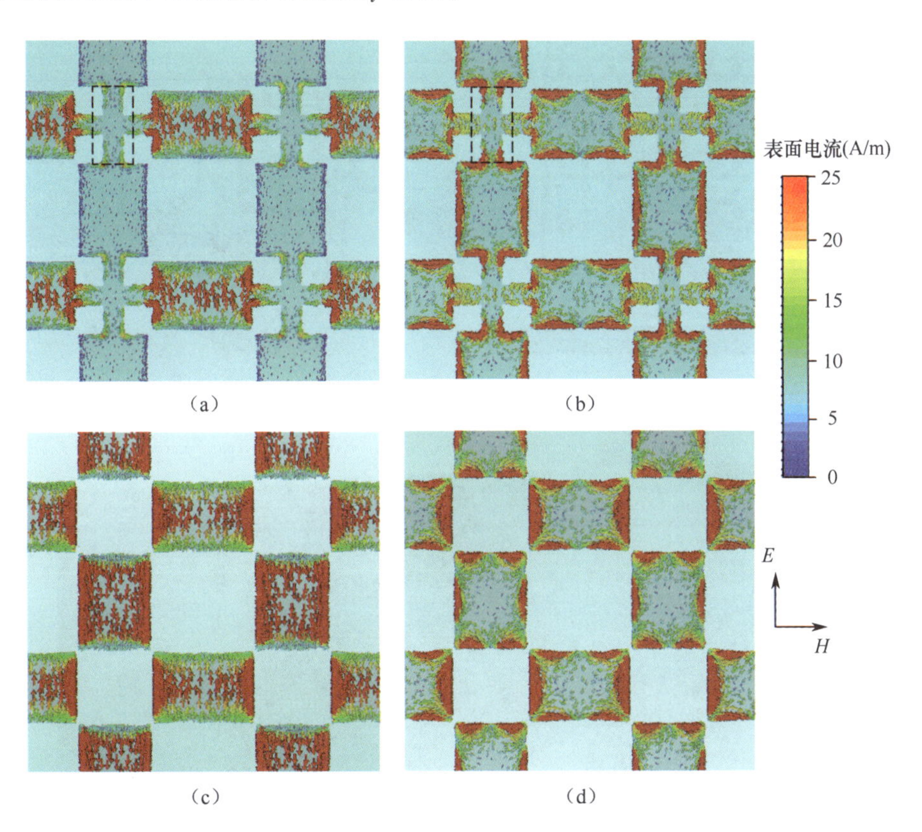

图4.37　(a)、(b) B型吸波器中FSS层在10.5GHz及20.2GHz时的表面电流分布；(c)、(d) B型吸波器中FSS层在去掉连接带后在10.5GHz及20.2GHz时的表面电流分布。MLG方阻为5Ω/□

4.7.4 加工方法及实验验证

4.7.4.1 大面积图案化石墨烯的制备

文献［20］等均对基于图案化石墨烯表面的吸波器做了理论研究，然而，只有在文献［27］中报道了 CVD 石墨烯的实验工作。现有的石墨烯图案化方法可分为光刻、软光刻和转移印刷[39]。在这些方法中，掩模版需要与石墨烯层直接接触，这可能会影响石墨烯结构的完整性。此外，这些方法对石墨烯的转移基底有特殊的要求，因此可能不适合大面积图案化石墨烯的制备。此外，传统的光刻方法需要大量的工艺步骤，会使得在石墨烯图案化过程中有聚合物残留，破坏石墨烯的纯净度。在此，作者团队采用了一种新颖的方法，通过在预先图案化镍箔上生长石墨烯，从而获得高质量的大面积石墨烯图案，避免了掩模版和聚合物残留对石墨烯层的损伤。图案化的形成利用的是机械铣刀法，所需的图案则是利用 CAD 设计的。得到的图案化镍箔如图 4.38（a）所示，所

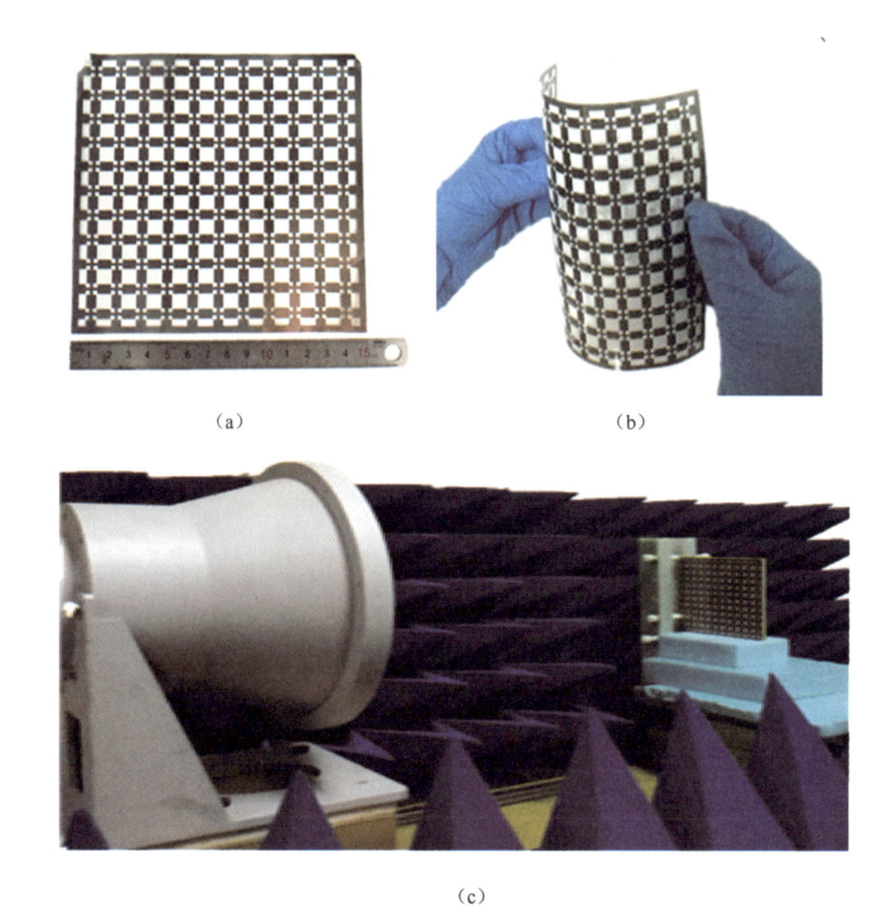

(a) (b) (c)

图 4.38 （a）利用机械铣刀法制备的尺寸为 150mm × 150mm 的图案化镍箔照片；（b）转移到 PVC 上的 MLG 照片；（c）自由空间微波材料测量装置的照片

能加工的镍箔的尺寸由CVD炉管径决定。与完整的石墨烯层相比，图案化镍箔之间的镂空部分会导致石墨烯与下层PVC表面之间的间隔纸被上层PVC层上的热敏胶粘住，因此在利用稀硝酸腐蚀镍箔之前，可将待转移的样品在去离子水中浸泡10min以去除纸层，然后再利用稀硝酸去除镍箔，便得到了转移到PVC上的大面积的图案化MLG。这种方法不需要掩膜版与石墨烯直接接触，保证了石墨烯结构的完整性。更重要的是，该方法与卷对卷工艺完全兼容，保持了石墨烯层的柔韧性，如图4.38（b）所示，对未来柔性石墨烯器件的研究有帮助。

采用该方法，制备了两种吸波器阵列，对应前文中的A型及B型吸波器，分别由14×14个单元及11×11个单元组成，并置于相应大小及厚度的FR4基底上。根据式（4.2），两种MLGFSS层的生长温度选择为（1100℃，925℃，800℃）和（1100℃，950℃，900℃），对应的MLG方阻分别为（5Ω/□，40Ω/□，200Ω/□）和（5Ω/□，20Ω/□，70Ω/□）。金属背板由铜箔制成，厚度为25μm。

4.7.4.2 测量结果

图4.38（c）显示了测量样品吸波率的实验装置。透镜天线、矢量网络分析仪与计算机相连，整个测量系统可以在计算机上通过LabVIEW程序自动控制。在测量过程中，透镜天线作为发射天线和接收天线，聚焦在样品的中心。测量S_{11}参数之前，通过在样品架上放置一个与样品同样大小的金属板来校准。测得S_{11}参数后，利用式（4.5）则可以计算出样品的吸波率。在测量过程中，使用了两套喇叭天线，测量范围分别为8～18GHz及18～40GHz。

图4.39（a）给出了不同生长温度下MLG制备成的A型吸波器吸波率的测量结果。频率范围为8～18GHz。可以看到，当MLG薄膜的生长温度在800℃～1100℃时，13.2GHz处的吸波率从小于0.2增加到大于0.9，得到了70%以上的变化范围。为了便于比较，图4.39（a）也给出了不同方阻条件下的仿真吸波率，与测量结果相差不大。轻微的频移是由介电常数和衬底厚度在测量和仿真中的不一致引起的，而幅度的差异主要是由于MLGFSS层在制备过程中的偏差，导致MLG方阻的测量值与仿真值略有偏差。

图4.39（b）给出了不同生长温度下MLG制备成的B型吸波器吸波率的测量结果。当生长温度为1100℃或者950℃时，该吸波器表现出双频吸收的现象。测量的吸波峰位于10.2GHz和20.2GHz，随着生长温度的降低，两个峰之间的吸波率明显增大。当生长温度降至900℃时，该样品表现为宽带吸波器。吸波率从10.3GHz到20GHz均在0.8以上。与全波仿真结果相比，可以看到，吸波峰对应的频率吻合得较好，而幅度上的偏差可以通过仿真和实测时MLG的方阻偏差来解释。另外，在18GHz处，从吸波率的测量值可以观察到一个跳变点，这是由于透镜天线工作频率的限制，该测量结果是由8～18GHz及18～22GHz两个波段组合而成的。

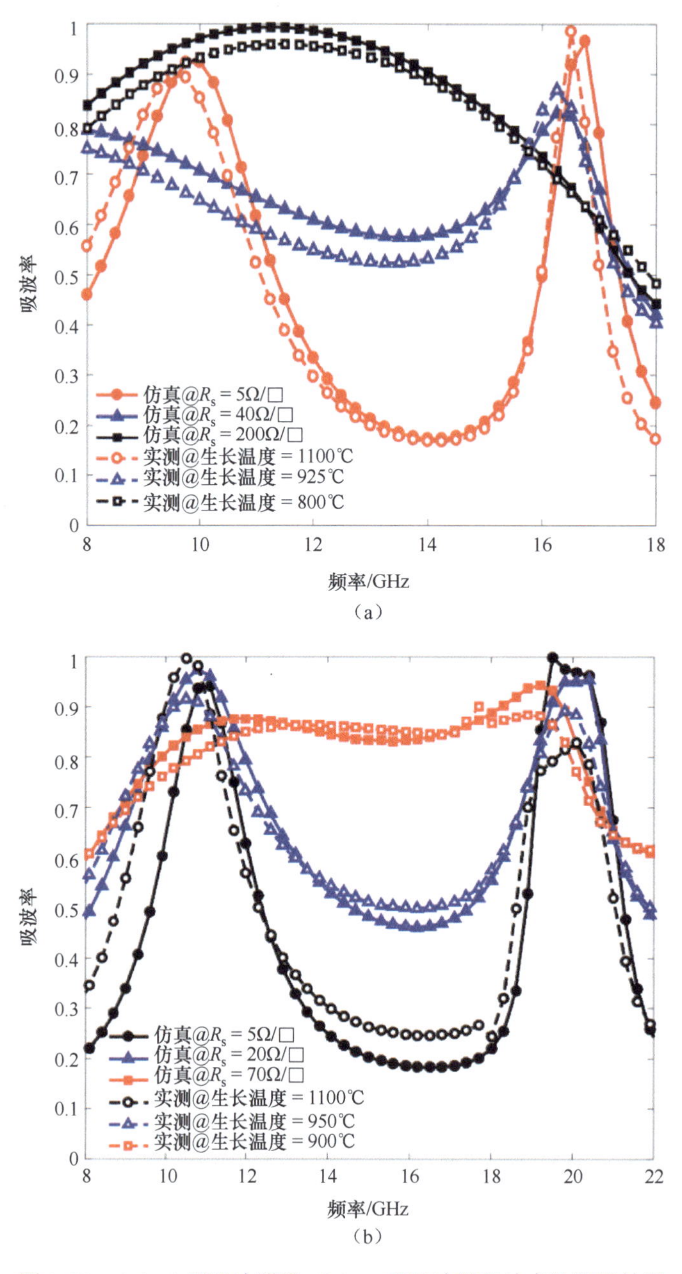

图 4.39 (a) A 型吸波器及 (b) B 型吸波器吸波率的测量结果

4.8 石墨烯条带的微波波束控制

电磁波波束重构在电磁基础研究和器件技术中都具有重要意义，包括不规则反射[40]、极化变换[42]、反射阵列天线[43,44]、波束成形天线[45]和移相器[48]等。在过去的几十年里，随着超材料和超表面技术的发展，人们操纵电磁波的能力得到了显著的提高。与传统体积庞大的材料不同，由单层人工亚波长金属粒子组成的超表面可以提供横跨表面的相位不连续性，这提供了一种新的策略来改变反射光束或透射光束[49]的形状。最近报道的文献［50，55］中提出了数字超表面或编码的新概念，通过利用二进制相位分布精心设计编码序列来控制电磁波的散射特性。特别是，通过用不同的序列对超表面进行编码时，可以通过不同单元之间反射场的相干相消获取期望的散射特性，表明其在波束成形、雷达截面（RCS）缩减等领域的应用潜力。

由费马原理[40]推导出的广义斯涅耳定律可以解释这种不寻常的光传播现象。基于二进制相位的波束重构方法主要依赖于预先设计的两种编码单元的振幅和相位响应，在理想情况下，应满足相位相反（相位差为 π）而幅度相同的特性。在以往研究中，相位差主要通过改变金属图案的尺寸/方向或形状来获得。此外，为了实现动态调谐或可重构性，往往利用变容器、PIN 管等集总元件，根据不同的感应电流分布，在不同的工作状态间进行切换，从而确定各单元的散射或透射特性。然而，这种基于集总元件的可调超表面具有制作烦琐、结构复杂的缺点。

近年来，研究人员利用石墨烯可调阻抗特性，在红外[57,58]和太赫兹频段[59-62]中实现了动态重构波束的工作，然而均为理论文章，尤其是在微波频率，造成这种情况的原因有很多。首先，如前所述石墨烯在微波频段表现为可调电阻膜特性，电抗部分趋于 0，因此仅通过改变石墨烯的方阻，难以同时获得相反相位差及大反射幅度[63,64]。理论上，对石墨烯进行图案化，引入额外的电抗，是一个可行的解决方案。然而，大面积石墨烯的制备、转移及图案化技术不成熟，阻碍了后续的探索与研究，这也是制约石墨烯用于微波波束重构的第二个原因。幸运的是，近些年报道了许多关于石墨烯实验技术的成果。文献［65］报道了卷对卷生产 30 英寸石墨烯薄膜的方法。另外，在作者团队之前的研究中，已经探索实现了大面积石墨烯的制备方法。这些工作为作者团队利用石墨烯来实现微波波束重构提供了实验基础。接下来，本节将介绍一种基于石墨烯条带超表面（GRM）的微波波束重构[17]。

4.8.1　单元的设计及等效电路模型

石墨烯 GRM 的单元结构如图 4.40 所示，由四层组成：石墨烯条带层、PVC 层、介质层和金属底板层。单元的周期设置为 $p = 7\text{mm}$，石墨烯条带的宽度为 w。PVC 层和铜底板的厚度分别为 $t_{\text{PVC}} = 75\mu\text{m}$ 及 $t_{\text{m}} = 20\mu\text{m}$，PVC 层的介电常数为 3.5。衬底层的厚度和介电常数分别用 t_{d} 和 ε_{r} 表示。

石墨烯 GRM 结构反射系数计算的传输线模型如图 4.41 所示，石墨烯条带层的等效阻抗为 $Z_{\text{s}} = R + \text{j}X$，其中，$R$ 和 X 代表图案化石墨烯层的等效电阻和等效电抗；自由空间和介质层用传输线表示，而铜底板则用短路线表示；ε_0、Z_0、ε_{r} 及 Z_{c} 分别为自由空间和介质层的介电常数及特征阻抗；Z_{in} 和 S_{11} 为 GRM 结构的输入阻抗和反射系数。值得注意的是，由于 PVC 层的厚度远小于波长，对入射微波的影响很小，为了简单起见，在 TL 模型中并未考虑这一因素。当 TM 极化（电场沿 y 轴方向）的电磁波垂直入射时，GRM 结构的输入阻抗可以表示为[66]

$$Z_{in} = Z_s // jZ_c \tan(k_d t_d) = \frac{(R + jX) \times jZ_c \tan(k_d t_d)}{(R + jX) + jZ_c \tan(k_d t_d)} \tag{4.11}$$

式中：$k_d = \omega\sqrt{\varepsilon_r}/c$ 为介质中的传播常数；ω 是角频率；c 是真空中的光速。衬底的特性阻抗可以计算为 $Z_c = Z_0/\sqrt{\varepsilon_r}$。

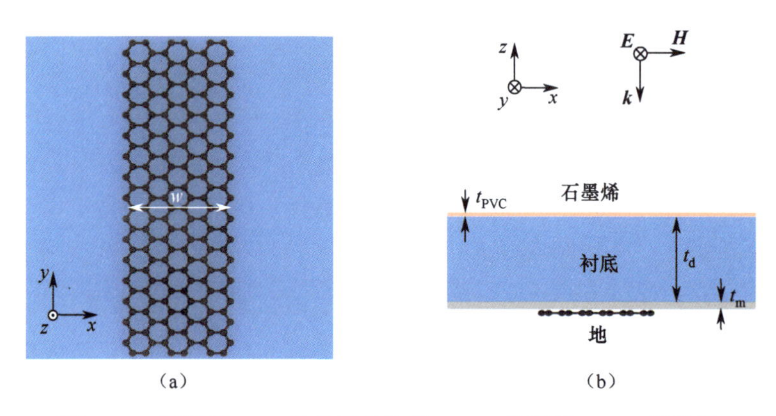

图 4.40　石墨烯 GRM 的单元结构图。(a) 俯视图；(b) 侧视图

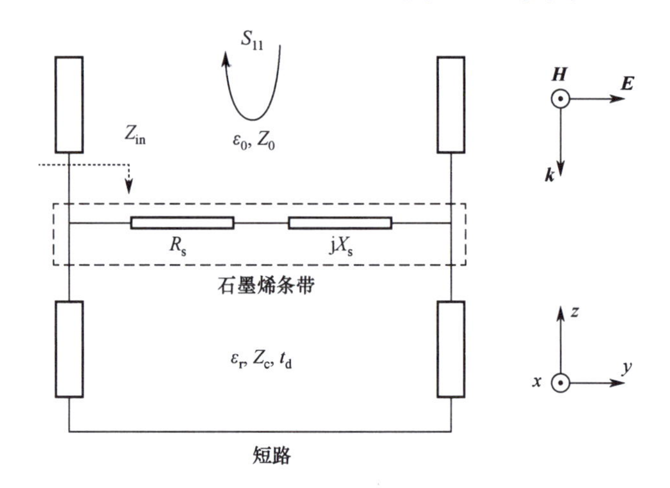

图 4.41　石墨烯 GRM 结构反射系数计算的传输线模型

石墨烯层的等效电阻和等效电抗分别可以表示为 $R = R_s p/w$，$X = \omega L_s$。等效电感 L_s 可以利用文献 [67] 中的公式表示为

$$L_s = \frac{Z_0 p}{2\pi c} \cdot \left\{ -\ln\beta_L + \frac{1}{2}(1-\beta_L^2)^2 \frac{2A\left(1-\frac{\beta_L^2}{4}\right)+4\beta_L^4 A^2}{\left(1-\frac{\beta_L^2}{4}\right)+2A\beta_L^2\left(1+\frac{\beta_L^2}{2}-\frac{\beta_L^4}{8}\right)+2A^2\beta_L^6} \right\} \tag{4.12}$$

其中，$A = 1/\sqrt{(1-(p/\lambda)^2)} - 1$，$\beta_L = \sin(\pi w/2p)$。

在获得以上参数后，GRM 的反射系数可以表示为

$$S_{11} = (Z_{in} - Z_0)/(Z_{in} + Z_0) \tag{4.13}$$

经过优化，单元的参数被确定如下：$w=2.1$mm，$t_d=3$mm，$\varepsilon_r=4.4$（FR4），在计算时，石墨烯的方阻从5Ω/□变化到2000Ω/□。改变石墨烯方阻后，反射相位随频率的响应如图4.42（a）所示，相应的相位差来源于曲线 $R_s=10$Ω/□和 $R_s=1000$Ω/□。在11.5GHz和18GHz之间可以得到180°左右的相位差，特别地，在13GHz和17.3GHz时，

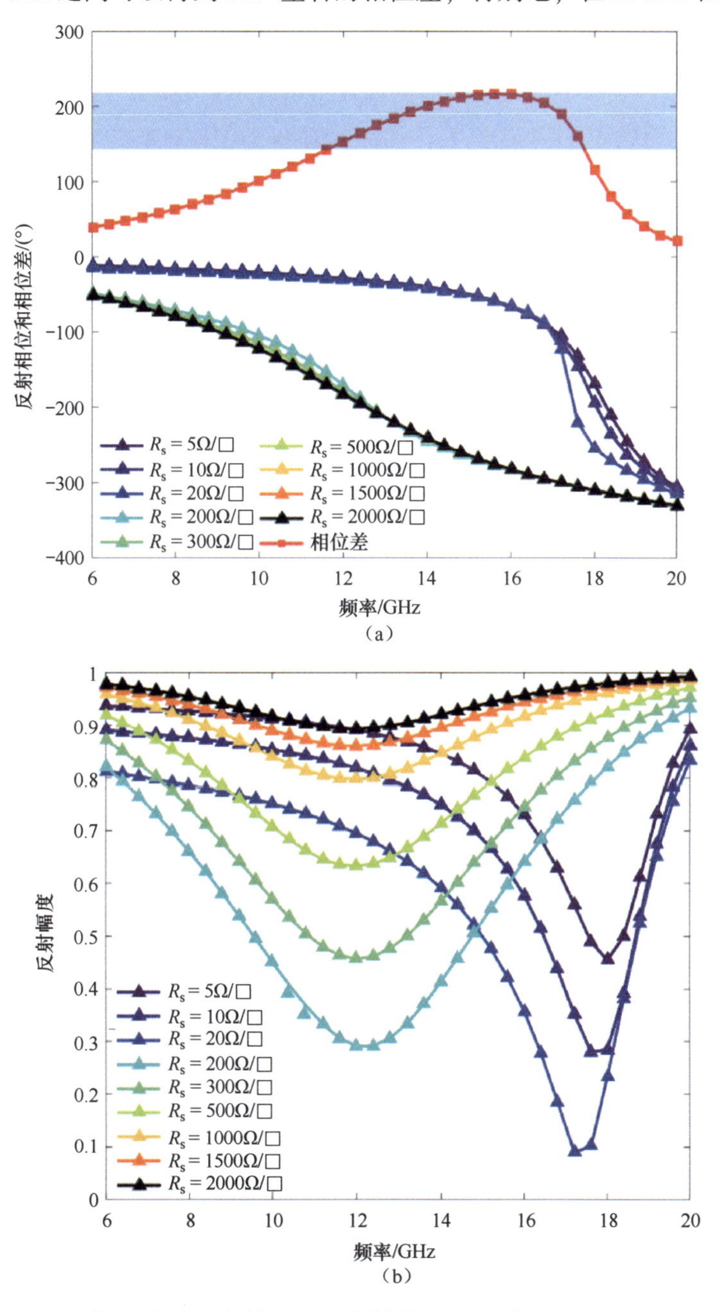

图4.42　不同石墨烯方阻条件下GRM结构的（a）反射相位及（b）反射幅度

相位差正好是 180°，这为设计基于二进制相位的波束重构阵列[68]提供了可能性。从图 4.42（a）中还可以看出，当 $R_s<20\Omega/\square$ 或 $R_s>1000\Omega/\square$ 时，出现严重的阻抗失配，反射相位的虚线几乎重合，这给后续的实验加工带来了较大的裕量，对石墨烯的方阻精度要求大大降低。

另外，反射幅度的波动会干扰空间中波的干涉[62]，从而影响反射波的散射特性，二进制单元间不均匀的反射幅度会带来不必要的旁瓣。石墨烯 GRM 结构的反射幅度如图 4.42（b）所示。当 $R_s<20\Omega/\square$ 或 $R_s>1000\Omega/\square$ 时，13GHz 处的反射幅度均在 0.7 以上。更具体地说，当石墨烯薄层的方阻值为 $10\Omega/\square$ 或 $1000\Omega/\square$ 时，反射幅度大致相等，约为 0.8。综合图 4.42 中的结果，选择 13GHz 为工作频率。

4.8.2 基于石墨烯条带的阵列排布

当基于 GRM 单元的幅相响应确定后，将单元按照其幅相分布进行周期性排列，如图 4.43 所示。该结构由两种方阻的石墨烯单元组成，在 x 方向上，每种晶格由 N_1 个单元组成，每种石墨烯晶格则有 N_2 个（见图中以 $N_1=2$，$N_2=2$ 为例），阵列的激励采用沿 y 方向入射的平面波。当一个包含 $M\times N$ 个单元的阵列受到平面波照射时，根据阵列理论，阵列散射的远场函数可以由各单元散射波的叠加来表征为

$$f(\theta,\varphi)=\sum_{m=1}^{M}\sum_{n=1}^{N}|\Gamma_{mn}|\exp\{-\mathrm{i}[\Phi_{mn}+k_0p\sin\theta(m\cos\varphi+n\sin\varphi)]\} \tag{4.14}$$

式中：k_0 是真空中的波数；$|\Gamma_{mn}|$，Φ_{mn} 分别为位于 $[m,\ n]$ 处单元的反射幅度和相位；θ 及 φ 分别为球坐标系下的俯仰角及方位角。这里采用两种方法实现波束的重构：一为通过改变阵列的结构参数；二为改变阵列的方阻参数。

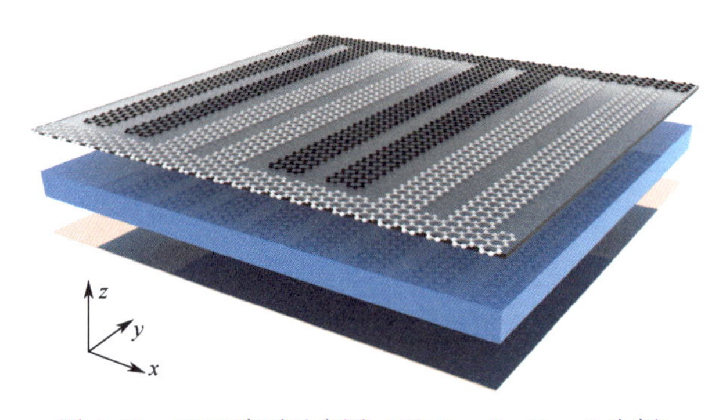

图 4.43 GRM 阵列示意图（以 $N_1=2$，$N_2=2$ 为例）

4.8.2.1 基于阵列参数变化的波束重构

通过改变石墨烯 GRM 阵列的结构参数来实现波束重构。在这个场景中，根据图 4.42 中的结果，阵列中两种石墨烯单元的方阻分别选为 $10\Omega/\square$ 及 $1000\Omega/\square$，利用这两种单元设计仿真了三个阵列，对应的结构参数分别为（$N_1=4$，$N_2=3$）、（$N_1=3$，

$N_2=4$）及（$N_1=2$，$N_2=6$），阵列的大小为168mm×155mm。阵列的散射场可用公式来计算，为了验证理论计算，阵列的散射场还在商业软件CST中进行了仿真。此外，当GRM阵列的单元具有反射振幅均匀的性质时，其散射场的俯仰角可由以下公式来计算[69]：

$$\theta = \arcsin(\lambda/2N_1p) \tag{4.15}$$

三个阵列的计算及仿真远场散射图如图4.44所示。可以观察到，GRM阵列具有不同的阵列参数时，法向入射波会被散射并分裂成不同角度的两束主光束。散射场的俯仰角分别为24.3°、33.3°和55.5°，这与式（4.15）的预测非常吻合。

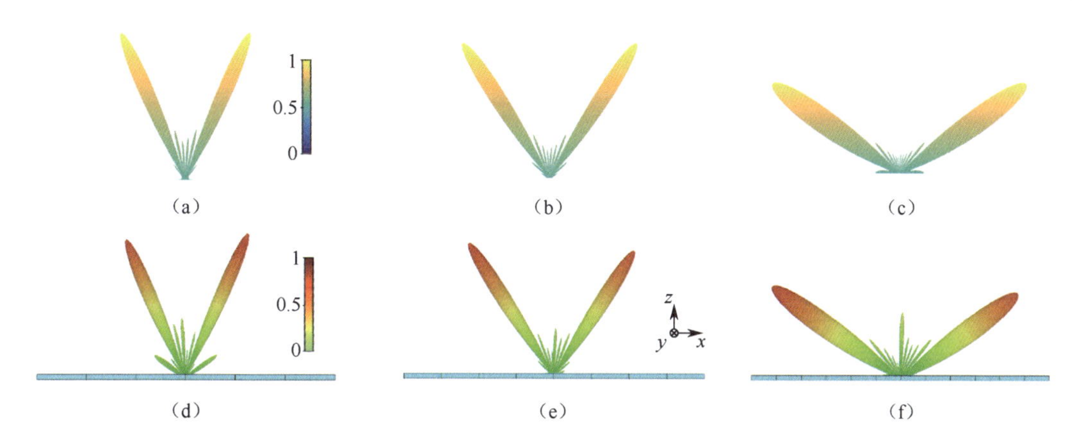

图4.44　(a)～(c) 计算及仿真 (d)～(f) 得到的GRM阵列在13GHz处的散射波瓣。(a)、(d)，(b)、(e)，(c)、(f) 中阵列的结构参数分别为（$N_1=4$，$N_2=3$），（$N_1=3$，$N_2=4$），（$N_1=2$，$N_2=6$）。石墨烯的方阻组合选择为（10 Ω/□，1000 Ω/□）

4.8.2.2　基于方阻参数变化的波束重构

通过改变石墨烯GRM阵列的方阻参数来实现波束重构。如前所述，通过改变生长温度可以有效地调整MLG的电阻，基于此，探索了石墨烯散射波束随着石墨烯方阻变化的规律，设计了另外三个阵列。三个阵列的结构参数固定为（$N_1=3$，$N_2=4$），而石墨烯条带的方阻组合分别为（10Ω/□，10Ω/□），（10Ω/□，100Ω/□）和（10Ω/□，300Ω/□），石墨烯条带方阻的选择依据为图4.42的结果，三个阵列的远场散射计算和仿真结果如图4.45所示。石墨烯阵列中晶格1的方阻固定为10Ω/□，随着阵列中晶格2内的石墨烯方阻从10Ω/□增长到300Ω/□，散射波束的形状从一个主瓣到两个主瓣，发生显著变化，对应的俯仰角从0°变化到32.5°。事实上，三种阵列中晶格2内单元的反射系数分别为（0.79∠0°，0.02∠－41°，0.51∠－179°），由此可见，反射阵列的散射特性不仅可以通过不同的反射相位分布来控制，还可以通过不同的反射振幅来控制。

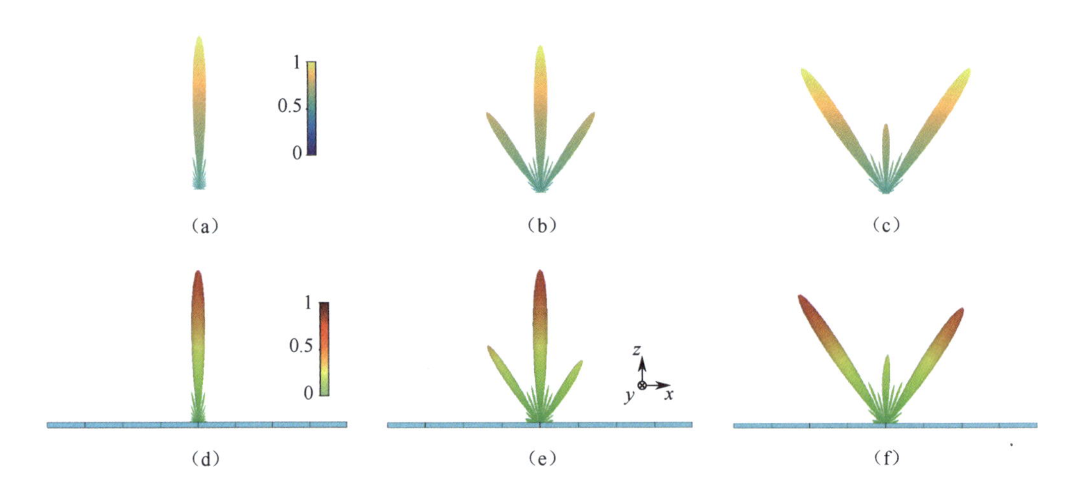

图 4.45 (a)~(c) 计算及仿真 (d)~(f) 得到的 GRM 阵列在 13GHz 处的散射波瓣。(a)、(d),(b)、(e),(c)、(f) 中阵列的石墨烯方阻组合分别为 (10 Ω/□, 10 Ω/□),(10 Ω/□, 100 Ω/□),(10 Ω/□, 300 Ω/□)。GRM 阵列参数为 ($N_1=3$, $N_2=4$)

4.8.3 实验验证及讨论

4.8.3.1 GRM 样品的加工

经图案化操作后的铜箔及镍箔如图 4.46 所示。SLG 的合成生长温度为 1050℃,生长时间为 20min。在生长过程中,CH_4 和 H_2 的流速分别为 69sccm 和 42sccm。至于 MLG 的合成,对应方阻为 10Ω/□、100Ω/□、300Ω/□,生长温度分别为 1078℃、881℃、803℃。在生长过程中,CH_4、H_2 和 Ar 的流速分别为 99sccm、42sccm 和 71 sccm。CH_4 气体作为碳源只在生长阶段输送。随后,将图案化的石墨烯通过热压工艺转移到 PVC 层上。用稀硝酸溶液刻蚀去除铜箔/镍箔后,可以得到 PVC 上的大面积 SLG/MLG 条带。最后,将石墨烯层贴附于以铜为底板的 FR4 介质上。这里制作了四个阵列,分别对应于图 4.44 (a)、图 4.44 (c)、图 4.45 (b) 和图 4.45 (c)。作为示例,图 4.46 (b) 中展示了一份完成的石墨烯 GRM 阵列样品的照片,与图 4.44 (a) 对应。

4.8.3.2 样品的测试

为验证 GRM 阵列的散射特性,采用文献 [70] 中的自由空间波对阵列的双站 RCS 进行测量,如图 4.46 (c) 所示。在微波暗室进行测量,其中两个标准线极化喇叭天线分别作为发射天线和接收天线,发射天线固定,接收天线沿弧形导轨运动,测试角度为 5°~175°。图 4.47 中给出了 RCS 波瓣沿主平面 (xOz) 的测量结果。从图 4.47 (a) 和图 4.47 (b) 可以看出,测得的 RCS 波瓣的主叶位于 $\theta=24.5°$ 及 $\theta=57°$ 附近,与仿真结果 (24.3°和 55.5°) 吻合较好,两者的差异可以归因于样品制作及测量误差。从图 4.47 (c) 和图 4.47 (d) 的结果也可以看出,仿真和测量之间吻合得较好,随着

MLG 生长温度的变化，主瓣由0°变为33°，印证了通过改变石墨烯方阻可以有效控制反射波束的方向。

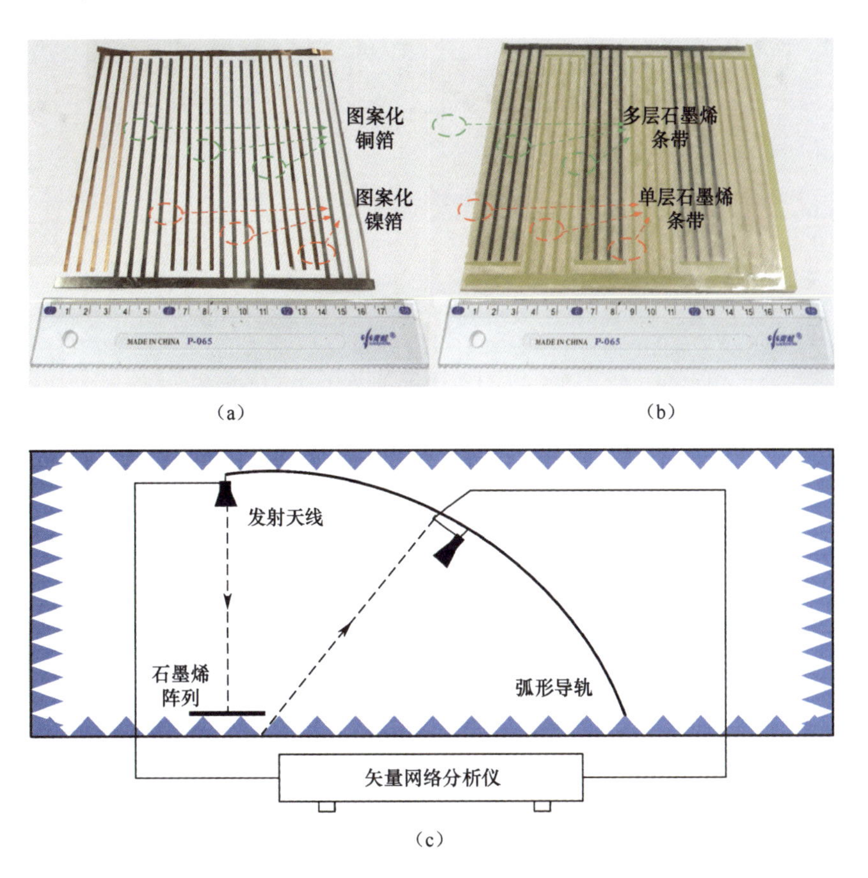

图4.46 (a) 机械铣刀法制备的图案化铜箔及镍箔照片，尺寸为168mm×155mm；(b) 制备的GRM阵列样品照片；(c) 测量装置原理图

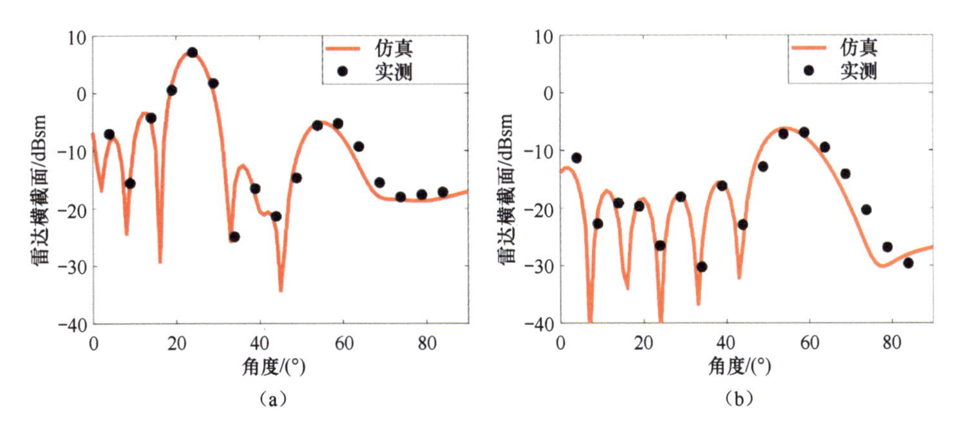

图4.47 仿真及测试得到的在13GHz处的远场RCS。(a)~(d) 分别对应图4.44 (a)、图4.44 (c)、图4.45 (b) 及图4.45 (c) 中的阵列

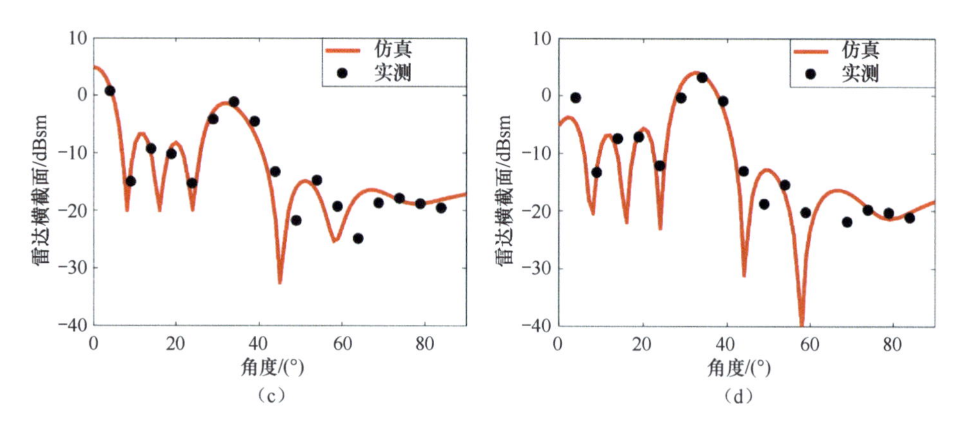

图 4.47 仿真及测试得到的在 13GHz 处的远场 RCS。(a) ~ (d) 分别对应于图 4.44 (a)、图 4.44 (c)、图 4.45 (b) 及图 4.45 (c) 中的阵列 (续)

4.9 掺杂石墨烯的透明柔性超宽带吸波器

光学透明微波吸波器是一种具有特殊性质的吸波器，它同时满足对可见光的高透过率及对微波频段电磁波的高吸波率。这种特殊的吸波器在国防和民用领域都有极其重要的应用，如航空飞行器座舱系统就使用了光学透明微波吸波器。座舱透明件的隐身技术具有高透光率和雷达波强吸收的特殊性，一直是战斗机系统研究方向的重点之一。现在美国空军主要使用 ITO 薄膜，在 F-15、F-16、F-18 等战斗机上都已经广泛应用，F117A 和 B-2 轰炸机除采用镀膜技术外，还将 ITO 薄膜设计成电路模拟吸波器。据了解 F-22 采用了更为先进的 ITO 隐身材料，但具体详情未知。此外，战斗机与卫星上多数光学探测器镜头也采用了光学透明微波吸波器作为隐身材料[71,72]。

在光学透明微波吸波器的设计中最为关键的就是透明导电材料的选取。对于透明导电材料而言，透光率和表面电阻是最重要的参数，但二者通常又是相反的关系。如何权衡二者的关系，尽可能得到高透光率和低方阻的透明导电电极是目前研究的热点问题。当前，常用 Haacker 公式 $\Phi = T^{10}/R_s$ 及 Gruner 光导比，即直流电导率/光导率来判定该导电材料的整体性能。目前主流的透明导电薄膜材料的种类与性能如表 4.1 所示[73]。

表 4.1 透明导电薄膜材料的种类与性能

种类	材料	表面方阻/(Ω/□)	透光率 T_{avg}/%
金属材料	Au, Ag, Pt, Pd, Al, Cr	10^0 ~ 10^8	60 ~ 80
氧化物	$ZnO\text{-}SnO_2$, $ZnO\text{-}In_2O_3$, In_2O_3	10^3 ~ 10^6	75 ~ 95
半导体	$CaInO_3$, $Zn_2In_2O_5$, $In_4Sn_3O_4$, $ZnO\text{-}V_2O$	10^3 ~ 10^6	75 ~ 95
氮化物	TIN, ZrN, HfN	—	60 ~ 80
硼化物	LaB_4	—	—
高分子	聚苯胺 (Pan), PPY - PVA	—	80 ~ 85
多层薄膜	ITO, ZnS/Ag/ZnS	10^0 ~ 10^3	75 ~ 89

其中，ITO 凭借高透光率及低电阻目前占有主导地位。但与此同时，ITO 也存在一定缺点，如 In 和 Sn 是稀有金属，价格昂贵；In 有毒，不利于环保；在高温条件下，ITO 的热化学性质不稳定，易与器件发生化学反应等。针对上述存在的问题，需要新型透明材料以满足未来吸波器件柔性、稳定、价格低廉、轻便、环保等要求。而石墨烯材料基于自身优异的性质，使其可能成为代替 ITO 的新一代完美柔性透明材料。

但是目前有两个问题阻碍了石墨烯在透明微波吸波器领域的进一步应用。首先，高质量大面积生长低方阻的石墨烯薄膜材料目前仍是挑战。作者团队已经可以利用 CVD 方法生长大面积的单层石墨烯，并利用热压法制作柔性高透明率的石墨烯薄膜材料，但是目前制备效率较低、产品尺寸有限。此外，目前制作的透明柔性石墨烯薄膜其方阻都在 300 Ω/□ 以上，远远高于 ITO 材料的方阻。虽然有关科研团队发表过一些利用化学掺杂的方法降低石墨烯方阻的研究论文，如韩国成均馆大学的 S. Bae 等人将石墨烯方阻降到 125 Ω/□[74]，英国剑桥大学的 L. Darsie 等人将石墨烯方阻降至 180 Ω/□[75]，意大利的 M. Grande 等人将多层石墨烯的方阻降至 30 Ω/□[76]等，但是仍然存在加工尺寸有限（仅能加工厘米量级样品）、掺杂效率低、工艺过于复杂、不满足柔性等缺点。其次，目前主流吸波器的思路是透明吸波材料结合频率选择表面/超材料进行图案化加工已达到拓宽吸波频率、降低剖面等目的，而传统图案化加工石墨烯的方法尚不能实现对大面积石墨烯薄膜进行任意图案化加工，这大大减少了石墨烯在微波频段吸波领域的应用。本节将结合化学掺杂石墨烯技术及二次衬底加工图案化石墨烯技术，介绍一款基于石墨烯的透明柔性超宽带吸波器，为石墨烯材料在透明微波器件领域的应用提供一种可选择的方案[77]。

4.9.1　硝酸对石墨烯的掺杂效应

针对如何制备高质量、大面积、低方阻的石墨烯薄膜材料的问题，这里采用硝酸掺杂的方法，在保证石墨烯材料的其他优良特性不变的情况下，可显著降低石墨烯的方阻。

4.9.1.1　硝酸掺杂石墨烯的实验过程

首先，利用 CVD 和热压法制作铜衬底/石墨烯/PVC 三层结构的薄膜，如图 4.48（a）所示。然后，将制作好的薄膜样品放入硝酸溶液中，如图 4.48（b）所示。这里选择使用硝酸溶液替代传统的三氯化铁溶液，不仅可以提高腐蚀铜衬底的速度，而且可以同时对石墨烯进行掺杂，大大提高了效率。最终加工完成的透明柔性石墨烯薄膜样品如图 4.48（c）、（d）所示，可以看出石墨烯薄膜成品兼具柔性和透光性。

4.9.1.2　硝酸掺杂石墨烯的实验结果

图 4.49 所示为硝酸处理前后石墨烯的拉曼光谱对比图。从中可以看出，硝酸处理

前后的石墨烯 D 峰均较小，说明石墨烯经过硝酸掺杂并没有明显引起对石墨烯的损伤。硝酸掺杂后的石墨烯的 G 峰与 2D 峰的强度虽然有所增加，但其相对比值与半宽高基本保持不变，表明硝酸处理后的石墨烯保持 sp^2 杂化结构基本不变。此外，硝酸掺杂过后的石墨烯 G 峰和 2D 峰有约 $8cm^{-1}$ 蓝移，表明硝酸的浸泡处理对石墨烯具有掺杂作用，且掺杂类型为 p 型。所以硝酸处理能够对石墨烯起到掺杂作用，且对石墨烯晶格结构的影响很小。

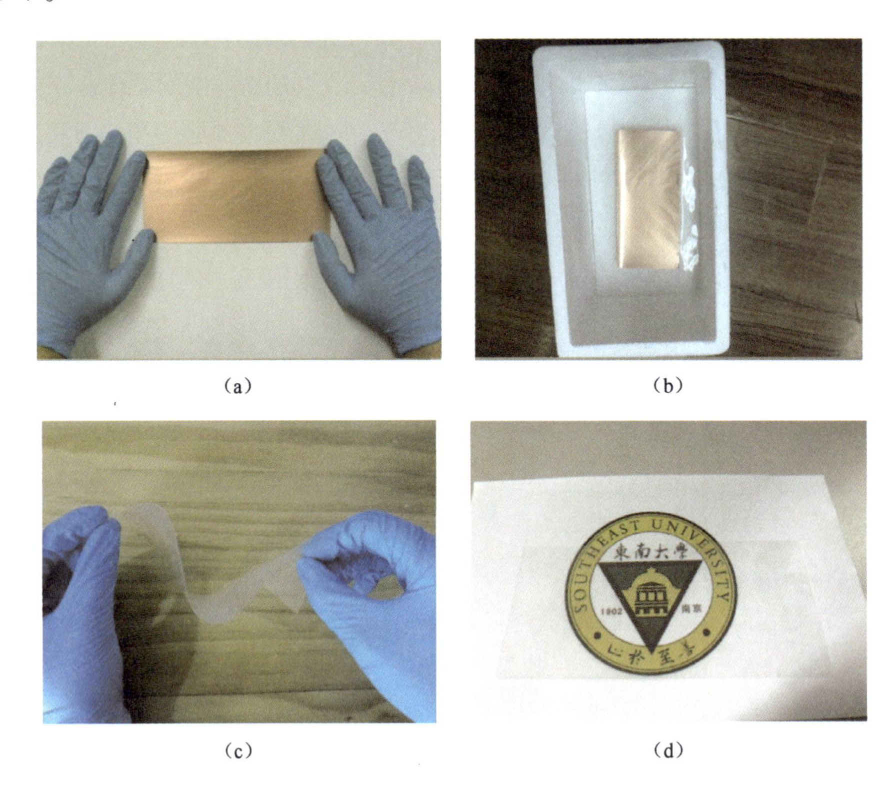

（a）　（b）　（c）　（d）

图 4.48　硝酸掺杂石墨烯的示意图

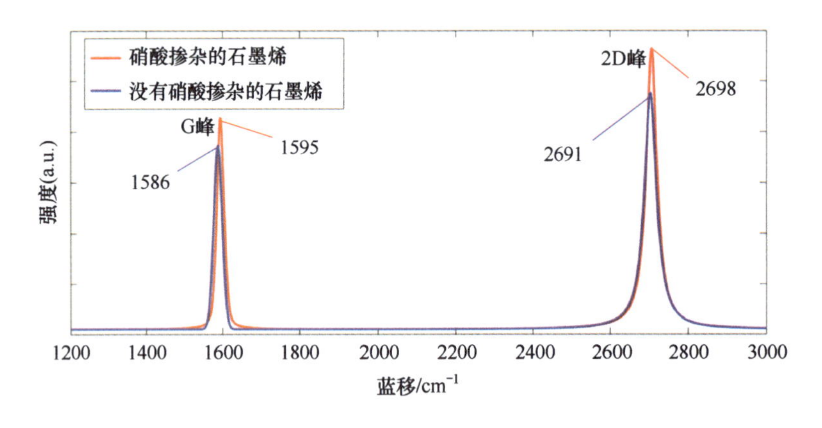

图 4.49　硝酸处理前后石墨烯的拉曼光谱对比图

为了进一步展示硝酸掺杂对石墨烯电学性能的改变，对硝酸掺杂前后的石墨烯表面方阻值进行了测试。首先，选取了 8 组未经硝酸掺杂的石墨烯薄膜，用四探针法进行表面方阻的测试，结果如图 4.50 所示。可以看出，8 组未经掺杂的石墨烯薄膜样品的方阻值变化不大，平均值为 R_0 = 602Ω/□。

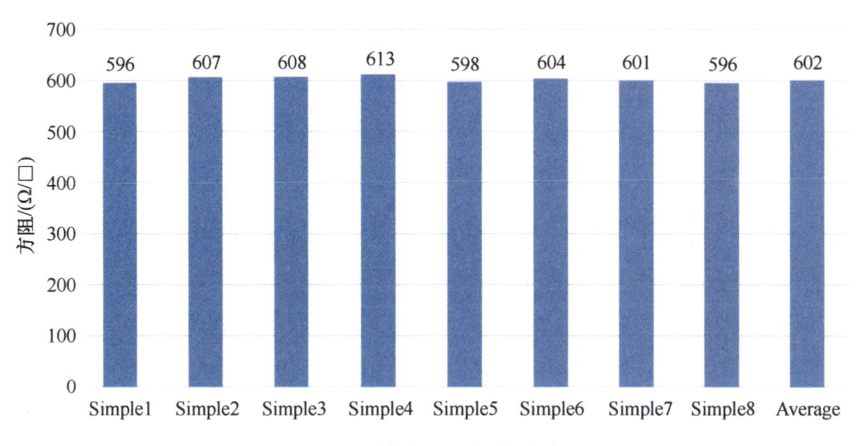

图 4.50 未经掺杂石墨烯薄膜表面方阻

图 4.51 展示了不同参数下硝酸掺杂对石墨烯薄膜方阻值的影响。图 4.51（a）选取 R_0 = 602Ω/□ 作为未掺杂石墨烯方阻的基准值，当石墨烯薄膜在 23℃的环境下经过 65%浓度的硝酸掺杂 5min 时，其方阻迅速降低为 R_0 的 0.2 倍。随着掺杂时间的增加，硝酸掺杂石墨烯方阻值虽然有一些上下波动，但是基本稳定在 0.2R_0 左右，此时石墨烯对硝酸的掺杂已经饱和。65%浓度的硝酸完全掺杂石墨烯的时间大约为 10min，周期较短。将硝酸和石墨烯反应装置置于恒温炉中，图 4.51（b）分别为 23℃、45℃、65℃、80℃的温度下，硝酸掺杂石墨烯的方阻变化曲线，基本稳定在 0.2R_0，这表明在 80℃范围以内，石墨烯的掺杂过程基本不受外界温度的影响，同时也证明了这种石墨烯薄膜在

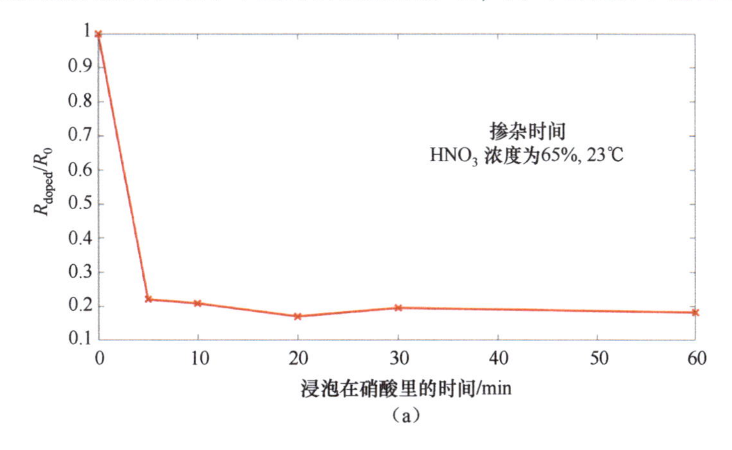

图 4.51 不同参数下硝酸掺杂对石墨烯薄膜方阻值的影响。(a) 掺杂时间；(b) 温度；(c) 硝酸浓度

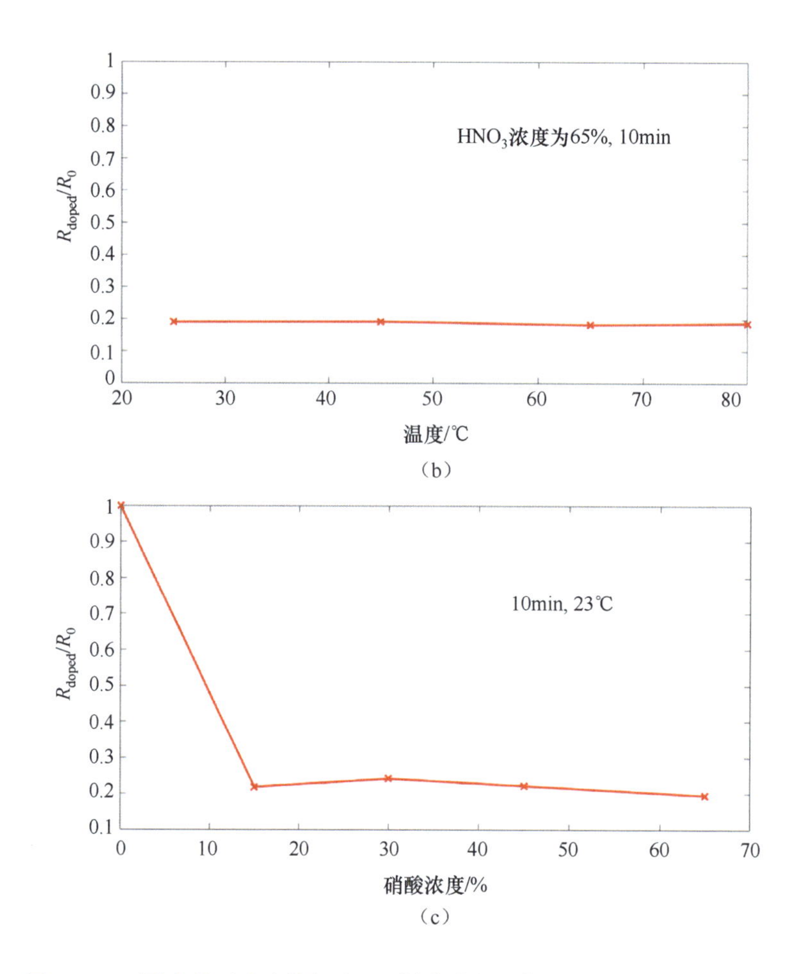

图 4.51　不同参数下硝酸掺杂对石墨烯薄膜方阻值的影响。(a) 掺杂时间；(b) 温度；(c) 硝酸浓度（续）

高温状态下具有一定的稳定性。最后，作者团队也用不同浓度的硝酸对石墨烯薄膜进行了掺杂处理，结果如图 4.51（c）所示，在 65% 上限的范围内，基本上硝酸的浓度越高，对石墨烯的掺杂效果越好，测得的最低方阻可以达到 105Ω/□。

4.9.1.3　硝酸掺杂石墨烯的机理

研究表明，碳基材料和硝酸的反应可以表示如下[78]：

$$25C + 6HNO_3 \rightarrow (NO_3)^- C_{25}^+ \cdot 4HNO_3 + H_2O + NO_2 \tag{4.16}$$

硝酸具有强氧化性，浸泡时石墨烯表面化学吸附了一层硝酸分子，如图 4.52（a）所示。硝酸溶液中的 NO_3^- 会夺取石墨烯的电子而被还原为 NO_2，而石墨烯失去电子后会导致 p 型掺杂，如图 4.52（b）所示。因此经过硝酸掺杂后的石墨烯引入了额外的载流子浓度，促进了碳材料电性能的改善，最终导致了石墨烯方阻的减小。

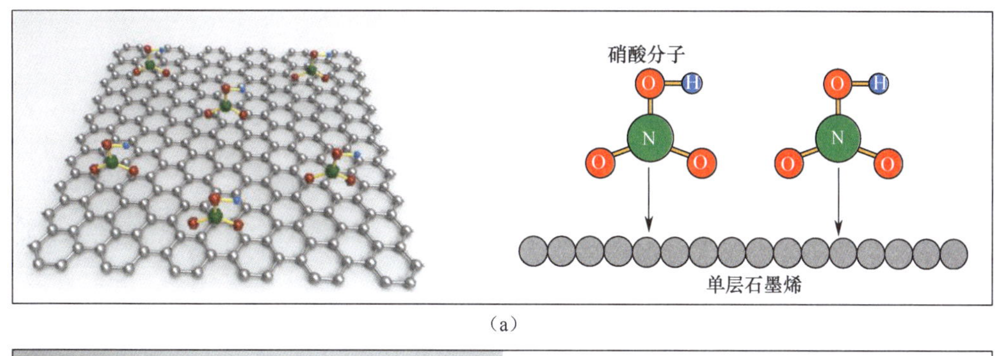

（a）

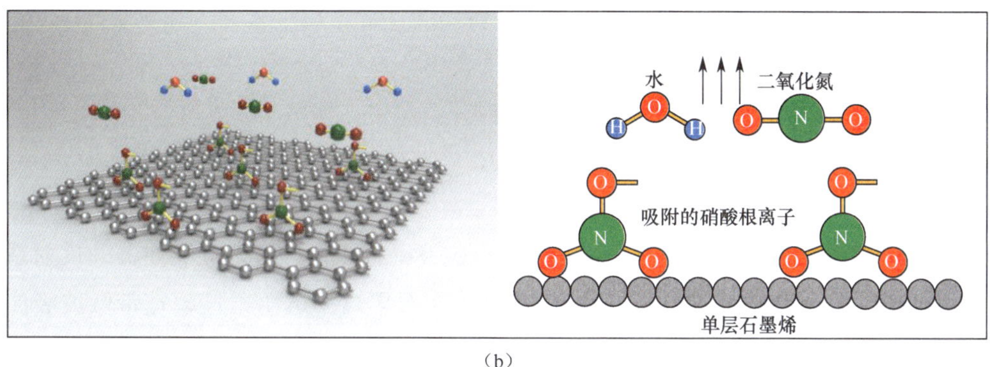

（b）

图 4. 52　硝酸掺杂石墨烯机理示意图

4. 9. 2　超宽带吸波器的结构及性能

4. 9. 2. 1　吸波器的结构和超宽带吸波特性

如图 4. 53 所示，基于掺杂石墨烯的透明柔性超宽带微波吸波器的结构示意图。器件采用五层结构，最表层为上层图案化石墨烯，利用二次衬底加工的技术将硝酸掺杂石墨烯加工成方环周期结构，各单元之间相互分离不连接。尺寸参数为：$a=9.96$mm，$w=1.2$mm，$p=11.2$mm。第二层聚对苯二甲酸乙二醇酯介质层，其相对介电常数为 $\varepsilon_d=2.24\times(1-0.031\mathrm{j})$，厚度为 1mm 。第三层为下层图案化石墨烯，尺寸参数为：$a=7.56$mm，$w=1.2$mm，$p=11.2$mm。第四层仍然为透明介质层，厚度为 3. 5mm。最后一层为待吸波的金属表面。石墨烯层厚度为 75μm 左右，相对于微波段的工作波长，其厚度可忽略。吸波器总厚度为 $h=4.5$mm，包含 20 ×20 个周期单元，满足 Floquet 定理的适用条件。

在 CST Studio 2015 中选择表面阻抗表征石墨烯材料，然后选取单个图案化石墨烯单元进行建模，设置周期性边界条件仿真无限大的周期阵列。使用 Floquet Port 端口仿真 TE 电磁波的照射激励并设置电磁波波矢垂直入射吸波器表面，设置求解的中心频率，然后开始计算，在 Results 中分别获取反射系数 S_{11} 和透射系数 S_{21}。吸波器的吸波性能可用电磁波吸波率进行定量分析

$$A(\omega)=1-R(\omega)-T(\omega)=1-|S_{11}|^2-|S_{21}|^2 \tag{4.17}$$

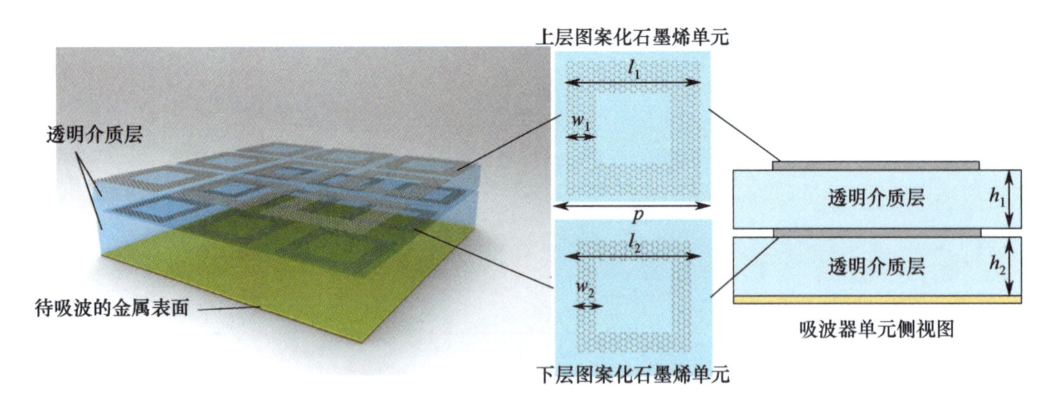

图 4.53　基于掺杂石墨烯的透明柔性超宽带微波吸波器的结构示意图

式中：$R(\omega)$ 为电磁波反射率；$T(\omega)$ 为电磁波透射率。而由于此吸波器底层金属背板，所以电磁波无透射分量，即 $T(\omega)=|S_{21}|=0$，因此该吸波器的吸波率可简化为 $A(\omega)=1-|S_{11}|^2$。

在仿真软件中通过频域求解器仿真平面电磁波垂直入射，可得该吸波器的反射系数 S_{11} 和吸波率曲线，如图 4.54 所示。这款基于掺杂石墨烯的透明柔性超宽带微波吸波器在 5～16GHz 的频率范围内均可以达到 90% 以上的吸波率。相对带宽 $\mathrm{BW}=2(f_\mathrm{H}-f_\mathrm{L})/(f_\mathrm{H}+f_\mathrm{L})\times 100\%=105\%$，其中上限频率 f_H 约为 16GHz，下限频率 f_L 为 5.01GHz，吸波器具有超宽带的性能。该吸波器的厚度为 4.5mm，是最低吸收频点工作波长的 0.07，满足亚波长结构的要求，因此该吸波器具有超薄的特性。

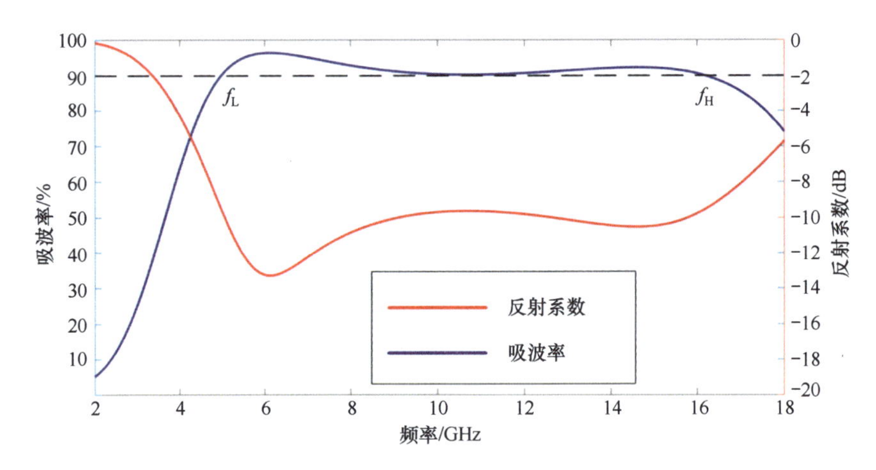

图 4.54　基于掺杂石墨烯的透明柔性超宽带微波吸波器的吸波率频谱图

4.9.2.2　介质层参数对吸波率的影响

为了更加直观地了解吸波器各个尺寸参数对吸波性能的影响，作者团队对该吸波器的部分重要结构参数进行了仿真优化。图 4.55 给出了在保持其他参数不变的情况下，吸波器的整体厚度 h 对吸波器吸波率曲线的影响。当 h 为 3.5mm 时，吸波器的低频吸波率小于 90%，其吸波频率主要集中在 7～18GHz。当 h 变化到 4.5mm 时，吸波器实现了在 5～

16GHz 频段内 90% 以上的吸波率。随着 h 的增大，吸波器的吸波峰逐渐向低频移动，其高频部分的吸波率逐渐降低。当 h 增大到 8.5mm 时，吸波器仅在 3.5 ~ 4.5GHz 频段内有吸波效果。

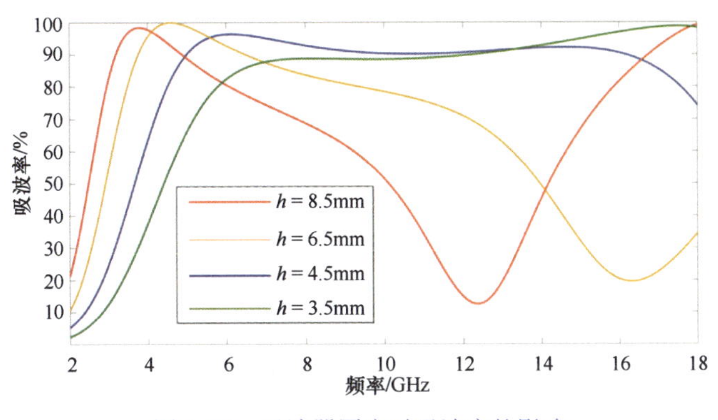

图 4.55　吸波器厚度对吸波率的影响

如图 4.56 所示，保持其他尺寸结构参数不变，调节介质层的介电常数，观察吸波器吸波率曲线的变化情况。作者团队仿真了四种常见的材料，分别为 $\varepsilon = 1.05$ 的泡沫材料、$\varepsilon = 2.2$ 的 PDMS 材料、$\varepsilon = 3.6$ 的 PET 材料及 $\varepsilon = 4.4$ 的 PVC 材料。其中，泡沫材料为非透明材料，其余三种材料均为透明材料。随着介电常数的增加，吸波器的吸波频率向低频偏移，而且其高频段的吸波性能逐渐下降，带宽也逐渐降低。因此，在这四种材料中吸波效果最好的材料是 $\varepsilon = 1.05$ 的泡沫，如果考虑透明性的需求，那么 PDMS 材料是用来设计透明柔性超宽带吸波器的最佳材料。

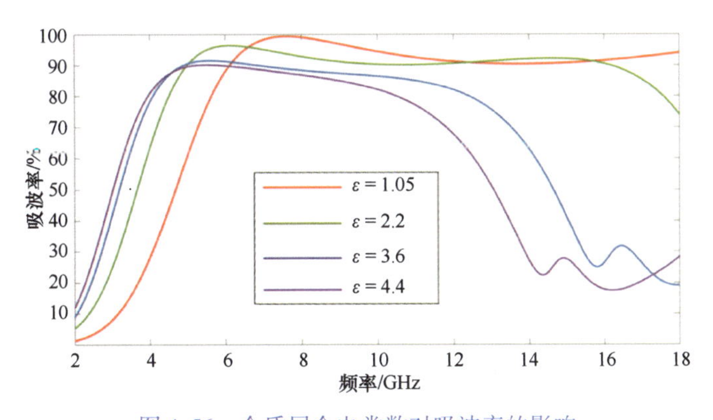

图 4.56　介质层介电常数对吸波率的影响

4.9.2.3　极化方向和入射角度对吸波率的影响

图 4.57 和图 4.58 所示分别是电磁波极化角和入射角对吸波器吸波率的影响。观察可得，吸波器对不同极化角的入射电磁波的吸波性能是完全一致的，这主要由于该吸波器的单元模型为方环结构，在结构上具有高度对称性，此外，PDMS 材质的介质板在这个电磁频段比较稳定，且不具有极化敏感性。所以在这个设计中，电磁波极化角度对吸波率的影响不大，吸波器可以吸收任意极化方向的入射电磁波，这表明此款吸波器具有良好的极化

不敏感性。而当电磁波从不同的角度入射到吸波器表面时，吸波器的吸波率发生变化。当角度逐渐增大时，全频段的吸波率都会降低，在入射角为45°时，在5~16GHz频段内吸波率在80%左右。在入射角为60°时，在5~16GHz频段内吸波率在70%左右。

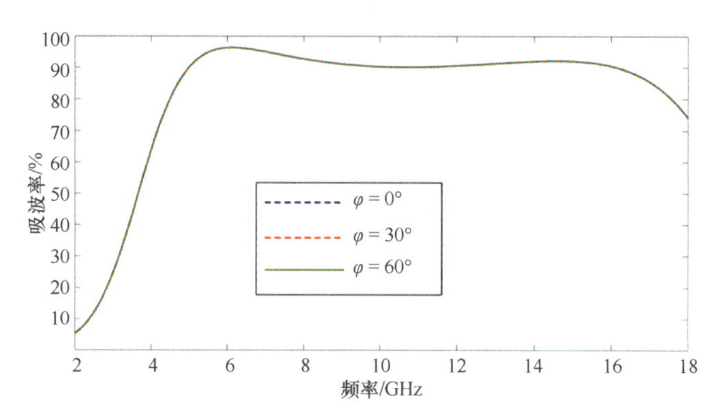

图4.57　电磁波不同极化角度对应的吸波率

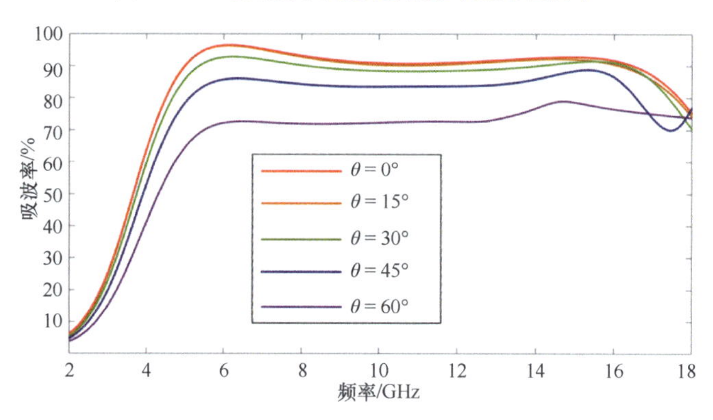

图4.58　电磁波入射角度对吸波率的影响

4.9.2.4　柔性共形特性及透光率分析

柔性吸波器的应用场景主要是为武器或者飞行器提供共形的吸波表面。如图4.59(a)所示，采用普通金属镀层表面的战斗机面对敌方雷达时不具备隐身特性，金属镀层表面对于雷达波的吸波率在2~14GHz频段内处于10%以下，绝大多数电磁波通过战斗机又反射给了雷达，很容易被敌方发现。而当在战斗机金属镀层表面覆盖基于石墨烯的共形透明吸波器后，会在5~16.5GHz频段内达到90%以上的吸波率。这意味着绝大多数敌方雷达发射的电磁波会被吸波器吸收，产生很小的反射系数，从而实现了隐身的功能。为了进一步了解该柔性吸波器共形于战斗机弯曲表面时的雷达散射面积，选取5GHz和15GHz两个频点计算了有/无吸波器且俯仰角变化时其远场RCS参数，结果如图4.60所示。观察可得，覆盖了吸波器后，金属曲面的RCS均有明显的降低。在5GHz处，覆盖吸波器后RCS比原金属曲面的RCS降低了约12dB；在15GHz频点处的RCS降低了约14dB。这证明了基于掺杂石墨烯的透明柔性吸波器可以实现降低不规则物体的RCS，达到隐身的目的。

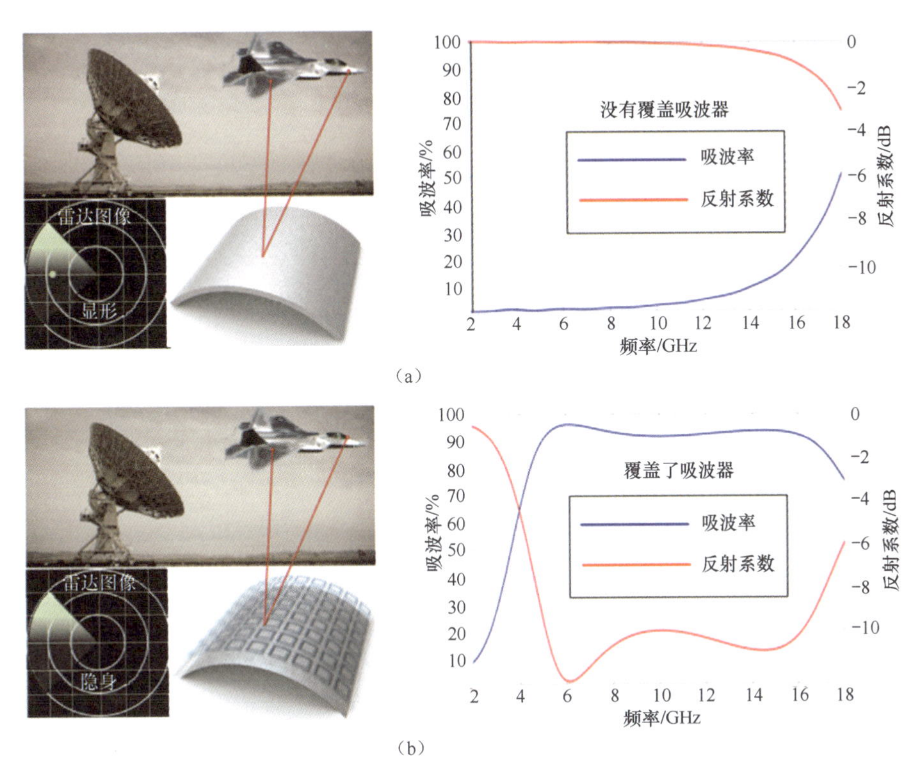

图 4.59　柔性吸波器应用场景及吸波率和反射系数对比图

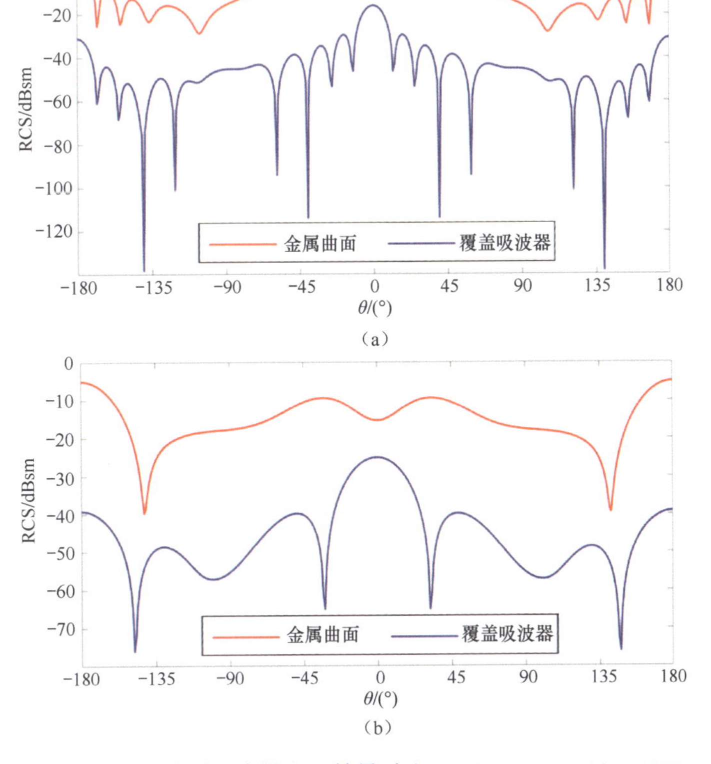

图 4.60　柔性共形吸波器 RCS 结果对比。(a) 5GHz；(b) 15GHz

此外，透光率是透明吸波器的重要指标之一。如图 4. 61 所示，作者团队进一步给出了这款透明柔性超宽带石墨烯吸波器的透光率曲线，透光率可以达到 80% 左右。

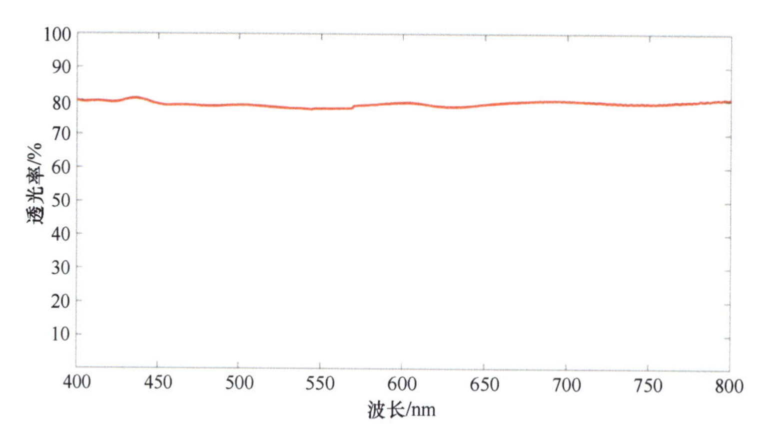

图 4. 61　透明柔性超宽带吸波器的透光率

将该透明吸波器与他人已研究的透明吸波器进一步进行比较，如表 4. 2 所示[76,79 - 85]。从表中可以观察到，目前基于石墨烯的透明微波吸波器的成果主要有文献［76］、［80］、［83］，由表 4. 2 中可以看出这几款吸波器的相对带宽［相对带宽 = (最高频率 - 最低频率)/中心频率］均为 30% 以下，不具备柔性的特点，并且样品尺寸较小而只能通过波导法测试。而作者团队所设计的这款基于掺杂石墨烯的透明吸波器的相对带宽达到了 105%，厚度仅为最低吸波频率波长的 0. 07 且具有柔性好的特性，这些性能指标与其他吸波器对比时均占据明显优势。

表 4. 2　目前几种透明微波吸波器的测试结果对比

文　献	吸波率 90% 以上频率/GHz	相对带宽	厚度/mm	透光率	材　料	柔　性
［76］	8. 5 ~ 9. 5	11%	1. 2 （0. 03λ）	83%	石墨烯	×
［79］	6 ~ 12	66%	5 （0. 1λ）	70%	ITO	√
［80］	120 ~ 160	28%	1. 3 （0. 5λ）	80%	石墨烯	×
［81］	8. 3 ~ 17. 4	70%	3. 85 （0. 11λ）	77%	ITO	×
［82］	6. 06 ~ 14. 66	83%	5. 35 （0. 107λ）	75%	ITO	×
［83］	12 ~ 14. 5	18%	2. 3 （0. 092λ）	80%	石墨烯	×
［84］	8 ~ 15	60%	2. 25 （0. 06λ）	80%	ITO	√
［85］	6 ~ 16	91%	5. 5 （0. 11λ）	82%	ITO	×
本研究	5 ~ 15. 9	105%	4. 5 （0. 07λ）	80%	石墨烯	√

4. 9. 3　超宽带吸波机理分析

为了进一步理解基于掺杂石墨烯的透明吸波器的吸波机理，可通过建立等效电路模型和多层干涉理论分析两种方法进行深入的分析和验证。

4. 9. 3. 1　等效电路模型

等效电路法可以用于分析环形周期阵列，而此款吸波器正是基于方环图案的石墨烯周期阵列设计而成的，如图4.62所示为其等效电路模型。可用传输线理论来解释它的吸波机理。

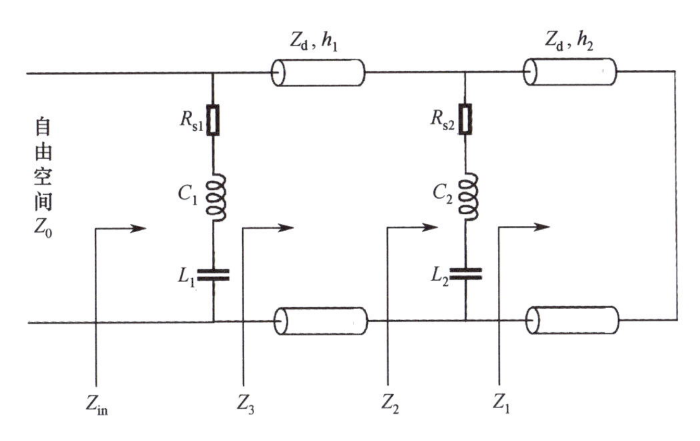

图4.62　基于掺杂石墨烯的透明柔性超宽带微波吸波器的等效电路示意图

RLC串联谐振电路被用来等效图案化石墨烯层。前面的章节已经分析过，在微波频段完整的单层石墨烯可以用表面电阻 R_g 来表征其电磁参数。对于图案化的石墨烯而言，产生的等效电阻值可表示为 $R_s = R_g \dfrac{S}{A}$ ，其中 $S = p^2$ ，A 为单元中与电场平行的石墨烯区域的面积。因此等效电路中的 R_{s1}, L_1, C_1 和 R_{s2}, L_2, C_2 分别为上、下层图案化石墨烯单元的等效电阻、电容和电感。介质层等效为特征阻抗为 Z_d 的传输线。吸波器底层为金属背板，因此电路模型终端应等效为短路。

根据式（4.7）和式（4.8）推导计算，各等效元件的取值如表4.3所示。

表4.3　各等效元件值

集总元件	R_{s1}	R_{s2}	L_1	L_2	C_1	C_2
元件值	172Ω	259Ω	1.55nH	2.38nH	66.7fF	63.2fF

随后求出各部分的等效阻抗 $Z_{1,2,3}$ 、吸波器的整体输入阻抗 Z_{in} 分别为

$$Z_1 = jZ_d \tan(k_d h_2), k_d = \omega \sqrt{\varepsilon_0 \varepsilon_d \mu_0} \tag{4.18}$$

$$Z_2 = \frac{Z_{s2} \cdot Z_1}{Z_{s2} + Z_1}, Z_{s2} = R_{s2} - j\left(\frac{1 - \omega^2 L_2 C_2}{\omega C_2}\right) \tag{4.19}$$

$$Z_3 = Z_d \frac{Z_2 + jZ_d \tan(k_d h_1)}{Z_d + jZ_2 \tan(k_d h_1)} \tag{4.20}$$

$$Z_{s1} = R_{s1} - j\left(\frac{1 - \omega^2 L_1 C_1}{\omega C_1}\right) \tag{4.21}$$

$$Z_{in} = \frac{Z_{s1} \cdot Z_3}{Z_{s1} + Z_3} \tag{4.22}$$

吸波器的反射系数与吸波率如图4.63所示。可以看出通过等效电路法计算出的反

射系数 S_{11} 和吸波率与 CST 模拟仿真的曲线基本一致。通过等效电路的方法可以很容易解释 S_{11} 在 6.2GHz 和 15GHz 出现的两个谐振峰分别是由 R_{s1}，L_1，C_1 和 R_{s2}，L_2，C_2 产生的，通过叠加两个谐振点，最终拓展了吸波器的吸波带宽。

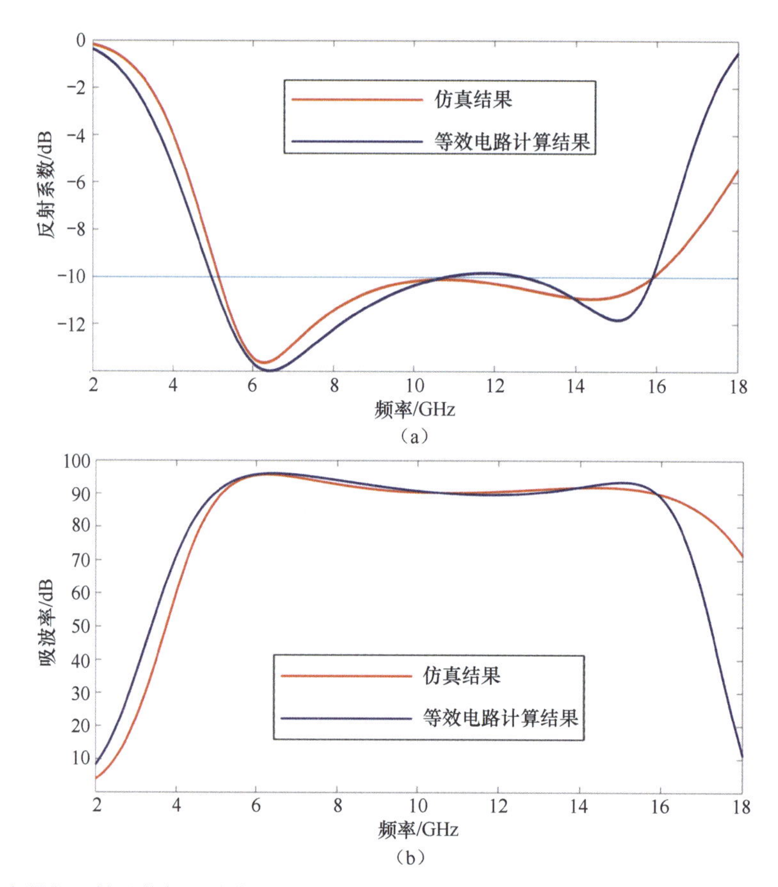

图 4.63　吸波器的反射系数与吸波率。(a) 反射系数及 (b) 吸波率等效电路结果与仿真结果对比图

进一步对吸波器等效电路模型的输入阻抗 Z_{in} 的实部和虚部进行分析计算，结果如图 4.64 所示。从中可以看出，在 5 ~ 16GHz 频段内，输入阻抗 Z_{in} 的实部处于最高值，

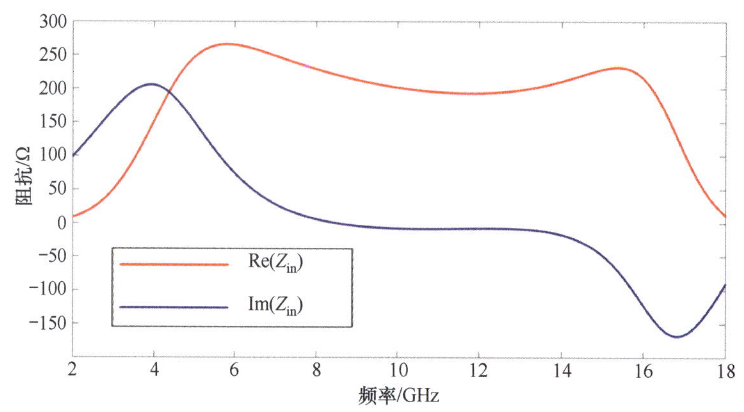

图 4.64　吸波器等效电路输入阻抗频谱图

虚部约为 0Ω，这证明此吸波器与自由空间的阻抗 Z_0 实现了较好的匹配，使得入射电磁波能够有效地被吸波器吸收。

4.9.3.2　干涉理论分析

上一小节通过建立吸波器的等效电路模型，从阻抗匹配的角度初步分析了吸波器谐振产生的原因。为了更全面了解石墨烯吸波器的工作机理，这里使用另一种电磁波的干涉相消理论进行分析。

如图 4.65 插图所示，当入射电磁波从自由空间入射到吸波器表面，即石墨烯层 1 时，其反射系数和透射系数分别为 $\tilde{r}_{12}=r_{12}\exp(\mathrm{j}\phi_{12})$ 和 $\tilde{t}_{12}=t_{12}\exp(\mathrm{j}\theta_{12})$；从介质层 1 向石墨烯层 2 入射时，其反射系数和透射系数分别为 $\tilde{r}_{22}=r_{22}\exp(\mathrm{j}\phi_{22})$ 和 $\tilde{t}_{23}=t_{23}\exp(\mathrm{j}\theta_{23})$；从介质层 2 向金属底层入射时，其反射系数 $\tilde{r}_{33}=-1$，没有透射系数。金属底板反射的电磁波从介质层 2 向石墨烯层 2 入射时，其反射系数和透射系数分别为 $\tilde{r}_{32}=r_{32}\exp(\mathrm{j}\phi_{32})$ 和 $\tilde{t}_{32}=t_{32}\exp(\mathrm{j}\theta_{32})$；从介质层 1 向石墨烯层 1 入射时，其反射系数和透射系数分别为 $\tilde{r}_{21}=r_{21}\exp(\mathrm{j}\phi_{21})$ 和 $\tilde{t}_{21}=t_{21}\exp(\mathrm{j}\theta_{21})$。电磁波在石墨烯层与介质层中间来回振荡的情况比较复杂，可进行逐层推导。首先，石墨烯层 2 界面的反射系数 $\tilde{r}_g$ 可表示为

$$
\begin{aligned}
\tilde{r}_g &= \tilde{r}_{22}+\tilde{t}_{23}\tilde{r}_{33}\tilde{t}_{32}\exp(\mathrm{j}2\beta_2)+\tilde{t}_{23}\tilde{r}_{33}^2\tilde{r}_{32}\tilde{t}_{32}\exp(\mathrm{j}4\beta_2)+\tilde{t}_{23}\tilde{r}_{33}^3\tilde{r}_{32}^2\tilde{t}_{32}\exp(\mathrm{j}6\beta_2)+ \\
&\quad \tilde{t}_{23}\tilde{r}_{33}^4\tilde{r}_{32}^3\tilde{t}_{32}\exp(\mathrm{j}8\beta_2)+\cdots \\
&= \frac{\tilde{r}_{22}+(\tilde{t}_{23}\tilde{t}_{32}-\tilde{r}_{22}\tilde{r}_{32})\tilde{r}_{33}\exp(\mathrm{j}2\beta_2)}{1-\tilde{r}_{33}\tilde{r}_{32}\exp\mathrm{j}2\beta_2}
\end{aligned}
\tag{4.23}
$$

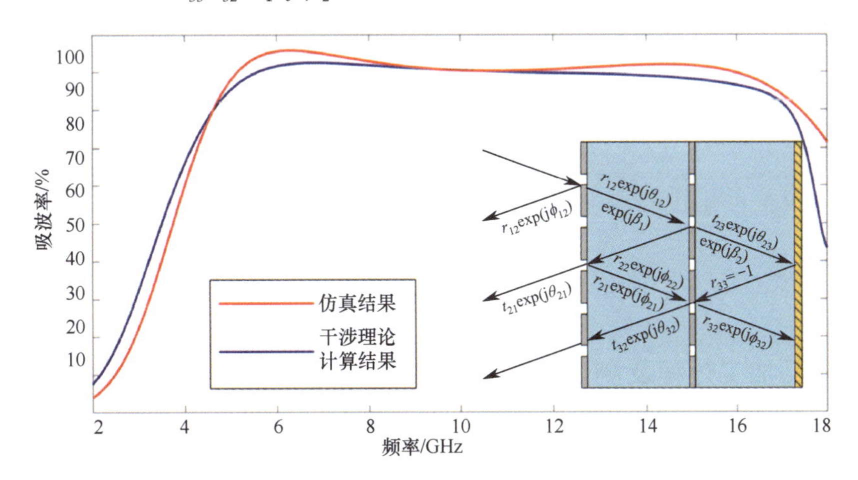

图 4.65　吸波率仿真结果与干涉理论计算结果对比图

最终吸波器表面的总反射系数可表示为

$$
\begin{aligned}
\tilde{r} &= \tilde{r}_{12}+\tilde{t}_{12}\tilde{r}_g\tilde{t}_{21}\exp(\mathrm{j}2\beta_1)+\tilde{t}_{12}\tilde{r}_g^{\,2}\tilde{r}_{21}\tilde{t}_{21}\exp(\mathrm{j}4\beta_1)+\tilde{t}_{12}\tilde{r}_g^{\,3}\tilde{r}_{21}^2\tilde{t}_{21}\exp(\mathrm{j}6\beta_1)+ \\
&\quad \tilde{t}_{12}\tilde{r}_g^4\tilde{r}_{21}^3\tilde{t}_{21}\exp(\mathrm{j}8\beta_1)+\cdots
\end{aligned}
$$

$$= \frac{\tilde{r}_{12} + (\tilde{t}_{12}\tilde{t}_{21} - \tilde{r}_{12}\tilde{r}_{21})\tilde{r}_{g}\exp(j2\beta_1)}{1 - \tilde{r}_{g}\tilde{r}_{21}\exp(j2\beta_1)} \tag{4.24}$$

其中，$\tilde{m} = (\tilde{r}_{12}\tilde{r}_{21} - \tilde{t}_{12}\tilde{t}_{21})\ \tilde{r}_{g}\exp(j2\beta_1)$，传播相位 $\beta_{1,2} = \sqrt{\varepsilon_{pet}}k_0 h_{1,2}$。相应吸波器的吸波率为

$$\tilde{A}(\omega) = 1 - |\tilde{R}(\omega)|^2 \tag{4.25}$$

分析式（4.24），当满足 $|\tilde{r}_{12}| = |\tilde{m}|$ 且相位差 $\alpha = \arg(\tilde{r}_{12}) - \arg(\tilde{m}) = 0°$ 时，在吸波器表面处的首次反射波与透射波的多次出射波形成干涉相消现象，使得反射系数 $\tilde{r}$ 最小，吸波率达到最大。

图 4.66 给出了 $\tilde{r}_{12}$ 和 $\tilde{m}$ 的幅度与相位差频谱图。观察可得，在 5 ~ 16GHz 的范围内，$\tilde{r}_{12}$ 和 $\tilde{m}$ 的幅度都在 0.45 左右，相位差 α 在 −50° ~ 50°范围内波动，存在干涉相消现象。特别地，在 6GHz 与 13GHz 处，满足 $|\tilde{r}_{12}| = |\tilde{m}|$ 且 α 在 0°附近波动，满足强干涉相消的条件，因此在这两个频点吸波性能最好。而在 5 ~ 16GHz 以外的频段，由于幅度相差较大，相位差也远离 0°，导致最终的吸波性能较差。可以看出利用干涉原理计算出的吸波率与仿真结果符合度较好，验证了电磁波在吸波器中因多层干涉产生相消现象。

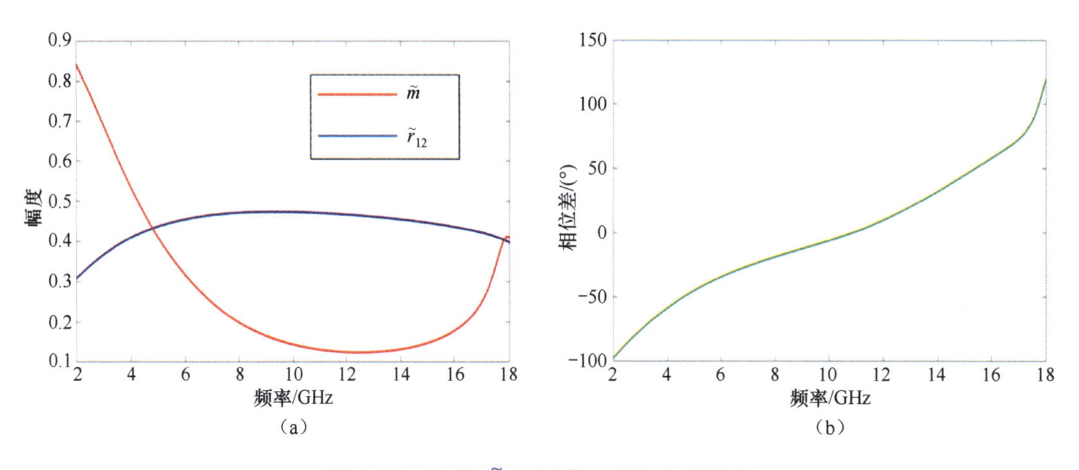

图 4.66　$\tilde{r}_{12}$ 和 $\tilde{m}$ 的幅度与相位差频谱图

4.9.4　样品加工过程及测试结果

根据前文分析优化所得到的最佳尺寸，制作基于掺杂石墨烯的透明超宽带吸波器。主要分为两个过程：方环周期图案石墨烯层加工与介质层加工。

首先，介质层可采用 PDMS 材料加工而成。将 Dow Coring 公司的 SYLGARD184 与固化剂按照 10∶1 的重量比完全混合，在 50℃ 的环境下固化。然后通过机械切割的方法切割成 150mm × 150mm 的方块，厚度分别为 3.5mm 与 1mm 。然后，利用衬底二次加工

技术制作“铜衬底/石墨烯/柔性衬底”结构，如图 4.67（a）、（b）所示。通过之前介绍的硝酸掺杂石墨烯的方法对方环图案的石墨烯同时进行化学掺杂与衬底刻蚀。最后将介质层与石墨烯层逐层贴合压平，完成基于掺杂石墨烯的透明超宽带吸波器的样品加工。根据石墨烯周期单元结构的要求，该样品包含 13 × 13 个方环周期单元，整体尺寸为 145.6mm × 145.6mm × 4.5mm 。另外，如图 4.67（c）、（d）所示，该样品具有较高的透明度与较好的柔韧性。

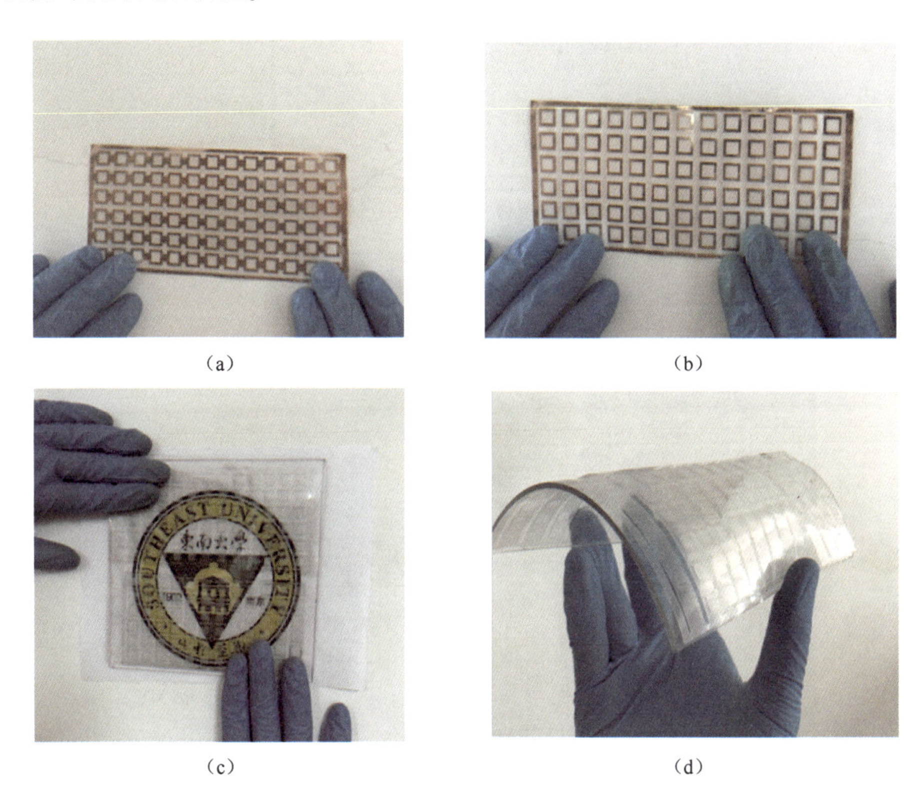

（a）　（b）　（c）　（d）

图 4.67　基于掺杂石墨烯的透明超宽带吸波器加工过程

样品测试环境如图 4.68 所示，使用罗德 · 施瓦茨 ZNB400 矢量网络分析仪连接 2 ~ 18GHz 的宽带双脊喇叭天线对吸波器样品进行测试。选用铜箔模拟飞行器或武器的金属表面涂覆，并将吸波器共形覆盖于平板及圆柱形铜箔之上，随后将整个样品置于锥形吸波屏风的中央位置，待测吸波器样品和喇叭天线保持在同一高度（距地约 1.35m），两者之间的距离应大于 $2L^2/\lambda$（L 为使双脊喇叭天线近场效应和衍射最小的尺寸）。测试采用空间波法，首先将该柔性吸波器平面竖直放置，测试电磁波垂直入射时，该吸波器的吸波率如图 4.69 所示。

由于采用空间波法测量吸波器的吸波率，收发天线在测试过程中存在一些不可避免的衍射及背景噪声，所以图 4.69 所示的吸波率的测试结果存在比较明显的曲线抖动情况，产生一些误差。为了进一步观察测试结果与仿真结果的吻合程度，这里采用多项式拟合法对测试结果进行了数据拟合处理。通过对比，实测拟合曲线和仿真曲线基本吻合。

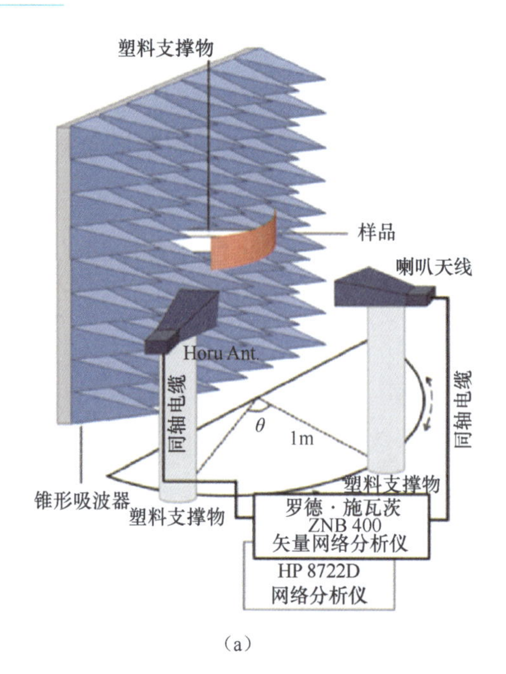

(a)

(b)

(c)

图 4.68　吸波器样品测试环境图。(a) 模拟图；(b) 共形铜箔平板实际测试图；(c) 共形弯曲圆柱面测试图

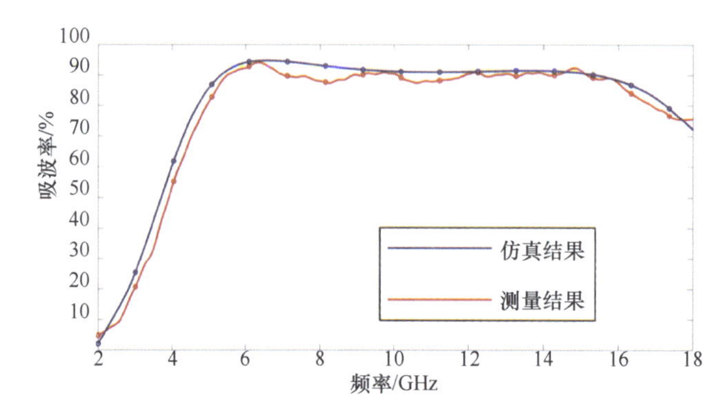

图 4.69　共形平板时吸波器的吸波率测试结果与仿真结果对比

为进一步了解柔性吸波器共形于不规则表面时的吸波效果。将该吸波器样品弯曲共形于三种不同半径的圆柱表面，如图 4.70 所示，使其对应的圆心角 α 分别为 15°、30° 及 60°。吸波器中心正对于发射喇叭天线，利用空间波法进行对比测试，得到弯曲共形后的吸波率曲线，如图 4.71 所示。由于测试结果存在一定的误差，需对其进行多项式拟合处理。可以发现，这款吸波器在弯曲柔性共形的情况下，仍然可以在 5～16GHz 的范围内保持较好的吸波率。但是在弯曲程度较大的情况下，吸波器吸波峰的位置发生了一定的偏移。这是由于当吸波器样品共形于圆心角较大的圆柱体时，其左右两侧最边缘部分对应的电磁波入射角度较大。在这种情况下，整体的吸波率会发生一定的改变。总体来说，这款吸波器的柔性共形特性使得其应用范围更加广泛。

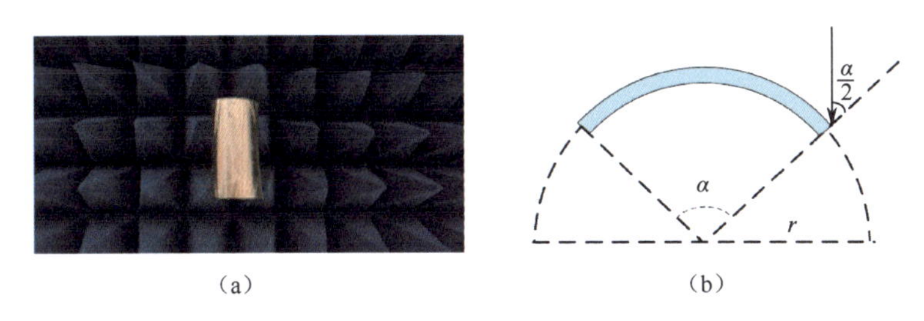

图 4.70　共形弯曲圆柱面时吸波器圆心角示意图

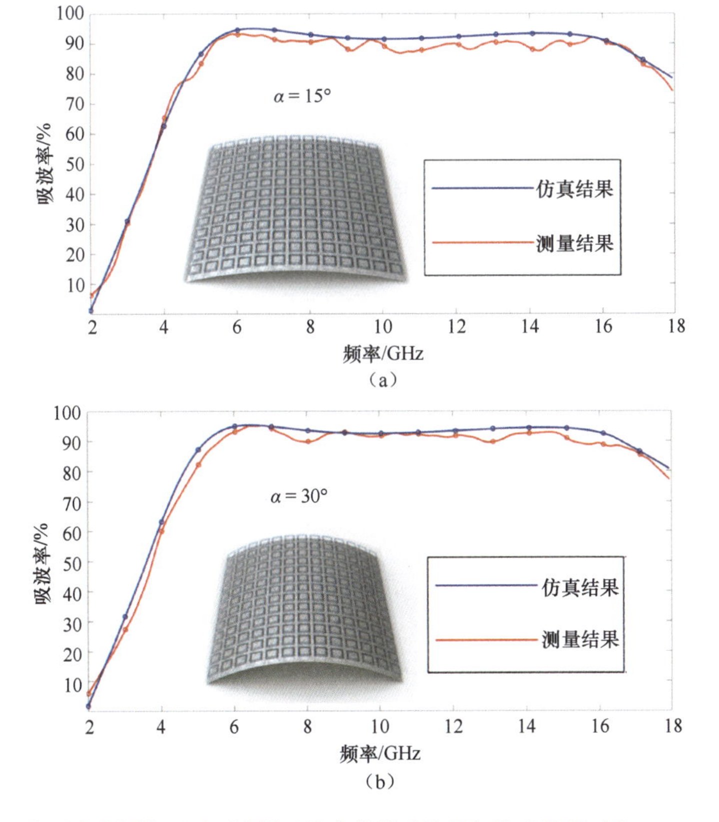

图 4.71　共形弯曲圆柱面时吸波器吸波率的测试结果与仿真结果对比。(a) α = 15°；(b) α = 30°；(c) α = 60°

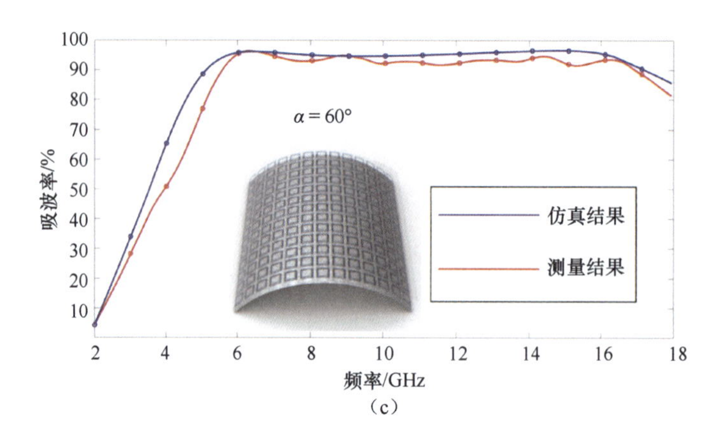

图 4.71　共形弯曲圆柱面时吸波器吸波率的测试结果与仿真结果对比。(a) α = 15°;(b) α = 30°; (c) α = 60° (续)

4.10 国内外前沿实验进展

4.10.1　基于石墨烯电容的宽带可调雷达吸波器

2020 年，Jiakun Song 等人通过集成石墨烯电容和阻性频率选择性表面（RFSS），研究了一种宽带可调雷达吸波器，如图 4.72 所示。它由石墨烯电容和 RFSS 层组成，石墨烯电容、RFSS 层及金属板之间通过泡沫板隔开。石墨烯电容由大面积的石墨烯薄膜转移到聚对苯二甲酸乙二醇酯（PET）基片和离子液体电解质（DEME TFSI）之间的高阻片上制成。

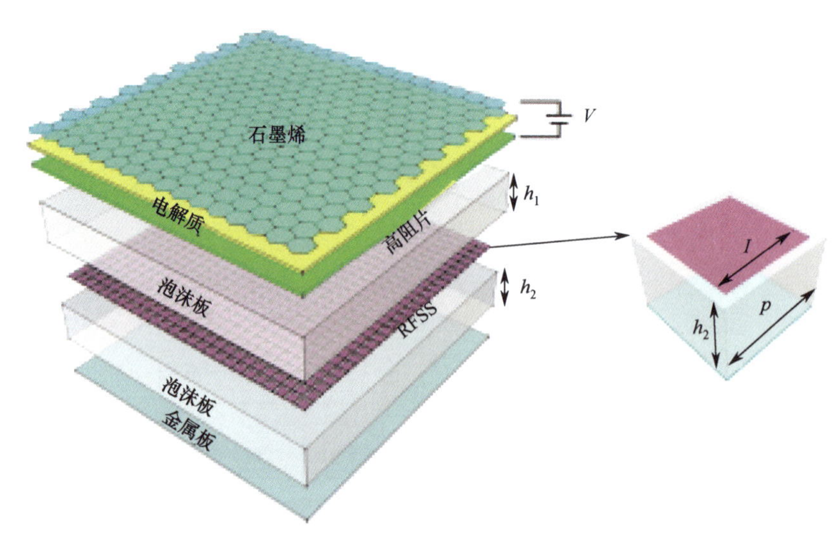

图 4.72　基于石墨烯电容的宽带可调吸波器结构图

通过静电场偏置电压改变石墨烯的有效方阻，可以动态控制微波反射率。如图 4.73所示，模拟结果表明，当石墨烯方阻为 120～700Ω/□时，该结构可以在 2.9～15.9GHz 的宽频段内调整其反射率。平均反射率的调谐范围为 4.6～15.3dB。

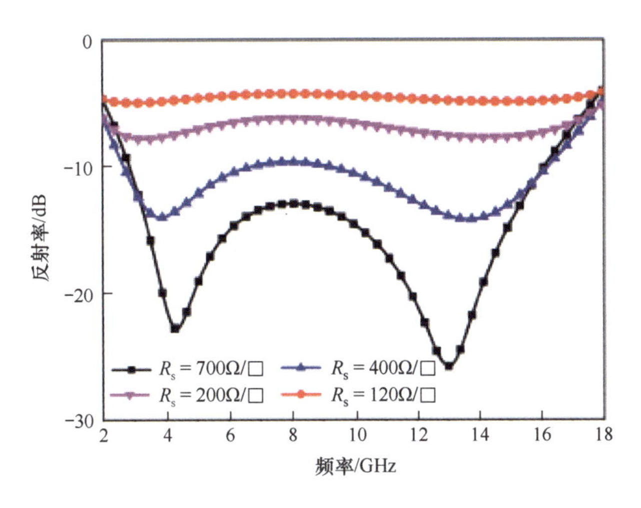

图 4.73　基于石墨烯电容的宽带可调吸波器仿真结果

为了在实验中验证所提出的宽带可调吸收体，加工制作了样品，如图 4.74（a）所示。采用化学气相沉积法在铜箔上生长石墨烯薄膜，然后转移到 125μm 厚的 PET 薄膜上。转移过程进行了三次，得到三层石墨烯。然后，将大面积的石墨烯涂层 PET 膜和高阻 PI 膜作为石墨烯电容的两个电极。用离子液体电解质浸泡的两层 25μm 厚聚乙烯（PE）膜部分重叠并夹在两电极之间。当对石墨烯电容施加直流偏置电压时，两电极间的电场会使电解液极化，石墨烯的方阻可以动态控制。测试得到了偏置电压与石墨烯方阻之间的关系如图 4.74（b）所示。通过施加不同的偏置电压来测量其可调反射率。实验结果与仿真结果吻合较好，如图 4.75 所示。此外，该吸波器还被证实具有良好的角稳定性和极化不敏感性，这在隐身技术的应用中将具有广阔的前景。

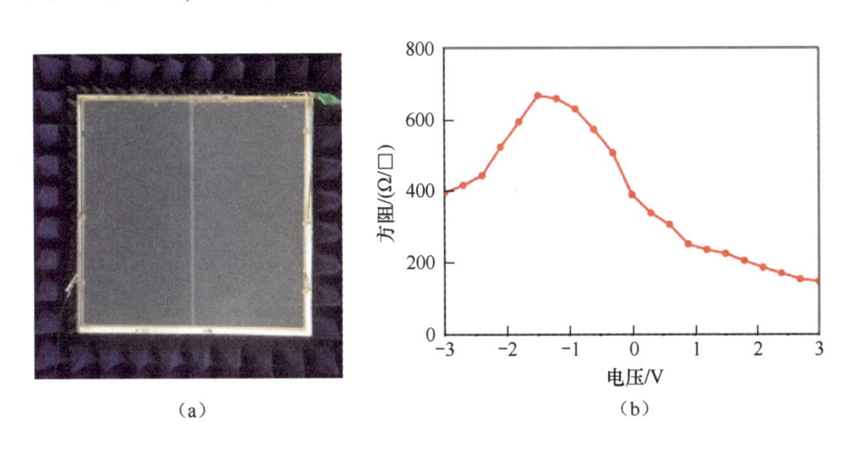

图 4.74　（a）吸波器加工样品；（b）石墨烯方阻随电压的变化

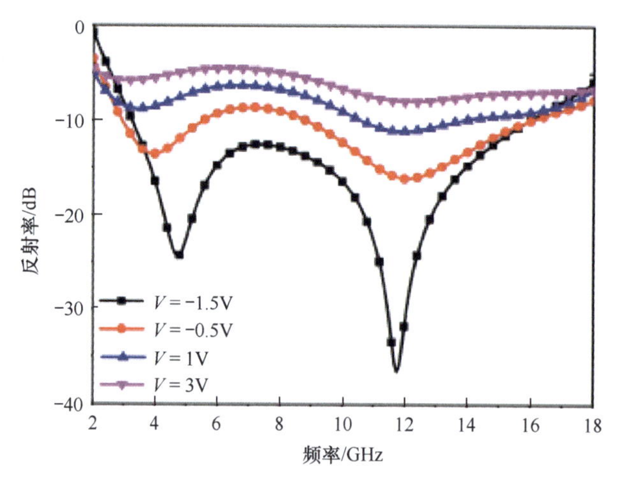

图 4.75　吸波器实测结果

4.10.2　基于石墨烯电容的幅频双控雷达吸波器

2021 年，Cheng Huang 等人利用石墨烯电容实现了吸波器的幅度和频率同时控制。该研究中提出了一种可调雷达吸波器，该吸波器基于石墨烯电容和变容负载的有源频率选择表面（FSS）的组合。通过不同的偏置电压可分别改变石墨烯的有效方阻和变容二极管的电容，可以独立控制吸收幅值和频率。其结构如图 4.76 所示。它由有源 FSS 层和石墨烯电容层组成。该有源 FSS 结构是在 F4B 衬底的顶部刻蚀一个金属方环和一个方形贴片。四个变容二极管对称地装入贴片和方环之间的槽中。为了控制变容二极管，在衬底的底面刻蚀两根交叉金属线，并通过金属过孔连接到贴片上。石墨烯电容由转移到 0.125mm 厚的聚对苯二甲酸乙二醇酯（PET）衬底上的三层石墨烯薄膜组成。

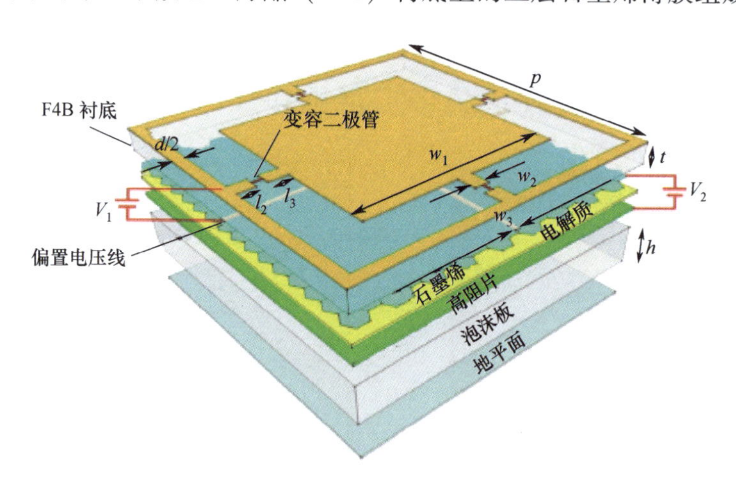

图 4.76　基于石墨烯电容的幅频双控吸波器结构图

对该吸收体进行加工，如图 4.77（a）所示，并测量了其可调反射率。测量结果如图 4.78（a）、（b）所示，可以看到，当变容二极管的偏置电压为 0.5～10V 时，吸波器在正常入射条件下的吸收频率可在3.53～7.05GHz 范围内调整。通过偏置电压进一步改变石墨烯电阻，可以动态调节每个吸收频率的吸收幅度。此外，由于有源 FSS 的对称设计，该吸波器具有极化不敏感特性。

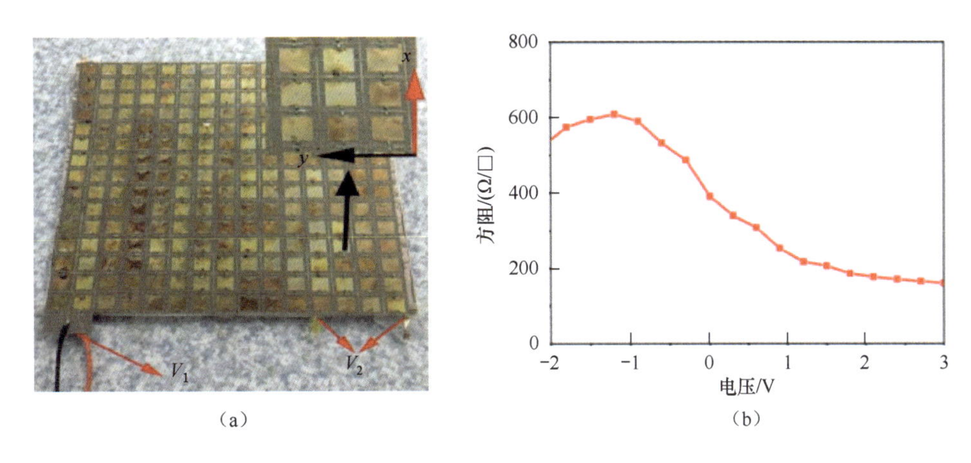

图 4.77　(a) 吸波器加工样品；(b) 石墨烯方阻随电压的变化

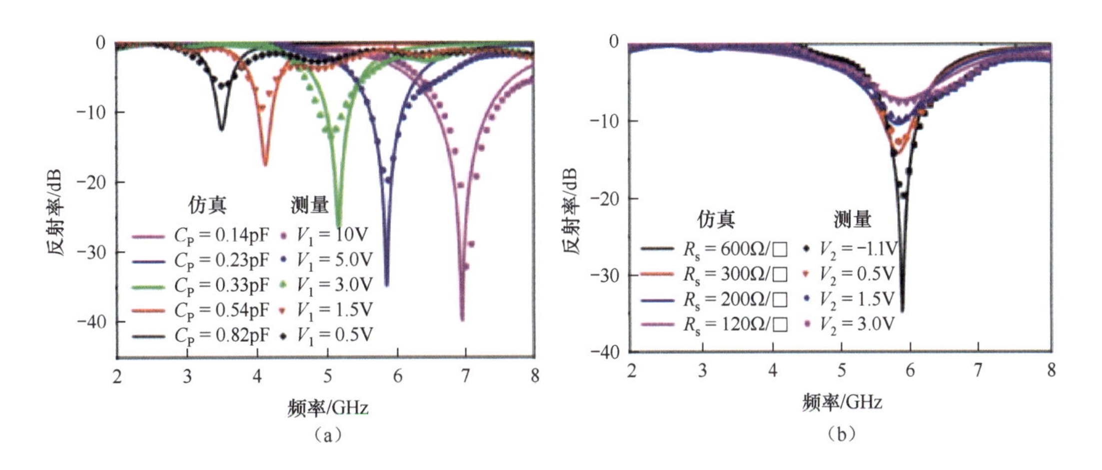

图 4.78　(a) 吸波器频率调节的仿真与实测结果；(b) 吸波器幅度调节的仿真与实测结果

4.10.3　柔性石墨烯微带贴片天线

2016 年 M. Akbari、M. W. A Khan 等人介绍了在纸板上制作和测试的基于石墨烯的偶极天线，这是一种有前途的低成本、可回收、加工性能优异的射频识别标签，如图 4.79所示。石墨烯天线的实测薄层电导率为 1.39×10^4S/m。石墨烯标签有很大的潜力实现小范围跟踪，通过调整标签天线参数，如输入馈电间隙和标签天线的长度和宽度，可以进一步提高射频识别的性能。通过优化标签天线参数，可以在整个超高频射频识别频段内获得更好的射频识别标签性能。但它整体平整度较差，印刷表面不均匀，且射频识别标签天线的平均厚度过厚，这是其纸板表面多孔使油墨凝聚的结果。

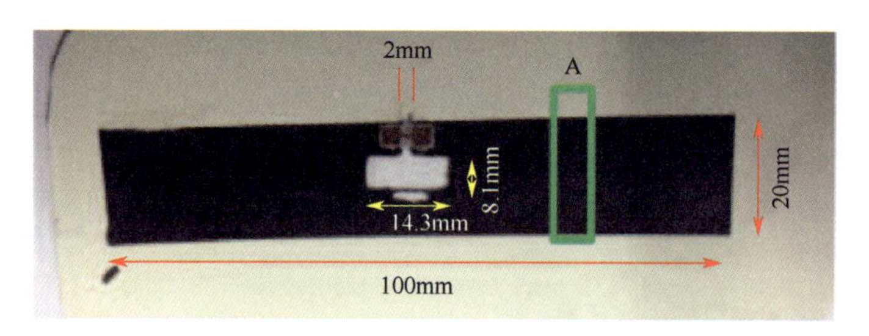

图 4.79　射频识别标签示意图

4.10.4　多模可重构微带天线

2017 年 J. Kumar、B. Basu 等人提出了一种基于石墨烯导电墨水的多模可重构微带天线，能在两个频率（S 波段 3.03GHz，C 波段 5.17GHz 和 6.13GHz）之间切换（见图 4.80）。石墨烯纳米粒子基导电油墨电导率为 0.37×10^5S/m。在主模（TM10）3.03GHz 下，获得了 55% 以上的良好辐射效率。通过将导电油墨印刷在薄织物上，并努力提高电导率，实现石墨烯导电油墨印刷纺织品作为金属的替代品来制造微带天线。此研究通过在低介电常数多层衬底上制作印制天线体现出了石墨烯的广泛可用性和低成本，为大规模生产提供了一个具有成本效益的策略，但因电导率较低而无法实现高电导率需求。

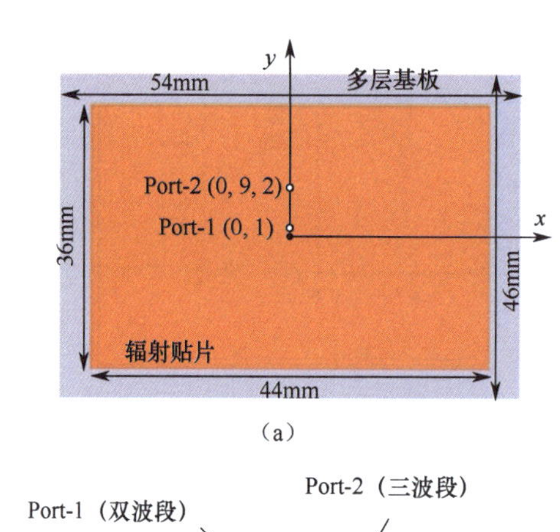

（a）

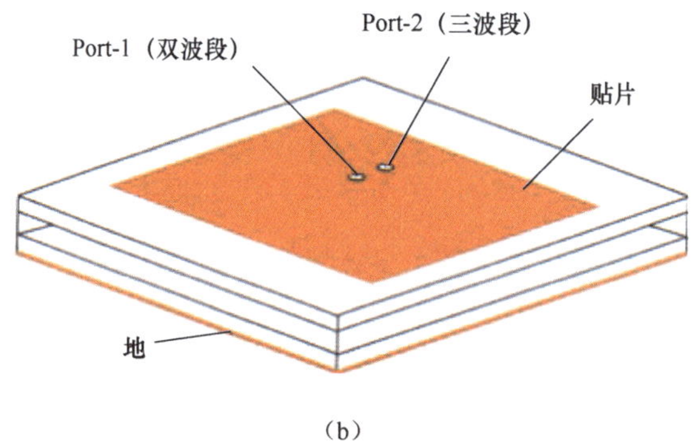

（b）

图 4.80　天线模型图。（a）俯视图；（b）三维视图

4.10.5 基于石墨烯的超宽带天线

2019年伦敦Queen Mary大学的Isidoro Ibanez Labiano等人介绍了一种使用石墨烯作为导电贴片的超宽带天线。该天线在柔性纺织基板上设计并实现。该天线具有集成度高、设计复杂度低、制造简单、集成环保、石墨烯成本低等吸引人的特点，因此非常适合以身体为中心的生物医学和可穿戴应用。其中，石墨烯薄片采用中空玻璃微纤维无纺布层压，以避免卷曲的石墨烯边缘接触织物可能产生的短路效应。如图4.81所示，石墨烯薄片被切割并通过热层压转移到微玻璃纤维上。这种由施加热量触发的方法有助于两薄片之间的结合，提供了强界面，后将多孔PE片浸入液体中，对石墨烯进行保形涂层，然后在70℃烤箱中干燥2h，去除残留的水分子。得到的石墨烯薄膜电导率为2.5×10^{5}S/m。

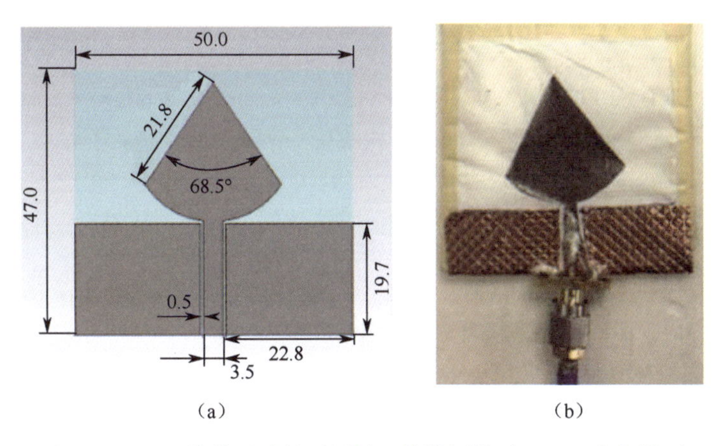

图4.81 (a) 优化尺寸的石墨烯天线模拟模型；(b) 实物模型

由于共面结构的存在，可以观测到全向辐射。仿真结果表明，该天线实现增益为3dBi，天线效率为60%。所设计的天线在先进材料器件中具有潜力。

参考文献

[1] ZHAO Y T, WU B, ZHANG Y, et al. Transparent electromagnetic shielding enclosure with CVD graphene. Applied Physics Letters, 2016, 109: 103507.

[2] 张亚辉. 石墨烯在微波电路与天线中的应用研究. 西安：西安电子科技大学，2019.

[3] 宋蕾. 基于石墨烯柔性应力传感器研究. 西安：西安电子科技大学，2020.

[4] WU B, YANG Y J, LI H L, et al. Low-loss Dual-polarized Frequency-Selective Rasorber with Graphene-based Planar Resistor. IEEE Trans. Antennas and Propagation, 2020, 68 (11): 7439-7446.

[5] 杨瑶佳. 多功能频率选择表面及天线研究. 西安：西安电子科技大学，2021.

[6] WU B, ZHANG Y H, ZHAO Y T, et al. Compact Nine-Way Power Divider with Omnidirectional Resistor Based on Graphene Flake. IEEE Microwave and Wireless Components Letters, 2018, 28 (9): 762-764.

[7] PANWAR R, PUTHUCHERI S, AGARWALA V, et al. Fractal frequency-selective surface embedded thin broadband microwave absorber coatings using heterogeneous composites. IEEE Trans. Microw. Theory

Techn., 2015, 63 (8): 2438-2448.

[8] CHAKRAVARTY S, MITTRA R, WILLIAMS N R. On the application of the microgenetic algorithm to the design of broadband microwave absorbers comprising frequency-selective surfaces embedded in multi-layered dielectric media. IEEE Trans. Microw. Theory Techn., 2001, 49 (6): 1050-1059.

[9] ZADEH A K, KARLSSON A. Capacitive circuit method for fast and efficient design of wideband radar absorbers. IEEE Trans. Antennas Propag., 2009, 57 (8): 2307-2314.

[10] COSTA F, MONORCHIO A, MANARA G. Analysis and design of ultra thin electromagnetic absorbers comprising resistively loaded high impedance surfaces. IEEE Trans. Antennas Propag., 2010, 58 (5): 1551-1558.

[11] LI M, XIAO S, BAI Y Y, et al. An ultrathin and broadband radar absorber using resistive FSS. IEEE Antennas Wirel. Propag. Lett., 2012, 11 (1): 748-751.

[12] ZHANG H, ZHOU P, LU H, et al. Resistance selection of high impedance surface absorbers for perfect and broadband absorption. IEEE Trans. Antennas Propag., 2013, 61 (2): 976-979.

[13] FORD K, CHAMBERS B. Smart microwave absorber. Electron. Lett., 2000, 36 (1): 50-52.

[14] NEELAKANTA P, STAMPALIA A, DE GROFF D. An actively-controlled microwave reflecting surface with binary-pattern modulation. Microw. J., 2003, 46 (12): 22-35.

[15] TENNANT A, CHAMBERS B. A single-layer tuneable microwave absorber using an active FSS. IEEE Microw. Wirel. Compon. Lett., 2004, 14 (1): 46-47.

[16] NEELAKANTA P S, ABELLO J, GU C. Microwave reflection at an active surface imbedded with fastion conductors. IEEE Trans. Microw. Theory Techn., 1992, 40 (5): 1028-1030.

[17] 陈昊. 微波段石墨烯电磁特性及应用研究. 南京: 东南大学, 2020.

[18] HANSON G W. Dyadic Green's functions and guided surface waves for a surface conductivity model of grapheme. J. Appl. Phys., 2008, 103 (6): 064302-1-064302-8.

[19] EMANI N K, CHUNG T F, NI X, et al. Electrically tunable damping of plasmonic resonances with grapheme. Nano Lett., 2012, 12 (10): 5202-5206.

[20] XU B, GU C, LI Z, et al. A novel absorber with tunable bandwidth based on graphene. IEEE Antennas Wirel. Propag. Lett., 2014, 13 (1): 822-825.

[21] FALLAHI A, PERRUISSEAU-CARRIER J. Design of tunable biperiodic graphene metasurfaces. Phys. Rev. B, 2012, 86 (19): 4608-4619.

[22] BALDELLI M, PIERONTONI L, BELUCCI S. Learning by using graphene multilayers: An educational app for analyzing the electromagnetic absorption of a graphene multilayer based on a network model. IEEE Microw. Mag., 2016, 17 (1): 44-51.

[23] MENCARELLI D, PIERANTONI L, STOCCHI M, et al. Efficient and versatile graphenebased multilayers for EM field absorption. Appl. Phys. Lett., 2016, 109 (10): 666-669.

[24] ANDRYIEUSKI A, LAVRINENKO A V. Graphene metamaterials based tunable terahertz absorber: effective surface conductivity approach. Opt. Express, 2013, 21 (7): 9144-9155.

[25] WU B, et al. Experimental demonstration of a transparent graphene millimetre wave absorber with 28% fractional bandwidth at 140GHz. Sci. Rep., 2014, 4 (2): 4310.

[26] D'ALOIA A G, D'AMORE M, SARTO M S. Adaptive broadband radar absorber based on tunable grapheme. IEEE Trans. Antennas Propag., 2016, 64 (6): 2527-2531.

[27] YI D, WEI X C, XU Y L. Tunable Microwave Absorber Based on Patterned Graphene. IEEE Trans. Microw. Theory Techn., 2017, 65 (8): 2819-2826.

[28] HUANG X, PAN K, HU Z. Experimental demonstration of printed graphene nanoflakes enabled flexible and conformable wideband radar absorbers. Sci. Rep., 2016, 6 (1): 38197.

[29] CHEN Y, GONG X L, GAI J G. Progress and challenges in transfer of large-area graphene films. Advanced Science, 2016, 3 (8): 1500343.

[30] POLAT E O, BALCI O, KOCABAS C. Graphene based flexible electrochromic devices. Sci. Rep., 2014, 4 (4): 6864.

[31] GOMEZ-DIAZ J S, PERRUISSEAU-CARRIER J, SHARMA P, et al. Non-contact characterization of graphene surface impedance at micro and millimeter waves. J. Appl. Phys., 2012, 111 (11): 183-191.

[32] LI X, CAI W, COLOMBO L, et al. Evolution of graphene growth on Ni and Cu by carbon isotope labeling. Nano. Lett., 2009, 9 (12): 4268-4272.

[33] PADOORU Y R, YAKOVLEV A B, KAIPA C S R, et al. Circuit modeling of multiband high-impedance surface absorbers in the microwave regime. Phys. Rev. B, 2011, 84 (3): 2507-2524.

[34] LUUKKONEN O, SIMOVSKI C, GRANET G, et al. Simple and accurate analytical model of planar grids and high-impedance surfaces comprising metal strips or patches. IEEE Trans. Antennas Propag., 2008, 56 (6): 1624-1632.

[35] SINGH D, KUMAR A, MEENA S, et al. Analysis of frequency selective surfaces for radar absorbing materials. Progr. Electromagn. Res., 2012, 38 (38): 1159-1175.

[36] MITTRA R, CHAN C, CWIK T. Techniques for analyzing frequency selective surfaces: A review. IEEE Proc., 1988, 76: 1593-1615.

[37] MUNK B A. Frequency Selective Surfaces: Theory and Design. New York: Wiley, 2000.

[38] PANWAR R, LEE J R. Progress in frequency selective surface-based smart electromagnetic structures: A critical review. Aerosp. Sci. Technol., 2017, 66 (1): 216-234.

[39] YONG K, ASHRAF A, KANG P, et al. Rapid stencil mask fabrication enabled onestep polymer-free graphene patterning and direct transfer for flexible graphene devices. Sci. Rep., 2016, 6 (1): 24890.

[40] YU N, GENEVET P, KATS M A, et al. Light propagation with phase discontinuities: generalized laws of reflection and refraction. Science, 2011, 334 (6054): 333.

[41] CARRASCO E, TAMAGNONE M, PERRUISSEAU-CARRIER J. Tunable graphene reflective cells for THz reflectarrays and generalized law of reflection. Appl. Phys. Lett., 2013, 102 (10): 183-947.

[42] HU J, LUO G Q, HAO Z C. A wideband quad-polarization reconfigurable metasurface antenna. IEEE Access, 2018, 6: 6130-6137.

[43] GIANVITTORIO J P, RAHMAT-SAMII Y. Reconfigurable patch antennas for steerable reflectarray applications. IEEE Trans. Antennas. Propag., 2006, 54 (5): 1388-1392.

[44] AHMADI A, GHADARGHADR S, MOSALLAEI H. An optical reflectarray nanoantenna: the concept and design. Opt. Express, 2010, 18 (1): 123.

[45] PETERS J D, BOWERS J E, DOYLEND J K, et al. Two-dimensional free-space beam steering with an optical phased array on silicon-on-insulator. Opt. Express, 2011, 19 (22): 21595-21604.

[46] SIEVENPIPER D F, SCHAFFNER J H, SONG H J, et al. Two-dimensional beam steering using an electrically tunable impedance surface. IEEE Trans. Antennas. Propag., 2003, 51 (10): 2713-2722.

[47] GUZMAN-QUIROS R, GOMEZ-TORNERO J L, WEILY A R, et al. Electronically steerable 1-D Fabry-Pérot leaky-wave antenna employing a tunable high impedance surface. IEEE Trans. Antennas. Propag., 2012, 60 (11): 5046-5055.

[48] CHICHERIN D, STERNER M, LIOUBTCHENKO D, et al. Analog-type millimeter-wave phase shifters

based on MEMS tunable high-impedance surface and dielectric rod wave-guide. Int. J. Microw. Wirel. T., 2011, 3 (22): 533-538.

[49] PFEIFFER C, GRBIC A. Millimeter-wave transmitarrays for wavefront and polarization control. IEEE Trans. Microw. Theory Tech., 2013, 61 (22): 4407-4417.

[50] CUI T J, QI M Q, WAN X, et al. Coding metamaterials, digital metamaterials and programmable metamaterials. Light Sci. Appl., 2014, 3: e218.

[51] ESTAKHRI N M, ALÙ A. Ultra-thin unidirectional carpet cloak and wavefront reconstruction with graded metasurfaces. IEEE Antennas Wirel. Propag. Lett., 2014, 13: 1775-1778.

[52] YANG H, CAO X, YANG F, et al. A programmable metasurface with dynamic polarization, scattering and focusing control. Sci. Rep., 2016, 6: 35692.

[53] PEREDA A T, CAMINITA F, MARTINI E, et al. Dual circularly polarized broadside beam metasurface antenna. IEEE Trans. Antennas. Propag., 2016, 64 (7): 2944-2953.

[54] YURDUSEVEN O, SMITH D R. Dual-polarization printed holographic multibeam metasurface antenna. IEEE Antennas Wirel. Propag. Lett., 2017, 16: 2738-2741.

[55] CHEN K, CUI L, FENG Y, et al. Coding metasurface for broadband microwave scattering reduction with optical transparency. Opt. Express, 2017, 25 (5): 5571.

[56] YI H, QU S W, NG K B, et al. Terahertz Wavefront Control on Both Sides of the Cascaded Metasurfaces. IEEE Trans. Antennas. Propag., 2018, 66 (1): 209-216.

[57] LU F, LIU B, SHEN S. Infrared Wavefront Control Based on Graphene Metasurfaces. Adv. Opt. Mater., 2015, 2 (8): 794-799.

[58] WU B, ZHU B, REN G, et al. Circular polarization-dependent wavefront control of plasmons on grapheme. IEEE Photonics Technol. Lett., 2016, 28 (18): 1940-1943.

[59] CHEN P Y, ALÙ A. THz beamforming using graphene-based devices. Radio and Wireless Symposium (RWS), IEEE, 2013: 55-57.

[60] YATOOSHI T, ISHIKAWA A, TSURUTA K. Terahertz wavefront control by tunable metasurface made of graphene ribbons. Appl. Phys. Lett., 2015, 3 (5): 788.

[61] LIU L, ZARATE Y, HATTORI H T, et al. Graphene metasurfaces for arbitrary wavefront control. Photonics Conference (IPC), IEEE, 2016: 386-387.

[62] WANG J, LU W B, LI X B, et al. Terahertz Wavefront Control Based on Graphene Manipulated Fabry-Pérot Cavities. IEEE Photonics Technol. Lett., 2016, 28 (9): 971-974.

[63] HANSON G W. Dyadic Green's functions and guided surface waves for a surface conductivity model of grapheme. J. Appl. Phys., 2008, 103 (6): 19912.

[64] BALCI O, KAKENOV N, KOCABAS C. Controlling phase of microwaves with active graphene surfaces. Appl. Phys. Lett., 2017, 110 (16): 143217.

[65] HUANG X, PAN K, HU Z. Experimental demonstration of printed graphene nanoflakes enabled flexible and conformable wideband radar absorbers. Sci. Rep., 2016, 6: 38197.

[66] KONG J A. Electromagnetic Wave Theory. Cambridge, MA: EMW, 2000.

[67] MARCUVITZ N. Waveguide Handbook. New York, NY, USA: McGraw-Hill, 1951.

[68] PAQUAY M, IRIARTE J C, EDERRA I, et al. Thin AMC Structure for Radar Cross-Section Reduction. IEEE Trans. Antennas. Propag., 2007, 55 (12): 3630-3638.

[69] LIANG L, QI M, YANG J, et al. Metamaterials: Anomalous Terahertz Reflection and Scattering by Flexible and Conformal Coding Metamaterials. Adv. Opt. Mater., 2015, 3 (10): 1374-1380.

[70] SU P, ZHAO Y, JIA S, et al. An Ultra-wideband and Polarization-independent Metasurface for RCS Reduction. Sci. Rep., 2016, 6: 20387.
[71] 李世涛，乔学亮，陈建国．纳米复合薄膜吸波剂的研究．电子元件与材料，2004，23（6）：25-27.
[72] DOUGHERTY T K, HARRIS N H, CHOW J R, et al. Broadband absorbers of electromagnetic radiation based on aerogel materials, and method of making the same: U. S. Patent 5, 381, 149. 1995-1-10.
[73] 刘晓菲，王小平，王丽军，等．透明导电薄膜的研究进展．激光与光电子学进展，2012，49（10）：22-31.
[74] BAE S, KIM H, LEE Y, et al. Roll-to-roll production of 30-inch graphene films for transparent electrodes. Nature Nanotechnology, 2010, 5 (8): 574.
[75] DARSIE L, ESCONJAUREGUI S, WEATHERUP R, et al. Stability of graphene doping with MoO_3 and I_2. Applied Physics Letters, 2014, 105 (10): 103103.
[76] GRANDE M, BIANCO G V, VINCENTI M A, et al. Optically transparent microwave screens based on engineered graphene layers. Optics Express, 2016, 24 (20): 22788-22795.
[77] 张金. 基于石墨烯的微波频段吸波器实验研究. 南京：东南大学，2018.
[78] ZHOU W, VAVRO J, NEMES N M, et al. Charge transfer and Fermi level shift in p-doped single-walled carbon nanotubes. Physical Review B, 2005, 71 (20): 205423.
[79] JANG T, YOUN H, SHIN Y J, et al. Transparent and flexible polarization-independent microwave broadband absorber. ACS Photonics, 2014, 1 (3): 279-284.
[80] WU B, TUNCER H M, NAEEM M, et al. Experimental demonstration of a transparent graphene millimeter wave absorber with 28% fractional bandwidth at 140GHz. Scientific Reports, 2014, 4: 4130.
[81] ZHANG C, CHENG Q, YANG J, et al. Broadband metamaterial for optical transparency and microwave absorption. Applied Physics Letters, 2017, 110 (14): 143511.
[82] SHEOKAND H, GHOSH S, SINGH G, et al. Transparent broadband metamaterial absorber based on resistive films. Journal of Applied Physics, 2017, 122 (10): 105105.
[83] YI D, WEI X C, XU Y L. Tunable Microwave Absorber Based on Patterned Graphene. IEEE Transactions on Microwave Theory and Techniques, 2017, 65 (8): 2819-2826.
[84] CHEN K, CUI L, FENG Y, et al. Coding metasurface for broadband microwave scattering reduction with optical transparency. Optics Express, 2017, 25 (5): 5571-5579.
[85] HU D, CAO J, LI W, et al. Optically Transparent Broadband Microwave Absorption Metamaterial by Standing-Up Closed-Ring Resonators. Advanced Optical Materials, 2017, 5 (13).

第5章 微波、毫米波可调电阻膜应用

5.1 表面电导率/电阻可调特性

石墨烯在微波、毫米波频段的应用以阻抗实部的利用为主，其实部电阻可以通过施加的直流偏置来控制，可视为一种方阻可变的材料。石墨烯加载位置、形状及大小可灵活调节，且在空间上呈平面结构，这些特性有利于低剖面器件设计。除此之外，石墨烯成本低廉，是解决微波、毫米波频段普通开关成本昂贵、焊接复杂等问题的一种良好解决方案。

在微波、毫米波应用中，石墨烯纳米片和石墨烯“三明治”结构常用作可变电阻，与天线和衰减器等器件结合以实现可重构等功能。石墨烯纳米片是一种少层石墨烯结构，与单层石墨烯相比，它的电流调控比率比单层石墨烯更高，即同样长宽比的少层石墨烯与单层石墨烯相比，少层石墨烯在拥有更低方阻的同时，也拥有更大的方阻调节比率。这导致在微波、毫米波电路的应用上，在将石墨烯用作可变电阻的情况下，少层石墨烯拥有更大的优势且更便于集成化设计。石墨烯纳米片在0~5V的电压下即可实现大的调节范围，其加载电压不能超过10V，否则会导致材料损坏。该种方法可实现几十欧姆到几百欧姆的阻抗调节范围。石墨烯电阻与所施电压之间的关系如图5.1所示。从工艺实现性看，材料属性要求高，可重复性依赖材料是否制备良好，一体化设计方便。

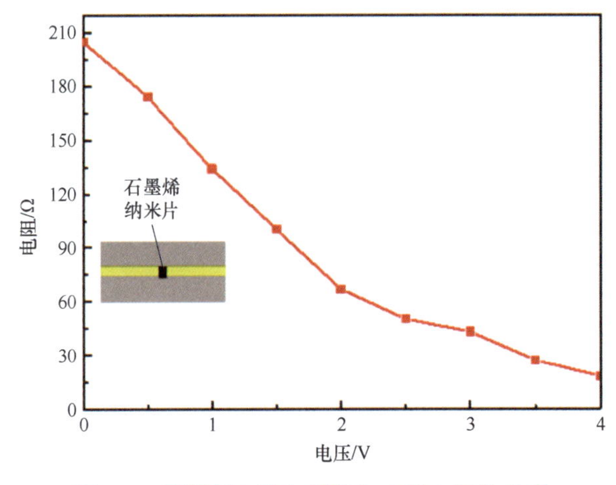

图5.1　石墨烯电阻与所施加电压之间的关系

与上述石墨烯纳米片不同，还有一种石墨烯加载结构是使用离子液体进行掺杂。掺杂结构为石墨烯—离子液体—石墨烯的“三明治”结构，石墨烯电极之间施加偏置电压将会使离子液体产生极化并且在石墨烯电极与离子液体的界面上产生电荷特性相反的双离子层。双离子层在石墨烯电极中产生了动态可调的高迁移率自由载流子（电子和空穴），进而改变石墨烯的载流子浓度。“三明治”结构调节电压范围为 0 ~ 5V，可实现化学势基本达到 1.0eV，电压超过 5V 也不会造成击穿。单层结构的方阻可调范围为 500 ~ 3000Ω/□，多层结构的方阻可调范围为 280 ~ 1250Ω/□，并且可实现的方阻有降低的可能。从工艺实现性看，工艺难度一般，封装良好，稳定性尚可，可重复性高。

5.2　石墨烯可调 SIW 衰减器

可调衰减器在各种通信系统中也有应用价值。通常可采用 PIN 管、变容二极管和场效应晶体管（FET）实现可调微波衰减器[1-6]。但往往加工用于电流控制的直流电路相对复杂，不利于衰减器小型化，而且衰减器的相对带宽较小。石墨烯作为二维轻质材料，表面阻抗可以调节，可以用于实现小型化可调衰减器等[7-11]。如何降低衰减器的回波损耗[7-9]、扩大衰减量的调节范围[10,11]，决定了可调衰减器的性能。本节将系统介绍石墨烯在不同微波波导的可调衰减器的应用探索，包括衰减器的结构设计、理论分析、仿真结果、加工过程和测量结果，将前期大量的理论与实验细节展示给读者[12]。

5.2.1　可调 SIW 衰减器的理论

这里介绍一种基于 SIW 结构的石墨烯衰减器，如图 5.2（a）~（c）分别为衰减器的完整结构图、分解图和部分结构示意图。衰减器由一个基片集成波导（L_{SIW} 是波导的长度，h 是介质的厚度，D、W_{SIW} 和 p 分别代表金属过孔的直径、两排金属过孔的间距和相邻金属过孔间的距离）、梯形微带过渡（L_{taper} 和 W_{taper} 分别代表过渡的长度和宽度）、50Ω 微带线（W_{50} 代表微带线导带的宽度）和两个石墨烯“三明治”结构（L 和 W 分别是石墨烯的长度和两个石墨烯“三明治”结构之间的距离）构成。图 5.2（b）插图为 L 形的石墨烯“三明治”结构。两个石墨烯“三明治”结构沿着波传播方向平行地插入基片集成波导的介质中，构成了两个电导率可调的 E 面隔膜，用于消散波导中的电磁场[13]。如图 5.2（b）所示，为了便于加工，将波导由两个石墨烯“三明治”结构分成三个部分，并且两个石墨烯“三明治”结构相对于波导的中心线对称。每个石墨烯“三明治”结构由两片转移到聚氯乙烯（PVC）薄膜上的单层石墨烯和一片浸泡有离子液的隔膜纸组成。为了在给石墨烯加偏置电压的同时不破坏石墨烯，将导电碳浆刷到纤维素纸上并贴在单层石墨烯上，再使偏置电极与导电碳浆相连，如图 5.2（a）、（b）所示。

单层石墨烯的阻抗损耗可表示为[14]

$$P = \frac{Z_g}{2}\int_S |\bar{\boldsymbol{J}}_S|^2 \mathrm{d}S \tag{5.1}$$

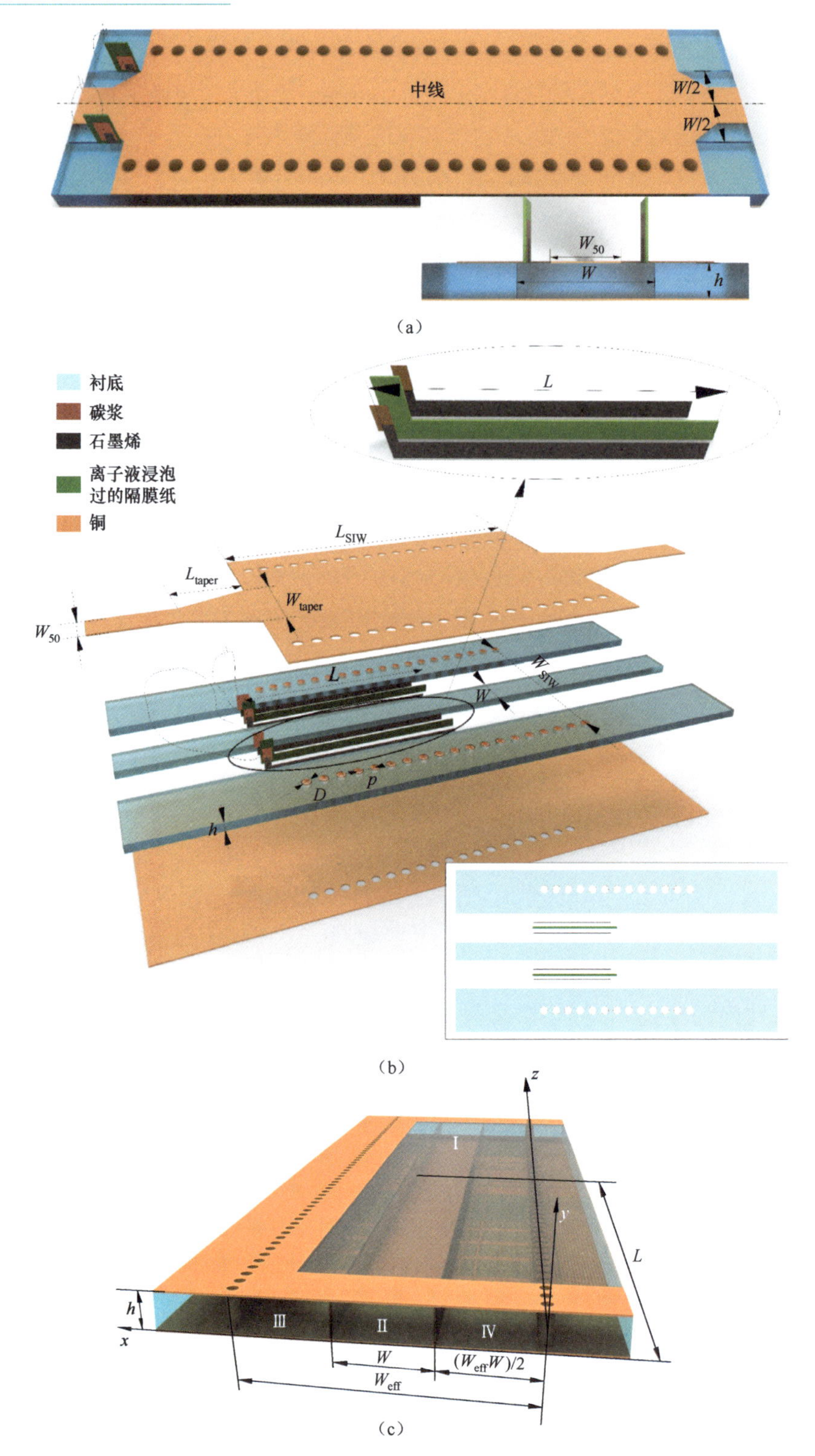

图5.2 基于石墨烯的SIW衰减器的结构。(a) 衰减器的完整结构示意图。插图中是垂直于波传播方向的横截面。(b) 衰减器的分解图。下方插图中展示了介质处的横截面。上方插图展示了衰减器中L形的石墨烯“三明治”结构。黑色、绿色和棕色分别表示单层石墨烯、浸有离子液的隔膜纸和涂有导电碳浆的纤维素纸。(c) 有区域划分和坐标系的部分结构示意图

式中：Z_g、S 和 $\boldsymbol{J}_S$ 分别表示石墨烯的表面阻抗、面积和表面电流密度。表面电流密度可以表示为 $\boldsymbol{J}_S = Z_g^{-1}E_y\hat{\boldsymbol{y}}$ 或 $\boldsymbol{J}_S = \hat{\boldsymbol{n}} \times (H_z^+ - H_z^-)\hat{z}$，其中 $\hat{\boldsymbol{n}}$ 是石墨烯所在平面的法线方向，E_y 和 H_z 分别表示衰减器内的 y 向电场分量和 z 向磁场分量。根据基片集成波导和矩形波导之间的关系，将基片集成波导简化为矩形波导[15]

$$W_{\mathrm{eff}} = W_{\mathrm{SIW}} - \frac{D^2}{0.95p} \tag{5.2}$$

式中：W_{eff} 表示具有与基片集成波导相同的传播特性的矩形波导的有效宽度。

电磁场的分量 E_y 和 H_z 可以按如下公式计算：

$$E_y = -\mathrm{j}\omega\mu_0 \frac{\partial A_x}{\partial z} \tag{5.3}$$

$$H_z = \frac{\partial^2 A_x}{\partial x \partial z} \tag{5.4}$$

式中：$\omega = 2\pi f$；A_x 表示衰减器赫兹矢量的 x 分量。由于衰减器中不连续处沿 y 方向一致[16,17]，在不连续处激发的高阶模式是 TE_{m0} 模式。x 分量的赫兹矢量可以表示为

$$A_x = \begin{cases} \sum\limits_{m=1}^{\infty} a_m^{\mathrm{I}} \sin\left(\dfrac{m\pi}{W_{\mathrm{eff}}}x\right)\mathrm{e}^{-\mathrm{j}k_{zm}z} & 0 \leqslant x \leqslant W_{\mathrm{eff}}, L \leqslant z \leqslant L_{\mathrm{SIW}}(\text{region I}) \\ \sum\limits_{m=1}^{\infty} (a_m^{\mathrm{II}} \cos(k_{xm}x) + b_m^{\mathrm{II}} \sin(k_{xm}x))\mathrm{e}^{-\mathrm{j}k_{zm}z} & \dfrac{W_{\mathrm{eff}} - W}{2} \leqslant x \leqslant \dfrac{W_{\mathrm{eff}} + W}{2}, \\ & 0 \leqslant z \leqslant L(\text{region II}) \\ \sum\limits_{m=1}^{\infty} a_m^{\mathrm{III}} (-\tan(k_{xm}W_{\mathrm{eff}})\cos(k_{xm}x) + \sin(k_{xm}x))\mathrm{e}^{-\mathrm{j}k_{zm}z} & \dfrac{W_{\mathrm{eff}} + W}{2} \leqslant x \leqslant W_{\mathrm{eff}}, \\ & 0 \leqslant z \leqslant L(\text{region III}) \\ \sum\limits_{m=1}^{\infty} a_m^{\mathrm{IV}} \sin(k_{xm}x)\mathrm{e}^{-\mathrm{j}k_{zm}z} & 0 \leqslant x \leqslant \dfrac{W_{\mathrm{eff}} - W}{2}, 0 \leqslant z \leqslant L(\text{region IV}) \end{cases} \tag{5.5}$$

式中：k_{xm} 代表衰减器中的横模传播常数，并且 $k_{zm}^{\mathrm{I}} = \sqrt{\varepsilon_r\omega^2\mu_0\varepsilon_0 - (m\pi/W_{\mathrm{eff}})^2}$（$\varepsilon_r$ 是介质的相对介电常数），k_{zm} 分别是区域 I 和其他区域中的纵向传播常数。由于衰减器的对称性和每个石墨烯“三明治”结构中包含两个单层石墨烯，因此衰减器中的阻抗损耗可以简单放大四倍得到，最终可表示为

$$P = \frac{2Lh}{Z_g}\left(a_m^{\mathrm{IV}}\omega\mu_0 k_{zm} \sin\left(k_{xm}\frac{W_{\mathrm{eff}} - W}{2}\right)\right)^2 \tag{5.6}$$

式中：a_m^{IV}，k_{zm} 和 k_{xm} 可以通过石墨烯“三明治”结构处的边界条件得到。在区域 II 和 IV 之间的单层石墨烯上的表面电流密度 $\boldsymbol{J}_S = Z_g^{-1}E_y\hat{\boldsymbol{y}}$ 与 $\boldsymbol{J}_S = \hat{\boldsymbol{n}} \times (H_z^{\mathrm{IV}} - H_z^{\mathrm{II}})\hat{z}$ 相等，类似

地，在区域Ⅱ和Ⅲ之间的单层石墨烯上，$\boldsymbol{J}_{\mathrm{S}} = Z_{\mathrm{g}}^{-1}E_y\hat{\boldsymbol{y}}$ 与 $J_{\mathrm{S}} = \hat{\boldsymbol{n}} \times (H_z^{\mathrm{III}} - H_z^{\mathrm{II}})\hat{z}$ 也相等。另外，在每个石墨烯“三明治”结构的两侧可以认为 E_y是连续的。综上所述，可以获得如下所示的线性方程组：

$$\begin{bmatrix} \cos\left(k_{xm}\frac{W_{\mathrm{eff}}+W}{2}\right) & \sin\left(k_{xm}\frac{W_{\mathrm{eff}}+W}{2}\right) & \tan(k_{xm}W_{\mathrm{eff}})\cos\left(k_{xm}\frac{W_{\mathrm{eff}}+W}{2}\right)-\sin\left(k_{xm}\frac{W_{\mathrm{eff}}+W}{2}\right) & 0 \\ k_{xm}\sin\left(k_{xm}\frac{W_{\mathrm{eff}}+W}{2}\right) & -k_{xm}\cos\left(k_{xm}\frac{W_{\mathrm{eff}}+W}{2}\right) & \begin{matrix} k_{xm}(\tan(k_{xm}W_{\mathrm{eff}})\sin\left(k_{xm}\frac{W_{\mathrm{eff}}+W}{2}\right)+ \\ \frac{\mathrm{j}\omega\mu_0}{Z_{\mathrm{g}}}(-\tan(k_{xm}W_{\mathrm{eff}})\cos\left(k_{xm}\frac{W_{\mathrm{eff}}+W}{2}\right)+ \\ \sin\left(k_{xm}\frac{W_{\mathrm{eff}}+W}{2}\right)+\cos\left(k_{xm}\frac{W_{\mathrm{eff}}+W}{2}\right) \end{matrix} & 0 \\ \cos\left(k_{xm}\frac{W_{\mathrm{eff}}-W}{2}\right) & \sin\left(k_{xm}\frac{W_{\mathrm{eff}}-W}{2}\right) & 0 & -\sin\left(k_{xm}\frac{W_{\mathrm{eff}}-W}{2}\right) \\ k_{xm}\sin\left(k_{xm}\frac{W_{\mathrm{eff}}-W}{2}\right) & -k_{xm}\cos\left(k_{xm}\frac{W_{\mathrm{eff}}-W}{2}\right) & 0 & \begin{matrix} \frac{\mathrm{j}\omega\mu_0}{Z_{\mathrm{g}}}\sin(k_{xm}\frac{W_{\mathrm{eff}}-W}{2}) \\ +k_{xm}\cos\left(k_{xm}\frac{W_{\mathrm{eff}}-W}{2}\right) \end{matrix} \end{bmatrix} \begin{bmatrix} a_m^{\mathrm{I}} \\ b_m^{\mathrm{II}} \\ a_m^{\mathrm{III}} \\ a_m^{\mathrm{IV}} \end{bmatrix} = \begin{bmatrix} 0 \\ 0 \\ 0 \\ 0 \end{bmatrix} \tag{5.7}$$

显然，当方程组有非零解时，行列式等于0，因此得到超越方程如下：

$$\left[\tan(k_{xm}W_{\mathrm{eff}}) - \tan\left(k_{xm}\frac{W_{\mathrm{eff}}+W}{2}\right)\right]\cdot\left\{-\tan\left(k_{xm}\frac{W_{\mathrm{eff}}-W}{2}\right)\tan(k_{xm}W)\left[\left(\frac{\mathrm{j}\omega\mu_0}{Z_{\mathrm{g}}}\right)^2 + k_{xm}^2\right]+\right.$$
$$\left. k_{xm}\left[k_{xm} - \frac{\mathrm{j}\omega\mu_0}{Z_{\mathrm{g}}}\tan(k_{xm}W)\right]\right\} + k_{xm}\left[\tan(k_{xm}W_{\mathrm{eff}})\tan\left(k_{xm}\frac{W_{\mathrm{eff}}+W}{2}\right)+1\right]\cdot$$
$$\left[\frac{\mathrm{j}\omega\mu_0}{Z_{\mathrm{g}}}\tan(k_{xm}W)\tan\left(k_{xm}\frac{W_{\mathrm{eff}}-W}{2}\right) + k_{xm}\left(\tan(k_{xm}W) + \tan\left(k_{xm}\frac{W_{\mathrm{eff}}-W}{2}\right)\right)\right] = 0 \tag{5.8}$$

其中，k_{zm}可以由 $k_{xm}^2 = \varepsilon_{\mathrm{r}}\omega^2\mu_0\varepsilon_0 - k_{zm}^2$ 得到。

所以当石墨烯方阻接近无限大时，石墨烯上的表面电流密度等于零，因此，在石墨烯“三明治”结构的两侧 z 向磁场 H_z可以是连续的。并且此时衰减器可以简单地视为没有石墨烯的基片集成波导，因此，衰减器的插入损耗几乎为零。随着石墨烯方阻的减小，由 $\boldsymbol{J}_{\mathrm{S}} = Z_{\mathrm{g}}^{-1}E_y\hat{\boldsymbol{y}}$ 可知石墨烯上的表面电流密度增加，因此阻抗损耗增加。同样，式（5.8）也可以解释这一变化，由式（5.8）可以看出衰减器的功率损耗随着石墨烯方阻的倒数的增加呈线性增加。

为验证以上分析，作者团队采用 CST Microwave Studio 全波仿真的结果与理论计算结果做了对比，衰减器的衰减量 P 可以由两个端口之间的插入损耗表示。当石墨烯的尺寸保持不变时，在9GHz时衰减器仿真和计算的插入损耗随石墨烯表面方阻的变化曲线如图5.3所示。图中三角形实线表示的仿真结果与由正方形表示的计算结果相吻合。所以理论上，这个衰减器可以得到至少80dB的调节范围。此外，在13GHz时两个石墨烯“三明治”结构的电场和表面电流分布如图5.4和图5.5所示。在图5.4（a）和图5.5（a）中，石墨烯表面方阻是520Ω/□，输出端口的场强和表面电流几乎观察不到。在图5.4（b）和图5.5（b）中，石墨烯表面方阻是3000Ω/□，可以明显看到场强和表面电流。

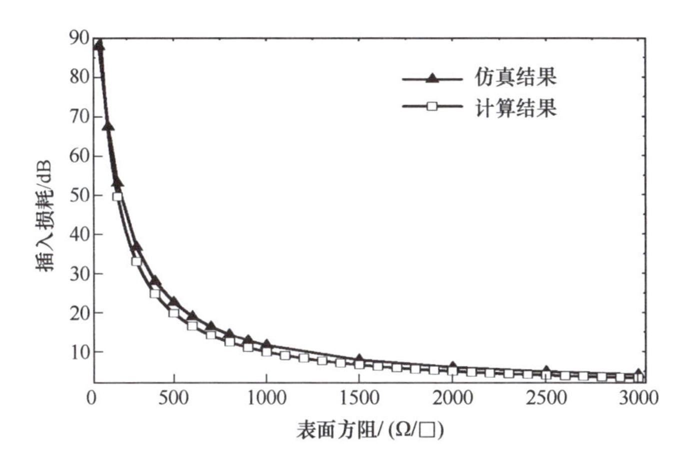

图5.3　插入损耗在9GHz时随石墨烯表面方阻的变化曲线。三角形表示CST仿真结果，正方形表示由式（5.8）计算得到的结果（$\varepsilon_r=3$，$L=55$mm，$h=2.0$mm，$W=8.3$mm，$L_{SIW}=55.0$mm，$W_{SIW}=13.7$mm，$D=1.4$mm，$p=2.2$mm，$W_{50}=5.3$mm，$W_{taper}=10.3$mm，$L_{taper}=2.5$mm）

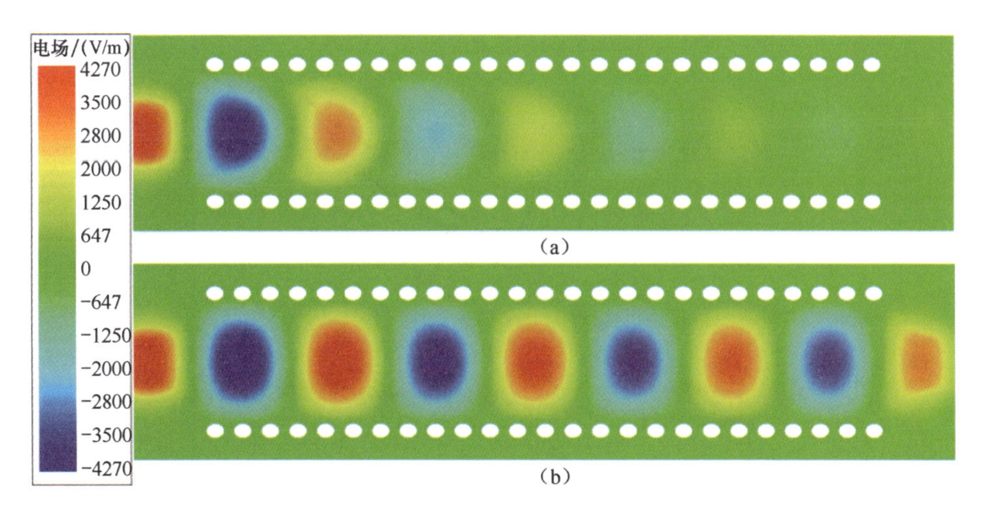

图5.4　包含两个石墨烯“三明治”结构的衰减器在13GHz时的电场分布。石墨烯表面方阻分别为（a）$Z_g=520\Omega/\square$和（b）$Z_g=3000\Omega/\square$

另外，图5.6展示了13GHz时仿真和计算的插入损耗与石墨烯长度的关系。可以看出，当石墨烯的长度增加时，插入损耗及其调节范围也相应地增加。为了便于加工，两个石墨烯“三明治”结构的间距需要大于微带线导带的宽度。因为在波导中电磁场从中轴线向过孔方向逐渐变小，所以当两个石墨烯“三明治”结构的间距从 5.3mm（微带线导带宽度）增加时，衰减器插入损耗及其调节范围会减小，如图 5.7 所示。另外，由于介质中石墨烯“三明治”结构的对称性，两个石墨烯“三明治”结构的间距也代表每个石墨烯“三明治”结构的位置。

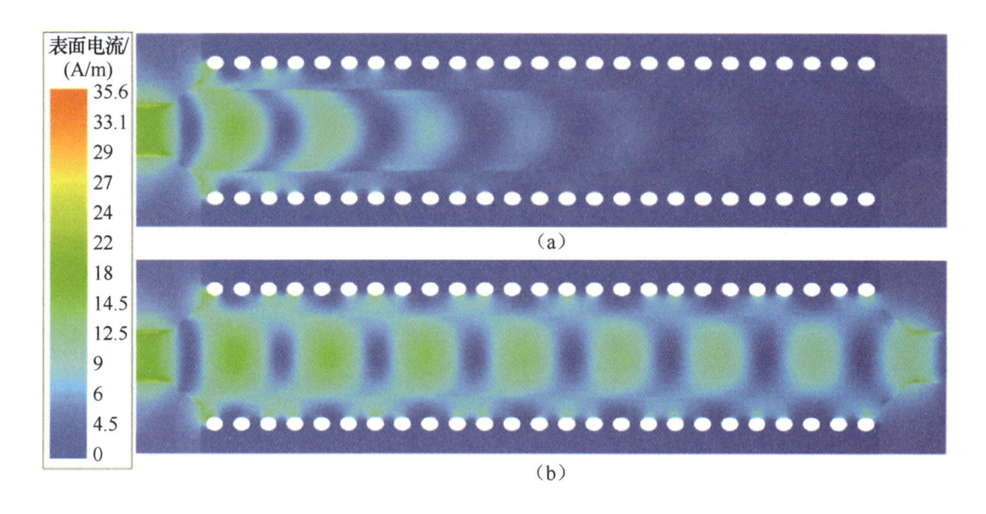

图 5.5　包含两个石墨烯“三明治”结构的衰减器在 13GHz 时的表面电流分布。石墨烯表面方阻分别为（a）$Z_g=520\Omega/\square$ 和（b）$Z_g=3000\Omega/\square$

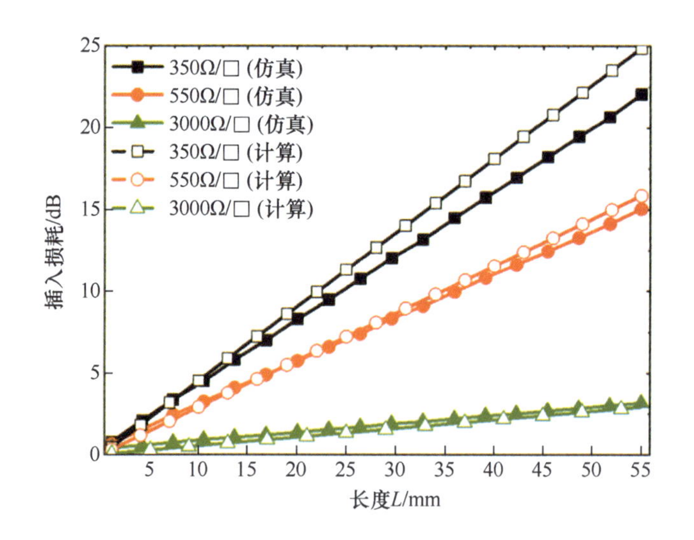

图 5.6　衰减器在 13GHz 时插入损耗与石墨烯长度的关系（$\varepsilon_r=3$，$h=2.0\text{mm}$，$W=8.3\text{mm}$，$L_{SIW}=55.0\text{mm}$，$W_{SIW}=13.7\text{mm}$，$D=1.4\text{mm}$，$p=2.2\text{mm}$，$W_{50}=5.3\text{mm}$，$W_{taper}=10.3\text{mm}$，$L_{taper}=2.5\text{mm}$）。实心形状代表 CST 仿真结果，空心形状代表理论计算结果

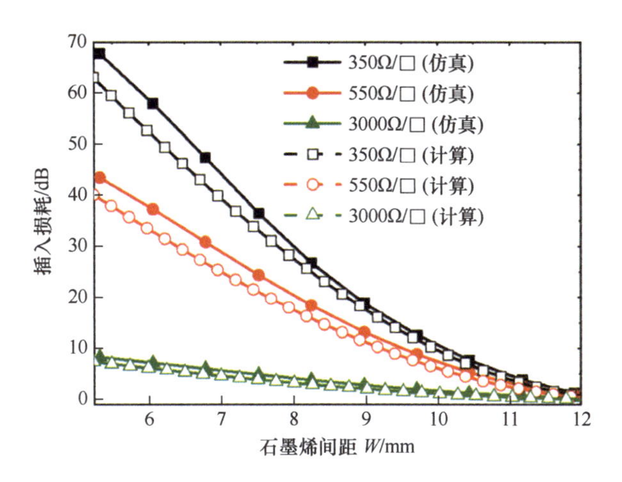

图5.7　衰减器在13GHz时插入损耗与石墨烯间距的关系（$\varepsilon_r=3$，$L=55.0$mm，$h=2.0$mm，$L_{SIW}=55.0$mm，$W_{SIW}=13.7$mm，$D=1.43$mm，$p=2.2$mm，$W_{50}=5.3$mm，$W_{taper}=10.3$mm，$L_{taper}=2.5$mm）。实心形状代表CST仿真结果，空心形状代表理论计算结果

当需要更多衰减量和调节范围时，可以在衰减器中插入多个石墨烯“三明治”结构。图5.8为当衰减器中有四个相同石墨烯“三明治”结构时的横截面图。由于PVC和隔膜纸非常薄，且在每侧都有两个石墨烯“三明治”结构紧紧靠在一起，可以将两个石墨烯“三明治”结构看作单个E面隔膜。图5.9和图5.10分别展示出在13GHz时衰减器有四个石墨烯“三明治”结构时的电场分布和表面电流分布。在图5.9（a）和图5.10（a）中，石墨烯表面方阻是520Ω/□，且在图5.9（b）和图5.10（b）中，石墨烯表面方阻是3000Ω/□。与图5.4相比，图5.9［见图5.10中的电场（表面电流）］消散得更快。图5.11展示了仿真和计算的插入损耗随石墨烯“三明治”结构数量变化的曲线。因为每侧石墨烯“三明治”结构的位置可以看作是相同的，所以衰减器的插入损耗随着石墨烯“三明治”结构的数量增加而呈线性增加。

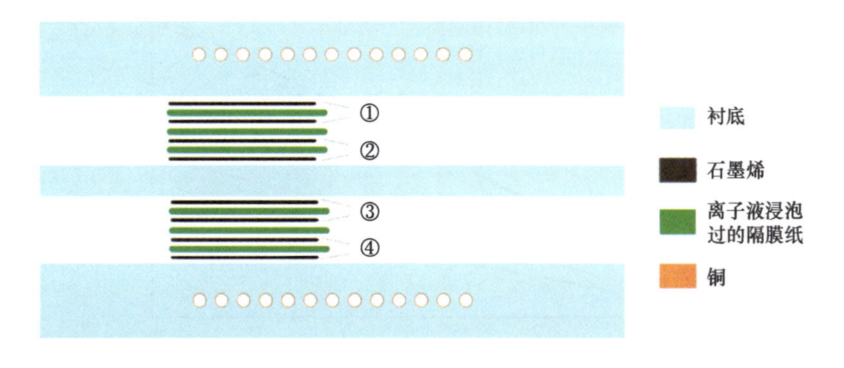

图5.8　有四个石墨烯“三明治”结构时衰减器的横截面

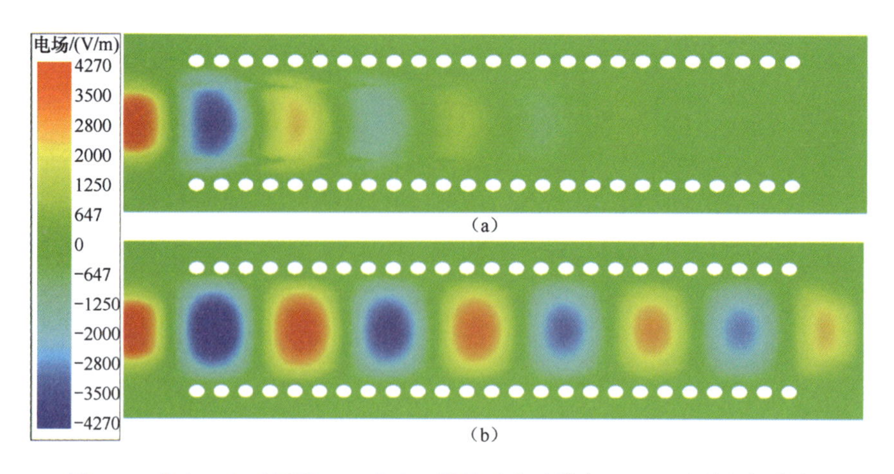

图 5.9　内有四个石墨烯“三明治”结构时衰减器在 13GHz 处的电场分布。
石墨烯表面方阻分别为（a）$Z_g=520\Omega/\square$和（b）$Z_g=3000\Omega/\square$

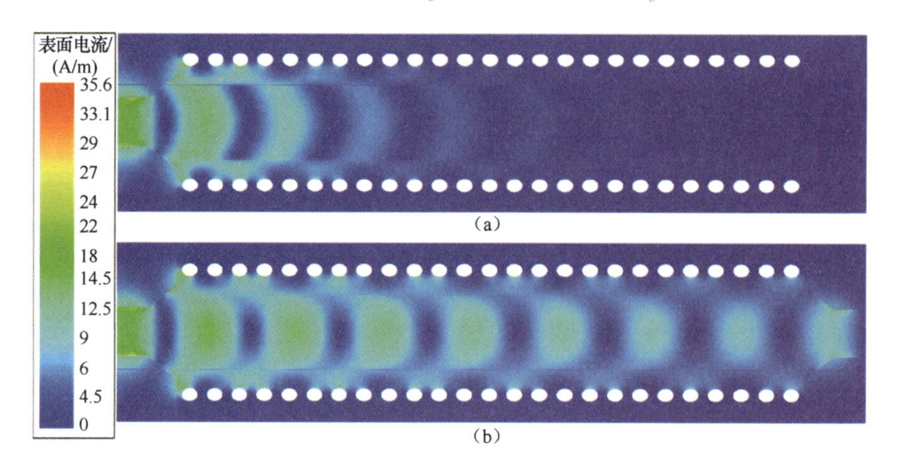

图 5.10　内有四个石墨烯“三明治”结构时衰减器在 13GHz 处的表面电流分布。
石墨烯表面方阻分别为（a）$Z_g=520\Omega/\square$和（b）$Z_g=3000\Omega/\square$

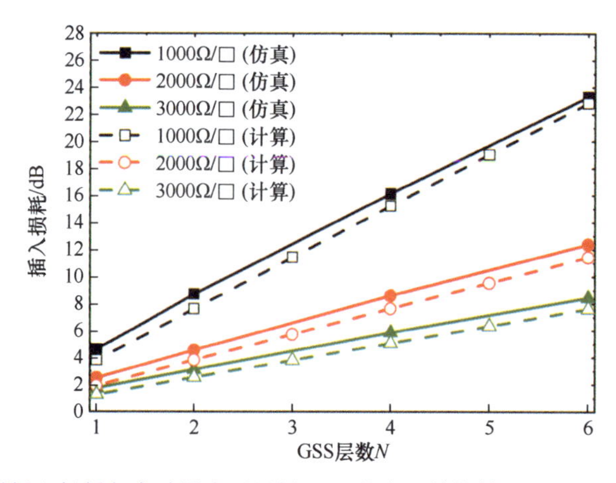

图 5.11　在 13GHz 时插入损耗与衰减器中石墨烯“三明治”结构数量（GSS 层数）的关系（$\varepsilon_r=3$，$L=55.0\text{mm}$，$h=2.0\text{mm}$，$W=8.3\text{mm}$，$L_{SIW}=55.0\text{mm}$，$W_{SIW}=13.7\text{mm}$，$D=1.4\text{mm}$，$p=2.2\text{mm}$，$W_{50}=5.3\text{mm}$，$W_{taper}=10.3\text{mm}$，$L_{taper}=2.5\text{mm}$）。实心形状为 CST 仿真结果，空心形状为理论计算结果

5.2.2 样品加工及测试结果

这里选择 Arlon AD 320 作为介质。首先用印制电路板（PCB）工艺加工出带有梯形微带过渡的基片集成波导的三个部分，如图5.12（a）所示。然后，将用化学气相沉积法生长的两个L形单层石墨烯转移到PVC上，并将浸泡了离子液的隔膜纸夹在中间，组成L形的石墨烯“三明治”结构。再将两个石墨烯“三明治”结构分别插在每两部分波导中间，如图5.12（b）所示，使用导电铜箔胶带将三个部分粘在一起。最后，如图5.12（c）所示，得到衰减器的样品。为了实现在X波段2～15dB的衰减量调节范围，衰减器的尺寸选择如下：$\varepsilon_r=3.2$，$L=55.0\text{mm}$，$h=2.5\text{mm}$，$W=7.8\text{mm}$，$L_{SIW}=55.0\text{mm}$，$W_{SIW}=17.5\text{mm}$，$D=1.43\text{mm}$，$p=2.2\text{mm}$，$W_{50}=5.9\text{mm}$，$W_{taper}=7.8\text{mm}$，$L_{taper}=4.8\text{mm}$。

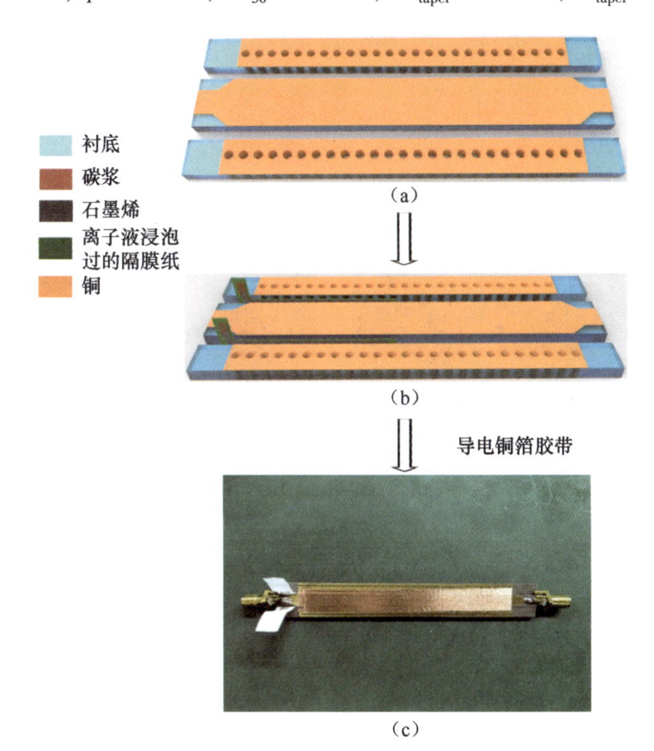

图5.12 基于石墨烯的可调基片集成波导衰减器的拼装示意图。（a）PCB工艺加工的带有梯形微带过渡的基片集成波导的三个部分；（b）将两个石墨烯“三明治”结构插入波导的三个部分中间，然后用导电铜箔胶带将三个部分粘在一起；（c）加工好的衰减器样品图

如图5.13所示是采用波导法测量石墨烯表面方阻与偏置电压之间的关系[18-20]。可以看出，当电压从0V调到4V时，石墨烯的方阻从3000Ω/□下降到520Ω/□。根据图5.13中的测量结果可以得到石墨烯的方阻与偏置电压关系的近似公式

$$Z_g=23.291V^4-290.47V^3+1362.6V^2-2918.1V+3012 \tag{5.9}$$

在7～14.5GHz的工作频段内测量不同偏置电压时衰减器两个端口的S参数所使用的VNA及加载偏置电压所用的2400电压源表，如图5.14所示。衰减器的测量、仿真

和计算的 S 参数如图 5.15 所示。虽然加工误差使得测量值出现轻微波动，但是测量结果展示了预期的可调性，测得的插入损耗与计算和仿真结果也吻合较好，而且在工作频段内回波损耗始终小于 -15dB。

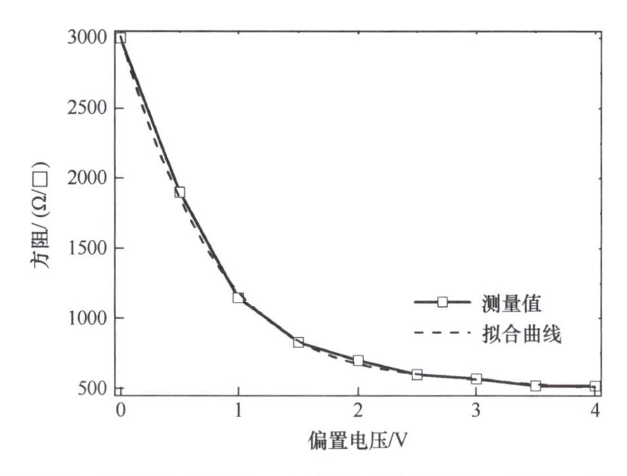

图 5.13　石墨烯方阻随偏置电压变化的曲线。实线表示测量结果，虚线表示由测量结果拟合的曲线

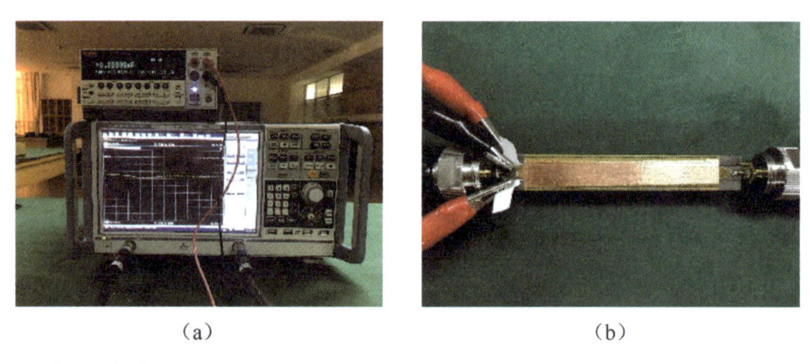

（a）　（b）

图 5.14　基于石墨烯的衰减器的测试。(a) VNA 和 2400 电压源表；(b) 加有偏置电压的可调衰减器

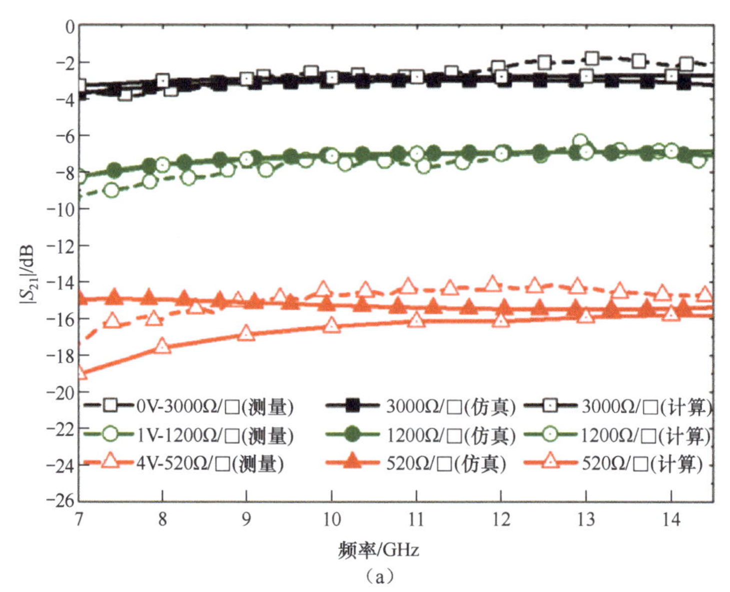

（a）

图 5.15　仿真和测量的衰减器的 (a) $|S_{21}|$ 和 (b) $|S_{11}|$ 的对比。实心形状代表仿真结果，带有空心形状的虚线表示测量结果，带有空心形状的实线代表计算结果

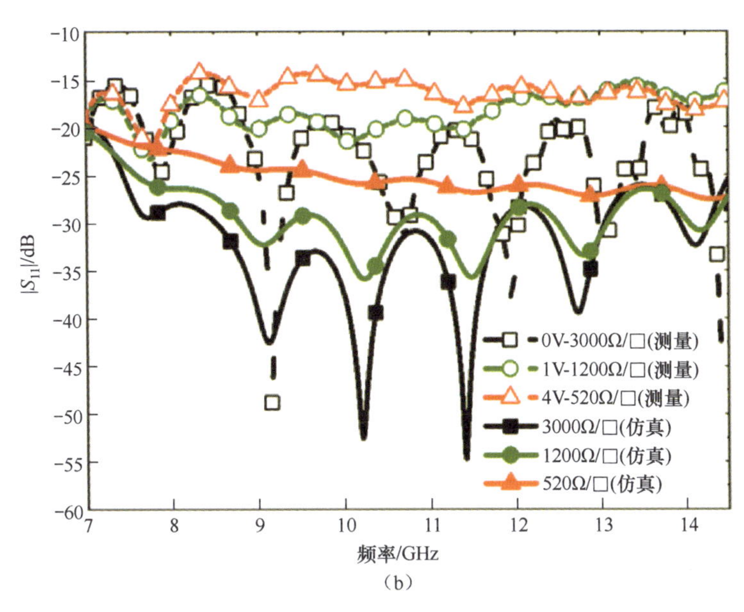

(b)

图 5.15　仿真和测量的衰减器的（a）$|S_{21}|$ 和（b）$|S_{11}|$ 的对比。实心形状代表仿真结果，带有空心形状的虚线表示测量结果，带有空心形状的实线代表计算结果（续）

5.3 石墨烯可调微带线衰减器

5.3.1　可调微带线衰减器理论

基于石墨烯的微带线衰减器的几何结构如图 5.16 所示[12]，它由一个 50Ω 微带线（ε_r和 h 分别代表介质的相对介电常数和厚度，W_{sig}和 L 分别代表导带的宽度和长度）和一个或两个石墨烯“三明治”结构（L_g和 W_g分别代表石墨烯“三明治”结构的长度和宽度）组成。如图 5.16（a）所示，可将石墨烯“三明治”结构铺在导带一侧的介质上实现对波导衰减量的调控，或如图 5.16（b）所示，导带两侧都有一个 GSS，这样可以实现更大的衰减量调控。

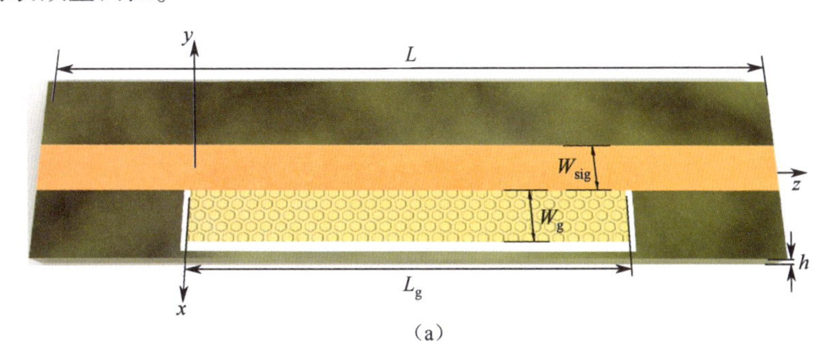

(a)

图 5.16　基于石墨烯的微带线衰减器的结构。(a) 仅在导带的一侧有石墨烯“三明治”结构的衰减器；(b) 在导带两侧都有石墨烯“三明治”结构的衰减器

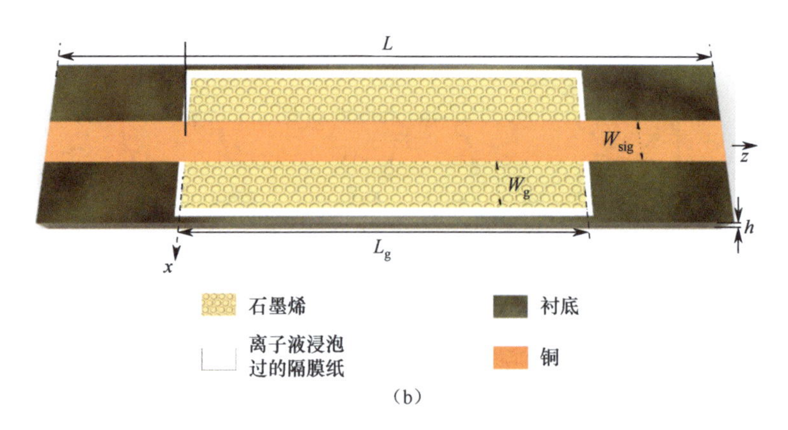

图 5.16　基于石墨烯的微带线衰减器的结构。(a) 仅在导带的一侧有石墨烯“三明治”结构的衰减器；(b) 在导带两侧都有石墨烯“三明治”结构的衰减器（续）

在上节中，因为石墨烯“三明治”结构在基片集成波导内部，可以得到每个区域的任何模式，所以可以用模式匹配法分析衰减器的衰减量。然而，由于本节中的石墨烯“三明治”结构位于介质和空气之间的界面处，不适合用模式匹配法分析微带线衰减器。因此，本节将介绍另一种采用横向等效电路（TEN）的方法来分析石墨烯对微带线衰减器衰减量的影响。

图 5.17 展示了导带一侧及两侧分别有石墨烯“三明治”结构的衰减器的横向等效电路。在图 5.17 (a) 中，长度为 W_{sig} 和 W_g 的两段传输线分别代表微带线和石墨烯“三明治”结构。在石墨烯“三明治”结构的右侧端接阻抗，该阻抗代表由于介质填充的平行板波导的上板截断而引起的辐射不连续性[21]。首先将石墨烯“三明治”结构看作单层石墨烯。图 5.17 中石墨烯部分传输线的特征阻抗 Z_{0g} 可以根据文献 [14] 得出

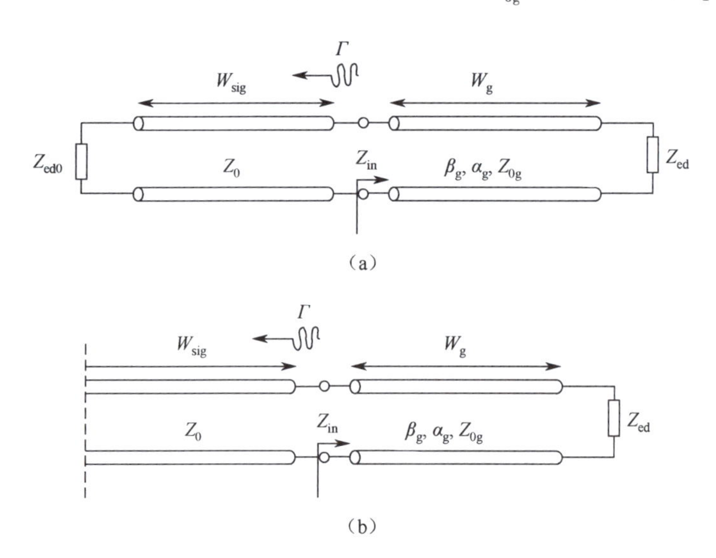

图 5.17　(a) 仅在导带一侧有石墨烯“三明治”结构时衰减器的横向等效电路；(b) 在导带两侧都有石墨烯“三明治”结构时衰减器横向等效电路的右半部分

$$Z_{0g}=\frac{V}{I}=\frac{-\int_0^h E_y\mathrm{d}y}{\int_0^{\Delta w}\bar{\boldsymbol{J}}_S\cdot\hat{\boldsymbol{x}}\mathrm{d}z}=\frac{V_o\mathrm{e}^{-\mathrm{j}\gamma x}}{\int_0^{\Delta w}\frac{E_x(x,y,z)\mid_{y=h}}{Z_g}\mathrm{d}z}=\frac{Z_gV_o}{\Delta w\cdot E_x\mid_{x=W_{sig}/2,y=h}} \quad (5.10)$$

式中：Z_g和$\bar{\boldsymbol{J}}_S$分别代表石墨烯的表面阻抗和单层石墨烯上的表面电流密度；$\bar{\boldsymbol{J}}_S\cdot\hat{\boldsymbol{x}}=E_x/Z_g$表示石墨烯上表面电流密度的$x$分量；$V_o$表示石墨烯部分传输线上的电压幅度；$E_x(x,y,z)$表示电场的$x$分量；$\Delta w$表示单位长度，$\Delta w$需要取足够小的值，以便当$z$从 0 变为$\Delta w$时，单层石墨烯上电场的$x$分量$E_x\mid_{x=W_{sig}/2,y=h}$可以看作不变。

因为长度为Δw的石墨烯的阻抗损耗很小，所以沿z方向的导带上的表面电流密度幅值可以认为是相同的。$E_x(x,y,z)\mid_{y=h}$可由格林函数求出[22]

$$\begin{cases}A_x(x,h,z)=\int_{-\frac{W_{sig}}{2}}^{\frac{W_{sig}}{2}}\int_{-5\lambda_0}^{5\lambda_0}\frac{J_x(x')\mathrm{e}^{-\mathrm{j}k_0r}}{4\pi r}\mathrm{d}(z-z')\mathrm{d}x'-\int_{-\frac{W_{sig}}{2}}^{\frac{W_{sig}}{2}}\int_{-5\lambda_0}^{5\lambda_0}\frac{J_x(x')\mathrm{e}^{-\mathrm{j}k_rr'}}{4\pi r'}\mathrm{d}(z-z')\mathrm{d}x'\\A_z(x,h,z)=\int_{-\frac{W_{sig}}{2}}^{\frac{W_{sig}}{2}}\int_{-5\lambda_0}^{5\lambda_0}\frac{J_z(x')\mathrm{e}^{-\mathrm{j}k_0r}}{4\pi r}\mathrm{d}(z-z')\mathrm{d}x'-\int_{-\frac{W_{sig}}{2}}^{\frac{W_{sig}}{2}}\int_{-5\lambda_0}^{5\lambda_0}\frac{J_z(x')\mathrm{e}^{-\mathrm{j}k_rr'}}{4\pi r'}\mathrm{d}(z-z')\mathrm{d}x'\end{cases} \quad (5.11)$$

$$E_x(x,h,z)=-\mathrm{j}\omega\mu_0A_x(x,h,z)+\frac{1}{\mathrm{j}\omega\varepsilon_0}\left(\frac{\partial^2A_x(x,h,z)}{\partial x^2}+\frac{\partial^2A_z(x,h,z)}{\partial x\partial z}\right) \quad (5.12)$$

式中：A_x和A_z分别是矢量位的x分量和z分量；$J_x(x')$和$J_z(x')$分别表示微带线导带的表面电流密度的x分量和z分量，如图 5.18 所示；$r=\sqrt{(z-z')^2+(x'-W_{sig}/2)^2}$和$r'=\sqrt{4h^2+(z-z')^2+(x'-W_{sig}/2)^2}$分别表示从源点和其镜像到场点的距离；$\mu_0$、$\varepsilon_0$、$\lambda_0$、$k_0$和$k_r$分别是自由空间的介电常数、磁导率、波长、传播常数和介质中的传播常数。任意点的场强主要受邻近区域中的源点的影响，因此将$(z-z')$的积分上下限限制在

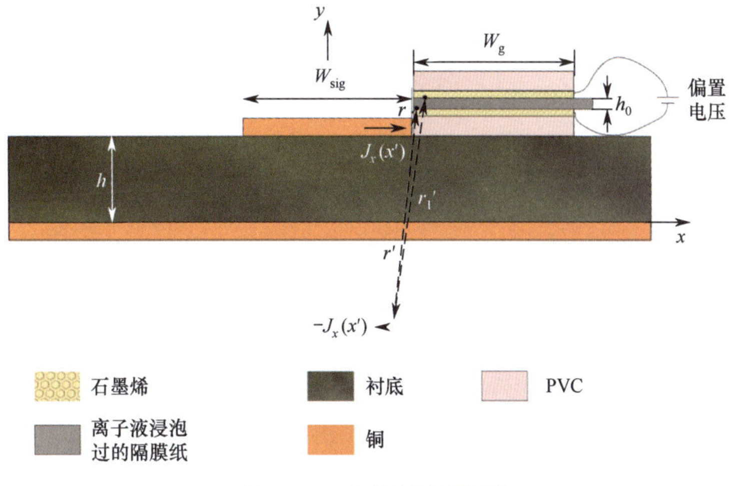

图 5.18 衰减器的横截面

$5\lambda_0$，可以满足式（5.11）收敛。由格林函数可知，在式（5.11）中，第一项表示从 $x=-W_{sig}/2$ 到 $x=W_{sig}/2$ 将导带上的表面电流密度的矢量位叠加，第二项表示叠加其镜像的矢量位。由于从 0 到 Δw 长度的单层石墨烯表面电流密度的叠加与从 $z'=z-5\lambda_0$ 到 $z'=z+5\lambda_0$ 和从 $x'=-W_{sig}/2$ 到 $x'=W_{sig}/2$ 的导带上的表面电流密度的叠加相比非常小，因此在计算式（5.11）时可以不考虑单层石墨烯上电流的矢量位。另外，因为 PVC 的厚度只有 75μm，与微带线的波长和介质的厚度相比非常小，所以在式（5.11）中没有考虑 PVC 的影响。

$J_x(x')$ 和 $J_z(x')$ 的表达式可以从文献[23] 中得到

$$\begin{cases} J_x(x') = \begin{cases} J_{x0}\sin\left(\dfrac{\pi x'}{0.7W_{sig}}\right) & |x'|\leqslant 0.8\dfrac{W_{sig}}{2} \\ J_{x0}\cos\left(\dfrac{\pi x'}{0.2W_{sig}}\right) & 0.8<|x'|\leqslant\dfrac{W_{sig}}{2} \end{cases} \\ J_z(x') = J_{z0}\left(1+\left|\dfrac{2x'}{W_{sig}}\right|^3\right) \quad |x'|\leqslant\dfrac{W_{sig}}{2} \end{cases} \tag{5.13}$$

式中：J_{x0} 和 J_{z0} 分别是微带线导带上的表面电流密度的 x 分量和 z 分量。两段传输线连接处的反射系数可以由下式表示：

$$\Gamma = \frac{Z_{in}-Z_0}{Z_{in}+Z_0} \tag{5.14}$$

式中：Z_{in} 是朝向石墨烯部分传输线的输入阻抗；Z_0 表示微带线部分传输线的特征阻抗。Z_{in} 可以根据下式计算

$$Z_{in} = Z_{0g}\frac{Z_{ed}+Z_{0g}\tanh\gamma_g W_g}{Z_{0g}+Z_{ed}\tanh\gamma_g W_g} \tag{5.15}$$

式中：Z_{ed} 代表由于介质填充平行板波导中上板的截断引起的辐射不连续性而产生的等效阻抗[21]；γ_g 是石墨烯部分传输线的传播常数，可以从文献［23］中得到。

因此，传输到石墨烯部分传输线的功率可表示为

$$P = \frac{V_o^2}{2Z_0}(1-|\Gamma|^2) = \frac{2V_o^2 Z_{in}}{Z_{in}^2+Z_0^2+2Z_0 Z_{in}} \tag{5.16}$$

由于式（5.16）中的透射功率（也可以看作微带线的功率损耗）是在石墨烯的长度为 Δw 时得到的，所以，对于图 5.16（a）所示的衰减器，全部功率损耗为

$$P = \frac{L_g}{\Delta w}\cdot\frac{2V_o^2 Z_{in}}{Z_{in}^2+Z_0^2+2Z_0 Z_{in}} \tag{5.17}$$

当石墨烯的表面方阻 Z_g 相对较大时，石墨烯部分传输线的衰减常数 α 也相应较大。因此，当石墨烯足够宽时，可以假设在两个传输线的连接处，在石墨烯部分传输线上基本上不存在回波。因此，$Z_{in}=Z_{0g}$，微带线的功率损耗可以简化为

$$P = \frac{L_g}{\Delta w}\cdot\frac{2V_o^2 Z_{0g}}{Z_{0g}^2+Z_0^2+2Z_0 Z_{0g}}$$

$$=\frac{\dfrac{2L_{g}V_{o}^{2}}{\Delta w\cdot Z_{0}}}{\dfrac{Z_{g}V_{o}}{\Delta w\cdot Z_{0}E_{x}|_{x=W_{sig}/2,y=h}}+\dfrac{\Delta w\cdot Z_{0}E_{x}|_{x=W_{sig}/2,y=h}}{Z_{g}V_{o}}+2} \tag{5.18}$$

由式（5.18）可以看出，当石墨烯的表面方阻接近无穷大时，微带线的功率损耗接近零，因为此时可以认为衰减器没有石墨烯，所以没有功率传输到石墨烯部分。随着石墨烯方阻 Z_g 相对减小，由于石墨烯上 x 分量的表面电流密度增加，石墨烯部分传输线的特征阻抗 Z_{0g} 从无穷大开始减小，更多功率可以传输到石墨烯部分，所以功率损耗增加。当石墨烯的方阻降低到极值点 $Z_g = |\Delta w\cdot Z_0E_x|_{x=W_{sig}/2,y=h}/V_o|$ 时，功率损耗上升到最大值 $P=L_gV_o^2/(2\Delta w\cdot Z_0)$，大部分功率传输到石墨烯部分。然而，当 Z_g 继续减小时，功率损耗开始下降，这是由于相对较小的 Z_{0g} 将导致大部分功率反射回微带线。当 Z_g 下降到 0Ω/□时，单层石墨烯可以看作 PEC，因此没有功率损耗。

由于每个石墨烯“三明治”结构都有两个单层石墨烯，因此石墨烯部分传输线上的电流应由下式表示：

$$I=\int_{0}^{\Delta w}\frac{E_{x}(x,h,z)}{Z_{g}}+\frac{E_{x}(x,h+h_{0},z)}{Z_{g}}\mathrm{d}z \tag{5.19}$$

式中：h_0 是隔膜纸的厚度；$E_x(x,h,z)/Z_g$ 和 $E_x(x,h+h_0,z)/Z_g$ 分别表示下层和上层单层石墨烯上的表面电流密度的 x 分量。因此，石墨烯部分传输线的特征阻抗 Z_{0g2} 为

$$\begin{aligned}Z_{0g2}&=\frac{V_{o}\mathrm{e}^{-\mathrm{j}\gamma x}}{\displaystyle\int_{0}^{\Delta w}\frac{E_{x}(x,h,z)}{Z_{g}}+\frac{E_{x}(x,h+h_{0},z)}{Z_{g}}\mathrm{d}z}\\&=\frac{Z_{g}V_{o}}{\Delta w\cdot(E_{x}(W_{sig}/2,h,z)+E_{x}(W_{sig}/2,h+h_{0},z))}\end{aligned} \tag{5.20}$$

上层石墨烯的矢量位的 x 分量和 z 分量可以通过以下公式计算：

$$\begin{cases}A_{x}(x,h+h_{0},z)=\displaystyle\int_{-\frac{W_{sig}}{2}}^{\frac{W_{sig}}{2}}\int_{-5\lambda_{0}}^{5\lambda_{0}}\frac{J_{x}(x')\mathrm{e}^{-\mathrm{j}k_{0}r_{1}}}{4\pi r_{1}}\mathrm{d}(z-z')\mathrm{d}x'-\int_{-\frac{W_{sig}}{2}}^{\frac{W_{sig}}{2}}\int_{-5\lambda_{0}}^{5\lambda_{0}}\frac{J_{x}(x')\mathrm{e}^{-\mathrm{j}k_{r}r_{1}'}}{4\pi r_{1}'}\mathrm{d}(z-z')\mathrm{d}x'\\A_{z}(x,h+h_{0},z)=\displaystyle\int_{-\frac{W_{sig}}{2}}^{\frac{W_{sig}}{2}}\int_{-5\lambda_{0}}^{5\lambda_{0}}\frac{J_{z}(x')\mathrm{e}^{-\mathrm{j}k_{0}r_{1}}}{4\pi r_{1}}\mathrm{d}(z-z')\mathrm{d}x'-\int_{-\frac{W_{sig}}{2}}^{\frac{W_{sig}}{2}}\int_{-5\lambda_{0}}^{5\lambda_{0}}\frac{J_{z}(x')\mathrm{e}^{-\mathrm{j}k_{r}r_{1}'}}{4\pi r_{1}'}\mathrm{d}(z-z')\mathrm{d}x'\end{cases} \tag{5.21}$$

式中：$r_1=\sqrt{(z-z')^2+(x'-W_{sig}/2)^2+h_0^2}$ 和 $r_1'=\sqrt{(2h+h_0)^2+(z-z')^2+(x'-W_{sig}/2)^2}$ 分别表示从源点及其镜像到上层石墨烯上的场点的距离。上层石墨烯电场的 x 分量可以用式（5.12）计算。由于隔膜纸的厚度仅有 50μm，因此在式（5.21）中没有考虑隔膜纸的影响。

最后，对于图 5.16（a）所示的衰减器，通过用 Z_{0g2} 代替 Z_{0g}，可以用式（5.18）计算衰减器的总损耗。图 5.17（b）中的反射系数与式（5.14）中的表达式相同。因此，对于图 5.16（b）所示的衰减器，传输到导带每侧的石墨烯部分传输线的功率都可

以用式（5.17）表示。所以，图5.16（b）所示的衰减器的总损耗可以用式（5.17）乘以2计算。

图5.19展示了仅有一个石墨烯“三明治”结构的衰减器A和有两个石墨烯“三明治”结构的衰减器B的CST Microwave Studio仿真和计算在中心频率24GHz时的插入损耗。其中，实心形状代表仿真结果，空心形状代表计算结果，仿真结果与计算结果较好吻合。随着石墨烯的表面方阻Z_g从3000Ω/□下降到50Ω/□时，衰减器A和B的插入损耗分别从1.8dB上升到25dB和从2.5dB上升到49dB。当Z_g继续下降时，衰减器A和B的插入损耗将开始下降。当Z_g下降到0Ω/□时，插入损耗减小到0dB。因此，理论上衰减器B至少可以达到46.5dB的调节范围，衰减器A的衰减量是衰减器B的一半。另外，图5.20（a）~（f）分别为衰减器B在24GHz时的仿真的电场分布，图5.21（a）、（c）、（e）为对应的表面电流密度分布。图5.20（g）~（l）为衰减器A在24GHz时仿真的电场分布，图5.21（b）、（d）、（f）则为对应的表面电流密度分布。在图5.20（a）、（b）、（g）、（h）和图5.21（a）、（b）中，石墨烯的表面方阻为3000Ω/□。在图5.20（c）、（d）、（i）、（j）和图5.21（c）、（d）中，表面方阻为400Ω/□。在图5.20（e）、（f）、（k）、（l）和图5.21（e）、（f）中，表面方阻为170Ω/□。图5.20（a）、（c）、（e）、（g）、（i）、（k）展示了石墨烯在平面$y=h/2$处的电场分布，图5.20（b）、（d）、（f）、（h）、（j）、（l）展示了石墨烯在平面$y=h+h_0$处的电场分布。在图5.20（a）、（b）、（g）、（h）和图5.21（a）、（b）中，可以明显地看到输出端口处的场强和表面电流密度，而在图5.20（e）、（f）、（k）、（l）和图5.21（e）、（f）中，基本上看不到场强和表面电流密度。因此，通过在输出端口处电场强度的明显对比可以验证前文分析结果。此外，在输出端口处，图5.20（g）~（l）和图5.21（b）、（d）、（f）中衰减器A的场强和表面电流密度比图5.20（a）~（f）和图5.21（a）、（c）、（e）中衰减器B的场强和表面电流密度更明显。因此，衰减器B的衰减更快。

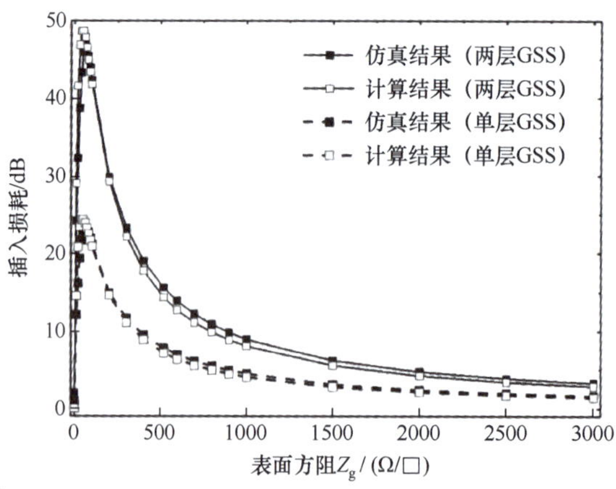

图5.19 在24GHz时衰减器A和B的插入损耗与石墨烯的表面方阻的关系（$\varepsilon_r=2.2$，$h=0.6$mm，$L_g=30.5$mm，$W_g=5$mm，$L=50$mm，$W_{sig}=1.54$mm）。实心形状代表仿真结果，空心形状代表计算结果

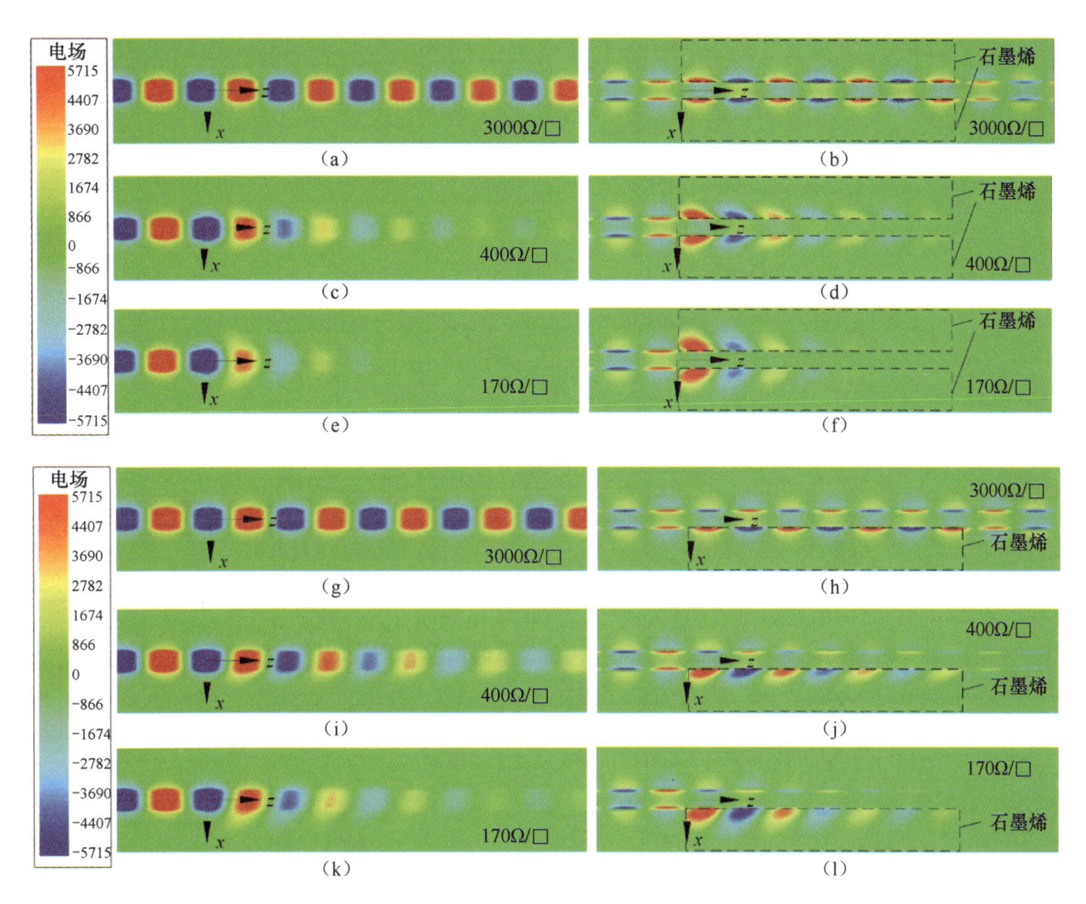

图5.20　(a)～(f) 衰减器B和 (g)～(l) 衰减器A在24GHz时的电场分布。石墨烯的表面方阻为 (a)、(b)、(g)、(h) $Z_g=3000\Omega/\square$，(c)、(d)、(i)、(j) $Z_g=400\Omega/\square$和 (e)、(f)、(k)、(l) $Z_g=170\Omega/\square$。(a)、(c)、(e)、(g)、(i)、(k) 展示了石墨烯在平面 $y=h/2$ 上的电场分布，(b)、(d)、(f)、(k)、(j)、(l) 展示了石墨烯在平面 $y=h+h_0$上的电场分布

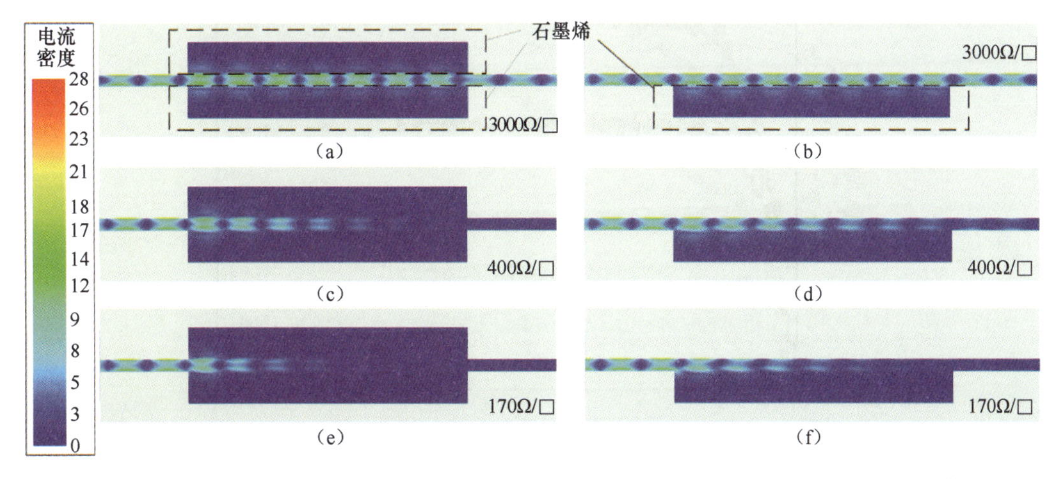

图5.21　(a)、(c)、(e) 衰减器B和 (b)、(d)、(f) 衰减器A在24GHz时的导带和石墨烯上的表面电流密度分布。石墨烯的表面方阻分别为 (a)、(b) $Z_g=3000\Omega/\square$，(c)、(d) $Z_g=400\Omega/\square$和 (e)、(f) $Z_g=170\Omega/\square$

另外，图5.22展示了在24GHz时衰减器B的插入损耗与石墨烯长度的关系。可以看出，当石墨烯的长度增加时，插入损耗呈线性增加，并且调节范围扩大，这与式（5.17）和前文分析都一致。

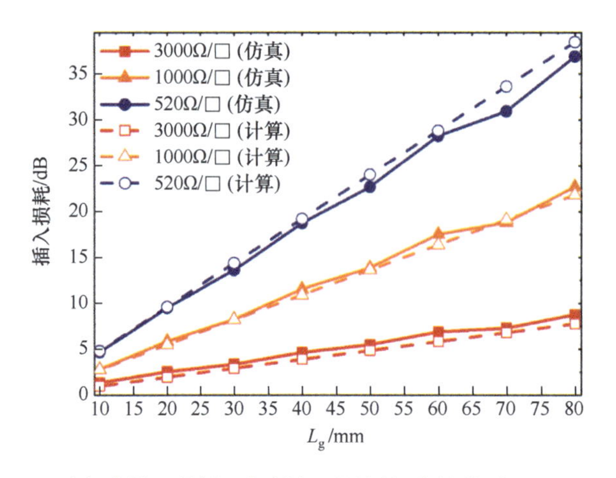

图5.22　在24GHz时衰减器B的插入损耗与石墨烯长度的关系（$\varepsilon_r=2.2$，$h=0.6$mm，$W_g=5$mm，$L=90$mm，$W_{sig}=1.86$mm）。实心形状代表仿真结果，空心形状代表计算结果

衰减器B的仿真和计算的插入损耗与石墨烯宽度的关系，以及石墨烯最小宽度与石墨烯表面方阻的关系分别如图5.23和图5.24所示。从图5.23可以看出，当石墨烯的宽度W_g不断增加时，插入损耗先增加，到特定值后保持不变。此处将该特定值对应的宽度视为衰减器可以使用时石墨烯的最小宽度。从图5.23和图5.24可以看出，随着石墨烯表面方阻减小，最小宽度相应增加。这一变化可能是由于石墨烯表面方阻减小时，图5.17中石墨烯部分传输线的衰减系数也减小，因此，电磁场可以沿x方向传播得更

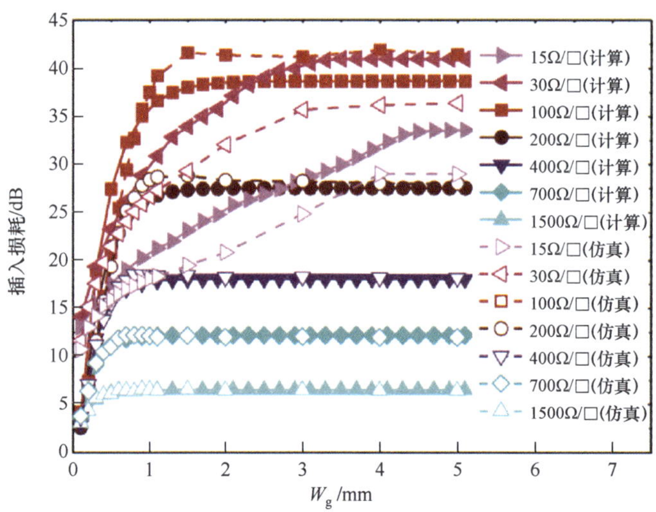

图5.23　衰减器B在24GHz时的插入损耗与石墨烯宽度的关系（$\varepsilon_r=2.2$，$h=0.6$mm，$L_g=34$mm，$L=50$mm，$W_{sig}=1.86$mm）。空心形状代表仿真结果，实心形状代表计算结果

快，这种情况可以从图5.20中观察到。在图5.20（b）、（f）、（h）、（l）中，当表面方阻为170Ω/□时，电磁场沿x方向的传播长度比表面阻抗为3000Ω/□时更长。当石墨烯的宽度增加到衰减器可以使用的最小宽度时，沿x方向石墨烯上的电磁场衰减到零，所以当石墨烯的宽度继续增加时插入损耗保持不变。

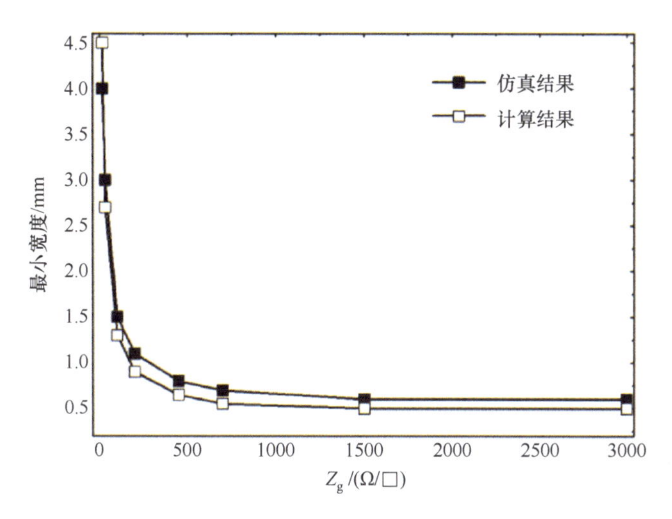

图5.24 石墨烯的最小宽度与表面方阻的关系。实心形状和空心形状分别代表仿真结果和计算结果

5.3.2 样品加工和测量结果

首先使用PCB工艺选择Rogers 5880作为介质加工出微带线，然后将一个石墨烯“三明治”结构铺在微带线导带的一侧或两侧，如图5.25所示。图5.25（a）和（b）分别展示了仅在导带一侧有和在两侧都有石墨烯“三明治”结构的衰减器A和B。为了使衰减器B的衰减量可从3dB调到15dB，详细尺寸选择如下：$\varepsilon_r=2.2$，$L-55.0$mm，$h=1.575$mm，$W_{sig}=4.9$mm，$L_g=40$mm，$W_g=15$mm。波导方法测量的石墨烯的表面方阻与偏置电压之间的关系[20]如图5.26所示。可以看出，当电压从0 V调到4 V时，石墨烯的方阻从3000Ω/□下降到580Ω/□。

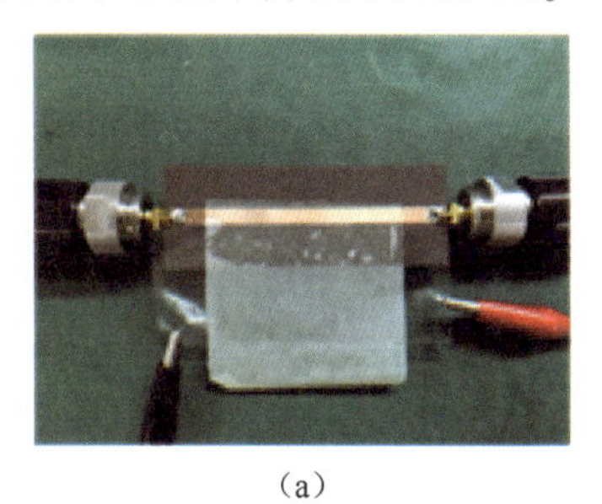

（a）

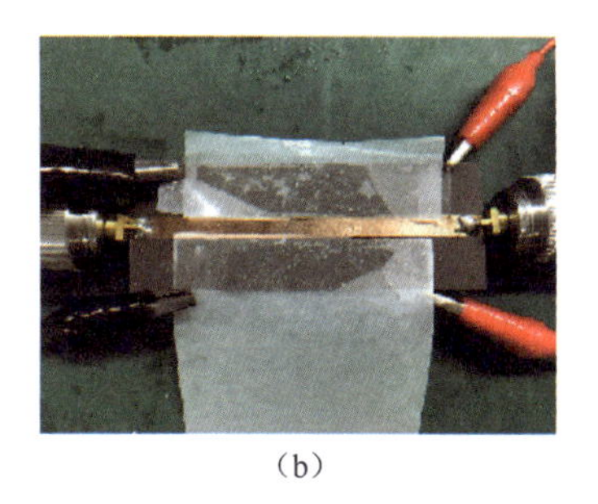

（b）

图5.25 加有偏置电压的可调衰减器的样品。（a）仅在导带一侧有石墨烯“三明治”结构的衰减器（衰减器A）；（b）导带两侧都有石墨烯“三明治”结构的衰减器（衰减器B）

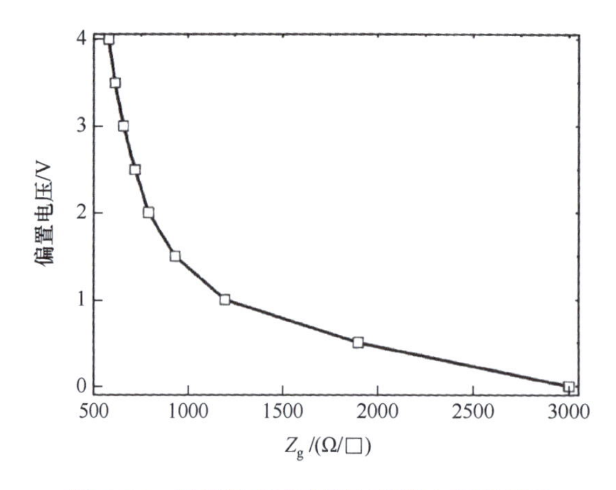

图 5.26　测得的表面方阻与偏置电压的关系

不同的偏置电压下的衰减器在 9～40GHz 工作频段内的 S 参数如图 5.27 所示。图中分别展示了不同表面方阻下的衰减器在 9～40GHz 工作频段内的 S 参数的测量、计算和仿真结果。空心形状代表测量结果，实心形状代表仿真结果，半实心形状代表计算结果。从图 5.27 中可以看出，虽然在仿真值周围有轻微波动（可能由加工误差引起），测量的插入损耗与计算和仿真结果基本一致。另外，图 5.27（a）展示了衰减器 B 的 $|S_{21}|$。正方形和上三角形分别表示石墨烯表面方阻为 3000Ω/□和 580Ω/□。可以看出，当偏置电压从 0V 上升到 4V 时，插入损耗从 3dB 增加到 15dB。图 5.27（b）为衰减器 A 的 $|S_{21}|$，可以看出，衰减量可以从 1.5dB 调到 7.5dB，正是衰减器 B 的一半。图 5.27（c）为衰减器 B 的 $|S_{11}|$，可以看出，虽然仿真结果和测量结果之间存在差异，但是 $|S_{11}|$ 在工作频段内始终小于 -15dB。仿真结果和测量结果之间的差值可能是由 2.92mm 的连接器引起的。

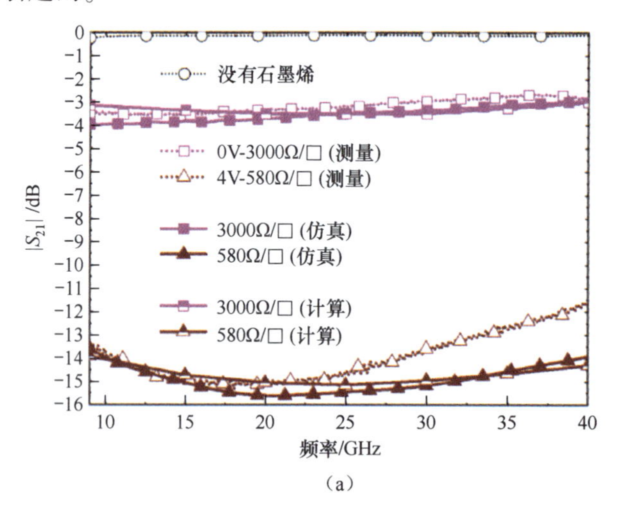

图 5.27　衰减器 B 的（a）$|S_{21}|$、（c）$|S_{11}|$ 和（b）衰减器 A 的 $|S_{21}|$ 的仿真和测量结果。空心形状代表测量结果，实心形状代表仿真结果，半实心形状代表计算结果

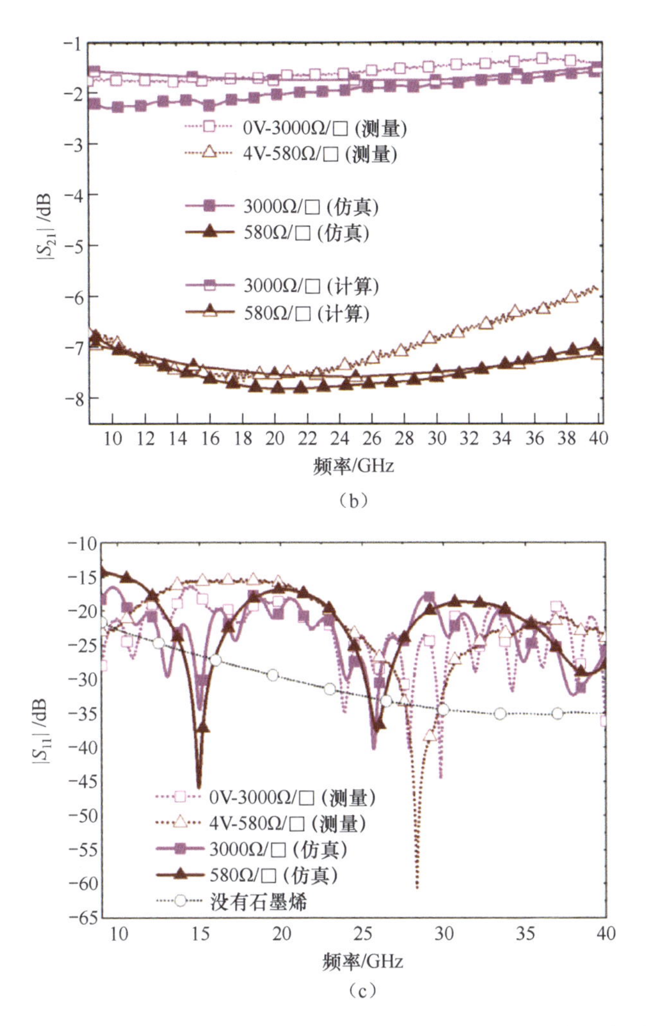

图 5.27　衰减器 B 的（a）$|S_{21}|$、（c）$|S_{11}|$和（b）衰减器 A 的$|S_{21}|$的仿真和测量结果。空心形状代表测量结果，实心形状代表仿真结果，半实心形状代表计算结果（续）

另外，图 5.28（a）、（b）分别为具有半长和半宽石墨烯的衰减器 B 的测量、计算和仿真结果。测量结果显示，当石墨烯的长度 L_g 为 25mm（原先长度的一半）时，插入损耗降到原值的一半；当石墨烯的宽度减小到一半时，插入损耗基本没有变化，因为一半宽度依然大于石墨烯的最小宽度。

此外，为了验证衰减量存在最大值，需要测量表面方阻在 20～200Ω/□间变化时，衰减器在 24GHz 时的插入损耗。由于单层石墨烯的表面方阻大于 580Ω/□，所以需要分别生长 20Ω/□、40Ω/□、70Ω/□、100Ω/□和 200Ω/□的多层石墨烯，用于替换石墨烯“三明治”结构中的每个单层石墨烯。图 5.29 展示了衰减器 A 和 B 的插入损耗与石墨烯表面方阻关系的测量、模拟和计算结果。可以看出，当 Z_g = 40Ω/□时，衰减器 B 的插入损耗达到最大值 40dB，衰减器 A 的插入损耗达到最大值 20dB，与计算和仿真结果一致。

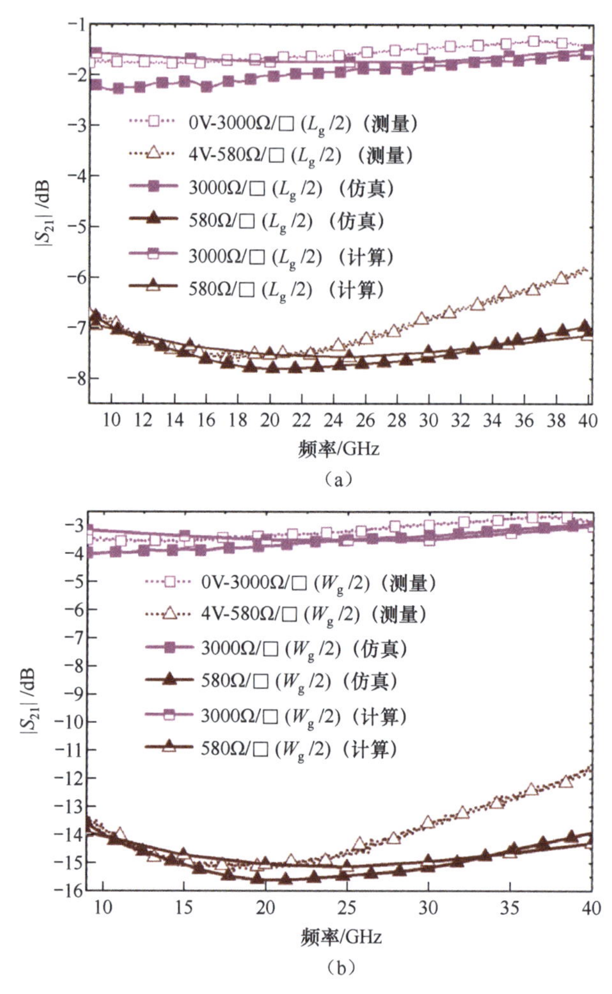

图 5.28 当衰减器 B 具有（a）一半石墨烯长度和（b）一半石墨烯宽度时，$|S_{21}|$的仿真和测量结果。空心形状代表测量结果，实心形状代表仿真结果，半实心形状代表计算结果

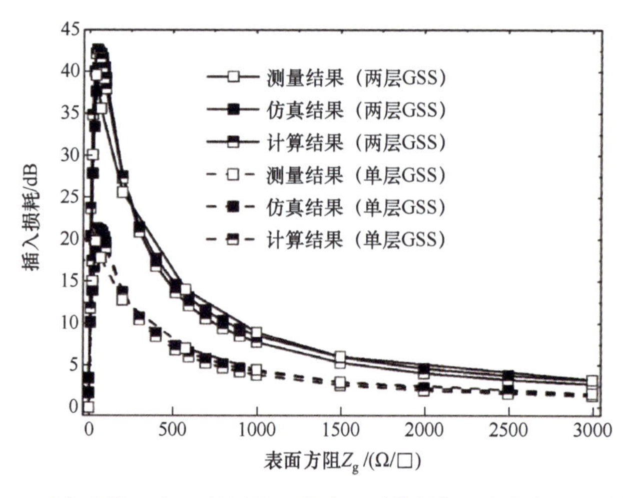

图 5.29 在 24GHz 时衰减器 A 和 B 的测量、仿真和计算的插入损耗与石墨烯表面方阻之间的关系。空心形状、实心形状和半实心形状分别代表测量结果、仿真结果和计算结果

5.4 石墨烯 CPW 衰减器和槽线衰减器

5.4.1 可调 CPW 衰减器的理论分析

基于石墨烯的 CPW 衰减器的完整结构如图 5.30（a）所示[12]。基于石墨烯的 CPW 衰减器由一个 50Ω CPW（ε_r和 h 分别是介质的相对介电常数和厚度，W_{sig}、W_{ground}和 S 分别是导带、接地板和槽缝的宽度，L 是 CPW 的长度）和一个石墨烯“三明治”结构（L_g和 D 分别是石墨烯的长度和石墨烯“三明治”结构与 CPW 之间的空间）组成。石墨烯“三明治”结构跨越两个槽缝覆盖在 CPW 上。考虑衰减器的对称性，为便于分

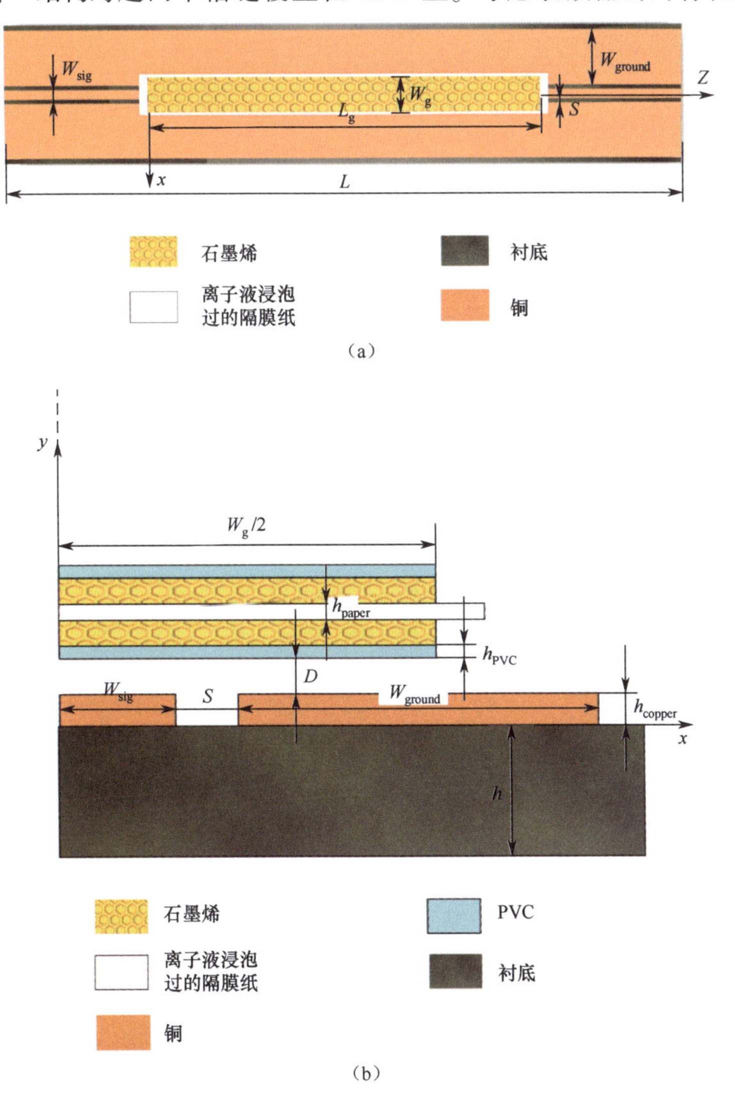

图 5.30　基于石墨烯的 CPW 衰减器的（a）完整结构图和（b）半边结构的横截面

析，可以将衰减器的对称面替换为偶模或奇模的磁壁或电壁，这样可以将结构减小一半。因此，选择结构的半边为分析对象，如图 5.30（b）所示，对应的横向等效电路如图 5.31 所示。在图 5.31 中，长度为 h_{copper}、h_{PVC}、h_{paper}和 D 的三段传输线分别代表铜、PVC、隔膜纸和石墨烯“三明治”结构与 CPW 的间距。两个表面方阻 Z_g分别代表两个单层石墨烯。顶部传输线代表半无限大的自由空间，它带有一个阻值为其特征阻抗的负载。由于在自由空间中电磁场呈指数衰减，因此自由空间部分的传输线的特征阻抗只有虚部[24]。并联电容代表了铜与石墨烯“三明治”结构和 CPW 的间隔的不连续处的漏磁场。

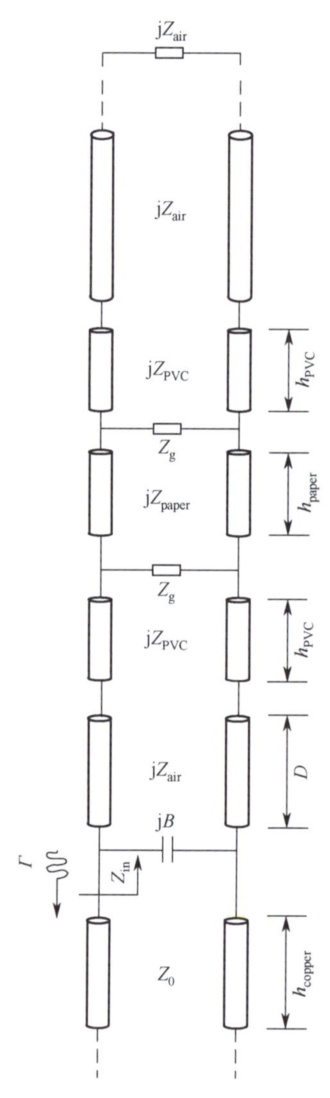

图 5.31　基于石墨烯的 CPW 衰减器半边结构的横向等效电路

在 h_{copper}段传输线和并联电容之间的连接处，反射系数 Γ 可以由下式得到：

$$\Gamma = \frac{Z_{in} - Z_0}{Z_{in} + Z_0} \tag{5.22}$$

式中：Z_0表示h_{copper}段传输线的特征阻抗；Z_{in}是输入阻抗。由于隔膜纸和PVC非常薄，因此h_{paper}和h_{PVC}可以是零。因此，Z_{in}可以表示为

$$Z_{in} = jZ_{air}\frac{Z_g - (2jZ_{air} + Z_g)\tanh\beta D}{(2jBZ_{air}Z_{air} + BZ_{air}Z_g - Z_g)\tanh\beta D + 2jZ_{air} + Z_g - BZ_{air}Z_g} \tag{5.23}$$

式中：Z_g表示每个单层石墨烯的表面方阻；jZ_{air}和jB分别表示自由空间部分传输线的特征阻抗和并联电容的导纳。$j\beta$是自由空间的相位常数。jZ_{air}、jB和$j\beta$可以根据横向谐振法得到[24]。

因此，反射系数Γ可表示为

$$\Gamma = \frac{j[Z_gG - H] + A - Z_gK}{j[Z_gG + H] + A + Z_gK} \tag{5.24}$$

其中，

$$\begin{cases} K = BZ_{air}Z_0\tanh\beta D - Z_0\tanh\beta D + Z_0 - BZ_{air}Z_0 \\ G = Z_{air} - Z_{air}\tanh\beta D \\ H = 2BZ_{air}Z_{air}Z_0\tanh\beta D + 2Z_{air}Z_0 \\ A = 2Z_{air}Z_{air}\tanh\beta D \end{cases} \tag{5.25}$$

透射到石墨烯“三明治”结构部分的功率，也是衰减器的功率损耗，可表示为

$$P = \frac{V_o^2}{2Z_0}(1 - |\Gamma|^2) = \frac{V_o^2}{2Z_0}\left(\frac{-2Z_g(KA + GH)}{A^2 + H^2 + 2Z_g(KA + GH) + Z_g^2(K^2 + G^2)}\right) \tag{5.26}$$

由于衰减器实际长度为L_g，所以衰减器的完整功率损耗为

$$P = \frac{V_o^2L_g}{Z_0}(1 - |\Gamma|^2) = \frac{V_o^2L_g}{Z_0}\left(\frac{-2Z_g(KA + GH)}{A^2 + H^2 + 2Z_g(KA + GH) + Z_g^2(K^2 + G^2)}\right) \tag{5.27}$$

从式（5.27）可以看出，当石墨烯的表面方阻接近无穷大时，衰减器的功率损耗基本为零，因为此时输入方阻$Z_{in} = jZ_{air}(1 - \tanh\beta D)/[(BZ_{air} - 1)\tanh\beta D + 1 - BZ_{air}]$是虚数，并且$|\Gamma| = 1$，所以此时没有功率传输到石墨烯“三明治”结构。随着Z_g逐渐减小，由于Z_{in}是复数且实部增加，因此$|\Gamma|$降低，所以功率损耗增加。当石墨烯的表面方阻减小到$Z_g = \sqrt{(A^2 + H^2)/(K^2 + G^2)}$时，功率损耗上升到最大值

$$P = \frac{V_o^2L_g}{Z_0}\left(\frac{-(KA + GH)}{\sqrt{(A^2 + H^2)(K^2 + G^2)} + KA + GH}\right) \tag{5.28}$$

然而，当Z_g继续减小时，功率损耗开始下降，这是由于相对较小的Z_{in}将导致仅有少量的功率传输到石墨烯“三明治”结构。当Z_g减小到0Ω/□时，输入方阻$Z_{in} = -jZ_{air}\tanh\beta D/(BZ_{air}\tanh\beta D + 1)$是虚数，并且每个单层石墨烯都可以被认为是PEC，因此没有功率传输到石墨烯“三明治”结构。

为验证以上分析的正确性，用CST仿真结果与计算结果相对比。图5.32展示了在中心频率24GHz时衰减器的插入损耗与石墨烯表面方阻的关系。当石墨烯的表面方阻Z_g

从3000Ω/□降到50Ω/□，插入损耗从3dB增加到100dB，并且当Z_g继续下降时，插入损耗将开始减小。当Z_g下降到0Ω/□时，插入损耗达到0dB。这一变化与前文分析一致。因此，理论上这种衰减器可以实现至少100dB的调节范围。另外，图5.33为24GHz时的仿真电场分布。在图5.33（a）和（b）中，石墨烯的表面方阻Z_g分别为3000Ω/□和520Ω/□。在图5.33（a）中，在输出端口可以清楚地看到场强，而在图5.33（b）中，基本看不到场强。

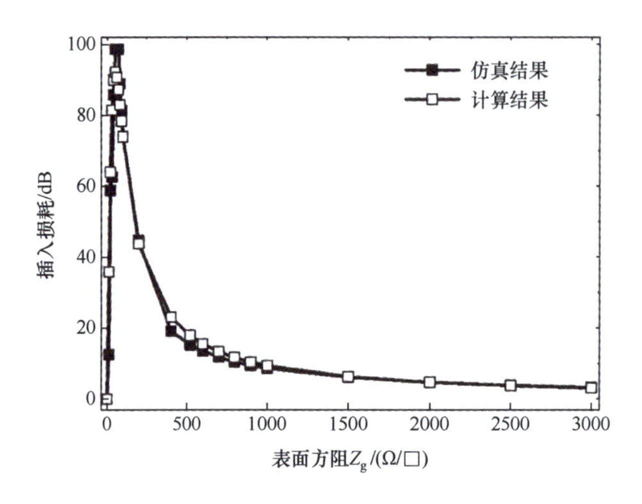

图5.32　在24GHz时插入损耗与石墨烯表面方阻的关系（ε_r = 9.9，h = 0.254mm，L_g = 45mm，L = 90mm，W_{sig} = 0.35mm，S = 0.14mm，W_{ground} = 5mm，D = 0.27mm）。空心形状代表计算结果，实心形状代表仿真结果

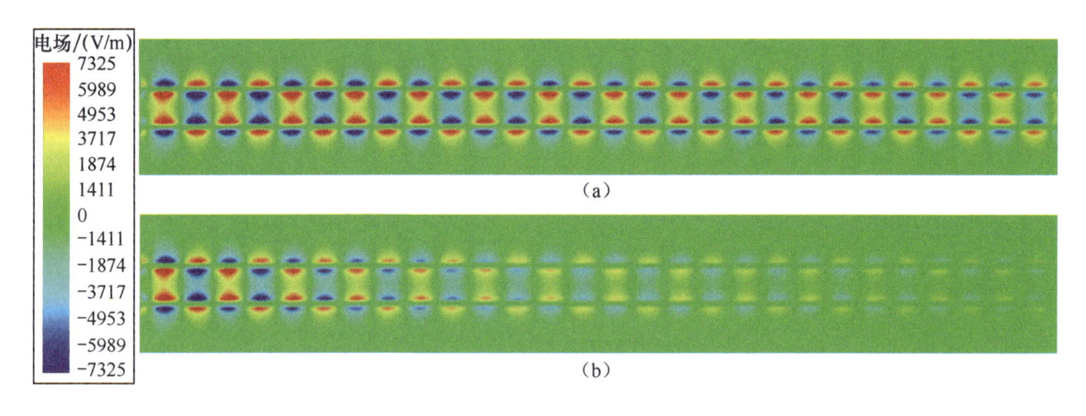

图5.33　24GHz时石墨烯表面方阻为（a）Z_g = 3000Ω/□和（b）Z_g = 520Ω/□时衰减器的电场分布

此外，图5.34展示了在24GHz时仿真和计算的插入损耗与石墨烯长度的关系。随着石墨烯长度L_g增加，插入损耗线性增加，调节范围扩大，与式（5.27）一致。

图5.35展示了在24GHz时仿真和计算的插入损耗与石墨烯“三明治”结构和CPW间距的关系。当间距D增加时，插入损耗减小，并且调节范围缩小。

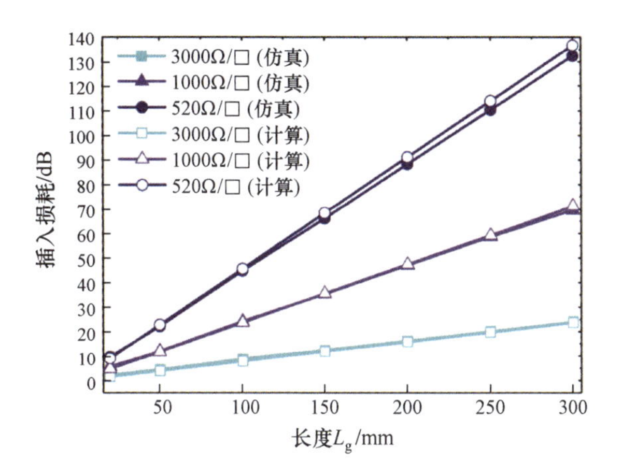

图5.34　在24GHz时插入损耗与石墨烯长度的关系（$\varepsilon_r=9.9$，$h=0.254$mm，$L=330$mm，$W_{sig}=0.35$mm，$S=0.14$mm，$W_{ground}=5$mm，$D=0.27$mm）。空心形状代表计算结果，实心形状代表仿真结果

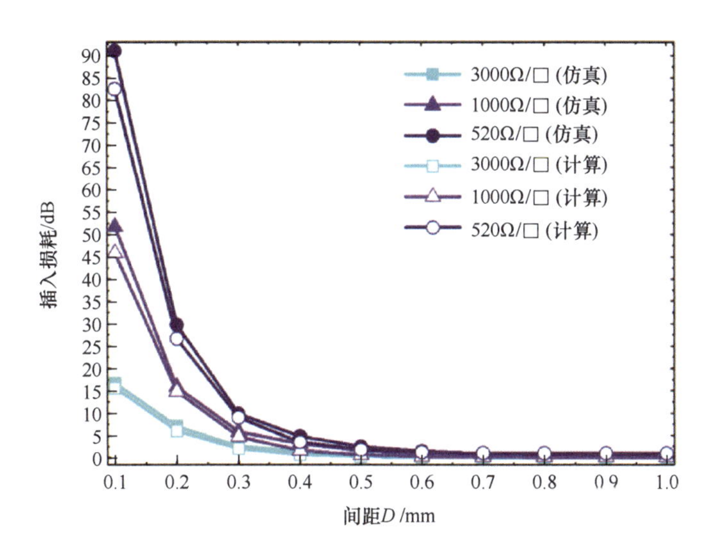

图5.35　在24GHz时插入损耗与间距的关系（$\varepsilon_r=9.9$，$h=0.254$mm，$L=90$mm，$W_{sig}=0.35$mm，$S=0.14$mm，$W_{ground}=5$mm，$L_g=45$mm）。空心形状代表计算结果，实心形状代表仿真结果

5.4.2　可调槽线衰减器的理论分析

基于石墨烯的槽线衰减器的结构如图5.36所示。基于石墨烯的槽线衰减器由一条槽线（ε_r和h分别代表介质的相对介电常数和厚度，W_{sig}和S分别代表导带和槽缝的宽度，L是槽线的长度）和一个石墨烯“三明治”结构（L_g和D分别是石墨烯的长度和石墨烯“三明治”结构与槽线的间距）组成。石墨烯“三明治”结构覆盖在槽线的槽缝上。

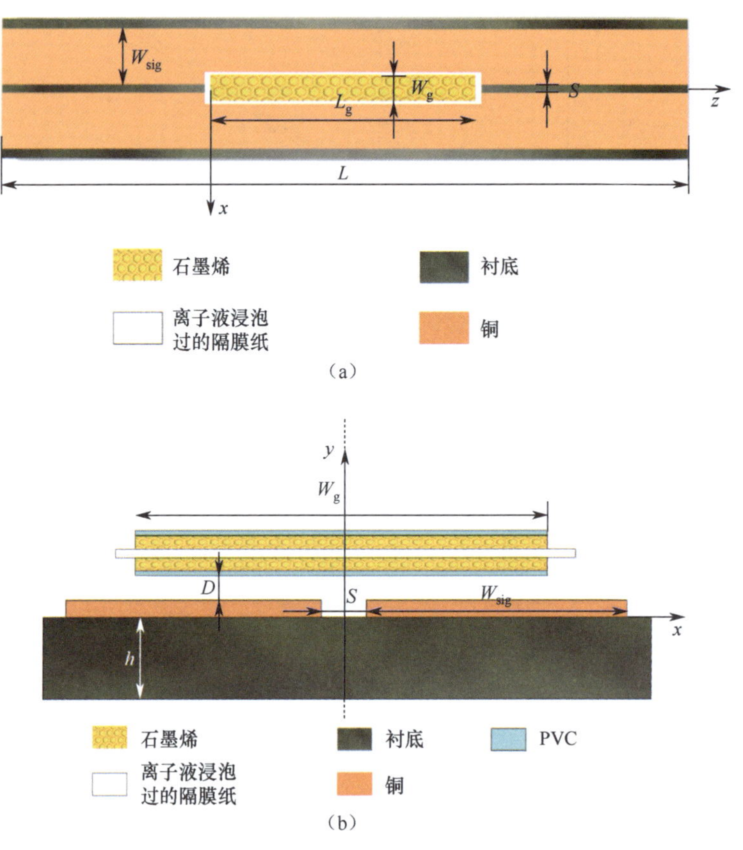

图 5.36　基于石墨烯的槽线衰减器的（a）完整结构图及其（b）横截面

由于槽线的结构类似于 CPW 的半结构，因此横向等效电路与图 5.31 中的相同。jZ_{air}、jB 和 $j\beta$ 也可以通过横向谐振法得到[24]。最后，衰减量是式（5.27）计算结果的一半。此处也给出了插入损耗随石墨烯表面方阻 Z_g 变化的曲线和仿真的电场分布，如图 5.37和图 5.38 所示。

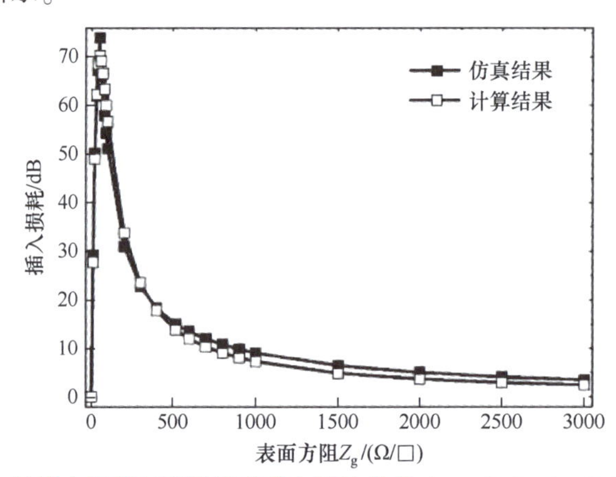

图 5.37　在 24GHz 时插入损耗与石墨烯表面方阻的关系（$\varepsilon_r=9.9$，$h=0.254$mm，$L_g=60$mm，$D=0.2$mm，$L=90$mm，$W_{sig}=5$mm，$S=0.08$mm）。空心形状代表计算结果，实心形状代表仿真结果

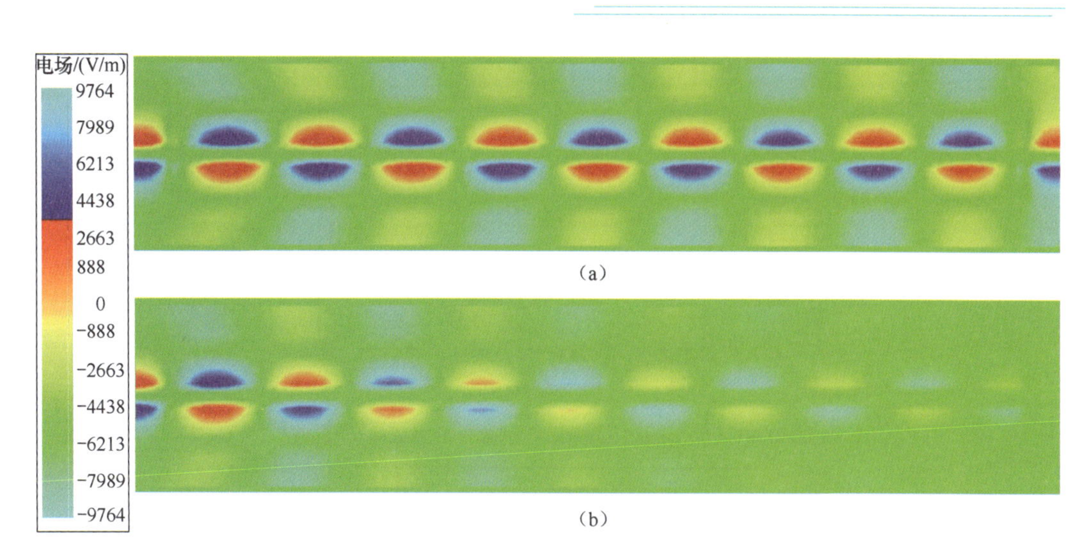

图5.38 在24GHz时石墨烯表面方阻为（a）$Z_g=3000\Omega/\square$和（b）$Z_g=520\Omega/\square$的衰减器的电场分布

5.4.3 样品加工和测量结果

两种衰减器都选择Rogers 5880作为介质，使用PCB工艺分别加工出CPW和槽线，然后在每个传输线上覆盖一个石墨烯“三明治”结构。两个衰减器的样品如图5.39所示。为了将衰减量从3dB调到15dB，CPW衰减器的详细尺寸如下：$\varepsilon_r=2.2$，$h=1.575$mm，$L_g=6$mm，$D=0.08$mm（PVC的厚度），$L=105$mm，$W_{sig}=6.3$mm，$S=0.3$mm，$W_{ground}=8.5$mm。槽线衰减器的尺寸如下：$\varepsilon_r=2.2$，$h=1.575$mm，$L_g=10$mm，$D=0.08$mm，$L=105$mm，$W_{sig}=3.8$mm，$S=0.3$mm。

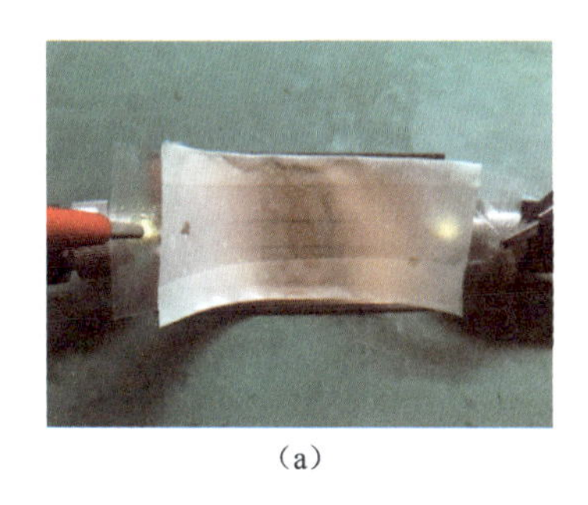
(a)

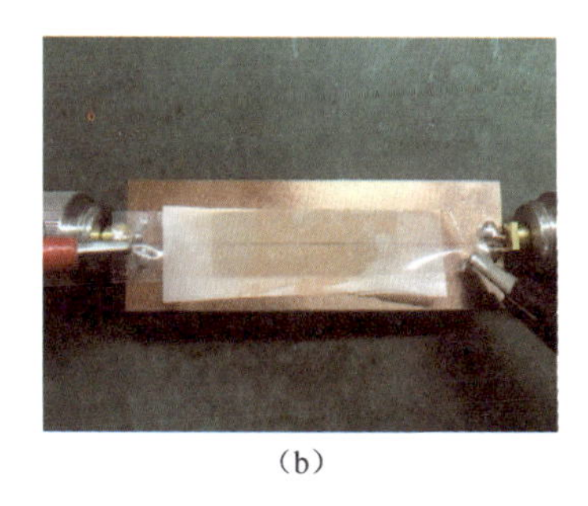
(b)

图5.39 两个衰减器的样品。(a) CPW衰减器；(b) 槽线衰减器

用波导法测出的石墨烯表面方阻与偏置电压的关系如图5.40所示。可以看出，当偏置电压从0V上升到4V时，表面方阻从3000Ω/□连续下降到580Ω/□。

CPW衰减器和槽线衰减器的测量、仿真和计算结果分别如图5.41和图5.43所示。实心形状代表仿真结果，空心形状代表测量结果，半实心形状代表计算结果。从图5.41(a)和图5.43(a)可以看出，在9～40GHz的宽频段内，当偏置电压从0V上升

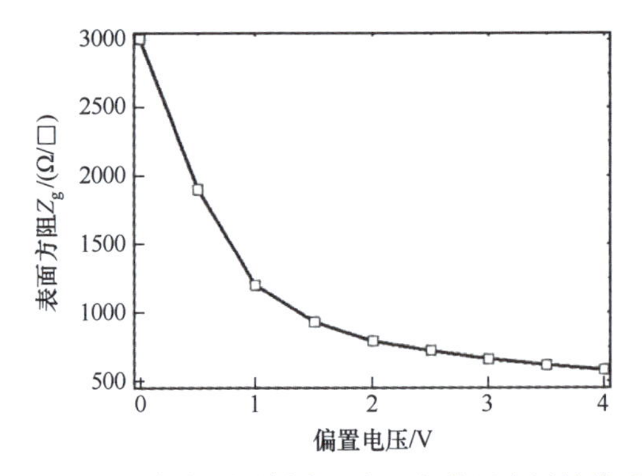

图 5.40　测得的石墨烯表面方阻与偏置电压的关系

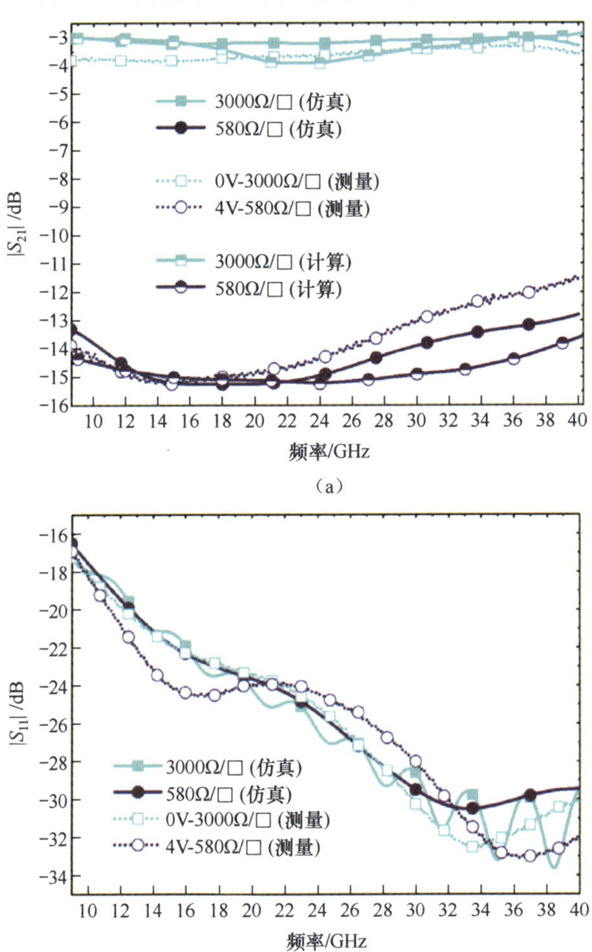

图 5.41　CPW 衰减器（a）$|S_{21}|$和（b）$|S_{11}|$的测量、仿真和计算结果。实心形状代表仿真结果，空心形状代表测量结果，半实心形状代表计算结果

到 4V 时，两个衰减器的衰减量都可以从 3dB 调到 15dB。测量结果与仿真结果和计算结果基本吻合。另外，图 5.41（b）和图 5.43（b）分别展示了 CPW 衰减器和槽线衰减器$|S_{11}|$参数，可以看出，在 9～40GHz 的整个频段内，$|S_{11}|$始终小于 -15dB。在

图5.41（b）和图5.43（b）中，测量结果与仿真结果之间的差异可能是由2.92mm连接器造成的。测量结果可以验证每个衰减器具有良好的可调性。图5.42和图5.44展示了测量的插入损耗随偏置电压变化的曲线。可以看出，随着偏置电压的上升，插入损耗相应上升。

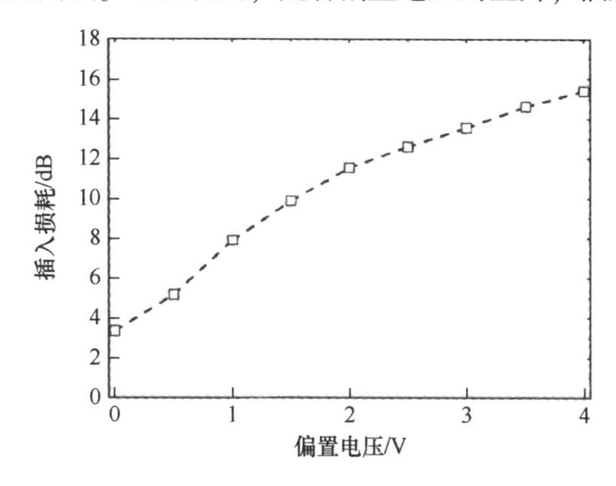

图5.42　CPW衰减器的插入损耗随偏置电压变化的测量结果

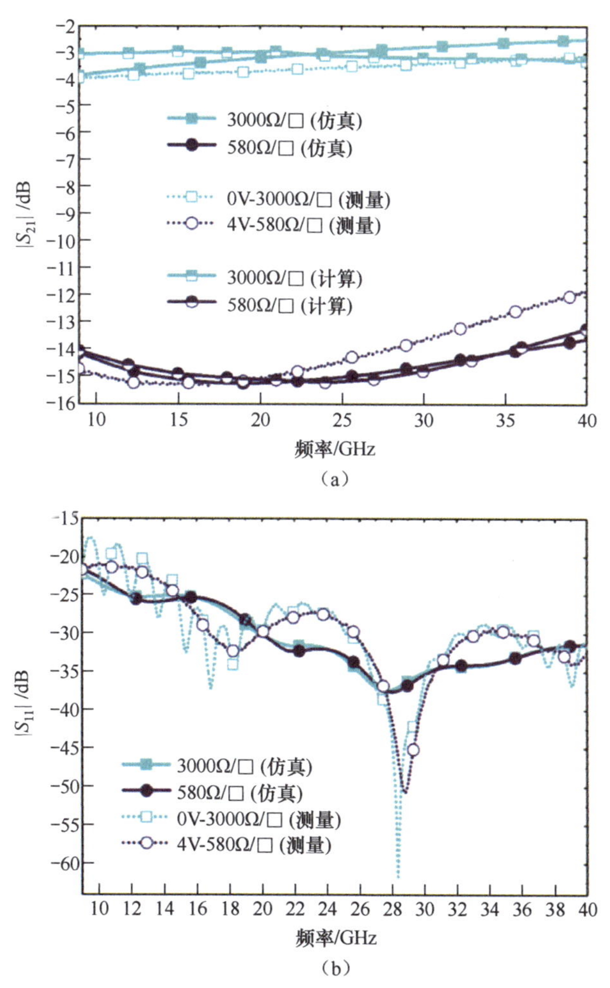

图5.43　槽线衰减器（a）$|S_{21}|$和（b）$|S_{11}|$的测量、仿真和计算结果。实心形状代表仿真结果，空心形状代表测量结果，半实心形状代表计算结果

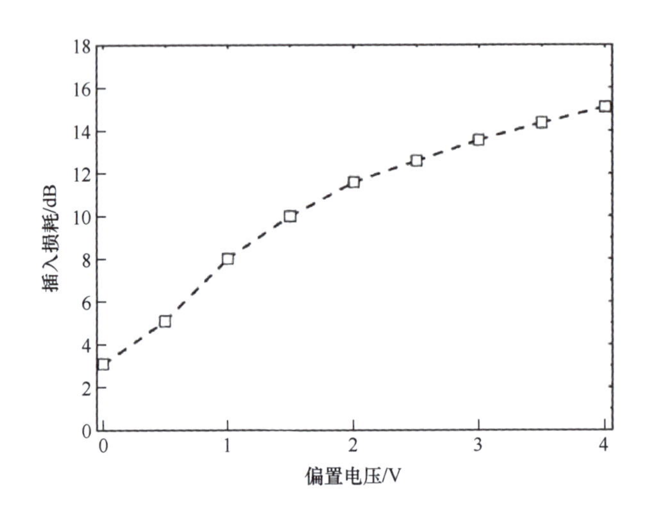

图 5.44　槽线衰减器的插入损耗与偏置电压关系的测量结果

另外，为了验证衰减器的最大衰减量，这里用方阻分别为 20Ω/□、40Ω/□、70Ω/□、100Ω/□和 200Ω/□的多层石墨烯代替石墨烯“三明治”结构。图 5.45 和图 5.46 分别显示了 CPW 衰减器和槽线衰减器的测量、仿真和计算的插入损耗与石墨烯的表面方阻之间关系的对比。当 $Z_g = 100\Omega/□$时，存在最大衰减量 27dB。

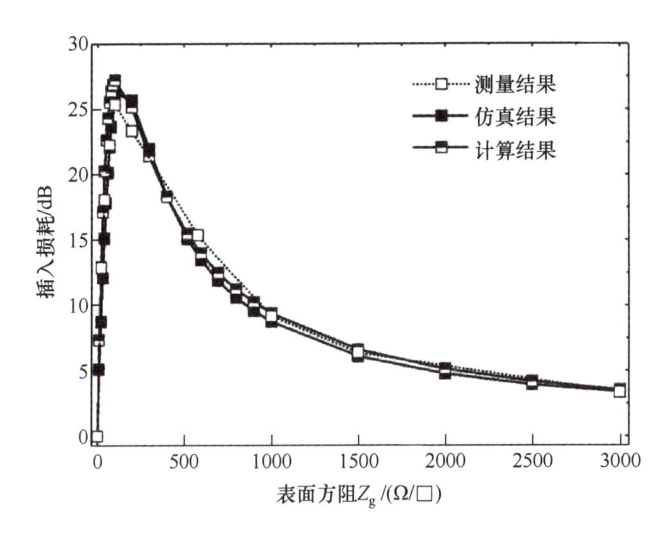

图 5.45　在 24GHz 时 CPW 衰减器的测量、仿真和计算的插入损耗与石墨烯的表面方阻之间关系的对比。空心形状、实心形状和半实心形状分别代表测量结果、仿真结果和计算结果

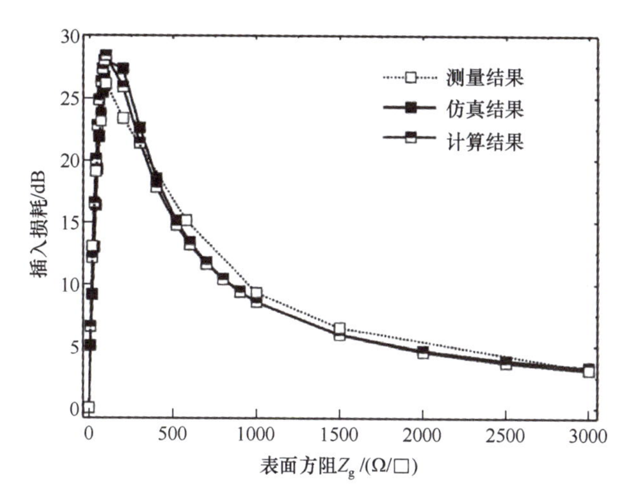

图 5.46　在 24GHz 时槽线衰减器的测量、仿真和计算的插入损耗与石墨烯表面方阻之间关系的对比。空心形状、实心形状和半实心形状分别代表测量结果、仿真结果和计算结果

5.5 石墨烯可调耦合线衰减器

5.5.1　基于石墨烯的可调耦合线衰减器的结构

基于石墨烯的可调耦合线衰减器的示意图如图 5.47 所示[12]。衰减器由一条耦合微带线和两个终端负载构成。终端负载是微带线上覆盖石墨烯的间隙，如图 5.48 所示。通过调节石墨烯的表面方阻，可以改变终端负载 Z_{Lgap} 的输入阻抗，相应地也可以改变耦合微带线端口 2 和端口 3 的反射系数 Γ_s，从而调节端口 4 处输出信号的幅值。

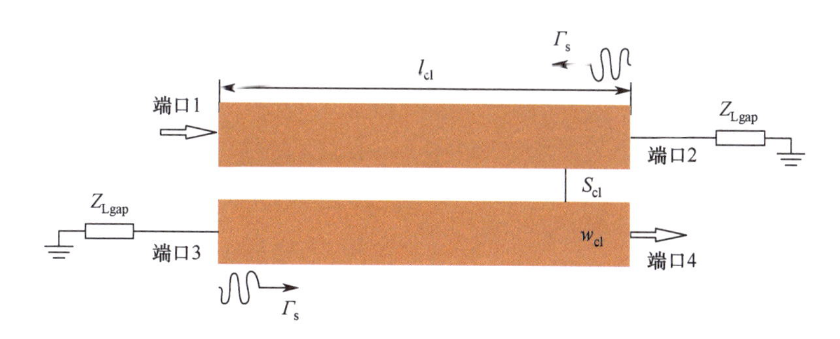

图 5.47　基于石墨烯的可调耦合线衰减器示意图

衰减器的衰减可以表示为

$$P = P_0(1 - |T|^2) \tag{5.29}$$

式中：T 是衰减器的传输系数；P_0 是端口 1 的输入功率。由耦合微带线的信号流图可知，T 可以表示为[25,26]

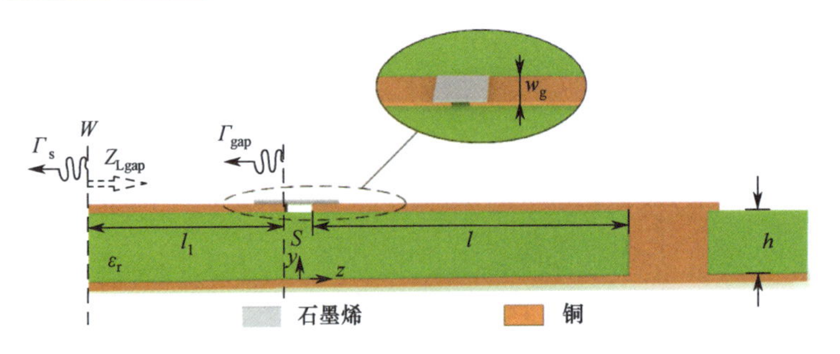

图 5.48　微带线导带上覆盖石墨烯的间隙的纵向横截面

$$T=\frac{b_4}{a_1},\begin{bmatrix}b_1\\b_2\\b_3\\b_4\end{bmatrix}=\left(\boldsymbol{E}-\boldsymbol{S}\begin{bmatrix}0&0&0&0\\0&\Gamma_s&0&0\\0&0&\Gamma_s&0\\0&0&0&0\end{bmatrix}\right)^{-1}\boldsymbol{S}\begin{bmatrix}a_1\\0\\0\\0\end{bmatrix} \tag{5.30}$$

式中：b_1，b_2，b_3，b_4分别表示每个端口处的输出波；a_1是端口 1 的输入波；$\boldsymbol{S}$ 是耦合微带线的散射矩阵；$\boldsymbol{E}$ 是单位矩阵；Γ_s是端口 2 或端口 3 的反射系数。

$\boldsymbol{S}$ 可以表示为[26]

$$\boldsymbol{S}=\begin{bmatrix}S_{11}&S_{21}&S_{31}&S_{41}\\S_{21}&S_{11}&S_{41}&S_{31}\\S_{31}&S_{41}&S_{11}&S_{21}\\S_{41}&S_{31}&S_{21}&S_{11}\end{bmatrix} \tag{5.31}$$

$$S_{11}=\frac{S_{11e}+S_{11o}}{2} \tag{5.32}$$

$$S_{21}=\frac{S_{21e}+S_{21o}}{2} \tag{5.33}$$

$$S_{31}=\frac{S_{11e}-S_{11o}}{2} \tag{5.34}$$

$$S_{41}=\frac{S_{21e}-S_{21o}}{2} \tag{5.35}$$

$$S_{11e}=\frac{\mathrm{j}\left(\frac{Z_{0e}}{Z_{01}}-\frac{Z_{01}}{Z_{0e}}\right)\sin\beta_{cl}l_{cl}}{2\cos\beta_{cl}l_{cl}+\mathrm{j}\left(\frac{Z_{0e}}{Z_{01}}+\frac{Z_{01}}{Z_{0e}}\right)\sin\beta_{cl}l_{cl}} \tag{5.36}$$

$$S_{11o}=\frac{\mathrm{j}\left(\frac{Z_{0o}}{Z_{01}}-\frac{Z_{01}}{Z_{0o}}\right)\sin\beta_{cl}l_{cl}}{2\cos\beta_{cl}l_{cl}+\mathrm{j}\left(\frac{Z_{0o}}{Z_{01}}+\frac{Z_{01}}{Z_{0o}}\right)\sin\beta_{cl}l_{cl}} \tag{5.37}$$

$$S_{21e} = \frac{2}{2\cos\beta_{cl}l_{cl} + j\left(\frac{Z_{0e}}{Z_{01}} + \frac{Z_{01}}{Z_{0e}}\right)\sin\beta_{cl}l_{cl}} \tag{5.38}$$

$$S_{21o} = \frac{2}{2\cos\beta_{cl}l_{cl} + j\left(\frac{Z_{0o}}{Z_{01}} + \frac{Z_{01}}{Z_{0o}}\right)\sin\beta_{cl}l_{cl}} \tag{5.39}$$

式中：l_{cl}是耦合微带线的长度；Z_{0e}和 Z_{0o}分别表示耦合微带线的偶模和奇模的特征阻抗；Z_{01}是输入/输出端口阻抗；β_{cl}表示耦合微带线的波数。T 可以表示为

$$T = S_{41} + \frac{2S_{21}S_{11}S_{31}\Gamma_s^2 - 2S_{21}S_{31}\Gamma_s - (S_{21}^2 + S_{31}^2)S_{41}\Gamma_s^2}{-S_{11}^2\Gamma_s^2 + 2S_{11}\Gamma_s + S_{41}^2\Gamma_s^2 - 1} \tag{5.40}$$

5.5.2　覆盖单层石墨烯的间隙的理论分析

图 5.48 展示了微带线导带上覆盖了单层石墨烯的间隙的纵向截面。此时单层石墨烯与微带线直接接触。为了准确分析石墨烯对衰减量的影响，这里参考了文献 [27, 28]，建立石墨烯覆盖间隙的模型，而不是将石墨烯仅仅看作串联电阻。在文献 [27] 中，有间隙的微带线可以看作在间隙处有电场 E_{gap}的连续微带线。因此，石墨烯覆盖的间隙处的总表面电流密度可以通过下式表示：

$$\boldsymbol{J}_{inc} + \boldsymbol{J}_{gap} = \frac{E_{gap}(z)}{Z_g} \qquad s/2 < z < s/2 \tag{5.41}$$

式中：$\boldsymbol{J}_{inc}$表示输入的表面电流密度；$\boldsymbol{J}_{gap}$表示由间隙场 E_{gap}引起的表面电流密度；Z_g表示石墨烯的表面方阻。将间隙场的 z 分量看作沿 x 方向是均匀的，其可表示为[27]

$$E_{gap}(z) = -V_{gap}L_{gap}(z)\hat{z} \tag{5.42}$$

式中：L_{gap} 是纵向剖面；V_{gap} 是一个未知的系数。根据标准 Galerkin 检测法[29,30]，式 (5.41)可以表示为

$$\int_{gap} L_{gap}(z)\hat{z}\cdot\boldsymbol{J}_{inc}(x,z)\mathrm{d}S + V_{gap}\int_{gap} L_{gap}(z)\hat{z}\cdot\boldsymbol{J}'_{gap}(x,z)\mathrm{d}S = -\frac{V_{gap}}{Z_g}\int_{gap}[L_{gap}(z)]^2\mathrm{d}S \tag{5.43}$$

式中：$\boldsymbol{J}'_{gap}$是由 $V_{gap}=1$ 时的间隙场引起的表面电流密度。

系数 V_{gap}可以由下式给出：

$$V_{gap} = \frac{-\int_{-s/2}^{s/2} L_{gap}(z)I_{inc}(z)\mathrm{d}z}{\frac{1}{2\pi}\int_{-\infty}^{\infty}\tilde{L}_{gap}(-k_z)\tilde{L}_{gap}(k_z)\tilde{i}_0(k_z)\mathrm{d}k_z + \frac{w_g}{Z_g}\int_{-s/2}^{s/2}[L_{gap}(z)]^2\mathrm{d}z} \tag{5.44}$$

式中：w_g是导带的宽度；s 是间隙的长度；$I_{inc}(z)$ 是与 $J_{inc}(x, z)$ 相关的电流；i_0是由在 $z=0$ 处无穷小的 $1-V$ 间隙电压源引起的微带线上的电流[28]。根据间隙的 S 参数[27]，图 5.48 中 W 处的石墨烯覆盖间隙的反射系数可以通过下式得到：

$$\begin{bmatrix} A & B \\ C & D \end{bmatrix} = \begin{bmatrix} A_{gap} & B_{gap} \\ C_{gap} & D_{gap} \end{bmatrix} \begin{bmatrix} \cos\beta_1 l & jZ_0'\sin\beta_1 l \\ \dfrac{j\sin\beta_1 l}{Z_0'} & \cos\beta_1 l \end{bmatrix} \tag{5.45}$$

$$\begin{cases} A_{gap} = \dfrac{1 - S_{11}^{gap2} + S_{12}^{gap2}}{2S_{12}^{gap}} \\ B_{gap} = Z_0' \dfrac{(1 + S_{11}^{gap2}) - S_{12}^{gap2}}{2S_{12}^{gap}} \\ C_{gap} = \dfrac{1}{Z_0'} \dfrac{(1 - S_{11}^{gap2}) - S_{12}^{gap2}}{2S_{12}^{gap}} \\ D_{gap} = \dfrac{1 - S_{11}^{gap2} + S_{12}^{gap2}}{2S_{12}^{gap}} \end{cases} \tag{5.46}$$

$$\begin{cases} S_{11}^{gap} = \dfrac{V_{gap}^{(e)} \tilde{L}_{gap}^{(e)} - V_{gap}^{(o)} \tilde{L}_{gap}^{(o)}}{4V_{inc}} \\ S_{12}^{gap} = 1 + \dfrac{V_{gap}^{(e)} \tilde{L}_{gap}^{(e)} + V_{gap}^{(o)} \tilde{L}_{gap}^{(o)}}{4V_{inc}} \end{cases} \tag{5.47}$$

$$\Gamma_{gap} = S_{11}^L - \frac{S_{12}^L S_{21}^L}{1 + S_{22}^L} \tag{5.48}$$

$$\begin{cases} S_{11}^L = \dfrac{A + B/Z_0' - CZ_0' - D}{A + B/Z_0' + CZ_0' + D} \\ S_{12}^L = \dfrac{2(AD - BC)}{A + B/Z_0' + CZ_0' + D} \\ S_{21}^L = \dfrac{2}{A + B/Z_0' + CZ_0' + D} \\ S_{22}^L = \dfrac{-A + B/Z_0' - CZ_0' + D}{A + B/Z_0' + CZ_0' + D} \\ \Gamma_s^g = \Gamma_{gap} e^{-2j\beta_l l_1} \end{cases} \tag{5.49}$$

式中：l 是从间隙到接地通孔的长度；l_1是从间隙到耦合微带线的长度；Z_0' 是长度为 $l+s$ 的微带线的特征阻抗；V_{inc}是线上的输入电压；S_{11}^{gap} 和 S_{12}^{gap} 是间隙的散射参数[31]；$V_{gap}^{(e)}$ 和 $V_{gap}^{(o)}$ 分别是偶模激励和奇模激励时的间隙场的系数；$\tilde{L}_{gap}^{(e)}$ 和 $\tilde{L}_{gap}^{(o)}$ 分别是间隙场的偶模形式和奇模形式。为了使 Γ_s^g 调节范围达到最大，选择 l_1 为工作波长的四分之一。则透射到基于石墨烯的负载的功率 P_{gap}，可以用 Γ_s^g 表示[14]，即

$$P_{gap} = -10\lg|\Gamma_s^g|^2 \quad (\text{dB}) \tag{5.50}$$

P_{gap}与石墨烯的表面方阻的关系可以根据式（5.42）~式（5.50）求得，如图 5.49所示。从图 5.49 中可以看出，随着石墨烯的表面方阻从 3000Ω/□减小，P_{gap}

上升到最大点，然后当表面方阻减小到 0Ω/□时，P_{gap}降低到 0dB。这一变化可能是由于石墨烯的表面方阻 Z_g为无穷大时，间隙处的总表面电流密度 $\boldsymbol{J}_{inc}+\boldsymbol{J}_{gap}=0$，因此，图 5.48 中的短路短截线可以看作由普通介质覆盖的间隙，此时 $Z_{L\ gap}$是虚数。因此，由文献［14］可知，$|\Gamma_s^g|=1$，$P_{gap}=0$dB，如图 5.50 所示。图 5.50 为没有石墨烯“三明治”结构时的短路短截线的 Γ_s^g。当 Z_g从无穷大逐渐减小时，$\boldsymbol{J}_{inc}+\boldsymbol{J}_{gap}$增加，并且 $Z_{L\ gap}$的实部从零逐渐增大，因此 $|\Gamma_s^g|$减小，P_{gap}上升。此外，当 Z_g减小到 0Ω/□时，单层石墨烯可被看作 PEC。此时，$Z_{L\ gap}=\mathrm{j}Z'_0\tan[\beta_l(l_1+s+l)]$也是虚数，因此，$P_{gap}$减小到 0dB。如果简单地将图 5.48 的等效模型当作一个串联电阻连接着间隙两侧的微带线，那么随着石墨烯的表面方阻从 0Ω/□增加到 3000Ω/□，P_{gap}将单调递增。

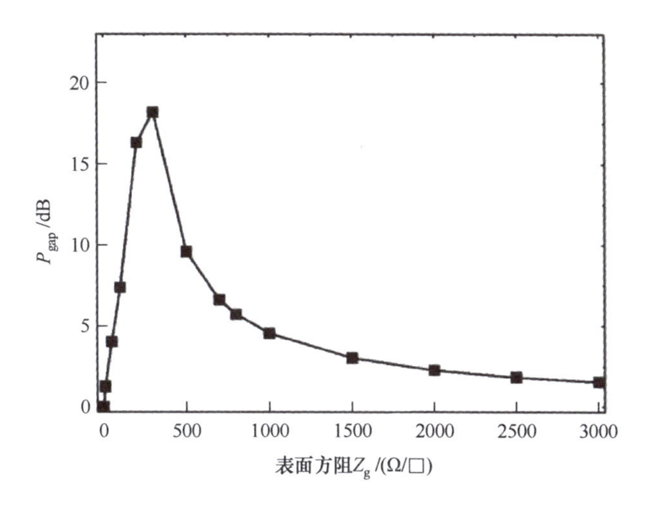

图 5.49　在 3GHz 时 P_{gap}与石墨烯表面方阻 Z_g 的关系（$\varepsilon_r=3.2$，$h=1.575$mm，$w_g=1.9$mm，$s=0.13$mm，$l=1$mm）

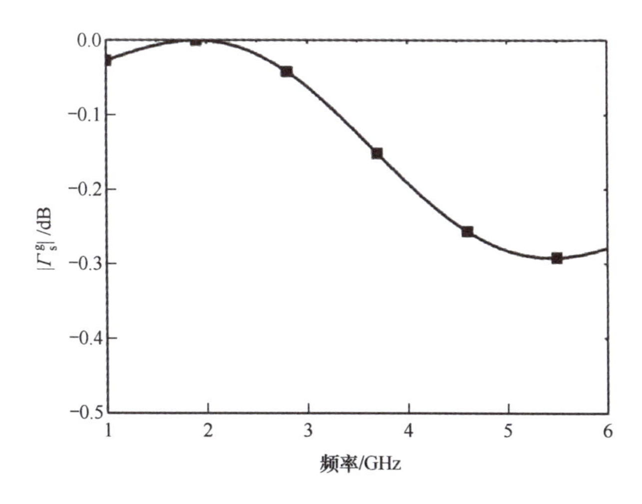

图 5.50　没有石墨烯“三明治”结构时的短路短截线的 Γ_s^g

由于表面方阻580Ω/□和2500Ω/□都位于图5.49中最大P_{gap}点的右侧，因此，为了使衰减器的调节范围最大，图5.51中展示了表面方阻分别为580Ω/□和2500Ω/□时P_{gap}的差值与l和s的关系。从图5.51可以看出，间隙的长度s越小，P_{gap}的差值越大。此外，当l在1～5mm时，P_{gap}的差值相对较大。此外，从图5.52中可以看出，l越小，差值越大，并且当$w_g=1.6$mm时，差值最大。因此，当$w_g=1.6$mm，$l=0.2$mm时，P_{gap}的差值可以达到最大值13.5dB。

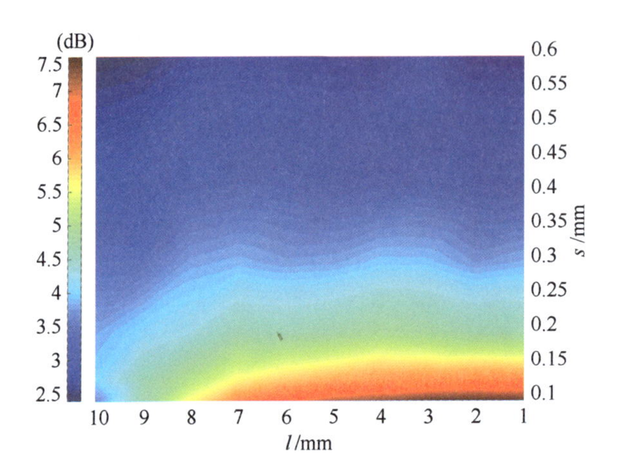

图5.51 表面方阻分别为580Ω/□和2500Ω/□时P_{gap}的差值与l、s的关系（$\varepsilon_r=3.2$，$h=1.575$mm，$w_g=1.9$mm）

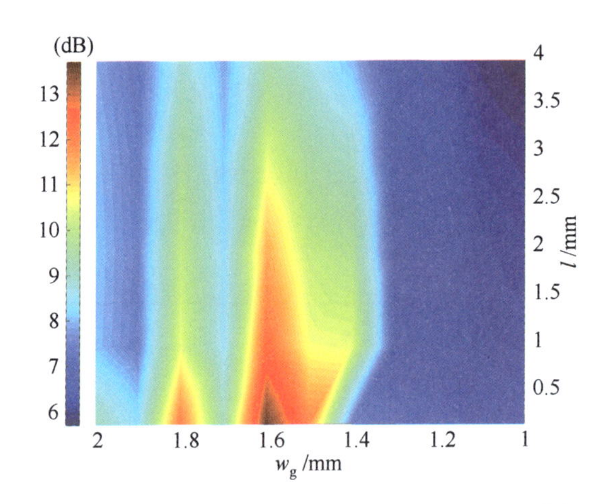

图5.52 表面方阻分别为580Ω/□和2500Ω/□时P_{gap}的差值与l、w_g的关系（$\varepsilon_r=3.2$，$h=1.575$mm，$s=0.1$mm）之间的差异

5.5.3 覆盖石墨烯“三明治”结构的间隙的理论分析

如图5.53所示，可用石墨烯“三明治”结构的横向等效电路求解V_{gap}^{G}。由于PVC

薄膜很薄，为简化求解，将上层 PVC 薄膜看作空气。在图 5.53（b）中，V_1、V_2、V_3、V_4分别表示横向等效电路中每段传输线的电压幅值。jB 表示并联电容的导纳，它代表了铜和 PVC 之间的不连续性。jB 可以通过横向谐振法得到[24]。

由传输线理论可知[14]，石墨烯“三明治”结构覆盖间隙的反射系数可由下式给出：

$$P_L = P_G \tag{5.51}$$

$$P_L = \frac{|V_4|^2}{2Z_{gap}^G}(1 - |\Gamma_{GSS}|^2) \tag{5.52}$$

$$P_G = \frac{|V_{inc}|^2}{2Z_0}(1 - |\Gamma_s^G|^2) \tag{5.53}$$

$$\Gamma_{GSS} = \frac{Z_{in}^G - Z_{gap}^G}{Z_{in}^G + Z_{gap}^G} \tag{5.54}$$

$$\Gamma_s^G = \Gamma_{gap}^G e^{-2j\beta_l l_1} \tag{5.55}$$

式中：P_L表示基于石墨烯“三明治”结构的负载（短截线）上的功率损耗；P_G表示传递给负载的功率；Z_0表示长度为 l_1 的微带线的特征阻抗；Γ_{GSS}是图 5.53（b）中石墨烯“三明治”结构处的反射系数；Z_{in}^G是从区域 4 看向区域 3 的输入阻抗；Z_{gap}^G是图 5.53（b）中间隙部分的特征阻抗；Γ_{gap}^G是微带线上间隙不连续处的反射系数。

由式（5.55）可知，为了使调节范围最大，选择 l_1 为工作波长的四分之一。

为了分析石墨烯“三明治”结构对 Γ_s^G 的影响，P_G随石墨烯表面方阻变化的曲线可以由式（5.51）~式（5.55）得出，如图 5.54 所示。从图 5.54 可以看出，石墨烯的表面方阻从 3000Ω/□减小时，P_G上升到最大值，然后当表面方阻减小到 0Ω/□时，P_G下降到 0dB。因为当石墨烯的表面方阻 Z_g 为无穷大时，图 5.53 可以简单地看作普通介质覆盖在间隙上，因此 $|\Gamma_{GSS}| = 1$，$P_L = 0$，$P_G = 0$，$|\Gamma_s^G| = 1$。随着 Z_g 减小，Z_{in}^G将从无穷

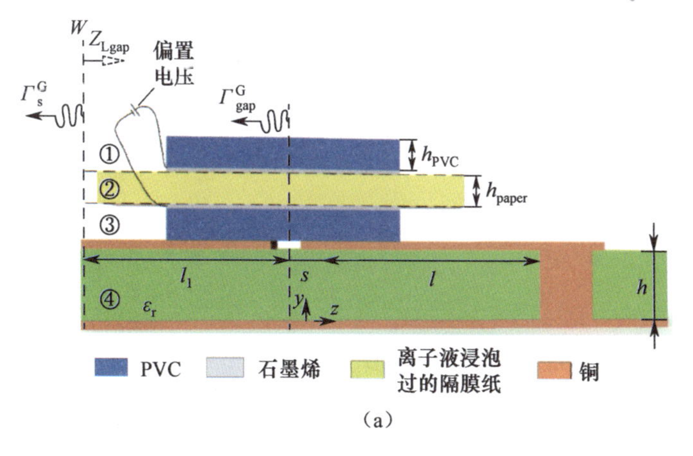

（a）

图 5.53　（a）由石墨烯“三明治”结构覆盖的间隙的纵向横截面；
（b）石墨烯“三明治”结构的横向等效电路

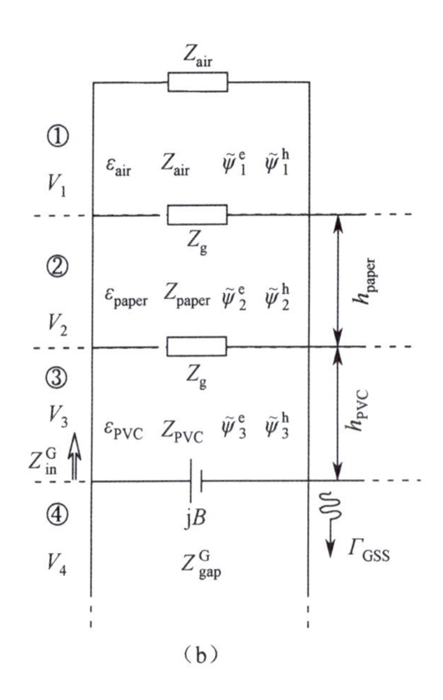

图 5.53　(a) 由石墨烯“三明治”结构覆盖的间隙的纵向横截面；(b) 石墨烯“三明治”结构的横向等效电路（续）

大减小，因此，$|\Gamma_{GSS}|$从 1 逐渐减小，P_L和 P_G从 0 逐渐增加。当 Z_g减小到某一特定值时，$|\Gamma_{GSS}|$减小到最小值，P_L和 P_G增加到最大值。当 Z_g接近零时，不存在阻抗损耗，因此 $P_L=0$，并且 $P_G=0$。

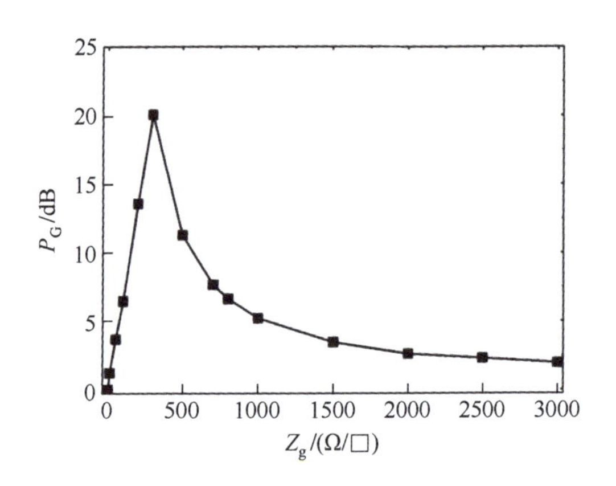

图 5.54　在 3GHz 时 P_G与 Z_g的关系（$\varepsilon_r=3.2$，$h=1.575$mm，$w_g=1.9$mm，$s=0.13$mm，$l=1$mm）

当表面方阻分别为 580Ω/□和 2500Ω/□时，P_G的差值和 l、s、w_g间的关系如图 5.55和图 5.56 所示。从图 5.55 可以看出，间隙的长度 s 越小，P_G的差值越大。从图 5.56可以看出，当 $w_g=1.4$mm 时，l 越小，差值越大。因此，当 $w_g=1.4$mm 且 $l=1$mm 时，P_G的差值可以达到最大值 23dB。

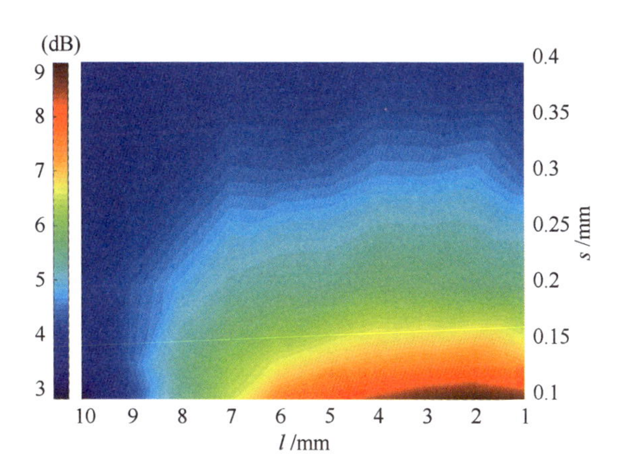

图 5.55　表面方阻分别为 580Ω/□和 2500Ω/□时，P_G的差值与 l、s 的关系（$\varepsilon_r=3.2$，$h=1.575$mm，$w_g=1.9$mm）

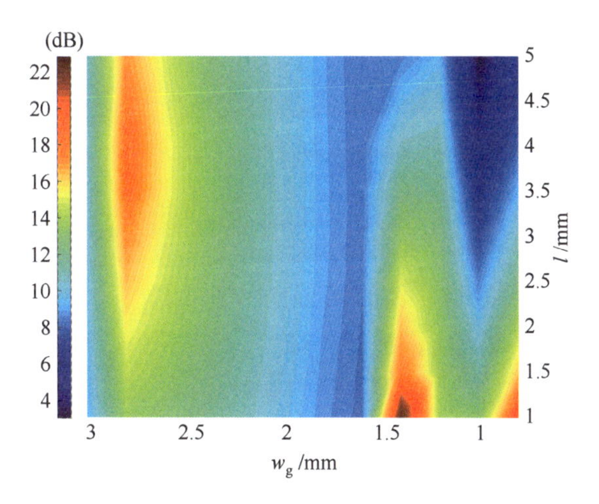

图 5.56　表面方阻分别为 580Ω/□和 2500Ω/□时，P_G的差值与 l、w_g的关系（$\varepsilon_r=3.2$，$h=1.575$mm，$s=0.1$mm）

5.5.4　基于石墨烯“三明治”结构的耦合微带线衰减器的设计

为了使衰减器的调节范围和相对带宽达到最大，衰减量在表面方阻分别为 580Ω/□和 2500Ω/□时的差值与长度 l_{cl}、耦合微带线的偶模特征阻抗 Z_{0e}和奇模特征阻抗 Z_{0o}间的关系如图 5.57 和图 5.58 所示。在图 5.57 中，纵轴表示带宽内的最小调节范围。由图 5.57 可知，当 $l_{cl}=11$mm 时，衰减器在任何调节范围时都可以有较大的相对带宽。当 $l_{cl}=11$mm，且最小调节范围分别为 11dB、13dB、16dB 时，相对带宽分别为 145%、128%、95%。

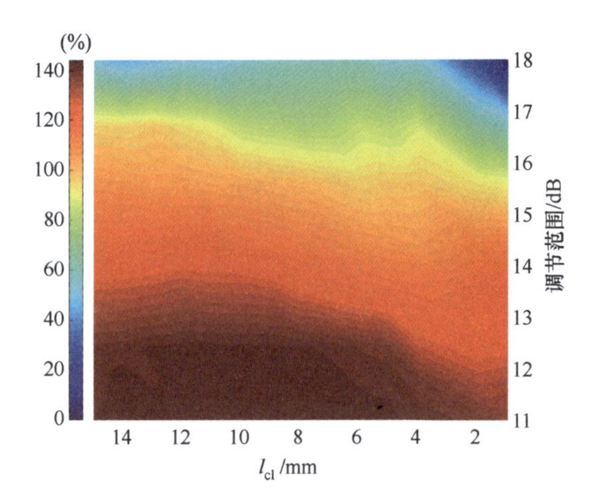

图 5.57　相对带宽与耦合微带线的长度 l_{cl} 及带宽内表面方阻分别为 580Ω/□和 2500Ω/□时衰减量的最小差值（最小调节范围）间的关系

此外，如图 5.58 所示，当 Z_{0e} 较大且 Z_{0o} 较小时，调节范围最大。可以用有开槽的接地平面的平行耦合微带线构成衰减器[32]，如图 5.59（c）所示。假设介质的介电常数 $\varepsilon_r = 3.2$，介质的厚度 $h = 1.575$mm，耦合微带线的详细尺寸可选择如下：$S_{cl} = 0.13$mm，$w_{cl} = 1$mm，$l_{cl} = 11$mm，接地板上槽的宽度为 $w_{sl} = 10$mm。图 5.59（a）和（c）分别显示了没有石墨烯“三明治”结构的衰减器的正面和反面的结构。衰减器的电场分布如图 5.60 所示，对应的石墨烯表面方阻分别为 580 Ω/□、800Ω/□和 2500Ω/□。在图 5.60（c）的输出端口处可以明显地看到场强，而在图 5.60（a）的输出端口处基本看不到场强。

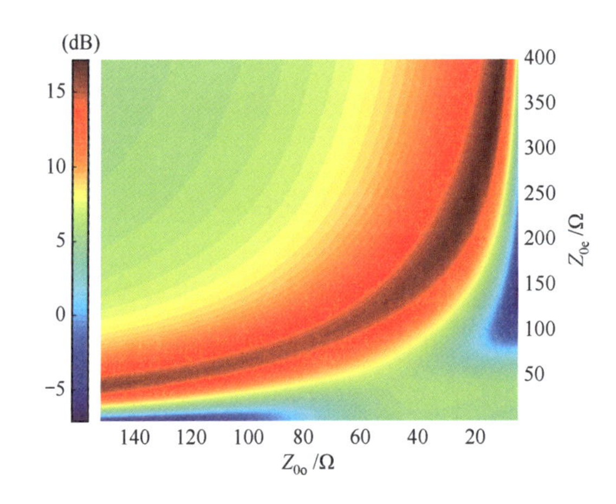

图 5.58　表面方阻分别为 580Ω/□和 2500Ω/□时衰减量的差值（调节范围）与耦合微带线的偶模特征阻抗 Z_{0e} 和奇模特征阻抗 Z_{0o} 间的关系

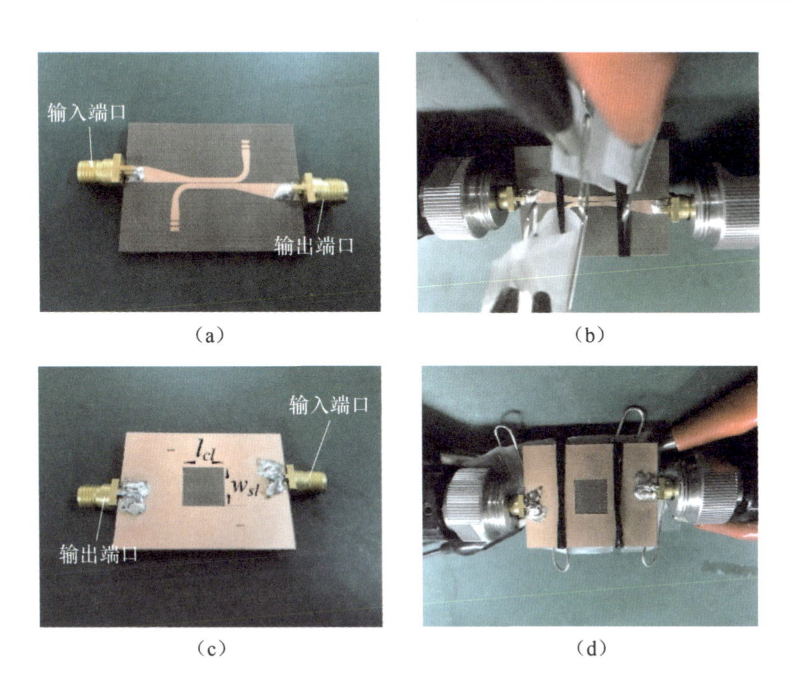

图5.59 没有石墨烯“三明治”结构时加工的衰减器样品的(a)正面和(c)反面。有石墨烯“三明治”结构和偏置电压时衰减器样品的(b)正面和(d)反面

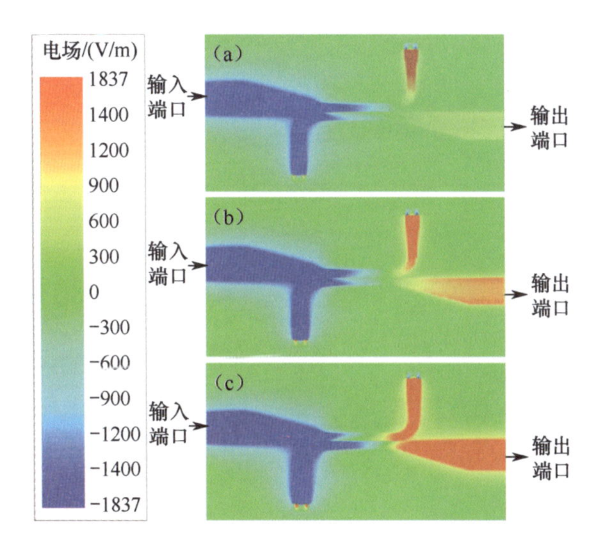

图5.60 在2GHz时衰减器的电场分布。石墨烯表面方阻分别为(a) Z_g = 580Ω/□、(b) Z_g = 800Ω/□和(c) Z_g = 2500Ω/□

5.5.5 样品测量结果

采用PCB工艺加工了如图5.59所示的样品，衰减器的尺寸为38mm×22mm×1.575mm。样品的两个间隙处分别覆盖石墨烯“三明治”结构。介质的参数为ε_r=3.2，h = 1.575mm，衰减器的详细尺寸可以选择如下：S_{cl}=0.13mm，w_{cl}=1mm，l_{cl}=11mm，

$w_{sl}=10mm$，$w_g=1.4mm$，$l=1mm$，$s=0.1mm$。图 5.59（b）和（d）分别展示了带有石墨烯“三明治”结构及偏置电压的衰减器的正面和反面。

图 5.61 展示了测量的衰减量与偏置电压的关系。可以看出，当偏置电压从 0V 上升到 4V 时，衰减量从 3dB 上升到 19dB。用波导方法测出石墨烯表面方阻与偏置电压之间的关系如图 5.62 所示，当偏置电压从 0V 上升到 4V 时，石墨烯的表面方阻从 2500Ω/□下降到 580Ω/□。测量和仿真的衰减量与石墨烯表面方阻的关系如图 5.63 所示，虚线表示测量结果，实线代表仿真结果。此外，通过替换表面方阻分别为 50Ω/□、200Ω/□、300Ω/□和 500Ω/□的多层石墨烯，可以得到图 5.63 中测出的衰减量的最大值（红色代表电压调节，黑色代表多层石墨烯调节）。从图 5.63 可以看出，随着石墨烯的表面方阻从 2500Ω/□下降到 500Ω/□，衰减器的衰减量上升到最大值 25dB，然后随着表面方阻下降到 50Ω/□，衰减量也下降。

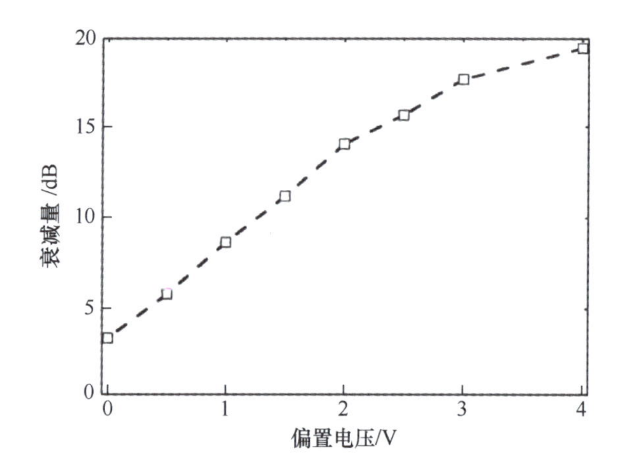

图 5.61　在 2GHz 时测得的衰减量与偏置电压的关系

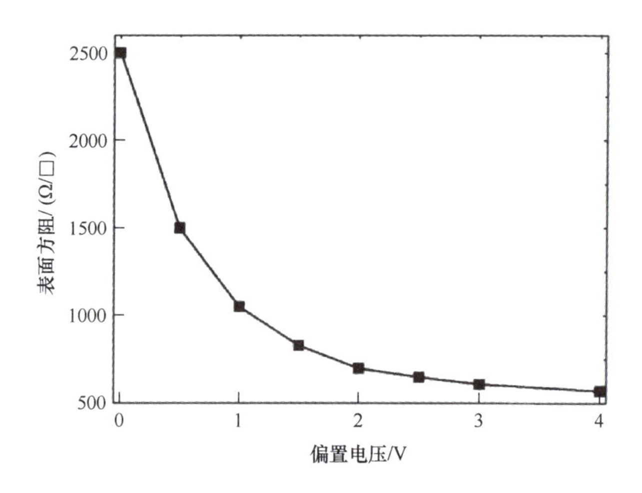

图 5.62　测量的石墨烯表面方阻与偏置电压的关系

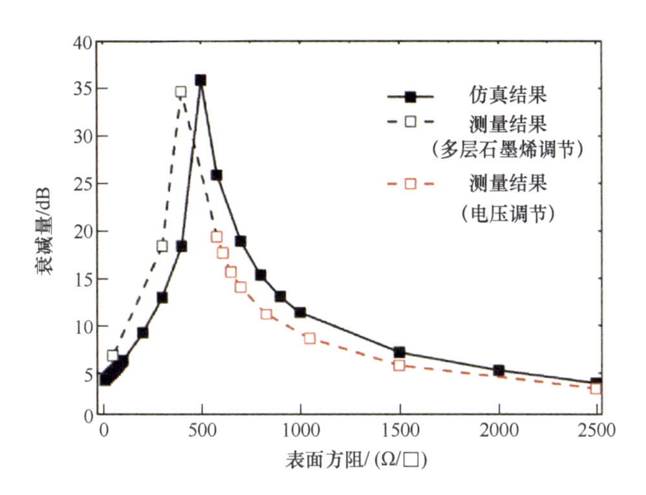

图 5.63　在 2GHz 时衰减量与石墨烯表面方阻 Z_g 的关系。实心形状代表仿真结果，空心形状代表测量结果（红线代表电压调节；黑线代表多层石墨烯调节）

图 5.64 展示了测量和仿真样品的 $|S_{21}|$ 和 $|S_{11}|$ 参数。实心形状代表 $|S_{21}|$，空心形状代表 $|S_{11}|$。虚线代表测量结果，实线代表仿真结果。正方形和三角形分别代表石墨烯表面方阻为 580Ω/□和 2500Ω/□。可以看出，在 1～6GHz 的工作频段内，当偏置电压从 0V 上升到 4V 时，插入损耗从 3dB 增加到 20dB。而且从图 5.64 可以看出，测量的 $|S_{11}|$ 在工作频段内始终小于 –13dB。

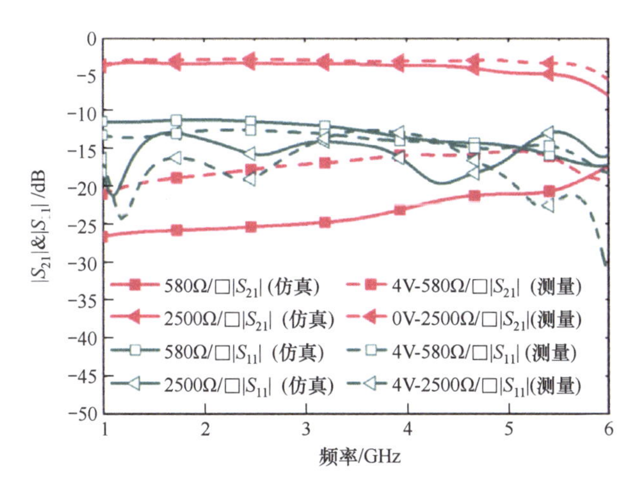

图 5.64　测量和仿真样品的 $|S_{21}|$ 和 $|S_{11}|$ 参数。实心形状代表 $|S_{21}|$；空心形状代表 $|S_{11}|$。虚线代表测量结果；实线代表仿真结果。正方形和三角形分别代表石墨烯表面方阻为 580Ω/□和 2500Ω/□

此外，图 5.65 所示为样品的 S_{21} 的相位。正方形和三角形分别代表偏置电压为 4V 和 0V。从图中可以看出，在调节偏置电压时，衰减器的 S_{21} 的相位基本不变，所以这种可调衰减器不会影响相邻电路元件的性能。

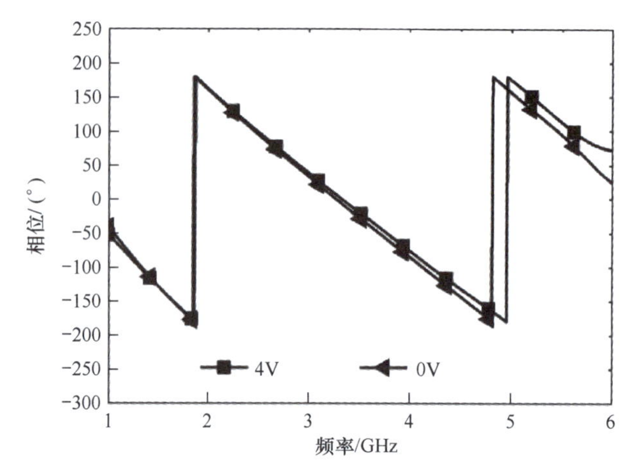

图 5.65　样品的 S_{21} 的相位。正方形和三角形分别代表偏置电压为 4V 和 0V

5.6 石墨烯宽带可调同轴衰减器

5.6.1 同轴衰减器的理论分析

如图 5.66 所示的是同轴衰减器的结构图[33]。同轴衰减器由一根同轴传输线和一片石墨烯“三明治”结构组成。R_1、R_2、R_3 分别代表同轴线内导体、介质层和外导体的半径。L_g 是石墨烯“三明治”结构的长度。沿着电磁波传播的方向，石墨烯“三明治”结构被放置在同轴线的内外导体之间。根据同轴衰减器的结构，石墨烯“三明治”结构吸收同轴传输线内的横向电磁场，从而导致传输线内信号的衰减。石墨烯的厚度可忽略不计，所以石墨烯“三明治”结构的阻抗损耗可以按照式（5.56）计算[14]

$$p = \frac{Z_g}{2}\int_S |\boldsymbol{J}_s|^2 \mathrm{d}S \tag{5.56}$$

式中：Z_g，$\boldsymbol{J}_s$ 和 S 分别代表单层石墨烯的表面方阻、表面电流密度和石墨烯“三明治”结构的面积。表面电流密度可按照下式计算：

$$\boldsymbol{J}_s = Z_g^{-1} E_\rho \hat{\rho} \tag{5.57}$$

E_ρ 代表同轴传输线内 ρ 方向的电场。同轴传输线内的电场可以计算如下：

$$\varphi(\rho,\phi) = \frac{V_o \ln(R_2/\rho)}{\ln(R_2/R_1)} \tag{5.58}$$

$$\boldsymbol{E} = -\nabla\varphi(\rho,\phi) \tag{5.59}$$

式中：φ 代表同轴传输线内的电势。根据式（5.57）~式（5.59），可以推导出石墨烯表面电流密度 $\boldsymbol{J}_s$ 的计算公式。由于一片石墨烯“三明治”结构中有两片单层石墨烯，所以石墨烯“三明治”结构的阻抗损耗是单层石墨烯的双倍。根据以上公式，推导可

得出同轴衰减器衰减量的计算公式，即

$$P = \frac{V_o^2}{Z_g \ln^2(R_2/R_1)} L_g \left(\frac{1}{R_1} - \frac{1}{R_2}\right) \tag{5.60}$$

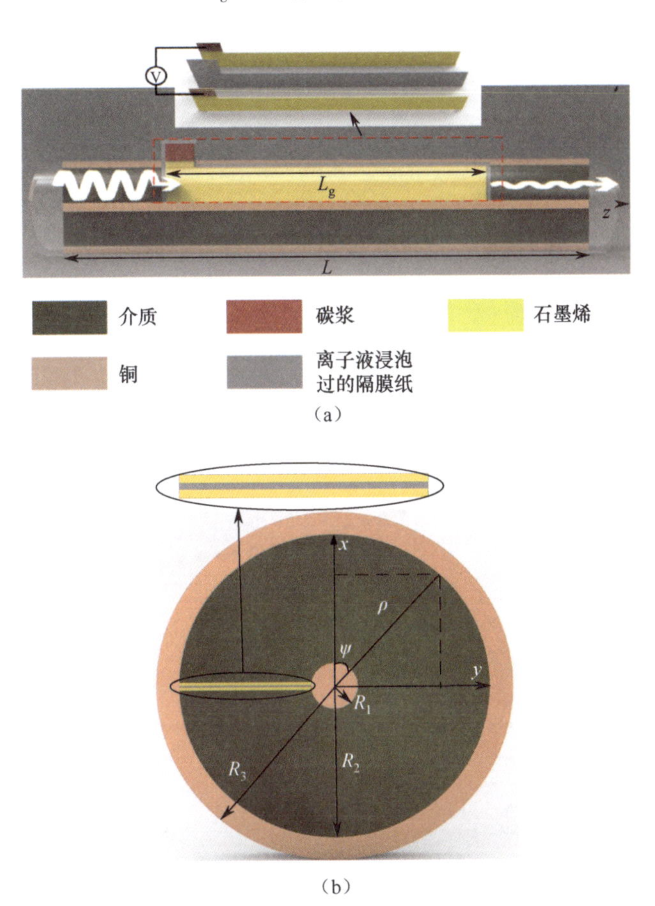

图 5.66　(a) 同轴衰减器的纵向截面图；(b) 同轴衰减器的侧视图

当石墨烯的方阻无穷大时，单层石墨烯表面的电流密度趋近于零，此时的石墨烯相当于理想介质，因此衰减器的插入损耗趋于零。当石墨烯的方阻逐渐降低时，表面电流密度也相应地增加，对应的插入损耗也随之增加。

可用 CST 仿真软件对同轴衰减器进行全波仿真。根据式 (5.61)，衰减器的衰减值 P 可根据仿真结果 $|S_{21}|$ 直接得出。根据以下两个条件设置同轴线的尺寸：

$$P = -20\lg|S_{21}| \tag{5.61}$$

(1) 为匹配馈电端口，同轴线的特征阻抗 Z_0 须等于 50Ω，根据式 (5.62) 可以计算得出同轴线的特征阻抗为

$$Z_0 = \sqrt{\frac{\mu}{\varepsilon}} \frac{\ln(R_2/R_1)}{2\pi} \tag{5.62}$$

式中：μ 和 ε 分别代表同轴线内外导体之间介质的磁导率和介电常数。

（2）为了使同轴线中的传播模式是纯TEM模式，同轴衰减器的工作频率需要小于同轴线内高次模出现的频率f_c，根据式（5.63）可计算出上限工作频率

$$f_{\mathrm{c}} = \frac{c}{\pi \sqrt{\varepsilon_{\mathrm{r}}}(R_1 + R_2)} \tag{5.63}$$

式中：c和ε_r分别代表真空中的光速和介质的相对介电常数。

图5.67（a）展示了同轴衰减器在3GHz处插入损耗和石墨烯表面方阻之间的关系。从图中可以看出随着石墨烯方阻的增加，衰减器的衰减量逐渐减小。此外，仿真结果和

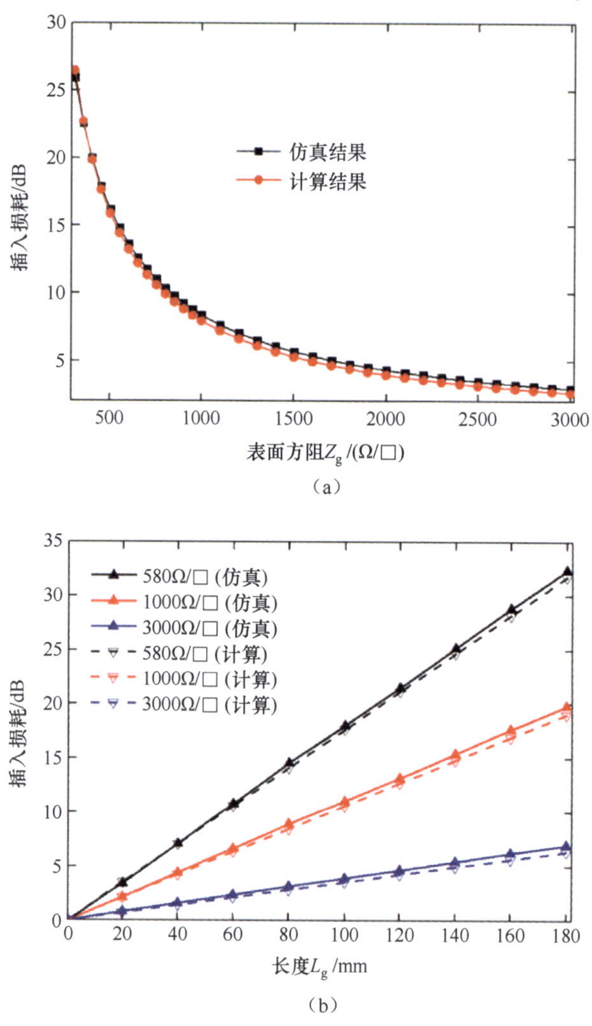

图5.67 （a）同轴衰减器的插入损耗与石墨烯方阻的关系。方块标注线代表仿真结果（工作频率为3GHz）。圆圈标注线代表根据式（5.60）计算得到的结果（$\varepsilon_r=1.45$，$L=200$mm，$L_g=75$mm，$R_1=2.2$mm，$R_2=6.25$mm，$R_3=6.835$mm）。（b）同轴衰减器的插入损耗和石墨烯长度L_g的关系（工作频率为3GHz）。实线附三角标注代表在不同石墨烯方阻的情况下得到的仿真结果，虚线附三角标注代表在不同石墨烯方阻的情况下得到的计算结果（$\varepsilon_r=1.45$，$L=200$mm，$L_g=75$mm，$R_1=2.2$mm，$R_2=6.25$mm，$R_3=6.835$mm）（黑线：580Ω/□，红线：1000Ω/□，蓝线：3000Ω/□）

计算结果还具有良好的一致性。图 5.67（b）展示了同轴衰减器在 3GHz 处插入损耗和石墨烯长度 L_g之间的关系。可以得出，随着 L_g的增加，衰减器的插入损耗也增加，并且衰减量可调范围也增加。这些仿真结果的变化趋势与式（5.60）得出的计算结果的变化趋势一致。

图 5.68（a）和（b）分别展示了两种不同上限工作频段的同轴衰减器的$|S_{21}|$。根据仿真结果和计算结果可以得出，当石墨烯表面方阻从 3000Ω/□变化到 580Ω/□时，夹带一片石墨烯“三明治”结构的同轴衰减器具有 3～15dB 的衰减范围，并且在工作频率内衰减值较为平坦。图 5.68（c）展示了同轴衰减器的插入损耗和同轴介质层中石墨烯“三明治”结构数量之间的关系（石墨烯“三明治”结构均平行于电场矢量平面

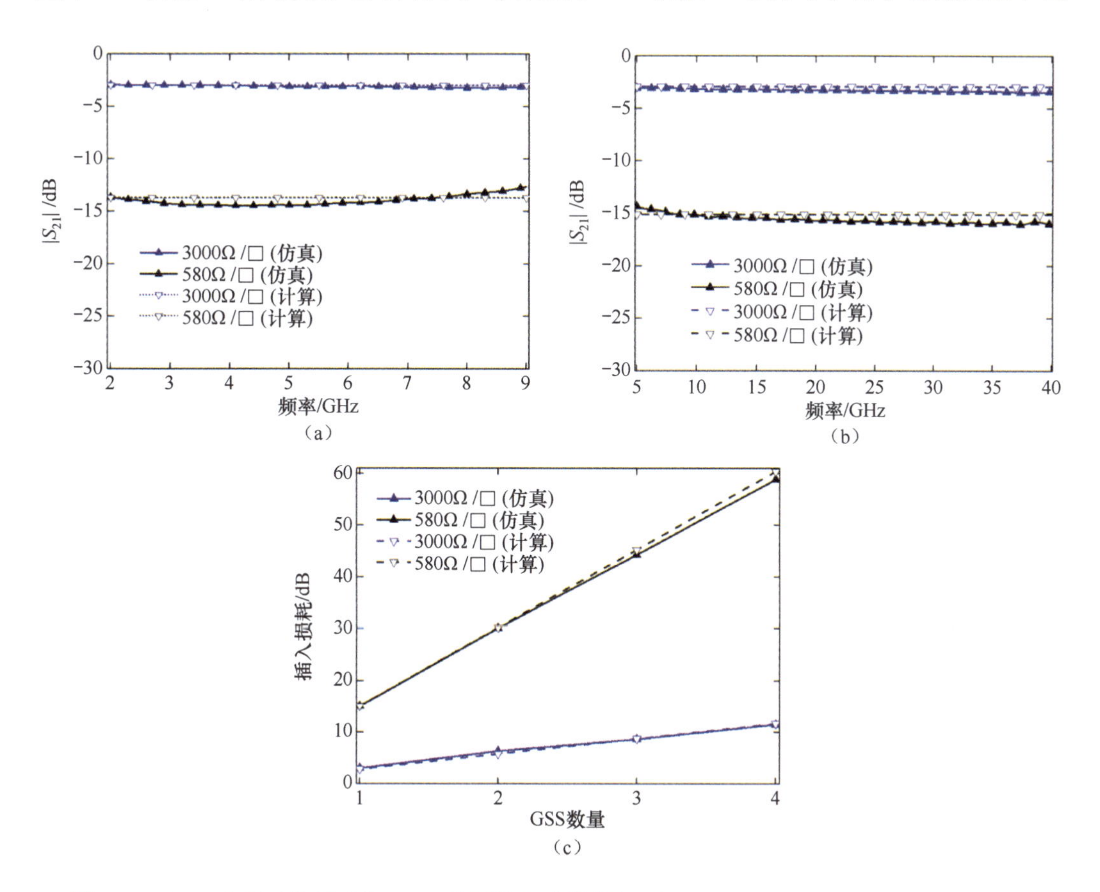

图 5.68　(a) 上限工作频率为 9GHz 的同轴衰减器的$|S_{21}|$（$\varepsilon_r=1.45$，$L=200$mm，$L_g=75$mm，$R_1=2.2$mm，$R_2=6.25$mm，$R_3=6.835$mm）；(b) 上限工作频率为 40GHz 的同轴衰减器的$|S_{21}|$（$\varepsilon_r=1.45$，$L=50$mm，$L_g=17.5$mm，$R_1=0.5$mm，$R_2=1.35$mm，$R_3=1.935$mm）；(c) 衰减器的插入损耗与石墨烯“三明治”结构数量（GSS 数量）之间的关系（工作频率为 9GHz，$\varepsilon_r=1.45$，$L=50$mm，$L_g=17.5$mm，$R_1=0.5$mm，$R_2=1.35$mm，$R_3=1.935$mm）。在图（a）、(b）和（c）中，实线附上三角标注代表在不同石墨烯方阻下的仿真结果，虚线附下三角标注代表在不同石墨烯方阻下根据式（5.60）计算得出的结果（黑线：580Ω/□，蓝线：3000Ω/□）

并垂直于内外导体)，结果表明同轴衰减器的插入损耗和衰减范围随着石墨烯“三明治”结构数量的增加而线性增加。根据以上的数据，表5.1中对比了本书提出的同轴衰减器和市场上的同轴衰减器的性能。在1号同轴衰减器中，同轴系统内外导体之间的介质损耗导致了衰减器的衰减。在2号和3号同轴衰减器中，同轴系统中间导体上的压控衰减电路导致了衰减器的衰减。与这些传统的同轴衰减器对比，这里基于石墨烯的同轴衰减器具有以下优势：衰减调节范围适当、回波损耗低、工作频率范围较大、结构简单及成本低。

表5.1　与传统的同轴衰减器之间的性能比较

类型	衰减范围/dB	$\|S_{11}\|$ (dB)/驻波系数	工作频率（GHz)/相对带宽	结构
1号	不可调	—/小于1.2	DC~6/200%	同轴线+损耗介质
2号	40	—/小于2	0.4~6/175%	同轴系统+衰减电路
3号	37	小于-5/—	18~40/76%	同轴系统+衰减电路
本书	11.5（3~14.5）	小于-15/—	2~9/127%	一片石墨烯“三明治”结构+同轴线（上限工作频率为9GHz）
本书	12（3~15）	小于-15/—	5~40/156%	一片石墨烯“三明治”结构+同轴线（上限工作频率为40GHz）
本书	48（12~60）	小于-15/—	5~40/156%	四片石墨烯“三明治”结构+同轴线（上限工作频率为40GHz）

图5.69展示了同轴衰减器在不同石墨烯方阻下纵向横截面的电场分布。图5.69(a)、(b)和(c)中的石墨烯方阻分别为3000Ω/□、1000Ω/□和580Ω/□。从图5.69(a)中可以看出，同轴衰减器输出端口的电场幅度较大，而在图5.69(c)中，同轴衰减器输出端口的电场幅度较小，从而验证了输出端口的电场幅度随着石墨烯方阻的减小而减小，即衰减量随着石墨烯方阻的减小而增大，这与理论分析结果一致。

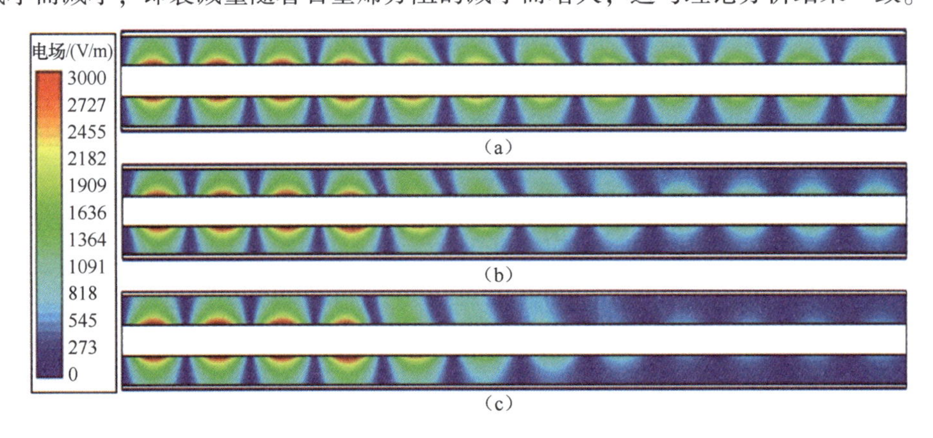

图5.69　同轴衰减器在不同石墨烯方阻下纵向横截面的电场分布（工作频率为7.5GHz）。(a) 石墨烯方阻为3000Ω/□；(b) 石墨烯方阻为1000Ω/□；(c) 石墨烯方阻为580Ω/□

5.6.2　样品加工和实验测试

可用 CVD 法在铜箔上生成单层石墨烯，然后在 150℃的温度下，用卷对卷的方法将生长在铜箔上的单层石墨烯转移到 PVC 上。再用稀硝酸腐蚀铜箔即可获得大面积以 PVC 为衬底的单层石墨烯。在测试衰减器的性能之前，可用波导测量法测量石墨烯方阻和偏置电压之间的关系。结果表明，当偏置电压从 0V 变化到 4V 时，石墨烯的方阻从 3000Ω/□连续变化到 580Ω/□。由于离子液电解质的电化学窗口限制了石墨烯电极上的电荷密度，如果进一步增加电压，石墨烯的方阻仍然保持 580Ω/□。因为石墨烯“三明治”结构的可调性能是基于石墨烯电极上高迁移率的载流子的静电调谐，这个行为不会影响石墨烯结构，所以石墨烯“三明治”结构的可调特性具有可重复性和可逆性[34]。

图 5.70 展示了同轴衰减器的加工过程。为了方便实验测试，这里选择了具有较大内外导体半径的同轴线进行加工。首先，如图 5.70（b）所示，在同轴传输线的上半部分切开一道细长的缝隙。然后，如图 5.70（d）所示，将石墨烯条带通过狭长的细缝放置在同轴传输线内。为了防止分别连接着正负极电压的两片石墨烯片短路，隔膜纸的尺寸需要略大于石墨烯片。最后用导电铜箔胶带将外导体包裹紧。样品如图 5.70（e）所示。

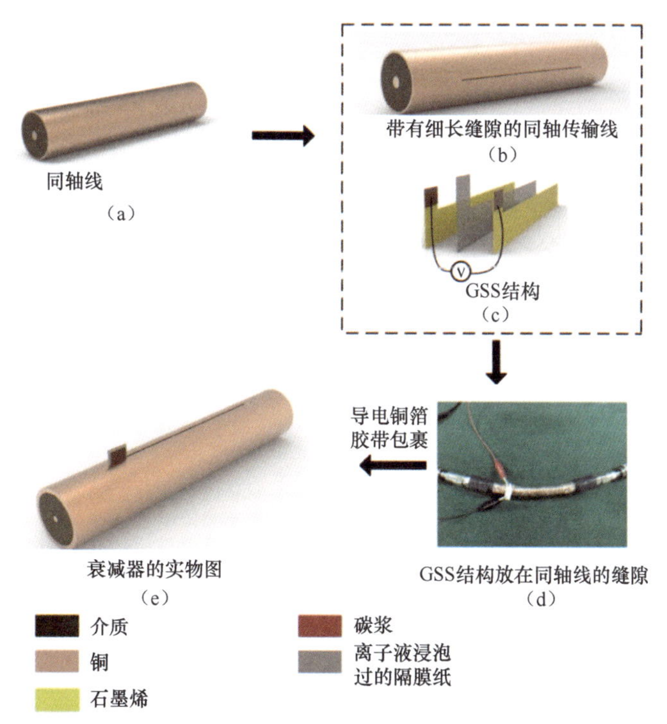

图 5.70　同轴衰减器的加工过程（$\varepsilon_r = 1.45$，$L = 200\text{mm}$，$L_g = 75\text{mm}$，$R_1 = 2.2\text{mm}$，$R_2 = 6.25\text{mm}$，$R_3 = 6.835\text{mm}$）

在测试过程中，电压源为石墨烯“三明治”结构提供偏置电压，矢量网络分析仪用来测试同轴衰减器的 S 参数。在测试过程中，通过改变电压源的输出电压来改变石墨烯的方阻，从而得到动态可调的衰减范围。同轴衰减器的工作频率范围是 2～9GHz。图 5.71（a）展示了在不同石墨烯方阻值的情况下，同轴衰减器 $|S_{21}|$ 的测试、仿真和计算结果。当石墨烯方阻从 3000Ω/□变化到 580Ω/□时，同轴衰减器的衰减量可从 3dB 变化到 14.5dB。经过测试，从最大衰减量变化到最小衰减量的反应时间大约为 800ms，这与文献［34］中石墨烯“三明治”结构的反应时间一致。在实测结果中，当石墨烯方阻一定时，衰减量在工作频率内的浮动值不超过 1dB，这说明了同轴衰减器在工作频率内的衰减量具有较好的平坦度。图 5.71（b）中给出同轴衰减器在不同石墨烯方阻值

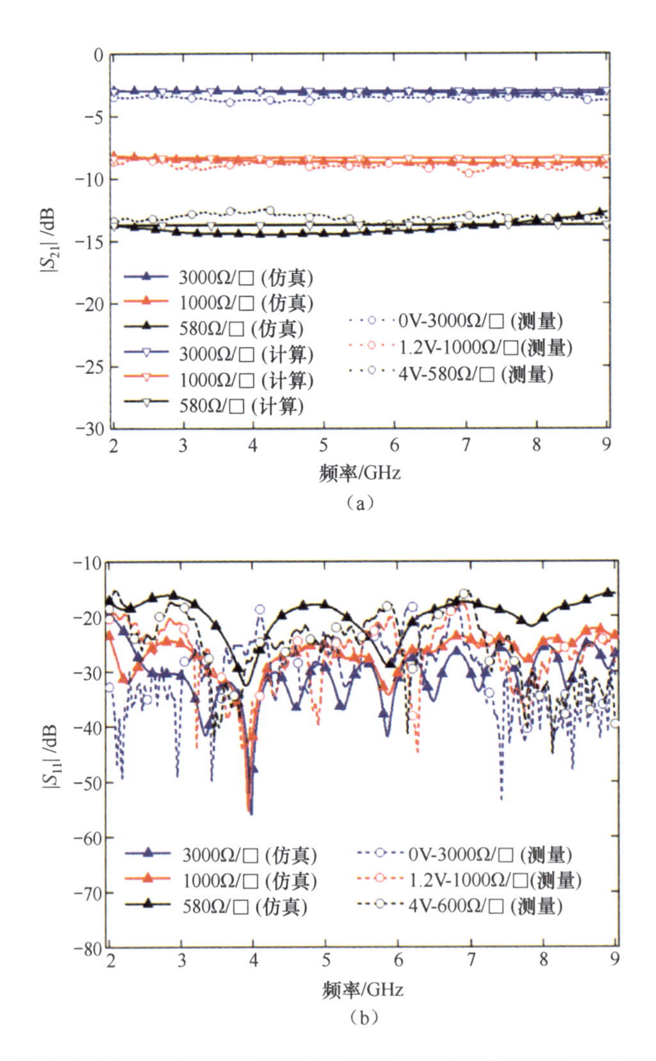

图 5.71 （a）同轴衰减器的 $|S_{21}|$；（b）同轴衰减器的 $|S_{11}|$（实线附上三角标注代表仿真结果。实线附下三角标注代表计算结果。虚线附圆形标注代表实测结果，黑线：580Ω/□，红线：1000Ω/□，蓝线：3000Ω/□）

的情况下 $|S_{11}|$ 的测试和仿真结果。可以看出，同轴衰减器的 $|S_{11}|$ 总是低于 -15dB，并且值得一提的是，同轴衰减器 S 参数的测试结果与上文中的计算和仿真结果具有良好的一致性。较小的差异主要是由加工制作的精度不够及测试时 SMA 连接器造成的。此外，表 5.2 中对比了这里提出的同轴衰减器和国内外已经发表的基于石墨烯的衰减器的性能[35-38]。可以看出，和国内外其他已经发表的基于石墨烯的衰减器相比，基于石墨烯的同轴衰减器具有较大的带宽、适当的动态可调衰减范围、较好的平坦度和较低的回波损耗等优势。

表 5.2　基于石墨烯的同轴衰减器和国内外已经发表的基于石墨烯的衰减器性能对比

文献编号	衰减范围/dB	平坦度/dB	$\|S_{11}\|$/dB	工作频率（GHz）/ 相对带宽	结构	基于石墨烯的衰减器类型
[35]	3 ~ 15	3.5	小于 -14	7 ~ 14.5 / 69.8%	石墨烯条带 + 介质集成波导	传输型
[36]	3 ~ 14	1.8	小于 -20	7.7 ~ 19 / 84.6%	石墨烯条带 + 半膜介质集成波导	传输型
[37]	3 ~ 9.5	2	小于 -5	2 ~ 5 / 85.7%	石墨烯薄片 + 微带线	反射型
[38]	0.3 ~ 14	2	小于 -5	0 ~ 5 / 200%	石墨烯薄片 + 微带线	传输型
本书	3 ~ 14.5	1	小于 -15	2 ~ 9 / 127.3%	石墨烯条带 + 同轴线	传输型

5.7　石墨烯微带衰减器及其在天线中的应用

5.7.1　石墨烯微带衰减器

图 5.72 展示的是微带衰减器的结构图。微带衰减器主要包括两个部分：特性阻抗为 50Ω 的微带线及两片石墨烯“三明治”结构。放置在微带信号线两侧的石墨烯“三明治”结构吸收信号线上的电磁场从而产生衰减。介质板的相对介电常数 ε_r 为 3.2，高度 h 为 1.575mm，微带线的线宽 W_f 为 3.8mm，微带线的长度 L_f 为 60mm，两片石墨烯“三明治”结构的尺寸一致，长度标记为 L_g，宽度标记为 W_g。

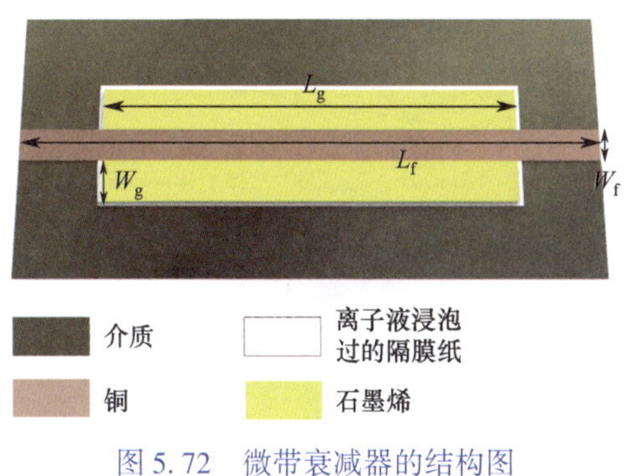

图 5.72　微带衰减器的结构图

这里用 CST 软件仿真分析了一些关键参数对衰减量的影响。图 5.73 展示了微带衰减器在 17GHz 处插入损耗和石墨烯表面方阻之间的关系。从图中可以看出，随着石墨烯表面方阻的增加，微带衰减器的衰减量逐渐减小。当石墨烯的表面方阻为 200Ω/□时，衰减器的插入损耗为 19dB；当石墨烯的表面方阻为 3000Ω/□时，衰减器的插入损耗为 3.65dB。

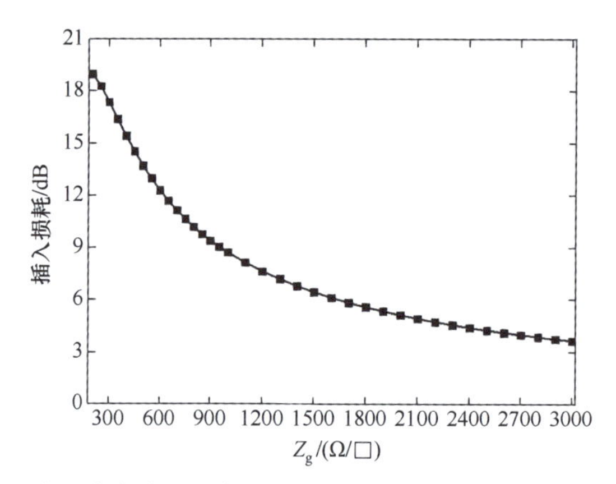

图 5.73　微带衰减器的插入损耗与石墨烯表面方阻之间的关系（工作频率为 17GHz，$\varepsilon_r=3.2$，$h=1.575$mm，$L_f=60$mm，$W_f=3.8$mm，$L_g=25$mm，$W_g=4$mm）

图 5.74（a）展示了微带衰减器在 17GHz 处插入损耗和石墨烯长度 L_g之间的关系。可以看出，随着 L_g的增加，衰减器的插入损耗也随之增加，并且衰减可调范围也增加。图 5.74（b）展示了微带衰减器在 17GHz 处插入损耗和石墨烯宽度 W_g之间的关系。可以看出，随着 W_g的增加，衰减器的插入损耗基本无明显变化，说明石墨烯条带的宽度大于一定值之后再增加时对微带衰减器的衰减量没有明显的影响。

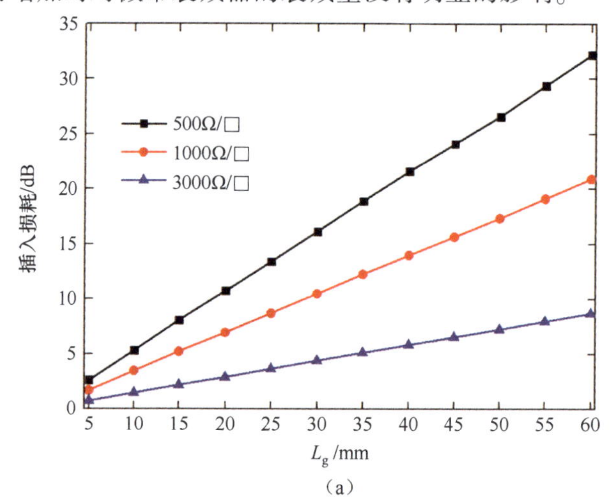

图 5.74　（a）微带衰减器的插入损耗与 L_g之间的关系（$\varepsilon_r=3.2$，$h=1.575$mm，$L_f=60$mm，$W_f=3.8$mm，$W_g=4$mm）；（b）微带衰减器的插入损耗与 W_g之间的关系（$\varepsilon_r=3.2$，$h=1.575$mm，$L_f=60$mm，$W_f=3.8$mm，$L_g=25$mm）（黑线：500Ω/□，红线：1000Ω/□，蓝线：3000Ω/□，工作频率为 17GHz）

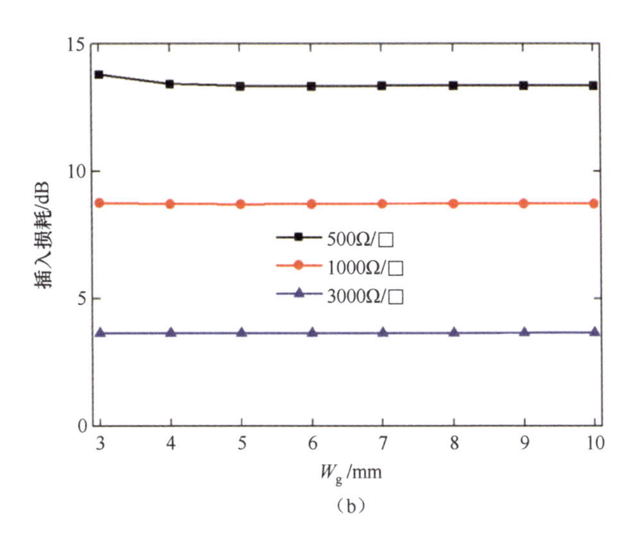

(b)

图 5.74　(a) 微带衰减器的插入损耗与 L_g之间的关系 ($\varepsilon_r = 3.2$, $h = 1.575$mm, $L_f = 60$mm, $W_f = 3.8$mm, $W_g = 4$mm); (b) 微带衰减器的插入损耗与 W_g之间的关系 ($\varepsilon_r = 3.2$, $h = 1.575$mm, $L_f = 60$mm, $W_f = 3.8$mm, $L_g = 25$mm) (黑线: 500Ω/□, 红线: 1000Ω/□, 蓝线: 3000Ω/□, 工作频率为 17GHz) (续)

图 5.75 展示了在 17.7GHz 处微带衰减器的电场分布情况。图 5.75 (a)、(b) 和 (c) 中的石墨烯表面方阻分别为 500Ω/□、1000Ω/□和 3000Ω/□。从图 5.75 (a) 中可以看出，微带衰减器输出端口的电场幅度较小，而在图 5.75 (c) 中，微带衰减器输出端口的电场幅度较大，从而再次清晰地验证了输出端口的电场幅度随着石墨烯表面方

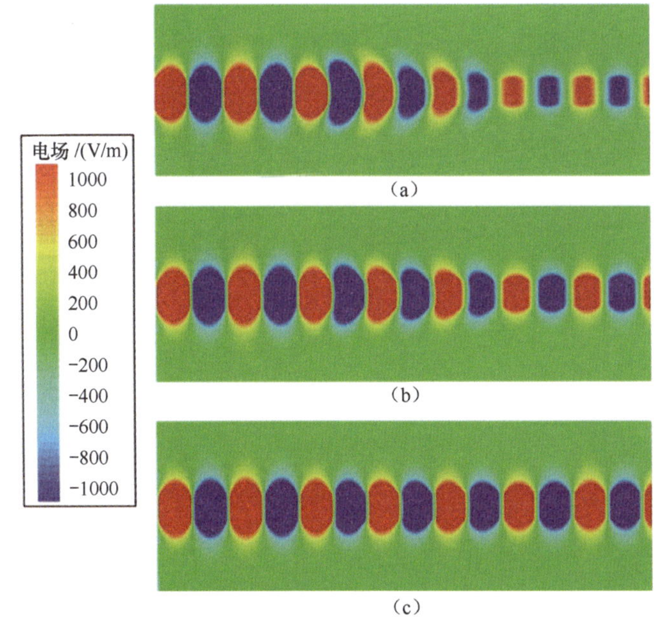

图 5.75　微带衰减器的电场分布 (工作频率为 17.7GHz)。(a) 石墨烯表面方阻为 500Ω/□; (b) 石墨烯表面方阻为 1000Ω/□; (c) 石墨烯表面方阻为 3000Ω/□

阻的减小而减小，即衰减量随着石墨烯表面方阻的减小而增大。

图 5.76（a）和（b）分别展示了微带衰减器 $|S_{21}|$ 和 $|S_{11}|$ 的仿真结果。从图 5.76（a）中可以看出，当石墨烯的表面方阻从 3000Ω/□变化到 500Ω/□时，衰减器的衰减量也随之动态变化，在 9～40GHz 的频段范围内，衰减器的衰减量从 3dB 增加到 13.5dB。从图 5.76（b）中可以看出，当石墨烯的表面方阻变化时，微带衰减器的 $|S_{11}|$ 在频率范围内一直保持在 -20dB 以下，这说明微带衰减器的回波损耗较小，具有良好的传输性能。

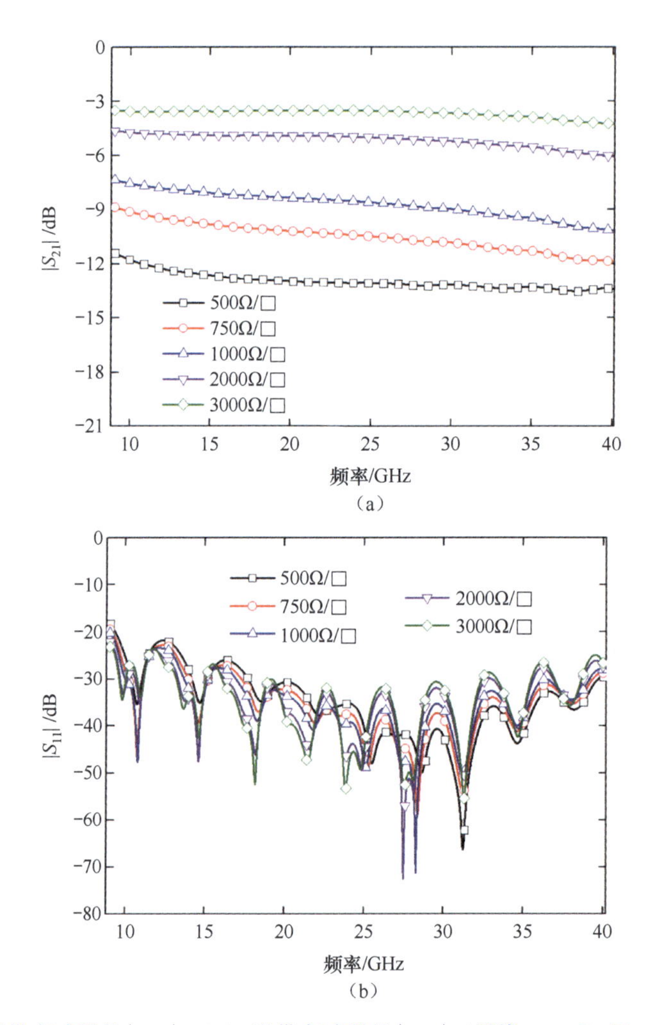

图 5.76 （a）微带衰减器的 $|S_{21}|$；（b）微带衰减器的 $|S_{11}|$（黑线：500Ω/□，红线：750Ω/□，蓝线：1000Ω/□，紫线：2000Ω/□，绿线：3000Ω/□，$\varepsilon_r=3.2$，$h=1.575$mm，$L_f=60$mm，$W_f=3.8$mm，$L_g=25$mm，$W_g=4$mm）

5.7.2 增益可调喇叭天线

图 5.77 为喇叭天线的结构图。天线主要由四个部分构成：①微带线转介质集成波

导转换结构；②介质集成波导H面喇叭天线；③匹配结构；④基于石墨烯的微带衰减器。这四个部分集成在一块介质板中，介质板的厚度为1.575mm，相对介电常数是3.2。微带线转介质集成波导转换结构用来将微带线的准TEM模式转换为波导的TE_{10}模式[39]。匹配结构用于解决天线与空气的不匹配问题[40]。基于石墨烯的微带衰减器提供可调的衰减量来控制天线的增益。当单层石墨烯的表面方阻变化时，微带衰减器的衰减量发生改变，进而使得天线的增益发生改变。当天线具有较大的增益时，喇叭天线处于工作状态；当天线具有较小的增益时，喇叭天线处于非工作状态。

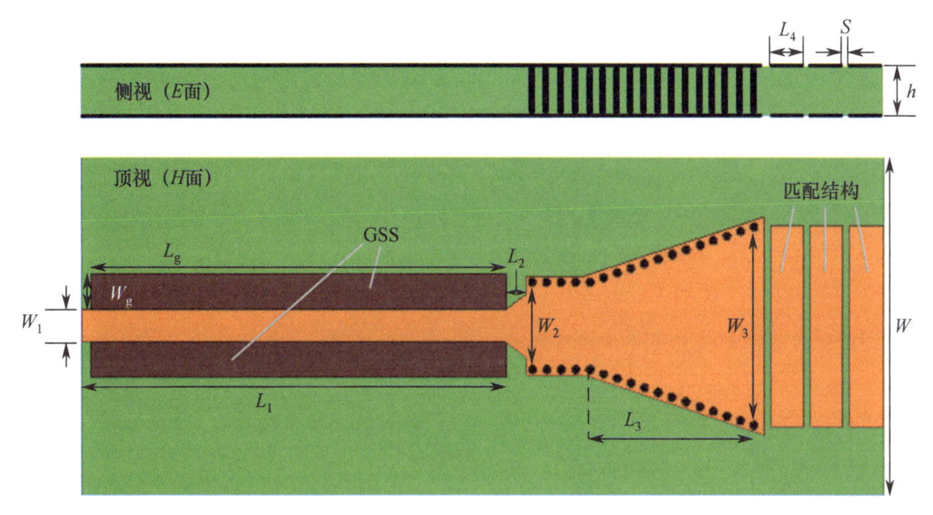

图5.77 喇叭天线的结构图（$L_1=60$mm，$L_2=2.427$mm，$L_3=19.849$mm，$L_4=4.3$mm，$W_1=3.8$mm，$W_2=9$mm，$W_3=22.1$mm，$S=0.2$mm，$h=1.575$mm，$W_g=4$mm，$W=52$mm）

为了分析天线的性能，这里使用HFSS仿真软件对天线进行全波仿真。在设计介质集成波导喇叭天线的过程中，需解决天线匹配问题，使得天线的$|S_{11}|$尽量小，从而大部分的导行波转换为电磁波辐射出去。由于波长较长，介质板厚度较小，所以介质板边缘和空气处的失配会大大增加天线的回波损耗[40]。为此在天线的辐射前端加上由三对平行的金属块构成的过渡区，这个过渡区相当于谐振器，可以增加天线的谐振点，减小反射损耗，从而增加天线工作频率[40]。图5.78对比了有无匹配结构时天线的$|S_{11}|$。可以看出，在天线前端加上过渡区之后，在10~20GHz频率范围内，天线的$|S_{11}|$增加了三个谐振点，从而提升了天线的匹配性能。

当石墨烯表面方阻变化时，衰减器的衰减量发生变化，从而导致天线的增益发生变化。图5.79展示了喇叭天线的增益及增益差随频率的变化曲线。当石墨烯表面方阻较大为3000Ω/□时，微带衰减器的衰减量较小，此时天线的增益较大，天线增益随频率变化的曲线如图5.79中蓝线所示。当石墨烯表面方阻减小到200Ω/□时，微带衰减器的衰减量增大，天线的增益减小，此时天线增益随频率的变化曲线如图5.79中黑线所示。两者之间的差值即天线的增益可调范围，如图5.79中红线所示。结合天线的最大增益和天线的增益可调范围这两个特性综合来看，选择 17.7GHz 这个频点对天线进行进一步的仿真分析。图 5.80 展示了喇叭天线的增益及增益可调范围与石墨烯长度之间的关系。例如，当石墨烯条带的长度为 25mm 时，最大增益是 7dB，最小增益是 -4dB，所以喇叭天线的增益可调范围为 11dB。从图中可以看出，当石墨烯长度增加时，喇叭天线的增益可调范围也在增加。

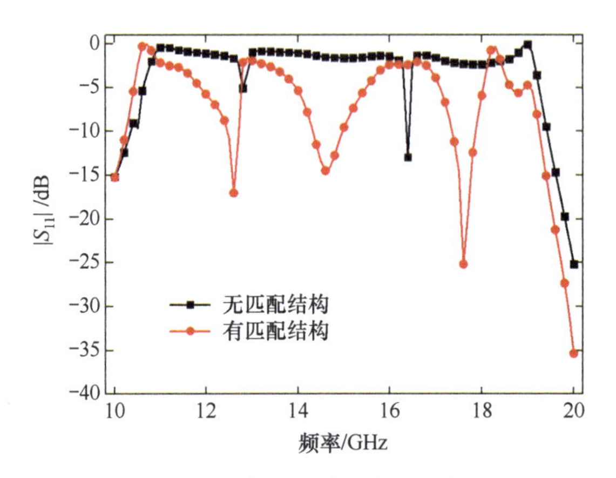

图 5.78　介质集成波导喇叭天线（不加石墨烯）的 $|S_{11}|$（黑线：无匹配结构，红线：有匹配结构）

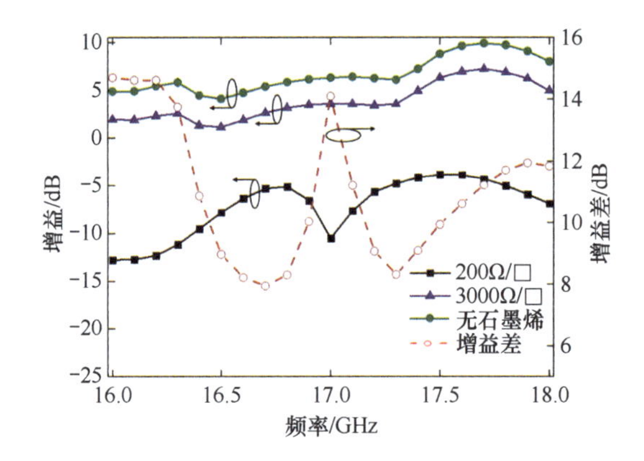

图 5.79　喇叭天线在不同石墨烯表面方阻下增益及增益差随频率的变化曲线（绿线：无石墨烯的喇叭天线，黑线：200Ω/□，蓝线：3000Ω/□，红线：增益差，L_g = 25mm）

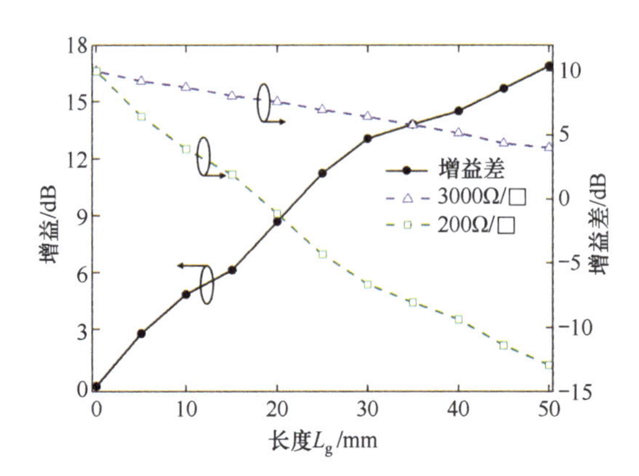

图 5.80　喇叭天线的增益及增益差与石墨烯长度的关系（工作频率为 17.7GHz）

图 5.81 展示了喇叭天线的 $|S_{11}|$，从图中可以看出，石墨烯表面方阻在 200～3000Ω/□变化时，天线在 10～18GHz 的超宽频率范围内都具有较低的回波损耗，这说明天线的阻抗匹配良好。图 5.82 展示了喇叭天线的电场分布。从图 5.82（a）中可以看出，当石墨烯的表面方阻为 200Ω/□时，喇叭天线辐射端口的电场幅度较小，表明天线增益很小，处于非工作状态。从图 5.82（c）中可以看出，当石墨烯的表面方阻为 3000Ω/□时，喇叭天线辐射端口的电场幅度较大，表明天线具有一定的增益，处于工作状态，这一结果与上述的理论分析结果一致。

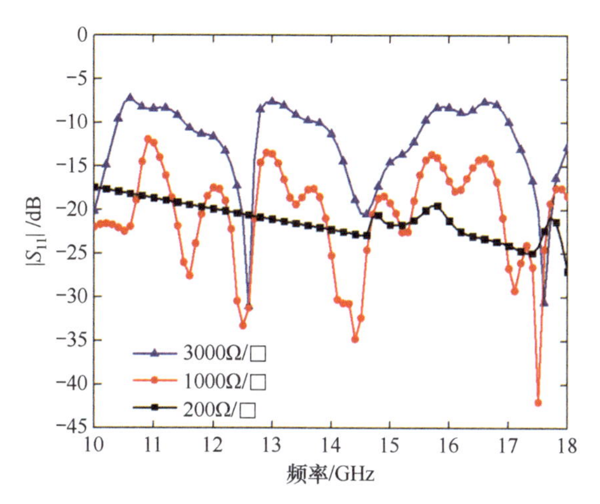

图 5.81　喇叭天线的 $|S_{11}|$（L_g = 25mm，黑线 - 200Ω/□，红线 - 1000Ω/□，蓝线 - 3000Ω/□）

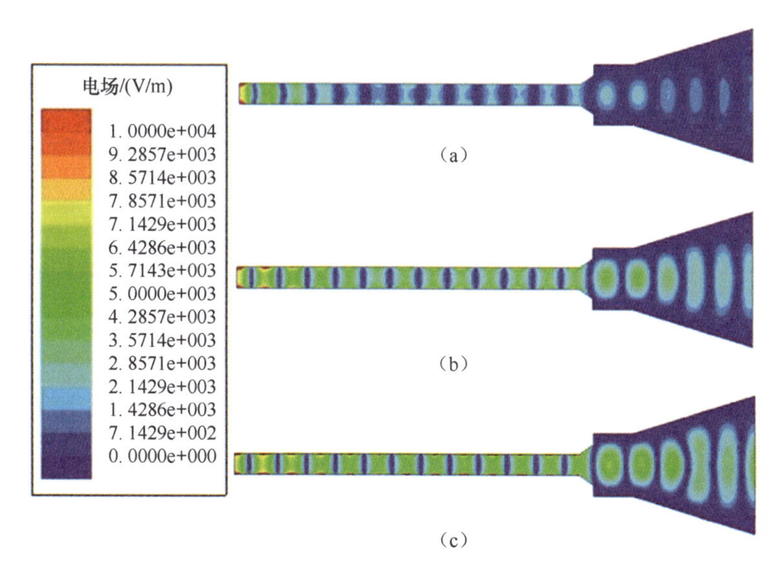

图 5.82　喇叭天线的电场分布图。（a）石墨烯表面方阻为 200Ω/□；（b）石墨烯表面方阻为 1000Ω/□；（c）石墨烯表面方阻为 3000Ω/□（工作频率为 17.7GHz，L_g = 25mm）

5.8 石墨烯的衰减、放大和传输一体化动态可调 SSPP 器件

在传统的电路或器件中，衰减器和放大器通常是两个独立的元件。衰减器给后续电路提供合适的输入信号或实现阻抗匹配、功率控制等功能，放大器提供功率或信号补偿，往往两者都是同时需要的器件。如果在同一器件中同时实现两者且能保证性能均衡，是件很值得研究的事情。本节将介绍作者团队研究的一种基于石墨烯和人工表面等离激元（SSPP）的动态可调一体化传输器件，它由镜像对称结构的 SSPP 波导、低噪声放大器芯片和两个石墨烯“三明治”结构（GSS）组成，可以同时实现微波频率下的衰减、放大和传输。该集成器件的放大增益和衰减都可以通过同时利用 GSS 上的偏置电压进行动态调节，适合用于柔性电子或电路的设计和制造。

5.8.1 基于 SSPP 衰减、放大的一体化器件的设计

动态可调集成器件的系统框图如图 5.83 所示，其中包括两个带 GSS 的 SSPP 波导，一个低噪声功率放大器（LNPA），还有输入端口和输出端口。

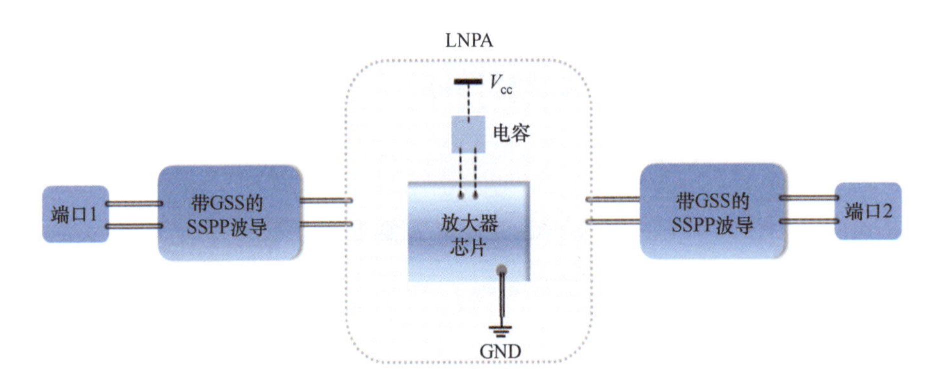

图 5.83 动态可调集成器件的系统框图

5.8.1.1 一体化模型的结构设计

动态可调集成器件的工作原理和结构图如图 5.84 所示，图 5.84（a）为动态可调一体化模型的工作原理示意图。器件由 50Ω 阻抗的常规微带线、用于将微带线转换为等离波导的过渡段、两个 SSPP 波导、一个放大器芯片和两个 GSS 组成。微带线的长度为 8mm，过渡段的第一部分和第二部分的长度分别为 13.5mm 和 18mm。此外，所述模型长度为 51mm 的 SSPP 波导由两个具有镜像对称性的超薄波纹金属条带组成，其中结构由周期长度为 p、槽隙宽度 g 和槽深 d 的单元组成，如图 5.84（a）所示，金属带的宽度和厚度分别为 w_m 和 t，两个金属带之间的介质基板的厚度和宽度分别用参数 s 和 w

表示。金属和介质衬底选用铜和 F4B，相对介电常数 $\varepsilon_r = 2.65$。放大器芯片与 SSPP 波导共用一个地，有利于结构更加紧凑。在金属条的中间部分，设计了一个长度 $a = 2\text{mm}$、

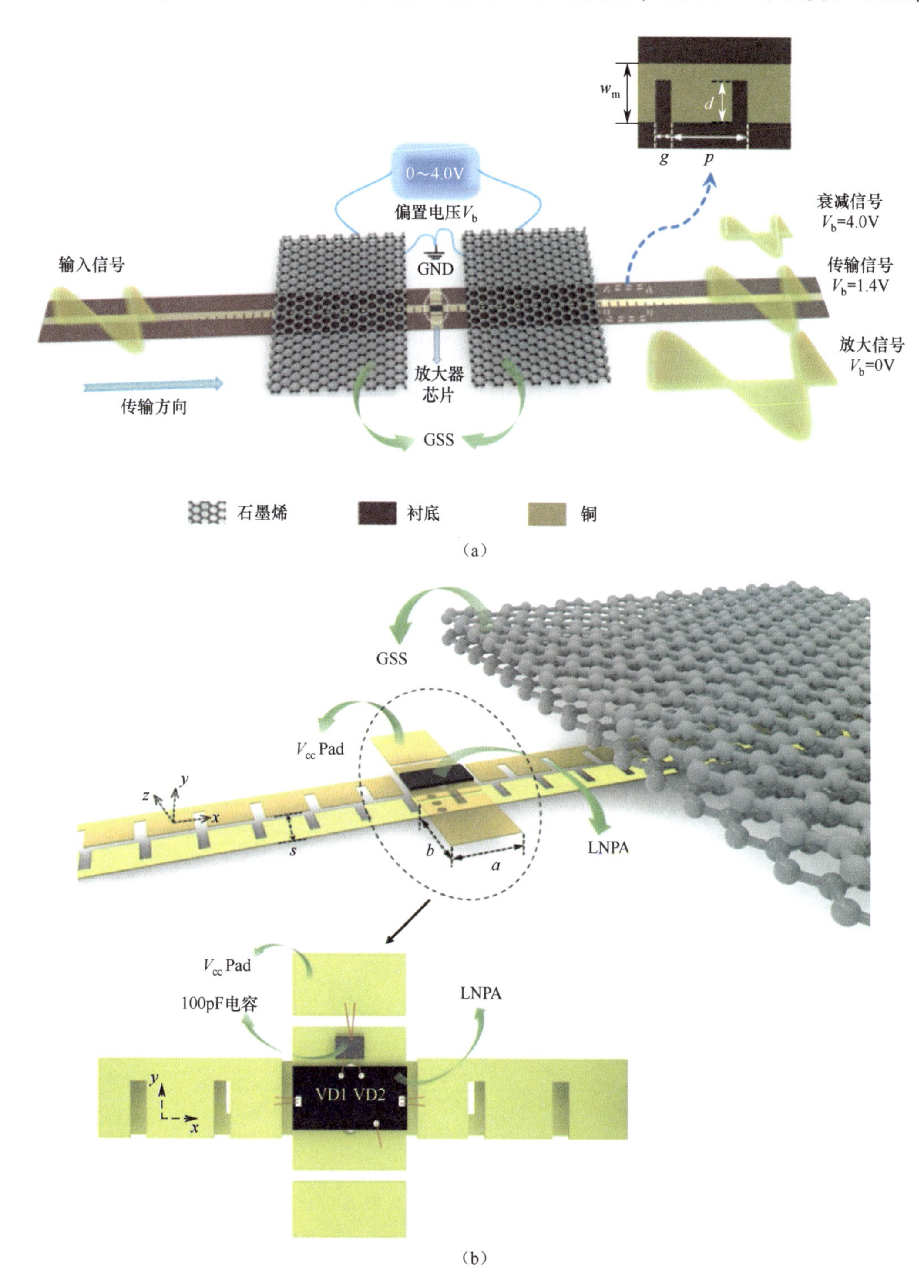

图 5.84　动态可调集成器件的工作原理和结构图。(a) 动态可调一体化模型的工作原理示意图；(b) 放大器芯片部分局部示意图，内部视图是放大器模块连接的放大视图

宽度 $b=2.5$mm 的芯片垫片，放大器芯片位于该垫片上，如图 5.84（b）所示。芯片垫连接至底部金属条，该金属条通过三个内径 $r=0.15$mm 的金属过孔起到接地作用。图 5.84（b）中有放大器连接的放大图，放大器芯片通过 100pF 的旁路电容器连接到 V_{cc} 焊盘，芯片通过金丝与周围结构连接。如图 5.84（b）所示，GSS 覆盖在 SSPP 波导上用来耗散电磁场（W_g 和 L_g 分别是 GSS 的宽度和长度），并且两个 GSS 分布在放大器芯片左右两侧的 SSPP 波导上。用 LNPA 和两个 GSS 分别放大和衰减 SSPP 中的信号。放大器加载到 SSPP 波导实现信号的放大功能，而石墨烯只起到衰减 SSPP 中信号和控制器件整体传输的作用。通过调节偏置电压，动态调节 GSS 的方阻，从而控制 SSPP 波导中信号的衰减，实现从衰减到放大的动态调节。

5.8.1.2　载入石墨烯“三明治”结构的 SSPP 波导分析

SSPP 传输线的色散关系与单元的槽隙宽度 g 和槽深 d 有关。SSPP 传输线单元的波矢量 $\boldsymbol{k}$ 可以表示为

$$\boldsymbol{k}=k_0\sqrt{1+\frac{g^2}{p^2}\tan^2(k_0 d)} \tag{5.64}$$

式中：k_0 是自由空间的波数；参数 g、p 和 d 分别是 SSPP 传输线单元的槽隙宽度、周期长度和槽深。利用商用软件 CST 微波工作室的本征模计算模块可以确定色散关系。图 5.85（a）和（b）为不同槽深 d 和槽隙宽度 g 的 SSPP 波导单元的色散曲线。随着槽深 d 从 0.8mm 增加到 1.2mm，槽隙宽度 g 从 0.3mm 增加到 0.7mm，色散曲线逐渐偏离

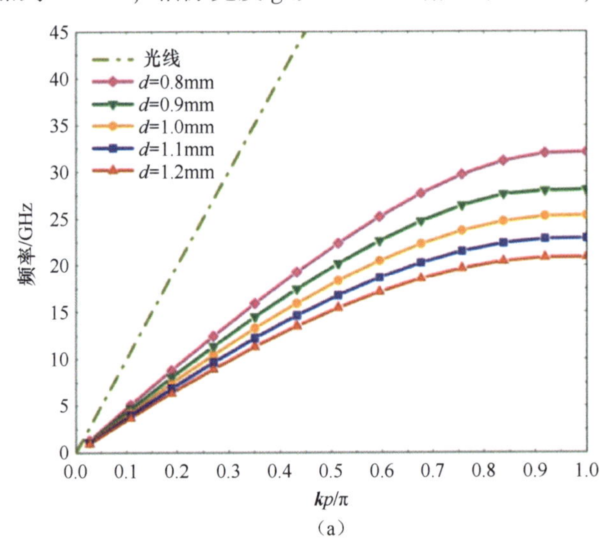

图 5.85　SSPP 波导单元的色散曲线。（a）随着槽深 d 从 0.8mm 变化到 1.2mm 的 SSPP 波导单元的色散曲线，其中 $s=0.2$mm，$w=8$mm，$p=1.5$mm，$w_m=1.4$mm，$t=0.025$mm，$g=0.3$mm；（b）随着槽隙宽度 g 从 0.3mm 变化到 0.7mm 的 SSPP 波导单元色散曲线，其他参数与（a）中相同，除了 $d=1.0$mm

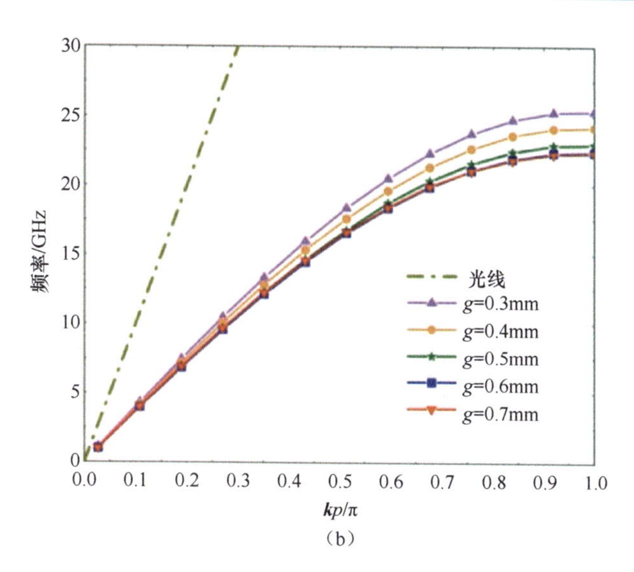

（b）

图 5.85　SSPP 波导单元的色散曲线。（a）随着槽深 d 从 0.8mm 变化到 1.2mm 的 SSPP 波导单元的色散曲线，其中 $s=0.2$mm，$w=8$mm，$p=1.5$mm，$w_m=1.4$mm，$t=0.025$mm，$g=0.3$mm；（b）随着槽隙宽度 g 从 0.3mm 变化到 0.7mm 的 SSPP 波导单元色散曲线，其他参数与（a）中相同，除了 $d=1.0$mm（续）

光的特性，并趋于截止频率。如图 5.85 所示，当频率相同时，SSPP 的波矢量 $\boldsymbol{k}$ 大于光线的波矢量，SSPP 的速度比光速慢，因此 SSPP 波是一种慢波。此外，随着槽深 d 和槽隙宽度 g 的增加，SSPP 的截止频率逐渐降低。因此，通过设置不同的槽深和槽隙宽度，可以获得理想的 SSPP 截止频率和慢波特性。

图 5.86（a）和（b）分别描绘了无 GSS 和有 GSS 的一体化模型的横截面。放大器芯片的接地引脚需要接地，SSPP 波导采用双层金属条带结构，使放大器芯片与 SSPP 传输线共用同一个地。这里采用谱域法（SDA）对一体化设计进行分析。值得注意的是，对于分析集成器件的 SDA 方法与用于分析 SSPP 衰减器的 SDA 方法有着明显的区别。首先，前者为双层导体结构，后者为单层导体结构，这将导致边界条件不同。其次，对于前一种结构，表面电流产生于双层金属带和介质基板之间的两个界面，这与单层导体上

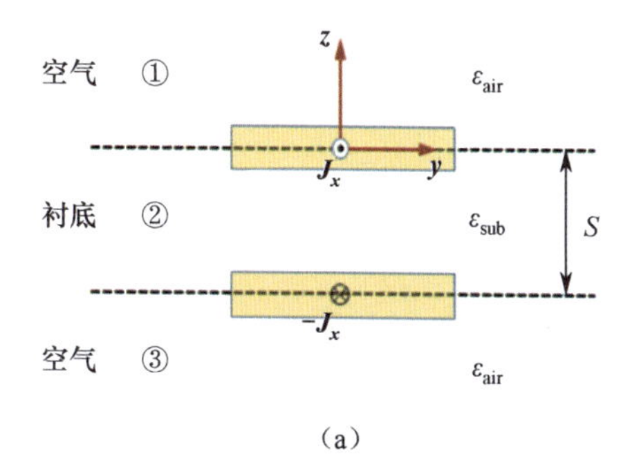

（a）

图 5.86　模型的截面图。（a）无 GSS 的 SSPP 波导；（b）有 GSS 的 SSPP 波导

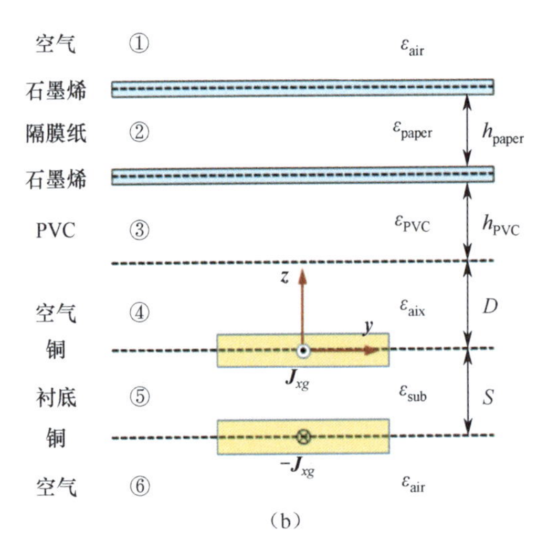

图 5.86　模型的截面图。(a) 无 GSS 的 SSPP 波导；(b) 有 GSS 的 SSPP 波导（续）

的表面电流分布不同。为了便于用 SDA 方法准确分析前一种结构，这里假设下界面处的表面电流与上界面处的表面电流大致相同，但方向相反。

双金属层表面电流密度的大小用 J_x 和 J_{xg} 表示。GSS 在可调一体化模型中起到了电阻膜的作用，GSS 的损耗特性可用损耗系数表示

$$\alpha_L = \frac{J_x - J_{xg}}{J_x} \tag{5.65}$$

式中：J_x 可表示为 $J_x = H_{y1} - H_{y2}$，H_{y1} 和 H_{y2} 是图 5.86（a）中区域①和区域②的 y 方向磁场分量，其大小可通过仿真获得。J_{xg} 可以通过 SDA 方法求解。傅里叶变换后各区域的电磁场分量可以表示如下：

$$\begin{cases} \tilde{E}_{xi} = -\mathrm{j}\dfrac{\boldsymbol{k}}{\hat{z}}\dfrac{\partial \tilde{\psi}_i^{\mathrm{e}}}{\partial z} + \mathrm{j}\alpha\tilde{\psi}_i^{\mathrm{h}}, \tilde{H}_{xi} = -\mathrm{j}\alpha\tilde{\psi}_i^{\mathrm{e}} - \mathrm{j}\dfrac{\boldsymbol{k}}{\hat{z}}\dfrac{\partial \tilde{\psi}_i^{\mathrm{h}}}{\partial z} \\ \tilde{E}_{yi} = -\mathrm{j}\dfrac{\alpha}{\hat{z}}\dfrac{\partial \tilde{\psi}_i^{\mathrm{e}}}{\partial z} - \mathrm{j}\boldsymbol{k}\tilde{\psi}_i^{\mathrm{h}}, \tilde{H}_{yi} = \mathrm{j}\boldsymbol{k}\tilde{\psi}_i^{\mathrm{e}} - \mathrm{j}\dfrac{\alpha}{\hat{z}}\dfrac{\partial \tilde{\psi}_i^{\mathrm{h}}}{\partial z} \\ \tilde{E}_{zi} = \dfrac{1}{\hat{z}}\left(\dfrac{\partial^2}{\partial z^2} + k_i^2\right)\tilde{\psi}_i^{\mathrm{e}}, \tilde{H}_{zi} = \dfrac{1}{\hat{z}}\left(\dfrac{\partial^2}{\partial z^2} + k_i^2\right)\tilde{\psi}_i^{\mathrm{h}} \\ \hat{z} = \mathrm{j}\omega\varepsilon_{ri}\varepsilon_0, \hat{x} = \mathrm{j}\omega\mu_0, k_i^2 = \omega^2\mu_0\varepsilon_{ri}\varepsilon_0 \end{cases} \tag{5.66}$$

式中：$\boldsymbol{k}$ 为 SSPP 的波矢量，如式（5.64）所示；ε_{ri} 为各介质的相对介电常数；ε_0 为真空介电常数；μ_0 为真空磁导率；$\tilde{\psi}_i$ 为每个区域的标量势，在没有 GSS 的情况下，它可以表示如下：

$$\begin{cases}\tilde{\psi}_1^{\mathrm{e}} = A^{\mathrm{e}}\mathrm{e}^{-\gamma_1 z} \\ \tilde{\psi}_1^{\mathrm{h}} = A^{\mathrm{h}}\mathrm{e}^{-\gamma_1 z} \\ \tilde{\psi}_2^{\mathrm{e}} = B^{\mathrm{e}}\sinh(-\gamma_2 z) + C^{\mathrm{e}}\cosh(-\gamma_2 z) \\ \tilde{\psi}_2^{\mathrm{h}} = B^{\mathrm{h}}\cosh(-\gamma_2 z) + C^{\mathrm{h}}\sinh(-\gamma_2 z) \\ \tilde{\psi}_3^{\mathrm{e}} = D^{\mathrm{e}}\mathrm{e}^{\gamma_3(z+s)} \\ \tilde{\psi}_3^{\mathrm{h}} = D^{\mathrm{h}}\mathrm{e}^{\gamma_3(z+s)}\end{cases} \tag{5.67}$$

式中：γ_i可以表示为$\gamma_i=\sqrt{\alpha^2+k^2-k_i^2}$。式（5.67）中的系数可以通过将式（5.67）代入式（5.66），并结合图 5.86（a）中的边界条件来获得。在谱域中，边界条件由下列方程给出

在 $z=0$ 时，有

$$\begin{cases}\tilde{E}_{x1} = \tilde{E}_{x2} & \tilde{E}_{y1} = \tilde{E}_{y2} \\ \tilde{H}_{y2} - \tilde{H}_{y1} = \tilde{J}_x & \tilde{H}_{x1} = \tilde{H}_{x2}\end{cases} \tag{5.68}$$

在 $z=-s$ 时（s 为基板的厚度），有

$$\begin{cases}\tilde{E}'_{x2} = \tilde{E}_{x3} & \tilde{E}'_{y2} = \tilde{E}_{y3} \\ \tilde{H}_{y3} - \tilde{H}'_{y2} = -\tilde{J}_x & \tilde{H}'_{x2} = \tilde{H}_{x3}\end{cases} \tag{5.69}$$

式中：$\tilde{J}_x$ 是表面电流密度 J_x 的傅里叶变换，将式（5.67）代入式（5.66）中，可以得到谱域电磁场的解析表达式。因此，流入无 GSS 区段的平均功率 P_0可由以下公式得出：

$$P_0 = \mathrm{Re}\left[\frac{1}{2\pi}\int_{-\infty}^{+\infty}(E_1 + E_2 + E_3)\,\mathrm{d}\alpha\right] \tag{5.70}$$

其中

$$\begin{cases}E_1 = \int_0^{-\infty}(\tilde{E}_{y1}\tilde{H}_{z1}^* - \tilde{E}_{z1}\tilde{H}_{y1}^*)\,\mathrm{d}z \\ E_2 = \int_{-s}^{0}(\tilde{E}_{y2}\tilde{H}_{z2}^* - \tilde{E}_{z2}\tilde{H}_{y2}^*)\,\mathrm{d}z \\ E_3 = \int_{-\infty}^{-s}(\tilde{E}_{y3}\tilde{H}_{z3}^* - \tilde{E}_{z3}\tilde{H}_{y3}^*)\,\mathrm{d}z\end{cases} \tag{5.71}$$

以上是无 GSS 时平均功率的理论分析，当两个 GSS 覆盖在 SSPP 波导上时，图 5.86（b）中每个区域的标量势 $\tilde{\psi}_i$ 可以表示如下：

$$\begin{cases} \tilde{\psi}_1^{e'} = A^{e'} e^{-\gamma_1'(z-D-h_{PVC}-h_{paper})} \\ \tilde{\psi}_1^{h'} = A^{h'} e^{-\gamma_1'(z-D-h_{PVC}-h_{paper})} \end{cases} \tag{5.72}$$

$$\begin{cases} \tilde{\psi}_2^{e'} = B^{e'} \sinh\gamma_2'(z-D-h_{PVC}) + C^{e'} \cosh\gamma_2'(z-D-h_{PVC}) \\ \tilde{\psi}_2^{h'} = B^{h'} \cosh\gamma_2'(z-D-h_{PVC}) + C^{h'} \sinh\gamma_2'(z-D-h_{PVC}) \end{cases} \tag{5.73}$$

$$\begin{cases} \tilde{\psi}_3^{e'} = D^{e} \sinh\gamma_3'(z-D) + E^{e} \cosh\gamma_3'(z-D) \\ \tilde{\psi}_3^{h'} = D^{h} \sinh\gamma_3'(z-D) + E^{h} \cosh\gamma_3'(z-D) \end{cases} \tag{5.74}$$

$$\begin{cases} \tilde{\psi}_4^{e} = F^{e} \sinh\gamma_4 z + G^{e} \cosh\gamma_4 z \\ \tilde{\psi}_4^{h} = F^{h} \sinh\gamma_4 z + G^{h} \cosh\gamma_4 z \end{cases} \tag{5.75}$$

$$\begin{cases} \tilde{\psi}_5^{e} = H^{e} \sinh(-\gamma_5 z) + I^{e} \cosh(-\gamma_5 z) \\ \tilde{\psi}_5^{h} = H^{h} \sinh(-\gamma_5 z) + I^{h} \cosh(-\gamma_5 z) \end{cases} \tag{5.76}$$

$$\begin{cases} \tilde{\psi}_6^{e} = J^{e} e^{\gamma_6(z+s)} \\ \tilde{\psi}_6^{h} = J^{h} e^{\gamma_6(z+s)} \end{cases} \tag{5.77}$$

式中：h_{paper}、h_{PVC}、D 和 s 分别是隔膜纸、PVC、空气层和基板的厚度。将式（5.72）~式（5.77)代入式（5.66）中，结合图 5.86（b）中各区域的边界条件，即可得到式（5.72）~式（5.77）中的系数 $A^{e'}$、$A^{h'}$ ~ J^{e}、J^{h}。边界条件的谱域表达式由以下方程给出：

当 $z = D + h_{PVC} + h_{paper}$时，有

$$\begin{cases} \tilde{E}_{x1} = \tilde{E}_{x2}, \tilde{E}_{y1} = \tilde{E}_{y2} \\ \tilde{H}_{y2} - \tilde{H}_{y1} = -\dfrac{\tilde{E}_{x2}}{Z_g}, \tilde{H}_{x1} = \tilde{H}_{x2} \end{cases} \tag{5.78}$$

当 $z = D + h_{PVC}$时，有

$$\begin{cases} \tilde{E}'_{x2} = \tilde{E}_{x3}, \tilde{E}'_{y2} = \tilde{E}_{y3} \\ \tilde{H}_{y3} - \tilde{H}'_{y2} = -\dfrac{\tilde{E}_{x3}}{Z_g}, \tilde{H}'_{x2} = \tilde{H}_{x3} \end{cases} \tag{5.79}$$

当 $z = D$ 时，有

$$\begin{cases} \tilde{E}'_{x3} = \tilde{E}_{x4}, \tilde{E}'_{y3} = \tilde{E}_{y4} \\ \tilde{H}'_{y3} = \tilde{H}_{y4}, \tilde{H}'_{x3} = \tilde{H}_{x4} \end{cases} \tag{5.80}$$

当 $z = 0$ 时，有

$$\begin{cases}\tilde{E}'_{x4}=\tilde{E}_{x5},\tilde{E}'_{y4}=\tilde{E}_{y5}\\ \tilde{H}_{y5}-\tilde{H}'_{y4}=\tilde{J}_{xg},\tilde{H}'_{x4}=\tilde{H}_{x5}\end{cases} \tag{5.81}$$

当 $z=-s$ 时，有

$$\begin{cases}\tilde{E}'_{x5}=\tilde{E}_{x6},\tilde{E}'_{y5}=\tilde{E}_{y6}\\ \tilde{H}_{y6}-\tilde{H}'_{y5}=-\tilde{J}_{xg},\tilde{H}'_{x5}=\tilde{H}_{x6}\end{cases} \tag{5.82}$$

式中：$\tilde{J}_{xg}$是表面电流密度 J_{xg}的傅里叶变换。在得到系数 $A^{e'}$、$A^{h'}\sim J^{e}$、J^{h}后，将求解系数的表达式（5.72）~式（5.77）代入式（5.66）中，得到图 5.86（b）中每个区域的谱域电磁场解析表达式。因此，流入 GSS 段的平均功率 P_{gra}可由以下表达式导出：

$$P_{gra}=\mathrm{Re}\left[\frac{1}{2\pi}\int_{-\infty}^{+\infty}(E'_1+E'_2+E'_3+E_4+E_5+E_6)\mathrm{d}\alpha\right] \tag{5.83}$$

其中

$$\begin{cases}E'_1=\int_{D+h_{\mathrm{PVC}}+h_{\mathrm{paper}}}^{+\infty}(\tilde{E}'_{y1}\tilde{H}'^{*}_{z1}-\tilde{E}'_{z1}\tilde{H}'^{*}_{y1})\mathrm{d}z\\ E'_2=\int_{D+h_{\mathrm{PVC}}}^{D+h_{\mathrm{PVC}}+h_{\mathrm{paper}}}(\tilde{E}'_{y2}\tilde{H}'^{*}_{z2}-\tilde{E}'_{z2}\tilde{H}'^{*}_{y2})\mathrm{d}z\\ E'_3=\int_{D}^{D+h_{\mathrm{PVC}}}(\tilde{E}'_{y3}\tilde{H}'^{*}_{z3}-\tilde{E}'_{z3}\tilde{H}'^{*}_{y3})\mathrm{d}z\\ E_4=\int_{0}^{D}(\tilde{E}_{y4}\tilde{H}^{*}_{z4}-\tilde{E}_{z4}\tilde{H}^{*}_{y4})\mathrm{d}z\\ E_5=\int_{-s}^{0}(\tilde{E}_{y5}\tilde{H}^{*}_{z5}-\tilde{E}_{z5}\tilde{H}^{*}_{y5})\mathrm{d}z\\ E_6=\int_{-\infty}^{-s}(\tilde{E}_{y6}\tilde{H}^{*}_{z6}-\tilde{E}_{z6}\tilde{H}^{*}_{y6})\mathrm{d}z\end{cases} \tag{5.84}$$

加载 GSS 的 SSPP 波导的回波损耗非常小，P_0和 P_{gra}可以近似相等并被表示为

$$P_0=P_{gra} \tag{5.85}$$

表面电流密度 J_{xg}可以通过求解式（5.85）得到。然后将 J_x和 J_{xg}代入式（5.65）即可得到损耗系数 α_L的值。最后，SSPP 的 GSS 插入损耗可以通过下式计算：

$$\mathrm{IL}=10\lg\mathrm{e}^{-2\alpha_L\cdot 2L_g}=-20\left(1-\frac{J_{xg}}{J_x}\right)\cdot 2L_g\cdot\lg\mathrm{e} \tag{5.86}$$

插入损耗与石墨烯方阻 Z_g有关，其关系可反映在图 5.86（b）中区域①、②和③的边界条件中，即

当 $z=D+h_{\mathrm{PVC}}+h_{\mathrm{paper}}$ 时，有

$$H_{y2}-H_{y1}=-\frac{E_{x2}}{Z_g} \tag{5.87}$$

当 $z = D + h_{\mathrm{PVC}}$ 时，有

$$H_{y3} - H'_{y2} = -\frac{E_{x3}}{Z_g} \tag{5.88}$$

图 5.87 给出了在 13GHz 下，石墨烯方阻从 500Ω/□到 3000Ω/□时，GSS 的插入损耗的计算和仿真变化情况。结果表明，计算值与仿真值吻合较好，随着石墨烯方阻的逐渐增大，插入损耗由 34dB 减小到 10dB。

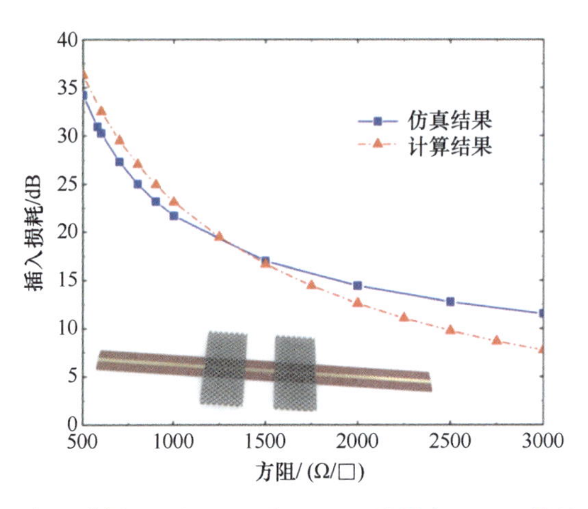

图 5.87 在不同石墨烯方阻下，GSS 对于 SSPP 波导在 13GHz 情况下的插入损耗仿真值和计算值（$s=0.2$mm，$w=8$mm，$p=1.5$mm，$d=1.0$mm，$g=0.3$mm，$w_m=1.4$mm，$t=0.025$mm，$L_g=40$mm，$W_g=60$mm）

此外，基于 GSS 的方阻对 SSPP 插入损耗的影响，为了确定合适的 GSS 长度和宽度，还研究了 GSS 的插入损耗随 GSS 长度和宽度的变化。图 5.88 显示了在 13GHz 的情

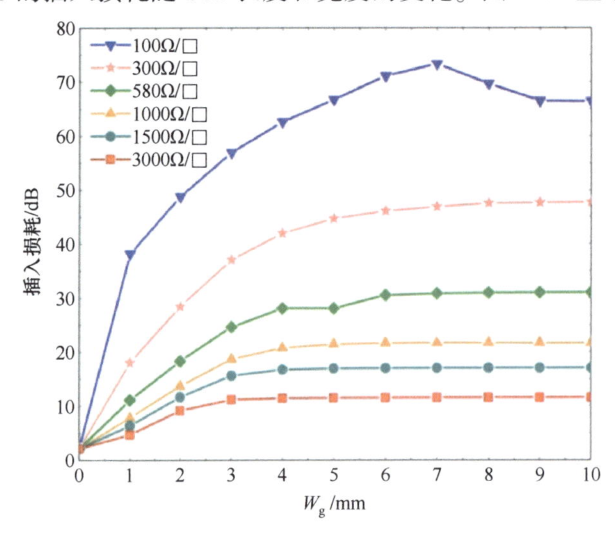

图 5.88 工作频率为 13GHz 时，不同的石墨烯宽度在不同石墨烯方阻情况下的插入损耗（$s=0.2$mm，$w=8$mm，$p=1.5$mm，$d=1.0$mm，$g=0.3$mm，$w_m=1.4$mm，$t=0.025$mm，$L_g=40$mm）

况下，石墨烯方阻从100Ω/□到3000Ω/□变化时，具有不同宽度的两个GSS的插入损耗。从图5.88可以看出，插入损耗随着GSS宽度的增加而先增加，但是当GSS达到一定宽度时，插入损耗并没有显著变化。随着GSS方阻的增大，插入损耗逐渐减小，这与前面的分析一致。在图5.89中，显示了在13GHz下GSS的仿真插入损耗与石墨烯长度的关系。从图5.89可以看出，插入损耗随GSS长度L_g的增加而呈现线性增加。此外，随着长度L_g的增加，GSS的可调范围相应增大。因此，可以通过改变GSS的长度来获得期望的衰减量。

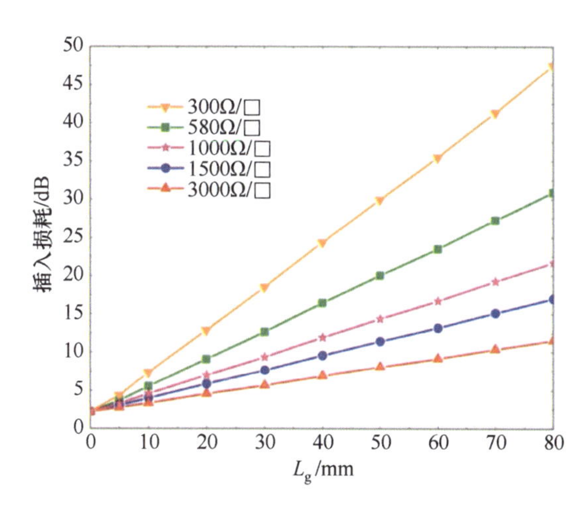

图5.89 工作频率为13GHz时，不同的石墨烯长度在不同石墨烯方阻情况下的插入损耗。石墨烯“三明治”结构宽度为W_g=60mm

SSPP的期望衰减范围可以由GSS的长度来确定。为了在这个一体化模型的设计中达到预期的效果，将两个长40mm、宽60mm的GSS放在SSPP波导上，用来实现SSPP的可调特性。图5.90显示了基于两个GSS在无放大器芯片时的SSPP波导的计算和仿真的S_{21}参数。从图5.90可以看出，当方阻从3000Ω/□变化到580Ω/□，且频率为12~14GHz时，一体化器件的衰减可以从10dB调节到34dB。当SSPP波导上没有GSS时，S_{21}参数接近0dB。如图5.91所示，在工作频率内，当方阻从580Ω/□变化到3000Ω/□时，S_{11}几乎小于-20dB。此外，图5.92描绘了13GHz时无放大器芯片情况下的SSPP波导电场分布。图5.92（a）是xz平面上没有GSS的电场分布，图5.92（b）~（e）中的两个GSS的方阻分别为3000Ω/□、2000Ω/□、1200Ω/□和580Ω/□。图5.92（f）~（j）为SSPP波导在横截面处的电场分布，仿真模型的结构与（a）~（e）相同。如图5.92所示，随着方阻的减小，输出端口处的电场变得不明显，这意味着电场强度变弱。

5.8.1.3 载入低噪功率放大器的SSPP波导分析

从以上分析可以看出，基于两个GSS可以实现SSPP的信号从10dB到34dB的动态

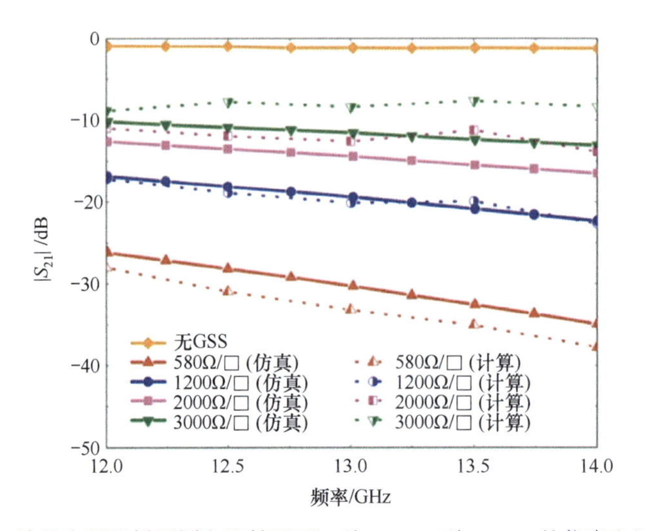

图 5.90　SSPP 波导在石墨烯不同方阻情况下，从 12GHz 到 14GHz 的仿真和计算的 S_{21} 参数（s = 0.2mm，w = 8mm，p = 1.5mm，d = 1.0mm，g = 0.3mm，w_m = 1.4mm，t = 0.025mm，L_g = 40mm，W_g = 60mm）

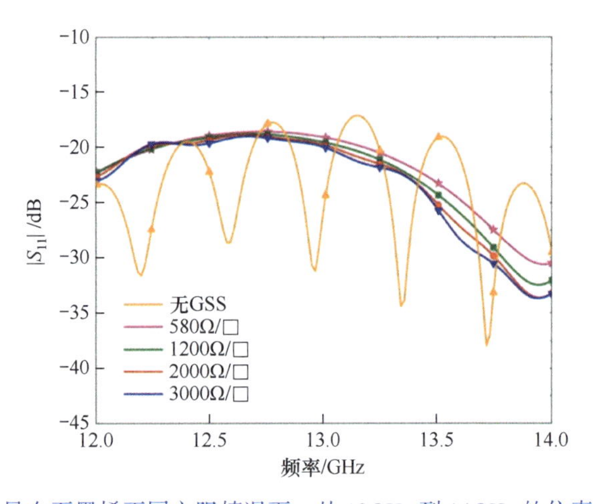

图 5.91　SSPP 波导在石墨烯不同方阻情况下，从 12GHz 到 14GHz 的仿真和计算的 S_{11} 参数

可调衰减，从而，当具有适当放大增益的放大器芯片加载到具有 GSS 的 SSPP 波导中时，可以实现 SSPP 信号从衰减到放大的动态可调功能。因此，引入了低噪功率放大器，并与两个带有 GSS 的 SSPP 波导级联。对于加载了低噪功率放大器和 GSS 的 SSPP 波导，利用商用软件 CST Design Studio 仿真了该集成模型的 S 参数，从而设计和验证了该器件的参数，这个一体化器件的总增益可以通过下式求得：

$$G_{\text{total}} = -10\lg e^{-2\alpha_L \cdot 2L_g} + G \tag{5.89}$$

式中：G 是低噪功率放大器的增益。结果表明，G_{total} 与 GSS 的长度 L_g 和损耗系数 α_L 有关，α_L 受 GSS 的方阻影响，因此通过改变 GSS 的方阻可以调节该 SSPP 一体化器件的总增益 G_{total}。

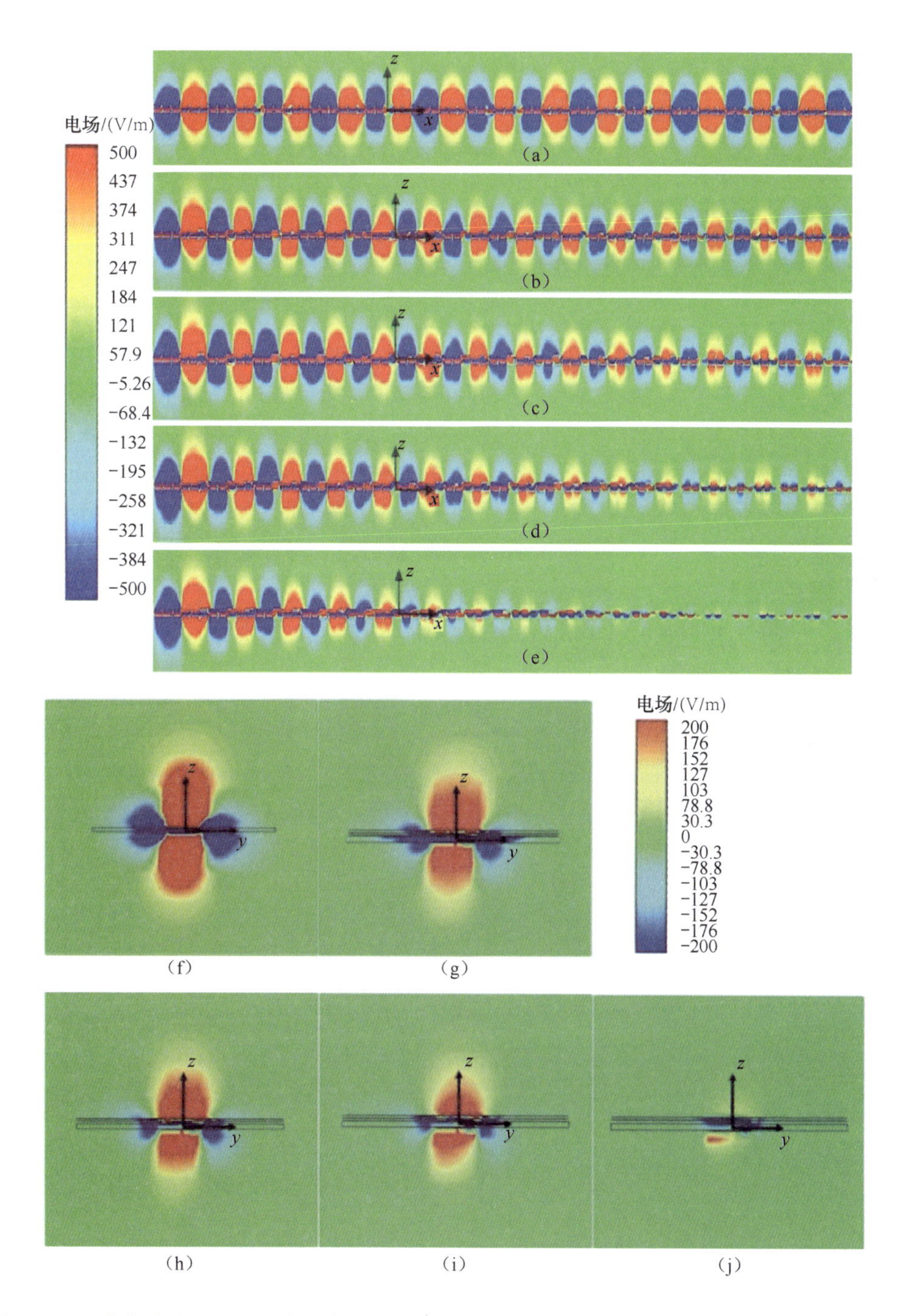

图5.92 工作频率为13GHz，在不载入放大器芯片时SSPP波导的电场分布。(a)~(e)是SSPP波导在xz平面的电场分布。(a)不存在GSS时SSPP波导的电场分布。对于(b)、(c)、(d)和(e)中的GSS方阻分别为3000Ω/□、2000Ω/□、1200Ω/□和580Ω/□。(f)~(j)是SSPP波导在横截面处的电场分布。(f)不存在GSS时SSPP波导的电场分布。对于(g)、(h)、(i)和(j)的GSS方阻分别为3000Ω/□、2000Ω/□、1200Ω/□和580Ω/□

5.8.2 仿真和实验结果

基于PCB技术，在介质基片的上下表面印制镜像对称的铜条带，然后在低噪功率放大器的两侧SSPP波导上分别放置利用化学气相沉积法制备的GSS，如图5.93所示。模型的顶视图和俯视图分别如图5.93（a）和（b）所示，采用增益大于25dB的AMMC－6222低噪放大器芯片作为LNPA，通过导电胶将其附着在芯片垫上，如图5.93（c）所示。AMMC－6222放大器芯片通过金丝键合连接到SSPP波导和V_{cc}衬垫上。模型的尺寸为$w=8$mm、$p=1.5$mm、$d=1.0$mm、$g=0.3$mm和$w_m=1.4$mm。参考前文的分析，为了获得SSPP中信号从10dB到34dB的衰减，两个GSS的长度均为40mm。然而，由于GSS的宽度对SSPP中的信号没有明显的影响，为了便于测量，GSS的宽度设置为60mm。

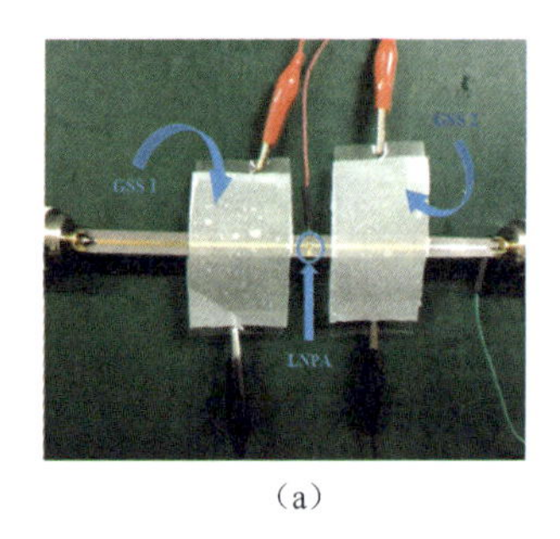

（a）

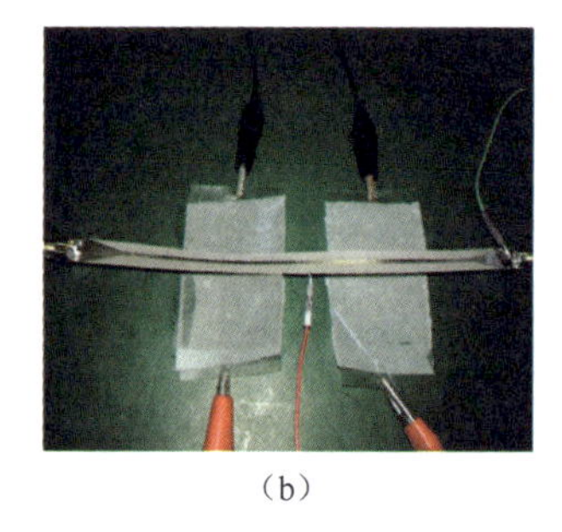

（b）

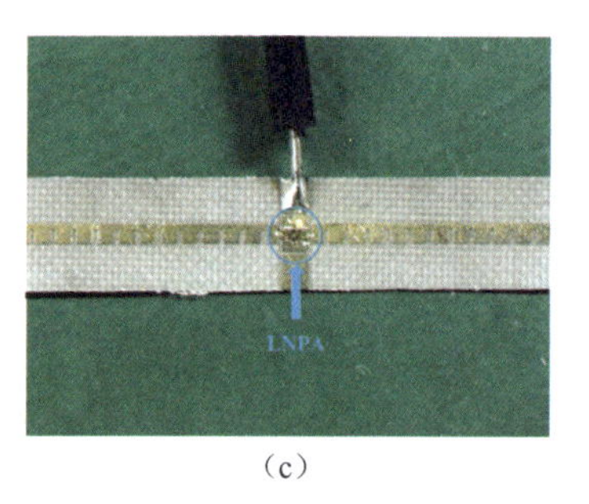

（c）

图5.93　动态可调一体化器件的测量图。（a）有两片GSS和一块AMMC－6222低噪功率放大器芯片模型的顶视图；（b）模型的俯视图；（c）添加偏置电压的低噪功率放大器芯片的局部视图

如图5.94的插图所示，当偏置电压从0V调到4.0V时，GSS的方阻可以从2500Ω/□

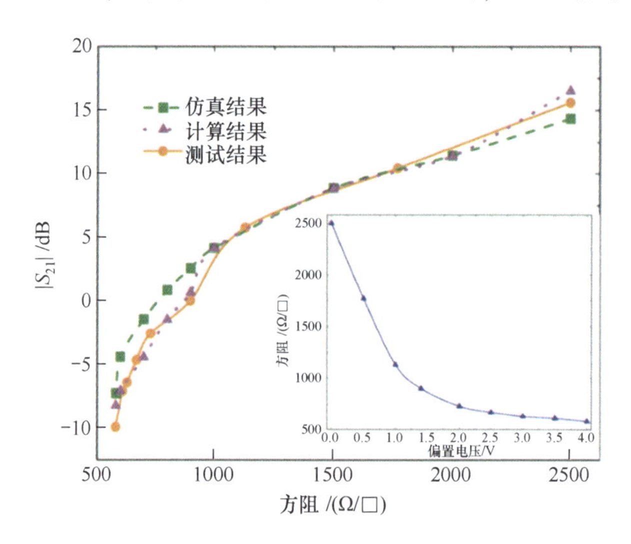

图5.94　模型在工作频率为13GHz时的仿真、计算和测试的S_{21}参数。内部插图为GSS的偏置电压和方阻的测量曲线

调整到 580Ω/□。通过在 SSPP 波导端口处焊接两个 SMA 连接器可以将一体化模型连接到 VNA，并通过电压源来调整 GSS 的偏置电压。这样，如图 5.93（a）所示，可以使用 VNA 在 0V 到 4.0V 的不同偏置电压下获得模型的 S 参数。图 5.94 中描绘了被测 S_{21} 参数随偏置电压从 0V 到 4.0V，也就是 GSS 的方阻从 580Ω/□上升到 2500Ω/□的变化情况。图中的三条曲线分别代表了在 13GHz 条件下，用不同的 GSS 方阻仿真、计算和测试的模型 $|S_{21}|$ 参数。与前文的分析一致，由于 SSPP 中信号的衰减减小，S_{21} 随 GSS 的方阻增大而增大。随着偏置电压从 0V 上升到 4.0V，S_{21} 可以从约 15dB 调节到 -10dB。因此，可以通过调节两个 GSS 的偏置电压来获得 SSPP 波导所需的信号增益。

为了验证样品从衰减到放大的动态可调性能，图 5.95 给出了模型在 12GHz 到 14GHz 的 0V、1.4V 和 4V 三种不同偏置电压下的仿真、计算和测试的 S_{21} 参数。半空心形状代表仿真结果，实心形状代表计算结果，空心形状代表测试结果。当偏置电压从 0V 调到 4.0V 时，GSS 的方阻从 2500Ω/□变化到 580Ω/□，实现了从 15dB 的放大功能到 -10dB 的衰减功能。此外，当偏置电压为 1.4V 时，模型可以实现近 0dB 的传输，测量结果与计算和仿真结果吻合较好，误差主要是样品和连接器的加工误差造成的。图 5.96 显示了模型的 S_{11}，实心形状表示仿真结果，空心形状表示 S_{11} 的测量结果。仿真和测试的 S_{11} 参数在 12～14GHz 范围内均小于 -15dB。因此，该动态可调模型可以通过调节 GSS 的偏置电压来实现 SSPP 信号的可调衰减、传输和放大功能。

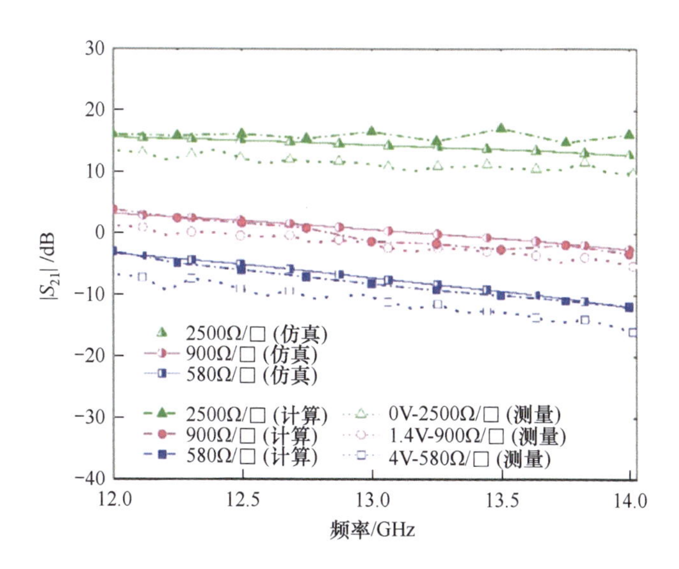

图 5.95　当偏置电压从 0V 调到 4.0V 时，仿真、计算和测量的 S_{21} 参数

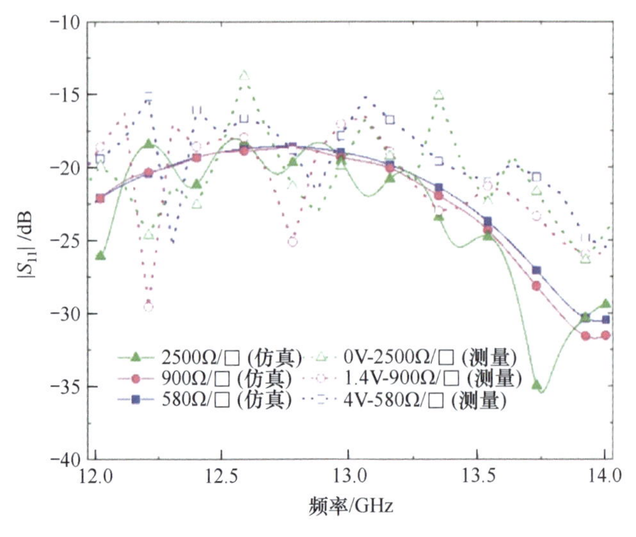

图 5.96　当偏置电压从 0V 调到 4.0V 时，仿真、计算和测量的 S_{11} 参数

5.9 石墨烯/金属复合结构的微波波前动态调控

控制电磁波的反射和透射在物理和工程领域都具有重要意义。在理想的情况下，实现任意类型的波前控制，器件应在保证均匀振幅的前提下实现覆盖 2π 的相移，甚至能对幅度和相位进行独立的控制。在过去，波前控制依赖于传统器件，如介质透镜[41]、反射器天线[42]等。其原理在于通过改变自然材料的拓扑结构或折射率来实现相位积累，但是其相位难以动态控制，一旦器件加工完成，其功能便可固定。近年来，超材料和超表面等技术的发展提高了人们操纵电磁波的能力[43-47]。2011 年，Yu 等人证明了具有不连续相位单元的超表面可以用来引导或聚焦电磁波，为控制电磁波波前提供了一种新的策略[47]。从那时起，越来越多的研究者致力于利用超表面进行波前控制的研究。许多基于超表面技术的有趣电磁器件已经实现，实现从微波段直至光波段的电磁控制能力[48-53]。特别地，Cui 等人报道了一种新的编码超材料和编码超表面（CM）的概念并通过精心设计编码序列来操纵电磁波辐射和散射[54-58]。不同于利用等效媒质理论或者梯度相位来描述的超表面，编码超材料可以利用具有相反相位的 1bit 单元（或多 bit 以实现更复杂的功能），简化了超表面的设计和优化过程。此外，通过在每个单元上焊接一个或两个有源元件，如 PIN 二极管，这些超表面可以在附加电压控制模块的帮助下进行调控，使其达到“可编程”的能力。当二极管工作在“OFF”或“ON”状态时，明显的类介质或类金属性质会使设计元件的振幅响应相对均匀，因此研究人员只需要关注相位特性。然而，大量的集总元件和必要的焊接程序将导致相当复杂的加工过程，特别是对于“多 bit”超表面的应用[57,58]。石墨烯的二维特性使其能够直接作为超表面的单元，从而实现更多功能和非均匀的器件[58]。

5.9.1　编码单元的设计

如图 5.97（a）所示，一个包含 $M \times N$ 个单元的超表面阵列，其散射场可由每个单元的散射场叠加而成

$$f(\theta,\varphi) = \sum_{m=1}^{M}\sum_{n=1}^{N} |\Gamma_{mn}| \exp\{-\mathrm{i}[\Phi_{mn} + kp\sin\theta(m\cos\varphi + n\sin\varphi)]\} \tag{5.90}$$

式中：k 是自由空间波数；$|\Gamma_{mn}|$ 和 Φ_{mn} 是位于位置［m，n］的反射单元的反射场振幅和相位；θ 和 φ 是球坐标系的俯仰角和方位角。

由该方程可知，超表面的散射场由三个关键因素决定：设计单元的反射特性、单元的电长度和单元在阵列中的排列。其中，所设计单元的反射振幅和相位特性对最终的结果至关重要。反射振幅的波动会干扰波在空间中的干涉，从而导致诸如旁瓣等不必要的特性。

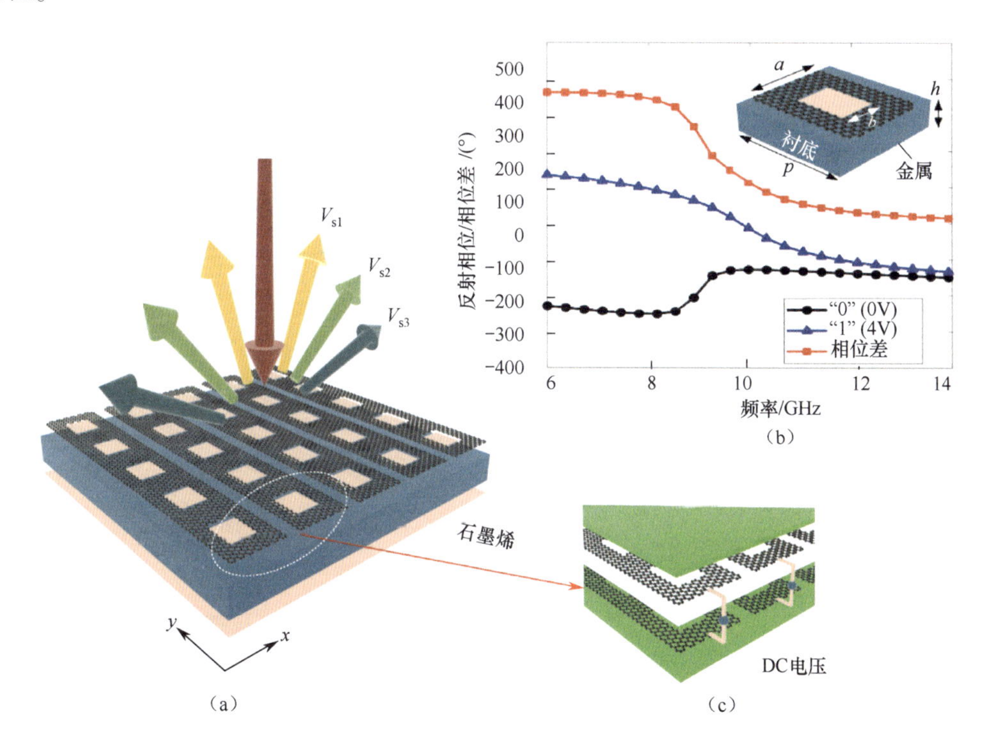

图 5.97　微波石墨烯可编程超表面概念图。（a）整个结构图；（b）石墨烯超表面单元的反射特性；（c）石墨烯“三明治”结构详图，通过施加电压动态控制石墨烯方阻。（a）中的 V_{s1}、V_{s2}、V_{s3} 表示施加于石墨烯的不同电压序列

因此，在设计单元特征的过程中，要求不同单元之间的振幅响应一致。为了更好地了解石墨烯在微波环境下的可调特性，计算了从 4GHz 到 20GHz 石墨烯方阻随着化学势的变化趋势。如图 5.98（a）、（b）所示，当 μ_c 从 0.02eV 增加到 0.3eV 时，石墨烯的表面电

阻从约 3000Ω/□降到约 500Ω/□，同时，石墨烯的表面电抗始终低于 10Ω/□，所以石墨烯近似为具有可调电阻的纯电阻片。由前文可知，当石墨烯的化学势 μ_c 从 0.035eV 变化到 0.235eV 时，其方阻的变化范围为 2500～580Ω/□。

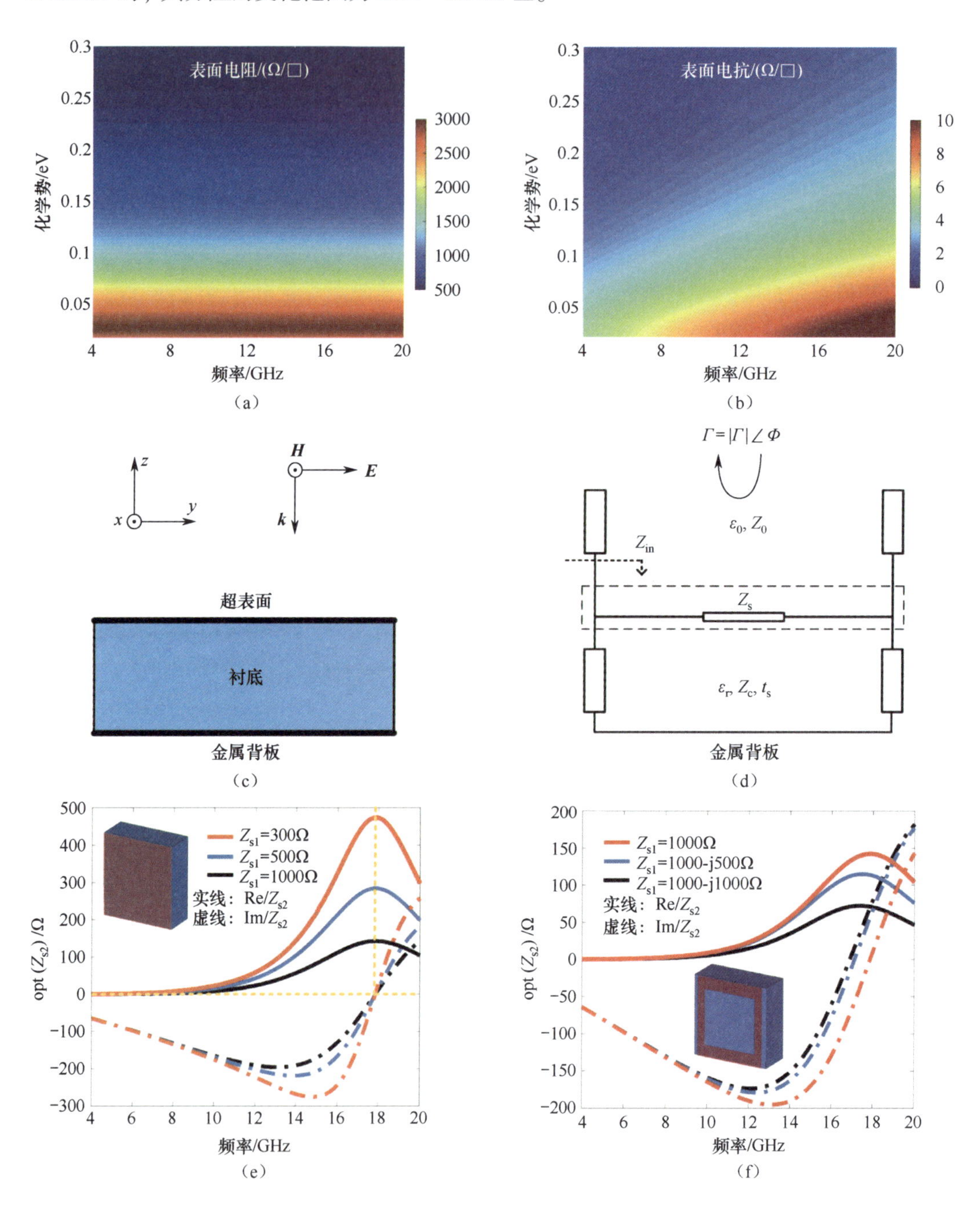

图 5.98 (a)、(b) 微波频率下石墨烯的表面电阻、表面电抗与化学势的关系；(c)、(d) 典型反射单元结构及其等效电路模型；(e)、(f) 不同 Z_{s1} 下的 Z_{s2}。其中 (e)、(f) 中的插图分别为基于完整电阻膜及图案化电阻膜的吸波结构

首先分析获得反射幅度相等而相位相反单元的充分必要条件。不失一般性，假定两种单元的反射幅度和相位分别为$|\Gamma_1|$、$|\Gamma_2|$ 和 Φ_1、Φ_2，相位差为 Φ_d。借助复坐标系，可以将

$$\begin{cases} |\Gamma_1| = |\Gamma_2| \\ \Phi_1 - \Phi_2 = \Phi_d \end{cases} \tag{5.91}$$

的条件转化为

$$\begin{cases} \mathrm{Re}(\Gamma_1) = |\Gamma_1|\cos(\Phi_2 + \Phi_d) = \mathrm{Re}(\Gamma_2)\cos(\Phi_d) - \mathrm{Im}(\Gamma_2)\sin(\Phi_d) \\ \mathrm{Im}(\Gamma_1) = |\Gamma_1|\sin(\Phi_2 + \Phi_d) = \mathrm{Im}(\Gamma_2)\cos(\Phi_d) + \mathrm{Re}(\Gamma_2)\sin(\Phi_d) \end{cases} \tag{5.92}$$

当 $\Phi_d = \pm\pi$ 时，式（5.92）可以简化为

$$\begin{cases} \mathrm{Re}(\Gamma_1) = -\mathrm{Re}(\Gamma_2) \\ \mathrm{Im}(\Gamma_1) = -\mathrm{Im}(\Gamma_2) \end{cases} \tag{5.93}$$

为了便于分析，如图 5.98（c）、(d）所示，建立了典型的反射单元结构的简单等效电路模型（ECM），该模型由超表面层、衬底层和金属背板层组成。基于传输线理论[59]，在垂直入射条件下，反射系数 Γ 可以表示为[60]

$$\Gamma = (Z_{in} - Z_0)/(Z_{in} + Z_0) \tag{5.94}$$

式中：$Z_{in} = Z_s /\!/ Z_1 = Z_s Z_1/(Z_s + Z_1)$，$Z_1 = jZ_c\tan(k_s t_s)$，$Z_c = Z_0/\sqrt{\varepsilon_r}$。$Z_c$和 Z_0分别为介质和空气的波阻抗，$k_s = k_0\sqrt{\varepsilon_r}$ 和 $k_0=\omega/c$ 分别为介质和空气中的传播常数，ω 为角频率，c 为真空中的光速。$Z_s = [\mathrm{Re}(Z_s)] + \mathrm{j}[\mathrm{Im}(Z_s)]$ 为超表面层的等效阻抗。两种编码单元超表面层的等效阻抗需要满足以下关系：

$$\begin{cases} \mathrm{opt}[\mathrm{Re}(Z_{s2})] = \dfrac{Z_0{}^2 C^4 A}{Z_0^4C^2 + 2Z_0^4CB + Z_0^4B^2 + Z_0^4A^2 + 2Z_0^2C^3B + 2Z_0^2C^2B^2 + 2Z_0^2C^2A^2 + C^4B^2 + C^4A^2} \\ \mathrm{opt}[\mathrm{Im}(Z_{s2})] = \dfrac{-(Z_0^4C^3 + 2Z_0^4C^2B + Z_0^4CB^2 + Z_0^4CA^2 + Z_0^2C^4B + Z_0^2C^3B^2 + Z_0^2C^3A^2)}{Z_0^4C^2 + 2Z_0^4CB + Z_0^4B^2 + Z_0^4A^2 + 2Z_0^2C^3B + 2Z_0^2C^2B^2 + 2Z_0^2C^2A^2 + C^4B^2 + C^4A^2} \end{cases} \tag{5.95}$$

式中：A、B、C 分别表示 Re（Z_{s1}）、Im（Z_{s1}）、Im（Z_1）。

假设两种超表面层位于 2mm 厚且相对介电常数为 4.4 的基板上。在图 5.98（e）中，采用均匀的纯电阻层来模拟无图案的 GSS。在这种情况下，它表现为一种 Salisbury 屏，虽然通过改变方阻值，相同反射幅度和相反反射相位可以实现，但是这种均匀的结构无法对不同的单元进行独立的控制，因而需要对结构进行图案化。图案化结构的等效电阻与 S_1/S_2的值呈正比，其中，S_1和 S_2分别为整个单元格的表面积及单元格损耗区域的有效面积，这将导致另一个问题：与非均匀结构相比，图案化石墨烯薄膜的等效电阻在数值上大于相应的石墨烯方阻，这将导致更加严重的阻抗失配。如图 5.98（f）所示，即使一种单元超表面层的等效电阻仅为 1000Ω，另一种单元中所需的石墨烯等效电阻低于 150Ω，也远远超出了 GSS 的调控范围。一种可行的解决办法便是引入金属 FSS 来降低石墨烯的等效阻抗。

可利用图案化石墨烯 GSS－金属 FSS 复合结构来作为超表面的单元。如图 5.97（a）所示，整个单元包含 GSS 层[34,35]、金属 FSS 层、介质层及金属底板层。具体的结构参数如图 5.97（b）中的插图所示，单元的周期 $p=4.90\text{mm}$，石墨烯带宽度 $a=4.43\text{mm}$，金属 FSS 贴片边长 $b=3.4\text{mm}$，衬底厚度 $t=2\text{mm}$，衬底的相对介电常数为 4.4。PVC 和隔膜纸的厚度分别为 70μm 和 50μm，PVC 及隔膜纸的相对介电常数分别为 3.5 和 2.5。

在图 5.99（a）和图 5.99（b）中，绘制了石墨烯的反射性能随频率和石墨烯方阻的变化。图 5.99（a）中的幅度差被定义为

$$\delta = \left|\frac{\rho-\rho_0}{\rho+\rho_0}\right| \tag{5.96}$$

式中：ρ 表示不同的石墨烯方阻下的反射振幅；ρ_0 表示 $R_s=2500\Omega/\square$ 时的反射振幅。通过与图 5.99（b）中绘制的反射相位相比，可以看出，当石墨烯的方阻分别为 2500Ω/□及 580Ω/□时，超表面单元在 9.6GHz 处能够实现相反的相位及相同的振幅。如图 5.99（c）所示，在 9.6GHz 处的反射系数约为 0.33，这意味着 33% 的场可以被散射到上半

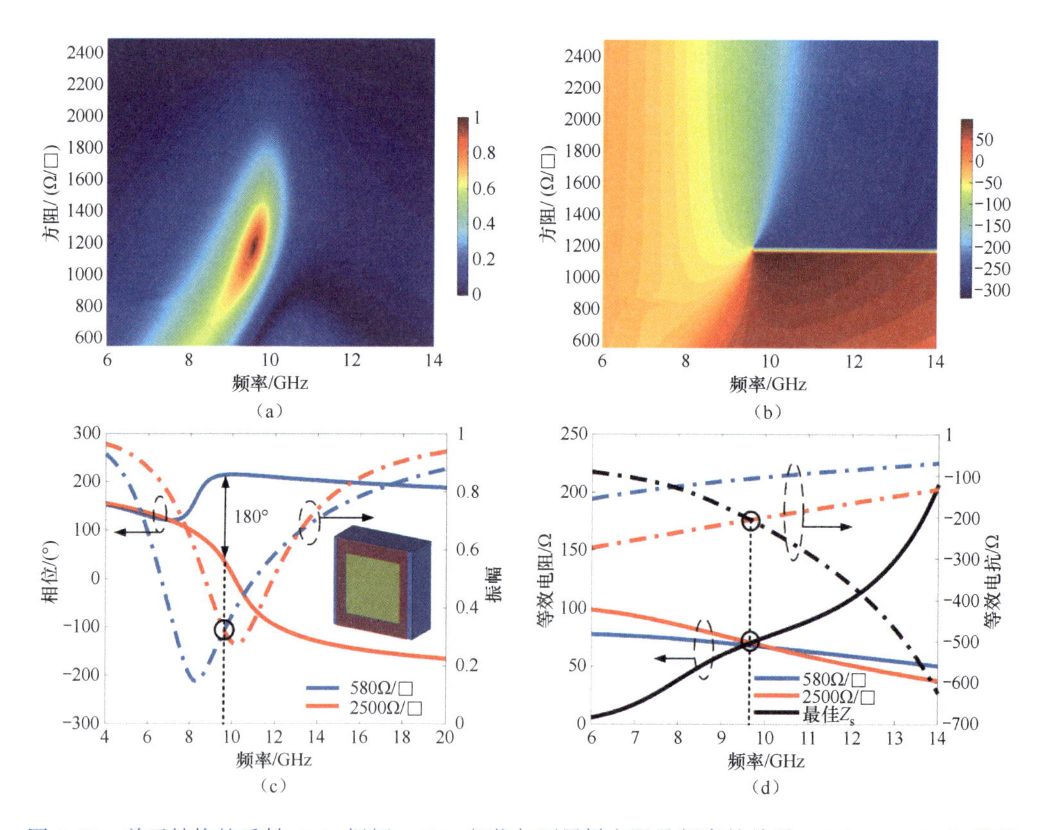

图 5.99 单元结构的反射（a）振幅、（b）相位与石墨烯方阻及频率的关系。（c）$R_s=580\Omega/\square$及2500Ω/□时单元结构的反射振幅和相位。（d）$R_s=580\Omega/\square$及 2500Ω/□时单元结构复合结构层的等效电阻和等效电抗

空间，而67%的场被结构吸收。与基于二极管或微电子机械系统（MEMS）的超表面相比，这种结构的振幅响应相对较低，这可能会降低某些应用的效率，如波束重定向在天线的应用。但与此同时，在其他应用中，它可能会带来优势，如RCS缩减、隐身等应用等。

为了验证设计原理和提出的公式，绘制了如图5.99（d）所示的石墨烯—金属复合层的等效电阻和等效电抗，且两者可通过参数提取的方法得到。其中，最优 Z_s 是通过将 $R_s=580\Omega/\square$ 时提取到的等效阻抗代入式（5.95）所得的，可以看出，在9.6GHz处，$R_s=2500\Omega/\square$ 对应单元的等效阻抗与最优 Z_s 一致。根据施加到GSS的电压不同，将编码单元分别定义为“0”单元和“1”单元。两个单元的施加电压分别为0V及4V，对应于石墨烯的方阻为2500Ω/□或580Ω/□。

5.9.2 基于石墨烯/金属复合结构的二进制编码单元应用场景

5.9.2.1 波束重定向

图5.100显示了利用MPGM实现波束重定向的功能，入射波从阵列上方垂直入射到阵列上，每个阵列由48×48个单元组成。图5.100（a）、（c）和（e）中详细显示了超表面阵列的排列，其中，图5.100（a）中的编码序列为全“0”或全“1”，图5.100（c）中的编码序列为…0000000011111111…，图5.100（e）中的编码序列为…00001111…。为了保证计算结果的准确性，分别用数值计算和全波仿真的方法对反射远场波瓣进行了预测。最简单的编码序列为全“0”或全“1”的情况，如图5.100（a）所示，在这种情况下，可以将式（5.90）中的远场函数简化为

$$f_1(\theta,\varphi) = C_1\left|\cos\psi_1+\cos\psi_2\right| = 2C_1\left|\cos\frac{\psi_1+\psi_2}{2}\cos\frac{\psi_1-\psi_2}{2}\right| \tag{5.97}$$

式中：C_1 是常数，不影响波瓣的方向；$\psi_1=kD(\sin\theta\cos\varphi+\sin\theta\sin\varphi)/2$，$\psi_2=-kD(\sin\theta\cos\varphi-\sin\theta\sin\varphi)/2$，$D$ 是晶格的周期（$D=p$）。为了获得最大的散射，正弦函数的绝对值应该为1，即 $|\cos[(\psi_1+\psi_2)/2]|=1$，$|\cos[(\psi_1-\psi_2)/2]|=1$，求解可得 $\theta=0$。因此，散射波瓣将沿着入射波的方向。

相比之下，当超表面排列如图5.100（c）、（e）所示时，式（5.97）可简化为

$$f_{2,3}(\theta,\varphi) = C_{2,3}\left|\sin\psi_1+\sin\psi_2\right| = 2C_{2,3}\left|\sin\frac{\psi_1+\psi_2}{2}\cos\frac{\psi_1-\psi_2}{2}\right| \tag{5.98}$$

在这两种情况下，晶格 D 的周期分别等于 $8p$ 和 $4p$。计算可得主瓣的方向分别位于 $\varphi_2=90°, 270°$，$\theta_2=23.8°$ 及 $\varphi_3=90°, 270°$，$\theta_3=53.7°$，如图5.100（c）、（e）中的阵列。计算和仿真结果表明，入射波束被分散成两个对称反射支路，反射波束的角度与预测值吻合较好。

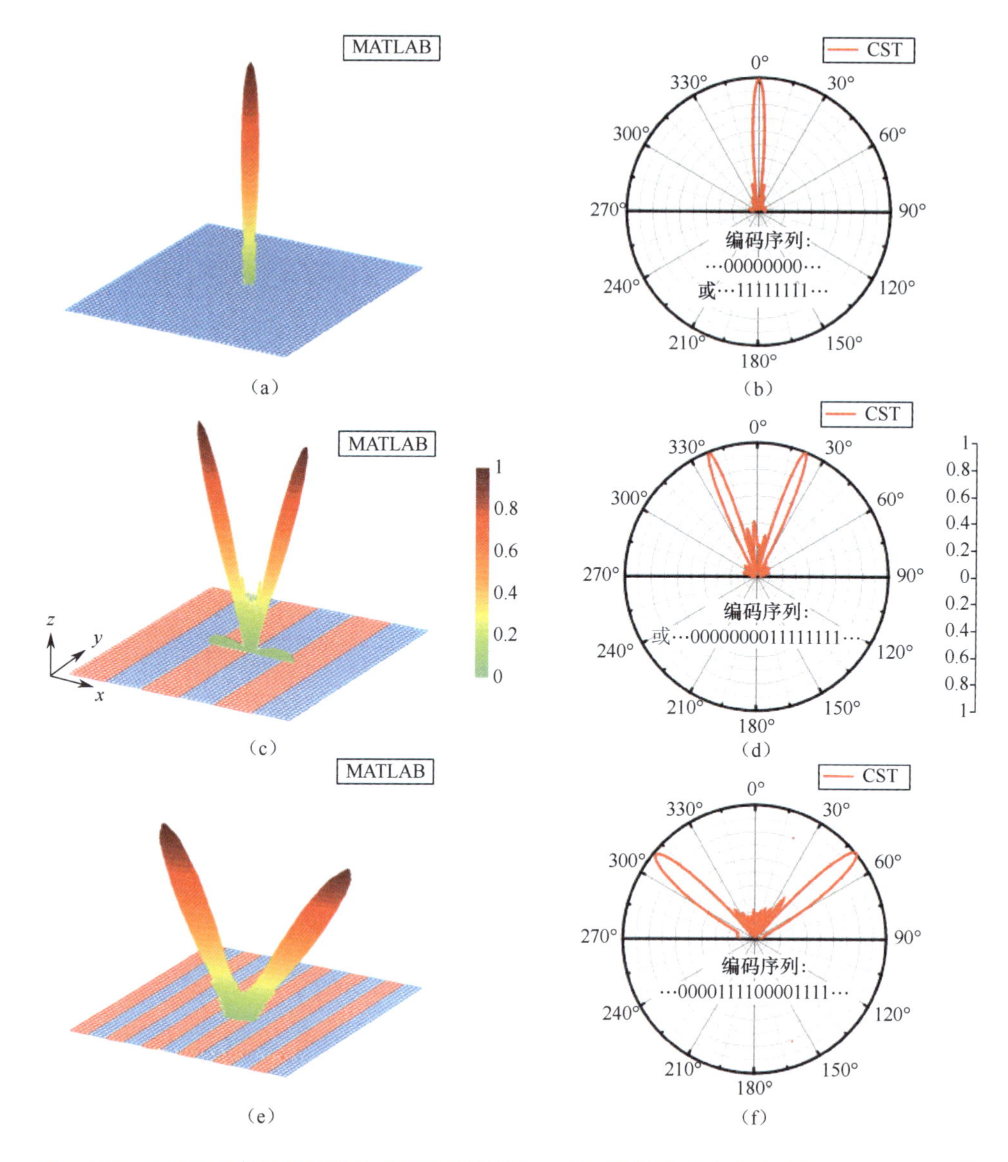

图 5.100 MPGM 反射远场波瓣的计算和仿真结果，实现了波束重定向的功能。(a)、(b) 的编码序列是全“0”或全“1”；(c)、(d) 的编码序列是…0000000011111111…；(e)、(f) 的编码序列是…00001111…

5.9.2.2 RCS 缩减

如果对超表面阵列采取更复杂的编码方式，可以实现对波的更复杂的控制。在本小节里，通过对单元采取不同的编码序列，来减小反射场的 RCS。一般而言，减少目标 RCS 的方法包括：使电磁波绕射过目标[61,62]，设计吸波器吸收电磁波[63,64]，以及将电磁波重定向到各个方向[65]。石墨烯是一种有损耗的材料，与已经被大量研究的基于金属的编码超表面不同，MPGM 可以实现吸收波和重定向剩余能量的功能。

如图 5.101（a）、（c）和（e）所示，N_L表示晶格中单元的数量，编码序列分别为 001011、00110101 和 001001110101。从图中结果可以看出，当超表面的规模一定时，编码序列越复杂，远场辐射模式中出现的分支越多。为方便比较，图 5.101（b）、（d）和（f）中的结果以图 5.100（a）中的结果为参照做了归一化，可以看出，随着反射分支的增加，入射能量被分散到更多的方向，因此超表面的 RCS 相应地减少。

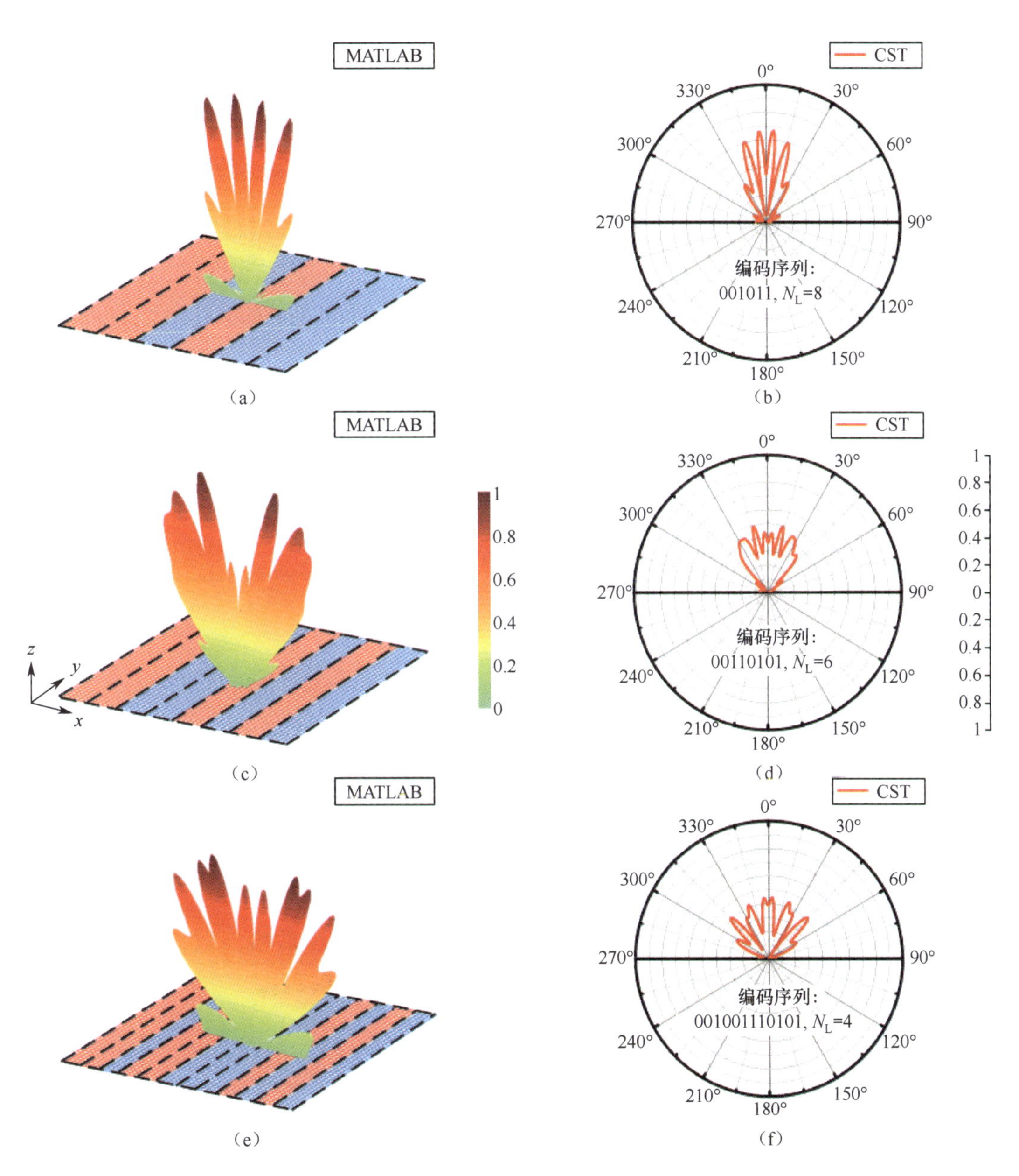

图 5.101　MPGM 反射远场波瓣的计算和仿真结果，实现了 RCS 缩减的功能。（a）、（b）的编码序列是 001011，N_L =8；（c）、（d）的编码序列是 00110101，N_L =6；（e）、（f）的编码序列是 001001110101，N_L =4

为了证明石墨烯相比于金属材料在 RCS 缩减应用方面的优势，对基于石墨烯或基于金属的编码超表面进行了比较，如图 5.102 和图 5.103 所示。在图 5.102 中，基于金属的编码超表面单元由金属环、基底和金属背板组成，经过优化，其结构参数固定为 $w=0.5\text{mm}$，$l=4\text{mm}$ 或 3.105mm，而其他参数与石墨烯基单元保持一致，以保证相同的电长度。在 9.6GHz 下，两种单元的反射幅度均为 1，且反射相位差为 180°，因此以这两种单元来构建基于金属的编码超表面。事实上，图 5.100 中的波束重定向也可以视为一种 RCS 缩减，因此对应图 5.100 及图 5.101 中的编码序列都被绘制于图 5.103 中，为了量化比较，在此图中，将基于石墨烯及基于金属的超表面 RCS 绘制在一起，其单位为 dBm^2。如前一小节所述，67% 的场可以被这里的结构吸收，剩下的 33% 会被分散到其他方向。因此，图 5.103 所示的石墨烯基超表面的 RCS 在所有六种情况下都比金属超表面低约 10dB，验证了石墨烯在微波波段降低 RCS 方面的巨大优势。

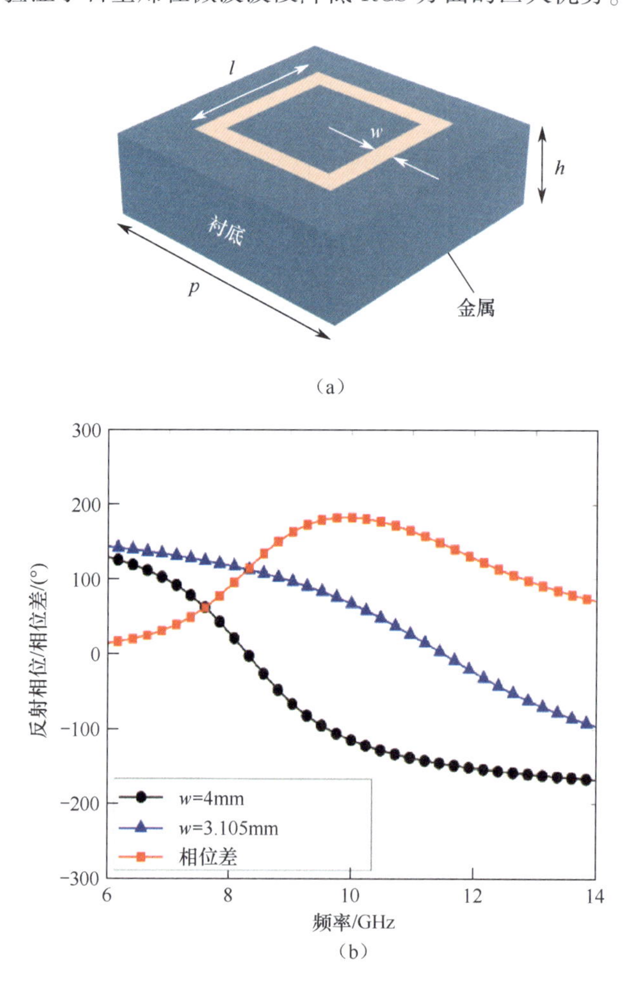

图 5.102 （a）基于金属的编码超表面单元；（b）基于金属的编码超表面的反射相位

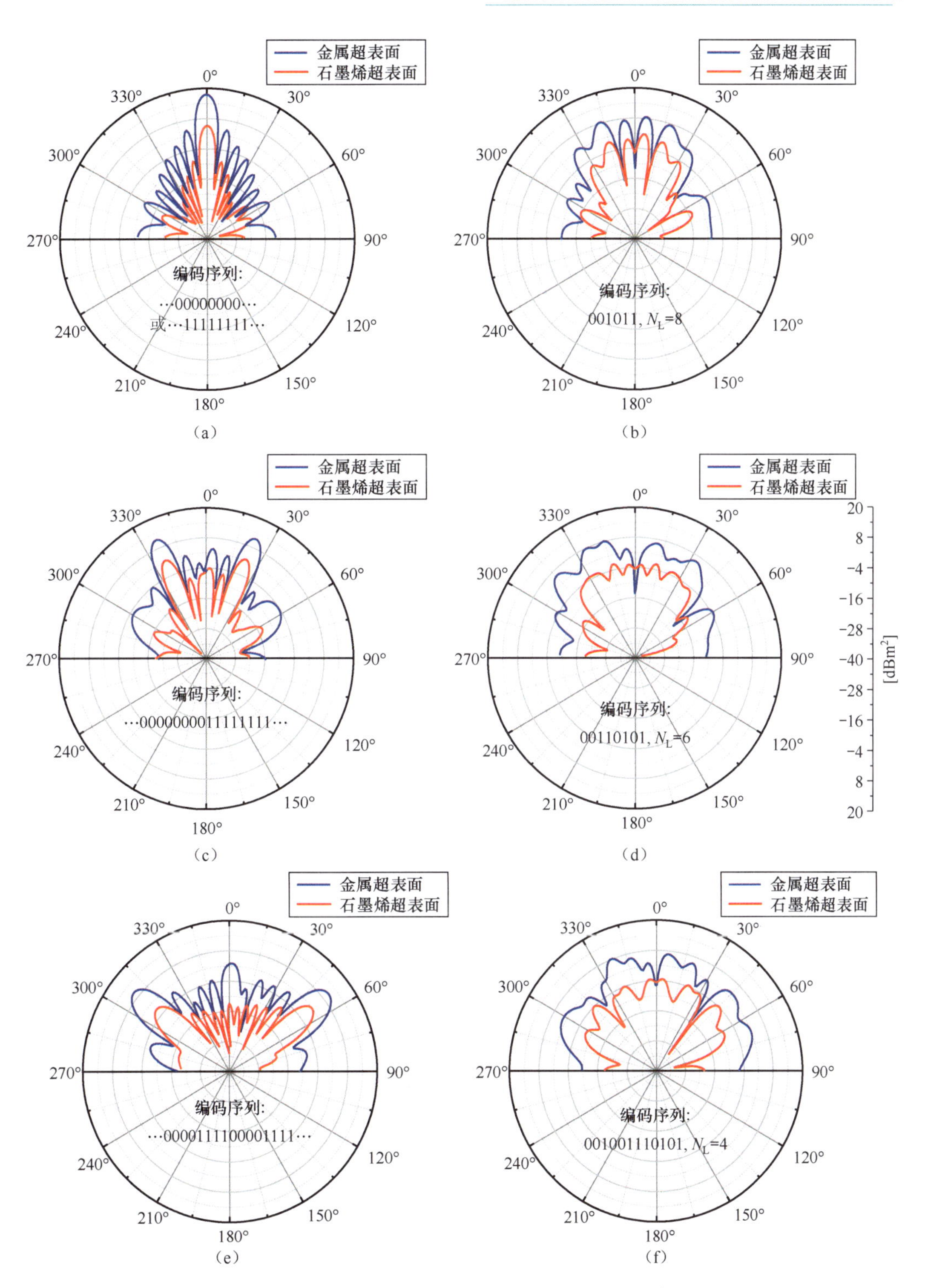

图 5.103　基于石墨烯及基于金属的编码超表面 RCS 仿真结果对比

5.9.2.3　工作带宽

图 5.104（a）~（f）绘制了上述六种超表面在 9.1GHz、9.35GHz、9.6GHz、

9. 85GHz 和 10. 1GHz 处的远场散射波瓣。在所研究的五个频点下，图 5. 104（a）中的波瓣方向始终沿着 $+z$ 方向，这是由其全“0”或全“1”的编码序列决定的。在 9. 35 ~ 9. 85GHz 频段内，第二、第三类超表面［见图 5. 104（b）、（c）］表现出良好的波束重定向功能，散射能量分布在两个不同角度的主瓣上。当频率低于 9. 35GHz 或高于 9. 85GHz 时，如在 9. 1GHz 和 10. 1GHz 时，靠近 $+z$ 方向的旁瓣逐渐变为主瓣，这与普通的反射规律是一致的。

图 5. 104　MPGM 在不同编码序列下于 f = 9. 1GHz、9. 35GHz、9. 6GHz、9. 85GHz 及 10. 1GHz 处的远场波瓣图。(a) ~ (f) 中的编码序列分别与图 5. 100（a）、(c)、(e) 及图 5. 101（a）、(c)、(e) 相同

在不规则编码情况下，MPGM 的远场波束分布也能发现类似的规律。当频率从 9.35GHz 变化到 9.85GHz 时，图 5.104（d）~（f）中的超表面阵列能体现出较好的 RCS 衰减功能，散射波束能够相对均匀地分散在 xOz 平面上，相对而言，在这个频率之外，靠近 $+z$ 方向的后向散射越发明显，降低了超表面阵列的 RCS 缩减效果。

5.9.3　实验验证

为了验证本次设计，制备并测量了 MPGM 样品。该样品由 48×48 个单元组成，总体尺寸为 226mm×226mm。首先在 CVD 炉中，在预先图案化的铜箔上生长石墨烯，得到有图案的石墨烯层，如图 5.105（a）所示。生长完石墨烯后，利用热压机将石墨烯转移到 PVC 上，图案化的石墨烯制备还可以通过直接切割转移至 PVC 上的石墨烯层来完成。用稀硝酸溶液腐蚀铜箔后，两层有图案的石墨烯对齐在一起，形成图案化的

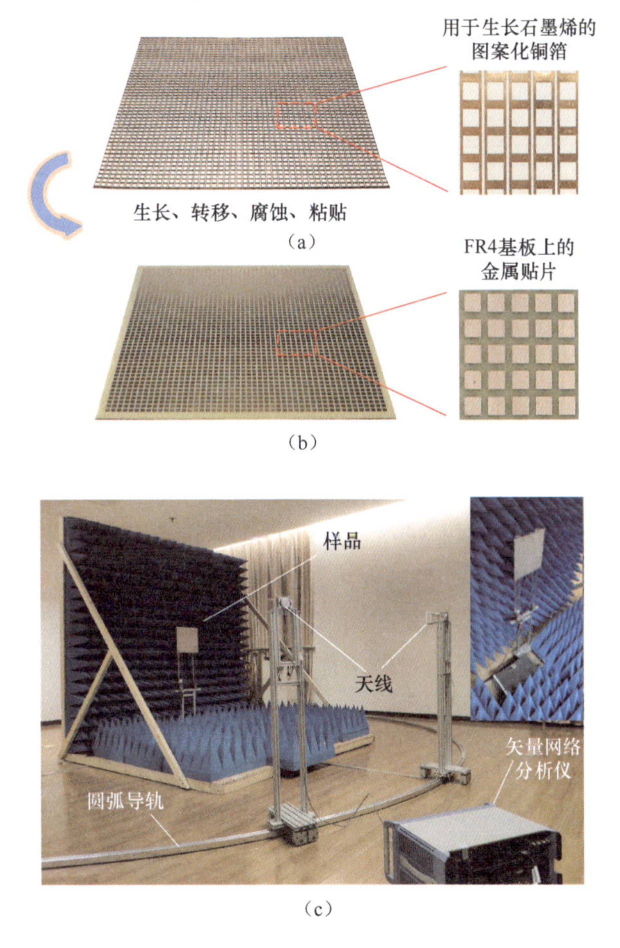

图 5.105　（a）、（b）制备的样本照片。（a）用于生长石墨烯的图案化的铜箔；（b）FR4 基板上的金属 FSS；（c）测量环境，插图为用于施加偏置电压的直流电源；（d）~（g）MPGM 反射波束的测量结果，分别对应图 5.100（c）、（e）及图 5.101（c）、（e）中的阵列

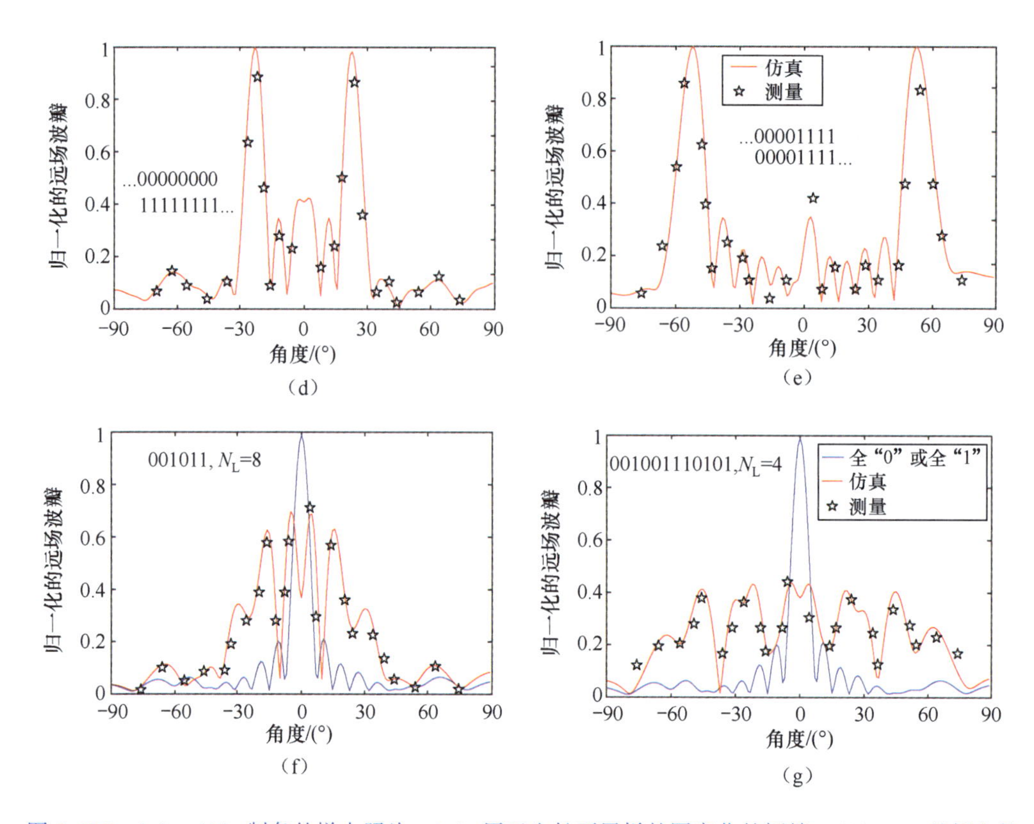

图 5.105 (a)、(b) 制备的样本照片。(a) 用于生长石墨烯的图案化的铜箔；(b) FR4 基板上的金属 FSS；(c) 测量环境，插图为用于施加偏置电压的直流电源；(d)～(g) MPGM 反射波束的测量结果，分别对应图 5.100 (c)、(e) 及图 5.101 (c)、(e) 中的阵列（续）

GSS。最后，将 GSS 粘贴到 FR4 衬底上，如图 5.105 (b) 所示。两个标准线极化喇叭天线连接到矢量网络分析仪，分别作为发射天线和接收天线，如图 5.105 (c) 所示。天线可沿圆弧导轨运动，探测 -75°～75°范围内的散射场。施加在石墨烯层上的电压由直流电压源提供，如图 5.105 (c) 所示。

测量对应于图 5.100 (c)、(e) 及图 5.101 (a)、(e) 的超表面在 9.6GHz 的散射波束，这几种工作情况的转换是通过将施加在石墨烯上的电压序列来改变的，为了便于观察，图 5.105 (d)～(f) 给出了几种超表面的编码序列亦即相应的电压序列。在图 5.105 (d)、(e) 中，测试结果根据各自的峰值进行了归一化，可以清楚地观察到，随着电压序列的变化，散射场的主瓣从 23°变化到 53°，测量结果与模拟结果吻合得较好。轻微的差别多是由石墨烯的生长质量或制备过程中的气泡等因素造成的。图 5.105 (f)、(g) 中绘制了测得的 MPGM 的 RCS 缩减功能，这些结果根据图 5.100 (a) 中阵列的散射峰值进行了归一化。随着编码复杂度的提高，反射场分布更加均匀，使得 RCS 更低，仿真与测量之间也有很好的一致性。

5.10 石墨烯极化变换器

操纵电磁波的极化状态在很多领域中都有需求，如气象雷达系统、卫星通信和移动通信系统等[66-68]。传统的调控电磁波极化的方法通常是通过调节两个正交馈电支路之间的幅值比和相位差来实现的[69-71]。但这些方法存在大尺寸、大重量的固有缺点，会阻碍系统的小型化和集成化。与传统金属材料相比，石墨烯最大的优点是可受不同掺杂程度或不同生长环境来控制的可变阻抗特性[72-74]，这一特性为在不改变结构的情况下获得对电磁波的不同响应提供了一种新的方法。虽然利用石墨烯进行极化控制已经被广泛研究[75-80]，但是大多集中在太赫兹频率，其极化变换的原理在很大程度上依赖于石墨烯层的可变电抗。相比之下，在微波段中，石墨烯的特性更加趋近于电阻膜，其电抗部分几乎为零。因此，如果不对石墨烯进行图案化处理[81]，同时实现大反射相位差和均匀振幅则很具挑战性。本节将以作者团队实现的一款在微波段石墨烯可调极化变换器为例讲述近似电阻膜的石墨烯如何在微波段实现极化控制[58]。

5.10.1 极化变换的原理及极化变换器单元设计

当电磁波沿 $-z$ 方向入射时，它的电场可以表示为

$$\boldsymbol{E}_{\text{in}}(\boldsymbol{r},t) = \begin{pmatrix} E_x^{\text{in}} \\ E_y^{\text{in}} \end{pmatrix} e^{j(\omega t+\boldsymbol{k}z)} \tag{5.99}$$

式中：ω 为角频率；$\boldsymbol{k}$ 为波矢量；E_x 和 E_y 为波的复振幅。波的极化和总强度可由琼斯矢量确定：$\boldsymbol{J} = (E_x\ E_y)^{\mathrm{T}}$[82]。类似地，反射场可以表示为

$$\boldsymbol{E}_{\mathrm{r}}(\boldsymbol{r},t) = \begin{pmatrix} E_x^{\mathrm{r}} \\ E_y^{\mathrm{r}} \end{pmatrix} e^{j(\omega t-\boldsymbol{k}z)} \tag{5.100}$$

$$\boldsymbol{E}_{\mathrm{r}}(\boldsymbol{r},t) = \begin{pmatrix} E_x^{\mathrm{r}} \\ E_y^{\mathrm{r}} \end{pmatrix} e^{j(\omega t-\boldsymbol{k}z)} \tag{5.101}$$

入射场与反射场可以通过琼斯矩阵 $\boldsymbol{R}$[83] 联系起来

$$\begin{pmatrix} E_x^{\mathrm{r}} \\ E_y^{\mathrm{r}} \end{pmatrix} = \begin{pmatrix} R_{xx} & 0 \\ 0 & R_{yy} \end{pmatrix} \begin{pmatrix} E_x^{\text{in}} \\ E_y^{\text{in}} \end{pmatrix} = \begin{pmatrix} R_{xx}E_x^{\text{in}} \\ R_{yy}E_y^{\text{in}} \end{pmatrix} \tag{5.102}$$

R_{mm}（$m=x$, y）包含了在 m 方向上反射场的幅度及相位信息，具体可以表示为 $R_{mm} = \rho_m \exp(-j\varphi_m)$，其中 ρ_m 及 φ_m 分别代表反射参数的幅度及相位。以线极化波为例，如图5.106所示，当线极化波的电场方向与 x 轴方向呈45°夹角时，其电场可以分解成 x 轴和 y 轴上的两个投影，因此琼斯矢量可以写成（1，1）^{T}，图5.106（b）中的反射场可

以表示为

$$\begin{pmatrix} E_x^{\mathrm{r}} \\ E_y^{\mathrm{r}} \end{pmatrix} = \begin{bmatrix} \rho_x \exp(-\mathrm{j}\varphi_x) \\ \rho_y \exp(-\mathrm{j}\varphi_y) \end{bmatrix} \tag{5.103}$$

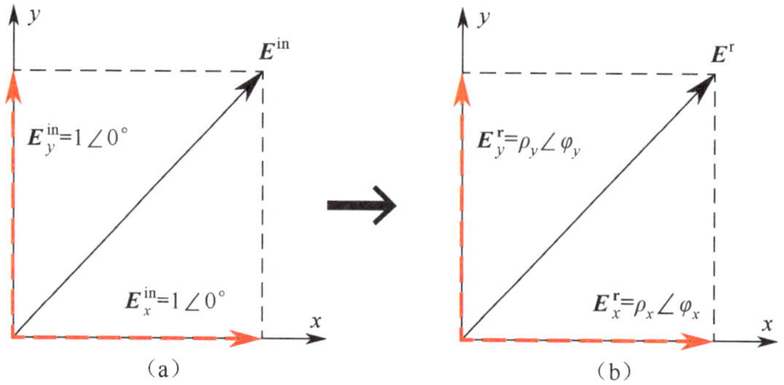

图 5.106　极化变换示意图。(a) 入射场；(b) 反射场

在$\rho_x=\rho_y$的情况下，合成反射波的极化状态依赖于相位差$\sigma=\varphi_y-\varphi_x$。当$\sigma=0°$时，反射场与入射场具有相同的极化状态；当$\sigma=\pm180°$时，反射场呈现出与入射场正交极化状态；当$\sigma=\pm90°$或$\sigma=\mp270°$时，电磁波会从线极化变为圆极化。在其他情况下，反射波的状态则为椭圆极化。

如图 5.107 所示，由石墨烯条带组成的超表面（Graphene Ribbon Metasurface，GRM）的单元结构由四层组成：石墨烯条带层、PVC 层、衬底层和铜底板。单元的周期设定为$p=7\mathrm{mm}$。宽度为w的石墨烯条带转移到 PVC 层上，然后放置在带有铜底板的衬底层上。PVC 和铜的厚度分别是$t_{\mathrm{P}}=75\mu\mathrm{m}$，$t_{\mathrm{m}}=20\mu\mathrm{m}$，PVC 层的相对介电常数是$\varepsilon_{\mathrm{P}}=3.5$。衬底层的厚度和相对介电常数分别用$t_{\mathrm{s}}$和$\varepsilon_{\mathrm{s}}$表示。

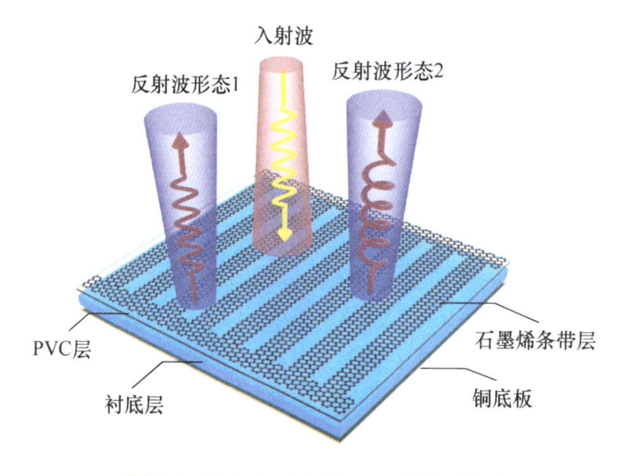

图 5.107　设计的 GRM 阵列示意图

为了减少仿真的内存成本和运行时间，利用图 5.108 所示的传输线模型计算石墨烯条带结构的反射特性。在模型中，石墨烯条带可以用其等效阻抗$Z_{\mathrm{eq}}=R+\mathrm{j}X$来表征，

其中 R 和 X 表示石墨烯条带的等效电阻和等效电抗。自由空间、PVC 层和衬底层建模为传输线，铜底板则被当作短路线处理。Z_0、Z_P、Z_s 和 k_0、k_P、k_s 分别是自由空间、PVC 层和衬底的特征阻抗和传播常数。在垂直入射情况下，这些参数可以计算为

$$\begin{cases} Z_0^{x/y} = n_0 \\ Z_P^{x/y} = Z_0/\sqrt{\varepsilon_P} \\ Z_s^{x/y} = Z_0\sqrt{\varepsilon_s} \end{cases} \tag{5.104}$$

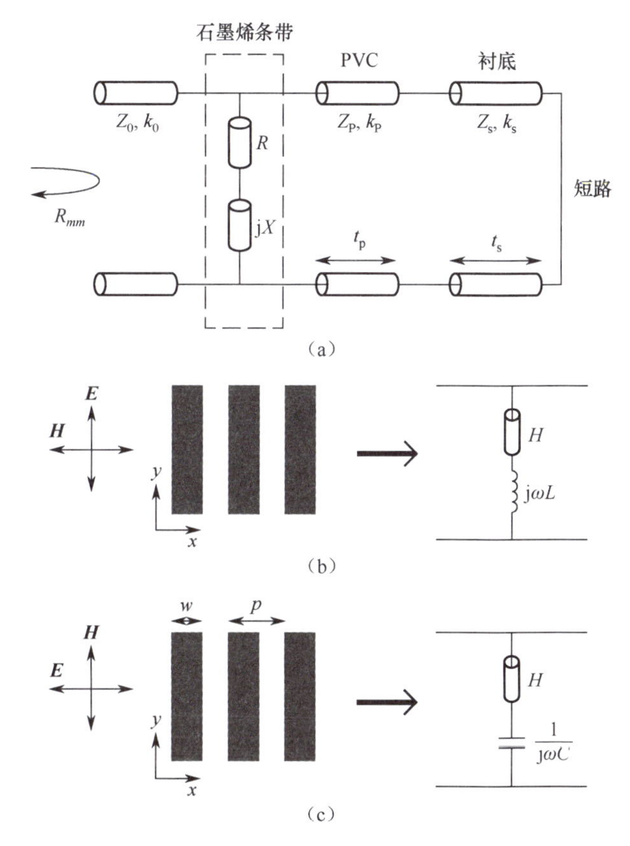

图 5.108　(a) GRM 结构的传输线模型；(b)、(c) 石墨烯条带的等效模型

以及

$$\begin{cases} k_0^{x/y} = \omega/c \\ k_P^{x/y} = \omega\sqrt{\varepsilon_P/c} \\ k_s^{x/y} = \omega\sqrt{\varepsilon_s/c} \end{cases} \tag{5.105}$$

式中：c 是真空中的光速。

石墨烯条带的等效面电阻可由文献［84］中的公式来计算

$$R = R_s S_1/S_2 \tag{5.106}$$

式中：$S_1 = p^2$，p 是单元的周期；S_2是单元内损耗材料的有效面积。对于这里的带状结构，

$S_2 = wp$。石墨烯条带的等效面电抗等同于相同结构参数的金属条带。如图 5.108（b）所示，当垂直入射的平面波的电场沿着条带极化时，石墨烯条带的电抗 jX 可以表示为

$$\mathrm{j}X_{\text{ribbon}}^{y} = \mathrm{j}\frac{Z_{\text{eff}}}{2}\alpha \tag{5.107}$$

式中

$$Z_{\text{eff}} = \sqrt{\mu_0/(\varepsilon_0\varepsilon_{\text{eff}})} \tag{5.108}$$

是有效介电常数为 ε_{eff}的衬底材料的波阻抗。

$$\alpha = \frac{k_{\text{eff}}p}{\pi}\ln\left[\csc\left(\frac{\pi w}{2p}\right)\right] \tag{5.109}$$

为栅格参数，这个参数对于确定条带的电磁性质起着关键的作用[86]。$k_{\text{eff}} = k_0\sqrt{\varepsilon_{\text{eff}}}$是衬底材料中的波数，$w$ 是条带的宽度。对于这里的结构，介质材料的等效介电常数可由文献［87］中的公式估算为

$$\varepsilon_{\text{eff}} = (\varepsilon_{\text{s}} + 1)/2 \tag{5.110}$$

在这种情形下，石墨烯条带的等效电抗呈感性。而在对称情况下，即图 5.108（c）所示，入射波磁场方向与条带方向一致，条带的等效电抗可以通过巴比涅原理计算为

$$\mathrm{j}X_{\text{ribbon}}^{x} = \frac{Z_0^2}{4\times(\mathrm{j}X_{\text{ribbon}}^{y})} = -\mathrm{j}\frac{Z_{\text{eff}}}{2\alpha} \tag{5.111}$$

需要注意的是，此公式中，α 表达式里的 w 需要被替换为（$p-w$）[85]。根据以上公式，石墨烯条带的等效电感及电抗可以表示为

$$L = \frac{Z_0P}{2\pi c}\ln\left[\csc\left(\frac{\pi w}{2p}\right)\right] \tag{5.112}$$

$$C = \frac{2p\varepsilon_{\text{eff}}}{Z_0\pi c}\ln\left[\csc\left(\frac{\pi(p-w)}{2p}\right)\right] \tag{5.113}$$

在获得以上参数后，结构的反射系数可由传输矩阵[88-90]方法及传输参数与散射参数的关系来得出

$$\begin{bmatrix} A^{x/y} & B^{x/y} \\ C^{x/y} & D^{x/y} \end{bmatrix} = \begin{bmatrix} 1 & 0 \\ 1/Z_{\text{eq}}^{x/y} & 1 \end{bmatrix}\begin{bmatrix} \cos(k_{\text{p}}t_{\text{p}}) & \mathrm{j}Z_{\text{p}}\sin(k_{\text{p}}t_{\text{p}}) \\ \mathrm{j}\sin(k_{\text{p}}t_{\text{p}})/Z_{\text{p}} & \cos(k_{\text{p}}t_{\text{p}}) \end{bmatrix}$$
$$\begin{bmatrix} \cos(k_{\text{s}}t_{\text{s}}) & \mathrm{j}Z_{\text{s}}\sin(k_{\text{s}}t_{\text{s}}) \\ \mathrm{j}\sin(k_{\text{s}}t_{\text{s}})/Z_{\text{s}} & \cos(k_{\text{s}}t_{\text{s}}) \end{bmatrix}\begin{bmatrix} 1 & 0 \\ 1/Z_{\text{PEC}} & 1 \end{bmatrix} \tag{5.114}$$

$$S_{11}^{x/y} = \rho^{x/y}\angle\varphi^{x/y} = \frac{A^{x/y} + B^{x/y}/Z_0 - C^{x/y}Z_0 - D^{x/y}}{A^{x/y} + B^{x/y}/Z_0 + C^{x/y}Z_0 + D^{x/y}} \tag{5.115}$$

经过优化可确定周期单元的参数为 w = 3.5mm，t_{s} =3mm，ε_{s} =4.4（FR4），在数值计算中，石墨烯方阻的数值从 10Ω/□ 变化到 1000Ω/□。

5.10.2 基于石墨烯的极化变换器性能

反射波振幅的波动会干扰自由空间[44]中的波前，从而影响反射波的极化特性。因此，在设计过程中，保证 y 极化及 x 极化入射下反射幅度的一致性将有利于确定极化变换器的工作模式。另外，石墨烯是一种电阻性材料，可能会导致损耗，正确选择石墨烯的方阻有利于保证其反射率，从而保证极化变换器的工作效率。如图 5.109（a）~（d）所示为

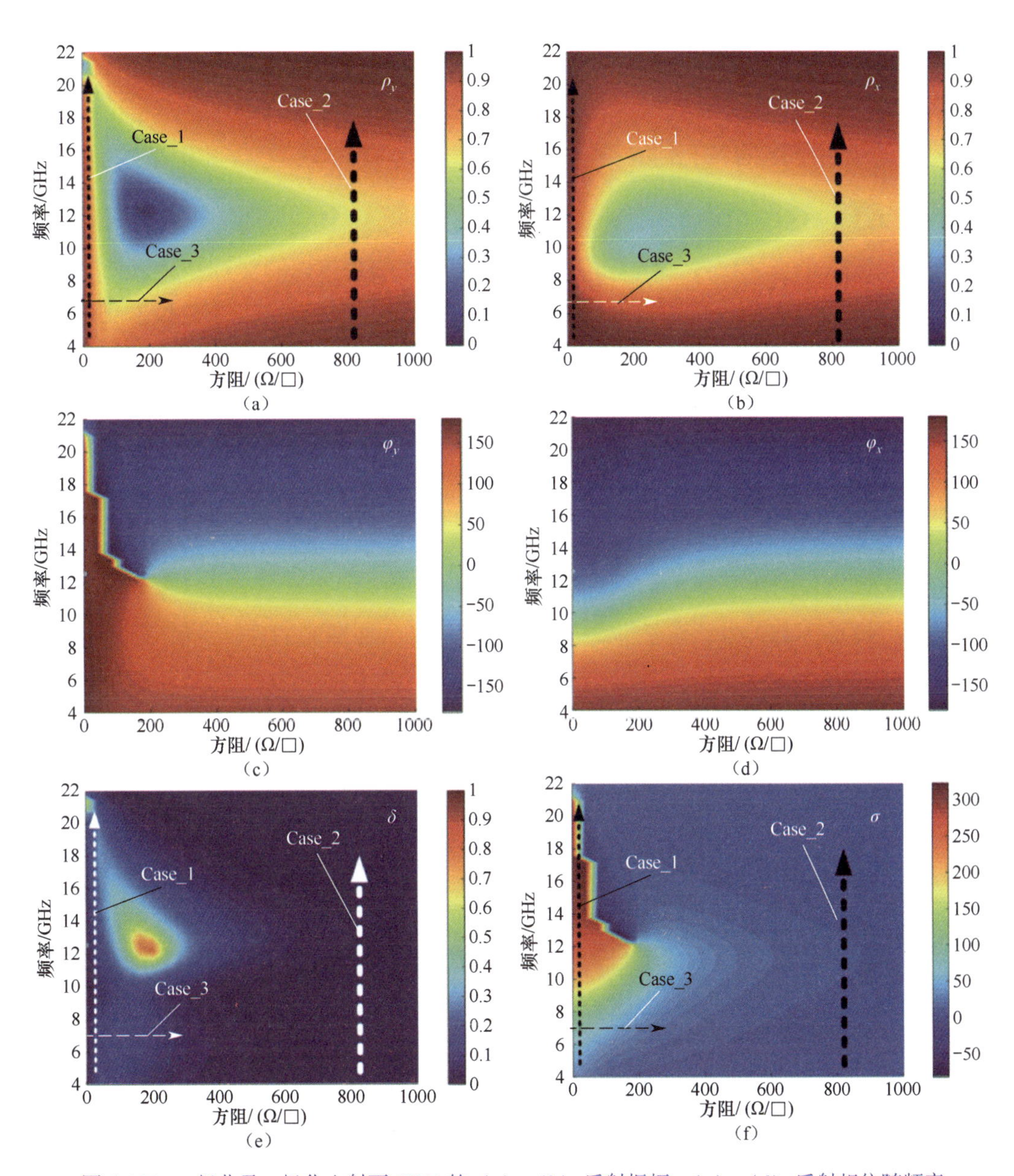

图 5.109 y 极化及 x 极化入射下 GRM 的（a）、（b）反射振幅；（c）、（d）反射相位随频率及石墨烯方阻变化的计算结果；（e）、（f）相应的振幅差及相位差计算结果

计算的 GRM 结构在 y 极化和 x 极化入射波下及不同石墨烯方阻下的反射振幅和相位。从图 5.109（a）、（b）可以看出，当 R_s 足够低或足够高时，在 y 极化和 x 极化入射情况下（Case_1 和 Case_2）都可以得到较大的反射振幅。这可以从 GRM 的阻抗与自由空间不匹配来解释，否则 GRM 结构将表现为吸波器（蓝色区域）。此外，通过适当选择工作频率，在 y 极化和 x 极化入射情况下（Case_3），在固定频点下随着石墨烯方阻的变化，也能得到较大的反射振幅。为满足 y 极化与 x 极化波振幅均匀的要求，定义振幅差为

$$\delta = \frac{\rho_y - \rho_x}{\rho_y + \rho_x} \tag{5.116}$$

如图 5.109（e）所示，均匀的振幅特性给设计过程带来极大的便利，设计环节只需要考虑相位特性便可。根据图 5.109（c）、（d）中 GRM 在 y 极化和 x 极化波下的反射相位，可以计算出相应的相位差，如图 5.109（f）所示。从图中可以看出，在 Case_1 和 Case_3 下，相位的变化较为丰富，相比而言，Case_2 的相位差则保持在 0°附近。这表明，在 Case_1 下，反射场的极化性质将随着频率而改变，在 Case_3 下，反射场的极化性质将随着石墨烯方阻而改变。而在 Case_2 下，反射场的极化状态与入射场保持一致。根据轴比与反射系数的关系[91]有

$$\mathrm{AR} = 20\lg\left(\sqrt{\frac{\rho_x^2\cos^2\tau + \rho_x\rho_y\sin2\tau\cos\sigma + \rho_y^2\sin^2\tau}{\rho_x^2\sin^2\tau - \rho_x\rho_y\sin2\tau\cos\sigma + \rho_y^2\cos^2\tau}}\right) \tag{5.117}$$

其中，$\tau = 1/2\arctan\left[2\rho_x\rho_y\cos\sigma/(\rho_x^2-\rho_y^2)\right]$，GRM 反射波的轴比随着频率及石墨烯方阻的变化关系可以计算出来，如图 5.110 所示。图 5.110 的计算结果也证实了以上对反射波极化状态的预测。为了验证等效电路的计算结果，在图 5.111 中，利用 HFSS 软件对这几种工作状态进行了仿真验证。入射波的极化状态如图 5.106（a）所示，其电场与 x 轴呈 45°夹角。

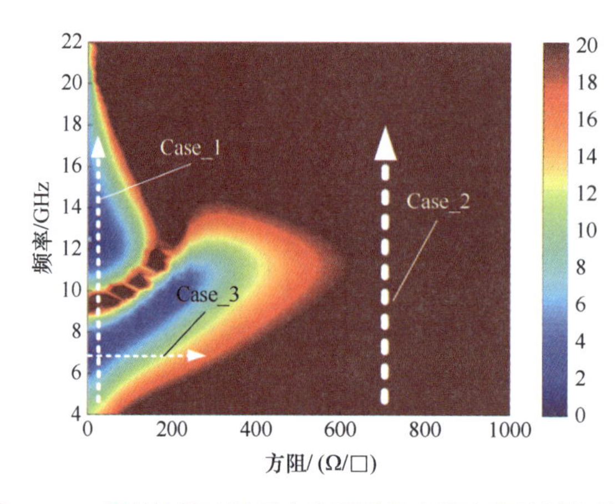

图 5.110 反射波轴比随频率和石墨烯方阻变化的计算结果

首先，考虑在不同石墨烯方阻下，反射波的极化状态随频率的变化。仿真的方阻及频率范围选为 $R_s \leqslant 30\Omega/\square$ 或 $R_s \geqslant 600\Omega/\square$，5GHz $<f<$ 13GHz 时，对应图5.110中的Case_1及Case_2。在图5.111（a）中，石墨烯方阻从 $30\Omega/\square$ 变化到 $10\Omega/\square$，作为比较，基于金属如金、铜、银（对应 $R_s \approx 0\Omega/\square$）的metasurface也同时进行了仿真。当 $R_s = 10\Omega/\square$ 时，轴比在6.9GHz和11.3GHz处达到了最小值，并在8.8GHz处达到了峰值，分别对应 $\sigma = 90°$、270°和180°，与图5.111（a）中的结果相吻合。图5.111（a）的结果表明，反射波在6.9GHz及11.3GHz处的极化状态为CP，在8.8GHz处的极化态为正交LP。当 R_s 从 $30\Omega/\square$ 逐渐变为 $0\Omega/\square$ 时，曲线只发生了微小的变化，轴比在7GHz到11.5GHz之间低于2dB，而在8.5GHz到9GHz之间始终高于20dB。相比之下，如图5.111（b）所示，当 R_s 从 $600\Omega/\square$ 增加到 $1000\Omega/\square$ 时，反射波的轴比始终高于20dB，反射波的极化状态与入射波保持一致。

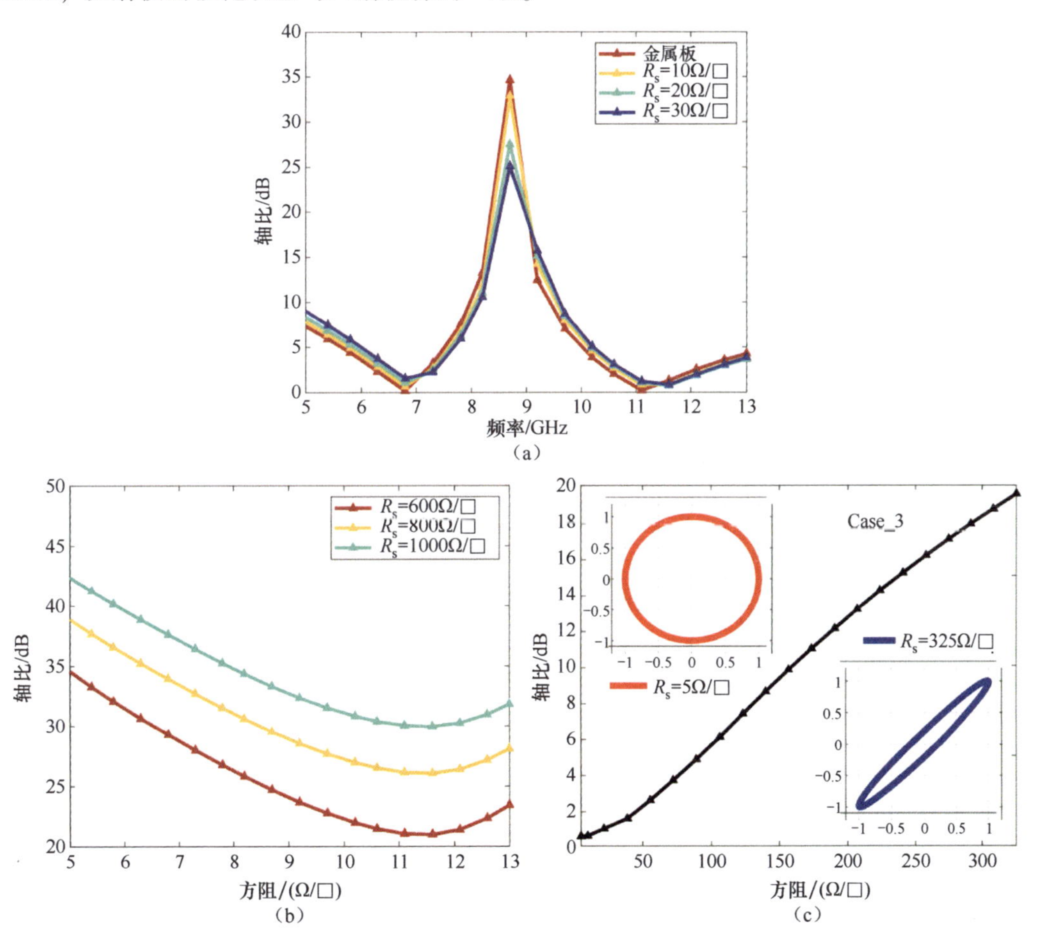

图5.111 （a）、（b）HFSS仿真得到的轴比结果。（a）石墨烯的方阻变化范围为10～30Ω/□；（b）石墨烯的方阻变化范围为600～1000Ω/□；（c）6.9GHz处轴比随着石墨烯方阻的变化结构，其中的插图表示石墨烯方阻 $R_s = 5\Omega/\square$ 及 $R_s = 325\Omega/\square$ 时的极化椭圆

接下来，考虑单频点处反射场极化状态随石墨烯方阻的变化，选取 6.9GHz 作为工作频率，如图 5.109 中的 Case_3 所示。石墨烯方阻的研究范围为 5～325Ω/□，这是根据多层石墨烯（MLG）的方阻变化范围而定的。在该范围内，可以观察到 σ 从 90°到 0°的变化结果。对应地，图 5.111（c）中反射波轴比仿真值由 0.53dB 变为 19.53dB。为了直观地显示这样一个变换过程，在图 5.111（c）中绘制了 R_s =5Ω/□及 R_s =325Ω/□时的反射波极化椭圆。从中可以清楚地看到一个 CP 到 LP 的转变。与传统金属材料相比，石墨烯最大的优点在于其可变电导率，本节的结果也很好地证明了其在微波极化转换器设计中的适用性。

在图 5.112 中，分析了介质厚度、介电常数及入射波角度等参数对结构轴比的影响。在图 5.112（a）中，可以观察到随着 ε_s 的增加，GRM 的工作频率会发生红移，随着 ε_s 的减小，工作频率会发生蓝移。在此基础上，图 5.112（b）中绘制了随石墨烯方阻的改变，GRM 的单频点应用。当 R_s 从 5Ω/□增加到 325Ω/□时，在几种不同 ε_s 下，都能观察到超过 15dB 的轴比变化范围。从图 5.112（c）、（d）中，通过改变衬底厚度，可以观察到类似的特性。图 5.112（b）、（d）的结果表明，通过改变石墨烯的方阻，可以实现较大的极化状态变化，这无疑是人们最关心的问题。在实际应用中，极化转换器的工作频率可以通过改变结构的几何参数（如 t_s 和 ε_s）来进行设计。

图 5.112（e）、（f）为 GRM 结构在 Case_1 和 Case_3 下相应的斜入射的性能。在 Case_1 下，当入射角从 0°变化到 30°时，6.9GHz 及 11.3GHz 处的轴比始终在 2dB 以下，这表明，在这些频点下，反射波能较好地保持其圆极化状态。同时可以看出，GRM 的

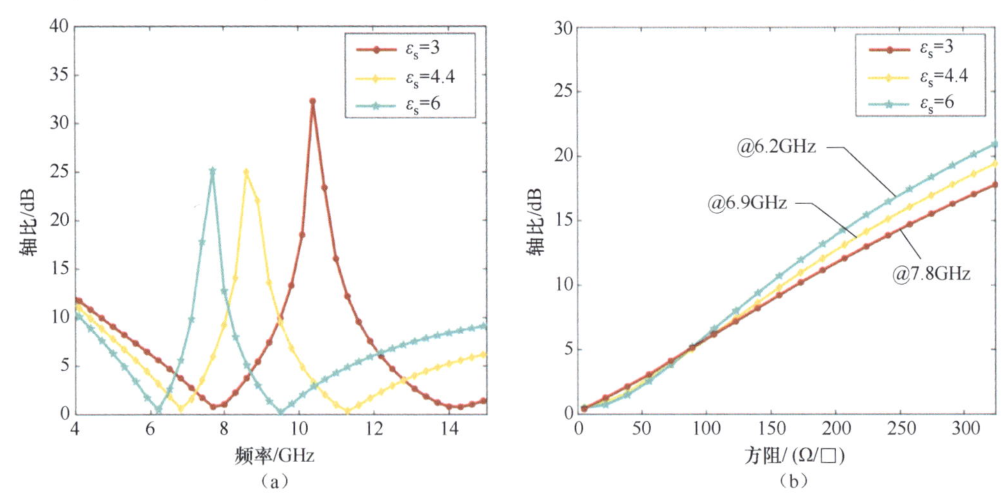

图 5.112 不同参数对 GRM 性能影响的仿真结果。(a) 轴比随频率的变化，石墨烯方阻为 10Ω/□。(b) 6.2GHz、6.9GHz 及 7.8GHz 处轴比随石墨烯方阻的变化。(a)、(b) 中介质的介电常数从 3 变化到 6。(c) 轴比随频率的变化，石墨烯方阻为 10Ω/□。(d) 9.4GHz、6.9GHz 及 5.4GHz 处轴比随石墨烯方阻的变化。(c)、(d) 中介质的厚度从 2mm 变化到 4mm。(e) 斜入射情况下轴比随频率的变化，石墨烯方阻为 10 Ω/□。(f) 6.9GHz 处斜入射情况下轴比随石墨烯方阻的变化

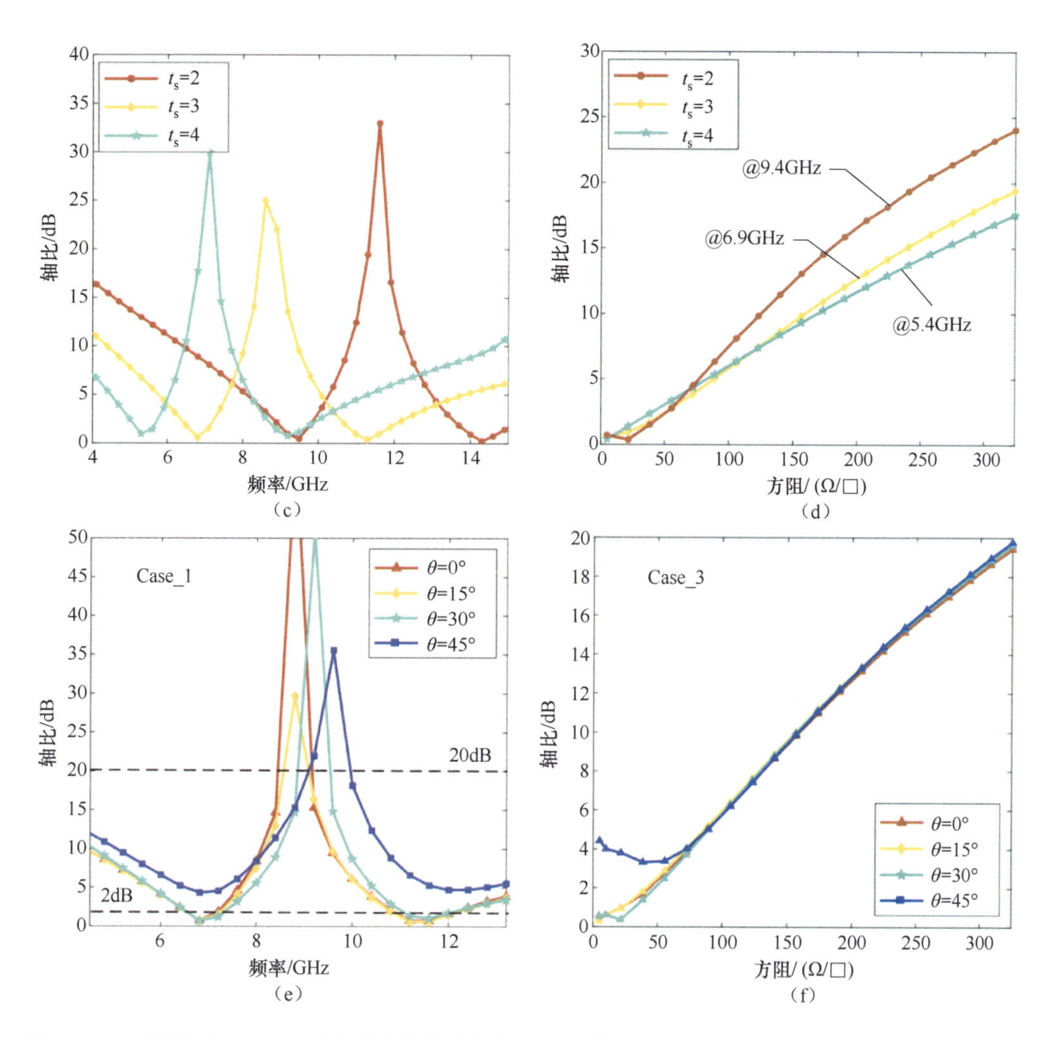

图5.112 不同参数对GRM性能影响的仿真结果。(a) 轴比随频率的变化，石墨烯方阻为10Ω/□。(b) 6.2GHz、6.9GHz及7.8GHz处轴比随石墨烯方阻的变化。(a)、(b) 中介质的介电常数从3变化到6。(c) 轴比随频率的变化，石墨烯方阻为10Ω/□。(d) 9.4GHz、6.9GHz及5.4GHz处轴比随石墨烯方阻的变化。(c)、(d) 中介质的厚度从2mm变化到4mm。(e) 斜入射情况下轴比随频率的变化，石墨烯方阻为10 Ω/□。(f) 6.9GHz处斜入射情况下轴比随石墨烯方阻的变化（续）

CP-LP转换功能随着入射角从0°变化到30°时，仅在工作频率上发生了较小的变化，这一点可从图5.112 (f) 中得到验证，θ = 0°～30°时，Case_3的工作曲线几乎重合。总的来说，这里的结构在30°以内的入射角度下能保持良好的工作状态。

5.10.3 实验验证及讨论

为了验证之前的理论分析，如图5.113 (a) 所示，在20mm厚的铜箔/镍箔表面分别生长了单层石墨烯及多层石墨烯，图案化生长及转移方法与作者团队先前在文献[60]中介绍的方法一致。在本节的工作中，制备了四个样品，对应的石墨烯方阻分别为 10Ω/□、150Ω/□、300Ω/□ 及 1000Ω/□。其中，方阻为 10Ω/□、150Ω/□、300Ω/□ 的石墨烯通过镍箔来生长，方阻和生长温度的关系根据公式来确定，而方阻为 1000Ω/□ 的石墨烯则通过铜箔来生长。图 5.113（b）中展示了加工完成的 GRM 阵列图片。图 5.113（c）中展示了测试环境，商用的宽带喇叭天线（HD－20180DRHA8S，2～18GHz）正对着样品中心来测试样品的反射系数。受限于加工样品的尺寸，样品与喇叭的间距设定为 10cm。在测试之前，为了减小环境带来的影响，测试不放置样品（open）及放置与样品同大小金属板（metal）时的反射系数，以对测试结果进行校准。校准后的 S 参数为

$$S_{11}^{\text{cal}} = (S_{11}^{\text{sample}} - S_{11}^{\text{open}})/(S_{11}^{\text{metal}} - S_{11}^{\text{open}}) \tag{5.118}$$

与一般的弓形测试方法相比，该校准方法的优点是减少了对被测样品的测量距离和尺寸的要求。在测得 S 参数的幅值和相位后，可以利用公式得到轴比。

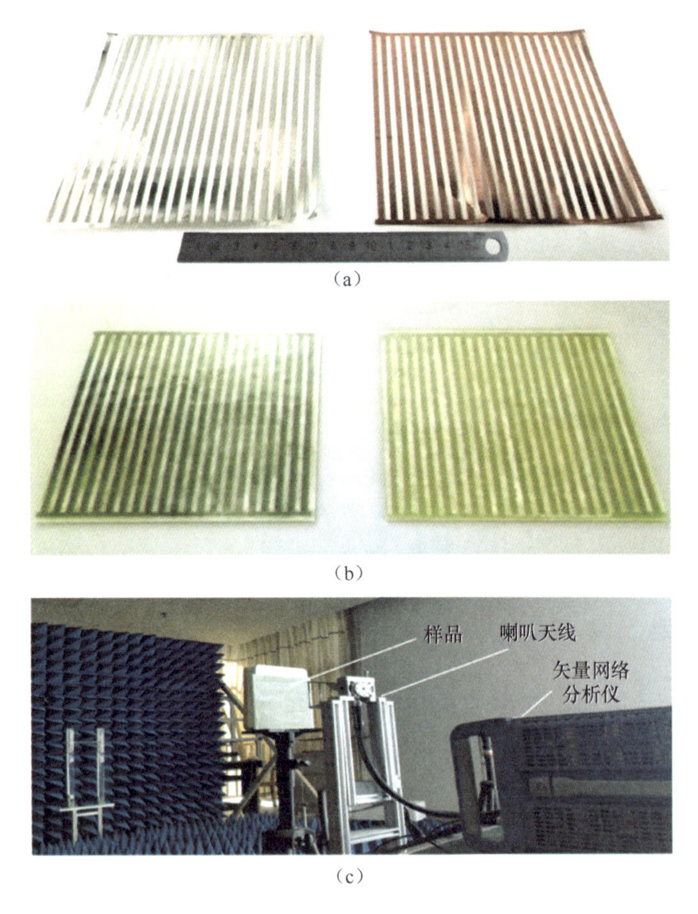

（a）

（b）

（c）

图 5.113 （a）利用机械铣刀法制备的图案化的镍箔（左）/铜箔（右）实物图，其尺寸为 154mm×154mm；（b）加工的 GRM 样品的实物图；（c）测试系统图

图 5.114（a）、（b）中显示了样品轴比的测量值。在图 5.114（a）中，当石墨烯方阻为 10Ω/□时，测量到的 LP-CP 转换和正交变换的工作频率为 7.0GHz、12.0GHz，

正交变换的工作频率为 9GHz，与仿真结果略有偏移，轴比也略有偏差。这可能是由于测量与仿真中介质的介电常数和厚度不一致造成的。当 R_s 增至 1000Ω/□时，测得的轴比保持在 40dB 以上，这表明反射波保持了入射波的极化状态。需要说明的是，该轴比值比仿真值要偏大，这主要是由于制备的单层石墨烯的方阻不稳定且略大于 1000Ω/□所导致的。图 5.114（b）为 GRM 在 6.9GHz 的单频点结果，当 R_s 从 10Ω/□变化到 325Ω/□时，可以观察到明显的轴比增长，对应于 R_s = 10Ω/□、150Ω/□ 及 325Ω/□的轴比测量值分别为 0.2dB、4.7dB 及 18.0dB，这表明了反射波的极化态经历了 LP-CP、LP-EP 及 LP-LP 的变换过程。

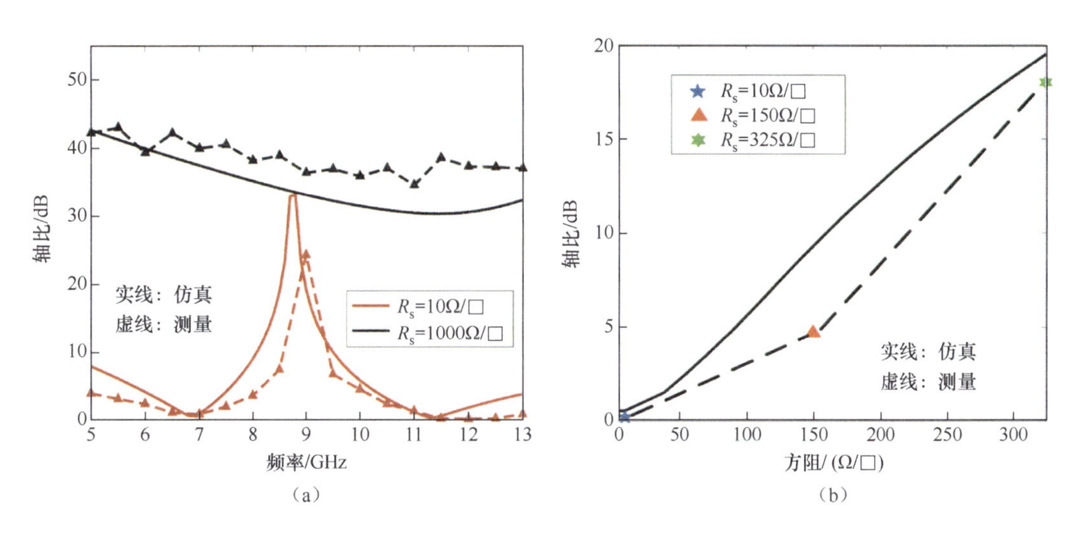

图 5.114 （a）GRM 轴比的测量结果，测试频率范围为 5～13GHz；（b）GRM 轴比随着石墨烯方阻变化的测试结果，频点为 6.9GHz

虽然作者团队在这里只利用了静态方法来验证基于石墨烯的极化变换，但是根据文献［34］中的结果，图 5.115 中显示了使用 GSS 来实现 GRM 动态调控的方案。沿 x 轴的石墨烯条带不仅起连接作用，还起电极的作用。在石墨烯上施加直流电压时，两层石墨烯带之间的电场可使电解液极化，电解出的阴阳离子使得双层石墨烯条带分别受到 n 型及 p 型的掺杂，从而改变石墨烯的方阻。

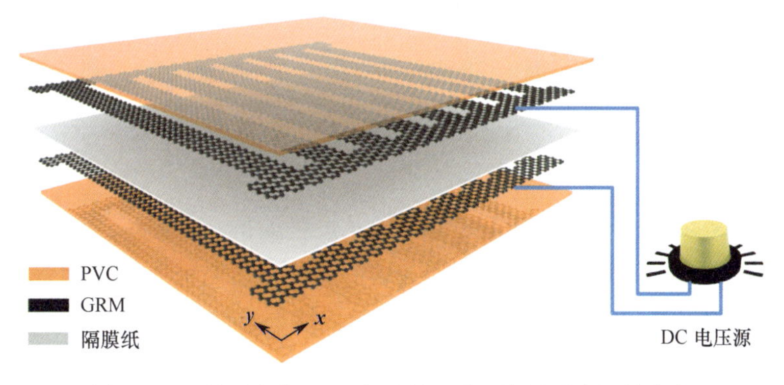

图 5.115 针对本节 GRM 提出的一种可行的动态调控方案

将此图中 PVC－石墨烯－隔膜纸－石墨烯－PVC 结构与图 5.108 中的石墨烯－PVC 结构相比较，需要说明的是隔膜纸和 PVC 的厚度仅有 50μm 及 70μm，远远小于本研究中的工作波长，因此它们对于电磁波的影响可以忽略。本书中的理论分析依然适用于图 5.108中的结构。限制动态调控实现的主要原因在于目前阶段石墨烯动态调控范围还比较小，受制于离子液的工作窗口，还难以完成石墨烯方阻从几欧到上千欧量级的变化，随着本课题组及其他研究者对石墨烯调控方法，包括离子液类型、调控结构等研究的突破，有望在微波段实现基于石墨烯的电磁波极化态动态调控。

5.11 石墨烯“三明治”结构超薄动态可调吸波器

5.11.1 石墨烯“三明治”结构及其动态可调机理

电压调控石墨烯“三明治”结构如图 5.116 所示。石墨烯“三明治”结构包含上下两层的单层石墨烯及中间的离子液层。外加电压的正负两极分别加载到上下两层石墨烯上，使垂直方向产生偏置电压。两层石墨烯中间加载的离子液层是由特定的阳离子和阴离子构成的，在室温下呈液态，具有溶解范围广、电导率高、不挥发等特点，因而是良好的电解溶液。之前有研究表明，基于离子液体制备的新型电解液具有电导率高、电化学窗口宽、热稳定性好、毒性低等优势，非常适合应用到超级电容器领域。受到这种方法的启发，将离子液与石墨烯相接触，并在外部引入偏置电压，以此方法在垂直方向形成超级电容，从而改善了石墨烯的调控效率[92]。

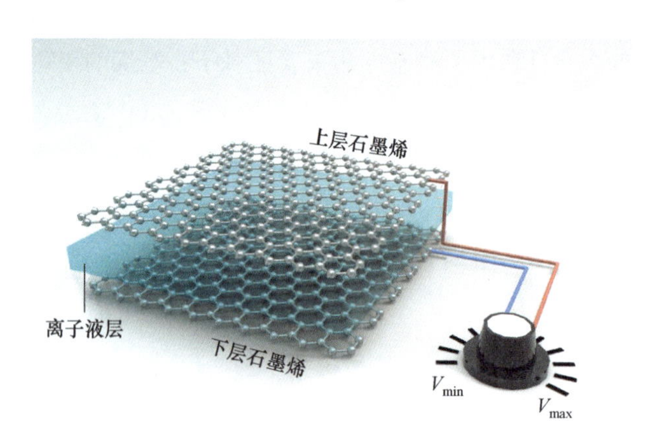

图 5.116　电压调控石墨烯“三明治”结构示意图

如图 5.117 所示，离子调控石墨烯的原理及过程如下。首先，在上下两层石墨烯中间放置隔膜并向其中注入离子液，而后将偏置电压的正负两极分别加载至上层石墨烯与下层石墨烯，此时上下两层石墨烯与中间的离子液层构成了石墨烯“三明治”结构。在偏置电压为零的情况下，离子液体中的正负离子均匀自由移动，此时对上下两层石墨烯并没有调控效果。然后，当加载偏置电压达到离子液体的化学窗口时，离子液体中的正负离子受到电离作用的影响纷纷向上下两层石墨烯表面靠拢。此时的石墨烯“三明治”结构构成了一个超级电容装置，增强了石墨烯层的载流子浓度，从而改变了石墨烯的化学势，进一步改善了石墨烯的调控效率。与绝缘层外加电压调控的方法相比，采用离子液调控的方法仅需极低的电压即可使石墨烯获得明显的化学势，大大提高了调控的范围与操作的安全性。

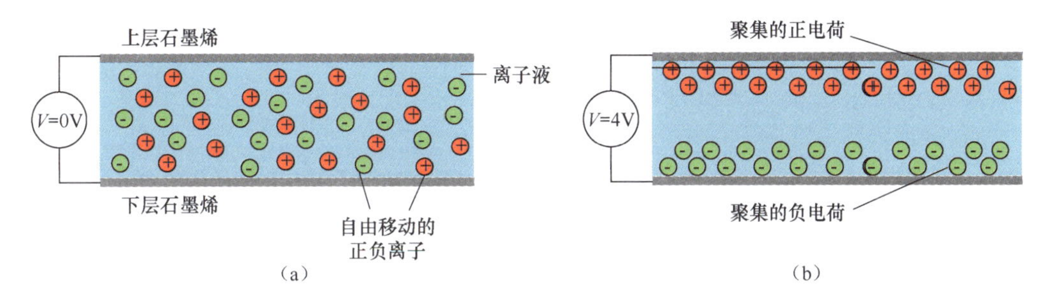

图 5.117 电压调控石墨烯“三明治”结构原理图。(a) 外加电压为 0V；(b) 外加电压为 4V

为了验证电压调控石墨烯“三明治”结构的有效性，这里加工了一个样品进行实际测试。由于石墨烯“三明治”结构的化学势不方便直接测量，因此采用波导法测试“三明治”结构的反射特性，而后根据仿真结果反推得出石墨烯“三明治”结构的等效表面方阻的变化。如图 5.118 (b) 中的内嵌图所示，电压源由 Keithley 2400 电压源表提供，正负两极分别加载到“三明治”结构的上下石墨烯层，将加载电压的石墨烯“三明治”结构夹在一对 WR-90 波导中间（工作频率为 8.2 ~ 12.5GHz），通过 Keysight N5222A 矢量网络分析仪测量两个波导端口之间的 S 参数。其反射系数测试结果如图 5.118 (a)所示。可以看出，当外加电压在 0 ~ 4V 内变化时，反射系数也同时产生明显的变化。为了进一步量化石墨烯“三明治”结构的电磁参数变化范围，随后通过仿

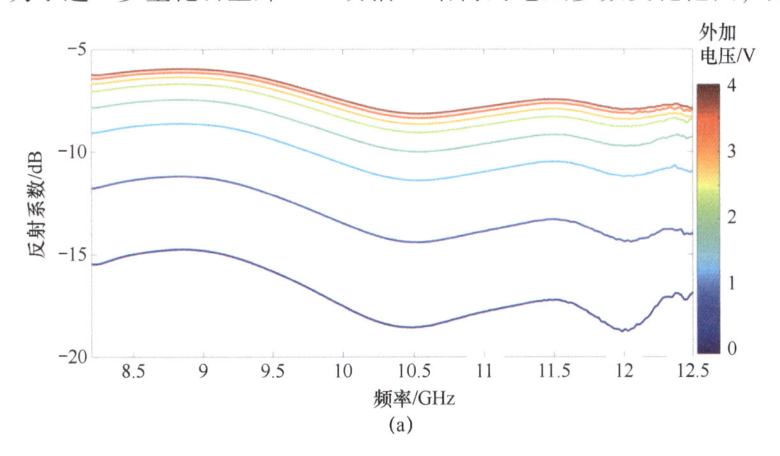

图 5.118 (a) 波导法测试石墨烯“三明治”结构反射系数与外加电压之间的关系；(b) 与仿真结果对比后所得石墨烯“三明治”结构表面方阻与外加电压之间的关系

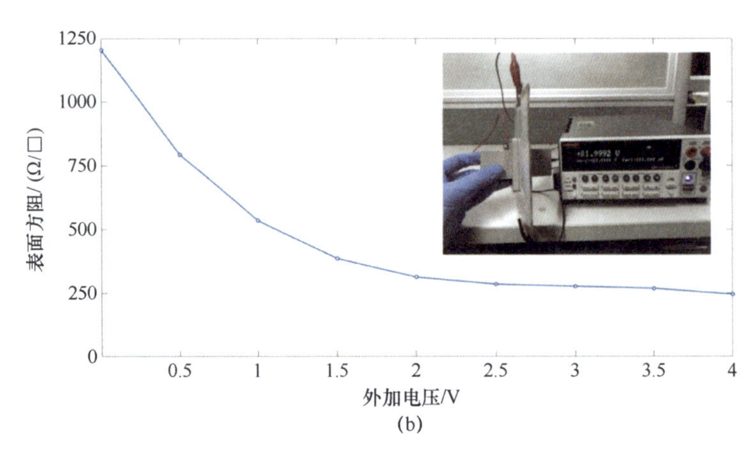

图 5.118 (a) 波导法测试石墨烯“三明治”结构反射系数与外加电压之间的关系；(b) 与仿真结果对比后所得石墨烯“三明治”结构表面方阻与外加电压之间的关系（续）

真软件 CST 建模整个系统，用不同的表面方阻值来表征在不同偏置电压下石墨烯“三明治”结构的电磁参数，通过对比仿真与实测的 S 参数，可以得到如图 5.118 (b)所示的结果。观察得到，当不加载电压时，石墨烯“三明治”结构的表面方阻为 1200Ω/□左右。随着外加电压的不断增大，表面方阻逐渐降低，下降趋势越来越平缓。当外加电压提高到 4V 时，石墨烯“三明治”结构的表面方阻达到 250Ω/□。所以可以实现高效安全地调控离子液石墨烯“三明治”结构的电磁参数。

5.11.2 吸波器模型设计及仿真结果

图 5.119 为基于石墨烯“三明治”结构与频率选择表面实现的一款吸波器，其结构分为五层。第一层为电压加载的石墨烯“三明治”结构层，厚度为 200μm 左右，相对于微波段的工作波长，其厚度可忽略。第二层为泡沫间隔板，其相对介电常数为 1.05 × (1 - 0.0017j)，厚度为 1mm。第三层为频率选择表面，采用 18mm 厚的铜加工成方环周期单元结构。如图 5.119 (c) 所示，频率选择表面单元结构参数分别为 a = 5.3mm，w = 1.4mm，p = 7mm。吸波器包含 20 × 20 个周期单元，满足 Floquet 定理的适用条件。第四层选用 Rogers 5800 作为介质层，其相对介电常数为 2.2 × (1 - 0.009j)，厚度为 1.575mm。第五层为金属接地板。总体来看，这款吸波器整体厚度为 2.6mm。

这里使用 CST 对吸波结构建模，如图 5.119 所示，通过在频率选择表面单元结构边缘设置周期性边界条件仿真无限大的阵列，建立不同的表面方阻材料来仿真加载不同电压的石墨烯“三明治”结构。使用 Floquet Port 端口仿真 TE 电磁波的照射激励，并设置电磁波波矢量垂直入射吸波器表面。设置求解的中心频率与参数扫面范围，并在结果中获取反射系数 S_{11}。

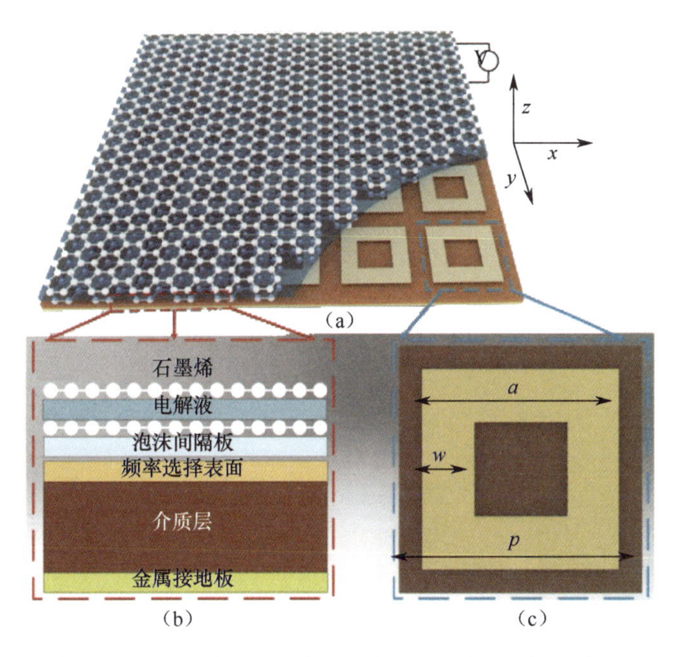

图 5.119　基于石墨烯“三明治”结构与频率选择表面的吸波器结构示意图。(a) 三维结构图；(b) 各层结构剖面图；(c) 频率选择表面单元结构平面图

在不同幅度的偏置电压下，石墨烯“三明治”结构的表面方阻会随之改变，如图 5.120所示，在吸波器工作频率为 11.2GHz 时，当石墨烯“三明治”结构的电阻 R_{GSS} 分别取 300Ω、377Ω、450Ω、600Ω、750Ω、950Ω、1100Ω 和 1200Ω 时，反射系数变化明显。具体为，当没有电压加载时，石墨烯“三明治”结构的表面电阻约为 1200Ω。此时吸波器的反射系数在 6～18GHz 范围内基本呈平缓的趋势，在 11.2GHz 处，反射系数约为 −2.5dB。在此状态下，吸波器对于外界入射电磁波基本呈现反射状态。随着外加电压的逐渐增大，吸波器在工作频点的反射系数越来越小，吸波强度越来越

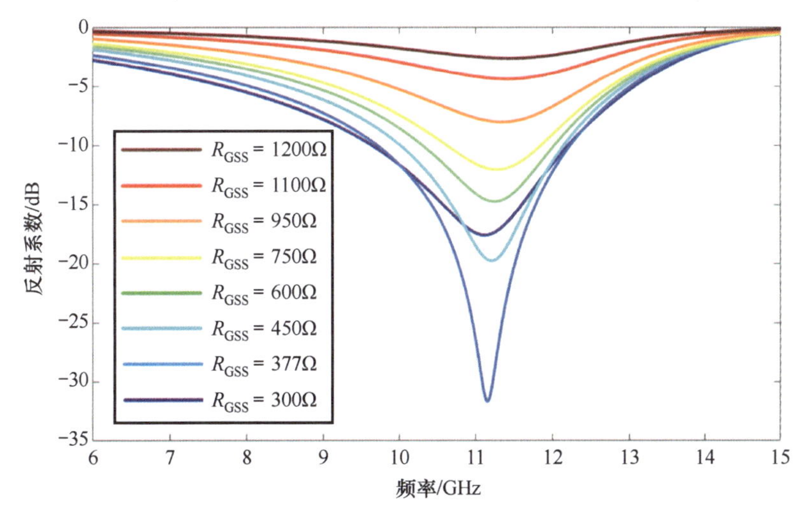

图 5.120　基于石墨烯“三明治”结构与频率选择表面的吸波器反射系数及频率关系图

大。当 $R_{GSS}=377\Omega$ 时，反射系数达到最小峰值 -33dB，对电磁波呈现强吸收状态。而如果再进一步增加电压，降低 R_{GSS} 的值，反射系数又会逐渐加大，如当 $R_{GSS}=300\Omega$ 时，反射系数又回升到 -18dB 左右。总体而言，通过仿真验证所设计的吸波器具有良好的动态可调性与强吸收特性。

5.11.3 等效电路模型

当入射电磁波照射在所设计的吸波结构表面时，其在层间的传输反射特性可以结合等效电路理论来分析。对于任何复杂的电路模型最终都可以简化为 RLC 元器件串联的形式。基于石墨烯“三明治”结构与频率选择表面的吸波器可以等效为图 5.121 所示的等效电路模型。

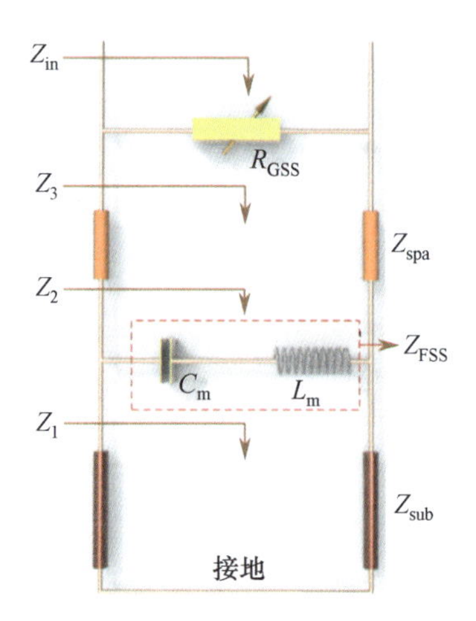

图 5.121 基于石墨烯“三明治”结构与频率选择表面的吸波器的等效电路模型

FR4 基板的特征阻抗为

$$Z_{\mathrm{sub}} = \omega\mu_0/k_{\mathrm{sub}} \tag{5.119}$$

式中：k_{sub} 为 FR4 基板中的传输常数，可表示为 $k_{\mathrm{sub}}=\omega\sqrt{\varepsilon_0\varepsilon_{\mathrm{sub}}\mu_0}$，$\varepsilon_0$ 为空气层的介电常数；ω 为电磁波的角频率；μ_0 为空气层的磁导率。频率选择表面层可以等效为电容和电感串联电路[93]。方环结构的频率选择表面等效电容与电感可分别表达为[94]

$$C_{\mathrm{m}} = \frac{\alpha_{\mathrm{L}}}{\omega}\eta_{\mathrm{FSS}}\frac{p}{\lambda}\left\{\ln\left(\csc\frac{\pi(p-a)}{2p}\right)+\frac{1}{2}(1-\beta_{\mathrm{c}}^2)^2\frac{2A\left(1-\frac{\beta_{\mathrm{c}}^2}{4}\right)+4\beta_{\mathrm{c}}^4A^2}{\left(1-\frac{\beta_{\mathrm{c}}^2}{4}\right)+2A\beta_{\mathrm{c}}^2\left(1+\frac{\beta_{\mathrm{c}}^2}{2}-\frac{\beta_{\mathrm{c}}^4}{8}\right)+2A^2\beta_{\mathrm{c}}^6}\right\} \tag{5.120}$$

$$L_m = \frac{\alpha_c}{\omega}\frac{1}{\eta_{FSS}}\frac{4p}{\lambda}\left\{\ln\left(\csc\frac{\pi w}{2p}\right)+\frac{1}{2}(1-\beta_1^2)^2\frac{2A\left(1-\frac{\beta_1^2}{4}\right)+4\beta_1^4A^2}{\left(1-\frac{\beta_1^2}{4}\right)+2A\beta_1^2\left(1+\frac{\beta_1^2}{2}-\frac{\beta_1^4}{8}\right)+2A^2\beta_1^6}\right\} \tag{5.121}$$

其中，$A=\sqrt{1/[1-(p/\lambda)^2]}-1$，$\beta_1=\sin(\pi w/2a)$，$\beta_c=\sin[\pi(p-a)/2a]$，$\eta_{FSS}=\sqrt{2\mu_0/\varepsilon_0(\varepsilon_{spa}+\varepsilon_{sub})}$。$\alpha_c=w/p$ 和 $\alpha_1=a/p$ 分别为等效电容系数和等效电感系数，其中，w 为宽度。根据上述公式计算与非线性拟合方法，各元件理论值如表 5.3 所示。

表 5.3　等效电路各元件理论值

集总元件	R_{GSS}/Ω	L_m/nH	C_m/pF
元件值	300 ~ 1200	0.42	70.8

频率选择表面层的等效阻抗可表示为

$$Z_{FSS}=j\omega L_m+\frac{1}{j\omega C_m} \tag{5.122}$$

泡沫间隔板的等效阻抗为 $Z_{spa}=\omega\mu_0/k_{spa}$。其中，$k_{spa}$ 为泡沫间隔板中的传输常数，可表示为 $k_{spa}=\omega\sqrt{\varepsilon_0\varepsilon_{spa}\mu_0}$。石墨烯“三明治”结构的电磁特性可以用阻抗表示，因此在等效电路中，石墨烯“三明治”结构层就等效为一个可变电阻膜 R_{GSS}，根据实际测试结果，其阻值变化范围为 250 ~ 1200Ω。

根据传输线理论，各个部分的输入阻抗可分别表示为[93]

$$Z_1=jZ_{sub}\tan(k_{sub}t_{sub}) \tag{5.123}$$

$$Z_2=\frac{Z_{FSS}Z_1}{Z_{FSS}+Z_1} \tag{5.124}$$

$$Z_3=Z_{spa}\frac{Z_2+jZ_{spa}\tan(k_{spa}t_{spa})}{Z_{spa}+jZ_2\tan(k_{spa}t_{spa})} \tag{5.125}$$

整体吸波结构的输入阻抗可表示为

$$Z_{in}=\frac{R_{GSS}Z_3}{R_{GSS}+Z_3} \tag{5.126}$$

由上述公式可知，吸波结构各层间的材料介电参数、尺寸参数、质层的厚度均会引起结构阻抗匹配变化，使结构的反射率变化。当整个吸波结构的尺寸、材料、厚度等参数确定时，影响 Z_{in} 的只有两个变量，一个是受电压影响动态变化的 R_{GSS}，另一个是电磁波的工作频率 ω。在这种情况下，Z_{in} 可以表示为 R_{GSS} 和 ω 的函数 $Z_{in}(R_{GSS},\omega)$。根据阻抗匹配原理，当电磁波从自由空间入射到吸波结构表面时，反射系数 S_{11} 可表示为

$$S_{11}=\frac{Z_{in}(R_{GSS},\omega)-\eta_0}{Z_{in}(R_{GSS},\omega)+\eta_0} \tag{5.127}$$

式中：$\eta_0=\sqrt{\frac{\mu_0}{\varepsilon_0}}=120\pi\Omega\approx 377\Omega$ 为自由空间的特征阻抗。由于所设计的吸波结构具有金属背板，因此透射系数 $S_{21}=0$。若要获得最佳的吸波性能，就要使反射系数 S_{11} 尽可能小，即满足如下两个条件：

$$\mathrm{Re}[Z_{in}(R_{GSS},\omega)]=\eta_0\approx 377\Omega \tag{5.128}$$

$$\mathrm{Im}[Z_{in}(R_{GSS},\omega)]=0 \tag{5.129}$$

这意味着当指定吸波频率（ω 为固定值）时，可以通过调节 R_{GSS} 的值使吸波器达到最佳吸波率。

为了验证所提出的等效电路的正确性，随后对等效电路计算结果与仿真结果进行了对比。通过图 5.122 可以看出，用 CST 仿真的结果与等效电路结果基本吻合。为了进一步利用等效电路与阻抗匹配原理分析吸波器在 11.2GHz 频率处反射率可调性的工作原理，图 5.123 分别给出了在 R_{GSS} 取不同值的情况下，输入阻抗实部与虚部随频率变化的曲线。通过观察图 5.123 可以得出，一方面，在一定频率范围内，石墨烯“三明治”结构的电阻 R_{GSS} 对整体吸波结构的输入阻抗 Z_{in} 影响非常明显，因此对整体反射系数的调节有很明显的作用。如图 5.123（a）所示，当处于 11.2GHz 的工作频率，R_{GSS} 约为 377Ω 时，输入阻抗的实部也近似为 377Ω。另一方面，如图 5.123（b）所示，当工作频率处于 11.2GHz 时，无论 R_{GSS} 如何变化，输入阻抗 Z_{in} 的虚部都近似为 0。这主要是因为输入阻抗的虚部主要取决于 Z_{FSS}，R_{GSS} 的变化并不影响输入阻抗的虚部。总之，在 11.2GHz 处，当 R_{GSS} 调控到 377Ω 左右时，整体吸波结构的等效电路模型接近满足完美吸波的条件，因此反映在图 5.122 中即为反射系数最小的一点。

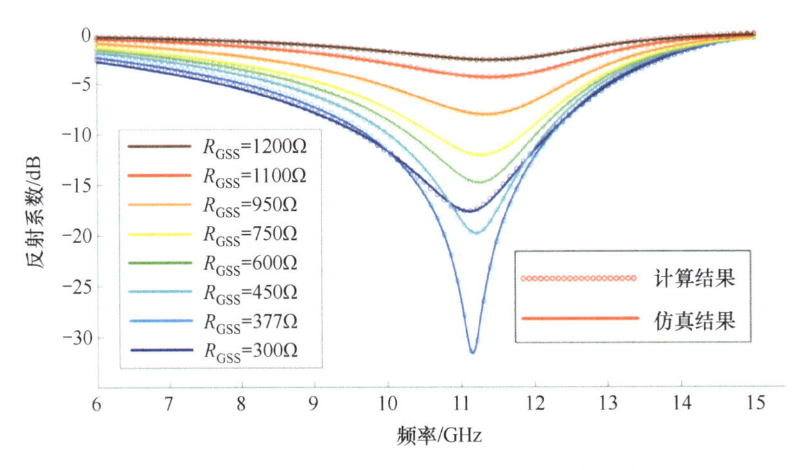

图 5.122　等效电路计算结果与仿真结果反射系数曲线对比图

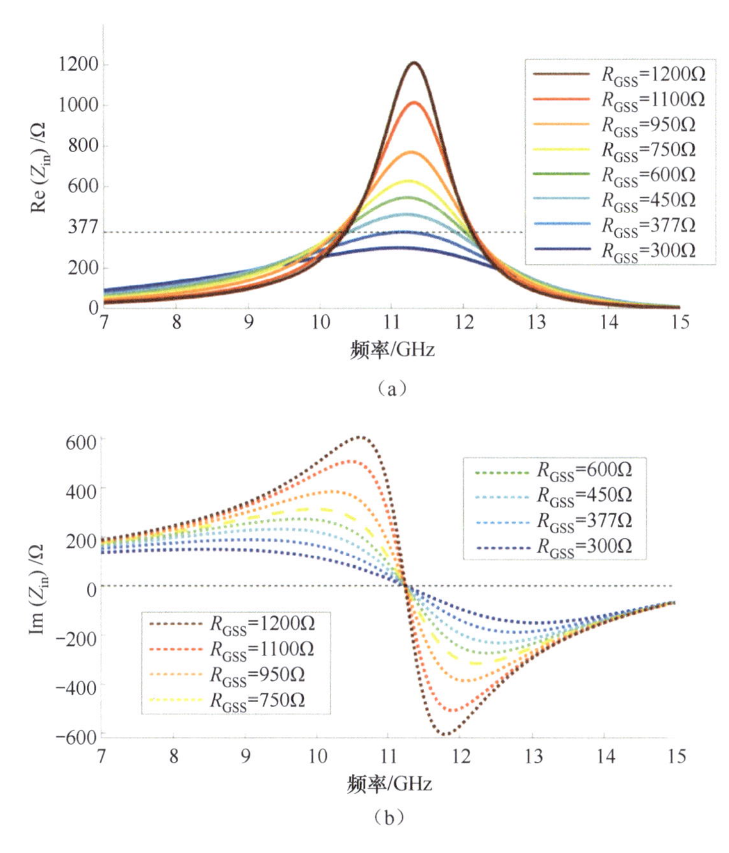

图 5. 123　在石墨烯不同阻抗的情况下吸波结构输入阻抗随频率变化的曲线。(a) 实部曲线；(b) 虚部曲线

5. 11. 4　表面电流分布

为了更全面地分析这种吸波器的工作机理，这里分析了在 11. 2GHz 工作频率处频率选择表面层一个周期单元的电场与表面电流密度分布规律，如图 5. 124 所示。当频率为 11. 2GHz 时，在金属方环的上臂外边缘和下臂外边缘处电场强度大，表明这两处产生了比较强的谐振损耗。此外，相邻方环单元上下臂之间的强电场聚集了大量电荷，产生了电容特性。另外，激发的表面电流方向主要集中在方环结构的左臂和右臂之上，方向相同的电流较多集中于方环的内边缘处，产生欧姆损耗。此外，方环单元左右两臂之间的平行电流流过产生了电感特性。电磁波激发的电感特性与电容特性在 11. 2GHz 处发生电磁谐振，从而改变整体输入阻抗的虚部，满足阻抗匹配的条件，达到吸波的效果。

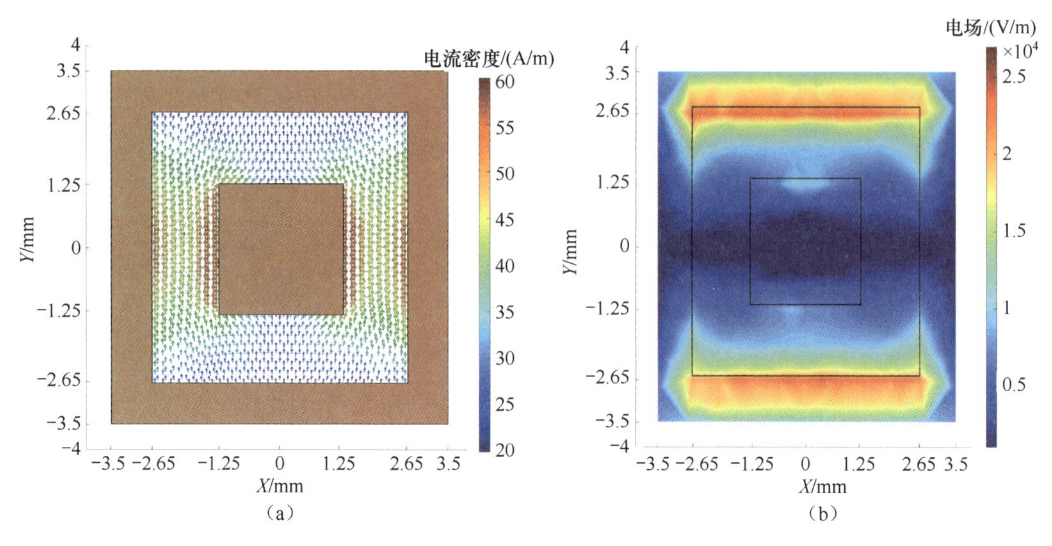

图 5.124　谐振点处频率选择表面层的电流密度与电场分布图。(a) 电流密度分布图；(b) 电场图

5.11.5　参数影响分析

5.11.5.1　介质层的影响

介质加载的主要方式是将频率选择表面单元印刷在介质板的单面。介质加载一方面可以保证力学性能，对整体吸波起到物理支撑的作用；另一方面可以使介质中传播的电磁波波长变短，降低频率选择表面层的谐振频率。

介质层主要有两个关键参数影响吸波性能，一个是介质层材料的相对介电常数，另一个是介质层的厚度。下面分别对这两个参数进行分析，图 5.125 表示不同介电常数的介质层对吸波器性能的影响。分别选择泡沫（$\varepsilon_r=1.05$）、Rogers 5800 板（$\varepsilon_r=2.2$）及 FR4 板($\varepsilon=4.4$)充当介质层材料进行仿真，发现三种不同介质层的吸波器工作频率分别位于 8.3GHz、11.2GHz 与 14GHz 附近。这表示介质层的介电常数参数主要影响吸

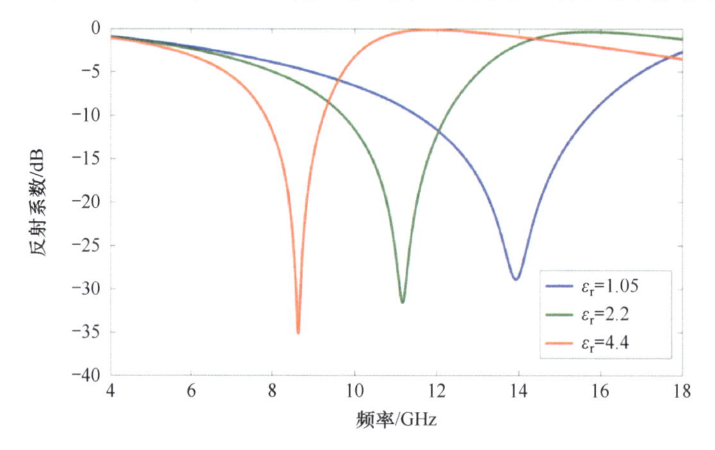

图 5.125　不同介电常数的介质层对吸波器性能的影响

波器吸波频率特性，并且介电常数越小吸波频率越高。可以通过等效电路模型解释这一现象：吸波器的吸波频点主要由频率选择表面的谐振频率决定，而根据等效电路模型，金属频率选择表面可以等效为一个 LC 串联谐振电路。等效电容和等效电感的取值与金属频率选择表面的特征阻抗 η_{FSS}有关，而 η_{FSS}主要取决于频率选择表面上下相邻的介质层的材料参数，也即介质板的介电常数。因此，介质板的介电常数对于吸波频率的选择有重要的影响，可以通过选择不同介质板来实现不同频率的吸波器设计。图 5.126 显示了介质层厚度 t_{sub}与反射系数的关系，可以看出，介质板的厚度改变了电磁波在吸波器中传播的路程长度，因此也改变了最佳吸波频率的波长大小，对反射系数的幅度影响不大。

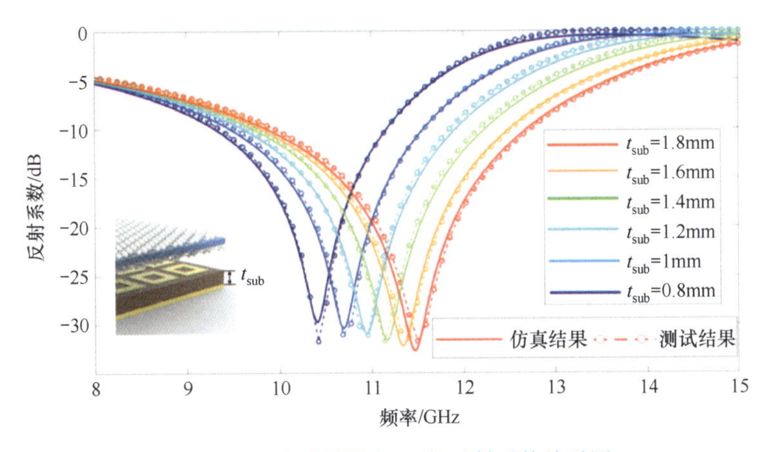

图 5.126　介质层厚度 t_{sub}与反射系数关系图

5.11.5.2　频率选择表面参数的影响

针对方环的图案，选取方环宽度 w 、方环边长 a 及单元周期 p 为参数变量，利用控制变量法，分别通过仿真和等效电路模型计算吸波器的反射系数，结果如图 5.127 所示。当保持其他参数不变、增大方环宽度 w 时，反射系数的幅度没有发生很大的变化，而吸波频率则向低频率偏移。当保持其他参数不变、增大方环边长 a 时，吸波频率也会向低频率偏移。当保持其他参数不变、增大单元结构周期 p 时，吸波频率向低频率偏移的同时反射系数的幅度明显变化。用等效电路模型及电流电场分布解释：增大方环边长意味着增大了方环上下两臂边缘聚集的电荷量，相当于增大了等效电容；增大方环宽度意味着增大了左右两臂上的电流，相当于增大了等效电感；而增大单元周期意味着同时增大一个单元内所有结构参数，即同时增大了等效电容与等效电感，最终引起了谐振频率的改变，导致了吸波频率的偏移。同时还观察到，无论参数如何变化，通过等效电路模型数值计算所得的结果与利用仿真软件得出的结果基本一致。这也验证了所提出的等效电路模型的正确性。

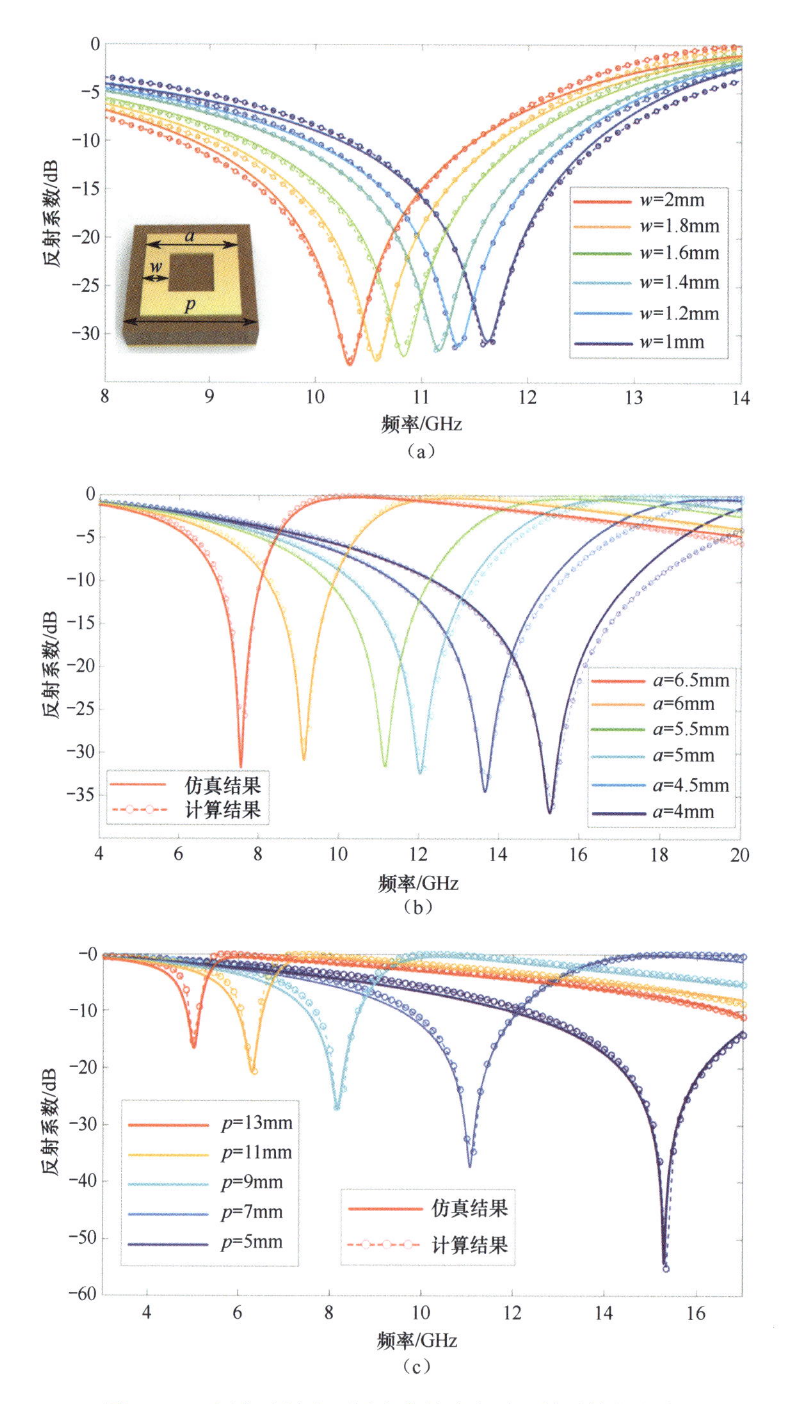

图 5.127　频率选择表面层参数的改变对反射系数的影响

5.11.5.3　入射角与极化方向的影响

图 5.128 分析了入射电磁波入射角及极化方向对吸波器反射系数的影响。由图 5.128（a）可知，无论是 TE 波还是 TM 波，当极化角从 0°变化到 30°时，吸波器反射系数基本不发生变化。这代表此款吸波器具有良好的极化不敏感特性。而图 5.128（b）

则说明了在入射角从0°变化到60°时，吸波器反射系数的幅度与频率都发生明显变化。当入射角为30°时，在工作频率11.8GHz时，反射率仍可以达到-20dB左右，可保证其吸波性能。因此该吸波器可以在入射角0°~30°范围内保持比较良好的性能。

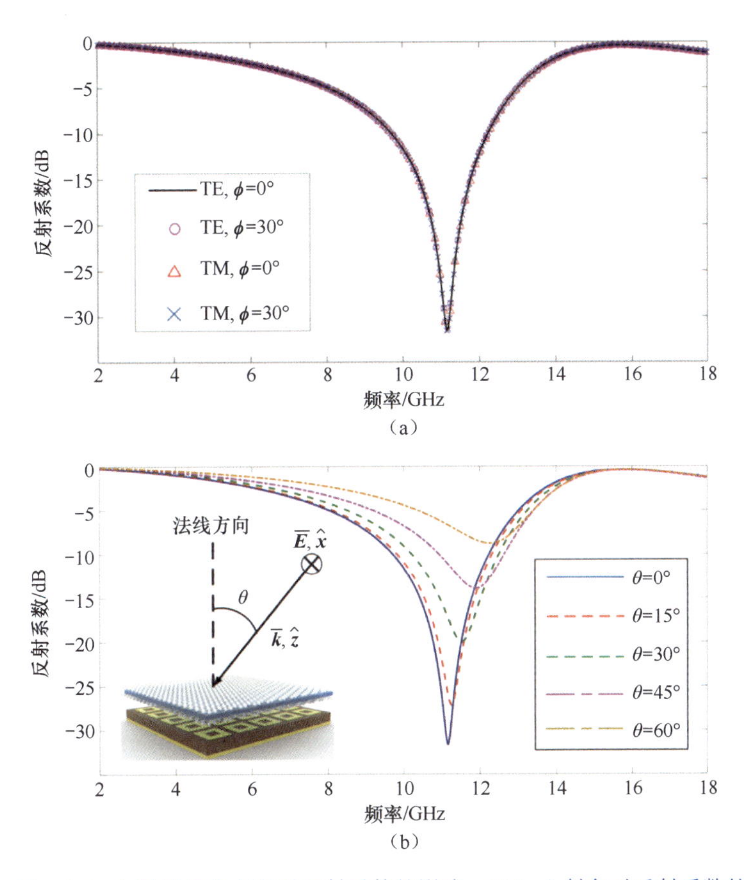

图5.128　(a) 入射波极化方向对反射系数的影响；(b) 入射角对反射系数的影响

5.11.6　样品加工与测量结果

5.11.6.1　样品加工过程

通过CVD法生长15cm×15cm的高质量单层石墨烯，然后，通过热压法将单层石墨烯转移到PVC衬底（50μm厚）上。在此过程中，将保留上下两侧的铜箔作为外加电压的接入点，制作完成的石墨烯层如图5.129（a）所示。将两层转移好的石墨烯层上下叠在一起，中间夹杂20μL的离子溶液［Diethylmethyl（2 - methoxyethyl）ammoniumbis（trifluoromethylsulfonyl）imide］，即完成石墨烯“三明治”结构的加工。频率选择表面、介质层及金属背板是通过传统的PCB工艺作为一个整体加工完成的，如图5.129（b）所示。将石墨烯“三明治”结构与PCB频率选择表面中间加一层隔层后上下黏合在一起，如图5.129（c）所示，就完成了整个吸波器样品的加工。经测量，该样品尺寸大小为 14cm × 14cm，厚度为 2.6mm 左右。

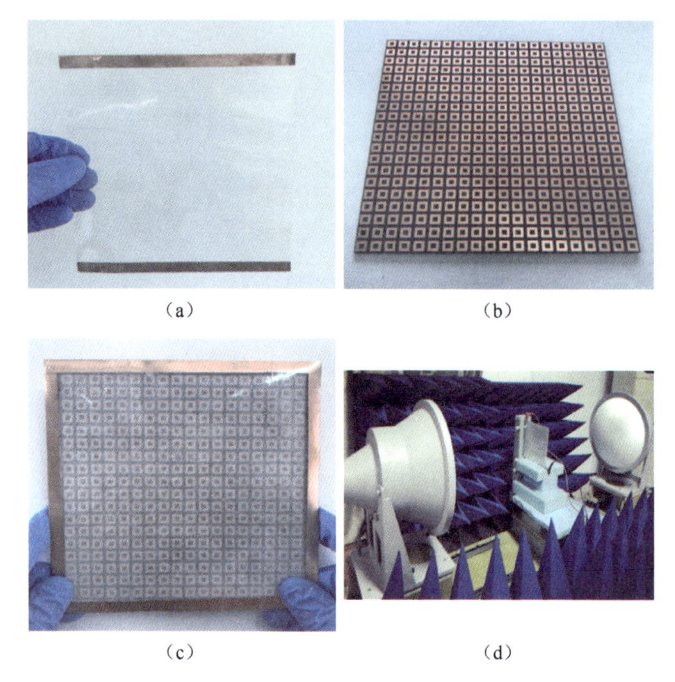

图 5.129　基于石墨烯“三明治”结构的吸波器过程示意图

5.11.6.2　实验测量环境

如图 5.130 所示，使用微波暗室中的收发天线系统测量所加工吸波器的反射系数。所使用设备为 X 波段标准透镜天线和 Keysight N5222A 矢量网络分析仪，通过支架固定吸波器样品，使其垂直于水平面并对准透镜天线的中心点，以保证透镜天线发射的电磁波可以垂直入射到吸波器表面。将 Keithley 2400 电压源的正负极分别接入石墨烯“三明治”结构的上下石墨烯层，以实现动态调控吸波器的电磁参数。保证样品和透镜天线之

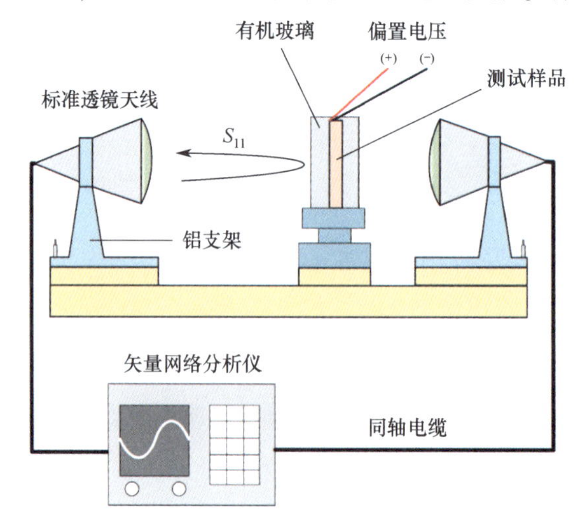

图 5.130　实验测量环境示意图

间的距离以满足天线测试的远场条件，最终测量整个系统的 S_{11} 参数来表征吸波器样品的反射系数。

如图 5.129（d）所示，尽管在测试环境的周围铺了一些锥形吸波材料以避免四周环境的电磁散射对实验结果的影响，但是仍然不可避免一些散射误差。为了减少这些负面影响，分别测试了吸波器样品的反射系数及金属背板的反射系数，然后以金属背板测试结果作为标准对吸波器样品的测试结果进行背景消除，最终获得更加精准的吸波器反射系数测试结果。

5.11.6.3　实验测量结果

图 5.131 对比了在不同电压条件下吸波器反射系数仿真结果与实验结果。测试结果显示了在外加电压为 1.5V 时，吸波器的反射系数最低，工作频点也接近 11.2GHz。但是在一些频段内，反射系数的测试结果与仿真结果略有偏差。这主要有两方面原因：首先，在仿真的过程中对一些结构进行近似化处理（如电解液层与泡沫间隔板等）会引入误差；其次，使用外加电压调控石墨烯“三明治”结构时，调控效果会存在一些不可控的波动，影响吸波器的反射系数。总的来看，测试结果变化趋势基本与仿真结果保持一致。

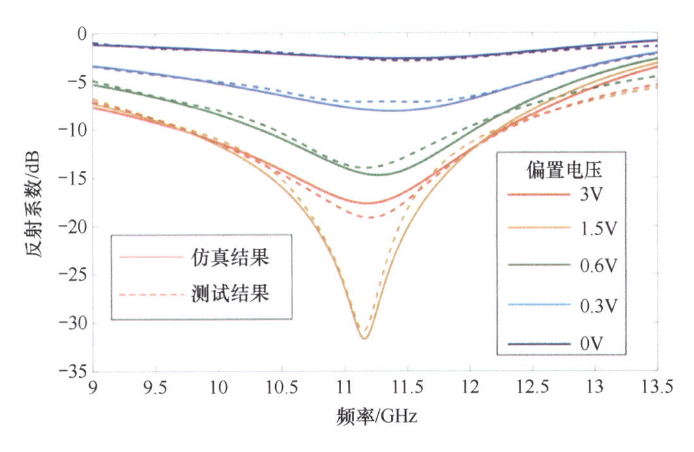

图 5.131　吸波器反射系数仿真结果与测试结果对比图

5.12　石墨烯可调宽吸中透吸波器

天线罩是放置在天线上的覆盖物，保护辐射元件不受风、雨、冰、沙等外部环境的影响。除了物理保护，从电磁的角度来看，天线罩对无线电频率应该是“透明”的，这样它就不会影响被包裹天线的电气性能。传统的天线罩通常由 FSS 组成，可以使电磁波在通带内通过而不会造成很大的损耗，但通带外存在很强的反射，这大大增加了雷达的截面（RCS）。理想方法是：在设计和加工天线罩的过程中利用损耗材料吸收入射波，这样一来，一种将 FSS 和吸波器相结合的新型结构——频率选择性吸波器（Frequency Selective Rasorber，FSR）的概念被提出来，又称宽吸中透吸波器。本节将以作者团队实现的一款可调宽吸中透吸波器为例讲述石墨烯在其中扮演的角色。设计目标是在两个相邻的吸收带之间实现一个电磁波的通带[58]。

5.12.1 宽吸中透器件的传输线模型

将整个工作频率分为三个部分：较低的吸收频率f_1、传输频率f_2和较高的吸收频率f_3。在考虑传输带的可调特性之前，从在f_2处具有高透射率的 FSR 开始设计，利用S参数进行理论上的描述，则为

$$|S_{11}|=0,|S_{21}|=1 \quad 在 f_2 \tag{5.130}$$

$$|S_{11}|=0,|S_{21}|=0 \quad 在 f_1,f_3 \tag{5.131}$$

对应的等效电路如图 5.132 所示，其中Z_0、Z_t、Z_{sub}和Z_b分别为空气、顶层（损耗层）、介质层和底层（无耗层）的等效阻抗。工作频段设定为 5～19GHz。从传输线理论来讲，为了获得高透射率，损耗层及无耗层在f_2处的阻抗应尽可能高，尽量减少电磁波的损耗，而通过产生 LC 并联谐振是形成高阻抗的有效方法。对于无损耗的底层，这可以很容易地通过典型的带通 FSS 来实现。如图 5.132 右侧所示，基于并联谐振的公式$f_2=1/\sqrt{L_2C_2}$及透射带的中心频率（12GHz），L_2和C_2的值被选择为0.91nH 和0.193pF。在顶层（损耗层），R_{11}、L_{11}及C_{11}的并联在f_2处产生谐振，R_{11}代表的是顶层在f_2处的谐振损耗。经过优化，R_{11}、L_{11}及C_{11}的值分别被确定为 30Ω、2.8nH 和 0.058pF。为了在12GHz 左、右产生两个对称的吸波峰，介质的厚度设定为 12GHz 对应波长的 1/4，介质的材料选定为空气。

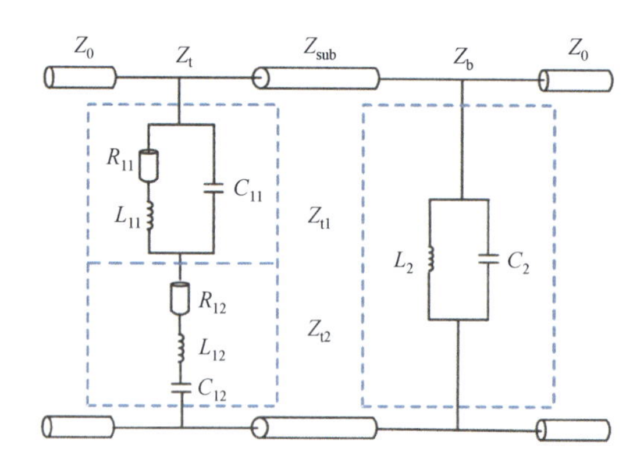

图 5.132 等效电路模型（电路参数：$R_{11}=30\Omega$，$L_{11}=2.8$nH，$C_{11}=0.058$pF，$R_{12}=330\Omega$，$L_{12}=5.2$nH，$C_{12}=0.05$pF，$L_2=0.91$nH，$C_2=0.193$pF，介质的厚度设定为 12GHz 对应波长的 1/4）

在吸收带f_1及f_3处，由于底层的频率选择作用，在远离其谐振频率f_2时，Z_b的值趋

近于零（类似纯金属），则满足吸波条件时所需的 Z_t 的优化值为[95]

$$\mathrm{Im}\,(Z_t)_{\mathrm{opt}} = -\frac{Z_0^2 Z_{\mathrm{sub}} \tan(k_s h)}{Z_0^2 + Z_{\mathrm{sub}}^2 \tan^2(k_s h)} \tag{5.132}$$

$$\mathrm{Re}\,(Z_t)_{\mathrm{opt}} = \frac{Z_0 Z_{\mathrm{sub}}^2 \tan^2(k_s h)}{Z_0^2 + Z_{\mathrm{sub}}^2 \tan^2(k_s h)} \tag{5.133}$$

根据上述公式，利用 MATLAB 计算出了 Z_t的优化值，如图 5.133（a）所示。将由 R_{11}、L_{11}及 C_{11}贡献的顶层阻抗记为 Z_{t1}，如图 5.133（b）所示。通过将 Z_{t1}与图 5.133（a）中 Z_t的最优值相对比，可以看出 Z_{t1}的虚部在f_1处高于 Z_t的最优值，而在f_3处低于 Z_t的最优值，Z_{t1}的实部在f_1及f_3处都低于 Z_t的最优值。为了解决这样的矛盾，将 R_{12}、L_{12}及 C_{12}加入等效电路网络中进行补偿，如图 5.132 及图 5.133（b）所示。经过优化，R_{12}、L_{12}及 C_{12}的值被确定为 330Ω、5.2nH、0.05pF。此时，等效电路的整体 S 参数可以利用传输矩阵得到[14]

$$S_{11} = \frac{A + B/Z_0 - CZ_0 - D}{A + B/Z_0 + CZ_0 + D} \tag{5.134}$$

$$S_{21} = \frac{2}{A + B/Z_0 + CZ_0 + D} \tag{5.135}$$

其中

$$\begin{bmatrix} A & B \\ C & D \end{bmatrix} = \begin{bmatrix} 1 & 0 \\ 1/Z_t & 1 \end{bmatrix} \begin{bmatrix} \cos(k_s h) & \mathrm{j}Z_{\mathrm{sub}}\sin(k_s h) \\ \mathrm{j}\sin(k_s h)/Z_{\mathrm{sub}} & \cos(k_s h) \end{bmatrix} \begin{bmatrix} 1 & 0 \\ 1/Z_b & 1 \end{bmatrix} \tag{5.136}$$

最终，FSR 在整个频段内的反射系数、传输系数及吸波率可以利用 S 参数计算出来：$R = |S_{11}|^2$，$T = |S_{21}|^2$及 $A = 1 - R - T$。

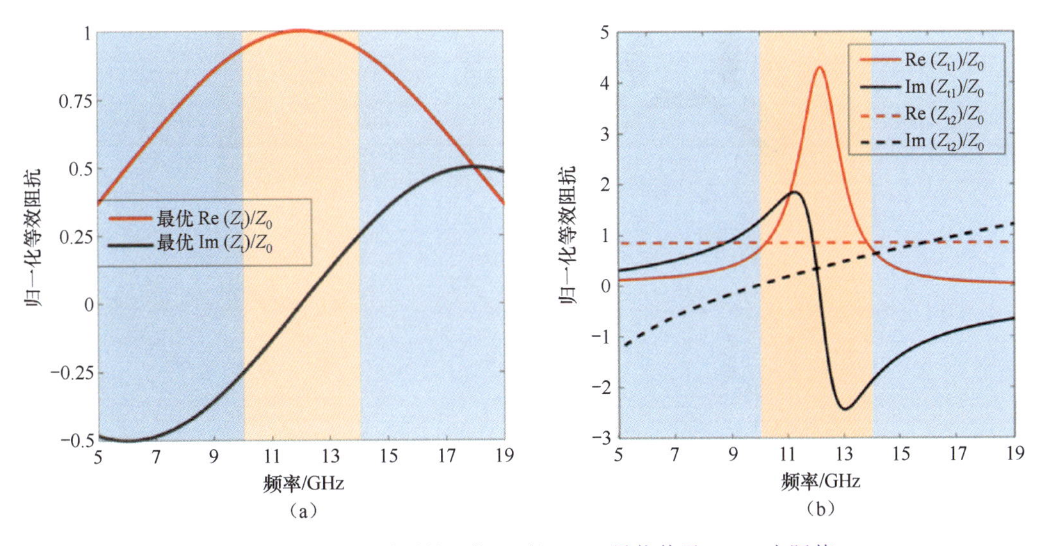

图 5.133　FSR 顶层的阻抗 Z_t 的（a）最优值及（b）实际值

5.12.2 基于石墨烯的FSR原型设计

如图5.134（a）所示，FSR的损耗层由扇形电阻片和金属臂组成，无耗层由互补金属圆环构成。损耗层及无耗层的衬底为PVC材料，两层的间距为 $h=6\text{mm}$。在图5.134（a）所示的FSR单元中，四个金属臂的作用是在 f_2 处产生LC谐振，而扇形的电阻片的作用则为在 f_1 及 f_3 处产生吸波效果。在CST仿真软件中，入射电磁波的方向为垂直入射，极化性质为 y 极化。经过优化，图5.134（a）中的各个结构参数设定为 $l=4.47\text{mm}$，$w_1=0.5\text{mm}$，$w_2=1\text{mm}$，$w_3=1\text{mm}$，$r_1=3\text{mm}$，$r_2=5.14\text{mm}$，$r_3=4.14\text{mm}$。

为了对结构中金属臂及扇形电阻片的作用有更加直观的理解，图5.134（b）中绘制了FSR损耗层在不同频率下的表面电流分布。可以看出，在 f_1 和 f_3 处，表面电流可以流畅地通过扇形贴片，因此贴片的欧姆损耗会导致对电磁波的吸收效果。相反，在 f_2

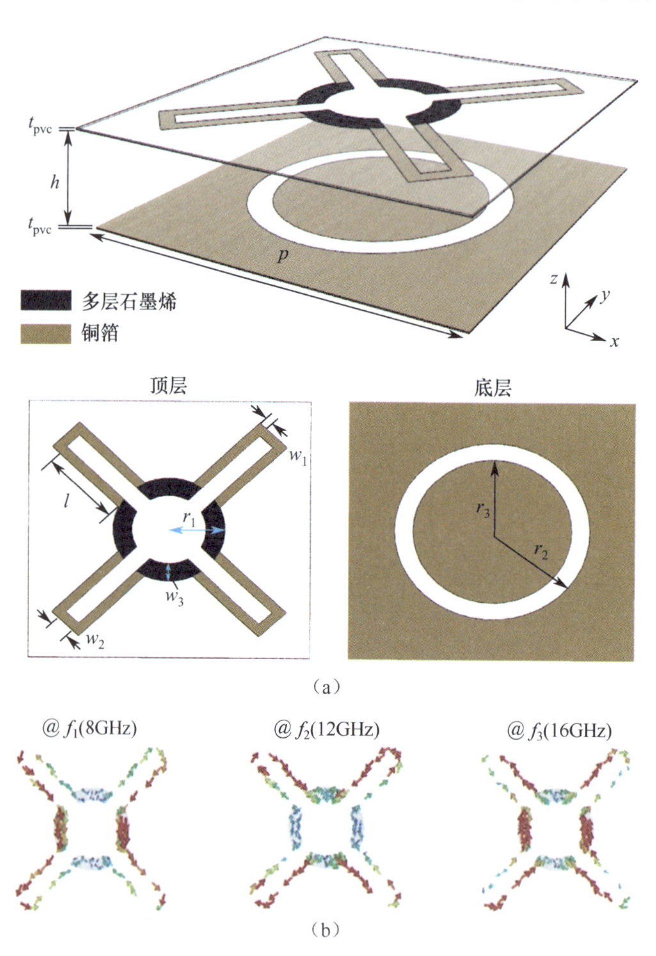

图5.134 （a）FSR设计原型示意图（模型参数：$p=15\text{mm}$，$h=6\text{mm}$，$t_{pvc}=0.07\text{mm}$，$l=4.47\text{mm}$，$w_1=0.5\text{mm}$，$w_2=1\text{mm}$，$w_3=1\text{mm}$，$r_1=3\text{mm}$，$r_2=5.14\text{mm}$，$r_3=4.14\text{mm}$，MLG的方阻为70Ω/□）；（b）FSR损耗层在8GHz、12GHz及16GHz的表面电流分布

处，金属臂上出现谐振现象，抑制了表面电流在扇形电阻片上的流动，从而在 f_2 处实现了低损耗的传输窗口。

利用电路参数计算及利用 CST 仿真（并经过参数提取）得到的 FSR 两层的等效阻抗如图 5.135 所示。图 5.135（a）所示为 FSR 损耗层的阻抗，其中实线与虚线的差异主要是等效电路的选择造成的，使用更复杂的等效电路形式可以得到更精确的拟合。图 5.135（b）所示为 FSR 无耗层的等效阻抗，由于其相对简单的纯金属结构，仿真及计算结果能较好地吻合。

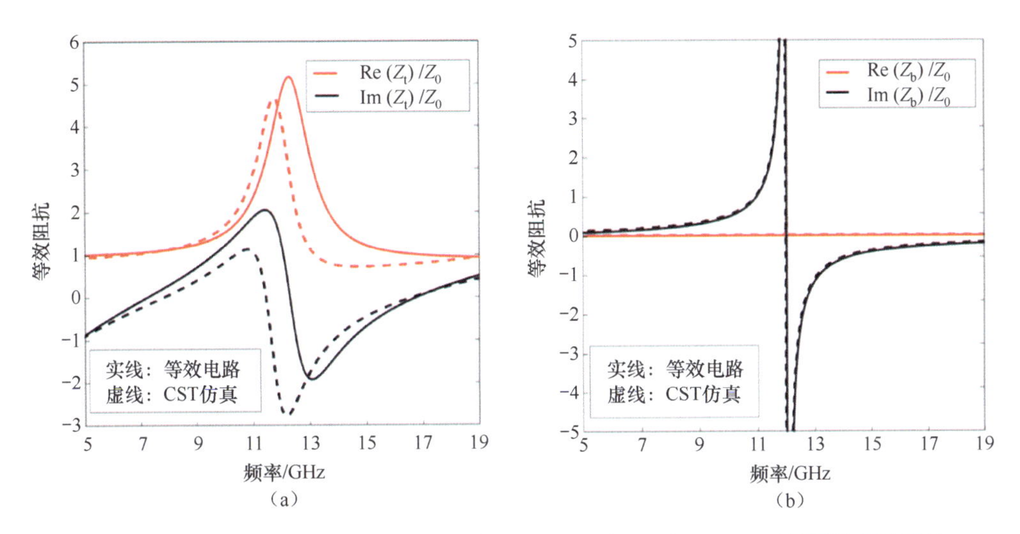

图 5.135 通过等效电路计算和 CST 仿真得到（a）损耗层和（b）无耗层的等效阻抗

计算和仿真出的 FSR 反射率、透射率及吸波率如图 5.136 所示，可以看出计算和仿

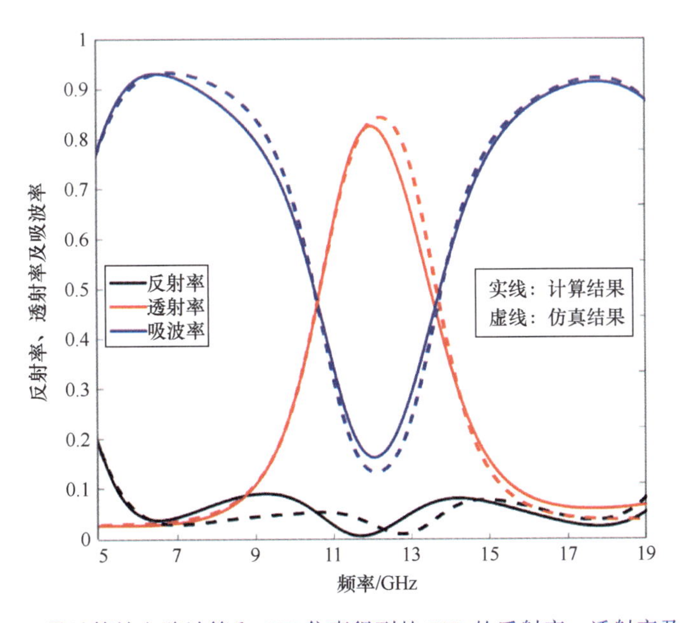

图 5.136 通过等效电路计算和 CST 仿真得到的 FSR 的反射率、透射率及吸波率

真结果之间有着相当高的一致性。在 FSR 两个吸收波段之间得到透射率 $T>0.8$ 的透射窗口，在 5.5～19GHz 时，FSR 的反射率 $R<0.1$ 的相对带宽达到 110%，保证了带内及带外的低 RCS 特性。

另外，设计的 FSR 模型中损耗层及无耗层的衬底（PVC）厚度仅为 60μm，考虑频率（5～11GHz）与相应波长相差悬殊，因此 PVC 层的影响可以忽略不计。然而随着频率的增加，PVC 层的作用会越来越明显。

5.12.3 设计模型在其他频段的适用性

将 FSR 的几何参数乘以放缩因子 k，同时电阻贴片的方阻值保持不变，放缩后的 FSR 仿真性能如图 5.137 所示。在图 5.137（a）、（b）中，放缩因子 k 分别为 1/5 及 1/15。相应地，FSR 的工作频率平移至原值的 $1/k$，即 25～95GHz 及 75～285GHz，但与图 5.136 相比，FSR 的性能保持稳定。这个现象可以通过 FSR 的相对电长度保持不变来理解：可以计算为 $l/\lambda=l\cdot f/c=(kl_0\cdot f_0/k)/c=l_0/\lambda_0$，其中 l、λ 及 l_0、λ_0 分别代表放缩后的

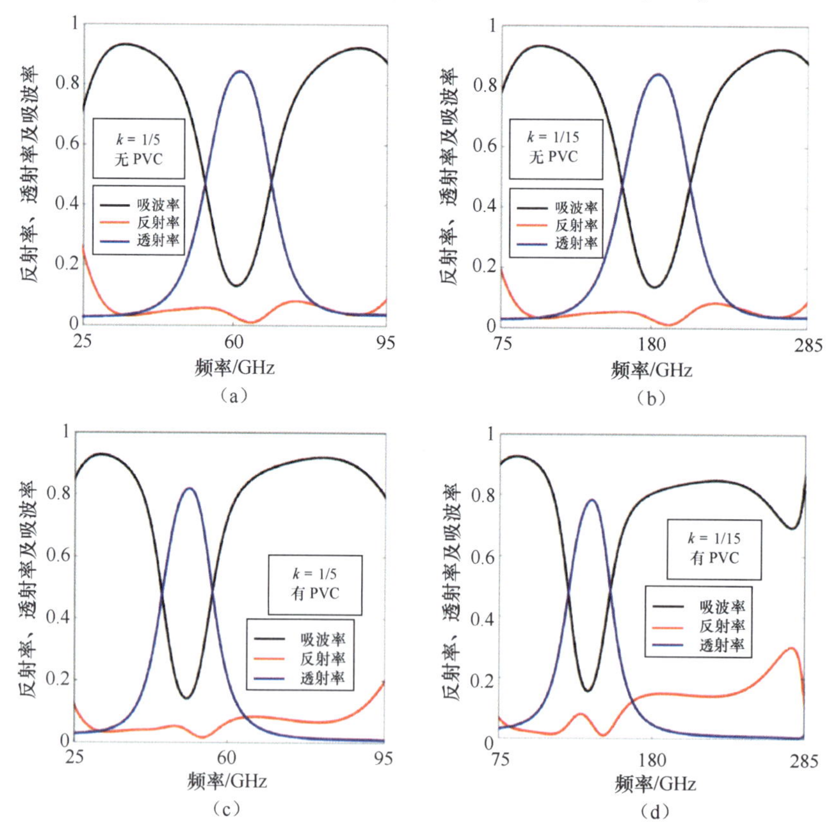

图 5.137 放缩 FSR 在仿真时的反射率、透射率及吸波率。（a）、（b）放缩因子 k 分别为 1/5 和 1/15，不考虑 PVC 的影响；（c）、（d）放缩因子 k 分别为 1/5 及 1/15，PVC 的厚度为 60μm，相对介电常数为 $\varepsilon_r=3$

FSR及FSR原型的几何参数和工作波长。在这些频率下，石墨烯的电导率色散可忽略[14,34]，因此，方阻为70Ω/□的电阻贴片仍然可以用MLG来实现。除此之外，扇形电阻贴片的材料也可以是碳墨、还原氧化石墨烯[96]，相关的加工技术包括激光直写[97]、激光打印[98]、光刻[99]和飞秒技术[100]等。

在图5.137（c）、（d）中，PVC的厚度为60μm，相对介电常数为3。为了方便对比，放缩因子k与图5.137（a）、（b）中保持一致。当$k=1/5$时，FSR的反射、吸收和透射的幅度保持稳定，而工作频率发生变化时，可以观察到明显的红移。当k减小到1/15时，透射率略有降低，随着频率的增加，反射率增加到0.2以上，这是由PVC层引起的多次反射造成的。因此，基于PVC衬底的结构可以应用扩展到低太赫兹频率范围，而无须重新设计FSR模型。

5.12.4　可调传输窗口的实现

具有可调透射窗口的FSR预期性能如图5.138（a）所示，如果FSR暴露在HPM/EMP的照射下，施加到GSS的电压迅速增加，从而降低FSR在f_2处的透射率。同时，位于透射带两侧，即f_1、f_3处的吸波带内吸波率保持在较高水平，保证带外的低RCS特性。如图5.138（b）所示，将GSS置于FSR原型的损耗层和无耗层中间，以此来实现

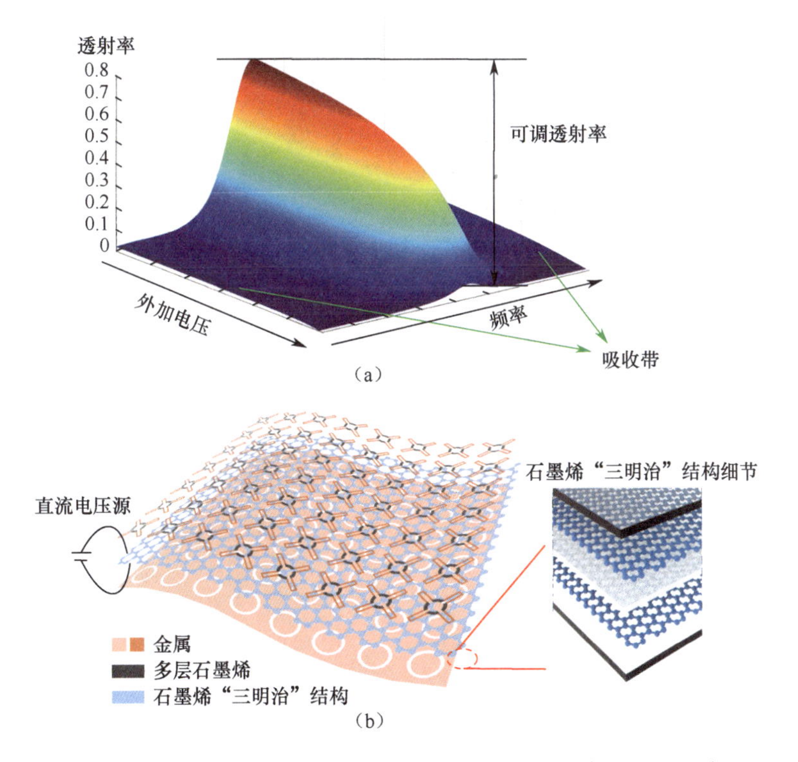

图5.138　（a）预期的可调FSR性能；（b）与GSS整合的FSR示意图，右边插图为由PVC、石墨烯和隔膜纸组成的GSS细节

可调传输。由于GSS的馈电结构简单，可以通过添加场强—电压转换（如能量选择表面结构）来实现自适应HPM/EMP防护功能。

根据前文介绍，石墨烯在微波频率下的阻抗几乎是纯阻性的，因此可用ohmic sheet边界条件对GSS建模。在利用CST进行仿真之前，首先利用等效电路参数对结合GSS之后的FSR性能进行计算。加入有GSS的FSR的传递矩阵可以重新表述为

$$\begin{bmatrix} A & B \\ C & D \end{bmatrix} = \begin{bmatrix} 1 & 0 \\ 1/Z_t & 1 \end{bmatrix} \begin{bmatrix} \cos(k_s h_1) & jZ_{sub}\sin(k_s h_1) \\ j\sin(k_s h_1)/Z_{sub} & \cos(k_s h_1) \end{bmatrix} \begin{bmatrix} 1 & 0 \\ 1/R_s & 1 \end{bmatrix} \begin{bmatrix} \cos(k_s h_2) & jZ_{sub}\sin(k_s h_2) \\ j\sin(k_s h_2)/Z_{sub} & \cos(k_s h_2) \end{bmatrix} \begin{bmatrix} 1 & 0 \\ 1/Z_b & 1 \end{bmatrix} \tag{5.137}$$

其中，R_s为GSS的等效方阻，GSS层分隔开的上下空气层厚度为$h_1 = h_2 = h/2$。R_s值设置为5~3000Ω/□时，计算结果如图5.139所示。从中可以清楚地看出，R_s的变化仅仅影响FSR在f_2处的透射性能，其吸收性能在f_1及f_3处保持稳定，相应地，在整个频率内，FSR的反射率都很低。具体而言，在f_2处，随着GSS方阻的减小，透射率降低，

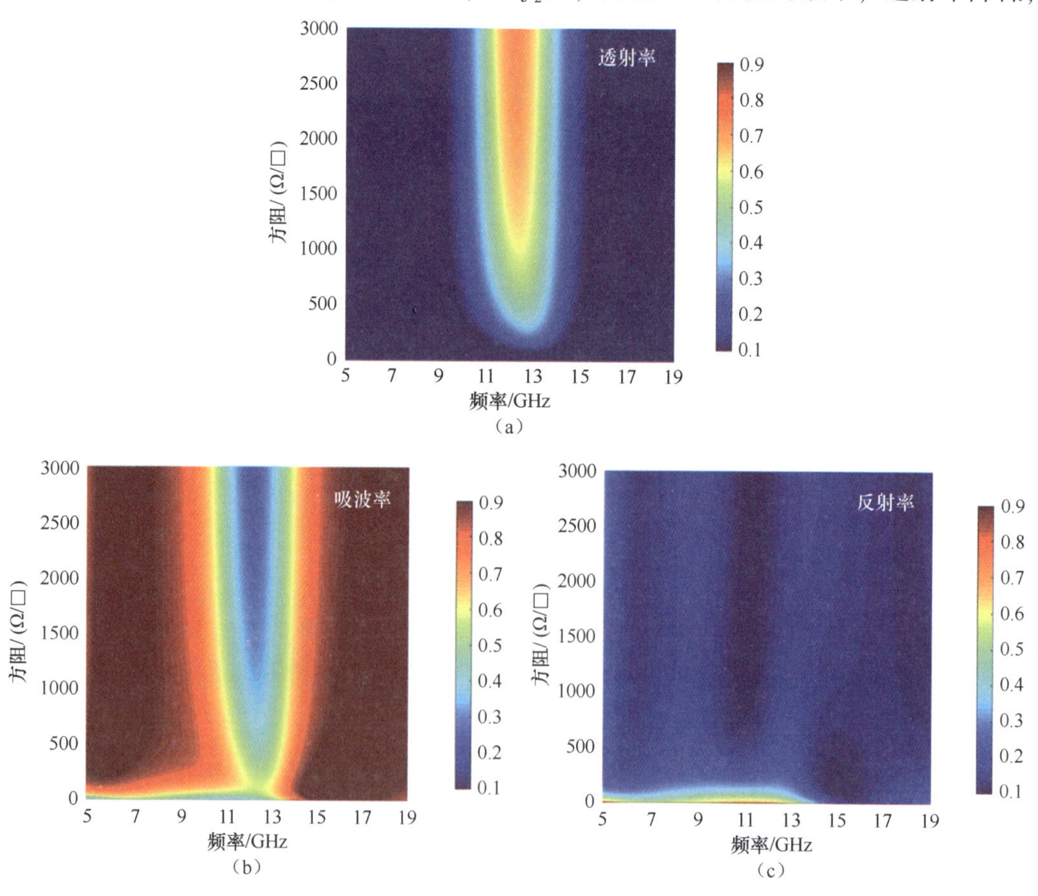

图5.139　MATLAB计算得出的FSR随频率及GSS方阻变化的（a）透射率；（b）吸波率；（c）反射率

吸波率增加。这种变化趋势可以通过f_2处的 FSR 顶层和底层的强烈 LC 谐振来解释，当不使用 GSS 时，入射波几乎可以通过整个结构。在这种情况下，FSR 的传输特性可以近似于 GSS 在自由空间上的传输特性。

目前作者团队实验室中可获得的 GSS 中单层石墨烯的方阻 R_g，在外加偏置电压 V_g 从 0V 变化到 4V 时，能够产生 2500～580Ω/□的变化范围。如图 5.138（b）中的插图所示，GSS 由两层石墨烯构成，因此 GSS 的等效方阻可以通过 $R_s = R_g//R_g$ 计算。为了更好地与实测结果进行比较，FSR 的模拟性能如图 5.140 所示。随着 GSS 方阻的

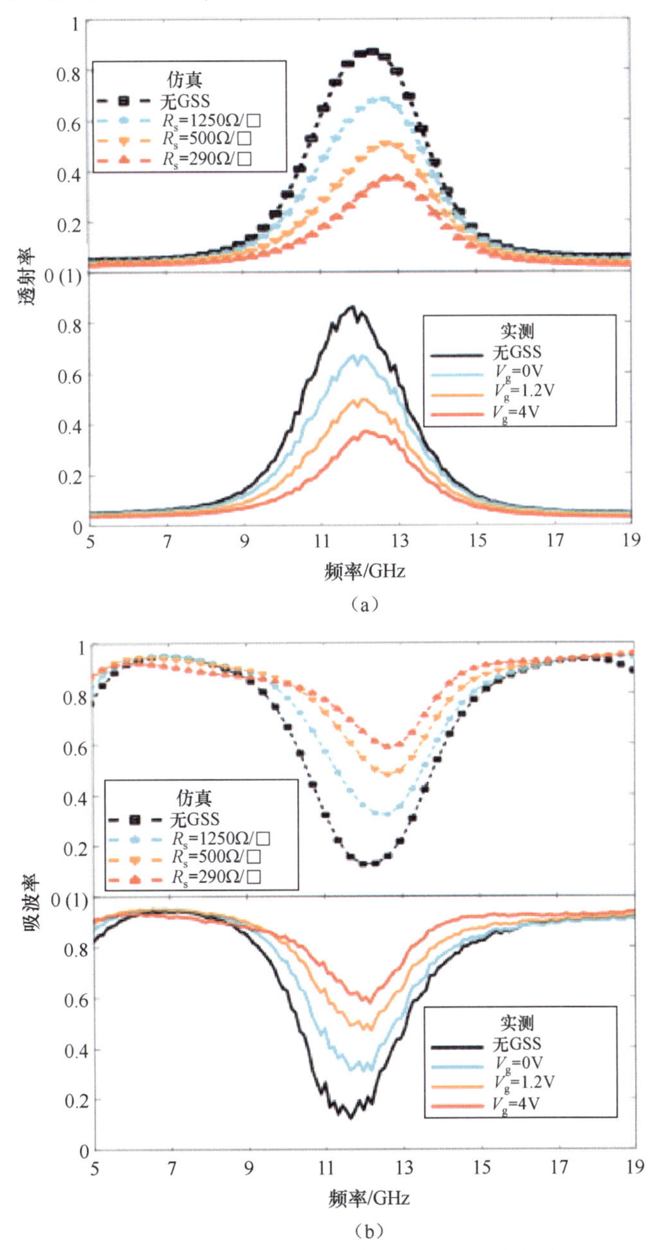

图 5.140　仿真及实测得出的 FSR 随频率及 GSS 方阻变化的（a）透射率；（b）吸波率；（c）反射率

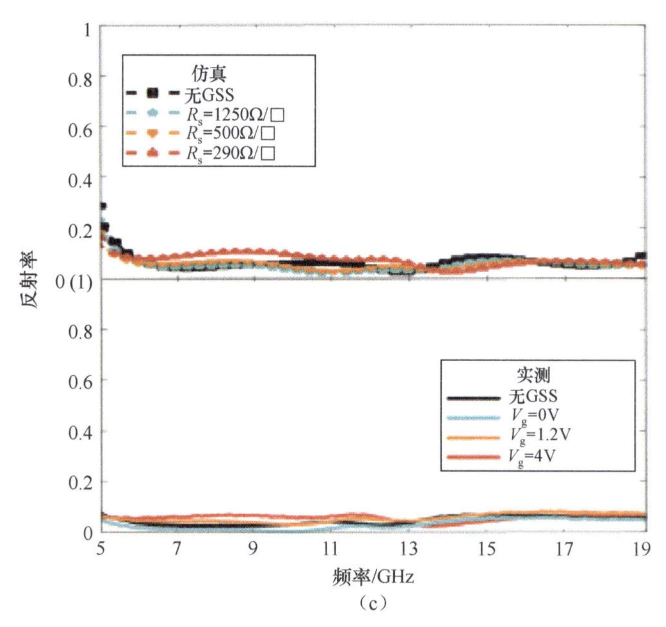

(c)

图 5.140 仿真及实测得出的 FSR 随频率及 GSS 方阻变化的 (a) 透射率；(b) 吸波率；(c) 反射率（续）

增大，f_2处的反射率从 0.35 增加到 0.67，这对于被 FSR 覆盖的天线的能量调节非常重要。相比之下，FSR 在f_1和f_3处的吸波率相对稳定，反射率从 5.6GHz 到 20GHz 始终保持在 0.1 以下。

5.12.5 实验验证

5.12.5.1 样品的加工

在加工 FSR 顶层的金属臂和底层的互补环时，使用了文献［101］中提到的方法。首先，在 PVC 薄膜上热压叠层 10μm 后的铜箔，利用激光打印机在铜箔上打印出想要的图案（金属臂及互补环结构）。然后，将打印好的铜箔在稀硝酸中刻蚀。印刷的碳粉图案起到保护的作用，打印有碳粉图案的金属部分不会被腐蚀掉，用丙酮洗去碳粉后形成图案化的金属。在加工图案化 MLG 时，通过对镍箔进行预先图案化[102]，在 CVD 炉中以 903℃的生长温度实现 70Ω/□的石墨烯电阻膜的生长。为了保持 FSR 的柔性特点，FSR 的顶层与 GSS 层及 GSS 层与底层之间，利用相对介电常数为 1.05 的泡沫作为支撑。制备的样品如图 5.141所示。

5.12.5.2 测试结果

样品的测试工具采用的是喇叭天线。首先，不考虑 FSR 的柔性，在平整状态下，对加载 GSS 与不加载 GSS 的 FSR 进行测试，结果如图 5.140 所示。与仿真结果相比，测试所得到的吸波率曲线、透射率曲线和反射率曲线发生了略微的红移，导致这一结果的原因可能是仿真及测试中衬底厚度和相对介电常数的差异。

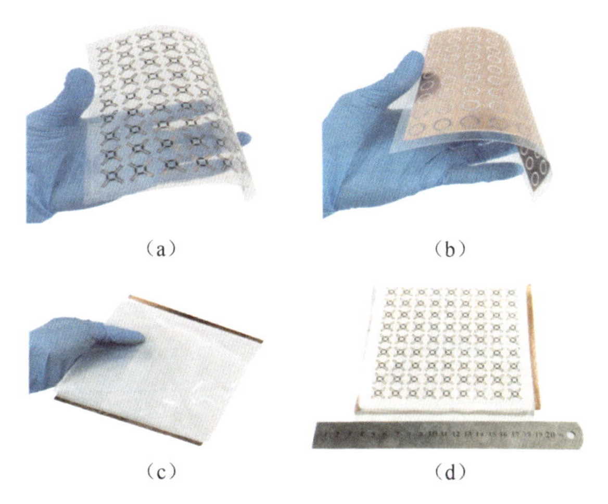

图 5.141　制备的样品实物图。(a) 顶层；(b) 底层；(c) GSS 层；(d) 组合完成后的样品

其次，研究了 FSR 的柔性。在测量中，制备的 FSR 被弯曲到不同半径的泡沫圆柱体上。弯曲角度选择为 38.67°和 77.35°，对应的弯曲半径为 400mm 和 200mm，如图 5.142和图 5.143 所示为不同弯曲角度下的仿真和实测结果。当没有 GSS、弯曲角度为 38.67°时，透射率由 0.85 下降到 0.75。随着弯曲角度的增大，如图 5.143 (a)

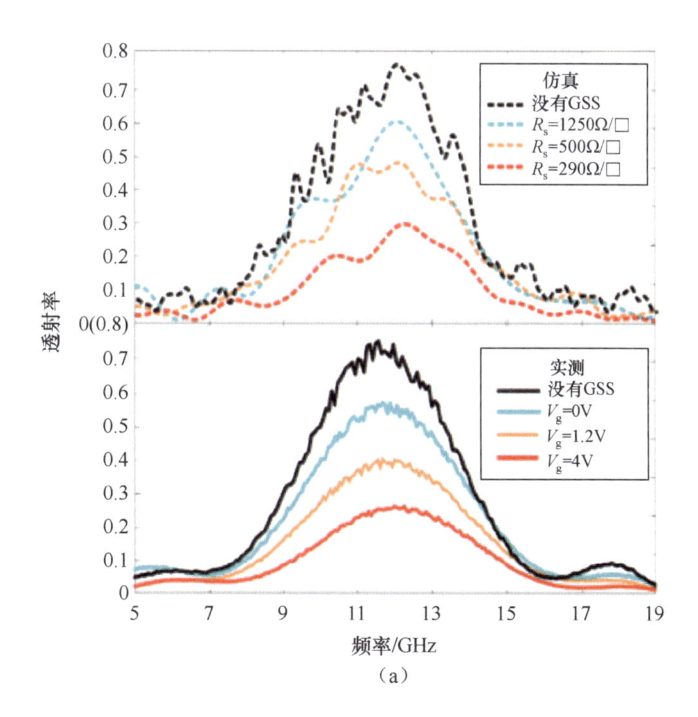

图 5.142　仿真及实测得出的弯曲 FSR 随频率及 GSS 方阻变化的 (a) 透射率；(b) 吸波率；(c) 反射率。弯曲角度为 38.67°，对应弯曲半径为 400mm

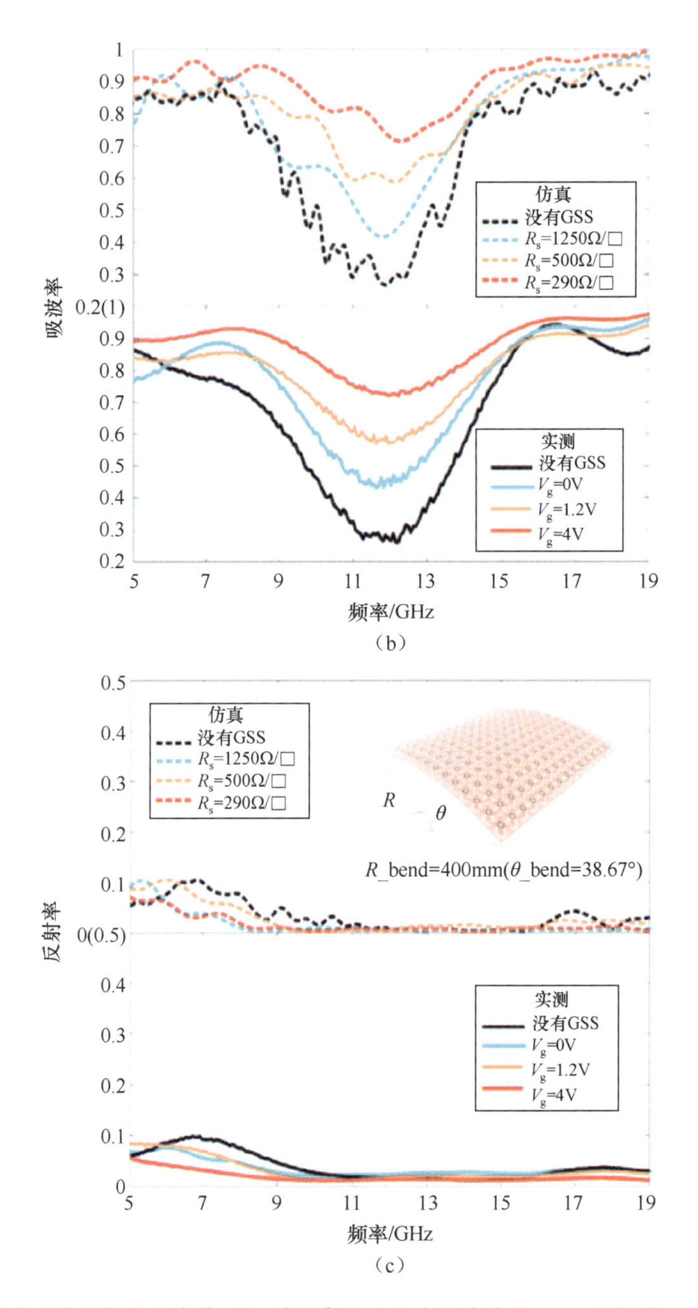

图 5.142　仿真及实测得出的弯曲 FSR 随频率及 GSS 方阻变化的（a）透射率；（b）吸波率；（c）反射率。弯曲角度为 38.67°，对应弯曲半径为 400mm（续）

所示，透射窗口的透射率劣化越来越明显，但当弯曲角度增大到 77.35°时，透射带的透射率仍可达到 0.7。如图 5.142（b）、（c）和图 5.143（b）、（c）所示，整个波段内 FSR 的反射及 f_1、f_3 处的吸波率没有明显的变化。当利用 GSS 对 FSR 进行调控后，图 5.142 和图 5.143 所示的透射率、吸波率和反射率的变化趋势与图 5.140 所示的平整状态类似，最显著的区别是相应电压下的透射率降低了。即便如此，当弯曲角度增加到 77.35°时，仍然能在f_2处观察到 0.7～0.2 的透射率变化，这表明了弯曲情况下 FSR 的透射窗口仍具有相当大的可调性。同时，不管弯曲角度或施加的电压如何，在研究的整个频段内，入射波大多被 FSR 吸收或透射过 FSR 结构，其反射率始终保持在 0.1 以下，从而保证了低 RCS 特性。这里的 FSR 具有较好的柔性或共形适应性。

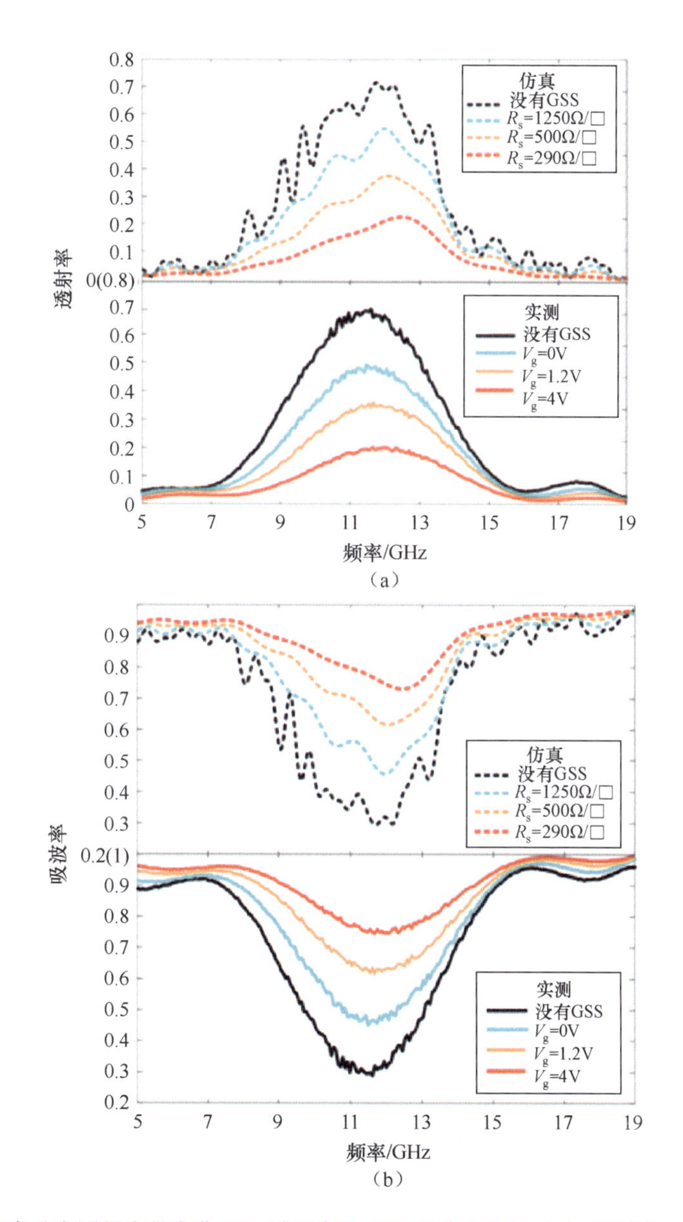

图 5.143　仿真及实测得出的弯曲 FSR 随频率及 GSS 方阻变化的（a）透射率；（b）吸波率；（c）反射率。弯曲角度为 77.35°，对应弯曲半径为 200mm

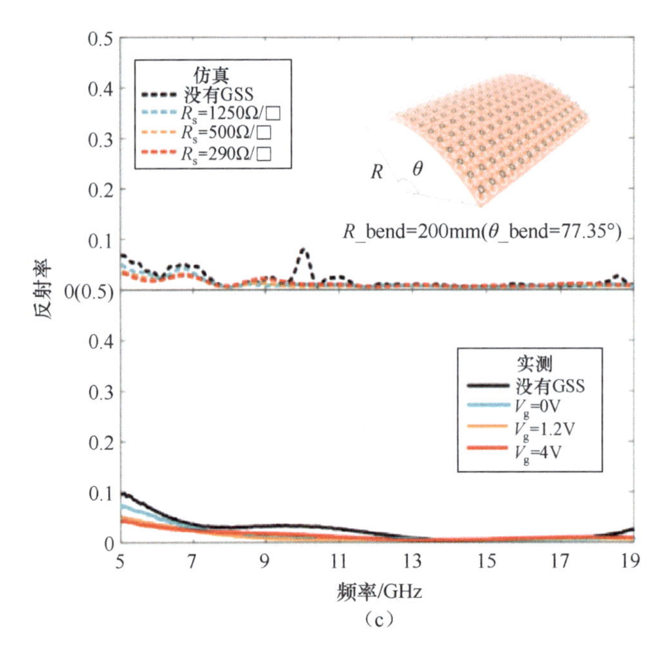

（c）

图 5.143 仿真及实测得出的弯曲 FSR 随频率及 GSS 方阻变化的（a）透射率；（b）吸波率；（c）反射率。弯曲角度为 77.35°，对应弯曲半径为 200mm（续）

5.13 可调宽带吸波器

电磁吸波器作为抑制电磁波反射和传输的设备，在无线、电磁兼容性、隐身和伪装技术中具有广泛的应用[103-106]。在实际应用中，可调吸波器（频率可调或吸波率可调）由于具有很大的灵活性而对智能系统更具吸引力。通过与变容二极管和 PIN 二极管等集总元件集成，传统的吸波器可以实现可调功能[107,108]，但是这种方法制造工艺相对复杂且成本昂贵。为了解决这些问题，基于石墨烯的可调吸波器应运而生，并在理论[109-112]和实验[113,114]上都进行了广泛的研究。但在实际应用中同时实现具有宽吸收带和动态可调特性的微波吸波器仍然是一个挑战。本节将介绍一款结合了随机超表面和由多层大面积石墨烯堆叠而成的石墨烯“三明治”结构（GSS）吸波器，可以同时实现宽带吸收和动态可调性[58]。

5.13.1 宽带吸波器的设计原理

在介绍可调谐特性之前，先考虑满足要求的宽带吸波器。其中满足自由空间的阻抗匹配的阻抗表面等于 377Ω/□。随机超表面吸波器（Random Metasurface Absorber, RMA）如图 5.144 所示。它由一层厚度为 $h=2$mm 和相对介电常数为 4.4 的接地电介质基板（FR4）组成，在该基板上印制超表面单元，其中超表面和电阻膜之间的空气隔层

厚度为 $d=4$mm，吸波器的总厚度为6mm，仅为最大工作波长的1/10。

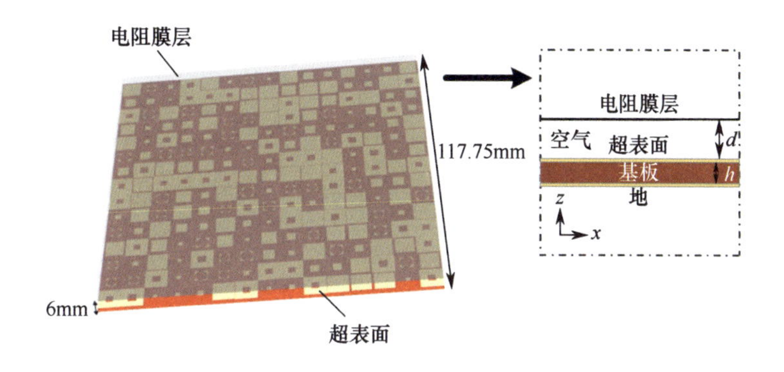

图5.144　随机超表面吸波器的整体结构及侧视图

单元结构考虑了正方形、方环形和内切圆形三种，如图5.145（a）~（c）所示。每个单元的周期 p 为7.85mm。为了扩展吸收带宽，选择构成超表面的这些单元应具有不同的共振频率，即对应于每个RMA单元的反射深陷频点应沿频率轴连续出现。然后通过相邻的下陷重叠，即可有效扩展带宽。

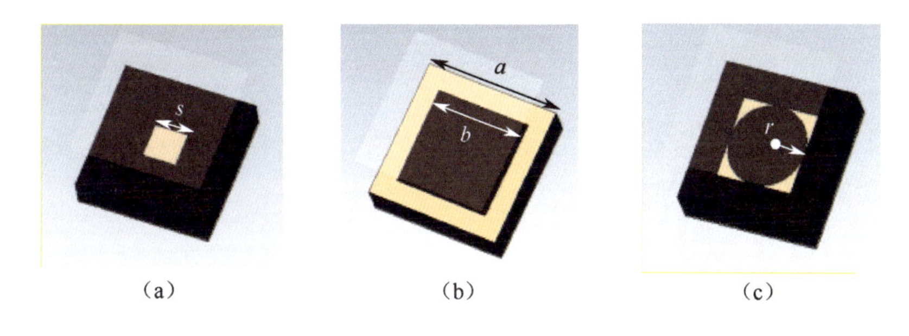

图5.145　三种不同图案单元示意图。（a）正方形；（b）方环形；（c）内切圆形

图5.146（a）为四种不同共振频点的单元反射系数示意图，其中实线、虚线和点画线分别表示正方形、方环形和内切圆形。可以看出，反射系数中显然存在四个不同的谐振，并且在整个频段内稀疏分布，致使反射系数小于 −10dB 的频带无法覆盖5~31GHz的整个频带。然后再分别选择具有8个及12个不同谐振的单元，对应的反射系数与不同单位数量的关系如图5.146（c）、（e）所示。从图5.146（a）、（c）、（e）可以看出，当采用不同谐振的单元越多时，每个单元相对应的谐振在频带中的分布会更均匀、更密集。然而在某些频率下，正方形难以实现所需的共振，所以使用了方环形和内切圆形。在每个固定频率上进行优化后，将上述三个图案中的12个单元的最终参数设置如下。正方形的长度 s 分别为1.5mm、2mm、3mm、4mm、5.5mm、6.5mm、7mm、7.5mm；方环形的外部长度 a 均为7.85mm，内部长度 b 分别为2.5mm和3mm；内切圆的半径 r 分别为3.5mm和4.5mm。

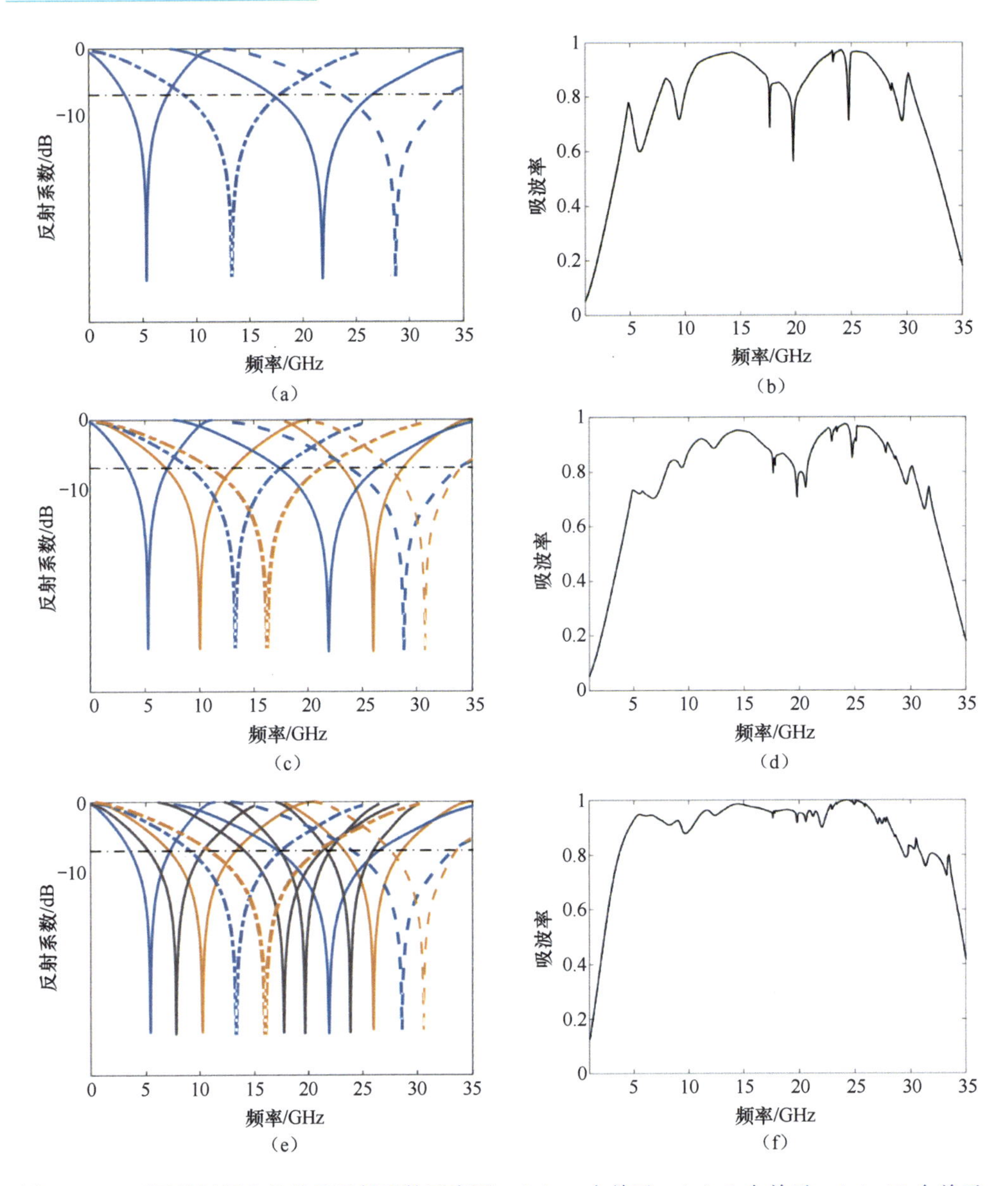

图 5.146　不同共振频点的单元反射系数示意图。(a) 4 个单元；(c) 8 个单元；(e) 12 个单元。通过 MATLAB 算出的不同单元组成阵列的吸波率：(b) 4 个单元；(d) 8 个单元；(f) 12 个单元

为了实现上述功能，我们设计了包含 15×15 个单元的吸波器阵列，阵列的单元分布是通过 MATLAB 程序随机进行分布，进而进行吸波率计算。这些单元是通过 MATLAB 程序随机排列形成一个阵列而进行吸波率计算的。根据反射阵列理论[115]，整个阵列的吸波率 A 计算如下：

$$A = 1 - \left(\frac{\sum_{m=1}^{N} \sum_{n=1}^{N} |\Gamma(m,n)| \mathrm{e}^{-\mathrm{j}[\psi(m,n) + kp\sin\theta(m\cos\varphi + n\sin\varphi)]}}{M(\theta,\varphi)} \right)^2 \tag{5.138}$$

式中：$|\Gamma(m,n)|$ 表示根据 CST 模拟的位于 (mp, np) 处的 RMA 单元频率相关的反射

系数；$\psi(m, n)$ 是反射系数的相位；k 是自由空间的波数；p 是单元的周期；$M(\theta, \varphi)=\sum_{m=1}^{N}\sum_{n=1}^{N}e^{-j\{kp\sin\theta[m\cos\varphi+n\sin\varphi]\}}$是关于俯仰角 θ 和方位角 φ 的与金属地面归一化的参数。

图5.146（b）、（d）、（f）展示了基于不同超表面单元随机排列的吸波器所计算的吸收性能。通过比较吸波器的吸波率和带宽，基于12个单元的吸波器具有更好的性能。在仿真中，通过CST Microwave Studio的宏用Visual Basic编写的一组随机小程序可以实现超表面单元的随机分布。加上金属背板、基板和电阻膜，经过随机编程，整体结构得以成形。鲁棒的角度相关性能是评估电磁吸波器的重要标准，因此考虑了斜入射条件下设计的吸波器的吸收性能。如图5.147（a）和（b）所示，对于TE和TM模式下的偏振，除在8GHz附近的某些频点外，从5～31GHz带宽内吸波率达80%以上都可以坚持到大约45°的入射角。由于在TE和TM模式下法向入射时从5～31GHz处的吸收没有太大差异，因此在以下工作中仅考虑TE模式下垂直入射的情况。

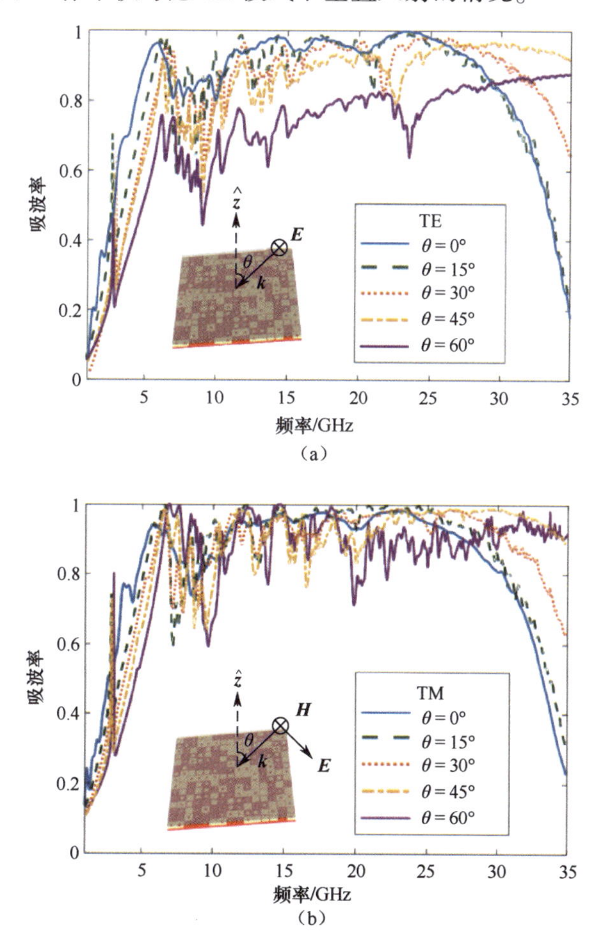

图5.147　不同模式下吸波器关于不同入射角度的吸波性能。(a) TE模式；(b) TM模式

5.13.2 宽带吸波器的可调性

为了更方便地研究阻值变化对吸波率的影响，这里采用图 5.148（a）所示的吸波器等效传输线模型进行分析。空气间隔由具有特性阻抗 η_0 和传播常数 β_0 的传输线表示，而石墨烯等效于与传输线并联的集总电阻 R_s。显然，整个传输线都由 Z_L 的无损负载终止，该负载代表超表面及其下方介质的整体。因此，超表面的反射系数为

$$\Gamma_1 = |\Gamma_1| e^{j\psi(f)} = \frac{Z_L - \eta_0}{Z_L + \eta_0} \tag{5.139}$$

式中：$\psi(f)$ 是超表面单元的反射相位；$|\Gamma_1| = 1$ 表示由于在超表面和地面中使用了理想的金属材料，因此入射波被完全反射了。输入阻抗可以通过传输线相关公式表示为

$$Z_{in} = R_s \parallel Z_1 = R_s \parallel \eta_0 \frac{Z_L + j\eta_0 \tan\beta_0 d}{\eta_0 + jZ_L \tan\beta_0 d} \tag{5.140}$$

经过分析，RMA 单元的反射系数可以推导为

$$\Gamma(f) = \frac{Z_{in} - \eta_0}{Z_{in} + \eta_0} = \frac{2R_s - \eta_0 (e^{j(2\beta_0 d - \psi(f))} + 1)}{2R_s e^{j(2\beta_0 d - \psi(f))} + \eta_0 (1 + e^{j(2\beta_0 d - \psi(f))})} \tag{5.141}$$

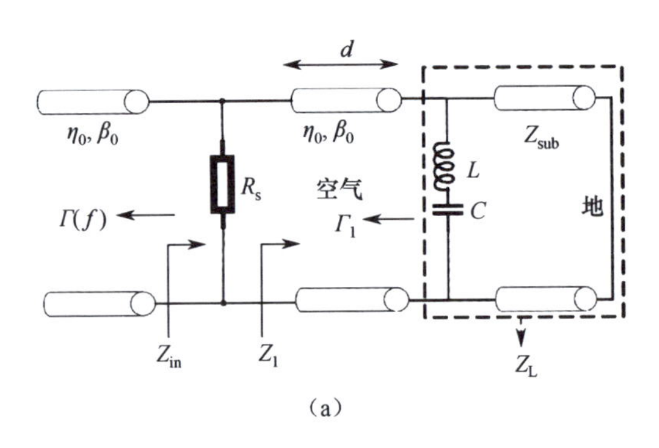

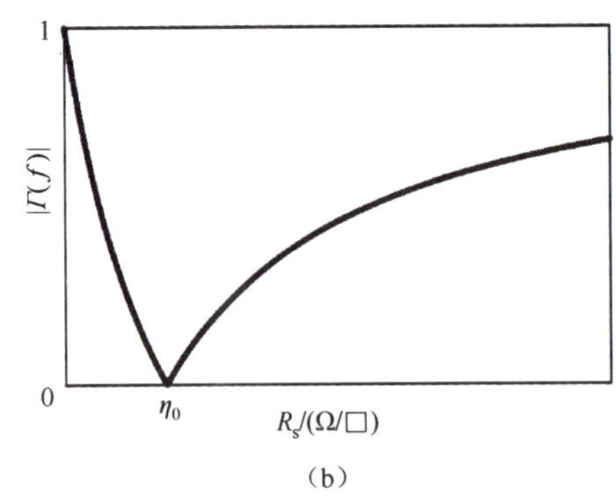

图 5.148 （a）吸波器的等效电路图；（b）反射系数随方阻变化的示意图

从式（5.140）可知，当 $R_s = \eta_0$ 时，$\Gamma(f)$ 可以达到一个峰值，其值等于 $(1 - e^{j2\beta_0 d - \psi(f)} / (3e^{j(2\beta_0 d - \psi(f))} + 1)$。由于传输波被金属地面完全阻挡，因此吸波率可以写为

$A=1-|\Gamma(f)|^2$。假设在理想情况下，$2\beta_0 d-\psi(f)=2n\pi$，$n=0$，1，2，…，该公式可以简化为 $\Gamma(f)=\dfrac{R_s-\eta_0}{R_s+\eta_0}$。如图 5.148（b）所示，当 $R_s<\eta_0$ 时，反射系数的斜率变化很大；而当 $R_s>\eta_0$ 时，单元的反射变化率很小。因此，分别选择 $R_s=10\Omega/\square$，$80\Omega/\square$，$377\Omega/\square$，$1000\Omega/\square$ 来观察 CST 中全波仿真 TE 极化的吸波率，并根据式（5.138）在 MATLAB 中进行计算。

结果如图 5.149 所示，当 $R_s=377\Omega/\square$ 时，与其他电阻相比，吸波率在更宽的带宽内达到较高的值，因为它与自由空间的阻抗匹配，吸波率从 5GHz 到 31GHz 的带宽内普遍高于 80%，相对带宽为 144%。当 R_s 远低于 $377\Omega/\square$ 时，整体吸波率会大大降低。特别是当 $R_s=10\Omega/\square$ 时，吸波器几乎处于反射状态。当 $R_s=1000\Omega/\square$ 时，带宽变窄，但是吸收仍然稳定。仿真结果和计算结果总体上吻合，验证了式（5.138）的准确性，并且结果的趋势也证实了我们的推论。仿真与计算之间的偏差主要存在于在 MATLAB 中所形成的阵列的反射系数，是在考虑单元周期性特征的情况下进行了模拟计算，而在全波仿真中，整个超表面阵列的形成并没有考虑单元周期性。为了更好地实现动态可调特性，必须将石墨烯的方阻设计在 $377\Omega/\square$ 及更低的阻值范围内。

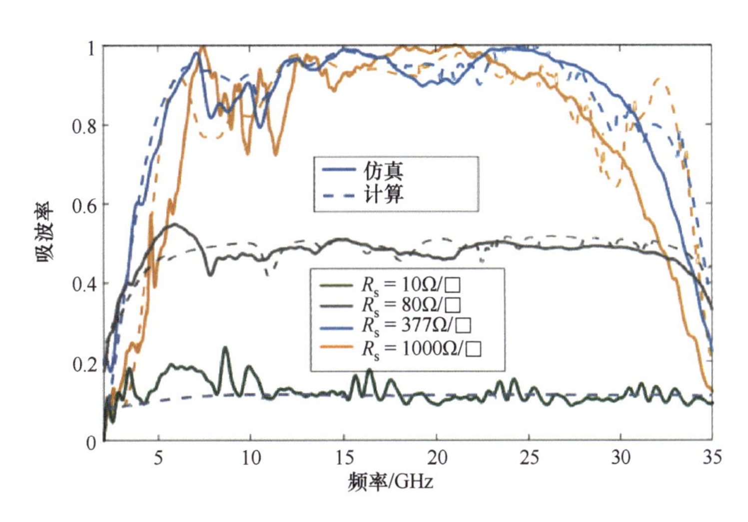

图 5.149　通过全波仿真和计算，吸波率根据不同的电阻值而变化

5.13.3　低方阻可调的石墨烯的设计与测试

根据上述分析，只有规定的最小方阻范围远低于 $377\Omega/\square$，可调性才能更好。在 GSS 中，通过在石墨烯单层上施加偏置电压，可以在石墨烯—电解质界面上形成带有相对电极的离子双层。然后，在石墨烯单层上产生可调节的高迁移率自由载流子（电子和空穴）[13]。铜箔基单层石墨烯作为电阻膜，而每个卷对卷转移的操作等效于在电路中并联一个电阻，其示意图如图 5.150 所示。电路中通过并联连接多个电阻，可以有效降低

电阻。因此，实际操作中石墨烯的可调方阻范围可以通过卷对卷转移的次数自由确定。根据预计范围，当 GSS 的每侧具有四层石墨烯时，其方阻的范围为 65 ~375Ω/□。

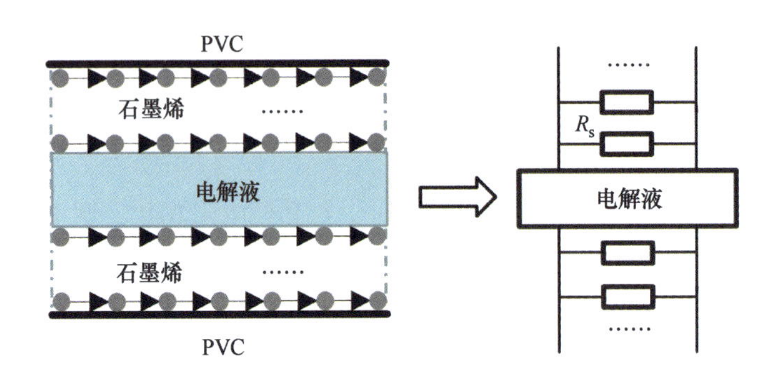

图 5.150　微波段转移石墨稀层数的等效原理示意图

在实验中，大面积单层石墨烯是通过大直径化学气相沉积（CVD）制成的[13]。通过四次卷对卷转移层压工艺，单层石墨烯可以无缝地堆叠到同一块 PVC 中。通过将电解质添加到隔膜纸上，可以完全制备出新的 GSS，该新 GSS 的两面均由四层单层石墨烯组成。在测量石墨烯的可调范围之前，先采用波导法[20]测量石墨烯的方阻与偏置电压之间的关系。可以根据矢量网络分析仪测试的 S 参数得出结果，如图 5.151 所示。随着偏置电压从 0V 变为 4V，新制备的石墨烯的方阻可以从 380Ω/□调整为 80Ω/□，这与分析结果略有差异，但由于合成工艺的影响，在制备新石墨烯“三明治”结构时这种误差是合理的。

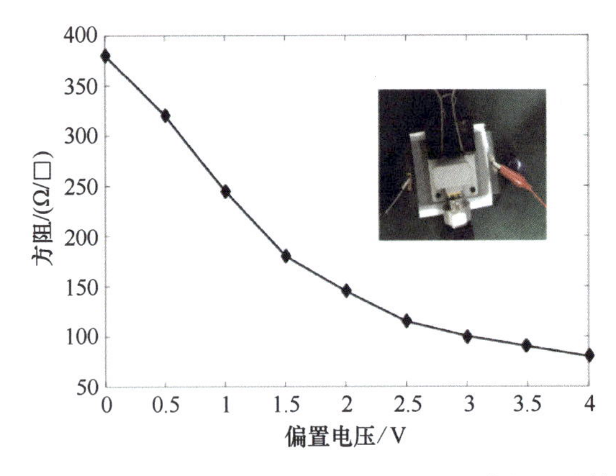

图 5.151　新制备的 GSS 方阻随偏置电压变化的测试结果

5.13.4　可调宽带吸波器的加工测试

为了验证设计原理，通过传统的 PCB 工艺制备了超表面、电介质基板和金属背板的样品。由于泡沫板的相对介电常数约为 1.05，接近真空的 $\varepsilon = 1$，因此在测量中，使用厚度为 4mm 的泡沫板来模拟空气隔离物。FR4 用作介电层，相对介电常数为 4.4，厚度为2mm。吸波器的整体尺寸约为120mm×120mm×6mm。制成的超表面和吸波器样品分别如图5.152（a）和（b）所示。在微波暗室中对样品进行测试，测量装置如图5.152（c）所示。透镜天线（两种类型，测量范围：8～18GHz，18～40GHz）和矢量网络分析仪用于测试设计的吸波器的 S_{11} 参数。

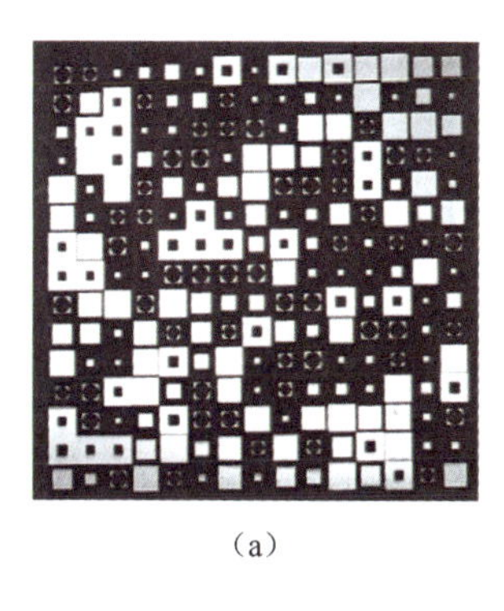
（a）

（b）
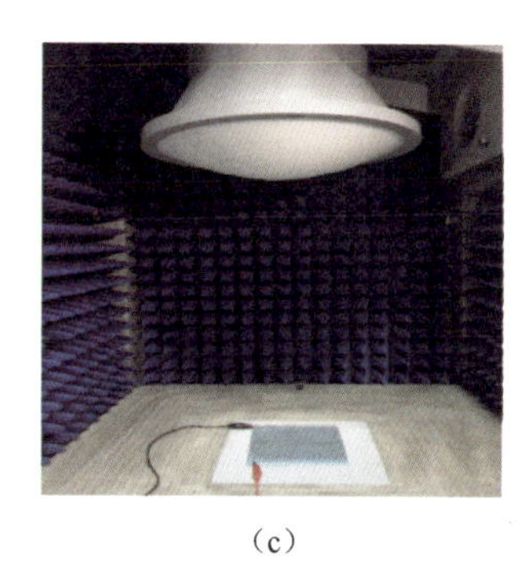
（c）

图5.152 （a）通过传统PCB工艺制备的超表面；（b）吸波器样品示意图，整体尺寸为120mm×120mm×6mm；（c）模拟自由空间微波测量装置示意图

如图5.153所示，实验结果表明，当偏置电压从0V调整到4V时，TE模式下的整体吸波率将从80%变为50%。可以观察到仿真结果与测量结果之间几乎没有偏差。吸波率上的差异主要是由吸波器加载偏置电压的过程中引起的，加载偏置电压的操作导致新GSS的方阻在测量和仿真之间不一致。总体上，实验结果与仿真结果吻合良好。

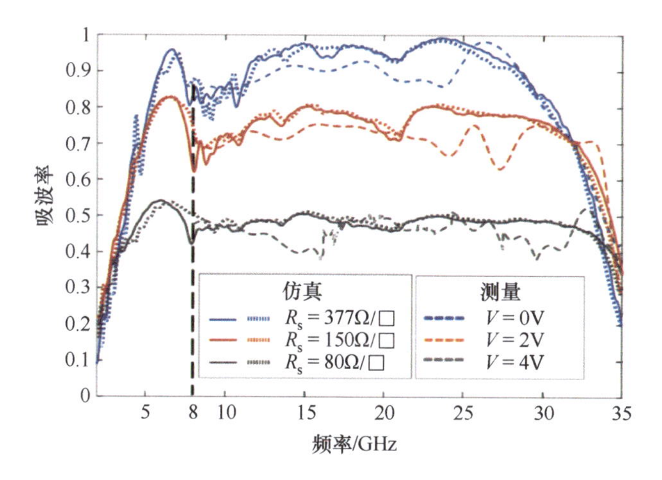

图5.153 在不同方阻下仿真和测量的吸波率对比，其中仿真中的实线表示石墨烯和超表面之间为真空，虚线表示石墨烯和超表面之间为泡沫

5.14 石墨烯柔性可调SSPP波导衰减器

人工表面等离激元（Spoof SPP，SSPP）波导是一类模拟光频段表面等离激元特性的

新型超材料波导，可在微波和太赫兹频段精细操控表面波，具有与平面电路相似的构型特性，可用于制备下一代集成电路的基础传输线。与传统传输线不同的是，SSPP 波导仅由一层导体结构构成，不需要接地板，因此 SSPP 波导具备轻质、柔性和便携性的优势[116]，可用于功分器、滤波器、耦合器和光束调制器[117-119]及各种柔性元件[120-124]等，但一种可灵活应用于射频（RF）系统的可调且柔性的衰减器鲜有报道[1]。石墨烯作为一种二维轻质材料，适用于柔性和可调平面集成电路。本节将以一种柔性可调衰减器为例介绍石墨烯如何实现 SSPP 波导输出功率的调制[33]。

5.14.1 柔性可调 SSPP 波导衰减器的理论分析

柔性可调衰减器的原理图如图 5.154 所示，图中柔性石墨烯“三明治”结构覆盖在柔性 SSPP 波导上并与 SSPP 波导共形，输出信号的幅值可以由偏置电压动态调节。平放的 SSPP 衰减器的结构如图 5.155 所示，其中 p、a 和 h 分别表示凹槽的周期、宽度和深度。W_{sig}和 s 分别代表 CPW 导带的宽度和槽的宽度，CPW 经过平滑的过渡连接到 SSPP 波导。L_g是石墨烯“三明治”结构的长度。

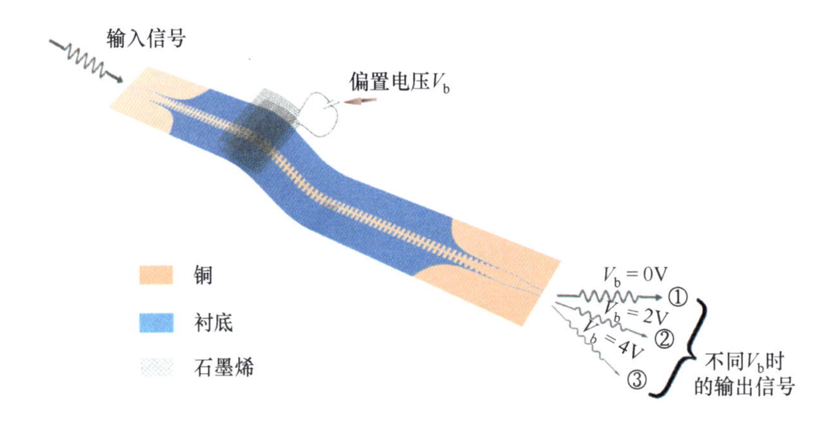

图 5.154　柔性可调衰减器的原理图

由于 SSPP 波导只有一个导体，且 SSPP 波导由凹槽金属条带构成，它的几何形状沿传播方向不均匀，所以前文所述的横向等效电路分析及模式匹配法均不适用。这里将 SSPP 波导衰减器简化为方向沿 z 轴的表面电流密度，SSPP 波导上产生横磁（TM）模式。使用坡印廷（Poynting）矢量分析 SSPP 衰减器。SSPP 衰减器和单独的 SSPP 波导的横截面如图 5.156 所示。图 5.156（a）、（b）分别代表 SSPP 衰减器在图 5.155的 AB 段及 BC 段的横截面。衰减量计算如下：

$$P_{loss} = P_0 - P_0 e^{-2\alpha_{loss}L_g} \tag{5.142}$$

式中：P_0表示图 5.155 所示流入横截面 A 的坡印廷时间平均功率流；α_{loss}是从 BC 段 SSPP 波导的衰减常数。因为衰减器的回波损耗非常小，可以认为流入横截面 B 的坡印

延时间平均功率流 P_g 与 P_0 基本相同，即

$$P_0 = P_g \tag{5.143}$$

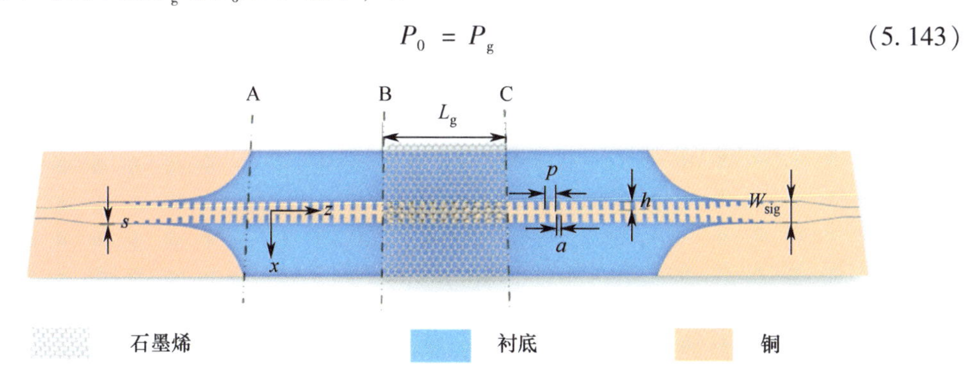

图 5.155　平放的 SSPP 衰减器的结构。衰减器的尺寸为 $p=5$mm，$a=2$mm，$h=4$mm，$W_{sig}=10$mm，$s=0.4$mm，$L_g=30$mm

SSPP 波导的 AB 段可以由表面电流密度 $\boldsymbol{J}_z$ 表示，如图 5.156（b）所示，因为 $\boldsymbol{J}_z$ 只激励 TM 场，因此，衰减常数可以通过下式得出：

$$\alpha_{loss} = \frac{\int_{-w/2}^{w/2} (\boldsymbol{J}_z - \boldsymbol{J}_{z1})\mathrm{d}x}{\int_{-w/2}^{w/2} \boldsymbol{J}_z \mathrm{d}x} \tag{5.144}$$

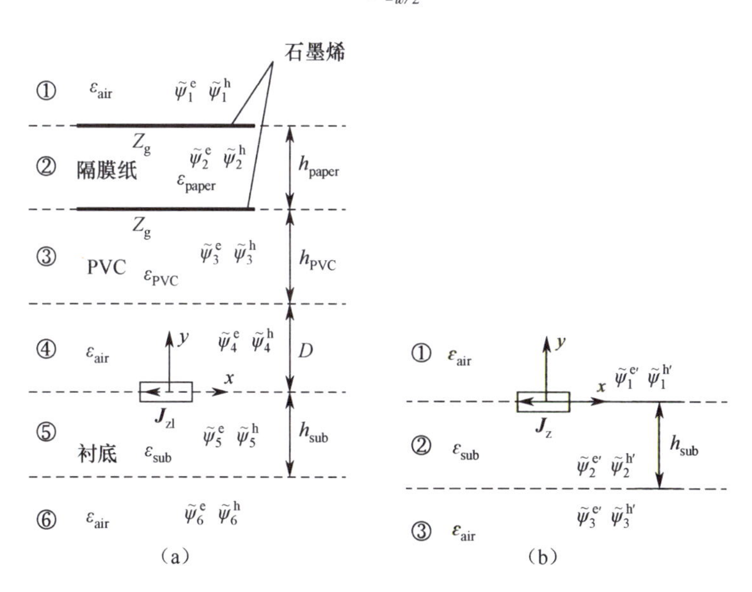

图 5.156　（a）SSPP 衰减器和（b）SSPP 波导的横截面。衰减器的尺寸为 $p=5$mm，$a=2$mm，$h=4$mm，$W_{sig}=10$mm，$s=0.4$mm，$L_g=30$mm

式中：$\boldsymbol{J}_{z1}$是 SSPP 波导 BC 段的表面电流密度；w 是$\boldsymbol{J}_z$ 的有效宽度。

$\boldsymbol{J}_z$ 可以由下式得出：

$$\boldsymbol{J}_z = \hat{y} \times (\boldsymbol{H}'_{x1} - \boldsymbol{H}'_{x2}) \tag{5.145}$$

式中：$\boldsymbol{H}'_{x1}$和$\boldsymbol{H}'_{x2}$分别表示在图5.156（b）所示的区域1和区域2中，在$y=0$处磁场的x分量，“′”代表图5.156（b）中的参数。由于没有关于有限厚度凹槽金属结构场的解析式，因此用仿真方法得到$\boldsymbol{H}'_{x1}$和$\boldsymbol{H}'_{x2}$[125,126]。由仿真得到在x轴$\boldsymbol{H}'_{x1}$和$\boldsymbol{H}'_{x2}$的幅值可以通过高斯分布拟合

$$A(x) = A_0 \frac{1}{3.135\sqrt{2\pi}} e^{\frac{-x^2}{2\times 3.135^2}} \tag{5.146}$$

式中：3.135^2（单位为mm^2）是拟合方差。将$A(x) > 0.01A(0)$看作x轴上的有效宽度w。因此，$\boldsymbol{H}'_{x1}$和$\boldsymbol{H}'_{x2}$可以由下式得出：

$$\begin{cases} H'_{x1} = A(x)e^{-j\beta z}e^{-k_{y1}y} \\ H'_{x2} = A(x)e^{-j\beta z}e^{k_{y2}y} \end{cases} \tag{5.147}$$

式中：$\beta=\sqrt{[ak_0\tan(k_0h)/p]^2+k_0^2}$表示SSPP的波数[127]，$k_{y1}^2=\beta^2-k_0^2\varepsilon_{air}$，且$k_{y2}^2=\beta^2-k_0^2\varepsilon_{sub}$，其中$k_{y1}$与$k_{y2}$分别是图5.156（b）所示区域1和区域2中的$y$方向波矢。$k_0$是自由空间中的波数。$\varepsilon_{air}$和$\varepsilon_{sub}$分别是空气和介质的介电常数。

用标量位$\tilde{\psi}^e$和$\tilde{\psi}^h$表示的场的傅里叶变换如下所示[24]：

$$\begin{cases} \tilde{E}_{xi} = -\dfrac{\alpha}{\omega\varepsilon_i}\dfrac{\partial\tilde{\psi}_i^e}{\partial y} - j\beta\tilde{\psi}_i^h \\ \tilde{H}_{xi} = j\beta\tilde{\psi}_i^e - \dfrac{\alpha}{\omega\mu_i}\dfrac{\partial\tilde{\psi}_i^h}{\partial y} \\ \tilde{E}_{yi} = \dfrac{1}{j\omega\varepsilon_i}\left(\dfrac{\partial^2}{\partial y^2}+k_i^2\right)\tilde{\psi}_i^e \\ \tilde{H}_{yi} = \dfrac{1}{j\omega\mu_i}\left(\dfrac{\partial^2}{\partial y^2}+k_i^2\right)\tilde{\psi}_i^h \\ \tilde{E}_{zi} = -\dfrac{\beta}{\omega\varepsilon_i}\dfrac{\partial\tilde{\psi}_i^e}{\partial y} + j\alpha\tilde{\psi}_i^h \\ \tilde{H}_{zi} = -j\alpha\tilde{\psi}_i^e - \dfrac{\beta}{\omega\mu_i}\dfrac{\partial\tilde{\psi}_i^h}{\partial y} \end{cases} \tag{5.148}$$

其中，波浪线代表相应参数的傅里叶变换。

图5.156（b）中每个区域的标量位如下：

区域1：

$$\begin{cases} \tilde{\psi}_1^{e'} = A^{e'}e^{-\gamma_1' y} \\ \tilde{\psi}_1^{h'} = A^{h'}e^{-\gamma_1' y} \end{cases} \tag{5.149}$$

区域2：

$$\begin{cases}\tilde{\psi}_2^{e'}=B^{e'}e^{\gamma_2' y}+C^{e'}e^{-\gamma_2' y}\\ \tilde{\psi}_2^{h'}=B^{e'}e^{\gamma_2' y}+C^{h'}e^{-\gamma_2' y}\end{cases}\tag{5.150}$$

区域 3：

$$\begin{cases}\tilde{\psi}_3^{e'}=D^{e'}e^{\gamma_3'(+h_{sub})}\\ \tilde{\psi}_3^{h'}=D^{h'}e^{\gamma_3'(y+h_{sub})}\end{cases}\tag{5.151}$$

$$\gamma_i'^2=\alpha^2+\beta^2-k_i'^2$$

$$k_i'^2=\omega^2\mu_0\varepsilon_i' \qquad i=1,2,3$$

式中：h_{sub}是 SSPP 波导介质的厚度；$\varepsilon_1'=\varepsilon_3'=\varepsilon_{air}$，$\varepsilon_2'=\varepsilon_{sub}$；$\omega$ 是角频率；μ_0是真空的磁导率。将式（5.149）~式（5.151）代入式（5.148）中可以得到图 5.156（b）中每个区域场的表达式。未知系数可以根据每个界面的边界条件得到，如下：

$y=0$：

$$\int_{-\infty}^{\infty}E_{z1}'e^{j\alpha x}dx=\int_{-\infty}^{\infty}E_{z2}'e^{j\alpha x}dx\tag{5.152}$$

$$\int_{-\infty}^{\infty}E_{x1}'e^{j\alpha x}dx=\int_{-\infty}^{\infty}E'_{x2}e^{j\alpha x}dx\tag{5.153}$$

$$\int_{-\infty}^{\infty}(H_{x2}'-H_{x1}')e^{j\alpha x}dx=\int_{-\frac{w}{2}}^{\frac{w}{2}}J_z e^{j\alpha x}dx\tag{5.154}$$

$$\int_{-\infty}^{\infty}H_{z1}'e^{j\alpha x}dx-\int_{-\infty}^{\infty}H_{z2}'e^{j\alpha x}dx=0\tag{5.155}$$

$y=-h_{sub}$：

$$\int_{-\infty}^{\infty}E_{z2}'e^{j\alpha x}dx=\int_{-\infty}^{\infty}E_{z3}'e^{j\alpha x}dx\tag{5.156}$$

$$\int_{-\infty}^{\infty}E_{x2}'e^{j\alpha x}dx=\int_{-\infty}^{\infty}E_{x3}'e^{j\alpha x}dx\tag{5.157}$$

$$\int_{-\infty}^{\infty}H_{x2}'e^{j\alpha x}dx=\int_{-\infty}^{\infty}H_{x3}'e^{j\alpha x}dx\tag{5.158}$$

$$\int_{-\infty}^{\infty}H_{z2}'e^{j\alpha x}dx-\int_{-\infty}^{\infty}H_{z3}'e^{j\alpha x}dx=0\tag{5.159}$$

坡印廷时间平均功率流 P_0可由下式得出：

$$\begin{aligned}P_0&=\mathrm{Re}\int_{-\infty}^{\infty}\int_{-\infty}^{\infty}E\times H^*\cdot\hat{z}dydx=\frac{1}{2\pi}\mathrm{Re}\int_{-\infty}^{\infty}\int_{-\infty}^{\infty}\tilde{E}\times\tilde{H}^*\cdot\hat{z}dyd\alpha\\&=\frac{1}{2\pi}\mathrm{Re}\int_{-\infty}^{\infty}[E_1'+E_2'+E_3']d\alpha\end{aligned}\tag{5.160}$$

$$E_1'=\int_0^{\infty}(\tilde{E}_{x1}'\tilde{H}_{y1}'^*-\tilde{E}_{y1}'\tilde{H}_{x1}'^*)dy\tag{5.161}$$

$$E_2' = \int_{-h_{sub}}^{0} (\tilde{E}_{x2}' \tilde{H}_{y2}'^* - \tilde{E}_{y2}' \tilde{H}_{x2}'^*) \mathrm{d}y \tag{5.162}$$

$$E_3' = \int_{-\infty}^{-h_{sub}} (\tilde{E}_{x3}' \tilde{H}_{y3}'^* - \tilde{E}_{y3}' \tilde{H}_{x3}'^*) \mathrm{d}y \tag{5.163}$$

图 5.156（a）中每个区域的标量位如下：

区域 1：

$$\begin{cases} \tilde{\psi}_1^{e} = A^{e} e^{-\gamma_1(y-h_{paper}-h_{PVC}-D)} \\ \tilde{\psi}_1^{h} = A^{h} e^{-\gamma_1(y-h_{paper}-h_{PVC}-D)} \end{cases} \tag{5.164}$$

区域 2：

$$\begin{cases} \tilde{\psi}_2^{e} = B^{e} \sinh\gamma_2(y-h_{PVC}-D) + C^{e} \cosh\gamma_2(y-h_{PVC}-D) \\ \tilde{\psi}_2^{h} = B^{h} \cosh\gamma_2(y-h_{PVC}-D) + C^{h} \sinh\gamma_2(y-h_{PVC}-D) \end{cases} \tag{5.165}$$

区域 3：

$$\begin{cases} \tilde{\psi}_3^{e} = D^{e} \sinh\gamma_3(y-D) + E^{e} \cosh\gamma_3(y-D) \\ \tilde{\psi}_3^{h} = D^{h} \sinh\gamma_3(y-D) + E^{h} \cosh\gamma_3(y-D) \end{cases} \tag{5.166}$$

区域 4：

$$\begin{cases} \tilde{\psi}_4^{e} = F^{e} \sinh\gamma_4 y + G^{e} \cosh\gamma_4 y \\ \tilde{\psi}_4^{h} = F^{h} \sinh\gamma_4 y + G^{h} \cosh\gamma_4 y \end{cases} \tag{5.167}$$

区域 5：

$$\begin{cases} \tilde{\psi}_5^{e} = H^{e} e^{\gamma_5 y} + I^{e} e^{-\gamma_5 y} \\ \tilde{\psi}_5^{h} = H^{h} e^{\gamma_5 y} + I^{h} e^{-\gamma_5 y} \end{cases} \tag{5.168}$$

区域 6：

$$\begin{cases} \tilde{\psi}_6^{e} = K^{e} e^{\gamma_6(y+h_{sub})} \\ \tilde{\psi}_6^{h} = K^{h} e^{\gamma_6(y+h_{sub})} \end{cases} \tag{5.169}$$

$$\gamma_i^2 = \alpha^2 + \beta^2 - k_i^2$$

$$k_i^2 = \omega^2 \mu_0 \varepsilon_i \qquad i = 1, 2, 3, 4, 5, 6$$

式中：h_{paper}和h_{PVC}分别是隔膜纸和 PVC 的厚度；D 是 PVC 和 SSPP 波导之间的距离。ε_{paper}和ε_{PVC}分别是隔膜纸和 PVC 的介电常数，$\varepsilon_1 = \varepsilon_4 = \varepsilon_6 = \varepsilon_{air}$，$\varepsilon_2 = \varepsilon_{paper}$，$\varepsilon_3 = \varepsilon_{PVC}$，$\varepsilon_5 = \varepsilon_{sub}$。将式（5.164）~式（5.169）代入式（5.148），可以得出图 5.156（a）中每个区域场的表达式。

谱域中的边界条件如下：

$y = h_{\text{paper}} + h_{\text{PVC}} + D$：

$$\int_{-\infty}^{\infty} E_{z1} e^{j\alpha x} dx = \int_{-\infty}^{\infty} E_{z2} e^{j\alpha x} dx \tag{5.170}$$

$$\int_{-\infty}^{\infty} E_{x1} e^{j\alpha x} dx = \int_{-\infty}^{\infty} E_{x2} e^{j\alpha x} dx \tag{5.171}$$

$$\int_{-\infty}^{\infty} (H_{x2} - H_{x1}) e^{j\alpha x} dx = -\int_{-\infty}^{\infty} \frac{E_{z2}}{Z_g} e^{j\alpha x} dx \tag{5.172}$$

$$\int_{-\infty}^{\infty} H_{z1} e^{j\alpha x} dx - \int_{-\infty}^{\infty} H_{z2} e^{j\alpha x} dx = \int_{-\infty}^{\infty} \frac{E_{x2}}{Z_g} e^{j\alpha x} dx \tag{5.173}$$

$y = h_{\text{PVC}} + D$：

$$\int_{-\infty}^{\infty} E_{z2} e^{j\alpha x} dx = \int_{-\infty}^{\infty} E_{z3} e^{j\alpha x} dx \tag{5.174}$$

$$\int_{-\infty}^{\infty} E_{x2} e^{j\alpha x} dx = \int_{-\infty}^{\infty} E_{x3} e^{j\alpha x} dx \tag{5.175}$$

$$\int_{-\infty}^{\infty} (H_{x3} - H_{x2}) e^{j\alpha x} dx = -\int_{-\infty}^{\infty} \frac{E_{z3}}{Z_g} e^{j\alpha x} dx \tag{5.176}$$

$$\int_{-\infty}^{\infty} H_{z3} e^{j\alpha x} dx - \int_{-\infty}^{\infty} H_{z2} e^{j\alpha x} dx = \int_{-\infty}^{\infty} \frac{E_{x3}}{Z_g} e^{j\alpha x} dx \tag{5.177}$$

$y = D$：

$$\int_{-\infty}^{\infty} E_{z3} e^{j\alpha x} dx = \int_{-\infty}^{\infty} E_{z4} e^{j\alpha x} dx \tag{5.178}$$

$$\int_{-\infty}^{\infty} E_{x3} e^{j\alpha x} dx = \int_{-\infty}^{\infty} E_{x4} e^{j\alpha x} dx \tag{5.179}$$

$$\int_{-\infty}^{\infty} H_{x3} e^{j\alpha x} dx = \int_{-\infty}^{\infty} H_{x4} e^{j\alpha x} dx \tag{5.180}$$

$$\int_{-\infty}^{\infty} H_{z3} e^{j\alpha x} dx - \int_{-\infty}^{\infty} H_{z4} e^{j\alpha x} dx = 0 \tag{5.181}$$

$y = 0$：

$$\int_{-\infty}^{\infty} E_{z4} e^{j\alpha x} dx = \int_{-\infty}^{\infty} E_{z5} e^{j\alpha x} dx \tag{5.182}$$

$$\int_{-\infty}^{\infty} E_{x4} e^{j\alpha x} dx = \int_{-\infty}^{\infty} E_{x5} e^{j\alpha x} dx \tag{5.183}$$

$$\int_{-\infty}^{\infty} (H_{x5} - H_{x4}) e^{j\alpha x} dx = \int_{-\frac{w}{2}}^{\frac{w}{2}} J_{z1} e^{j\alpha x} dx \tag{5.184}$$

$$\int_{-\infty}^{\infty} H_{z4} e^{j\alpha x} dx - \int_{-\infty}^{\infty} H_{z5} e^{j\alpha x} dx = 0 \tag{5.185}$$

$y = -h_{\text{sub}}$：

$$\int_{-\infty}^{\infty} E_{z5} e^{j\alpha x} dx = \int_{-\infty}^{\infty} E_{z6} e^{j\alpha x} dx \tag{5.186}$$

$$\int_{-\infty}^{\infty} E_{x5} \mathrm{e}^{\mathrm{j}\alpha x} \mathrm{d}x = \int_{-\infty}^{\infty} E_{x6} \mathrm{e}^{\mathrm{j}\alpha x} \mathrm{d}x \tag{5.187}$$

$$\int_{-\infty}^{\infty} H_{x5} \mathrm{e}^{\mathrm{j}\alpha x} \mathrm{d}x = \int_{-\infty}^{\infty} H_{x6} \mathrm{e}^{\mathrm{j}\alpha x} \mathrm{d}x \tag{5.188}$$

$$\int_{-\infty}^{\infty} H_{z5} \mathrm{e}^{\mathrm{j}\alpha x} \mathrm{d}x - \int_{-\infty}^{\infty} H_{z6} \mathrm{e}^{\mathrm{j}\alpha x} \mathrm{d}x = 0 \tag{5.189}$$

坡印廷时间平均功率流 P_g 可由下式给出：

$$P_g = \frac{1}{2\pi} \mathrm{Re} \int_{-\infty}^{\infty} [E_1 + E_2 + E_3 + E_4 + E_5 + E_6] \mathrm{d}\alpha \tag{5.190}$$

$$E_1 = \int_{h_{\mathrm{PVC}}+h_{\mathrm{paper}}+D}^{\infty} (\tilde{E}_{x1} \tilde{H}_{y1}^* - \tilde{E}_{y1} \tilde{H}_{x1}^*) \mathrm{d}y \tag{5.191}$$

$$E_2 = \int_{h_{\mathrm{PVC}}+D}^{h_{\mathrm{PVC}}+h_{\mathrm{paper}}+D} (\tilde{E}_{x2} \tilde{H}_{y2}^* - \tilde{E}_{y2} \tilde{H}_{x2}^*) \mathrm{d}y \tag{5.192}$$

$$E_3 = \int_{D}^{h_{\mathrm{PVC}}+D} (\tilde{E}_{x3} \tilde{H}_{y3}^* - \tilde{E}_{y3} \tilde{H}_{x3}^*) \mathrm{d}y \tag{5.193}$$

$$E_4 = \int_{0}^{D} (\tilde{E}_{x4} \tilde{H}_{y4}^* - \tilde{E}_{y4} \tilde{H}_{x4}^*) \mathrm{d}y \tag{5.194}$$

$$E_5 = \int_{-h_{\mathrm{sub}}}^{0} (\tilde{E}_{x5} \tilde{H}_{y5}^* - \tilde{E}_{y5} \tilde{H}_{x5}^*) \mathrm{d}y \tag{5.195}$$

$$E_6 = \int_{-\infty}^{-h_{\mathrm{sub}}} (\tilde{E}_{x6} \tilde{H}_{y6}^* - \tilde{E}_{y6} \tilde{H}_{x6}^*) \mathrm{d}y \tag{5.196}$$

最后，将式（5.160）和式（5.190）代入式（5.143）可以得到 J_{z1}。

图 5.157 展示了在 9GHz 时衰减器的仿真和计算的插入损耗与石墨烯表面方阻的关系。在图 5.157 中，实心形状代表仿真结果，空心形状代表计算结果。可以看出，仿真结果与计算结果相吻合。从图 5.157 中可以看出，随着石墨烯的表面方阻 Z_g 从

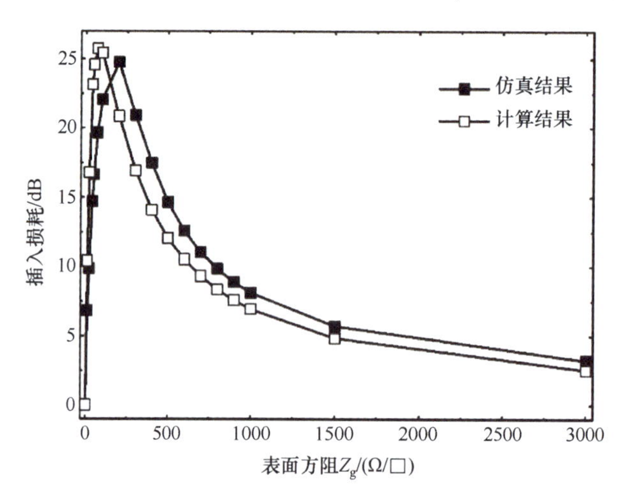

图 5.157 在 9GHz 时衰减器的插入损耗与石墨烯的表面方阻的关系（$p=5$mm，$a=2$mm，$h=4$mm，$W_{\mathrm{sig}}=10$mm，$s=0.4$mm，$L_g=70$mm，$D=1.7$mm）。实心形状代表仿真结果，空心形状代表计算结果

3000Ω/□降到100Ω/□，插入损耗从2.6dB上升到25.6dB，当Z_g从100Ω/□减小到0Ω/□时，插入损耗减小至0dB。因此，衰减器的衰减量理论上可以获得至少23dB（25.6dB－2.6dB＝23dB）的调节范围。图5.157也可以根据物理解释理解。当石墨烯的表面方阻接近无穷大时，衰减器可以简单地看作有普通介质覆盖的SSPP波导，因此，衰减量基本为零。由$J_s = Z_g^{-1}E_s$可知，随着Z_g的逐渐减小，石墨烯上的表面电流密度增加，因此阻抗损耗增加。然而，当石墨烯的表面方阻接近零时，SSPP波导也不会有功率衰减。

此外，图5.158展示了9GHz时衰减器仿真的电场分布。图5.158（a）、（b）表示衰减器放平时的电场分布，图5.158（c）、（d）是衰减器弯曲30°时的电场分布，图5.158（e）、（f）是衰减器弯曲60°时的电场分布，图5.158（g）、（h）是衰减器弯曲90°时的电场分布。衰减器弯曲的曲率半径均为35mm。在图5.158（a）、（c）、（e）、（g）中，石墨烯的表面方阻为3000Ω/□，并且在输出端口处可以明显地看到场强。在图5.158（b）、（d）、（f）、（h）中，石墨烯的表面方阻为580Ω/□，且在

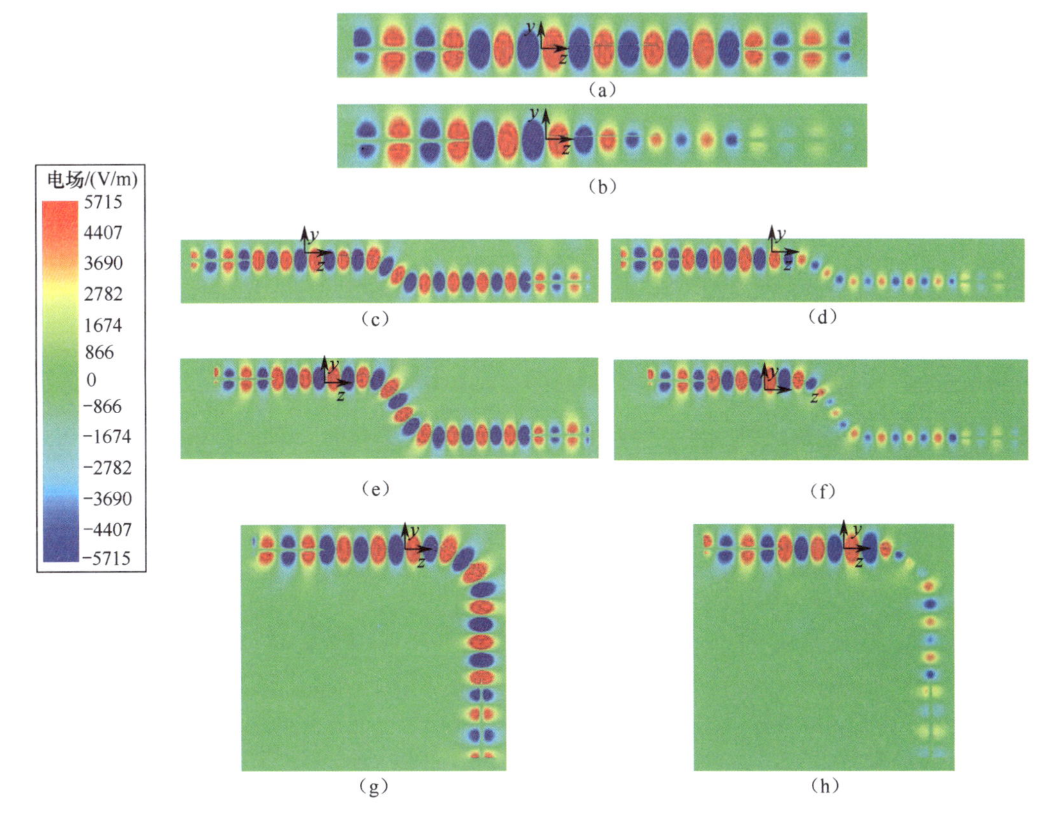

图5.158 在9GHz时衰减器的电场分布。（a）、（b）衰减器放平时的电场分布；（c）、（d）衰减器弯曲30°时的电场分布；（e）、（f）衰减器弯曲60°时的电场分布；（g）、（h）衰减器弯曲90°时的电场分布。曲率半径均为35mm。石墨烯的表面方阻分别为（a）、（c）、（e）、（g）Z_g＝3000Ω/□和（b）、（d）、（f）、（h）Z_g＝580Ω/□

输出端口处基本看不到场强。另外，可以看到即使衰减器弯曲 90°对电场分布也没有太大影响。

另外，图 5.159 展示了在 9GHz 时衰减器的插入损耗与石墨烯长度 L_g 的关系。实心形状代表仿真结果，空心形状代表计算结果。可以看出，当损耗单位是 dB 时，插入损耗随 L_g 呈线性增加。此外，图 5.160 展示了在 9GHz 时衰减器的插入损耗与石墨烯“三明治”结构和 SSPP 波导间距的关系。当间距 D 增加时，插入损耗减小，并且调节范围缩小。

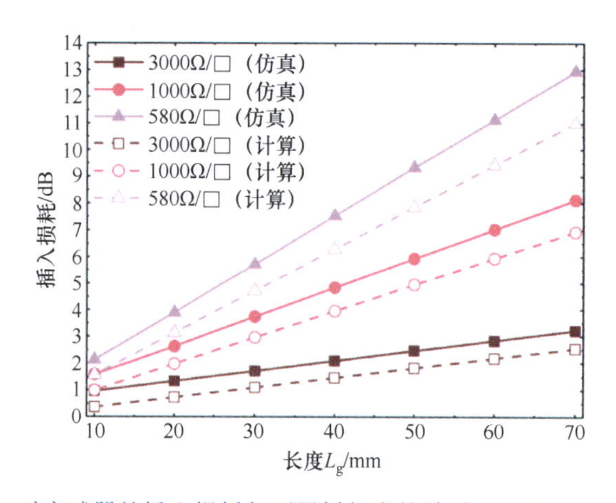

图 5.159　在 9GHz 时衰减器的插入损耗与石墨烯长度的关系（$p=5$mm，$a=2$mm，$h=4$mm，$W_{sig}=10$mm，$s=0.4$mm，$D=1.7$mm）。实心形状代表仿真结果，空心形状代表计算结果

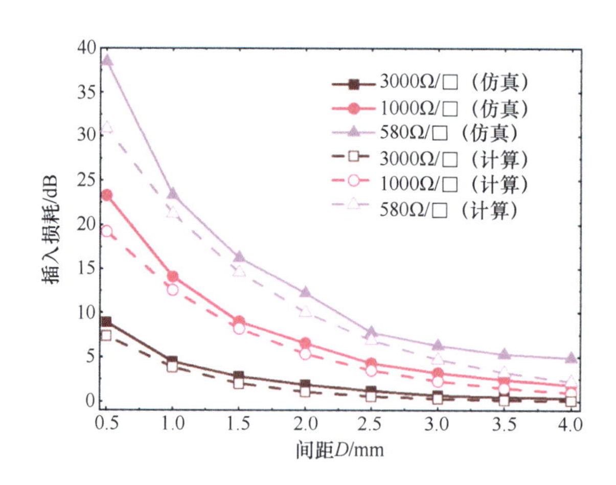

图 5.160　在 9GHz 时衰减器的插入损耗与石墨烯“三明治”结构和 SSPP 波导间距的关系（$p=5$mm，$a=2$mm，$h=4$mm，$W_{sig}=10$mm，$s=0.4$mm，$L_g=70$mm）。空心形状代表计算结果，实心形状代表仿真结果

5.14.2　样品加工和测量结果

首先，用 PCB 工艺在柔性三层覆铜层压板上加工出柔性 SSPP 波导。柔性覆铜层压

板由单层聚酰亚胺和与环氧树脂黏合剂连接的铜包层板组成[116]。然后，将石墨烯“三明治”结构覆盖在 SSPP 波导上。图 5.161（a）展示了放平的衰减器样品，图 5.161（b）展示了曲率半径为 35mm、弯曲 90°的样品。SSPP 波导的样品尺寸为 $p=5$mm，$a=2$mm，$h=4$mm，$W_{sig}=10$mm，$s=0.4$mm，介电常数为 $\varepsilon_{sub}=4$，$\varepsilon_{PVC}=3$，$\varepsilon_{paper}=2.5$。石墨烯的长度为 30mm 时，衰减量可以从 4dB 调到 16dB。

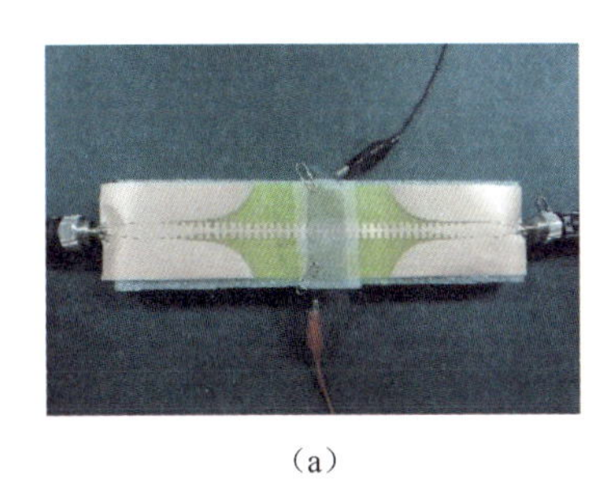
（a）

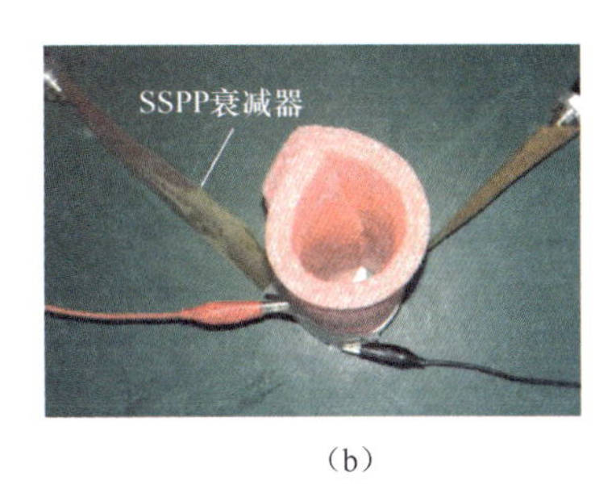

（b）

图 5.161　带有偏置电压的柔性衰减器的样品。（a）放平的衰减器；（b）弯曲 90°的衰减器，曲率半径为 35mm

石墨烯方阻随偏置电压变化的测量结果展示在图 5.162 中。可以看出，当偏置电压从 0V 上升到 4V 时，石墨烯的方阻从 2500Ω/□下降到 580Ω/□。图 5.163 中展示了在 6～9GHz 的工作频段内，石墨烯放平时，衰减器的 S 参数的测量、计算和仿真结果。空心形状代表测量结果，实心形状代表仿真结果，半实心形状代表计算结果。除了可能由加工误差引起的轻微波动，测量的衰减量与计算和仿真的结果基本一致。图 5.163（a）展示了放平的衰减器的 $|S_{21}|$参数。可以看出，当偏置电压从 0V 上升到 4V 时，插入损耗从 4dB 增加到 16dB。因此，衰减器展现出了预期的可调性。此外，可调衰减器的调节响应时间约为 800ms，与文献［13］中的量级相同。

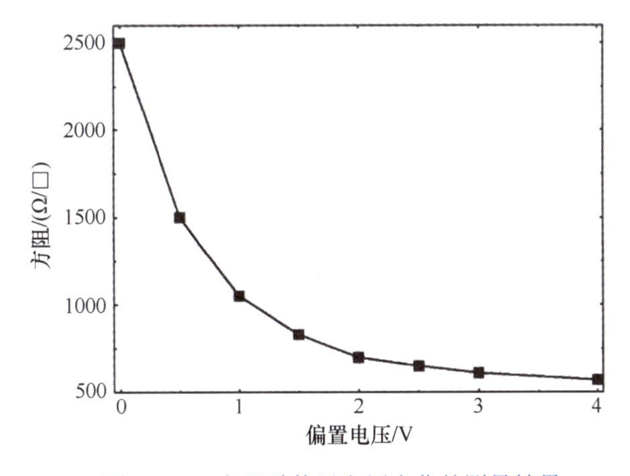

图 5.162　方阻随偏置电压变化的测量结果

图 5.163（b）展示出了$|S_{11}|$幅值的仿真与测量结果。在 6～9GHz 的工作频段内，$|S_{11}|$始终小于 -15dB。此外，图 5.164 展示出了曲率半径为 35mm、衰减器弯曲 90°时

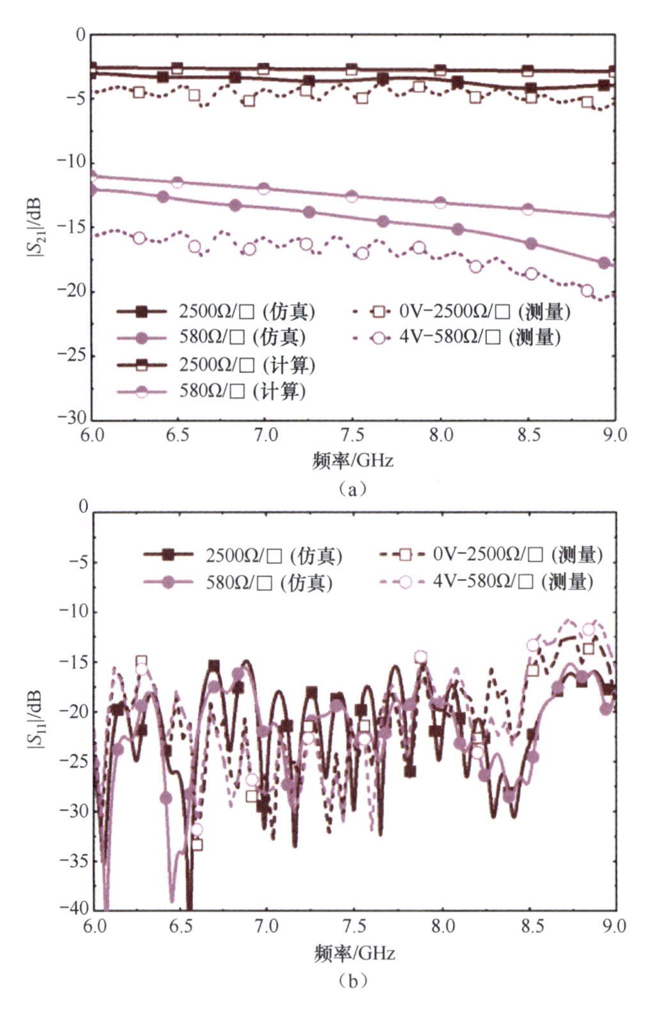

图 5.163　放平的衰减器的（a）$|S_{21}|$和（b）$|S_{11}|$的仿真结果和测量结果。实心形状代表仿真结果，空心形状代表测量结果，半实心形状代表计算结果

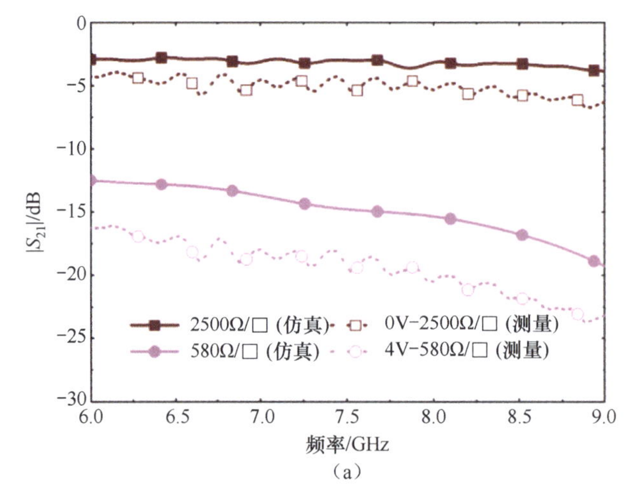

图 5.164　衰减器弯曲 90°时的（a）$|S_{21}|$和（b）$|S_{11}|$的仿真和测量结果。空心形状代表测量结果，实心形状代表仿真结果

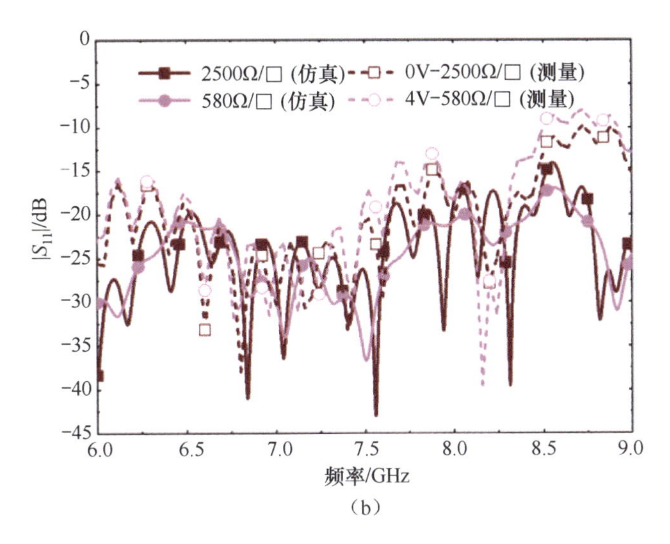

图5.164 衰减器弯曲90°时的（a）$|S_{21}|$和（b）$|S_{11}|$的仿真和测量结果。空心形状代表测量结果，实心形状代表仿真结果（续）

S参数的测量和仿真结果。测量结果表明，当衰减器弯曲到90°时，衰减量不会发生很大变化。因此，这种柔性可调衰减器可以在柔性微波系统中有潜在的应用价值。

5.15 国内外前沿实验进展

5.15.1 基于少层石墨烯的宽带微带衰减器

2015年，意大利学者Luca Pierantoni研究了一种基于少层石墨烯的宽带微带衰减器[128]，石墨烯作为可变电阻使用。基于少层石墨烯的宽带微带衰减器结构如图5.165（a）所示。该结构由一段加载有少层石墨烯的微带线组成，两个偏置电压电极用来为石墨烯提供偏置电压。这里采用图5.165（b）所示的装置进行测量，当偏置电压从0V调节至5.5V时，石墨烯直流电阻从1100Ω降至40Ω［见图5.165（c）］，从而导致微带衰减器插入损耗$|S_{21}|$显著变化，如图5.165（d）所示。

5.15.2 基于石墨烯的可调滤波衰减器

作者团队于2020年研究了一种具有高选择性和衰减连续可调特性的新型动态可调滤波衰减器[129,130]，如图5.166所示。该可调滤波衰减器由石墨烯“三明治”结构、微带线和半模基片集成波导综合设计而成。多个GSS加载在微带谐振器上以减小谐振强度，同时高频侧传输零点的引入增加了滤波器的选择性。如图5.167所示，所提出的滤波衰减器可以在以 1.72GHz 为中心的通带内实现 1.7～8.4dB 的可控衰减量，并具有高选择性。

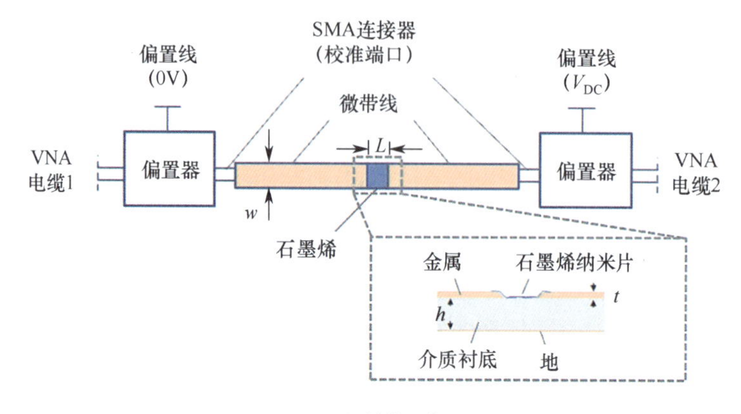

(a) 结构示意图

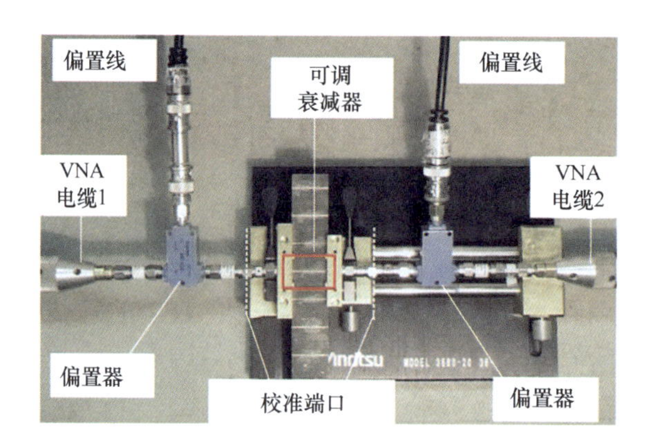

(b) 测试系统图

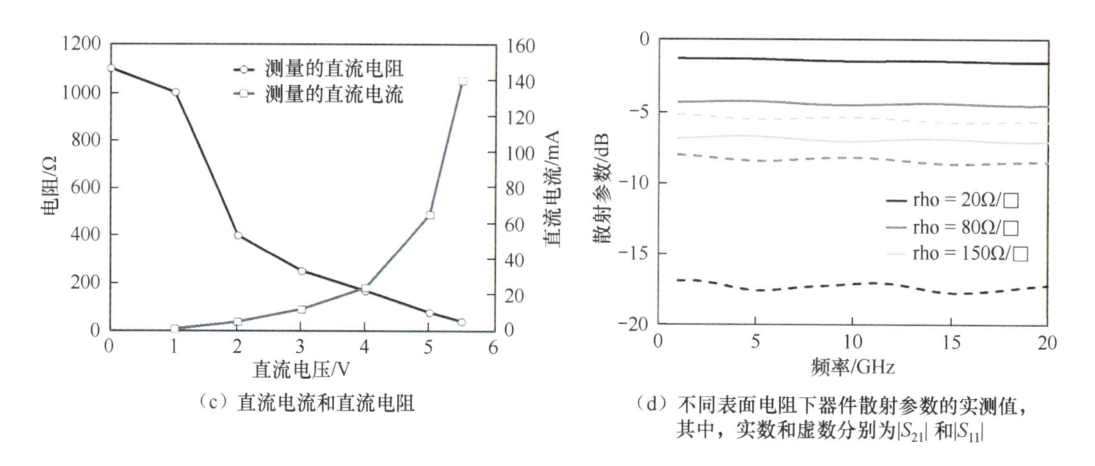

(c) 直流电流和直流电阻

(d) 不同表面电阻下器件散射参数的实测值，其中，实数和虚数分别为$|S_{21}|$ 和$|S_{11}|$

图 5.165 基于少层石墨烯的宽带微带衰减器[128]

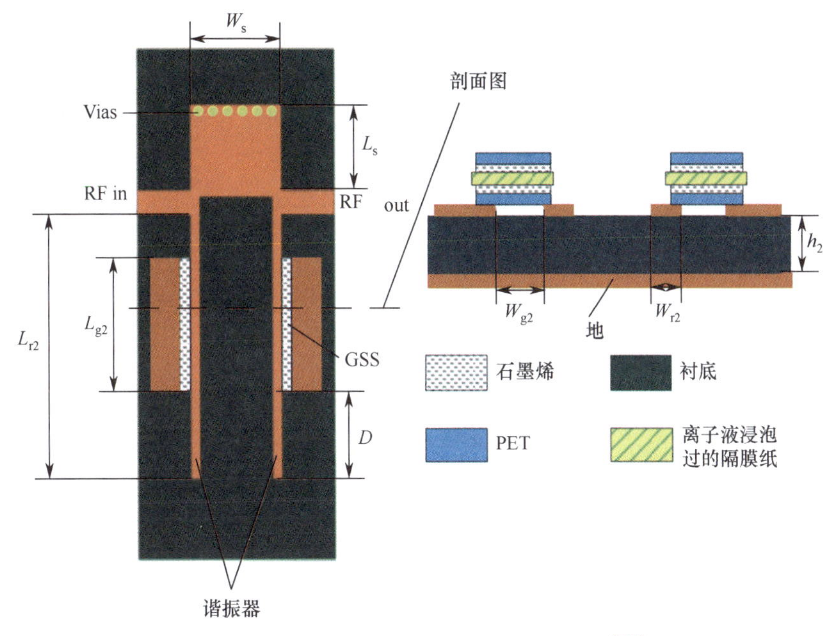

图 5.166　基于石墨烯的可调滤波衰减器[129]

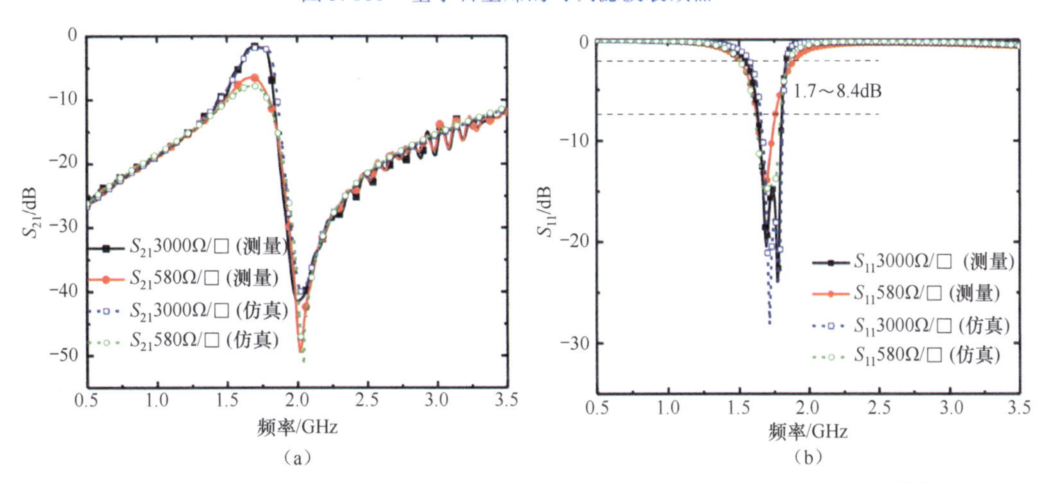

图 5.167　可调滤波衰减器（a）透射 S_{21} 和（b）反射 S_{11} 的实测和仿真结果[129]

5.15.3　基于少层石墨烯薄片的电压控制可调衰减器

2017 年，意大利学者 Muhammad Yasir 研究了一种基于少层石墨烯薄片的电压控制可调衰减[131]，该结构利用了石墨烯电阻随外加偏置电压的变化。衰减器由一条微带线组成，通过石墨烯片连接到接地的金属过孔，当没有施加偏置电压时，石墨烯的电阻会很高，而垫片表现为开路电路，导致最小的衰减。加工实物如图 5.168 所示，使用安立测试设备对样机进行测试，应用商用偏置电极对石墨烯片施加偏置电压，偏置电压施加在微带线和地板之间。测试结果表明，偏置电压变化范围为 0～6.5V 时，石墨烯电阻从 1525Ω 降至 27Ω，衰减器得到 0.3～15dB 的衰减范围。

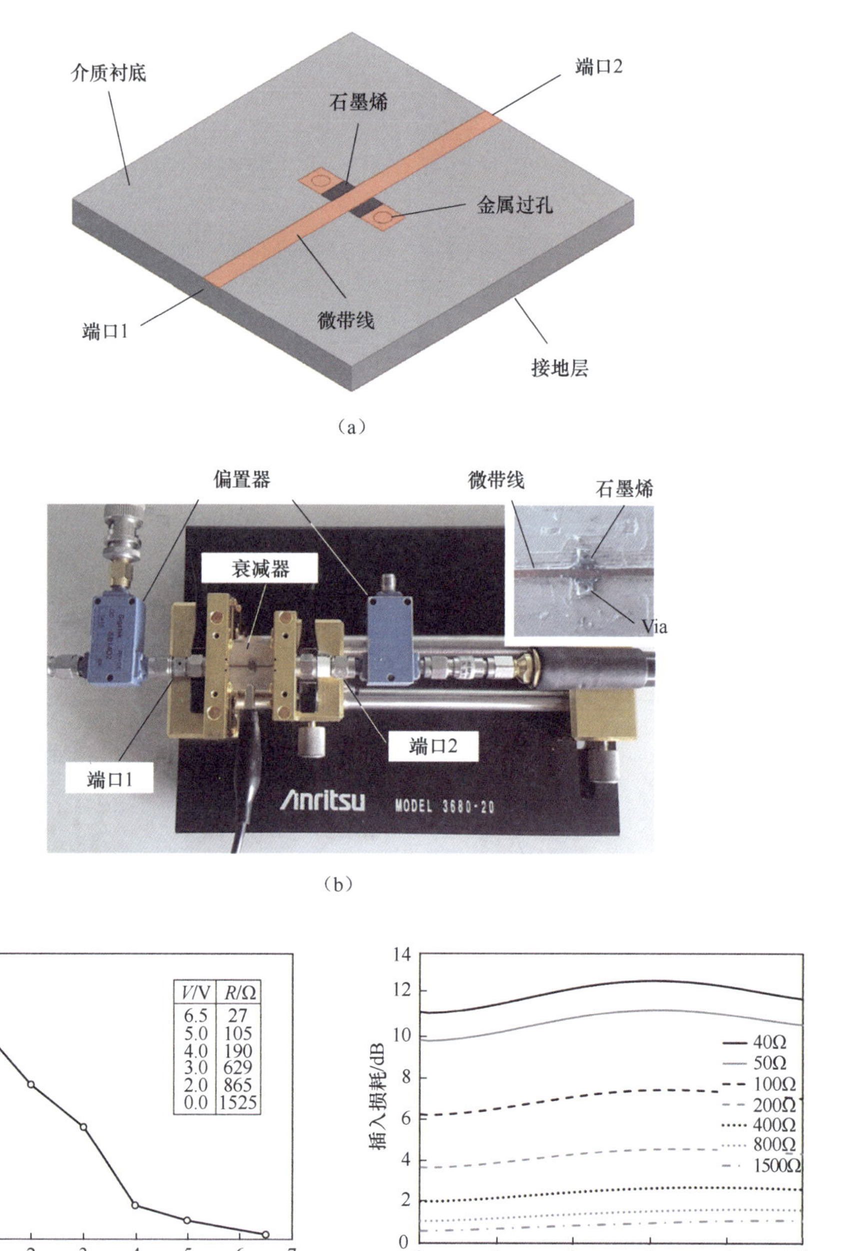

图 5.168　基于少层石墨烯薄片的电压控制可调衰减器[131]。(a) 结构示意图；(b) 测试系统；(c) 石墨烯电阻值随偏置电压变化测试结果；(d) 电阻不同时的插入损耗

5.15.4　石墨烯的毫米波波束可重构天线

作者团队于 2020 年研究了一种基于石墨烯的毫米波波束可重构天线[132]，如

图 5. 169所示。该研究中利用石墨烯纳米片的电阻随施加偏置电压的变化而改变的特性，以Vivaldi天线为基本单元，实现了90°、270°，以及90°和270°三种状态下辐射波束的可重构。

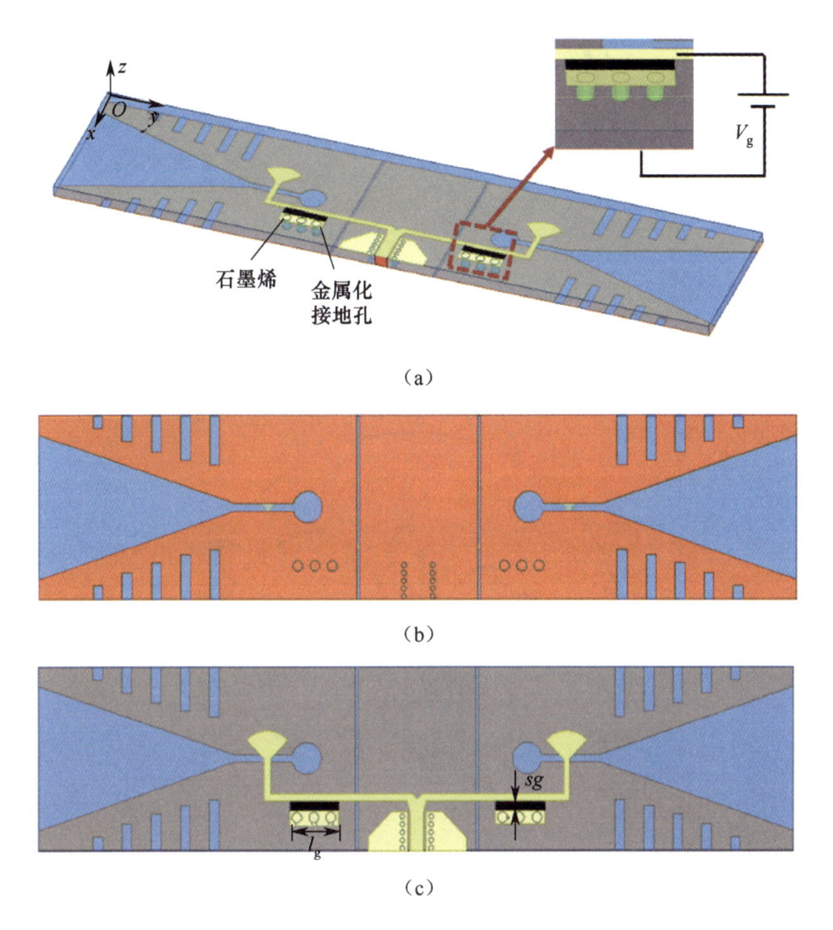

图 5. 169　基于石墨稀的毫米波波束可重构天线[132]。(a) 侧视图；(b) 上表面结构图；(c) 下表面结构图

首先，通过在地面贴片上等比例开槽，实现了一种改进的高前后比 Vivaldi 天线。在此基础上，由两个改进型 Vivaldi 天线背对背放置，通过一分二的功分馈电。在每个天线单元的馈线旁边均设计有石墨烯的特殊结构。该结构由矩形的石墨烯纳米片及接地的金属片组成。石墨烯纳米片与金属片相连，每个金属片都通过均匀分布的金属化过孔接地。为了实现每片石墨烯的独立调控，底板还开有两条宽度为 0. 1mm 的缝隙，缝隙位置对应微带线上电流分布最小的位置。分别对两个石墨烯纳米片施加偏置电压，控制馈线上的电流分布，从而改变每个天线单元的辐射状态，实现天线辐射方向的改变，如图 5. 170 所示。

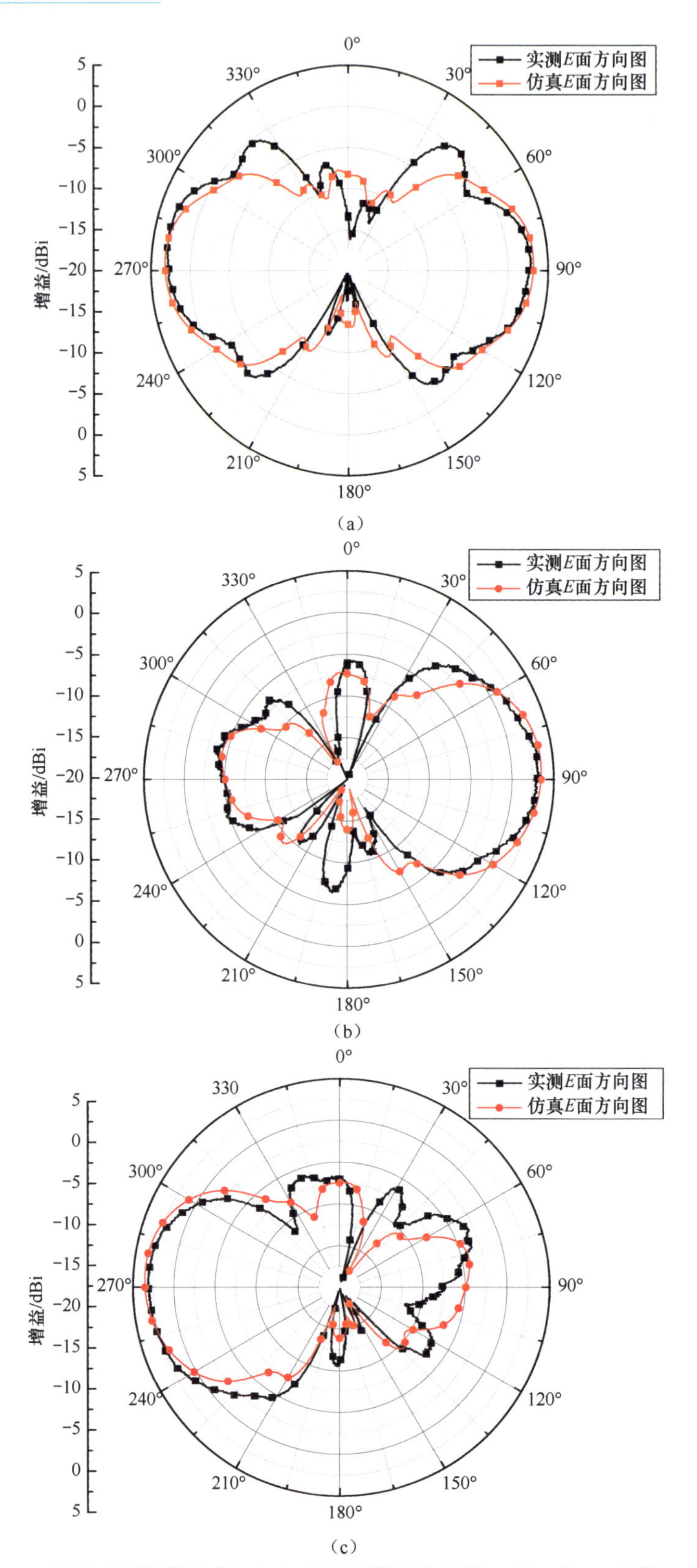

图 5.170　三种状态下辐射波束。(a) 双向辐射的方向图；(b) 向 90°辐射的方向图；(c) 向 270°辐射的方向图[132]

5.15.5　基于少层石墨烯的电压控制可调谐平面天线

2017年，意大利学者Muhammad Yasir团队又研究了一种基于少层石墨烯的电压控制可调谐平面天线[133]。如图5.171所示，天线由一个矩形贴片和连接到辐射边缘的短微带末端和位于末端的石墨烯片组成。该设计同样利用了施加的偏置电压引起的石墨烯电阻的变化，石墨烯的偏置是通过连接在矢量网络分析仪端口和天线输入微带线之间的商用宽带偏置电压电极来实现的。通过这种方式，在接地面和贴片天线之间施加偏置电压，从而使电压加载到石墨烯片层。测试表明，偏置电压变化范围为0~6V时，石墨烯方阻从超过1000Ω/□变化到几十欧姆/□，天线工作频率可从5.05GHz调节到4.5GHz。

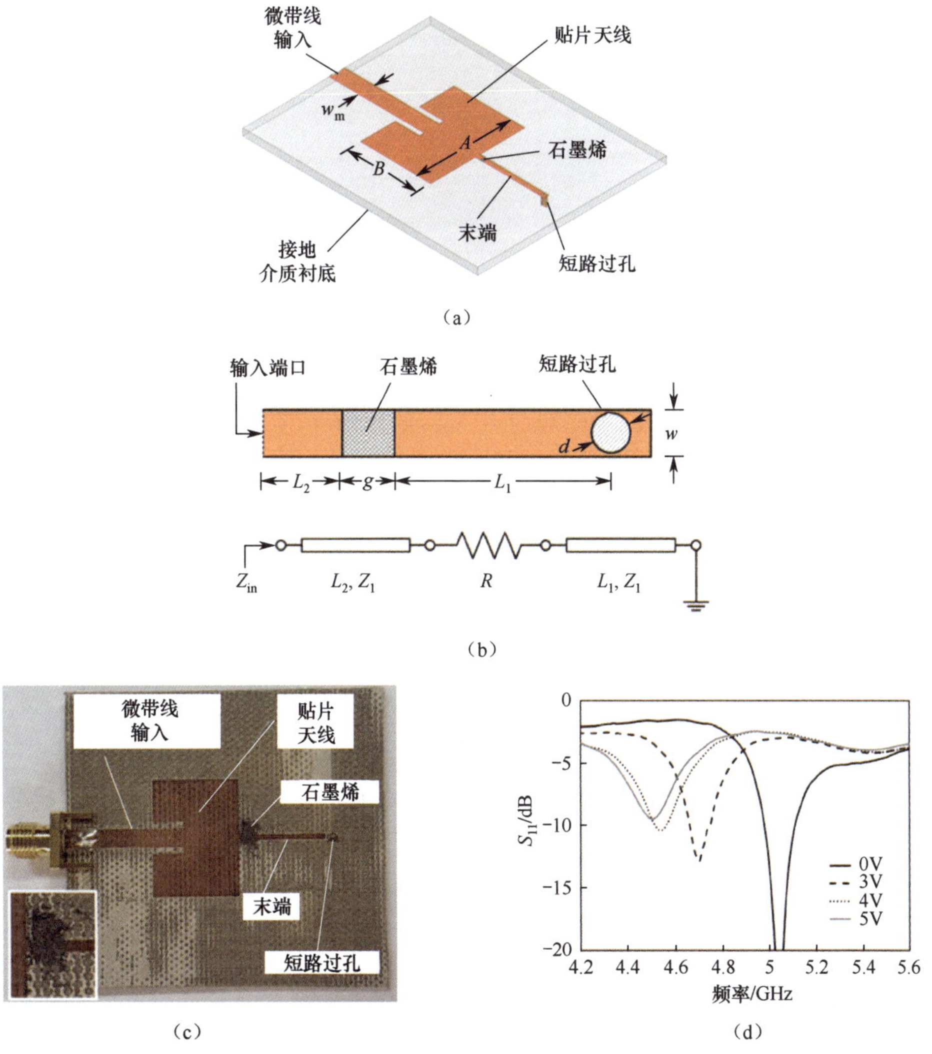

图5.171　基于少层石墨烯的电压控制可调谐平面天线[133]。(a) 结构示意图；(b) 石墨烯加载微带末端示意图；(c) 实物图；(d) 不同偏置电压时天线的$|S_{11}|$

5.15.6 基于少层石墨烯的电压控制可调谐移相器

2019 年，意大利学者 Muhammad Yasir 研究了一种基于少层石墨烯的电压控制可调谐移相器[134]。如图 5.172所示，移相器由一根负载线组成，与通过锥形结构和石墨烯片连接到微带线上。施加在石墨烯片上的偏置电压决定了石墨烯电阻的变化，最终导致相位变化。使用万用表测量石墨烯直流电阻与施加偏置电压的关系，当偏置电压增加时，测量的石墨烯电阻减小。在没有偏置电压的情况下，石墨烯垫层的电阻为 $R=1150\Omega$，在施加电压为5V 时，其电阻达到最小值 $R=78\Omega$。

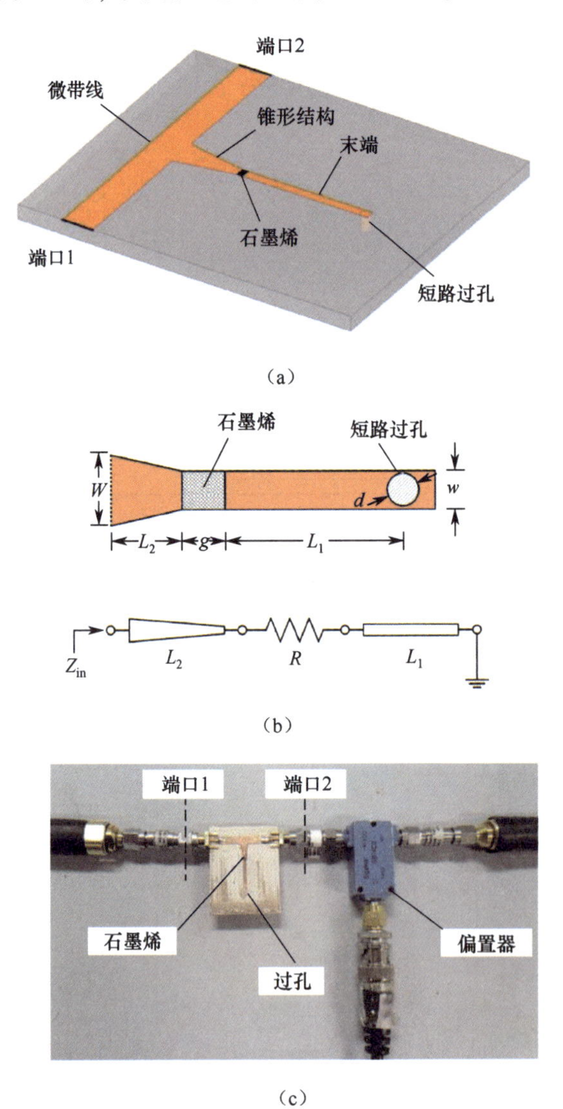

图 5.172 基于少层石墨烯的电压控制可调谐移相器[134]。(a) 结构示意图；(b) 石墨烯加载微带末端示意图；(c) 测试系统；(d) 不同偏置电压时 S_{21} 相位曲线

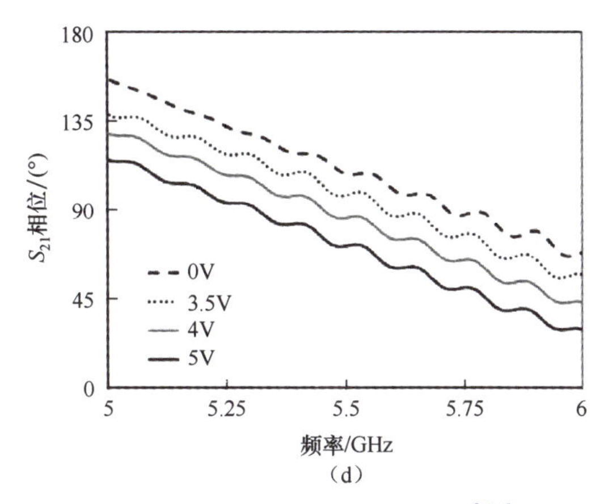

（d）

图5.172 基于少层石墨烯的电压控制可调谐移相器[134]。（a）结构示意图；（b）石墨烯加载微带末端示意图；（c）测试系统；（d）不同偏置电压时 S_{21} 相位曲线（续）

5.15.7 基于石墨烯纳米片的共面波导可调衰减器

基于石墨烯纳米片的电导率可调特性，作者团队于2019年研究了一种基于石墨烯纳米片的共面波导可调衰减器[135,136]，该衰减器（如图5.173所示）可实现大于10dB的衰减量调节范围，且反射系数 S_{11} 始终保持在 –10dB 以下，工作频段3.5～38GHz覆盖了微波、毫米波频段。

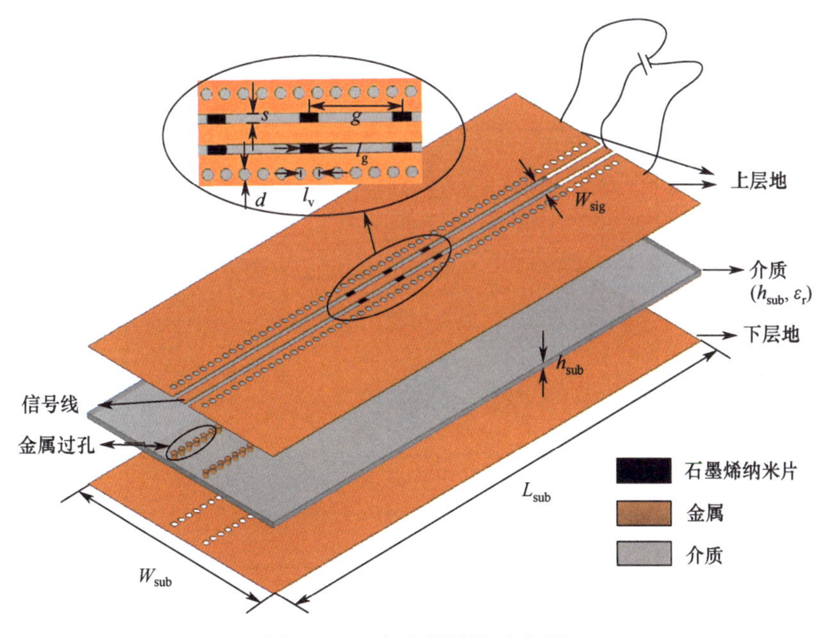

图5.173 衰减器结构示意图

该衰减器包含一条特征阻抗为50Ω的接地共面波导传输线和三对由石墨烯纳米片构成的贴片，如图5.173所示。石墨烯贴片位于接地共面波导传输线中心导体带和两侧金属地之间的缝隙中，其中一对位于整个结构的中间位置，另外两对等间距分布在两侧位置，两对石墨烯贴片之间的距离为 g。三对石墨烯贴片充当可调电阻，保证输入端的能量大部分是以欧姆损耗的形式（而不是以反射的形式）缓慢衰减掉，避免了调节过程中的阻抗不匹配，保证输入端反射系数处在一个较低的水平。通过增加偏置电压，可以将石墨烯衬垫的电阻由高到低进行调节，从而改变衰减水平，如图 5.174所示。

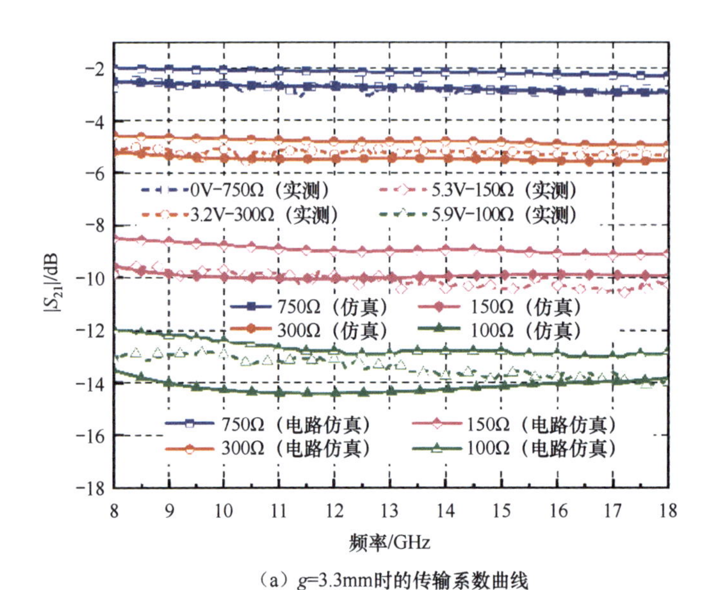

（a）g=3.3mm时的传输系数曲线

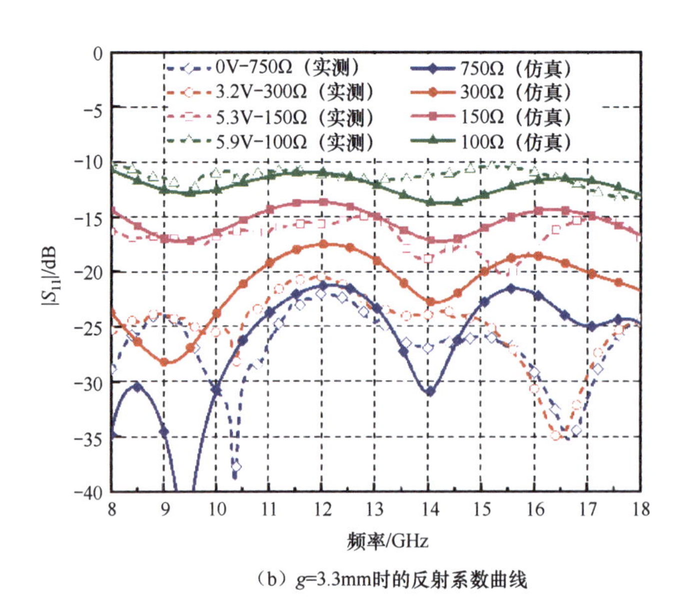

（b）g=3.3mm时的反射系数曲线

图 5.174　石墨烯纳米片共面波导衰减器在不同直流电阻下实测结果与仿真结果对比

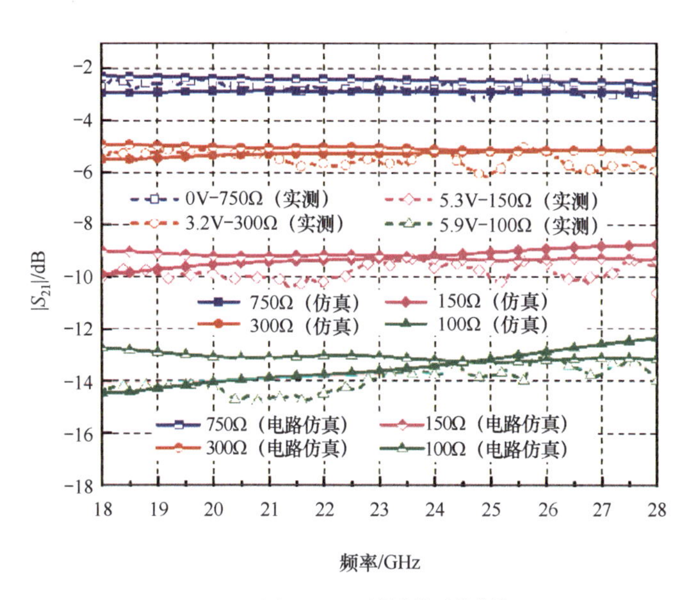

（c）g=2mm时的传输系数曲线

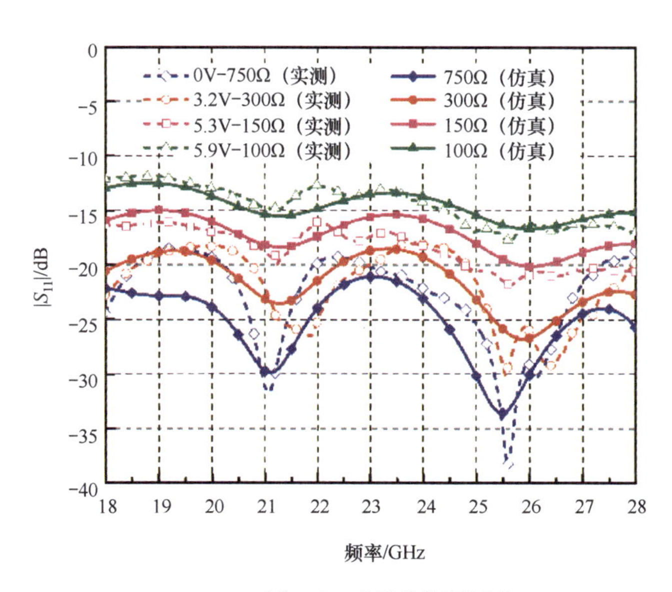

（d）g=2mm时的反射系数曲线

图 5.174　石墨烯纳米片共面波导衰减器在不同直流电阻下实测结果与仿真结果对比（续）

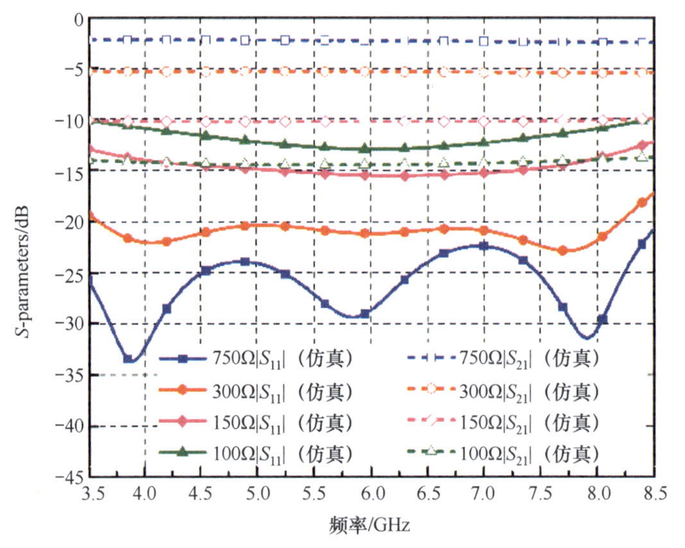

（e）g=7.9mm时的传输系数和反射系数曲线

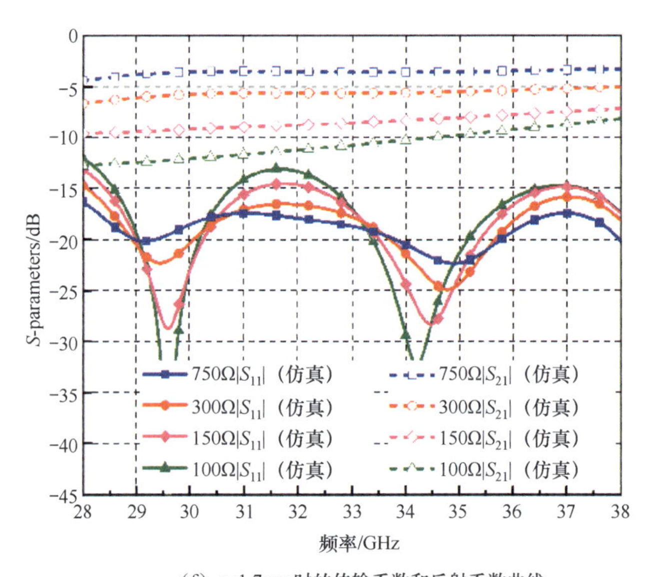

（f）g=1.7mm时的传输系数和反射系数曲线

图 5.174　石墨烯纳米片共面波导衰减器在不同直流电阻下实测结果与仿真结果对比（续）

参考文献

[1] BYUN K, PARK Y J, AHN J H, et al. Flexible graphene based microwave attenuators. Nanotechnology, 2015, 26 (5): 055201.

[2] FALKOVSKY L A, PERSHOGUBA S S. Optical far-infrared properties of a graphene monolayer and multi-layer. Physical Review B, 2007, 76 (15): 153410.

[3] GUSYNIN V P, SHARAPOV S G, CARBOTTE J P. Sum rules for the optical and Hall conductivity in gra-

phene. Physical Review B, 2007, 75 (16): 165407.

[4] GOMEZ-DIAZ J S, PERRUISSEAU-CARRIER J, SHARMA P, et al. Non-contact characterization of graphene surface impedance at micro and millimeter waves. Journal of Applied Physics, 2012, 111 (11): 114908.

[5] KUESTER E, JOHNK R, CHANG D. The thin-substrate approximation for reflection from the end of a slab-loaded parallel-plate waveguide with application to microstrip patch antennas. IEEE Transactions on Antennas and Propagation, 1982, 30 (5): 910-917.

[6] LAKHTAKIA A, VARADAN V K, VARADAN V V. Time-harmonic electromagnetic fields in chiral media. Berlin: Springer, 1989.

[7] PIERANTONI L, MENCARELLI D, BOZZI M, et al. Broadband microwave attenuator based on few layer graphene flakes. IEEE Transactions on Microwave Theory and Techniques, 2015, 63 (8): 2491-2497.

[8] PIERANTONI L, MENCARELLI D, BOZZI M, et al. Graphene-based electronically tuneable microstrip attenuator. Nanomaterials and Nanotechnology, 2014, 4 (Godište 2014): 4-18.

[9] PIERANTONI L, BOZZI M, MORO R, et al. On the use of electrostatically doped graphene: Analysis of microwave attenuators//2014 International Conference on Numerical Electromagnetic Modeling and Optimization for RF, Microwave, and Terahertz Applications (NEMO), IEEE, 2014: 1-4.

[10] YASIR M, BISTARELLI S, CATALDO A, et al. Enhanced tunable microstrip attenuator based on few layer graphene flakes. IEEE Microwave and Wireless Components Letters, 2017, 27 (4): 332-334.

[11] YASIR M, BOZZI M, PERREGRINI L, et al. Tunable and input-matched attenuator based on few-layer graphene//2017 47th European Microwave Conference (EuMC). IEEE, 2017: 192-195.

[12] 张安琪. 基于石墨烯的动态可调微波衰减器、移相器研究. 南京: 东南大学, 2019.

[13] BALCI O, POLAT E O, KAKENOV N, et al. Graphene-enabled electrically switchable radar-absorbing surfaces. Nature Communications, 2015, 6: 6628.

[14] POZAR D M. Microwave engineering. New York: John Wiley & Sons, 2009.

[15] CASSIVI Y, PERREGRINI L, ARCIONI P, et al. Dispersion characteristics of substrate integrated rectangular waveguide. IEEE Microwave and Wireless Components Letters, 2002, 12 (9): 333-335.

[16] ILI A Ž, BUKVI B, ILI M M, et al. Graphene-based waveguide resonators for submillimeter-wave applications. Journal of Physics D: Applied Physics, 2016, 49 (32): 325105.

[17] ARNDT F, BORNEMANN J, GRAUERHOLZ D, et al. Theory and design of low-insertion loss fin-line filters. IEEE Transactions on Microwave Theory and Techniques, 1982, 30 (2): 155-163.

[18] FALKOVSKY L A, PERSHOGUBA S S. Optical far-infrared properties of a graphene monolayer and multilayer. Physical Review B, 2007, 76 (15): 153410.

[19] GUSYNIN V P, SHARAPOV S G, CARBOTTE J P. Sum rules for the optical and Hall conductivity in graphene. Physical Review B, 2007, 75 (16): 165407.

[20] GOMEZ-DIAZ J S, PERRUISSEAU-CARRIER J, SHARMA P, et al. Non-contact characterization of graphene surface impedance at micro and millimeter waves. Journal of Applied Physics, 2012, 111 (11): 114908.

[21] KUESTER E, JOHNK R, CHANG D. The thin-substrate approximation for reflection from the end of a slab-loaded parallel-plate waveguide with application to microstrip patch antennas. IEEE Transactions on Antennas and Propagation, 1982, 30 (5): 910-917.

[22] LAKHTAKIA A, VARADAN V K, VARADAN V V. Time-harmonic electromagnetic fields in chiral

media. Berlin：Springer，1989.

[23] HANSON G W. Quasi-transverse electromagnetic modes supported by a graphene parallel-plate waveguide. Journal of Applied Physics，2008，104（8）：084314.

[24] GLISSON. A. Numerical techniques for microwave and millimeter - wave passive structures，edited by Tatsuo Itoh. Antennas and Propagation Society Newsletter，1989，5（11）：31-32.

[25] DOBROWOLSKI J. Microwave network design using the scattering matrix. Artech House，2010.

[26] MONGIA R K，HONG J，BHARTIA P，et al. RF and microwave coupled-line circuits. Artech House，2007.

[27] RODRIGUEZ-BERRAL R，MESA F，JACKSON D R. Gap discontinuity in microstrip lines：An accurate semianalytical formulation. IEEE Transactions on Microwave Theory and Techniques，2011，59（6）：1441-1453.

[28] MESA F，JACKSON D R，FREIRE M J. High-frequency leaky-mode excitation on a microstrip line. IEEE Transactions on Microwave Theory and Techniques，2001，49（12）：2206-2215.

[29] SARKAR T. A note on the choice weighting functions in the method of moments. IEEE Transactions on Antennas and Propagation，1985，33（4）：436-441.

[30] PETERSON A F，WILTON D R，JORGENSON R E. Variational nature of Galerkin and non-Galerkin moment method solutions. IEEE Transactions on Antennas and Propagation，1996，44（4）：500-503.

[31] RODRIGUEZ-BERRAL R，MESA F，JACKSON D R. Gap discontinuity in microstrip lines：An accurate semianalytical formulation. IEEE Transactions on Microwave Theory and Techniques，2011，59（6）：1441-1453.

[32] ABBOSH A M. Analytical closed-form solutions for different configurations of parallel-coupled microstrip lines. IET Microwaves，Antennas & Propagation，2009，3（1）：137-147.

[33] 陈慧．基于石墨烯的可调衰减器及柔性衰减器的研究．南京：东南大学，2020.

[34] BALCI O，POLAT E O，KAKENOV N，et al. Graphene-enabled electrically switchable radar-absorbing surfaces. Nature Communications，2015，6：6628.

[35] ZHANG A Q，LU W B，LIU Z G，et al. Dynamically tunable substrate-integrated-waveguide attenuator using graphene. IEEE Trans. Microw. Theory Techn.，2018，66（6）：3081-3089.

[36] ZHANG A Q，LIU Z G，LU W B，et al. Graphene-based dynamically tunable attenuator on a half-mode substrate integrated waveguide. Appl. Phys. Lett.，2018，112：161903.

[37] PIERANTONI L，MENCARELLI D，BOZZI M，et al. Broadband microwave attenuator based on few layer graphene flakes. IEEE Trans. Microw. Theory Techn.，2015，63（8）：2491-2497.

[38] YASIR M，BISTARELLI S，CATALDO A，et al. Enhanced tunable microstrip attenuator based on few layer graphene flakes. IEEE Microw. Wireless Compon. Lett.，2017，27（4）：332-334.

[39] DESLANDES D，WU K. Integrated microstrip and rectangular waveguide in planar form. IEEE Microw. Guided Wave Lett.，2001，11（2）：68-70.

[40] ESQUIUS-MOROTE M，FUCHS B，ZÜRCHER J，et al. A printed transition for matching improvement of SIW horn antennas. IEEE Transactions on Antennas and Propagation，2013，61（4）：1923-1930.

[41] FILIPOVIC D F，GEARHART S S，REBEIZ G M. Double-slot antennas on extended hemispherical and elliptical silicon dielectric lenses. IEEE Trans. Microw. Theory Techn.，1993，41：1738-1749.

[42] NAYERI P，YANG F，ELSHERBENI A Z. Design and experiment of a single-feed quad-beam reflectarray antenna. IEEE Trans. Antennas Propag.，2012，60：1166-1171.

[43] SCHURIG D, MOCK J J, JUSTICE B J, et al. Metamaterial electromagnetic cloak at microwave frequencies. Science, 2006, 314 (5801): 977-980.

[44] VALENTINE J, ZHANG S, ZENTGRAF T, et al. Three-dimensional optical metamaterial with a negative refractive index. Nature, 2008, 455: 376.

[45] HUANG C, YANG J, WU X, et al. Reconfigurable Metasurface Cloak for Dynamical Electromagnetic Illusions. ACS Photonics, 2018, 5: 1718-1725.

[46] BURCH J, DI F A. Surface Topology Specific Metasurface Holograms. ACS Photonics, 2018, 5: 1762-1766.

[47] YU N, GENEVET P, KATS M A, et al. Light propagation with phase discontinuities: generalized laws of reflection and refraction. Science, 2011, 334 (6054): 333-337.

[48] HUANG L, et al. Dispersionless phase discontinuities for controlling light propagation. Nano Lett., 2012: 12: 5750-5755.

[49] LI Z, et al. Controlling propagation and coupling of waveguide modes using phase-gradient metasurfaces. Nat. Nanotechnol., 2017, 12: 675-683.

[50] Grady N K. Terahertz metamaterials for linear polarization conversion and anomalous refraction. Science, 2013, 340: 1304.

[51] ZHANG X, et al. Broadband terahertz wave deflection based on C-shape complex metamaterials with phase discontinuities. Adv. Mater., 2013, 25: 4567-4572.

[52] NI X, KILDISHEV A V, SHALAEV V M. Metasurface holograms for visible light. Nat. Commun., 2013, 4: 657.

[53] ESTAKHRI N M, ALÙ A. Recent progress in gradient metasurfaces. J. Opt. Soc. Am. B, 2015, 33: A21.

[54] CUI T J, QI M Q, WAN X, et al. Coding metamaterials, digital metamaterials and programmable metamaterials. Light Sci. Appl., 2014, 3: e218.

[55] WAN X, QI M Q, CHEN T Y, et al. Field-programmable beam reconfiguring based on digitally-controlled coding metasurface. Sci. Rep., 2016, 6: 20663.

[56] ZHANG L, CHEN X Q, LIU S, et al. Space-time-coding digital metasurfaces. Nat. Commun., 2018, 9: 1-11.

[57] MA Q, BAI G D, JING H B, et al. Smart metasurface with self-adaptively reprogrammable functions, Light Sci. Appl., 2019: 8, 98.

[58] 陈昊．微波段石墨烯电磁特性及应用研究．南京：东南大学，2020.

[59] PADOORU Y R, YAKOVLEV A B, KAIPA C S R, et al. Circuit modeling of multiband high-impedance surface absorbers in the microwave regime. Phys. Rev. B, 2011, 84 (3): 2507-2524.

[60] CHEN H, LU W B, LIU Z G, et al. Experimental demonstration of microwave absorber using largearea multilayer graphene-based frequency selective surface. IEEE Trans. Microw. Theory Tech., 2018, 66: 3807-3816.

[61] PENDRY J B, SCHURIG D, SMITH D R. Controlling electromagnetic fields. Science, 2006, 312: 1780-1782.

[62] LEONHARDT U. Optical conformal mapping. Science, 2006, 312: 1777-1780.

[63] LANDY N I, SAJUYIGBE S, MOCK J J, et al. Perfect metamaterial absorber. Physical Review Letters, 2008, 100 (20): 207402.

[64] CHEN H T, ZHOU J, O'HARA J F, et al. Antireflection coating using metamaterials and identification of its mechanism. Phys. Rev. Lett., 2010, 105: 073901.

[65] CUI T J, QI M Q, WAN X, et al. Coding metamaterials, digital metamaterials and programmable metamaterials. Light Sci. Appl., 2014, 3: e218.

[66] MUNSON R E, HADDAD H A, HANL J W. Microstrip reflectarray for satellite communication and radar cross-section enhancement or reduction. U. S. Patent., 1987, 4: 684-952.

[67] PILZ D, MENZEL W. Folded reflectarray antenna. Electron, Lett., 1998, 34 (9): 832-833.

[68] WU Z H, ZHANG W X, LIU Z G, et al. Circularly polarised reflectarray with linearly polarised feed. IET Electron. Let., 2005, 41 (7): 387-388.

[69] LIU Z G, CAO Z X, WU L N. Compact Low-Profile Circularly Polarized Fabry-Perot Resonator Antenna Fed by Linearly Polarized Microstrip Patch. IEEE Antennas Wirel. Lett., 2016, 15: 524-527.

[70] LIU Z G, LU W B. Low-Profile Design of Broadband High Gain Circularly Polarized Fabry-Perot Resonator Antenna and its Array with Linearly Polarized Feed. IEEE Access, 2017, 5: 7164-7172.

[71] GAO S, SAMBELL A, ZHONG S S. Polarization-agile antennas. IEEE Attenna. Propag. M., 2006, 48 (3): 28-37.

[72] NOVOSELOV K S, GEIM A K, MOROZOV S V, et al. Two-dimensional gas of massless Dirac fermions in graphene. Nature, 2005, 438: 197.

[73] WU B, ZHU B, REN G, et al. Circular polarization-dependent wavefront control of plasmons on graphene. IEEE Photonics Technol. Lett., 2016, 28: 1940-1943.

[74] YATOOSHI T, ISHIKAWA A, TSURUTA K. Terahertz wavefront control by tunable metasurface made of graphene ribbons. Appl. Phys. Lett., 2015, 107: 053105.

[75] YU X, GAO X, QIAO W, et al. Broadband Tunable Polarization Converter Realized by Graphene-Based Metamaterial. IEEE Photonics Technol. Lett., 2016, 28 (21): 2399-2402.

[76] ZHU Z H, GUO C C, LIU K, et al. Electrically tunable polarizer based on anisotropic absorption of graphene ribbons. Appl. Phys. A, 2014, 114 (4): 1017-1027.

[77] GRANDE M, BIANCO G V, VINCENTI M A, et al. Optically Transparent Microwave Polarizer Based On Quasi-Metallic Graphene. Scientific Reports, 2015, 5: 17083.

[78] DUTTA-GUPTA S, DABIDIAN N, KHOLMANOV I, et al. Electrical tuning of the polarization state of light using graphene-integrated anisotropic metasurfaces. Phil. Trans. R. Soc. A, 2017, 375 (2090): 20160061.

[79] DING J, ARIGONG B, REN H, et al. Mid-Infrared Tunable Dual-Frequency Cross Polarization Converters Using Graphene-Based L-Shaped Nanoslot Array. Plasmonics, 2015, 10 (2): 351-356.

[80] GRANDE M, BIANCO G V, VINCENTI M A, et al. Optically Transparent Microwave Polarizer Based On Quasi-Metallic Graphene. Scientific Reports, 2015, 5: 17083.

[81] BALCI O, KAKENOV N, KOCABAS C. Controlling phase of microwaves with active graphene surfaces. Appl. Phys. Lett., 2017, 110 (8): 143217.

[82] LI Z, LIU W, CHENG H, et al. Realizing broadband and invertible linear-to-circular polarization converter with ultrathin single-layer metasurface. Sci. Rep., 2015, 5: 18106.

[83] MENZEL C, et al. Asymmetric transmission of linearly polarized light at optical metamaterials. Physical Review Letters, 2010, 104 (25): 253902.

[84] COSTA F, MONORCHIO A, MANARA G. Analysis and design of ultrathin electromagnetic absorbers comprising resistively loaded high impedance surfaces. IEEE Trans. Antennas Propag., 2010, 58 (5): 1551-1558.

[85] TRETYAKOV S. Analytical modeling in applied electromagnetics. Artech House, 2003.
[86] MARCUVITZ N. Waveguide Handbook. New York: McGrawHill, 1951.
[87] LUUKKONEN O, SIMOVSKI C, GRANET G, et al. Simple and accurate analytical model of planar grids and high-impedance surfaces comprising metal strips or patches. IEEE Trans. Antennas Propag., 2008, 56 (6): 1624-1632.
[88] PFEIFFER C, GRBIC A. Millimeter-wave transmitarrays for wavefront and polarization control. IEEE Trans. Microw. Theory Tech., 2013, 61 (22): 4407-4417.
[89] WANG J, LU W B, LI X B, et al. Terahertz wavefront control based on graphene manipulated Fabry Perot cavities. IEEE Photonics Technol. Lett., 2016, 28: 971974.
[90] POZAR D M. Microwave Engineering. New York: Wiley, 2012.
[91] KRAUS J, MARHEFKA R. Antennas: For All Applications. New York: McGraw-Hill, 2002.
[92] 张金. 基于石墨烯的微波频段吸波器实验研究. 南京: 东南大学, 2018.
[93] COSTA F, MONORCHIO A, MANARA G. Analysis and design of ultra thin electromagnetic absorbers comprising resistively loaded high impedance surfaces. IEEE Transactions on Antennas and Propagation, 2010, 58 (5): 1551-1558.
[94] PU M, CHEN P, WANG Y, et al. Strong enhancement of light absorption and highly directive thermal emission in graphene. Optics Express, 2013, 21 (10): 11618-11627.
[95] CHEN H, LU W B, LIU Z G, et al. Experimental demonstration of microwave absorber using large-area multilayer graphene-based frequency selective surface. IEEE Transactions on Microwave Theory and Techniques, 2018, 66 (8): 3807-3816.
[96] ZHOU Y, BAO Q, VARGHESE B, et al. Microstructuring of graphene oxide nanosheets using direct laser writing. Adv. Mater., 2010, 22 (1): 67-71.
[97] GAO W, SINGH N, SONG L, et al. Direct laser writing of micro-supercapacitors on hydrated graphite oxide films. Nat. Nanotechnol., 2011, 6 (8): 496.
[98] STRONG V, DUBIN S, EL-KADY M F, et al. Patterning and electronic tuning of laser scribed graphene for flexible all-carbon devices. ACS Nano, 2012, 6 (2): 1395-1403.
[99] ZHANG H, MIYAMOTO Y. Graphene production by laser shot on graphene oxide: An abinitio prediction. Phys. Rev. B., 2012, 85 (3): 033402.
[100] CHENG Y, LIU P G, HUANG X J. A novel method of energy selective surface for adaptive HPM/EMP protection. IEEE Antennas Wirel. Propag. Lett., 2013, 12: 112-115.
[101] MENCARELLI D, PIERANTONI L, STOCCHI M, et al. Efficient and versatile graphene-based multilayers for EM field absorption. Appl. Phys. Lett., 2016, 109 (10): 666-669.
[102] CHEN Q, CHEN L, BAI J, et al. Design of absorptive frequency selective surface with good transmission at high frequency. Electron. Lett., 2015, 51 (12): 885-886.
[103] WATTS C M, LIU X, et al. Metamaterial electromagnetic wave absorbers. Adv. Mater., 2012, 23 (24): 98-120.
[104] Ra'Di Y, Simovski C R, et al. Thin Perfect Absorbers for Electromagnetic Waves Theory, Design, and Realizations. Phys. Rev. Appl., 2015, 3 (3): 037001.
[105] GENOVESI S, COSTA F, et al. Wideband radar cross section reduction of slot antennas arrays. IEEE Trans. Antenn. Propag., 2014, 62 (1): 163-173.
[106] ROZANOV K N. Ultimate thickness to bandwidth ratio of radar absorbers. IEEE Trans. Antenn. Propag.,

2000, 48 (8): 1230-1234.

[107] WANG H, et al. Broadband Tunability of Polarization-Insensitive Absorber Based on Frequency Selective Surface. Scientific Reports, 2016, 6: 23081.

[108] TENNANT A, CHAMBERS B. A single-layer tuneable microwave absorber using an active FSS. IEEE Microw. Wirel. Compon. Lett., 2004, 14 (1): 46-47.

[109] FALLAHI A, PERRUISSEAU-CARRIER J. Design of tunable biperiodic graphene metasurfaces. Phys. Rev. B, 2012, 86 (19): 4608-4619.

[110] BALDELLI M, PIERONTONI L, et al. Learning by using graphene multilayers: An educational app for analyzing the electromagnetic absorption of a graphene multilayer based on a network model. IEEE Microw. Mag., 2016, 17 (1): 44-51.

[111] ANDRYIEUSKI A, LAVRINENKO A V. Graphene metamaterials based tunable terahertz absorber: effective surface conductivity approach. Opt. Express, 2013, 21 (7): 9144-9155.

[112] D'ALOIA A G, D'AMORE M, et al. Adaptive broadband radar absorber based on tunable graphene. IEEE Trans. Antennas Propag., 2016, 64 (6): 2527-2531.

[113] WU B, TUNCER H M, et al. Experimental demonstration of a transparent graphene millimetre wave absorber with 28% fractional bandwidth at 140GHz. Sci. Rep., 2014, 4 (2): 4310.

[114] YI D, WEI X C, XU Y L. Tunable Microwave Absorber Based on Patterned Graphene. IEEE Trans. Microw. Theory Tech., 2017, 65 (8): 2819-2826.

[115] CHEN H, LIU Z G, LU W B, et al. Microwave beam reconfiguration based on graphene ribbon. IEEE Transactions on Antennas and Propagation, 2018, 66 (11): 6049-6056.

[116] SHEN X, CUI T J, MARTIN-CANO D, et al. Conformal surface plasmons propagating on ultrathin and flexible films. Proceedings of the National Academy of Sciences, 2013, 110 (1): 40-45.

[117] TANG W X, ZHANG H C, MA H F, et al. Concept, theory, design, and applications of spoof surface plasmon polaritons at microwave frequencies. Advanced Optical Materials, 2019, 7 (1): 1800421.

[118] LU W B, ZHU W, XU H J, et al. Flexible transformation plasmonics using graphene. Optics Express, 2013, 21 (9): 10475-10482.

[119] CHEN H, LU W B, LIU Z G, et al. Efficient manipulation of spoof surface plasmon polaritons based on rotated complementary H-shaped resonator metasurface. IEEE Transactions on Antennas and Propagation, 2017, 65 (12): 7383-7388.

[120] LEE S K, KABIR S M H, SHARMA B K, et al. Photo-patternable ion gel-gated graphene transistors and inverters on plastic. Nanotechnology, 2013, 25 (1): 014002.

[121] NOMURA K, OHTA H, TAKAGI A, et al. Room-temperature fabrication of transparent flexible thin-film transistors using amorphous oxide semiconductors. Nature, 2004, 432 (7016): 488.

[122] ROGERS J A, BAO Z, BALDWIN K, et al. like electronic displays: Large-area rubber-stamped plastic sheets of electronics and microencapsulated electrophoretic inks. Proceedings of the National Academy of Sciences, 2001, 98 (9): 4835-4840.

[123] VAILLANCOURT J, ZHANG H, VASINAJINDAKAW P, et al. All ink-jet-printed carbon nanotube thin-film transistor on a polyimide substrate with an ultrahigh operating frequency of over 5GHz. Applied Physics Letters, 2008, 93 (24): 444.

[124] KIM D H, AHN J H, KIM H S, et al. Complementary logic gates and ring oscillators on plastic substrates by use of printed ribbons of single-crystalline silicon. IEEE Electron Device Letters, 2007, 29

(1): 73-76.

[125] MA H F, SHEN X, CHENG Q, et al. Broadband and high-efficiency conversion from guided waves to spoof surface plasmon polaritons. Laser & Photonics Reviews, 2014, 8 (1): 146-151.

[126] ZHOU Y J, JIANG Q, CUI T J. Bidirectional surface wave splitters excited by a cylindrical wire. Optics Express, 2011, 19 (6): 5260-5267.

[127] MARTÍN-CANO D, NESTEROV M L, FERNANDEZ-DOMINGUEZ A I, et al. Domino plasmons for subwavelength terahertz circuitry. Optics Express, 2010, 18 (2): 754-764.

[128] PIERANTONI L, MENCARELLI D, BOZZI M, et al. Broadband microwave attenuator based on few layer graphene flakes. IEEE Transactions on Microwave Theory and Techniques, 2015, 63 (8): 2491-2497.

[129] WU B, FAN C, FENG X, et al. Dynamically Tunable Filtering Attenuator Based on Graphene Integrated Microstrip Resonators. IEEE Transactions on Microwave Theory and Techniques, 2020, 68 (12): 5270-5278.

[130] 樊炽. 石墨烯材料的阻抗调控技术及其在微波器件与天线中的应用研究. 西安：西安电子科技大学, 2021.

[131] YASIR M, BISTARELLI S, CATALDO A, et al. Enhanced tunable microstrip attenuator based on few layer graphene flakes. IEEE Microwave and Wireless Components Letters, 2017, 27 (4): 332-334.

[132] FAN C, WU B, HU Y, et al. Millimeter-wave pattern reconfigurable Vivaldi antenna using tunable resistor based on graphene. IEEE Transactions on Antennas and Propagation, 2019, 68 (6): 4939-4943.

[133] YASIR M, SAVI P, BISTARELLI S, et al. A planar antenna with voltage-controlled frequency tuning based on few-layer graphene. IEEE Antennas and Wireless Propagation Letters, 2017, 16: 2380-2383.

[134] YASIR M, BISTARELLI S, CATALDO A, et al. Tunable phase shifter based on few-layer graphene flakes. IEEE Microwave and Wireless Components Letters, 2018, 29 (1): 47-49.

[135] WU B, ZHANG Y H, ZU H R, et al. Tunable Grounded Coplanar Waveguide Attenuator Based on Graphene Nanoplates. Microwave and Wireless Components Letters, 2019, 29 (5): 330-332.

[136] 张亚辉. 石墨烯在微波电路与天线中的应用研究. 西安：西安电子科技大学, 2019.

第6章 应用前景展望

6.1 全球石墨烯产业概况

自从石墨烯被发现以来，欧盟、美国、英国、日本、韩国及我国等的许多研究机构与公司争相投入大量资源对其展开研究。作为一种最薄、最强和最导电的材料，无论是电学、光学还是热力学特性，石墨烯都令世界各地的研究人员和企业兴奋不已，在能源生产、电池、电子器件、传感器、光电集成等领域，它具有彻底改变整个行业的潜力。美国、欧盟、日韩等都发布或资助了一系列相关研究计划和项目，促进石墨烯技术及其应用研究。全球多国已战略布局石墨烯产业链，出台创新战略、产业规划、扶持政策，持续发布石墨烯资助项目，助推石墨烯在红外传感、光电集成等高端领域的应用[1]，如图6.1所示。

6.1.1 欧盟

欧盟层面的项目有“第七框架计划”（Framework Programme，FP7，2007—2013）、“地平线2020计划”（Horizon 2020，FP8，2014—2020）、“地平线欧洲”（Horizon Europe，FP9，2021—2027）三期项目接力资助的“石墨烯旗舰”计划（Graphene Flagship 2013—2023）。“石墨烯旗舰”是欧盟2013年以来启动的三个最大的技术研发项目（“石墨烯旗舰”“人类大脑”（Human Brain Project）、“量子旗舰”（Quantum Flagship））之一，也是最早的两个未来和新兴技术（Future and Emerging Technologies，FET）旗舰项目（“石墨烯旗舰”“人类大脑”）之一，预算为10亿欧元。它是欧洲有史以来最大的研究项目之一：汇聚了20多个国家的150多个学术和工业研究团体，有90多个准成员和31个合作项目。该项目的任务是将石墨烯和相关的层状材料从实验室带到社会，彻底改变多个行业，并在欧洲带来经济增长和新的就业机会。研究工作覆盖了从材料生产、器件设计到系统集成的整个产业链，且针对石墨烯的特性开发了一些如柔性电子、印刷电子、5G移动技术、电池、航空航天、医疗应用、过滤、光电集成和汽车等领域的颠覆性应用。截至2021年，该项目成功资助或孵化了100多家石墨烯相关公司，资助的公司比例从启动时的15%增长到目前的50%左右[2]。

相关支持机构	时间/年	相关政策及支持计划	支持领域
欧盟FP7框架	2008	石墨烯基纳米电子器件项目	“超越CMOS”(Beyond CMOS)领域的技术。
欧洲研究理事会(ERC)	2008	石墨烯物理性能和应用研究项目	石墨烯薄膜的一维性能；模拟无质量相对论粒子的石墨烯电荷载体；石墨烯晶体管的应用研究。
欧洲科学基金会(ESF)	2008	欧洲石墨烯项目(EuroGRAPHENE)	石墨烯物理及机械性能、化学修饰，设计石墨烯电子特性的新方法和制备石墨烯功能器件。
欧盟FP7框架 地平线2020计划 地平线欧洲	2013	石墨烯旗舰项目	从材料生产、器件设计到系统集成的整个产业链。如柔性/印刷电子、移动技术、电池、航空航天、医疗应用、过滤、光电集成和汽车等领域的应用。
美国国家科学基金	2004-至今	石墨烯相关项目约1141项	从制备、基础研究以及应用的各个领域。
美国国防部(DoD)	2008-至今	碳电子射频应用项目(CERA) 碳基射频电子与硅技术的协整项目(CrEST) 可靠神经接口技术项目(RE-NET) N/MEMS 科学与焦点项目 新冠病毒传感项目(SenSARS) 晶圆级红外探测项目(WIRED) 多学科大学研究计划(MURI)	超高速和超低能耗的石墨烯射频晶体管。 石墨烯-硅融合的高性能、低功耗CMOS电路。 神经元信号监测和刺激的透明柔性石墨烯传感器。 微纳技术未来需求的石墨烯机械传感器。 SARS-CoV-2病毒的实时病原体识别技术的石墨烯生物门控晶体管。 CMOS兼容的石墨烯红外探测和热传感。 研究空军石墨烯材料、海军石墨烯材料。
英国政府	2011	促进增长的创新与发展战略	投入5000万英镑支持石墨烯研究。
英国政府	2012	促进增长的创新与发展战略	增拨2150万英镑资助石墨烯材料应用领域的研究。
英国政府	2013	成立英国国家石墨烯研究所	投入6100万英镑加速石墨烯的商业化。
英国政府	2018	成立石墨烯工程创新中心	专注于在复合材料、能源和电子等领域的应用开发。
英国政府	2021	英国国家先进材料研究所	加速石墨烯商业化巩固在先进材料研究的领先地位。
日本科学学术振兴机构	2007	石墨烯硅器件技术	资助石墨烯硅器件技术和石墨烯吸附机理的研究。
日本科学学术振兴机构	2004-至今	石墨烯制备、转移、设备制造技术	开发不需要高温的大面积石墨烯薄膜制备、蓝宝石衬底直接生长高质量可控层数的石墨烯以及电解溶液通电化学剥离石墨制作石墨烯的方法等。
日本防卫装备厅	2016	中长期国防技术展望	开发未来精密攻击武器、个人装备用的基于石墨烯的小型便携多功能传感、电子器件、光电器件等。
日本防卫装备厅	2018	基于二维原子功能薄膜的新型红外传感器研究项目 利用二维原子功能薄膜的光电探测器元件基础研究项目	资助富士通牵头的石墨烯红外传感器以及三菱电机主导的石墨烯高灵敏光电探测器的研究，助力石墨烯在军事技术等高端领域的研究应用。
日本防卫装备厅	2019	持久情报监视侦察技术(包括太空)	石墨烯红外探测器作为中高灵敏非制冷轻型化光学探测感知的重要一部分进行资助。
韩国政府	2015	韩国石墨烯商业化推进技术路线图2015—2020	到2020年，掌握85项石墨烯核心技术，开发6种世界一流产品；到2025年，产业产值达到19兆韩元。
韩国国家科学研究基金	2004-至今	石墨烯相关项目约826项	从制备、基础研究以及应用的各个领域。
中国国家科技重大专项(含973)	2011-至今	晶圆级石墨烯材料的制备和测试；晶圆级石墨烯电子材料与器件研究；石墨烯的可控制备、物性与器件研究；石墨烯材料的宏量可控制备及其应用基础研究；与硅技术融合的石墨烯类材料及其器件的研究；多重非常规外场耦合下二维材料的物性调控与器件研究；二维原子晶体材料热传导的机理及调控。	研究石墨烯的制备与测试，石墨烯物理性能，热传导性能，石墨烯电子特性和制备石墨烯电子、光电功能器件等。
中国国家重点研发计划	2017-至今	量子调控与量子信息重点专项； 纳米前沿重点专项	开发晶圆级二维半导体集成电路；下一代大尺寸石墨烯单晶与高速光通信器件。
中国国家自然科学基金委员会	2004-至今	石墨烯相关项目约2338项	研究石墨烯的制备、基础研究以及应用的各个领域。

图6.1 主要国家和地区的石墨烯产业化发展的政策措施

在“石墨烯旗舰”项目之前，欧洲层面还支持了一些关于石墨烯的联合研究计划，主要有欧盟 FP7 资助的石墨烯基纳米电子器件项目。该项目主要研究“超越 CMOS”(Beyond CMOS) 领域的技术，参与机构包括德国 AMO 有限公司、意大利大学纳米电子研究组、英国剑桥大学半导体物理组、法国原子能机构的 LETI 和法国 STMicroelectronics SAS、爱尔兰科克大学的 Tyndall 纳米研究所等。欧洲科学基金会的欧洲石墨烯项目(Euro Graphene)，共有 19 个国家的 20 个基金资助机构参与该项目的资助。该项目主要资助领域包括石墨烯物理性能、电学与力学性能、化学修饰，以及寻找设计石墨烯电子特性的新方法和制备以石墨烯为基础的功能应用器件。德国科学基金会资助的石墨烯前沿研究项目，时间跨度为 6 年。该项目的目标是使人们提高对石墨烯性能的理解和操控，以开发新型的石墨烯基电子产品。该项目主要资助领域包括石墨烯电子和原子结构、电子声子输运/自旋、石墨烯机械和振动性能表征与操控、石墨烯场效应器件、等离子器件、单电子晶体管的制备；石墨烯纳米结构制备和表征及性能操控；对石墨烯与衬底材料、栅极材料相互作用的理解和控制等[3]。

6.1.2 美国

美国在石墨烯领域坚持集中、持续性的投入，对基础性、战略性、前沿性研究的资助周期一般在 5 年以上。NSF、DoD 等机构是美国石墨烯研究资助的主要来源。截至 2021 年 11 月，NSF 资助石墨烯相关项目约 1141 项，投入约 7.5 亿美元，涵盖了从制备、基础研究到应用的各个领域[4]，相继资助了美国加州大学、威廉马歇莱思大学、罗格斯大学、密尔沃基大学等多项石墨烯应用研发项目。例如，威廉马歇莱思大学在碳材料研究领域有着深厚的积淀，其在石墨烯制备、石墨烯功能化以及石墨烯柔性显示、传感器及存储器等方面的工作都有布局。得克萨斯大学在石墨烯薄膜的 CVD 制备技术及其在能源存储方面的研究具有很大的影响力。美国国防高级研究计划局（Defense Advanced Research Projects Agency's，DARPA）从 2008 年起，持续在石墨烯红外探测、高频晶体管、石墨烯传感器等领域投入巨资。2008 年，DARPA 发布了总投资 2200 万美元的碳电子射频应用项目（Carbon Electronics for RF Applications Program，CERA），研发周期为 4 年，旨在开发超高速和超低能量应用的石墨烯射频晶体管电路。此后又先后发布了多个项目和技术：用于研究石墨烯－硅复合的高性能低功耗 CMOS 电路的项目(Co-integration of Carbon-Based rf Electronics with Silicon Technology program，CrEST)，将透明柔性石墨烯传感器用于神经元信号监测和刺激的可靠神经接口技术（DARPA's Reliable Neural-Interface Technology，RE-NET)，满足 DoD 微纳技术未来需求的石墨烯机械传感器的项目（N/MEMS Science and Focus Centers），可用于对 SARS-CoV-2 病毒的实时病原体识别技术的石墨烯生物门控晶体管的项目，用于开发 CMOS 兼容的石墨烯红外探测和热传感的项目。此外，2016 年佛罗里达大学研究了基于石墨烯材料的下一代红外探测器，为美国陆军提供新一代轻型化高分辨的非制冷焦平面成像设备等。DoD 还投入 750 万美元资助多个大学研究计划，旨在研究空军用的石墨烯材料、海军用的石墨烯材料等[5]。

在石墨烯基础研究创新方面，除了高校、科研院所保持着领先地位外，英特尔、苹果、IBM、陶氏化学、通用等科技巨头均已涉足石墨烯技术的研究开发。IBM 已经在石墨烯集成电路、多极石墨烯射频接收器和场效应晶体管等石墨烯高端应用领域展开布局，并多次取得突破性进展。例如，2010 年 IBM 开发出截止频率为 100GHz 的石墨烯 FET；2011 年开发出首款由晶圆尺寸石墨烯制成的集成电路；2014 年利用主流的 CMOS 工艺成功制备出世界上首个多级石墨烯射频接收器[6-8]，其传输速度是硅制芯片的千倍。同时，美国本土优越的创业环境，也促使一批与石墨烯相关的中小公司纷纷成立，如美国纳米技术仪器公司、Angstron Materials 公司、沃尔贝克公司等。例如，美国纳米技术仪器公司持有以石墨为原料制备石墨烯的首个发明专利；应用方面主要集中在储能、散热、透明导电薄膜、环氧树脂增强复合材料以及传感器、润滑、气体分离、导电油墨等。沃尔贝克材料公司（Vorbeck Materials Corp.）诞生于普林斯顿大学研究实验室，是第一家获得美国环境保护署批准销售商用石墨烯产品的公司。该公司涉足的领域主要集中在化工、电子信息和储能，如化工领域中的涂料、油墨、聚合物纤维、橡胶，电子信息领域中的传感、可穿戴设备，储能领域中的燃料电池、电池电极材料等[9]。

6.1.3 英国

作为石墨烯的“出生地”，英国投入巨资致力于培养一批科学家、工程师和实业家，从而构建从石墨烯基础研究到成品应用的先进材料创新生态系统。2011 年，英国政府宣布投入 5000 万英镑支持石墨烯研究；2012 年，英国政府增拨 2150 万英镑用以资助石墨烯材料应用领域的研究；2013 年，英国政府联合欧洲研究与发展基金会，共同出资 6100 万英镑在曼彻斯特大学成立国家石墨烯研究院，由石墨烯诺贝尔奖获得者 A. K. Geim 和 K. S. Novoselov 负责领导，以加速石墨烯的商业化进程。2014 年，英国政府联合 Masdar 以及欧盟在曼彻斯特大学共同成立石墨烯工程创新中心（Graphene Engineering Innovation Center，GEIC），并于当年获得英国研究伙伴投资基金以及 UKRI’s Innovate UK 的 2000 万英镑的投资。作为国家石墨烯研究院的补充，GEIC 后续又获得总计 6000 万英镑的投资。该中心于 2018 年正式投入使用，专注于石墨烯在复合材料、能源、光电芯片、电子和膜工业等领域的应用开发，帮助英国提高石墨烯研究能力以及加速石墨烯的商业化。2021 年，英国研究与创新（UK Research and Innovation，UKRI）首席执行官 Dame Ottoline Leyser 教授正式成立了位于曼彻斯特大学的耗资 1.05 亿英镑的英国国家先进材料研究所——亨利·罗伊斯研究所。该研究所将和英国国家石墨烯研究院、石墨烯工程创新中心一起构建一个新的“石墨烯城”，拥有 350 多名科学家、制造商和工程师，将在推动石墨烯和先进材料的创新和研发方面发挥举足轻重的作用。作为英国政府北部振兴计划中的旗舰项目，“石墨烯城”不仅能提高行业竞争力，还将巩固曼彻斯特和英国在先进材料研究领域的世界领先地位。“石墨烯城”的建立将带来新的技能和新的就业机会，推动当地经济的发展，促进创新，从而完成建设可持续社会的使命[10]。

6.1.4 日本

日本是全球碳材料产业最发达的国家之一。日本学术振兴机构（Japan Science and Technology Agency，JST）及日本防卫装备厅等对石墨烯的制备、转移及器件开发等进行了广泛资助。2007 年，JST 开始资助对石墨烯硅器件技术和石墨烯吸附机理等开发项目。2010 年开始，日本同样对石墨烯的制备、转移技术及设备制造技术进行了重点投资，包括开发了不需高温的大面积石墨烯薄膜制备、蓝宝石衬底直接生长高质量可控层数的石墨烯以及电解溶液通电化学剥离石墨制作石墨烯的方法等。2016 年日本防卫装备厅成立之初，日本在发布的中长期国防技术展望中，防卫省将石墨烯作为小型、便携、多功能传感、电子器件、光电器件的候选材料用于未来的精密攻击武器、个人装备等应用。2018 年，日本防卫装备厅宣布对 Fujitsu Ltd. 牵头的石墨烯红外传感器（Research for Innovative Infrared Ray Sensors Making Use of Two-Dimensional，Functional Atomically-Thin Films）和三菱电机主导的石墨烯高灵敏光电探测器（Basic Research for Photodetector Elements Making Use of Two-Dimensional，Functional Atomically-Thin Films，E. G.，Graphene）在内的 20 个项目进行资助，助力石墨烯在日本军事技术等领域的研究应用。2019 年，在制定的最新的研发愿景（R&D vision）中表明，日本防卫装备厅今后将战略性地培育未来需要的五大技术（Electromagnetic Spectrum Technologies、Technologies for Persistent ISR including Space、Cyber Defense Technologies、Underwater Warfare Technologies、Stand-off Defense Technologies），并将石墨烯红外探测器作为 Technologies for Persistent ISR including Space 项目中高灵敏非制冷轻型化光学探测感知的重要部分进行资助。日本文部科学省制定了多个发展纳米技术的战略目标，并由下属机构制定了研究开发方法，具体的课题就是碳纳米管、石墨烯等碳纳米电子技术。

在多年持续的资助下，日本的大学、研究机构及企业也相继取得了一些突破性成果。如日本东北大学开发出了一种利用石墨烯材料替代铂作为催化剂的新型电极，来制造燃料电池车所需的氢燃料，可以显著降低燃料电池车的电池成本；且在石墨烯催化剂中再加入镍，其制氢能力甚至超越铂。石墨烯平台公司于 2012 年在东京工业大学横滨创业园内开设了石墨烯研发中心，致力于开发可大规模生产石墨烯的技术。目前该公司已经在 20 个国家获得了 5 项专利。日本大阪瓦斯公司开发了一种可大幅降低成本的石墨烯制造技术，有望突破石墨烯商业化应用的瓶颈。ADEAK 公司则获得了东京大学教授相田卓三开发的石墨烯新生产技术的专利权，利用微波向离子液中的石墨照射来制造石墨烯，在 30min 内，就可以获得高浓度和高品质的石墨烯。日本全球信息株式会社在 2015 年公布的一份报告显示，在 2015 年至 2025 年，日本的石墨烯产业有望在汽车、航天、能源、电子、复合材料领域占有一席之地[11]。

6.1.5　韩国

为了在未来的新兴产业中占据一席之地，韩国政府也投入大量资金聚焦石墨烯制造、功能器件研发和应用等，用以支持石墨烯产业的发展，甚至在《韩国石墨烯商业化推进技术路线图 2015—2020》中明确提出：到 2020 年，掌握 85 项石墨烯核心技术，开发 6 种世界一流产品；到 2025 年，培养 20 家全球性企业，产业产值达到 19 兆韩元。2010 年至 2020 年间，教育部直属科学和信息通信技术部（the Ministry of Science and ICT）和韩国国家科学研究基金（National Research Foundation of Korea，NRF）以及产业通商资源部（the Ministry of Trade，Industry，and Energy）等机构资助石墨烯相关项目约 826 项，经费总额约为 2.1 亿美元[12]。韩国向国际标准化组织（ISO）递交的《石墨烯二维物质特性及特性测定法》，最终确立为国际标准。该标准定义出石墨烯二维物质的物理、化学、电学、光学等特性，并以此制定相关试验、检测标准。韩国在这场标准竞争中，最终打败了美国、英国、日本等原材料发达国家。韩国在石墨烯领域里虽然专利申请量远不及中国，但是在石墨烯基础研究和产业化发展方面比较均衡。韩国企业一般比较重视与大学建立长期深入的合作，产学研合作程度远高于中国，并且企业集团内部也往往存在密切的协同创新关系。由于这些集团公司的支持和推动，韩国的石墨烯产业发展迅速。目前全球推进的 10 个石墨烯国际标准中有 5 个由韩国主导。韩国科学技术研究院、延世大学、成均馆大学、韩国先进技术研究院、三星公司、LG 公司为研发及专利申请的主体。各主体所申请的专利数量占据韩国专利总量的 42%，是韩国石墨烯专利的主要贡献者。三星公司目前已初步形成石墨烯上下游之间的产业链布局，在石墨烯制备领域主要集中于化学气相沉积法制备石墨烯薄膜、相关设备和石墨烯品质检测；应用领域主要涉及锂电池、LED&OLED、触摸屏、液晶显示、晶体管、传感器等方面。LG 公司主要致力于以石墨为原料制备石墨烯材料及其在锂离子电池、导电油墨、散热、电缆等领域的应用，同时也涉及 CVD 制备石墨烯及其显示器件和 LED&OLED 中的应用。成均馆大学与企业之间的合作非常活跃，其中最重要的合作伙伴是三星公司，制备技术主要涉及化学氧化还原法和化学气相沉积法，应用技术涉及领域非常广泛，主要集中在显示装置、传感器、晶体管、LED&OLED、储能等方面[9,13]。

6.1.6　中国

中国是目前石墨烯基础研究和应用开发最为活跃的国家之一。石墨烯材料作为重点方向被重点扶持，国家、地方政府、产业联盟通过多种手段支持石墨烯产业的发展。截至2021年，国家自然科学基金委资助的石墨烯相关的基础研究项目约2338项[14]。至今在所有国家中，中国申请的石墨烯专利数量最多，约占全世界的2/3[15]。2021年，国家知识产权局检索的与石墨烯直接相关（发明名称含“石墨烯”）的专利达56806项，间接相关（关键词含“石墨烯”）的专利更是高达151783项[16]。2013年，工信部发布的《新材料产业“十二五”发展规划》中的前沿新材料中就包含石墨烯。2011年，关于石墨烯的国家科技重大专项有“晶圆级石墨烯材料的制备和测试”“晶圆级石墨烯电子材料与器件研究”。此外，还有2011年中国科学院物理研究所领衔的国家“973计划”项目的“石墨烯的可控制备、物性与器件研究”；2012年清华大学主持的“石墨烯材料的宏量可控制备及其应用基础研究”；2013年国家“973计划”A类项目“与硅技术融合的石墨烯类材料及其器件的研究”。2015年的国家“973计划”有：南京大学牵头的“多重非常规外场耦合下二维材料的物性调控与器件研究”“二维原子晶体材料热传导的机理及调控”，北京大学牵头的“高迁移率半导体及新型二维电子材料的新有序态”主要围绕石墨烯和 MoS_2 开展研究工作。2016年，南开大学牵头承担国家重点研发计划“纳米科技”重点专项“石墨烯宏观体材料的宏量可控制备及其在光电等方面的应用研究”。从2017年到2020年，在国家重点研发计划“量子调控与量子信息”重点专项中，连续多年资助了以石墨烯等二维材料为代表的多项子课题。例如，在2020年国家重点研发计划重点专项资助中，石墨烯直接相关的子课题包括上海交通大学的“调控低维石墨烯材料中的量子多体效应”；南方科技大学、南京工业大学及北京石墨烯研究院等联合申请的“低维本征磁性材料的拓扑态调控与器件探索”；香港科技大学牵头的“转角石墨烯及其他摩尔超晶格材料的奇异物性研究”等。在“十四五”国家重点研发计划“纳米前沿”重点专项中，相继提出了研制基于二维半导体材料的逻辑、模拟和射频电路的整套集成工艺、实现千门级逻辑电路功能展示的“晶圆级二维半导体集成电路”，以及针对下一代高速光通信技术中的关键支撑材料和器件集成需求，研制与硅基光波导技术结合的片上集成石墨烯高速光通信器件的“大尺寸石墨烯单晶与高速光通信器件”。

6.2 商业化应用

世界上各个国家发布及资助了一系列相关研究计划和项目，巨大的投入也先后催生了一系列成果和科学突破，如石墨烯视网膜植入、水净化、红外光电探测器、超级电池、石墨烯增强橡胶等，也孵化了一批像夜视传感器厂商 Emberion、石墨烯场效晶体管芯片厂商 Graphenea、石墨烯基锂电池厂商 BeDimensional、石墨烯生物传感器厂商 Grapheal、石墨烯快捷支付厂商 Payper 等新兴企业。目前对石墨烯的应用研究正处于高速发展时期，世界各国都在石墨烯技术领域投入大量资源，以期能在未来的石墨烯产业化中占有一席之地。以下列举一些关键事件的时间节点（图 6.2），以及近年来主要国家或区域在石墨烯产业孵化及商业化应用方面的具体进展。

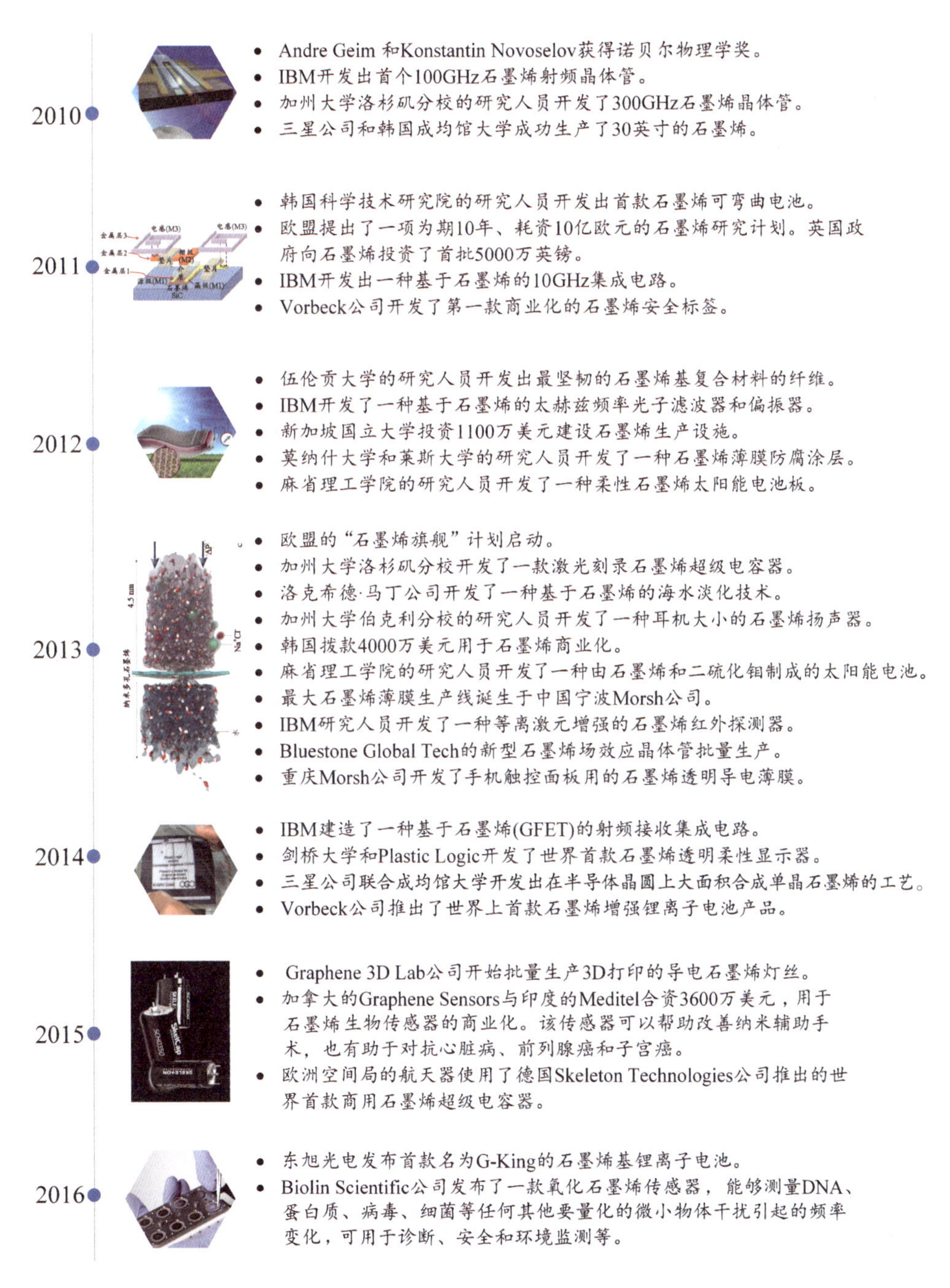

图 6.2　石墨烯基础研究以及产业化过程中关键事件的时间节点

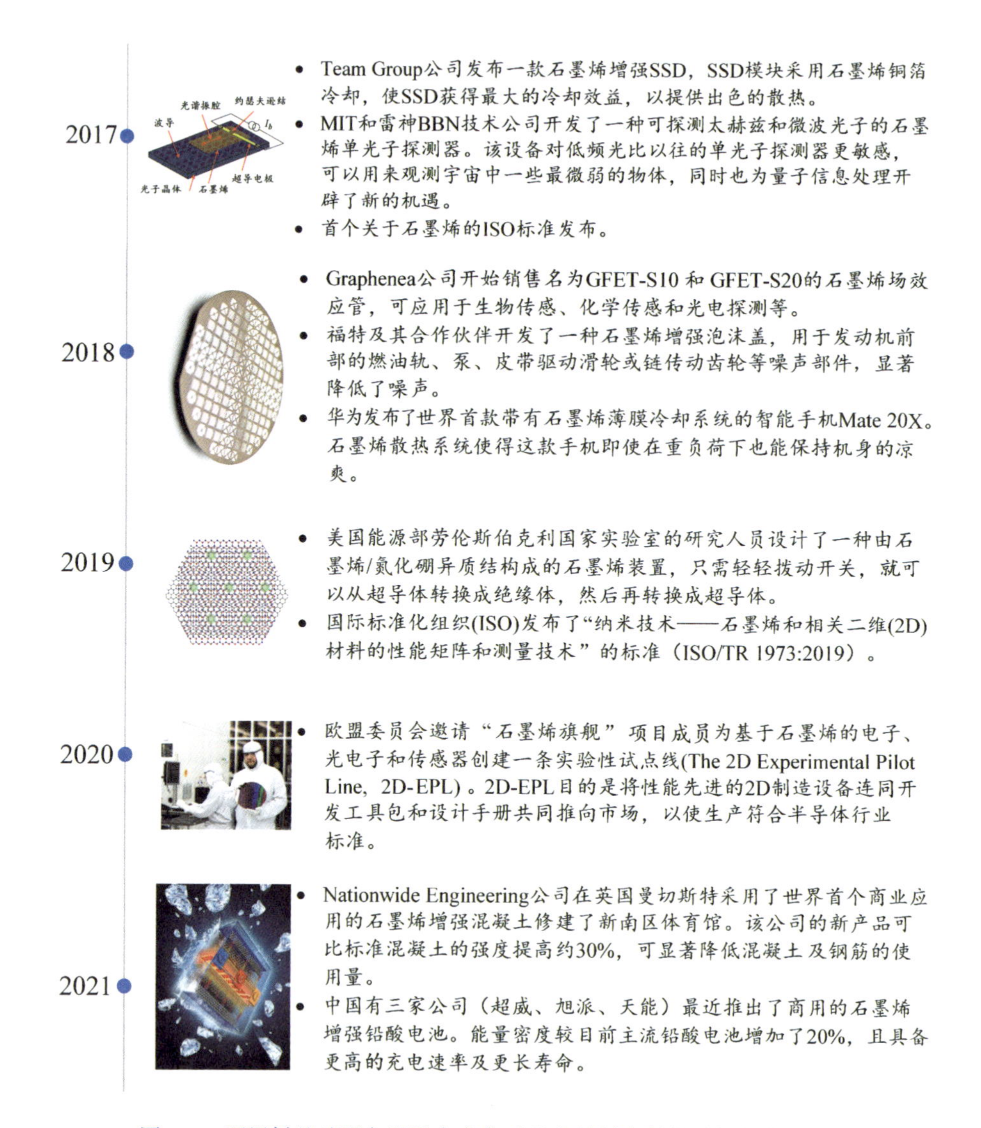

图 6.2　石墨烯基础研究以及产业化过程中关键事件的时间节点（续）

下面介绍石墨烯商业化应用的部分进展。

6.2.1　欧洲

INBRAIN Neuroelectronics 公司的石墨烯脑接口可进行有效实现实时脑测绘和微创脑切除应用，以实现对癫痫和帕金森氏症等脑相关疾病的高发病率更有效的诊断和治疗。

Graphene-XT 公司开发的石墨烯润滑油产品可减少汽车和摩托车柴油与汽油发动机部件的磨损；其开发出用于生物传感、微电子和快速测试的石墨烯晶体管；其开发出的 TestNpass 是用于 SARS-CoV-2 抗原检测的数字生物传感器。

作为欧盟“石墨烯旗舰”计划首阶段支持的 6 个“先锋项目”之一，WearGRAPH

公司开发了基于石墨烯的具有无线性和灵活性的无电池可穿戴电子产品。项目于2018年推出使用石墨烯的高水平的连通性和灵活性与能源采集和能源存储、纺织品生产自给自足的数字化冷却夹克上。

英国的Amalyst公司通过一种廉价且可扩展的工艺，将石墨烯集成到锂离子电池中间以提高电池寿命和充电时间。

Black Semiconductor是一家位于德国亚琛的科技初创公司，它是从非营利研究中心AMO剥离出来的，目标是制造和销售具有集成电子－光子电路的功能极强的微芯片。公司目前正在开发首款石墨烯的集成光子与电子的超级芯片。“石墨烯旗舰”合作伙伴AMO公司（德国）、CNIT公司（意大利）、爱立信公司（瑞典）、Imec公司（比利时）、诺基亚公司（意大利）和诺基亚贝尔实验室（德国）合作发布了世界首款全石墨烯光通信芯片产品，每通道的数据速率为25 Gb/s[17]。

Cambridge Raman Imaging于2018年在英国注册。它首次将石墨烯用于医学成像，旨在通过更快、更准确的肿瘤诊断和治疗，使患者获得更好的治疗效果。其重点是为市场带来高速、无标签拉曼成像仪器。

Toraphene是一家位于英国的生物技术和材料公司，旨在用嵌入有石墨烯片的天然聚合物作为替代品取代一次性塑料包装，实现可生物降解、可堆肥且具有商业可行性的塑料包装替代品。

Skeleton Technologies是一家开发和制造高能量和功率密度超级电容器的公司。该公司为汽车、交通、工业和可再生能源市场提供绿色和低成本的储能解决方案。2015年，Skeleton进入商用卡车市场，推出了一款石墨烯设备，帮助卡车司机在长时间不活动或寒冷天气下启动引擎。2016年，Skeleton加入法国飞鲸公司的项目，为全球运输市场建造60t大容量飞艇。2020年，Skeleton公司与Medcom公司签署了一项大规模合同，为华沙的有轨电车网络部署超级电容器。最近，该公司与一家领先的汽车制造商签署了10亿欧元的意向书，将其最新开发的石墨烯增强的“超级电池”推向市场。

Talga是一家专注于石墨开采、石墨烯供应和应用开发的跨国公司，正在开发用于涂料、电池、混凝土和环氧复合材料添加剂的石墨烯产品。

Payper Technologies是总部位于英国的初创企业，正在利用石墨烯为餐饮业提供一种新的餐桌付款技术。

Prognomics LTD成立于2014年，是英国斯旺西大学旗下的公司，旨在开发基于石墨烯的传感器。该公司开发了许多将生物受体（如抗体）移植到石墨烯上的方法，以获得灵敏和选择性检测。

Qurv Technologies是从西班牙巴塞罗那的光子科学研究所剥离出来的技术公司，成立于2020年，是一家开发基于石墨烯和量子点技术、覆盖可见光到短波红外（SWIR）

范围并可以与 CMOS 工艺集成的图像传感器的初创高科技公司。

Morrow Batteries 是一家在挪威注册的电池公司，成立于 2020 年。该公司致力于开发下一代石墨烯增强锂硫电池并实现工业化，这将显著提高电池的性能。

英国 HexagonFab 公司是剑桥大学的附属公司，这家公司开发包括手持读出设备在内的石墨烯生物传感器，用于分析蛋白质浓度和相互作用。该公司表示，其基于石墨烯的传感器可以提供高灵敏度的结果，而且价格实惠，便于携带。

Integrated Graphene 是总部位于苏格兰的先进材料供应商，该公司发明了一种制造工艺，可在几秒内在任何表面上生产高性能纯 3D 石墨烯泡沫，并使用该工艺生产一种新型纯石墨烯超级电容器提供快速充电和智能电源等。2020 年 11 月，该公司推出其第一款石墨烯增强产品——Gii-Sens 3D 石墨烯泡沫电极。

Graphenex 公司成立于 2014 年，总部位于英国，旨在开发基于石墨烯材料的高能超级电容器。

GraphenicaLab 是一家总部位于西班牙的公司，从加泰罗尼亚纳米科学与纳米技术研究所剥离出来，拥有在任何表面上打印柔性石墨烯传感器和电子设备的专利技术。

Graphmatech 是一家瑞典石墨烯材料技术公司，开发新型石墨烯基纳米复合材料和产品。该公司专注于三个主要业务领域——金属 - 石墨烯复合材料和涂层粉末、聚合物 - 石墨烯复合材料和储能添加剂。

Grafren 公司位于瑞典，2018 年从瑞典 Linköping 大学分离出来。该公司开发了一种处理大量石墨烯分散体的方法，能够获得高质量的石墨烯薄片。该公司还致力于开发具有导电性、焦耳热和力/压力传感等附加功能的纺织品和玻璃纤维，以及将石墨烯薄片融入织物的深处，包裹每根纤维，创造一个具有可控制导电性的导电“皮肤”。

CamGraphIC 是从剑桥大学脱离出来的，致力于可用于电信和数据通信的石墨烯光子电路技术的商业化应用。该公司的核心产品是用于数据转换的石墨烯光子芯片，它将石墨烯调制器和光电探测器集成到硅芯片中，迄今为止已在多个通信波段（1280 ~ 1310nm、1525 ~ 1565nm 和 1565 ~ 1610nm）中均显示出优越的性能。该公司正在筹集股权资金，以便在欧洲建设一座微型晶圆厂，欧洲领先的网络设备供应商已经参与合作，公司正在扩大该技术授权给亚洲和美国客户使用。

Emberion 从诺基亚研发部门脱离出来，是欧洲“石墨烯旗舰”项目的成员。该公司主要设计和开发基于石墨烯、其他纳米材料和 CMOS 集成电路的高性能光电子产品。2019 年，Emberion 推出了世界首款 VIS-SWIR 石墨烯光电夜视仪。

DZP Technologies 于 2008 年在英国成立，致力于开发满足市场需求的石墨烯产品，包括石墨烯导电油墨、水净化、石墨烯储能（超级电容器和电池）、石墨烯光电探测、石墨烯激光绘图和激光诱导正向传输。

FlexEnable 于 2015 年从 Plastic Logic 脱离出来，主要开发基于 EPD 和 OLED 技术的

柔性显示器背板。2020 年，该公司成功展示了一款基于透明石墨烯导体的真正柔性显示器，并将其集成到柔性晶体管阵列中。

6.2.2　北美

2018 年成立的 NanoGraf 与美国国防部合作开发了一种更持久的石墨烯锂离子电池，旨在为美国军事人员提供更好的便携式电源，使其安全有效地运行。该电池的阳极采用了石墨烯包裹硅阳极电池，有望显著提高电池运行时间。

GraphWear 公司斥资 2050 万美元推出了无创的便携式石墨烯葡萄糖监测器，这是一种由石墨烯制成的皮肤表面级可穿戴设备，它完全不会损伤皮肤。其已经在 40 名 I 型和 II 型糖尿病患者身上完成了一项可穿戴传感器的可行性研究，精度与传统从静脉血采集的血糖测量的传感器相当。

Brain Scientific 是一家位于纽约的医疗设备和技术公司，开发了一种皮下植入的微创石墨烯电极和通过 3D 打印机打印在头皮上的石墨烯电极，连接到微型脑电图信号处理器，以提供连续的癫痫监测和不间断的数据收集。这种微型脑电图信号处理器只有邮票大小，通过 3D 技术打印在靠近耳朵的头皮上，以获得最大的舒适度。

Volexion 是一家脱离于美国西北大学及阿贡国家实验室（Argonne National Lab）的初创公司，已将石墨烯替代高能阴极材料用于下一代锂离子电池的生产，据报道，其性能比目前最先进水平的锂离池高出 10 倍，将锂离子和电动汽车行业向前推进了 10 年。

同样脱离于阿贡国家实验室的企业还有 CalBattery。该公司开发的独特的 SiGr 阳极制造工艺将纳米硅稳定均匀地嵌入石墨烯片中，从而在充电期间吸收硅的膨胀。这成为了最稳定的硅阳极材料，具有比传统石墨阳极材料高 3 倍的阳极比容量。

Theragnostic Technologies 公司成立于 2012 年，是石溪大学的附属公司，开发了一种新的高效石墨烯核磁共振造影剂，比目前的钆更安全、更便宜。2015 年，该公司推出了名为 ManGraDex 的产品。ManGraDex 需要经过几个临床试验阶段，并计划在 2022 年或 2023 年实现商业化。

Real Graphene 是一家总部位于美国的技术公司，致力于石墨烯增强电池。该公司声称其所有产品都使用高质量的石墨烯薄膜，而不是别的公司所谓的“石墨烯”实际上在产品中使用石墨的“仿冒品”。

SafeLi 成立于 2016 年，诞生于威斯康星大学密尔沃基分校。该公司开发了一种由一氧化碳石墨烯的独特材料制成的锂离子电池部件，能显著提高锂离子电池的储能能力。

NexTech 是一家总部位于美国的电池公司，成立于 2016 年，获得了劳伦斯伯克利国家实验室（LBNL）的独家 Li-S 技术许可。该公司正在与 Directa Plus 合作，开发下一代特定级别的 G + 石墨烯纳米片电池。

ORA 是一家总部位于加拿大的公司，其在专有的纳米复合配方中使用石墨烯，构建更小、更高效的扬声器和耳机，可以提供高质量的音质。

NanoAffix Science 是一家由威斯康星大学密尔沃基研究基金会独家授权专利技术组建的水制造公司。该公司利用石墨烯晶体管技术制作实时水传感器芯片，能以前所未有的灵敏度和特异性对致命污染物进行实时检测（无须样品制备），用于单点测试（例如，在家进行葡萄糖测试的手持设备）或在线连续流动测试（例如，集成到现有的水设备，如仪表和过滤器）。传感器信号可以通过无线通信进一步连接到中央控制站，从而可以远程实时监控整个配水系统的健康状况，可以显著降低风险，确保清洁和安全供水。

总部位于加拿大的 NanoPhyll 专注于防腐和防污涂料。该公司开发的石墨烯 - 石墨复合填充的氟聚合物复合涂层材料，具有优越的耐腐蚀性、渗透性、传热速率，以及优越的导电性、耐磨性和耐划痕性，在高腐蚀性环境下仍具有良好的附着力。

GRIP Molecular Technologies 是一家位于美国的公司，该公司正开发一种含有 CVD 石墨烯的用于内部诊断测试的一次性生物传感器。

HyCarb 是一家中佛罗里达大学商业孵化的初创公司，主要利用石墨烯和碳纳米管来开发增强型环保电池、超级电容器、燃料电池、太阳能电池板、传感器、催化剂、过滤器和晶体管。该公司第一款商业“HyCarb 硬币电池”于 2019 年年底投产，并获得了三项利用石墨烯气凝胶和导电聚合物的专利的独家许可。HyCarb 目前专注于制造具有 5 个新的阳极和 5 个新的阴极的电池原型。

Graphite Innovation and Technologies（GIT）是一家位于加拿大的初创公司，旨在利用石墨烯纳米颗粒创造一种高性能、可持续应用于船体的涂层，可减轻藤壶和藻类在船体上的破坏性积聚，并可最大限度地减少水下辐射噪声污染。

GraphAudio 成立于 2016 年，致力于石墨烯声学产品的商业化。该公司的技术起源于加州大学伯克利分校和伯克利实验室。其使用 100% 的石墨烯作为驱动器，既可以用于静电扬声器，也可以作为麦克风超声波传感器。GraphAudio 表示，他们将于 2022 年推出石墨烯耳机和放大器。

Graphene Composites（GC）是一家纳米材料技术公司，利用石墨烯、气凝胶和其他材料生产一系列复合材料。其石墨烯/气凝胶复合技术主要应用于三个产品领域——装甲、航空/航天和可再生能源。

Cardea Bio 位于美国圣迭戈，旨在开发尖端的诊断设备。2016 年，该公司开始量产基于石墨烯的传感器和 AGILE R100 系统，该系统可实时检测小分子，没有尺寸限制。其石墨烯生物场效应晶体管（BioFET）产品，具有更快的样品处理速度，更高的准确性、便携性和经济性。

Global Graphene Group（G3）主要开发用于手机、轮胎、油漆、电动汽车等新一代产品的石墨烯技术。G3 在石墨烯驱动电池技术方面推出了 G3-fireshield 技术，该技术以石墨烯保护阴极材料、改进的隔膜层和不易燃的电解质为特色，为消费者提供更安全的锂离子电池。

6.2.3 亚洲

东旭光电公司主要开发石墨烯基锂离子电池、石墨烯节能照明、石墨烯热管理及石墨烯防腐涂料四大规模化应用产品和悬浮石墨烯传感芯片等应用产品。

Morsh 成立于 2012 年，坐落于宁波市慈东滨海区。其通过引进中国科学院宁波材料技术与工程研究所的石墨烯产业化技术，于 2013 年年底建成了首期年产 300t 石墨烯的生产线。产品包括石墨烯涂层、锂电池用石墨烯复合导电浆料等。

Zoxcell 总部位于中国香港，主要在巴基斯坦和中国生产石墨烯增强超级电容器，用于汽车、工业、消费电子、电信和运输市场。

2021 年，雅迪电动车公司发布了其第三代石墨烯铅酸电池产品，该产品采用了石墨烯超级导电浆料，具备充电快、充放电性能稳定可靠的优势。公司宣称，其石墨烯电池满充满放充电循环次数超过 1000 次，可在 -20°C 至 55°C 的温度下正常使用，消除北方低温和南方高温对电池续航性能的极端影响。

无锡格菲电子薄膜科技公司是位于无锡的石墨烯薄膜生产的公司，主要生产石墨烯薄膜、触摸传感器、触摸屏、石墨烯发光晶体管等。

常州二维碳素科技股份有限公司是一家研发、制造大面积石墨烯薄膜及石墨烯触控模组的企业，产品包括石墨烯散热涂料、透明导电薄膜、柔性薄膜压力传感器等。

Trustwell 是一家位于成都、以聚合物技术研发为导向的公司，主要开发和生产用于印刷、轮胎和橡胶工业的聚合物。2015 年，Trustwell 公布了一项来自四川大学聚合物研究所的新技术，该技术成功地将石墨烯薄片混合到专门用于轮胎的橡胶制品中，具有耐老化、抗撕裂、降滚阻、抗静电等优势。

LIGC Application 是一家以色列的激光诱导石墨烯过滤器的前沿生产商。该公司开发了一种利用商用激光在环境温度下生产和绘制多孔石墨烯泡沫的技术，该泡沫具有导电性、柔韧性和抗菌性。该公司技术的商业应用包括空气过滤、水净化、印制电路板、气体和应变传感器、伤口愈合、卫生纺织品、卫生垫、水分解、燃料电池催化等。LIGC 目前专注于生产空气过滤产品，以满足 COVID-19 大流行所引发的革命性过滤系统的需求。

烯晶碳能（GMCC）电子科技无锡有限公司于 2011 年在无锡成立，致力于石墨烯增强储能产品的研发和生产。2015 年，GMCC 推出该公司首款石墨烯增强超级电容器，可提供单电池电容器、电容器模块和电容器管理系统。

Grahope New Materials(GNM) 专注于石墨烯加热技术的研发和石墨烯产品的总体开发。该公司具有首创的石墨烯加热膜专利技术，申请发明专利 100 多项。公司产品涵盖智能可穿戴设备、家用智能暖炉、工业应用等领域，研发了石墨烯防护设备、石墨烯电热涂料、石墨烯智能烤面包机等全球首批石墨烯智能产品。

CellsX 是一家中国公司，主要开发石墨烯电池，这种电池可以快速充电。其产品包括小型和大型电池组，应用领域包括电子配件、城市配送车辆电池等。

北京碳世纪科技有限公司（BCCT）成立于2013年，专业从事石墨烯宏观制备技术及其下游应用技术的研发和技术服务，主要生产石墨烯、氧化石墨烯干粉、分散液。目前，BCCT 已建成中试线和试验线，年产量可达2.5t。

Znshine Solar 公司成立于1988年，是一家专业生产光伏组件、光伏电站和总承包产品的企业。2018年，Znshine Solar 相继推出“12母线石墨烯模块”“5母线石墨烯模块”“双玻璃石墨烯模块”。据报道，该公司石墨烯薄膜层的应用提高了玻璃本身的透光性能且具有自清洁能力。2018年，Znshine Solar 赢得了向印度最大的发电设备制造商巴拉特重型电气有限公司提供37.5MW 光伏组件的投标。2019年，Znshine Solar 宣布与阿联酋阿提哈德能源公司签署了一项100MW 石墨烯增强太阳能模块供应协议。

6.3 发展趋势介绍

目前石墨烯的商业化除了个别的应用领域具有显著的性能提升外，更多是一些低端的应用，依然缺乏一些杀手锏级别的应用突破。本节列出了一些未来可能的颠覆性应用的领域，包括复合材料、能源、生物医学、光电芯片、高频柔性电子器件、传感器等。图6.3所示为石墨烯在未来可能的商业化应用领域及对应的时间节点预测[18]。

1. 复合材料应用

石墨烯可以增强下一代复合材料和涂层。从防静电/防腐涂料到超强/超轻复合材料，石墨烯不仅可以提高现有材料的性能，还可以开辟新的应用领域。石墨烯可在汽车、航空/航天、建筑行业及水净化领域发挥关键作用，可用于增强汽车面板、航空/航天机翼、混凝土的性能及海水淡化等[19-21]。作为涂料的添加剂，石墨烯可用于房屋防水或防止船舶生锈，也可作为航空/航天材料改善飞机部件的力学性能，使其结构更薄、更轻，同时保持或改善功能。在最新的“石墨烯旗舰”项目 GICE 资助的先锋项目中，空客将联合汉莎航空和李奥纳多等共同开发基于石墨烯的热电冰保护系统[22]。这些新设备将在不影响空气动力学特性的情况下保持飞机部件不结冰，从而使飞行更安全、更环保。石墨烯还可用作磁盘和磁头间的涂层，具备使计算机存储器的数据存储能力提高10倍的能力。如来自英国剑桥大学、瑞士洛桑理工学院、新加坡国立大学、美国伊利诺伊大学及阿贡国家实验室的科研人员已经证明石墨烯可以用于生产超高密度硬盘驱动器（HDD）[23]。此外，一种可用于从水中提取铀和其他重金属的氧化石墨烯泡沫也由麻省理工学院的科研团队证实具备良好的应用效果[24]。从用于航天器的更轻的部件，水净化后的循环利用，再到外层空间伤口愈合等新材料的应用，石墨烯具有无限的可能[25]。

图6.3 石墨烯在未来可能的商业化应用领域及对应的时间节点预测[18]

2. 生物医学应用

石墨烯正在扩大生物医学领域的可能应用范围，为靶向药物输送和生物传感器铺平道路。随着对医疗保健服务需求的不断增加，对新型医疗保健解决方案的需求也在不断增加。这些解决方案应更有效、成本更低且具有良好的预防和治疗疾病的效果。石墨烯凭借其独特的性能，如高表面积、电子迁移率和功能化的潜能，使新型的诊断和治疗方案成为可能[26]。例如，石墨烯的表面积为药物传递提供了良好的平台，其电导率为有效的生物传感器提供了条件。石墨烯在维持其固有导电性的同时，也能被制成支架，这种能力可用于组织工程[27,28]。新的研究表明，石墨烯可以与聚合物结合制成非常敏感的机电传感器，它还可以用于改进脑深部植入物[29]以及更快的 DNA 测序[30]、药物传递[31,32]等。目前，石墨烯在生物医学领域最先进和最有前途的方向可能是用于设备的开发。例如，在即时护理、体外诊断以及生化或环境监测中，石墨烯可以用作生物传感器，并适当功能化以调整其传感能力[33]。如 DARPA 正在资助的美国 Cardea 生物公司和佐治亚理工学院联合开发 SARS-CoV-2 病毒监测的石墨烯传感器[34,35]。该实时病毒监测技术未来还可扩展到其他病原体的识别，可应用于军队的生化防护以及民用环境的实时病毒监测。此外，石墨烯神经接口不仅可以探测到大脑中目前基于金属技术无法探测到的波长，还可以刺激组织，为新疗法开辟可能性[36]。

3. 电学应用

电子技术是石墨烯及其相关二维材料的重要应用领域。在早期，石墨烯电子技术的愿景是取代硅技术，然而当下将石墨烯集成到现有的 CMOS 技术上似乎更加可行。目前，微型便携化是电子工业的主要驱动因素，石墨烯的柔性、强度、薄性和高室温导电特性可以为电子行业的持续创新提供更多的动力。有望促进从通信芯片、5G 及 6G 数据互连、柔性器件到可穿戴的柔性屏幕等下一代技术的发展[37]。在无线领域，首个基于石墨烯的柔性近场通信天线原型已经建成，为柔性射频识别标签提供了非常有竞争力的解决方案[38]。将石墨烯与电子产品集成的能力与其出色的传感能力相结合，意味着它也可以用于为物联网提供构建模块。在电子领域，射频晶体管、柔性高频器件、印刷电子电路、柔性透明薄膜晶体管、机械太赫兹调制器、存储器和柔性电子的异构和单片集成被认为具有广泛的市场和技术潜力[39,40]。例如，基于石墨烯的 GFET 具有较高的迁移率、极薄的沟道，使器件达到更小的尺寸和更高的速度，非常适用于射频电路[41,42]。另一个方向是，基于石墨烯的透明电极、触摸屏、透明吸波器和柔性可穿戴设备也有望在未来数年规模化应用以弥补或克服现有材料的短缺[43]。健康跟踪设备、环境传感器、耐用电子纺织品和灵活电源等原型已经开发出来并展示出卓越的性能。全石墨烯器件的成功制备也为将来研制柔性透明高性能电子器件开拓了一条有效的途径[44,45]。

4. 光学/光电子应用

石墨烯优异的电学性能和宽带光吸收特性使它可以与许多不同的“颜色”或波长的光相互作用，非常适合宽带成像及光谱领域等。此外，它具有光的电吸收和电折射特性，易于与硅光子系统集成，非常适合用于下一代超高速和紧凑的光电集成与光通信系统[46,47]。从激光、光开关、光探测到无线通信和能量收集，石墨烯在这些光电子领域都有用武之地[48]。其中一个值得期待的应用领域为光电探测，石墨烯的多光谱成像能力将使同一相机能够在不同波段进行红外成像，有望彻底改变军用和民用的红外摄像机或夜视仪，使体积、质量和功率都很低的廉价摄像机成为可能[49,50]。例如，DARPA 资助的中佛罗里达大学与洛克希德·马丁公司、诺斯罗普·格鲁曼公司和圣约翰光学系统公司正在开发的基于石墨烯的下一代可调红外探测器，可以产生高分辨率的红外图像，而且不需要冷却，可以用于开发多光谱夜视设备、气体和化学传感器、气象学甚至太空探索[51,52]。美国陆军研究实验室资助美国东北大学电子材料研究所开发了一种基于石墨烯技术的美军低成本红外成像应用[53]。美国密歇根大学的研究人员开发了一种结合了透明光探测器和先进的神经网络方法的实时3D光场相机[54,55]。该系统有望取代自动驾驶技术中的激光雷达和摄像头，未来的应用包括自动化制造、生物医学成像和自动驾驶。欧洲“石墨烯旗舰”计划目前有四个活跃的先锋项目（Metrograph、Gbircam、Autovision和Grapes），专注于使石墨烯技术制作的光电器件投入市场。其中也包括已经完成初步商业化的可提供短波红外和中波红外的石墨烯宽带红外成像仪的Emberion公司[56]。此外，“石墨烯旗舰”最近推出了基于石墨烯的电子、光电子和传感器的2D实验试点线（2D-Experimental Pilot Line，2D-EPL），它将承担未来的先进石墨烯设备的制造。另一个应用领域涉及太赫兹波段（波长30μm～3mm），石墨烯在深度成像、光谱学和数据通信方面具有独特的优势。多年来昂贵的材料和工艺技术是阻碍太赫兹设备大规模商业化部署的主要因素，而基于石墨烯的太赫兹器件在速度、动态范围及与CMOS工艺集成等方面都超越了传统器件[57-59]。这些突破将为6G通信、化学传感、深度成像、介质材料的无损检测和医疗保健应用更快地实现太赫兹商业化打开大门。在未来几年内，在数据通信、成像和光谱领域具备高科技低成本的石墨烯商业产品有望陆续进入市场。一些相关领域的初创公司也将受益于多年坚持的耕耘，它们包括开发宽带成像设备的Qurv，开发用于拉曼光谱中的高速激光器的Cambridge Raman Imaging以及有望用于5G或6G的光电集成的CamGraphIC公司等[60]。

5. 传感应用

大表面积的石墨烯可以增强所需生物分子的表面负载，优异的导电性和较小的带隙有利于生物分子与电极表面之间的电子导电。超灵敏石墨烯传感器可以比传统传感器更小、更轻、更便宜。石墨烯传感器可能包括从磁传感器、气体和化学传感器、pH值和环境污染传感器、图像传感器和生物医学传感器到压力和应变传感器等[61,62]。例如，石墨烯的生物相容性使它非常适合用于生物传感器，检测DNA等分子和许多不同的分析物，如葡萄糖、谷氨酸、胆固醇、血红蛋白[63]。酶和电极表面间的电子可以直接转移，使得石墨烯在电化学生物传感器领域也有巨大的潜力[64]。石墨烯传感器可能会改善我们的生活，从监测食品是否变质的智能食品包装，到可以实时监测健康状况的可穿戴传感器。与传统传感器相比，它们更加灵敏，能够探测到物质中更小的变化，工作速度更快，甚至更便宜。例如，德国博世与马克斯－普朗克固体研究所研制的一种石墨烯磁性传感器，其灵敏度可达基于硅的同类设备的100倍[65,66]；总部位于美国的Graphene Frontier开发的高度敏感及功能化的石墨烯生化传感器，诊断疾病的灵敏度和效率是传统传感器无法比拟的[67]。美国陆军资助哈佛大学、光子科学研究所、麻省理工学院、浦项科技大学和雷神 BBN 技术公司联合开发的超敏感石墨烯微波辐射传感器及辐射热计，其灵敏度是目前可用的商业传感器的 10 万倍，能够探测单个微波光子，将应用于量子传感、雷达及暗物质搜索，也可用于提高雷达、夜视、激光雷达和通信等电磁信号探测系统的性能[68,69]。一些基于石墨烯的传感器设计如带有石墨烯通道的场效应晶体管，一旦检测到有目标分析物的结合，通过晶体管的电流就会改变并发送一个信号，可以通过分析来确定几个变量。石墨烯基纳米电子器件也被研究用于 DNA 传感器（用于检测碱基和核苷酸）、气体传感器（用于检测不同的气体）、pH 传感器、环境污染传感器以及应变和压力传感器等，有望给未来的智能家居、自动驾驶汽车、危险化学品监控等应用提供更高水平的互连解决方案[70]。

6. 能源应用

石墨烯在改善电池性能、延长寿命周期、实现快速充电和提高安全性方面具备很大潜力，全球许多研究机构和公司都在努力开发这种“能源圣杯”。科研人员相继发现石墨烯可在太阳能电池、电池、超级电容器、氢存储和燃料电池等领域发挥作用[71-73]。它们可以用来生产独特的新设备，或者集成到现有设备中以提高其性能。例如，石墨烯可以作为超级电容器用于储能，还可以提高锂离子电池的寿命、能量容量和充电率，也可以用来延长钙钛矿太阳能电池的寿命。石墨烯增强电池似乎是一种具有巨大前景和吸引力的技术，但离期望的性能还有些距离。一些电池已经商业化，但在很多所谓的石墨烯电池中，石墨烯仅扮演着次要角色，如增强外壳的灵活性或散热能力，或者有些石墨烯增强电池使用的是石墨烯衍生物或多层石墨烯，也就是真正的石墨。尽管如此，石墨烯在能源应用方面的真正潜力也正慢慢释放，如已取得初步商业化进展的 Skeleton Technologies 石墨烯超级电池及东旭的石墨烯锂电池，待商业化的美国能源部资助的 SafeLi 电池，DoD 资助的 NanoGraf 用于为士兵装备提供动力的石墨烯电池等[74]。

6.4 结语

从 2004 年石墨烯被首次制备，2010 年石墨烯的研究成果获得诺贝尔奖，随后石墨烯受人追捧，相关研究成果如雨后春笋。再到近几年随着其他二维材料的兴起，其关注度又趋于平缓，前后不到 20 年的时间，而一个新材料、新理论、新发现从基础研究走向规模化应用往往需要数十年。喧嚣过后的宁静，才是石墨烯研究及产业化真正回归理性的开始。近些年，以石墨烯为代表的二维材料，赚足了科研圈及产业界的关注，也吸引了很多投资，面对资本市场的热捧，石墨烯产业的发展还需去伪存真、去粗取精。科研界及产业界需要沉下心来搞研发，专注一些真正有望颠覆现有技术体系的具备高价值的应用领域，将人力、财力更集中地用在解决搭建石墨烯高价值产业链过程中所面临的困难，待到应用技术成熟之时就是石墨烯产业崛起之日。

参考文献

[1] https：//www. graphene-info. com/graphene-applications.

[2] http：//archives. esf. org/serving-science/ec-contracts-coordination/graphene-flagship. html.

[3] https：//digital-strategy. ec. europa. eu/en/news/european-industries-lead-new-graphene-flagship-commerci-alisation-projects.

[4] https：//nsf. gov/awardsearch/advancedSearch. jsp.

[5] 赛迪智库 . 2019 年中国石墨烯产业发展形势展望，2019.

[6] LIN Y M，DIMITRAKOPOULOS C，JENKINS K A，et al. 100-GHz transistors from wafer-scale epitaxial graphene. Science，2010，327（5966）：662.

[7] LIN Y M，VALDES-GARCIA A，HAN S J，et al. Wafer-scale graphene integrated circuit. Science，2011，332（6035）：1294-1297.

[8] WU Y，LIN Y，BOL A A，et al. High-frequency，scaled graphene transistors on diamond-like carbon. Nature，2011，472（7341）：74-78.

[9] 王国华，刘兆平，周旭峰，等 . 2018 全球石墨烯技术专利分析 . 新材料产业，2018（11）：11-16.

[10] https：//www. manchester. ac. uk/discover/news/professor-dame-ottoline-leyser-ceo-of-uk-research-and-innovation-opens-new-henry-royce-institute-hub-building.

[11] https：//m. sohu. com/n/463914480/？ wscrid = 95360_5.

[12] LEE J Y，KUMARI R，JEONG J Y，et al. Knowledge discovering on graphene green technology by text mining in National R&D Projects in South Korea. Sustainability，2020，12（23）：9857.

[13] https：//www. sohu. com/a/355520554_120065805.

[14] https：//output. nsfc. gov. cn/conclusionQuick/% E7% 9F% B3% E5% A2% A8% E7% 83% AF.

[15] 前瞻产业研究院 . 2021 年全球石墨烯行业技术全景图谱，2021.

[16] http：//pss-system. cnipa. gov. cn/sipopublicsearch/portal/app/home/declare. jsp.

[17] https：//www. eurekalert. org/news-releases/763840.

[18] KRAMER D. Europe's experiment in funding graphene research is paying off. Physics Today，2021，74（8）：20-24.

[19] DIMOV D，AMIT I，GORRIE O，et al. Ultrahigh Prformance nanoengineered graphene-concrete composites for multifunctional applications. Advanced Functional Materials，2018，28（23）：1705183.

[20] ADVINCULA P A，LUONG D X，CHEN W，et al. Flash graphene from rubber waste. Carbon，2021，178：649-656.

[21] WANG Y，CAO Z，BARATI FARIMANI A. Efficient water desalination with graphene nanopores obtained using artificial intelligence. 2D Materials and Applications，2021，5（1）：1-9.

[22] https：//www. graphene-info. com/graphene-flagship-launches-airbus-backed-project-graphene-based-thermoelectric.

[23] DWIVEDI N，OTT A K，SASIKUMAR K，et al. Graphene overcoats for ultra-high storage density magnetic media. Nature Communications，2021，12（1）：1-13.

[24] WANG C，HELAL A S，WANG Z，et al. Uranium in situ electrolytic deposition with a reusable functional graphene - Foam electrode. Advanced Materials，2021，33（38）：2102633.

[25] https：//graphene-flagship. eu/graphene/news/the-leading-edge-graphene-flagship-leads-the-way-in-graphene-composites-for-aerospace-applications.

[26] https://graphene-flagship. eu/graphene/discover/graphene-applications/biomedical-technology.

[27] ZHOU M, LOZANO N, WYCHOWANIEC J K, et al. Graphene oxide: A growth factor delivery carrier to enhance chondrogenic differentiation of human mesenchymal stem cells in 3D hydrogels. Acta Biomaterialia, 2019, 96: 271-280.

[28] JUREWICZ I, KING A A K, SHANKER R, et al. Mechanochromic and thermochromic sensors based on graphene infused polymer opals. Advanced Functional Materials, 2020, 30 (31): 2002473.

[29] González K, García-Astrain C, SANTAMARIA-ECHART A, et al. Starch/graphene hydrogels via click chemistry with relevant electrical and antibacterial properties. Carbohydrate Polymers, 2018, 202: 372-381.

[30] HWANG M T, HEIRANIAN M, KIM Y, et al. Ultrasensitive detection of nucleic acids using deformed graphene channel field effect biosensors. Nature Communications, 2020, 11 (1): 1-11.

[31] BRACCIA C, CASTAGNOLA V, Vázquez E, et al. The lipid composition of few layers graphene and graphene oxide biomolecular corona. Carbon, 2021, 185: 591-598.

[32] LIESSI N, MARAGLIANO L, CASTAGNOLA V, et al. Isobaric labeling proteomics allows a high-throughput investigation of protein corona orientation. Analytical Chemistry, 2020, 93 (2): 784-791.

[33] YAGATI A K, BEHRENT A, BECK S, et al. Laser-induced graphene interdigitated electrodes for label-free or nanolabel-enhanced highly sensitive capacitive aptamer-based biosensors. Biosensors and Bioelectronics, 2020, 164: 112272.

[34] https://www. businesswire. com/news/home/20210303005099/en/Cardea-Bio-and-the-Georgia-Tech-Research-Institute-Receive-Agreement-From-the-Defense-Advanced-Research-Project-to-Develop-Airborne-SARS-CoV-2-Detector.

[35] WOOLSTON C. Taking graphene out of the laboratory and into the real world. Nature, 2021, 590 (7847): 684-684.

[36] BONACCINI CALIA A, MASVIDAL-CODINA E, SMITH T M, et al. Full-bandwidth electrophysiology of seizures and epileptiform activity enabled by flexible graphene microtransistor depth neural probes. Nature Nanotechnology, 2021: 1-9.

[37] https://graphene-flagship. eu/graphene/discover/graphene-applications/electronics.

[38] Scidà A, HAQUE S, TREOSSI E, et al. Application of graphene-based flexible antennas in consumer electronic devices. Materials Today, 2018, 21 (3): 223-230.

[39] LIU Y, DUAN X, SHIN H J, et al. Promises and prospects of two-dimensional transistors. Nature, 2021, 591 (7848): 43-53.

[40] WANG Y, TANG H, XIE Y, et al. An in-memory computing architecture based on two-dimensional semiconductors for multiply-accumulate operations. Nature Communications, 2021, 12 (1): 1-8.

[41] HAN S J, GARCIA A V, OIDA S, et al. Graphene radio frequency receiver integrated circuit. Nature Communications, 2014, 5 (1): 1-6.

[42] LIU C, CHEN H, WANG S, et al. Two-dimensional materials for next-generation computing technologies. Nature Nanotechnology, 2020, 15 (7): 545-557.

[43] LI N, WANG Q, SHEN C, et al. Large-scale flexible and transparent electronics based on monolayer molybdenum disulfide field-effect transistors. Nature Electronics, 2020, 3 (11): 711-717.

[44] CONTI S, PIMPOLARI L, CALABRESE G, et al. Low-voltage 2D materials-based printed field-effect transistors for integrated digital and analog electronics on paper. Nature Communications, 2020, 11

(1): 1-9.

[45] CHEN X, XIE Y, SHENG Y, et al. Wafer-scale functional circuits based on two dimensional semiconductors with fabrication optimized by machine learning. Nature Communications, 2021, 12 (1): 1-8.

[46] ROMAGNOLI M, SORIANELLO V, MIDRIO M, et al. Graphene-based integrated photonics for next-generation datacom and telecom. Nature Reviews Materials, 2018, 3 (10): 392-414.

[47] GOOSSENS S, NAVICKAITE G, MONASTERIO C, et al. Broadband image sensor array based on graphene-CMOS integration. Nature Photonics, 2017, 11 (6): 366-371.

[48] https: //graphene-flagship. eu/graphene/discover/graphene-applications/photonics-and-optoelectronics.

[49] GUO Q, YU R, LI C, et al. Efficient electrical detection of mid-infrared graphene plasmons at room temperature. Nature Materials, 2018, 17 (11): 986-992.

[50] MA Q, LUI C H, SONG J C W, et al. Giant intrinsic photoresponse in pristine graphene. Nature Nanotechnology, 2019, 14 (2): 145-150.

[51] SAFAEI A, CHANDRA S, SHABBIR M W, et al. Dirac plasmon-assisted asymmetric hot carrier generation for room-temperature infrared detection. Nature Communications, 2019, 10 (1): 1-7.

[52] CASTILLA S, VANGELIDIS I, PUSAPATI V V, et al. Plasmonic antenna coupling to hyperbolic phonon-polaritons for sensitive and fast mid-infrared photodetection with graphene. Nature Communications, 2020, 11 (1): 1-7.

[53] OZTURK B, dE-Luna-Bugallo A, Panaitescu E, et al. Atomically thin layers of B-N-C-O with tunable composition. Science Advances, 2015, 1 (6): e1500094.

[54] LIEN M B, LIU C H, CHUN I Y, et al. Ranging and light field imaging with transparent photodetectors. Nature Photonics, 2020, 14 (3): 143-148.

[55] ZHANG D, Xu Z, HUANG Z, et al. Neural network based 3D tracking with a graphene transparent focal stack imaging system. Nature Communications, 2021, 12 (1): 1-7.

[56] BESSONOV A A, ALLEN M, LIU Y, et al. Compound quantum dot – perovskite optical absorbers on graphene enhancing short-wave infrared photodetection. ACS Nano, 2017, 11 (6): 5547-5557.

[57] GAYDUCHENKO I, XU S G, ALYMOV G, et al. Tunnel field-effect transistors for sensitive terahertz detection. Nature Communications, 2021, 12 (1): 1-8.

[58] CHEN Z, CHEN X, TAO L, et al. Graphene controlled brewster angle device for ultra broadband terahertz modulation. Nature Communications, 2018, 9 (1): 1-7.

[59] HAFEZ H A, KOVALEV S, DEINERT J C, et al. Extremely efficient terahertz high-harmonic generation in graphene by hot Dirac fermions. Nature, 2018, 561 (7724): 507-511.

[60] https: //graphene-flagship. eu/graphene/news/graphene-for-photonics-and-optoelectronics-applications.

[61] GOYAL D, MITTAL S K, CHOUDHARY A, et al. Graphene: A two dimensional super material for sensor applications. Materials Today: Proceedings, 2021, 43: 203-208.

[62] OGAWA S, FUKUSHIMA S, SHIMATANI M. Graphene plasmonics in sensor applications: A review. Sensors, 2020, 20 (12): 3563.

[63] TADE R S, NANGARE S N, PATIL P O. Fundamental aspects of graphene and its biosensing applications. Functional Composites and Structures, 2021, 3 (1): 012001.

[64] LAWAL A T. Progress in utilisation of graphene for electrochemical biosensors. Biosensors and Bioelectronics, 2018, 106: 149-178.

[65] https: //phys. org/news/2015-06-graphene-breakthrough-bosch-magnetic-sensor. html.

[66] WANG Z, TANG C, SACHS R, et al. Proximity-induced ferromagnetism in graphene revealed by the anomalous Hall effect. Physical Review Letters, 2015, 114 (1): 016603.

[67] https: //www. graphene-info. com/graphene-frontiers-gfet-chemical-sensor-explained.

[68] LEE G H, EFETOV D K, JUNG W, et al. Graphene-based Josephson junction microwave bolometer. Nature, 2020, 586 (7827): 42-46.

[69] KAREEKUNNAN A, AGARI T, HAMMAM A M M, et al. Revisiting the mechanism of electric field sensing in graphene devices. ACS Omega, 2021, 6 (49): 34086-34091.

[70] https: //www. graphene-info. com/graphene-sensors? page = 1.

[71] LEI J, FAN X X, LIU T, et al. Single-dispersed polyoxometalate clusters embedded on multilayer graphene as a bifunctional electrocatalyst for efficient Li-S batteries. Nature Communications, 2022, 13 (1): 1-10.

[72] CHEN H, YANG Y, BOYLE D T, et al. Free-standing ultrathin lithium metal - graphene oxide host foils with controllable thickness for lithium batteries. Nature Energy, 2021, 6 (8): 790-798.

[73] MO R, TAN X, LI F, et al. Tin-graphene tubes as anodes for lithium-ion batteries with high volumetric and gravimetric energy densities. Nature Communications, 2020, 11 (1): 1-11.

[74] https: //www. graphene-info. com/whats-new-graphene-batteries-highlights-summer-2020.